건축설비설계

박종일·김세환 공저

세진사

머리말

국내에 설비기술이 도입된 지 거의 반세기가 가까워지고 있으며, 그동안 많은 선배들의 희생과 노력으로 현재에 이르기까지 선진국 수준으로 기술이 발전하였습니다. 설비분야를 전공으로 하고 있는 기술 인력과 이들을 배출하는 대학들이 과거에 비하여 양적으로 크게 증가하였으며, 관련 기술서적들도 각 전공분야별로 다수 출간되어 과거에 비하여 기술습득에 많은 도움이 되고 있습니다.

이 책은 설비설계분야의 이론과 실무기술에 초점을 맞추어 현업에 종사하는 기술자의 참고용과 대학에서 설비설계를 공부하는 학생의 교재용으로 그동안 정리된 자료를 기초로 하여 책자로 만들었습니다.

본문에는 실제 업무에 적용할 수 있는 최신자료와 예제를 이해하여 실물 적응능력을 높이도록 하였습니다. 저서라고 하기에는 많이 부족한 내용이지만 설비기술자들의 기술향상에 조금이나마 도움이 되었으면 하는 바람으로 집필하였으며, 본문의 내용상에 불충분한 부분과 내용의 오류에 대해서는 여러분들의 아낌없는 지적과 충고를 바라며, 차후 겸허하게 받아들여 보다 나은 내용이 될 수 있도록 수정 보완할 것입니다.

끝으로 이 책이 발행되기까지 수고한 동의대학교 건축설비공학과 학부, 대학원 학생 여러분들과, 세진사 문형진 사장님께 진심으로 감사를 드립니다.

저 자

차례

제1편 급배수 위생설비

제1장 급배수 위생설비의 계획·설계 / 11

제2장 급 수 설 비 / 39

제3장 급 탕 설 비 / 95

제4장 배 수 통 기 설 비 / 125

제5장 오수정화 설비 / 165

제6장 배수재이용 설비와 우수이용 설비 / 181

제7장 위생기구 설비 / 197

제8장 소 화 설 비 / 215

제9장 가 스 설 비 / 261

제2편 공기조화 설비

제1장 설계의 진행방법 / 277

제2장 공 조 방 식 / 287

제3장 열 원 방 식 / 317

제4장 공기선도 사용방법 / 327

제5장 부 하 계 산 / 363

제6장 공기조화기 설계 / 411

차 례

제7장 송풍 계통의 설계 / 449

제8장 배관계의 설계 / 511

제9장 열원용량의 결정 / 583

제10장 배기 환기의 설비 / 625

부 록 / 645

제1편
급배수 위생설비

1 급배수 위생설비의 계획 · 설계

- 1. 개 요
- 2. 기본구상
- 3. 기본계획
- 4. 기본설계
- 5. 실시설계
- 6. 설비계획 기본 사항
- 7. 각종건물의 계획 설계시의 유의 사항

제 1 장 급배수 위생설비의 계획 · 설계

1. 개 요

급배수 위생설비는 인간이 주거 · 근무 등의 여러 가지 생활을 하기 위한 시설과 건물을 위생적으로 유지하기 위하여, 편리성이 풍부하고 안전성을 보장하여야 한다.

일반적으로 급배수 위생설비는 건물 내 또는 그 부지 내에서의 급수, 급탕, 배수 · 통기와 위생기구에 관련되는 제반시설의 설비를 총괄한다라고 정의하고 있으며 관련된 제반설비는 소화 · 가스 · 주방기구 · 세탁기기 · 의료용 배관 · 수영장 · 목욕시설 · 쓰레기처리 · 진공청소 등의 설비가 포함된다.

급배수 위생설비는 기본원칙을 지켜야하는데 다음의 사항을 충분히 고려하여 계획되어야한다.

① 위생성 · 안전성
② 기능의 확실성
③ 내구성
④ 에너지와 자원의 절약
⑤ 환경과 도시설비와의 조화
⑥ 진동 · 소음의 방지

급배수 위생설비계획은 기본구상 · 기본계획 · 기본설계 · 실시설계의 순서로 진행되며 표 1-1에 계획의 각 단계에서의 주요한 작업내용을 나타냈다.

2. 기본구상

현장조사는 프로젝트의 내용 · 사업계획과 예산 · 규모 · 사업주의 의향을 기초로 설비계획을 입안하여 설비의 개요를 결정하는 것으로 계획의 가능성을 좌우하는 계획지 주변의 상하수도 · 가스 · 전력 등 사회기반시설의 상황과 법률 · 조례 등을 상세하게 조사하여 입안한다.

표 1-1 급배수·위생설비 계획의 순서

단계＼내용	조 사	계 획	설 계	예 산	작성도서
기본 구상	1) 사전조사 · 부지상황 : 지형 · 지세 · 부지의 형상 · 기후(강우량) 등 · 법의 규제 : 관계법률 · 조례 2) 현장조사 · 부지상황 : 지형 · 주변의 상황 · 도로상태 · 수원 : 상수도의 유무와 공급능력 · 기타 수원 · 수질 · 배수 : 하수도의 유무와 방류구의 수용능력 기타 배수처의 상태 · 배출규제 등 · 가스 : 도시가스의 유무와 공급능력 · 기타의 열원 · 법의 규제 : 규제의 내용와 이해관계자의 확인	1) 프로젝트의 내용 · 규모의 파악 2) 개략사용수량의 산출과 관련된 집수정 등 건축계획상 영향을 주는 설비시스템의 개요 3) 개략배수량의 산출, 배수의 내용 · 수질 4) 급수 · 배수 · 소화설비상의 문제점의 표출과 해결책의 계획, 가능성의 검토 5) 계획건물의 장래계획에 대한 대책 6) 경제성과 수준	1) 설비기기의 개략공간의 검토 · 조정 · 확보 2) 다른 설비와의 설계내용의 조정 3) 급수 · 배수 · 소화설비상의 문제점 해결방법에 대하여 건축계획에의 영향의 조정	1) 개략예산의 산출 2) 특수설비의 비용 3) 문제점 해결을 위한 비용(부담금 · 보증금 · 가입금 등)	1) 급배수위생설비 개요서 2) 계획추진상의 문제점과 해결방법
기본 계획	1) 부지상황과 계획안과의 조정 2) 법의 규제에 대한 문제점의 해결을 위한 상세조사 · 협의 3) 상수도 · 하수도 · 도시가스 등의 이용에 대한 상세조사 4) 소화설비에 대하여 관할소방서와 협의 5) 물의 채취 · 배수의 방류에 관한 상세조사	1) 현장조사의 결과를 기초로 기본구상을 재검토한다. 2) 각종시스템의 검토 3) 급수공급방식의 결정(상수도 · 우물 · 기타) 4) 배수처의 결정(하수도 · 배수처리시설 · 방류처) 5) 열원의 결정 (도시가스 · LPG · 기타) 6) 각종사용자료의 검토	1) 설비시스템에 대한 설비공간 2) 다른 설비와의 조정 3) 설비공간과 건축계획과의 조화	1) 개략예산의 산출 · 수정 2) 설비공사비 이외의 비용의 산출(부담금 · 보증금 · 가입금)	기본설계서 설비시스템의 비교와 결정, 계획 공정표 · 잔여문제점 · 개략공사 예산서의 작성
기본 설계	1) 기본계획을 기초로 계획과 지역적 제반조건과의 조화에 대하여 상세하게 조사 · 협의 실시 2) 관할관공서 · 이해관계자와의 협의, 문제점의 해결 방법에 대하여 확인하고 승낙을 얻는다.	1) 설비시스템의 결정 2) 각 설비의 개략설계 · 기기의 배치, 배관경로, 공간검토 3) 주요기기 · 재료의 사양결정	1) 결정된 설비시스템에 대하여 설비공간의 확보와 검토 2) 다른 설비와의 조정과 급탕용 열량 · 동력의 산출 3) 건축계획과의 검토(기기중량 · 용량 · 기기 반입계획, 배관공간)	기본설계도를 기초로 공사예산을 산출하고 계획전체예산과의 조정 실시	기본설계서 기존설계도 공사예산서 방재설계서 특정시설 등의 제출서류
실시 설계	계획과 지역적 제반조건과의 조정협의가 완전히 종결되었는지 검토하고, 필요에 따라 조사하고 재확인한다.	1) 각 설비의 상세계획 2) 장비설치공간의 검토 3) 시방서의 작성 4) 공사구분의 결정	1) 설계계산의 작성 2) 각 설비의 상세설계 3) 다른 설비와의 조정 4) 건축설계와의 조정	공사예산서의 작성	설계계산서 설계도 시방서 공사예산서 확인신청용 도서

표 1-2 현장조사표의 예

현 장 조 사 표	조사년월일 년 월 일	조사자	건물소재지	공사명칭
급수(상수도등)	상수도공급업자 :		협의담당자 :	TEL
	본관의 관경 :	본관의 매설깊이 :	본관의 수압 :	본관의 관재료 :
	허용최대 인입관경 :	인입공사전 납부금·부담금 등의 유무·금액·납입시기 :		
	수도국대여 수도메타 범위 :		수도메타의 종류 : 직독식 원격식	
	배관재료의 지정(직결부분) :		(탱크이하) :	
	지정배관공사업자 :		수위제어방식 :	
	집수정·고가수조의 용량과 설치 등에 관한 기준 :			
	기타의 기준 :			
	급수설비기준의 유무 :			
	사전협의의 유무 :			
	수도요금 산정방식 :			
	기타수원 : 우물·하천·호수 용수량 수위변동			
	수질 :	채수에 관한 협의대상자 :		
	현장부근의 현황(개략도)·집수정까지의 인입관로(수도메타의 위치, 집수정주변)등의 도면▶			
배수	하수도사업자 :		협의담당자 :	TEL :
	오수 직접방류 가능여부	우수합류 또는 분류여부	본관의 관경 :	본관의 매설깊이 :
	본관의 관재료 :	허용 최대 접속관경 :	허용 최대 배수량 :	
	본관의 위치·부지에서의 거리 :		도로포장상황 :	
	설치된 공공 맨홀의 유무 :	맨홀의 크기 :	관깊이 :	접속관경 :
	접속공사 개략금액 :	공사전 납부금·부담금등의 유무·금액·납입시기 :		
	지정업자 :		하수도사업자의 공사범위 :	
	배수설비기준의 유무 :			
	사전협의의 유무 :			
	배수처리시설 필요의 경우	방류수 수질 기준 BOD :	COD :	SS :
	처리후의 방류처 :		방류처의 관리자 :	
	방류에 대하여 협의·대상자 등 :			
	배수방류에 필요한 제출 서류 :			
	하수도·배수방류에 대한 규제 :			
	제출서류 등의 제출시기 :			
	주의사항			
	우수량 산정방식 :		하수도 사용요금 :	
	현장부근의 현황(개략도)·하수도본관의 위치·설치된 맨홀·배수방류처 등의 도면▶			
	최고기온 최저기온 최대풍속 통상의 풍향 강우량 적설량			
가스	가스공급업자 :		협의담당자 :	TEL :
	본관의 관경 :	본관의 매설깊이 :	본관의 압력 :	본관의 관재료 :
	가스의 종류 :	발열량 :	허용최대인입관경 :	본관의 위치 :
	도로포장상황 :		인입공사 부담금·납입기한 :	
	가스요금 :			
공해관계	배기가스	내 용 :	제출처 :	
	특정시설	제출처 :		
	소음	내 용 :	제출처 :	
	배수	내 용 :	제출처 :	
소화설비	관할소방서	담 당 : TEL :		
	소화설비의 내용			
배수 재이용·우수이용의 필요성			유·무 기 준 :	
상수도·하수도·가스본관 등의 현재상황(도시)·부지의 상황				
조사 종합판정	급 수 :			
	배 수 :			
	가 스 :			
	특기사항 :			

1) 현장조사

현장조사는 계획부지의 상황을 파악하고 주변의 상수도 · 하수도 · 도시가스 · 배수방류처 · 강우량 · 적설량 · 지하수위 · 호우시의 도로관수의 유무 등에 대하여 조사하며, 계획의 제반조건을 설정하기 위하여 관계자로부터 의견과 협의를 진행한다.

현장조사시에는 사용수량 · 배수량 · 에너지 소비량 등의 개략치와 필요한 소화설비의 내용을 조사하고 조사항목을 정리하여 조사하는데 누락이 없도록 표 1-2와 같은 조사표를 준비하여 실시한다.

2) 프로젝트의 성격 파악

설비계획은 시설 · 건물의 목적, 용도, 사용방법, 지역과의 관련, 사업주의 성격과 사업에 대한 의견 등에 대해 파악하여 건축 또는 기타설비설계자의 계획 · 설계방침 등에 대하여 충분히 협의하고 사회기반시설상의 제약과 사업수지계획에 수반된 제약(건설비 · 경상비 · 시설의 관리체제 등) 등에 대하여 검토한 후 진행한다.

각종시설의 용도별로 계통과 사용용도 그리고 계획상 특히 유의할 사항을 표 1-3에 나타내었다.

복합용도시설의 경우, 각 용도부분의 내용 · 사용시간 · 사업주 직영과 임대부분의 구분 등에 대하여 명확히 하고 방재 설비에 대하여는 관할소방서와 협의하면서 계획을 진행한다.

3) 필요한 설비의 도출과 제반조건의 정리

프로젝트의 내용과 성격을 기초로 시설에 필요한 설비를 도출하고 이상의 항목에 대해 검토하여 설비계획의 제반조건을 정리하여 다시 검토한다.

① 각 설비에 요구되는 성능 · 안전성 · 확실성 · 에너지 절약성 · 내구성
② 경제성을 고려한 설비수준
③ 유지관리체계와의 조화
④ 사회기반시설상의 제약

표 1-3 각종시설에서의 급수·급탕계통과 사용용도

No.	시설에 의한 분류	용 도	계통과 사용용도: 급수·급탕의 계통	계통과 사용용도: 사용용도	계획상 특히 유의할 사항
1	사무시설	사무실·은행·관청	화장실·탕비실·사원식당·임대장소(식당·판매매장)	세면·용변·청소 주방·공조용 소화용·살수용	급수·급탕·가스의 계량방법 급탕개소와 시스템
2	정보시설	전산센터 방송국·우체국·신문사	상 동	상 동	상 동 수손 사고 방지 대책 안전대책
3	거주시설	집합주택·기숙사 양로원·단독주택	관리부분·공용부분 각 세대	세면·용변·목욕 살수·세차	급탕·가스의 계량방법 쓰레기처리, 급탕시스템 건물내부배관방법(스라브 상부 또는 하부)
4	숙박·연회시설	호텔·여관·요양소·유스호스텔·연회장	호텔객실부분 연회장부분·식당부분·목욕탕·수영장 관리부분·임대업소	목욕·용변·샤워 수영장·공조용·소화용·살수용·수경용	급수·급탕계통 열회수·에너지절약 물의 유효이용·소음대책(기기·배수음)
5	상업시설	백화점·쇼핑센터 지하상가·점포·슈퍼마켓·요정·바·레스토랑	화장실·임대업소 (음식·판매)	세면·용변·청소 공조용·소화용·살수용·수경용	급수·가스사용량측정방법·소화설비·에너지절약
6	교육시설	초·중·고교, 대학, 전문학교	실험실·급식시설 관리부분·수영장 체육관·화장실	세면·용변·샤워 청소·공조용·소화용·살수용	급수계통 실험실용 배관 시스템
7	의료·복지시설	병원·진료소 요양소 시설	치료·실험실·급식·오락부분·관리부분· 숙박부분	세면·목욕·용변 청소·공조용·소화용·살수용	의료용배관 급탕시스템 에너지 절약
8	오락·집회시설	콘서트홀·집회소·교회·볼링장, 게임룸	화장실·탕비실 임대용(음식·판매)	세면·용변·청소 샤워·공조용·소화용·살수용	급수·가스설계 방법 급탕시스템
9	스포츠시설	경기장, 육상경기장, 골프장, 스케이트링크, 수영장	수익부분·관리부분 임대용(음식·판매)	세면·용변·수영장(아이스링크)·목욕 공조용·소화용·살수용	급수계통·열회수 급탕시스템
10	유통·교통시설	시장·터미널 창고(버스·트럭·공항· 역사)	화장실 임대용(음식·판매) 관리부분	세면·용변·목욕 청소·공조용·소화용·살수용	급수계통·계량 소화설비
11	전시·저장시설	전시장·저장시설·미술관·박물관·수족관	상 동	세면·용변·청소 공조용·소화용·살수용·수경용	소화설비 관리체제와 시스템 수손사고 방지 대책
12	연구·실험시설	연구소·실험시설	실험실·화장실·탕비실·급식부분·관리부분	상 동	특수배수처리 특수배관
13	생산시설	공장·각종생산시설	생산부분·화장실·세면·욕실·관리부분·급식부분·후생부분	세면·용변·목욕 생산용·공조용·소화용·살수용	급수·에너지 사용방법 특수배수처리·열회수

⑤ 법과 조례에 의한 제약

⑥ 지역적 · 지형적 조건에 의한 제약

⑦ 다른 건축설비 · 생산설비 · 분수와 연못 등의 수경설비에서 요구되는 급배수 설비기능

3. 기본계획

현장조사(급배수 위생설비)는 설비전체의 개요를 나타내는 것으로 기본 구상은 내용을 구체적으로 입안하는 작업이다. 필요에 따라 각종 시스템의 비교검토를 실시하여 급수계획, 급탕계획, 배수 · 통기계획, 소화설비계획, 열원계획, 특수설비계획, 에너지와 자원절약계획, 설비용 공간계획 등을 실시하고 개략공사비를 산출한다.

1) 물 이용 계획과 급수시스템

시설의 물 이용 계획과 급수시스템을 선정하기 위해서는 다음 사항에 대하여 검토한다.

(1) 음용수의 오염방지

급수설비에서 가장 주의하여야 할 사항은 음용수의 오염이다. 특히 현재 보급되고 있는 펌프 직송방식은 예상 이상의 부하유량의 발생, 경년열화에 의한 펌프의 능력저하, 펌프 고장 시 등의 경우 상층부에서 수압이 낮은 층으로의 역류가 발생할 가능성이 높으므로 토수구 공간의 확보와 진공브레이커의 설치를 완전히 하여야 할 필요가 있다. 또한 후술의 다원화 급수를 도입하는 경우에는 크로스커넥션의 방지대책을 충분히 고려하여야 한다.

(2) 수사용의 정확한 예측과 수사용량 계측시스템의 도입

기존에 조사되어진 건물종류의 수사용 용도별의 사용 수량 자료를 기초로 유사 건물에서의 실적치와 프로젝트의 특성을 고려하여 수사용량을 예측한다. 수사용량 계측 시스템을 설치하고, 준공 후의 수사용의 실태를 파악하는 것에 의해 물의 낭비를 막고 표면에 노출된 누수의 발견과 배관 · 기기의 열화 진단이 가

능하게 된다. 또한, 준공 후 증·개축과 신축 동종 동용도의 계획시에 적절한 물 사용의 예상이 가능하게 된다.

(3) 다원화 급수

급수 설비는 음용전용수·일반급수·잡용수 등으로 다원화하여 계통별로 분류하여 음용수인 고급의 물을 잡용수와 냉각탑 보급수 등의 설비용수에 사용하는 불합리한 점을 없애기 위하여 필요하다. 특히, 상수도 이외의 수원을 사용하는 경우에는 수 처리의 비용을 고려하여 다원화 급수를 검토하여야 한다.
냉각탑 보급수와 같이 계절변동이 큰 급수계통의 사용수량이 비교적 많은 경우에는 생활급수계통과는 별도의 계통으로 하는 것을 검토한다. 또한 상기와 같이 사용용도에 대한 다원화 외에 수압과 사용수량에 따른 적절한 조합에 의한 계통별 분리도 필요하다.

(4) 가변 저수 시스템

사용용량은 시설의 사용방법·계절·요일·시간에 따라 수사용 패턴과 사용량이 크게 변화한다. 예를 들면, 사무시설에서는 주간과 주말, 주간과 야간, 휴일, 또한 리조트시설에서는 계절과 요일에 따라 수사용량이 크게 변화한다.
이와 같이 수사용량의 변동이 큰 시설에서는 저수조와 고가수조의 고수위를 예측하여 수사용량에 따른 자동적으로 수면의 위치를 조정하여 저수량을 조정하고 수조 내에서의 물의 체류시간을 적절히 조정하여 수질의 악화를 방지하는 것이 가능하다. 또한 고가수조의 저수량 변화에 따라 양수펌프의 수량제어운전을 실시하여 에너지 절약을 할 수 있다.

(5) 피크유량제어(터미널 제어)

전력공급시설에서는 사용량이 설정되어진 양 이상이 되면 전류를 차단하는 제어가 실시되는 합리적인 배전 설비가 구성되어 있다. 급수·급탕 설비에서도 사용기구 그룹과 사용기구의 피크유량의 제어가 가능하면 시스템의 합리화를 할 수 있다. 예를 들면, 펌프직송방식에서 펌프의 능력, 양수펌프와 고가수조의 용량, 배관 관경 등에 대하여 합리적인 설계가 가능하고, 절수효과도 크게 된다.

또한 집합주택의 중앙식 급탕설비에서 급탕 부하의 안정화를 기하고, 세대용 급탕관에 정류량 밸브를 설치하여 피크유량제어를 실시한 예도 있다.

2) 급수계획

시설 · 건물의 운영에 필요한 물을 어느 곳에서 어떠한 방법으로 취수하여 필요개소에 공급하는가 등의 제반조건을 기초로 계획한다.

(1) 상수도 배관에서의 공급

상수도의 공급능력과 수도사업관리자가 정한 기술기준을 기초로 수도인입관의 구경과 저수조 · 고가수조 등의 용량과 설치방법을 결정한다. 지역에 따라 건물 종류별로 사용인원과 면적에 의한 계산기준을 정하고 있는 경우도 있으며 또는 수도이용에 대하여 사전협의가 필요한 경우도 있다.

(2) 우물 · 하천 · 호수 등으로부터의 취수

지하수의 채수에 대하여 규제의 유무, 하천 · 호수로부터의 채수의 규제와 제출서류, 이해관계자와의 조정 등에 대하여 조사한다. 우물에 대하여는 그 지역의 과거의 자료(용수량 · 수질 · 우물의 깊이 등)를 조사하여, 채수가능량, 수처리의 방법 등에 대하여 검토한다.

(3) 중수도(잡용수) 설비

중수도 설비는 변기세척용수에 사용되는 것이 많으나, 그 외에 살수 · 세차 · 환경수경용수 · 청소용수 · 냉각용수에 사용되는 경우도 있다. 중수도의 수원에는 잡배수 · 주방배수 · 우수 · 냉각탑 블로우수가 사용되며 오수를 포함한 건물배수까지 사용한 예도 있다.

배수의 재사용을 계획하는 경우에는 바이러스의 오염 등의 위생 면에 유의하고 특히 병원 등의 보균자가 많은 시설에서는 막 처리와 오존살균 등 고도의 처리방식을 채용한다.

계획 시에는 중수도사용량과 원수량(原水量)과의 밸런스를 충분히 검토하고 과대설계가 되지 않도록 주의한다. 과대설계는 가동률의 저하를 초래하고 중수도 생산비용을 높이게 되므로 약간 부족한 정도의 규모로 하여 상수를 보급하는 편이 바람직하다.

또한 배수처리시설에서 발생하는 오니와 막 처리의 농축배수 등의 폐기물의 반출·처리방법에 대하여 검토한다. 물의 수급이 어려운 지역에서는 일정규모 이상의 건물에 중수도 설비의 설치를 권장하고 있으나 건물단독으로 설치하는 개별방법에는 상당한 대규모의 시설이 아니면 현재의 가장 높은 상하수도요금과 비교하여도 LCC에 의한 경제성이 없는 경우가 대부분이다.

(4) 우수(雨水)이용설비

우수를 통로와 베란다 등 인위적으로 오염되기 쉬운 장소에서 집수하면 처리시스템이 복잡하여지고 수제조 비용이 높아지므로 일반적으로 마당과 지붕에서 집수하여 부유 물질을 침전·여과시키는 정도의 간단한 처리를 하여 사용하는 예도 있다.

강우초기의 우수를 일정시간 방류하고 집수면에 있는 먼지 등을 배제한 후 우수 저수조에 저장하는 경우도 있으나, 공장지역과 같이 대기가 오염되어있는 지역과 모래 분진이 많은 지역을 제외하고 변기 세척수 만으로 사용할 경우, 특별히 초기강우를 방수 배제할 필요는 없다.

(5) 급수방식

상수도 배수관의 수압의 관계로 일부지역을 제외하고 3층 이상의 건물에는 수도직결 급수방식을 채용하지 않고 있다. 일반적으로 안정된 수압을 얻고 사용수량의 변동에도 대처하기 쉬운 고가수조방식이 많이 사용되어지나, 펌프의 운전제어기술의 발전에 따라 펌프직송방식(탱크레스 방식)도 많이 사용되고 있다. 단순한 시스템으로 고장이 적고 백업탱크의(완충탱크) 기능을 갖은 고가수조방식을 급수방식의 기본시스템으로 하고 설치장소의 제한과 필요수압의 확보, 수사용 패턴의 특성 등에 따라 펌프직송방식을 사용하거나, 양자를 병용하기도 한다. 펌프직송방식의 경우에는 펌프 송수량을 순시최대 급수량과 같도록 할 필요가 있으며, 순시최대 급수량의 정밀도가 높은 예측이 필요하다. 규모가 적은 급수방식의 경우에는 설치되어지는 수사용 기구의 종류와 수량에 따라 수사용량의 예측을 한다.

3) 급탕 계획

(1) 급탕량의 예측

급탕 설비에서는 급수설비에서의 저수조와 고가수조와 같이 백업기능의 탱크에 의한 완충설비가 있으므로 계획·설계의 양부(良否)가 바로 이에 대한 기능에 영향을 주므로 건물에서의 급탕의 사용형태를 잘 검토하여 현실적인 급탕량 예측을 할 필요가 있다.

(2) 급탕 방식

건물내의 급탕 필요 개소의 수량, 집중상태, 위치 등에 따라 중앙식과 국소식에서 선택한다. 일반적으로 숙박시설·의료시설·스포츠시설 등에는 중앙식 급탕 방식이 채용된다.

세면·샤워·목욕 등의 열 이용 형태와 음용과는 급탕온도가 크게 다르므로, 음용 급탕에는 필요개소에서 가열 저탕을 하는 국소식이 이용되며, 사무시설 등에는 안전성을 고려하여 전기저수형을 사용하며 년간 또는 일주일의 타이머에 의해 자동적으로 작동시키는 경우가 많다.

(3) 열 회수 급탕

열 회수 급탕은 급탕부하 사용현황의 예측이 시스템의 경제성을 좌우하는 중요한 요소이다. 열 회수 급탕에는 코제너레이션 시스템의 열 회수와 급탕배수·하천수·하수처리장 방류수 등의 열회수가 있으나 후자를 열원으로 하는 경우 30~35℃ 이하의 저온수이므로 히트펌프에 의한 열 회수가 적정하다. 온배수(溫排水)의 열회수를 하는 경우에는 열원이 오염되어져 급탕이 오염 될 가능성이 크므로 피하여야 한다. 급탕배수열원 히트펌프 급탕은 클럽하우스·공중목욕탕·호텔 등에 실시 예가 있다.

(4) 급탕온도

급탕 온도를 높일수록 방열량도 크게 되며 또한 기기와 관재료의 열화가 조기에 진행되므로 급탕 온도는 필요 이상으로 고온이 되지 않도록 한다. 다만 55℃ 이하로 하면 레지오렐라균이 번식하여 재향군인병 발생의 가능성이 있어 특히 병원 등 저항력이 약한 사람이 사용하는 시설에서는 유의할 필요가 있다.

4) 배수계획

배수계획은 다음의 항목에 대하여 검토한다.

(1) 배수방류규제

건물의 규모 또는 배수량에 따라 배수저류조를 설치하여 계획적인 방류를 의무로 하는 지역도 있다.

(2) 우수방류규제

부지내의 지하 침투수 처리와 우수저류조에 의해 계획방류를 의무로 하는 지역도 있다.

(3) 배수의 계통분류

배수의 배출계통은 하수도가 합류식 또는 분류식, 분뇨정화조가 단독처리 또는 합병처리, 제해시설과 특수배수 처리시설의 필요, 배수 재 이용을 하는 경우, 이때 원수는 어떤 배수를 사용하는가에 따라 결정하는 외에 배수가 막힐 경우 주방 등으로 오수가 역류하지 않도록 검토하여 결정한다.

(4) 배관방법

각 층에 같은 배관패턴이 설치되는 집합주택과 숙박시설에는 단관식 배관과 특수 이음부속에 의한 배수 수직관 방식을 검토한다.

5) 자원·에너지 절약 계획

대도시권에는 입구의 집중화에 의해 물의 수요가 부족하게 된다. 그러나 수자원의 새로운 개발에는 많은 자원과 에너지가 필요하게 되므로 물의 유효이용과 에너지 소비의 절감에 대하여 계획단계에서 충분히 고려하여야 하며 자원과 에너지 절약을 위하여 다음의 사항에 대하여 검토를 한다.

① 변기세척수 낭비 대책 : 절수형 변기의 사용, 소변기 세척방식의 검토, 우수 이용, 중수도 이용

② 수전류의 선택 : 자폐(自閉)수전, 정유량수전, 유량제어

③ 급수조닝 : 과대수압에 의한 과유량의 방지

④ 다원화 급수 : 용도별, 필요수압별의 급수계통

⑤ 피크유량제어 : 정유량 밸브 등의 설치

⑥ 순환(循環)이용 : 수영장, 대욕탕, 냉장고 냉각수, 환경수경 용수 등의 순환 이용

⑦ 계측 시스템의 도입 : 정기적으로 사용량의 계측과 데이터의 분석에 의해 누수의 감지와 급수 낭비방지

⑧ 히트펌프 급탕 : 배열과 미이용 에너지의 이용

6) 공 법 계 획

건설업은 타산업과 비교하여 생산성이 대단히 낮은 산업이다. 인원부족, 특히 숙련 작업자의 부족은 시공현장에 큰 영향을 주며 생산성 향상을 목적으로 합리적인 시공관리를 염두에 둔 계획 · 설계가 요구된다.

합리적인 시공관리를 하기 위하여는 공사의 집중화 · 장치화(프레하브), 시공의 기계화 · 자동화가 필요하며 건축공사에서는 지상의 최상층을 건축하고 이곳을 서서히 높여가면서 건물을 만드는 공법(루프 푸쉬업 등) 등이 채용되기 시작하고 있으며, 설비공사에는 다음과 같은 인력절감 방법이 실시되고 있다.

① 배관 프레하브 : 수직관 유닛 · 플로어 유닛

② 블록 유닛화 : 욕실 화장실 유닛, 기계실 블록 유닛 등

③ CAD/CAM에 의한 자동화 : 도면작성, 배관의 길이측정, 절단의 자동화

④ 인력절감에 의한 시공 : 경량이며 후렉시블한 관재의 사용, 헤더공법 채택 상기와 같이 인력절감 공법을 채용하기 위하여는 계획 · 설계 단계에서 파이프 샤프트의 위치, 공간크기, 배관의 위치와 공간, 배관의 관경 설계, 배관재료의 선정, 기기의 배관과 규격에 대하여 충분히 검토하여야 한다. 특히 개보수 공사의 경우에는 시공이 사용하고 있는 건물 내부에 한정된 시간과 기간 내에 실시하므로 설계상 제약은 신축공사에 비교하여 많으며 공법계획은 대단히 중요하다.

7) 경제성 검토

기본구상에서 기본계획까지의 각 단계에서 프로젝트의 총 예산을 수립하여, 사업수지계획을 입안하기 위하여 건설비와 운전비 · 유지관리비의 산출을 실시하여 각 단계에서의 급배수 위생설비의 경제성 검토는 대개 다음의 방법으로 한다.

(1) 기본구상

설비계획의 개요를 기초로 과거의 유사한 프로젝트의 공사비등을 참고하여 설계의 규모와 단위 면적 당 공사비에 의해 개산(槪算)비용을 산출하여 제반조건에 의해 특수한 설비비용과 사회기반시설에 대한 부담금을 가산하여 개산(槪算)코스트를 산출한다.

(2) 기본계획

기본계획에서의 경제성 검토는 건설비의 산출 외에 제반 조건에 따라 고려하여 각종 설비 시스템에 대하여 경제 비교를 실시하고 설비시스템 결정의 자료로 한다. 경제비교는 라이프사이클 코스트(LCC : Life Cycle Cost)에 의해 실시한다. 라이프사이클 코스트는 건물의 기획설계에서 건물운용 · 건물해체에 이르기까지의 라이프사이클에 필요한 전체의 비용이며, 이는 기획설계비 · 건설비 · 운용관리비 · 해체 처분비의 합계를 말하며, 일반적으로 LCC에 접하는 운용관리비는 초기 투입비의 2배 이상이 되는 경우가 많다. 따라서 에너지 절약 · 관리인원의 최소화 · 유지관리에 대한 배려, 운전비와 유지관리비를 보다 저렴하게 하는 것이 LCC 평가에 큰 영향을 주고 있다.

LCC 평가 등에 의해 설비시스템이 결정되어진 후 시스템에 따른 비용 수정과 주요기기의 가격을 기초로 기본구상에서 산출한 개산(概算)비용을 수정한다. 산출되어진 프로젝트비용이 사업수지계획에 따른 예산을 초과하는 경우에는 건축·설비 각각에 대하여 개산 비용을 수정한다. 필요에 따라 설비시스템과 공법계획의 변경 등 설비계획을 수정할 필요도 발생하므로 기본계획에서의 예산계획을 신중하게 행하여야 한다.

중소규모의 경우에는 개략 결정된 건설비용을 표 1-7와 같이 일반적인 공사비 구성비를 기초로 공사비를 비율로 제반조건에 의한 특수설비 비용을 가산하여 급배수설비 공사비를 산출하고 이 예산액에 적합한 설비계획을 하는 경우도 있다.

4. 기본설계

기본설계의 목적은 다른 설비계획과의 검토에 의해 설비공간과 건축공간과의 조정을 실시하고 급배수 위생설비에 필요한 공간을 확보하고, 계획의 개요를 도면화 하는 것이다.

1) 기본계획의 수정

계획의 제반 조건에 지역적 제반조건, 법과 조례 등에 의한 모든 제반조건에 대하여 기본계획의 적합한가에 대하여 검토하고 계획을 수정한다. 특히, 상하수도의 도시설비와의 조정과 법과 조례에 의한 제반조건과의 조정에 대하여 전체 기본설계의 단계에서 완료하여야 한다. 또한 후술한 기본 설계의 작업에서 건축계획과 다른 설비계획과의 사이에 유출된 문제점에 대하여 이에 대한 기본계획을 수정하고 필요에 따른 수정을 할 필요가 있다.

2) 기계실과 배관용 공간의 결정

건축도면에 표시된 기계실과 배관공간에 대하여 기기가 필요조건을 만족하게 설치되는가, 기계실과 파이프 샤프트의 공간의 위치관계의 문제는 없는가, 천장 또는 수직배관 공간은 확보되어 있는가 등, 기기의 배치와 주 배관 경로의 평면도상의 내용을 검토하여 위치 · 공간을 결정한다.

배관공간에 대하여는 검토 · 수리 · 개보수 등 건물의 라이프사이클에서의 필요한 제반작업에 대하여 충분히 검토하고, 위치 · 공간 · 점검구 등을 결정한다. 수직관 배관공간은 상세도를 작성하여 보와의 관계, 점검구의 위치 등을 검토하여 크기를 결정하고 건축도면과 조화를 비교 검토한다.

3) 설비시스템의 결정

기본계획에서 계획의 제반조건에 기초로 한 설비시스템과 배관시스템이 다음의 내용에 대하여 지장이 없는가를 검토하여 설비시스템을 결정한다.

① 기계실의 위치 · 공간 배관공간
② 기계반입 · 반출경로
③ 공조 · 전기시스템과의 관계
④ 소음 · 진동의 전달방지
⑤ 수손사고의 가능성

이는 지금까지의 협의 · 조정에 의해 해결되어진 항목이나, 건축디자인의 제약에서 계획상 필요한 위치에 기기와 배관공간이 확보되지 않을 경우도 있어 설비시스템과 배관시스템의 수정이 필요한 경우도 있으므로 상기에 대하여 점검을 충분히 실시하여 설비시스템을 결정한다.

4) 기기·배관 재료의 사용과 내구성의 검토

설비기기 · 재료는 건축 몸체보다 내구성이 적어 시간경과에 따른 열화가 빠르다. 경년 열화에는 기기 효율 저하, 고장 증가, 배관 부식과 막힘 등의 물리적인 것과 기술혁신과 사회적 수요, 또는 사용자의 가치관의 고도화 등에 따른 사회적인 열화가 있다.

기기 · 재료의 내구성 중 문제가 되는 것은 배관과 밸브류 이다. 기기는 비교적 용이하게 교환이 되나, 배관과 밸브류는 천장 내, 파이프 샤프트, 콘크리트 슬라브와 벽체 내부 등 부분적으로는 건축 몸체 내에 설치되어 점검도 어려우며, 교환이 용이하지 않은 경우가 많다. 이러한 조건을 고려하여 배관의 사양과 내구성에 대하여 충분히 검토하고 개보수가 용이한 배관시스템과 공간을 고려하는 것이 바람직하다.

호텔·여관 등 서비스산업에서는 사회적 열화에 반응하여 용도변경과 내부인테리어의 개보수가 비교적 짧은 사이클로 계획되는 경우도 있다. 배관의 개보수를 위하여 넓은 배관 스페이스를 확보하는 것보다 영업면적을 크게 하는 편이 이익인 경우도 있다.

배관재료의 부식은 일반적으로 다음의 부위에서 많이 발생하고 있으므로 주의하여야 한다.

① 급수관·급탕관 : 특히 수지라이닝 강관부속 접속부
② 급탕용 강관 : 탈기(脫氣)불량·과대유속·관내 잔류 이물에 의함. 특히 환탕관에 많이 발생하고 있음
③ 매설배관과 환기가 불량하거나 침수의 우려가 있는 피트 내 배관
④ 청동제·스테인레스강제 밸브류와 강관의 접속부
⑤ 스테인레스강 강관의 현장 접속부

5) 유지관리성의 검토

건축설비의 유지관리는 최근에는 일상의 운전관리 외에 운전상태분석과 에너지 낭비관리 등의 기술 관리를 포함하여 총칭되고 있다.

유지관리의 수준은 설비의 성격·용도·규모 등에 따라 결정되어지나, 설비를 경제적·효율적으로 운용하기 위하여는 설비의 상태를 감시하고 이 결과를 데이터베이스화하여 진단 가능하도록 정보관리시스템이 필요하다.

급배수 위생설비의 유지관리성에 대하여는 아래의 검토를 행한다.

① 위생적이고 안전한 수질의 유지 : 정기적인 저수조의 청소, 수질검사, 배관의 부식, 열화진단의 방법
② 기기·배관기능·능력의 유지 : 감시, 점검, 정비, 수리, 상태분석, 에너지관리(유량 데이터 분석)의 방법
③ 누수유무의 점검·수리 : 감시, 점검, 수리의 방법
④ 배수관의 점검·청소 : 감시, 점검, 정비, 청소의 방법

⑤ 배수조의 청소 : 정기적인 청소관리

급배수 위생설비는 설치된 기기가 비교적 적고, 소규모의 건물에는 관리일지와 데이터의 기장 등 정도의 기술관리는 가능하나, 유량자료의 분석에는 목적에 적합한 계측시스템과 계측이 필요하다.

현재 국내에는 사용수량과 사용 급탕량의 데이터가 충분하지 않고 코제너레이션 시스템 · 태양열 급탕 · 배수열원 히트펌프 급수시스템 등의 계획에 의한 급탕부하의 파악을 어렵게 하고 있다. 계측시스템의 도입과 활용에 의해 급수 · 급탕사용량의 예측에 의한 실제 측정이 가능하고, 또한 배관 · 기기의 열화 진단과 에너지절약을 달성 할 수가 있다.

대규모의 건물에는 운전 · 감시 · 제어 · 기록을 통합하여 관리하는 빌딩 자동제어 시스템(BAS)을 도입하는 경우가 많다. 급배수 위생설비에는 기기의 운전 · 감시 · 경보 · 계측 · 기록 등을 조합하여 계측하는 급수 · 급탕 · 가스등의 사용량을 집중 자동 감시하고 앞에서의 계측시스템을 기초로 특정시간의 순시유량을 계측하여 기록하고 자료화하는 시스템도 개발되어져 있다. 또한 최근에는 소화설비를 상시 감시하여 경보의 발생과 기록을 하고, 기능점검을 자동적으로 하는 소화설비 자동점검 시스템과 기기의 진동감시시스템을 포함하는 경우도 있다.

6) 기본설계서의 작성

기본설계서는 설비계획의 내용을 나타내는 것으로 설비시스템의 검토 등 설비계획을 결정하기까지의 경위를 포함하여 기본구상에서 기록된 내용에 대하여는 중복을 피하도록 기술한다.

① 프로젝트의 명칭 · 계획소재지

② 시설 · 건물의 종류 · 내용 · 규모

③ 사회기반시설의 현황

④ 설비계획의 제반조건

⑤ 설비계획 기본방침

⑥ 개략설계계산서(사용수량 · 급탕량 · 배수량 등)

⑦ 설비시스템 검토(에너지절약 · 관리인원절약 · 공법계획 등 라이프사이클코

스트에 의한 검토)

⑧ 설비계획(각 설비시스템의 내용 · 주요 기기 활용량 개략 계통도)

⑨ 개략공사비 · 운전유지관리비

기본설계도는 설비개략계통도 외에 파이프 샤프트의 설치 및 배관경로를 나타내는 기계실내 기기배치도 등을 작성한다.

5. 실시설계

건축 실시설계도를 기초로 지금까지 작성한 개략설계 계산서를 수정하여 설계 계획서를 완성하고, 프로젝트를 공표 · 실시하기 위한 실시설계도, 특기시방서, 설계계산서, 공사예산서를 작성한다. 실시설계도는 대개 다음과 같이 구성되어진다.

① 특기시방서

② 현장 안내도, 설치도, 범례

③ 기기표, 기구표

④ 배관계통도

⑤ 각종 배관평면도

⑥ 상세도(배관평면도, 단면도, 아이소 메트릭 계통도), 각종 상세도

⑦ 특수설비도

⑧ 표준도

6. 설비계획 기본사항

일반적인 설비 시스템의 계획은 계획건물의 종별, 규모, 사업계획의 내용, 예산 등의 계획조건과 기본구상, 기본계획단계에서 밝혀진 현장 조사사항 및 제반 관련법규 등 여러 조건들에 의해 각종시스템이 비교 검토되어 결정된다. 각종 설비시스템의 계획에서는 다음과 같은 사항들이 특별히 고려되어야 할 것이다.

① 건물의 사용상황이나 관리체제에 적합하며 건축의 디자인과 조화를 이룬 시스템

② 예상되는 최대부하에 대처할 수 있는 시스템

③ 주변환경에 주는 영향에 대해 충분히 고려
④ 자원절약 및 에너지절약에 대한 고려
⑤ 오염방지대책에 만전을 기하고 또한 보수 관리 면을 고려한 시스템
⑥ 사고나 고장이 적고 예상되는 사고나 고장 그리고 재해에 대한 대책이 충분하고 2차 재해발생을 방지할 수 있는 시스템
⑦ 시공이나 보수운전관리상의 합리화나 에너지절약에 대하 충분히 고려
⑧ 건물과 설비의 이용 년 수의 차이로 발생하는 장래의 설비기자재의 보수 및 교환에 대한 고려.

7. 각종 건물의 계획 설계시의 유의사항

1) 업무용 건물

업무용 건물은 사업형태에 따라 관공서, 각종기업, 은행, 각종단체로 나뉘며 소유방법에 따라 자사전용, 구분소유에 의한 공용, 임대용, 자사전용 중 일부 임대 등으로 나눈다. 임대용의 경우는 자사전용에 비하여 유효 면적비가 높으며 위의 용도 이외에 음식점, 상가 등이 포함된 복합용도의 내용에 따라서 분류되기도 한다. 업무용 건물의 계획 설계 시 유의사항은 표 1-4와 같다.

표 1-4 업무용 건축물의 계획 · 설계시의 유의사항

설 비 종 류	계획 설계시의 유의사항
공 통	1) 입지조건, 건물규모, 건물수준, 재산구분 등에 유의하여 계획한다. 2) 배관, 위생기구류의 품질향상, 공기의 단축, 건축의 건식공법에의 대응, 유지관리 성능 향상 등을 고려하여 적극적으로 유닛화를 고려한다.
급 수 설 비	1) 급수방식은 일반적으로 고가수조의 설치공간을 옥탑에 쉽게 확보가능한 고가수조방식이 가장 많이 이용되고 있다. 2) 대규모건물에서는 급수계통을 시수와 잡용수로 분리하며 잡용수는 수세화장실, 소화용, 냉각탑보급수용으로 사용한다.

설 비 종 류	계획 설계시의 유의사항
급 탕 설 비	1) 급탕방식은 대규모 또는 한랭지의 건물을 중앙식으로 하며 그 이외의 방식은 화장실, 탕비실 중심으로 국소식을 채택한다. 2) 중앙식의 경우 저탕탱크는 세면용과 주방용의 계통을 분리하여 설치하는 것이 에너지절약 측면에서 바람직하다.
배수통기설비	1) 1층의 배수관은 2층 이상의 배수관과 합류시키지 말고 단독으로 옥외로 배출시킨다. 2) 부지가 낮아 폭우, 홍수, 만조시 건물 내 배수관에 역류의 우려가 있는 경우 1층의 배수는 지하 배수탱크를 통하여 배수펌프로 옥외로 배출시키며 2층 이상의 배수는 자유 낙하에 의해 옥외로 배출한다.
오수정화설비	1) 유입수량과 수질은 주방의 사용상태에 따라 변동하나 일반적으로 유입수질은 저농도이다. 2) 처리방식은 주방 미설치 · 소형건물의 경우 생물막법이 바람직하나 유입수량이 대량이고 집합주택과 유사한 경우는 회전원판식, 접촉폭기식, 살수여상식, 장시간폭기식 등이 유효하다.
소 화 설 비	1) 각 건물의 면적, 층고, 용도에 따라 적용되는 소방법규에 준하여 설계한다. 2) 스프링클러헤드를 설치하는 천장이 모듈화 되어 있는 경우 헤드 설치위치, 수납공간에 대하여 검토한다.
가 스 설 비	도시가스는 일반적으로 저압본관으로부터 인입하며, 대규모 주방설비가 있는 경우 중압 본관에서 인입한다. 이때 거버너(정압조정기)실을 설치하여 거버너에 의해 저압으로 제조하여 공급한다. 또한 대용량의 가스보일러 · 냉온수기를 설치한 경우 중압본관에서 인입하여 기기 부속 거버너에서 감압하여 공급한다.

2) 공동주택

공동주택의 계획 · 설계시의 유의사항은 표 1-5와 같다.

표 1-5 공동주택의 계획 · 설계시의 유의사항

설 비 종 류	계획 · 설계시의 유의사항
공 통	1) 소유구분, 관리구분에 유의한다. 2) 각 세대의 화장실, 욕실, 세면실 등은 가능한 집약하여 파이프샤프트 인근에 위치하도록 한다. 3) 분양용의 경우 소유구분을 명확히 하며 사고발생시 타 세대에 대한 피해의 최소화와 복구를 용이하게 할 수 있도록 한다. 소음 방지를 위하여 각 세대용 수평주관은 슬래브위 바닥에 배관을 하도록 한다. 4) 파이프샤프트는 각층으로 분지, 접속이 용이하고 복도, 계단실에서 출입가능한 위치로 한다. 5) 각 세대의 양수기 설치공간은 검사와 점검이 용이하고 복도 및 계단에서 출입 가능한 위치로 한다.
급 수 설 비	1) 급수압력은 400kPa이하로 한다. 2) 급수방식은 고가수조 방식이 주로 채용되나 최상층에서 충분한 수압이 확보되지 않는 경우 또는 미관상 고가수조 설치 불가능시 압력탱크방식 또는 펌프직송방식을 채용한다.
급 탕 설 비	1) 급탕방식은 대규모 단지의 경우 중앙식을 채용하며 소규모 또는 열원과의 거리가 멀거나 수준이 낮은 건물의 경우에는 국소식 급탕기를 설치한다. 2) 중앙식의 경우 각 세대별 온수계량기를 설치하며 계량기 이후는 단관식으로 한다.
배수통기설비	1) 세제를 사용하는 장소에서의 배수배관은 단관식으로 설계시 최하층의 봉수파괴, 거품의 역류 등이 발생하므로 최하층의 배수관은 단독으로 옥외로 배출 또는 배수수직관 하부 엘보 이후의 접속을 가능한 줄이며 옥외로의 배출되는 배관길이를 최소화한다. 2) 배수계통은 청소가 용이하도록 배수수직관을 포함하여 적절한 위치에 청소구를 설치한다.
오수정화조설비	1) 처리방법은 회전원판식, 접촉폭기식, 살수여상식, 장시간 폭기식 등이 있으며 활성오니를 사용하는 경우 유입수량의 과다 설정시 저 BOD 부하, 장시간 체류에 의한 오니관리상의 어려움을 초래할 수 있으므로 유의한다. 2) 분양주택에서 수년에 걸쳐서 입주 가구수가 증가하는 경우 연차적인 유입수량에 대하여 유량 조정 기능의 대응 가능 여부를 충분히 조사한다.
위생기구설비	1) 대변기의 세척방식은 로우탱크방식이 세척밸브방식 보다 급수압력, 급수관경, 소음측면에서 유리하다.
소 화 설 비	1) 건축규모와 층수에 따라 소방법규를 적용한다.

3) 호 텔

호텔은 객실과 부대시설의 구성비율, 설치장소, 주 고객대상, 이용형태에 따라 여러 종류로 나뉘어지며 각기 설비구성도 크게 차이가 난다. 호텔의 계획・설계시의 유의사항은 표 1-6과 같다.

표 1-6 호텔의 계획・설계시의 유의사항

설 비 종 류	계획・설계시의 유의사항
공 통	1) 저층부를 공용시설 중・상층부는 객실로 배치하는 경우가 많으며 객실 최하층 바닥(공공지역 천장 내)에는 객실계통의 급배수 수평주관 설치를 위한 비교적 넓은 공간이 필요하며 이들을 파이프샤프트로 도입하기 위한 샤프트의 위치, 크기 등에 대하여 충분히 고려한다. 2) 객실의 파이프샤프트는 2개의 객실이 공유하도록 배치하며 샤프트 점검구는 복도측에 설치하여 객실과 관계없이 유지관리가 가능하도록 하며 파이프샤프트의 폭은 최소 750mm 정도 확보한다. 3) 욕실에서 발생하는 소음을 최소화 하기 위하여 위생기구의 선정, 워터해머방지기 설치, 통기계통의 완비, 방음피복, 파이프샤프트의 차음 등에 유의한다.
급 수 설 비	1) 급수 수압은 객실계통 350kPa 이하, 세탁계통은 250kPa 이하로 한다. 2) 급수방식은 고가수조 방식이 적합함. 3) 배관계통은 객실계통, 종업원지역, 주방계통, 세탁계통 등으로 나누는 것이 바람직하며 특히 세탁계통은 일시에 다량의 시수와 온수를 사용하므로 타계통에 영향을 주지 않도록 단독계통으로 한다. 4) 객실계통에서 대변기를 세척밸브로 사용시 인근 샤워사용 경우 샤워 급수압력의 일시적 저하에 따라 상수와 온수의 혼합비 변경에 따른 사용온도 상승으로 인한 피해 발생이 우려되므로 배관방법을 고려한다. 5) 주방기기와 세탁기기에는 적정한 토수구 공간확보 또는 바큠브레이커를 설치하여 상수계통의 오염을 방지한다.
급 탕 설 비	1) 급탕전에서의 급탕압력은 급수압력과 차이가 없도록 한다. 2) 급탕방식은 중앙식으로 한다. 3) 배관계통은 급수방식과 동일하게 조닝한다. 4) 저탕탱크로의 급수관은 고가수조로부터 단독계통으로 설치한다. 5) 저탕탱크는 압력용기 정기검사 또는 보수시 급탕이 정지하지 않도록 2대 이상 설치하는 것이 바람직하다. 6) 온천지대에 대규모 대중탕 시설이 있는 경우 객실 내 욕실 이용률이 적으므로 저탕탱크의 용량이 과대하지 않도록 한다.
위생기구설비	1) 최하층 객실의 배수관은 상층의 배수관과 별개로 단독으로 외부에 배출한다. 2) 객실의 통기방식은 신정 통기방식으로 한다.
배수통기설비	위생기구는 저소음형을 택하며 유닛 시공시에는 호텔의 성격 수준에 따라 적절한 방식, 크기, 사양 등을 검토하여야 한다.

4) 병 원

병원의 급배수 위생설비는 일반적으로 주야에 관계없이 사용빈도가 대단히 높으며 설비가 건물전체에 배치되고 시수 사용기기가 많으며 배수의 종류와 수질이 다양한 것이 특징이다. 병원의 계획·설계시의 유의사항은 표 1-7과 같다.

표 1-7 병원의 계획·설계시의 유의사항

설비종류	계획·설계시의 유의사항
공통	1) 병원에는 시수, 온수, 가스를 필요로 하는 실이 다수 산재해 있다. 장래의 개보수 등을 고려하여 각종 배관은 증설·변경의 용이, 유지관리, 작업점검을 위한 공간이 확보되어져 있어야 한다. 2) 고장시 영향범위를 최소화 하도록 조닝을 세분화 하며 밸브를 적정한 장소에 설치한다. 3) 의료용 기기는 급수량, 급탕량, 수압 등의 제한이 있을 수 있으므로 사전에 기기류의 사양을 정확히 파악한다.
급수설비	1) 병원균 오염의 위험을 피하기 위하여 크로스커넥션과 역사이폰의 방지, 급수탱크 오염방지 등에 주의한다. 2) 의료용기기의 경우 적정한 토수구공간 확보 또는 바큠 브레이커 부착 여부를 확인하여 급수원 오염 방지를 한다.
급탕설비	1) 급탕방식은 중앙식으로 한다. 2) 저탕탱크는 일반계통, 주방·세탁계통으로 나누어 설치하는 것이 바람직하다.
배수통기설비	1) 옥내 배수관은 생활배수, 주방배수, 세탁배수, 검사실배수, 방사성배수, 전염병동배수 등의 각 계통으로 분리하여 각기 배수처리 장치까지 배관한다. 2) 치과기공실, 정형외과실의 배수는 석고가 다량 포함되어 있으므로 프라스터 포집기를 설치하여 고형물을 제거한다. 3) 검사실 배수계통의 배관재료는 산, 알카리, 유기용매 등에 내구성이 강한 재질을 선택한다. 4) 통기방식은 가능한 한 각개통기방식이 바람직하며 특히 병실 내 세면기는 각개통기방식으로 한다. 5) 변기 소독기로부터의 배기관은 단독으로 대기중에 개구시킨다.

5) 학 교

학교는 유치원, 초등학교, 중학교, 고등학교, 대학교, 특수학교 등이 있으며 학교의 시설내용은 중학교까지는 크게 차이가 없으나, 농업·공업 등의 기술계 고등학교와 의학·이공학 등의 학과가 있는 대학에서는 실험, 연구시설이 추가된다. 학교의 계획·설계상의 유의사항은 표 1-8과 같다.

표 1-8 학교의 계획·설계시의 유의사항

설 비 종 류	계획·설계시의 유의사항
급 수 설 비	1) 학교는 장기간의 휴일이 있으므로 급수탱크와 급수관 내에 사수(死水)발생과 동결이 우려되므로 급수탱크의 분할, 급수관 계통분리, 물빼기 밸브 설치 등을 고려한다. 2) 소변기 세척방식은 수업시간 중 야간, 휴일 등에는 세척이 정지되는 방식을 택한다.
급 탕 설 비	1) 급탕방식은 급탕개소가 분산되어져 있어 일반적으로 국소식으로 한다. 2) 급식시설의 주방, 체육관의 샤워실 등에 대하여는 인근에 급탕보일러 또는 저탕탱크를 설치하며 탕비실·실험실 등에는 순간 온수기를 설치한다.
배수통기설비	1) 실험실·연구실의 특수배수는 전용배관을 통하여 처리장치까지 이송시킨다. 2) 수영장시설이 있는 경우 수영장의 배수시 타 배수에 영향을 주지 않도록 관경을 충분히 고려한다.
위생기구설비	1) 위생기구는 휴식시간에 집중하여 사용되므로 수량은 최대치를 고려하여 선정한다. 2) 유아원, 특수학교의 경우 위생기구는 이에 적용가능한 기종으로 설치한다.

6) 복합건물

복합건물은 일반적으로 2층 이상의 다른 용도로 사용되는 건물로서 사용 용도에 따라 설비의 종류가 크게 차이가 난다. 복합건물의 계획·설계시의 유의사항은 표 1-9와 같다.

표 1-9 복합건물의 계획 · 설계시의 유의사항

설비종류	계획 · 설계시의 유의사항
공 통	1) 입주예정 업종이 계획시 불명확한 경우 건축주와 협의하여 예상업종 결정 및 각기의 용량에 다소 여유를 두어 설계한다. 2) 공통설비는 건물주 측에서 부담하며 내부설비는 입주자가 부담하는 것이 일반적이므로 공사구분을 명확히 한다. 3) 배관관경은 수직관 · 수평주관을 동일 관경으로 하여 추후 용량 변경에 대응할 수 있도록 한다. 4) 수평주관은 적당한 간격으로 밸브를 설치하여 추후 분지가 용이하도록 한다.
급 수 설 비	1) 각 사업장별 수도 계량기를 설치하며 인테리어 내용을 고려 한다. 2) 각 사업장별 조작이 쉬운 장소에 밸브를 설치한다.
급 탕 설 비	필요개소에 국소식의 설치가 바람직하며 대규모의 경우 저탕조에 의해 공급한다.
배수통기설비	각 사업장별 배수관은 유지관리, 개보수공사, 하층 사업장에 대한 영향감소 등을 고려하여 바닥 배관으로 한다.

2 급수설비

제 2 장 급 수 설 비

1. 설계의 순서

급수설비의 설계순서는 그림 2-1과 같으며 이에 대하여 설명하면 다음과 같다.

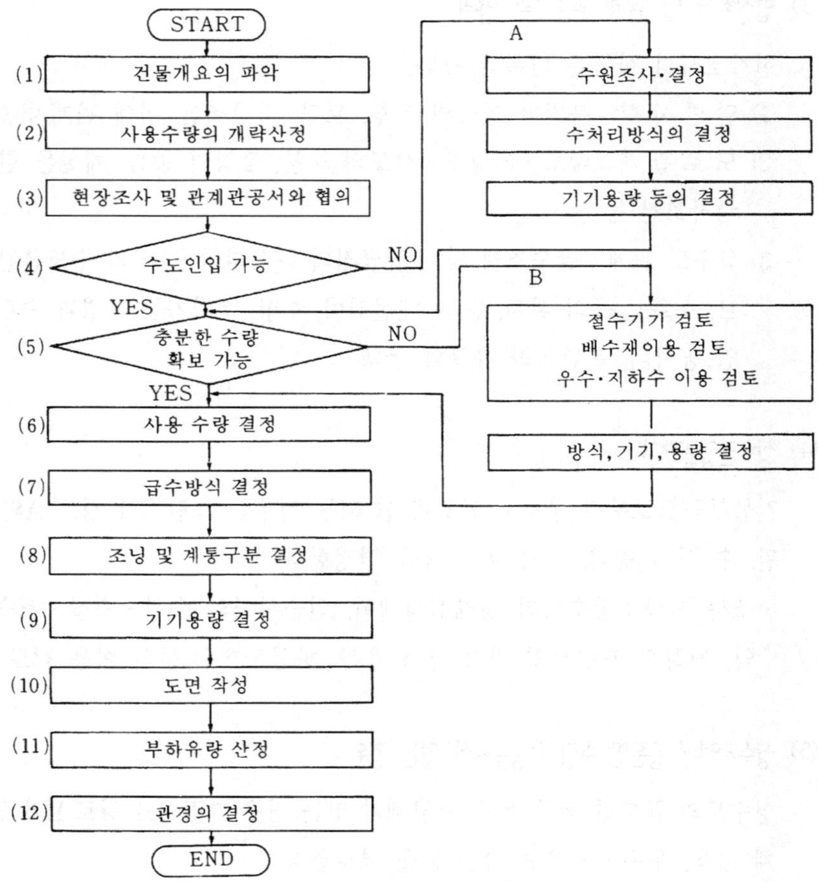

그림 2-1 급수설비 설계순서

(1) 건물개요의 파악

대상건물의 소재지, 용도, 종류, 부지면적, 구조. 층수, 높이 등의 건축적 조건 외에 사용인원, 사용용도, 사용기간 등의 물 사용에 영향을 주는 요인을 파악한다.

(2) 사용 수량의 개략 산정

(1)의 조사내용을 기초로 하고 표 2-4, 2-5의 내용과 유사건물의 자료 등을 조사 분석하여 건물사용수량의 개략치를 산정 한다.

(3) 현장조사 및 관계 관공서와 협의

현장조사의 항목은 다음과 같다.

① 일 반 사 항 : 부지와 인근의 지형, 토질, 기상조건, 이해 관계자 등

② 도 로 관 계 : 국도 · 지방도 · 사도의 구분, 포장의 종류, 매설물 현황, 도로굴착조건 등

③ 상수도 관계 : 급수조례 및 공급규정의 내용파악, 부근의 수도본관, 제수밸브, 소화전 등의 위치, 관경, 매설깊이, 수압, 분지가능 관경과 수량, 수도인입 공사비, 분담금의 유무와 금액

(4) 상수인입불가시

건물부근으로부터 상수도 인입이 안 되는 경우는 그림 2-1 경로 A와 같이 수원, 수 처리 방식, 기기 용량 등을 결정한다.

· 조사 사항 : 상수도의 장래설치계획, 인근시설의 수원 · 수질 · 채수시설 파악, 지하수 채수시의 법적 규제 유무, 하천 · 호수 등의 이용 검토

(5) 상수도에서 충분한 수량이 공급되지 않는 경우

상수도의 급수량 제한, 배수량 규제가 있는 경우 그림 2-1 경로 B와 같이 배수재 이용, 우수 · 지하수 이용 등을 검토한다.

(6) 사용 수량의 결정

결정 (1)~(5)는 기본계획의 단계로서 충분한 조사·검토를 하여야 한다. 건물 규모·인원·설치예정 위생기기류 및 수 이용설비가 확정되어지면 해당 건물의 물사용량 결정이 가능하다.

(7) 급수 방식의 결정

건물규모·층수·구조 등의 건물조건 외에 수도본관의 수압, 설비비 등을 검토한 후 급수방식을 결정한다.

(8) 계통 구분·조닝의 결정

파이프 샤프트, 화장실, 탕비실의 위치, 각실의 용도, 부분별 사용 목적, 보수관리 측면 등을 종합적으로 검토하여 계통구분을 결정한다. 고층건물의 경우 급수압력이 과다하지 않도록 조닝을 하며, (7), (8) 과정에 의해 펌프, 탱크 등의 주요기기류와 수 이용기기류의 배관경로를 결정한다.

(9) 기기용량·배관재료의 결정

(6)~(8)의 자료를 이용하여 펌프, 탱크류 등 주요기기류의 용량, 설치대수 등을 결정하며 내구년수, 설비비용 등을 검토하여 배관재료를 결정한다.

(10) 도면작성

(8)에 의해 결정된 경로를 설계도에 작업하여 작성한다.

(11) 부하 유량의 산정

설계도에 기구급수 부하 단위법 등의 방법에 의해 각 구간별 부하유량을 산정한다.

(12) (11)작업내용의 부하유량에 의해 유량선도를 이용하여 허용마찰 손실수두, 유속, 배관 관경을 결정한다.

2. 급수방식

급수방식은 건물규모, 구조, 입지조건, 관리조건, 설비비 등을 검토하여 선택한다. 그림 2-2는 급수방식의 종류별 계통도이며 표 2-1은 각 급수방식의 비교를 나타냈다.

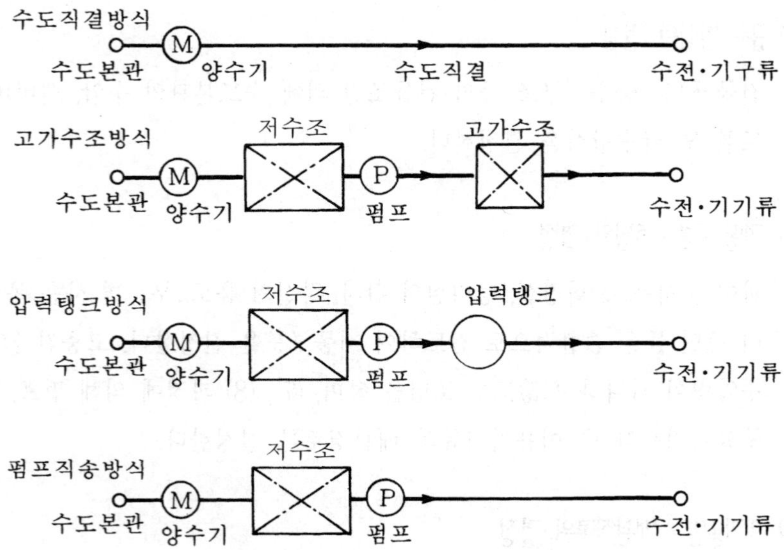

그림 2-2 급수방식

표 2-1 각종 급수방식의 비교

구 분	수도직결방식	고가수조방식	압력수조방식	펌프직송방식
개 요	수도공급압에 의하여 급수	저수조에서 고가수조에 양수하여 급수	저수조에서 압력수조에 압입 후 급수	저수조에서 직송펌프에 의하여 수조없이 급수
급수압력 변 화	수도본관의 압력에 따라서 변화	거의 일정	압력수조의 출구측에 압력조절밸브가 없으면 수압변동이 극심함	거의 일정
단수시의 급 수	불 가	저수조와 고가수조에 남은 물을 이용	저수조에 남아있는 물을 이용	저수조에 남아있는 물을 이용

구 분	수도직결 방식	고가수조 방식	압력수조 방식	펌프직송 방식
정전시의 급 수	관계없음	고가수조에 남은 물을 이용(발전기 설치하면 가능)	발전기 설치시 가능	발전기 설치시 가능
수질오염성	1	3	2	2
지하기계실	불필요	1	3	2
고가수조실	불필요	필요	불필요	불필요
설 비 비	1	3	2	3
유지관리비	1	2	3	3

[주] 1, 2, 3 순으로 유리함을 나타낸다.

1) 수도직결 방식

2층 정도의 소규모 건물로서 수도본관의 압력이 식 2-1을 만족시킬 경우 채용한다.

$$P \geq P_1 + P_2 + P_3 \quad \cdots\cdots (2\text{-}1)$$

P : 수도본관의 압력[kPa]

P_1 : 수도본관에서 최고부위 최악조건의 수전 또는 기구까지의 높이에 상당하는 압력[kPa]

P_2 : 수도본관에서 최고부위, 최악조건의 수전 또는 기구까지의 직관, 부속류, 밸브류, 양수기 등에 의한 마찰손실수두에 상당하는 압력[kPa]

P_3 : 최고부위 최악조건의 수전 또는 기구의 필요압력[kPa](표 2-2)

표 2-2 최소 기구 소요압력

(단위 : kPa)

기 구	최소 소요압력(유동시 정수두)
대변기(사이펀제트 · 세락식)	70
소변기(스톨형)	
일반수전	30
볼 탑	30
샤워헤드	70
샤워 혼합수전	70

예제 2-1 그림 2-3과 같이 2층에 샤워를 설치하는 경우 수도본관의 필요최저 압력을 구하시오.
샤워까지의 양수기, 밸브 부속, 직관의 마찰손실수두는 50kPa으로 한다.

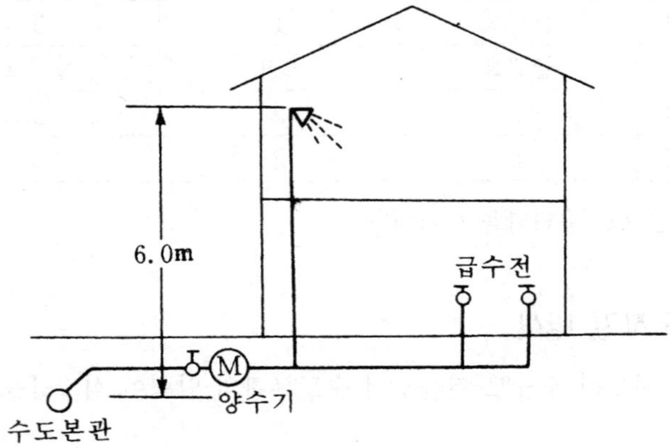

그림 2-3 수도직결방식

풀이 ① 표 2-2의 샤워 최저필요압은 70kPa으로 한다.
② 식 2-1에서 본관의 최저필요압력 P는 $P = 60 + 50 + 70 = 180\,\text{kPa}$

2) 고가수조 방식

고가수조의 설치높이는 식 2-2에 의한다.

$$H \geq H_1 + H_2 \quad \cdots\cdots (2\text{-}2)$$

H : 최고높이 등의 최악의 조건에 있는 수전 기구에서 고가수조 지수면까지 실제높이[m]

H_1 : 최고높이 등의 최악의 조건에 있는 수전 기구의 필요압력에 상당하는 높이[m]

H_2 : 고가수조에서 최고높이 등의 최악의 조건에 있는 수전 기구까지의 밸브 이음쇠 직관 등에 의한 마찰손실수두[m]

예제 2-2 그림 2-4와 같이 최상층에 대변기 세척밸브가 있는 경우 세척밸브에서 고가수조 저수위 면까지의 필요최저높이 H를 구하시오. 고가수조와 세척밸브간의 배관 마찰손실수두는 4mAq로 한다.

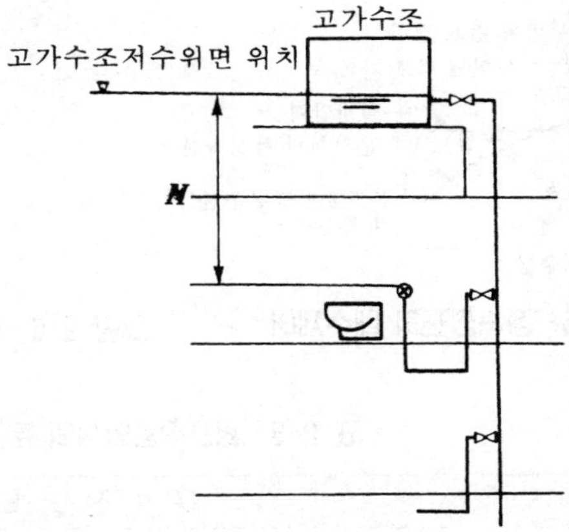

그림 2-4 예제 2-2의 급수배관

풀이 ① 표 2-2에 의해 세척밸브의 최저 필요압력 70kPa

② 식 2-2에 의해 필요 최저높이 H는 $H = 7 + 4 = 11\text{m}$

3) 압력탱크 방식

압력탱크 내의 공기는 가압시 수중에 용해되어 물의 사용과 동시에 공기가 감소되어 공기보급 장치가 필요하게 된다. 종래의 압력탱크는 초압의 유지와 공기보급을 위한 공기압축기설치 등이 필요하였으나 최근에는 전자밸브와 흡배기 밸브를 이용한 시스템과 공기 용해방지를 위한 격막식 압력탱크도 사용되고 있다.

4) 펌프 직송 방식

수수조의 물을 급수펌프에 의해 건물 내의 필요장소에 직송하는 방법으로서 급수관 내의 압력, 유량 등을 감지하여 펌프의 대수와 회전수를 제어하여 유량과 압력변화에 대처한다. 표 2-3은 펌프직송방식의 분류이고 그림 2-5는 정속 펌프의 대수제어 유량

양정 선도이며, 그림 2-6은 변속펌프의 토출 압력 일정제어 유량 양정 선도이다.

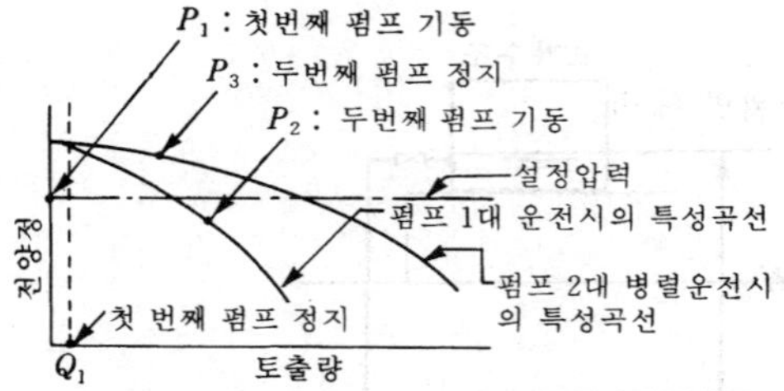

그림 2-5 정속펌프의 대수제어

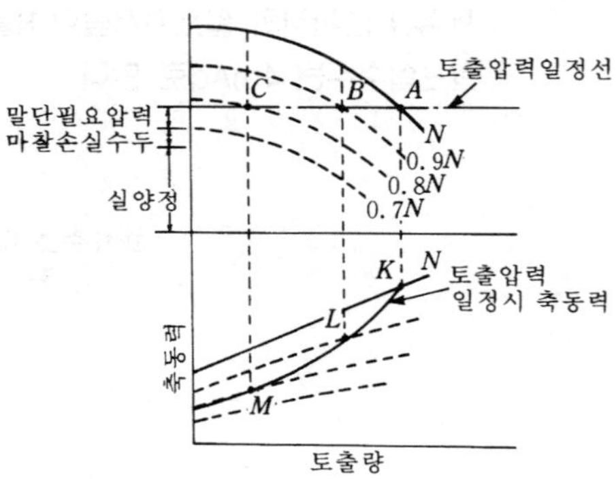

그림 2-6 변속펌프에 의한 토출압력 일정제어

표 2-3 펌프직송방식의 운전방법

구 분	운 전 요 령
운전방법	(1) 정속방식(펌프의 대수제어) ·············· 범용전동기 (2) 변속방식(펌프의 회전수제어) ① 가변속 전동기 ···································· 전기제어 ② 정속전동기+전자이음 ···································· 전기제어 ③ 정속전동기+유체이음 ···································· 기계제어 ④ 정속전동기+변속카플링 ···································· 기계제어
검지방법	(1) 압력검지식 ① 토출압 일정제어 ② 말단압 일정제어 (2) 유량검지식 (3) 수위검지식

3. 급수량 산정

1) 급수의 사용량

물사용량은 건물의 종류, 규모, 인원구성에 따라 변화하며 표 2-4는 건물종류별 급수사용량의 예를 나타내고 있다. 일반적으로 수세식화장실, 세탁기, 욕실을 갖춘 일반주택의 경우 150~300ℓ/d·人 정도이다. 건물 내 물의 사용은 건축물의 종류, 계절, 기후, 요일, 하루 중 시간대별로 차이가 발생하며 급수관 내에서는 분 단위, 초 단위까지 유량이 변화하므로 급수설비의 능력은 이러한 피크시에 대응이 가능하도록 하여야 한다.

표 2-4 건물 종류별 급수사용량의 예

건물종류	년평균	최대월
주택	3.0~9.8ℓ/m^2·d	3.2~1.3ℓ/m^2·d
집합주택	373~1037ℓ/가구·d	789ℓ/가구·d(평균)
사무실	0.1~0.7m^3/m^2·월 1.0~8.1m^3/인·월	0.1~1.0m^3/m^2·월 1.2~13.5m^3/인·월
15층이상의 고층사무실	0.10~0.42m^3/m^2·월 2.7~18.1m^3/인·월	0.14~0.56m^3/m^2·월 2.8~24.1m^3/인·월
초고층건축	0.28~0.32m^3/m^2·월	0.34~0.42m^3/m^2·월
지하상가	0.58m^3/m^2·월	0.84m^3/m^2·월
호텔	0.4~1.5m^3/m^2·월 30~320m^3/실·월	0.7~1.8m^3/m^2·월 40~350m^3/실·월
병원	0.33~1.07m^3/m^2·월 22~61m^3/BED·월	0.46~1.32m^3/m^2·월 25.3~80.8m^3/BED·월
백화점	0.4~1.0m^3/m^2·월	0.6~1.4m^3/m^2·월
영화관	0.16~0.45m^3/m^2·월 0.3~1.8m^3/좌석·월	0.3~1.1m^3/m^2·월 0.5~2.4m^3/좌석·월

[주] ① 건물종류는 건물의 주요 용도로 나타냄
② 단위면적은 건물의 연면적임

표 2-5 건물 종류별 물 사용량의 예

건물종류	년평균 1일 사용량	비고
주택	평균 10.8ℓ/m^2·d(표준편차 10.6ℓ/m^2·d) 평균 187ℓ/人·d(표준편차 89.2ℓ/人·d)	집합주택 포함 1人세대 평균 263ℓ/人·d~7人세대 평균 149ℓ/人·d

건 물 종 류	년평균 1일 사용량	비 고
고 급 주 택	평균 6.98ℓ/m^2·d(표준편차 1.70ℓ/m^2·d) 평균 243ℓ/人·d(표준편차 57.8ℓ/人·d)	
집 합 주 택	평균 599ℓ/戶·d(411~762ℓ/戶·d)	
사무실, 관공서	평균 8.05ℓ/m^2·d(표준편차 3.89ℓ/m^2·d) 평균 127ℓ/人·d(표준편차 65.0ℓ/人·d)	
호 텔	평균 24.2ℓ/m^2·d(표준편차 10.8ℓ/m^2·d) 평균 2002ℓ/객실·d(표준편차 3141ℓ/객실·d)	
병 원	평균 22.4ℓ/m^2·d(표준편차 8.35ℓ/m^2·d) 평균 1290ℓ/BED·d(표준편차 572ℓ/BED·d)	
다방·커피숍	평균 57.3ℓ/m^2·d(표준편차 8.35ℓ/m^2·d) 평균 11.0ℓ/客·d(표준편차 5.65ℓ/客·d)	
식 당	평균 205ℓ/m^2·d(표준편차 166ℓ/m^2·d) 평균 57.8ℓ/客·d(표준편차 26.1ℓ/客·d)	
사 원 식 당	평균 80.2ℓ/m^2·d(표준편차 45.9ℓ/m^2·d) 평균 27.2ℓ/食·d(표준편차 6.63ℓ/食·d)	
백 화 점	평균 21.8ℓ/m^2·d(표준편차 7.91ℓ/m^2·d)	
슈 퍼 마 켓	평균 12.4ℓ/m^2·d(표준편차 6.85ℓ/m^2·d)	
지 하 상 가	평균 25.0ℓ/m^2·d(표준편차 9.94ℓ/m^2·d)	
초·중·고등학교 (수영장용수제외)	평균 8.31ℓ/m^2·d(표준편차 4.20ℓ/m^2·d) 평균 40.0ℓ/人·d(표준편차 20.3ℓ/人·d)	직원+학생
초·중·고등학교 (수영장용수포함)	평균 11.1ℓ/m^2·d(표준편차 8.71ℓ/m^2·d) 평균 72.5ℓ/人·d(표준편차 57.2ℓ/人·d)	〃
영 화 관	평균 13.1ℓ/m^2·d(표준편차 11.8ℓ/m^2·d) 평균 37.0ℓ/좌석·d(표준편차 40.9ℓ/좌석·d)	
공 회 당	평균 14.3ℓ/m^2·d(표준편차 28.0ℓ/m^2·d) 평균 42.5ℓ/좌석·d(표준편차 40.9ℓ/좌석·d)	
미술관·박물관	평균 3.57ℓ/m^2·d(표준편차 2.00ℓ/m^2·d)	
터 미 널 · 역	평균 111ℓ/m^2·d(표준편차 73.3ℓ/m^2·d) 평균 4.48ℓ/승객 1000人(표준편차 5.13ℓ/승객 1,000人)	약간의 상가 포함
일 반 역	평균 12.4ℓ/m^2·d(표준편차 67.3ℓ/m^2·d) 평균 14.9ℓ/승객 1000人(표준편차 0.67ℓ/승객 1,000人)	약간의 상가 포함

[주] ① 건물종류는 건물의 주요 용도로 나타냄
② 단위면적은 건물의 연면적임.

표 2-6 건축물 종류별 단위급수량 · 사용기간 · 인원

건축물 종류	1인 1일당의 급수량 q[ℓ/c/d]	1일 평균사용 시간 T[h/d]	사 용 자	단위 유효 면적당의 인원 n	유효면적/연면적 k[%]
사 무 소	100~120	8	재근자 1인 당	0.2人/m^2	55~60
관청 · 은행	100~120	8	직원 1인 당	0.2人/m^2	55~60
병 원	고급 1,000 이상 중급 500 이상 기타 250 이상	10	1병 상당 외래객 8 직 원 120 간병인160	1병 상당 3.5인	45~48
극 장	30	5	객석 1인 당		53~55
영 화 관	10	3	연인원에 대해	객석에 대해 1.5人	
백 화 점	3	8	손님 1인 당 점원 100ℓ	1.0人/m^2	55~60
점 포	100	7	상주 160ℓ	0.16人/m^2	
공 중 식 당	15	7	손님 1인 당	1.0人/m^2	
요 리 점	30	5	손님 1인 당	1.0人/m^2	
바	30	6	손님 1인 당		
사 교 클 럽	30		손님 1인 당		
나이트클럽	120~350		객석당		
주 택	160~200	8~10	거주자 1인 당	0.16人/m^2	50~53
아 파 트	160~250	8~10	거주자 1인 당	0.16人/m^2	45~50
기 숙 사	120	8	거주자 1인 당	0.2	
호 텔	250~300	10	손님수 당	0.17人	
여 관	200	10	손님수 당	0.24	
초등 · 중학교	40~50	5~6	학생 1인 당	0.25~0.14	58~60
고등학교 이상	80 교사 1인 당 100	6	학생 1인 당	0.1	
공 장	60~140 (남 80, 여100)	8	1교대 1인 당	좌작업 0.3 입작업 0.1	

2) 급수량

표 2-6은 건물 종류별 1人 1日 급수량, 1日 평균 사용기간과 사용산정기준을 나타냈다. 건물 내에는 이러한 급수량 외에 공조용수 등 상당량의 급수가 필요하며 이

에 대한 개략치는 다음과 같다.

(1) 냉방용 보급 수량

① 압축식 냉동기 냉각수량(방류식)

$$Q_r = 780 \times RT \times T \quad \cdots\cdots (2\text{-}3)$$

Q_r : 냉각수량[ℓ/d]

RT : 냉각기능력 [US RT]

T : 운전시간 [h/d]

② 냉각탑 보급수

압축식 냉동기

$$Q_{F1} = 15.6 \times \mathrm{RT} \times \mathrm{T} \quad \cdots\cdots (2\text{-}4)$$

흡수식 냉동기(1중 효용)

$$Q_{F2} = 21.3 \times \mathrm{RT} \times \mathrm{T} \quad \cdots\cdots (2\text{-}5)$$

흡수식 냉동기 (2중 효용)

$$Q_{F3} = 20.7 \times \mathrm{RT} \times \mathrm{T} \quad \cdots\cdots (2\text{-}6)$$

Q_F : 냉각탑 보급수[ℓ/d]

RT : 냉동기 능력[US RT]

T : 운전시간[h/d]

표 2-7 냉방용 보급수량

냉각탑 보급수		냉각열량 [W]	냉각수 출입구 온도차[℃]	냉각수량 [ℓ/h · RT]	보급수량 [%]
압축식냉동기 냉각수량(방류식)		4,535	5	780	
압축식냉동기 냉각탑보급수		4,535	5	780	2
흡수식냉동기	1중 효용	8,895	9	850	2.5
	2중 효용	8,895	5.4	1,037	2

③ 수영장 보급수

$$Q_{pf} = V \times (0.05 \sim 0.2) \quad \cdots\cdots (2\text{-}7)$$

Q_{pf} : 보급수량[m³/d]

V : 수영장체적[m³]

(2) 급수 인원수에 의한 방법

탱크, 펌프 등의 용량산정과 급수관 관경 결정에는 건물의 평균 급수량과 최대 부하시의 급수량을 예측하여야 한다. 급수량의 개념으로는 1일 사용 급수량, 시간평균 예상 급수량, 시간최대 예상 급수량, 순시 최대 예상 급수량 등이 있으며 이들은 다음과 같은 식으로 표시된다.

［1일 사용 급수량］

$$Q_d = n \cdot q \cdot T \; [\ell/c/d] \quad \cdots\cdots (2\text{-}8)$$

［시간평균 예상 급수량］

$$Q_h = \frac{Q_d}{T} [\ell/h] \quad \cdots\cdots (2\text{-}9)$$

［시간 최대 예상 급수량］

$$Q_m = Km \cdot Q_h \; [\ell/h] \quad \cdots\cdots (2\text{-}10)$$

［순시 최대 예상 급수량］

$$Q_p = K_p \cdot \frac{Q_h}{60} [\ell/min] \quad \cdots\cdots (2\text{-}11)$$

Q_d : 1日당 급수량[ℓ/d]

Q_h : 시간 평균 예상 급수량[ℓ/d]

Q_m : 시간 최대 예상 급수량[ℓ/d]

Q_p : 순시 최대 예상 급수량[ℓ/min]

T : 1일 평균 물 사용시간[h]

n : 건물 사용인원

q : 1일 1인당 급수량[ℓ/c/d]

K_m : 시간 최대 예상 급수량의 피크 비율

K_p : 피크시 최대 예상 급수량의 피크 비율

학교, 공장, 극장 등은 물의 사용시간이 단시간 휴식시간에 집중하므로 Q_m, Q_p가 크며 K_m과 K_p는 각기 1.5~2, 3~4 정도이나 일반적으로 건물의 물 사용 특성과 건물의 규모에 따라 다르다 표 2-8에는 공동주택의 예로 구한 K_m과 K_p를 나타냈다. 건물규모가 작고 물 사용이 집중되는 경우에는 K_m, K_p 값이 높으나 건물규모가 크고 주택과 같은 물 사용 형태에서는 K_p는 2~3 정도로 한다.

표 2-8 공동주택에서의 K_m, K_p

단지규모[세대]	30	50	100	200	300	500	700	1,000
K_m	2.0	1.8	1.87	1.7	1.7	1.7	1.7	1.7
K_p	3.9	3.5	3.2	2.8	2.5	2.3	2.2	2.1

예제 2-3 **연면적 5,000m² 의 임대사무실 건물에서 1일급수량, 시간평균예상급수량, 시간최대예상급수량, 피크시 최대예상급수량을 구하시오. 공조용 터보 냉동기의 용량은 180US RT로 한다.**

풀이

① 표 2-6의 유효면적률과 유효면적당의 인원에서 연인원 N을 산정한다.

$N = 5,000 \times 0.6 \times 0.2 = 600$人

② 1일 물사용량은 ①의 인원 1인당 1일 평균 사용수량을 100ℓ/d·人을 곱하여 이 건물의 인원에 의한 사용량을 구한다.

$Q_1 = 600 \times 100 = 60,000$ ℓ/d

③ 식 2-4에서 15.6ℓ/h·RT에서 냉각탑보급 수량은

$Q_{f1} = 15.6 \times 180 \times 8 = 22,464 \fallingdotseq 22,500$ ℓ/d

④ Q_1과 Q_{f1}에서 이 건물의 1일 급수량 Q_d는

$Q_d = Q_1 + Q_{f1} = 60,000 + 22,500 = 82,500$ ℓ/d

⑤ 식 2-8에서 물사용시간을 8h/d로 하여 시간평균예상급수량을 구한다.

$Q_h = \frac{82,500}{8} \fallingdotseq 10,300$ ℓ/d

⑥ 식 2-9에서 시간 최대 예상 급수량을 시간 평균 예상 급수량의 2배로 하여 구한다.

$Q_m = 2 \times 10,300 = 20,600\ \ell/d$

⑦ 식 2-10에서 피크시 최대 예상 급수량을 시간 평균 예상 급수량의 3배로 하여 구한다.

$Q_p = \dfrac{3 \times 10,300}{60} \fallingdotseq 500\ \ell/min$

(3) 위생 기구 수에 의한 방법

위생기구의 사용수량은 그 종류, 수압, 사용상태에 따라 다르며 표 2-9은 수압을 200~300kPa로 일정하게 고정시킨 경우의 각 지구에 대한 유출수량을 나타낸 것이다. 그러나 1시간당의 사용횟수를 가정하기가 어렵기 때문에 표 2-9에 나타낸 위생기구별 급수량을 사용하면 편리하다. 다수의 위생기구가 설치된 배관관에서는 그것들이 동시에 사용되는 경우가 거의 없다. 따라서 어느 시각에 동시에 사용되는 기구의 비율을 표 2-10의 기구동시 사용률(probability of simultaneous use of fixtures)로 한다면 1일당 급수량 Q_d는

$$Q_d = P \cdot \sum q' \cdot f\ [\ell/d] \quad \cdots\cdots (5 \cdot 8)$$

여기서 P : 기구동시 사용률[%]

q' : 위생기구별 1개 1일당 급수량[ℓ/d]

f : 위생기구수[개]

표 2-9 위생기구별 1개 1일당 급수량 〔ℓ/d〕

위생기구 \ 건물별	사무실	학교	병원	아파트	공장	회관, 클럽, 보험, 은행	극장 영화관
대변기(세척밸브)	900	600	750	200	750	600	750
대변기(세척탱크)	1200	800	1000	240	1000	800	1000
소변기(세척밸브)	400	240	480	150	420	320	480
소변기(세척탱크)	400	240	480	150	420	320	480
수 세 기	240	140	180	120	-	160	300
세 면 기	960	900	400	200	-	640	3200
싱 크	1200	720	600	550	-	960	-
청소용 싱크	510	440	6100	270	-	440	-
욕 조	-	-	-	760	-	-	-

표 2-10. 기구의 동시사용율

(단위 : %)

기구수 / 기구종류	1	2	4	8	12	16	24	32	40	50	70	100
대변기(FV)	100	50	50	40	30	27	23	19	17	15	12	10
일반기구	100	100	70	55	48	45	42	40	39	38	35	33

3) 용도별 사용수량

급수계통을 음료수계통과 잡용수 계통으로 분류할 때 각기 건물 종류별 비율은 표 2-11과 같다.

표 2-11 음료수와 잡용수의 비율

건 물 종 류	음료수(%)	잡용수(%)
일 반 건 축	30~40	70~60
주 택	65~80	35~20
병 원	60~66	40~34
백 화 점	45	55
학 교	40~50	60~50

4. 기기의 배치계획과 용량결정

1) 기기의 배치계획

급수설비를 구성하는 기기는 저수조, 양수펌프, 압력탱크, 고가탱크 등이 있으며 이들의 기기배치시 다음의 조건을 고려하여 적절한 장소에 배치하여야 한다.

① 먼지, 오물, 배수, 약품류 등의 위생상 문제가 우려되는 곳으로부터 격리되어 있을 것.

② 운전 · 보수 · 관리가 안전하고 용이하게 될 수 있을 것.

③ 기기의 반입 · 반출에 지장이 없을 것.

④ 전기실, 통신기기실, 컴퓨터실 등의 직상층과 주방, 욕실 등 다량의 물을 사용하는 실의 직하층을 피할 것.

⑤ 펌프의 진동 · 소음이 거실 등에 전달되지 않을 것.

⑥ 파이프 샤프트와 인접된 장소에 있을 것.

(1) 저수조, 고가수조

탱크 배치시 고려하여야 할 사항은 다음과 같다.

① 탱크주위의 점검공간은 60cm 이상 간격을 두며 탱크상단과 천장면과의 공간은 100cm 이상 확보한다.

② 고가수조를 안전하게 점검하기 위해서는 필요에 따라 추락방지용 울타리를 설치한다.

③ 탱크맨홀의 크기는 직경 60cm 이상의 원이 내접 가능한 크기 이상으로 한다.

④ 탱크의 상부에 펌프 · 보일러 · 공조기 등의 기기류 설치시 음료수의 오염을 방지하기 위한 위생상 필요한 조치를 한다.

수수조의 설치는 위치, 크기, 하중, 층고 등이 건축계획에 큰 영향을 주므로 계획단계에서부터 충분한 협의를 하여야 한다. 고가수조는 건물의 최고부에 설치되므로 내진을 고려하여 설치하고, 건물 최상층에 대변기 세척밸브와 샤워 등의 설치시 고가수조의 하부에서 이들 기기류까지의 높이가 최소한 10m가 필요하며, 또한 냉각탑의 보급수는 약간의 높이차로서 자유흐름에 의해 공급될 수 있는 높이가 확보되어야 한다. 초고층건물의 경우 조닝을 위하여 중간층에 탱크류 설치공간이 확보되어야 한다.

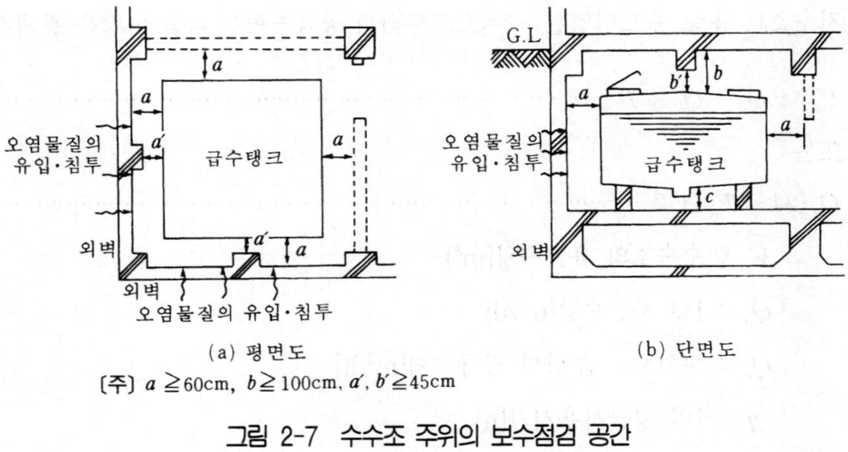

〔주〕 $a \geqq 60$cm, $b \geqq 100$cm, a', $b' \geqq 45$cm

그림 2-7 수수조 주위의 보수점검 공간

(2) 급수펌프

① 펌프의 배치는 운전, 점검, 보수관리를 고려하여 결정한다.

② 펌프·모터의 주변은 그림 2-8과 같이 반입·반출이 가능하고 기기류, 벽면, 배관 등으로부터 충분한 간격을 둔다.

③ 저수탱크와 펌프를 접속하는 흡입관의 길이는 가능한 한 짧도록 배치한다.

④ 내진·방진·워터 햄머 방지대책 등을 충분히 고려하여 배치한다.

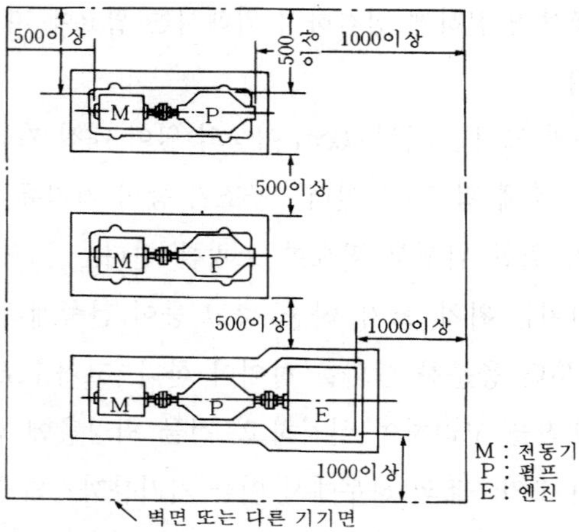

그림 2-8 펌프전동기의 위치와 주위의 간격

2) 저수조의 용량

저수조의 용량, 수도인입관, 수원으로부터의 공급능력은 다음과 같은 관계가 있다.

$$V_s \geq Q_d - Q_s \times T \quad \cdots\cdots (2\text{-}12)$$

또는

$$Q_s(24 - T) \geq T \quad \cdots\cdots (2\text{-}13)$$

V_s : 수수조의 유효수량[m^3]

Q_d : 1일 사용수량[m^3/d]

Q_s : 수원으로 부터의 공급능력[m^3/h]

T : 1일 평균사용시간[h]

수원의 공급능력이 충분한 경우에는 수수조의 용량은 적어질 수 있으나 일반적으로 천재지변, 전쟁 등에 대비하여 국가에서 정한 지침에 의해 정한다. 건축사협회에서 결정한 지하 저수조 설치기준은 다음 표 2-12와 같다.

표 2-12 지하저수조 설치기준

건 물 종 류	단 위	수 량
일 반 건 물	연면적 m^2 당	30ℓ
호 텔 · 병 원	연면적 m^2 당	50ℓ
주 택	연면적 m^2 당	15ℓ
연 립 주 택	세대당	$1m^3$
공 동 주 택	세대당	$1m^3$

예제 2-4 200세대의 공동주택 급수계획에 대하여 수도인입관에서 평균 200ℓ/min의 수량이 확보가능한 경우 저수조의 용량을 구하시오.

풀이 ① 1세대당 4인, 1인 1실 평균사용수량이 250ℓ일 때 1일 급수량 Q_d를 구하면

$$Q_d = 4 \times 250 \times 200 = 200,000\,\ell/d = 200\,m^3/d$$

수도인입관에 의해 공급량 Qsd를 구한다.

$$Q_{sd} = 200 \times 60 \times 24 = 288,000\,\ell/d = 288\,m^3/d$$

따라서 공급량은 1일 급수량을 만족한다.

② 식 2-11에서 T=10으로 V_s를 구하면

$$Q_s = 60 \times 200 = 12000\,\ell/d = 12\,m^3/h$$

$$V_s \geqq Q_d - Q_s T$$

$$\geqq 200 - 12 \times 10$$

$$\geqq 80\,m^3$$

③ 식 2-12에서 야간에 저수조를 만수시킬 수 있는지 확인한다.

$$Q_s(24 - T) \geqq V_s$$

$$12 \times (24 - 10) \geqq V_s$$

$$168\,m^3 \geqq V_s$$

야간 공급능력 $168m^3$은 탱크용량 $80m^3$에 대하여 충분함

3) 양수펌프와 고가수조 용량

(1) 펌프용량과 탱크용량의 관계

양수펌프 양수량과 고가수조 용량과의 관계는 다음과 같다.

$$V_h = (Q_p - Q_{pu})T_p + Q_{pu} \times T_{pr} \quad \cdots\cdots (2\text{-}14)$$

V_h : 고가수조의 유효용량[ℓ]

Q_p : 순시 최대 예상 급수량[ℓ/min]

Q_{pu} : 양수펌프수량[ℓ/min](일반적으로 시간 최대 예상 급수량)

T_p : 순시 최대 예상 급수량의 계속시간[min](일반적으로 30분 정도)

T_{pr} : 양수펌프의 최단 운전 시간[min](일반적으로 10~15분 정도)

일반적으로 펌프 양수량은 시간 최대 예상급 수량으로 고가수조유효수량은 시간 평균 예상 급수량의 1시간 정도로 설계한다. 그림 2-9는 고가수조용량을 나타낸 그림으로서 전체용량이 충분하여도 저수위면 이하의 수량을 $(Q_p - Q_{pu})T_p$ 확보하기 위하여 펌프운전용 전극봉을 설치하여 저수위시 피크부하 발생에 대한 대처가 가능하도록 한다.

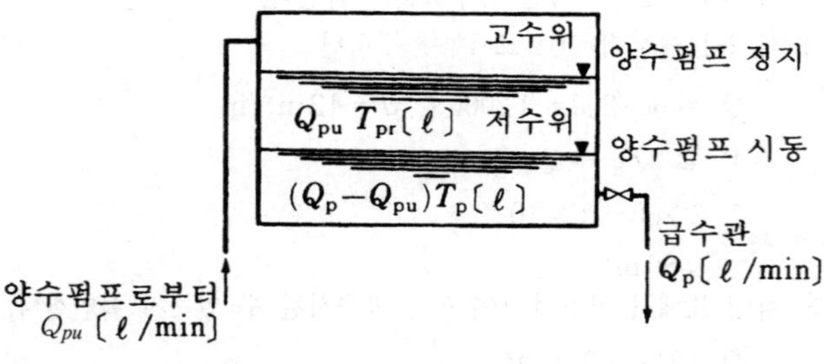

그림 2-9 고가수조의 용량

예제 2-5 예제 2-4의 공동주택에서 고가수조의 용량을 20m³ 로 할 때 양수펌프의 용량을 구하시오.

풀이 ① 1일 급수량 $Q_d = 200\text{m}^3/\text{d}$이므로 식 2-8~9에서

시간평균예상급수량

$$Q_d = \frac{Q_d}{T} = \frac{200}{10} = 20\text{m}^3/\text{d}$$

시간최대예상급수량

$$Q_m = Q_h \times 2 = 40\text{m}^3/\text{h}$$

피크시 최대예상급수량

$$Q_p = \frac{3Q_h}{60} = \frac{3 \times 20,000}{60} = 1,000\ell/\text{min}$$

② 피크시 최대예상급수량의 계속시간 T_1을 30분간, 펌프최단운전시간 T_{pr}을 10분으로 하면 식 2-13에서

$$V_h = (Q_p - Q_{pu})T_p + Q_{pu} \times T_{pr}$$
$$20,000 = (1,000 - Q_{pu}) \times 30 + Q_{pu} \times 10$$
$$20Q_{pu} = 10,000$$
$$Q_{pu} = 500\ell/\text{min}$$

펌프의 용량은 500ℓ/min으로 한다.

(2) 펌프의 전양정과 소요동력

양수펌프의 전양정은 다음 식에 의한다.

$$H \geq H_1 + H_2 + \frac{V^2}{2g} \quad \cdots\cdots (2\text{-}15)$$

H : 양수펌프의 전양정[m]

H_1 : 양수펌프의 실양정[m]

H_2 : 양수펌프의 후드밸브에서 양수관 상부까지 직관, 부속류, 밸브 등에 의한 마찰손실수두[m]

$\frac{V^2}{2g}$: 토출구의 속도수두[m]

일반적인 설계에서는 토출구의 속도수두는 생략한다.

펌프의 소요동력은 유량, 양정, 효율에 의해 결정되며 다음 식에 의한다.

$$L_w = \frac{r \times Q \times H}{102 \times 60} = \frac{r \times Q \times H}{6,120} [\text{kW}] \quad \cdots\cdots (2\text{-}16)$$

L_w : 수동력[kW]

r : 밀도[kg/m³]

Q : 양수량[m³/min]

H : 양정[m]

펌프의 축동력은 수동력을 펌프효율로 나누어 구한다.

$$L_s = \frac{L_w}{\eta_p} \quad \cdots\cdots (2\text{-}17)$$

η_p : 펌프의 효율

L_s : 축동력[kW]

원동기 동력은 축동력에 여유율과 전달효율을 고려하여 구한다.

$$L_m = \frac{a \times L_s}{\eta_t} = \frac{a}{\eta_t} \times \frac{L_w}{\eta_p}$$

$$= \frac{a \times r \times Q \times H}{6,120 \times \eta_t \times \eta_p} \quad \cdots\cdots (2\text{-}18)$$

L_m : 원동기 동력[kW]

η_t : 전달효율(전동기직결 : 1)

a : 여유율(전동기 : 1.1~1.2, 엔진 : 1.2~1.25)

표 2-10에 펌프흡입 관경과 토출량의 관계를 나타냈으며, 그림 2-10, 2-11은 펌프의 종류별 효율을 나타냈다.

표 2-13 소형 와권펌프와 다단펌프의 흡입구경과 토출량 관계표

[m³/min]

흡입구경[mm]		40	50	65	80	100	125	150
토출량범위	60Hz	0.22 이하	0.18~ 0.36	0.28~ 0.56	0.45~ 0.90	0.71~ 1.40	1.12~ 2.24	1.80~ 3.55

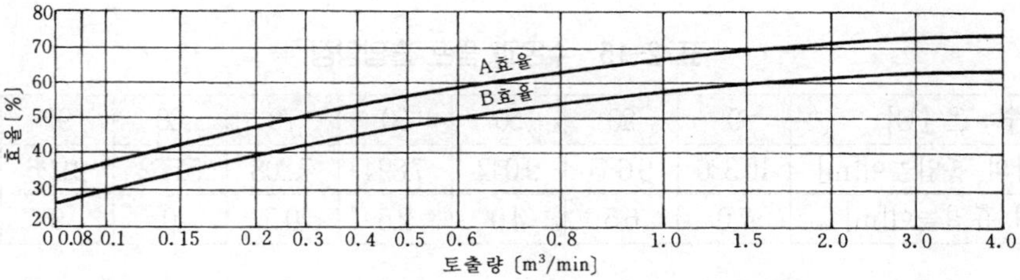

토출량 [m³/min]	0.08	0.1	0.15	0.2	0.3	0.4	0.5	0.6	0.8	1.0	1.5	2.0	3.0	4.0
A효율(%)	35	39	45	48.5	53.5	57	59	60.5	63.5	65.5	68.5	70.5	73	74
B효율(%)	28.7	32	36.9	39.8	43.9	46.7	48.4	49.6	52.1	53.7	56.2	57.8	59.9	60.7

[주] A효율은 펌프효율이 최고일 때의 토출량에 대한 최저효율임
B효율은 사양 토출량시의 최저효율

그림 2-10 소형 다단펌프 효율

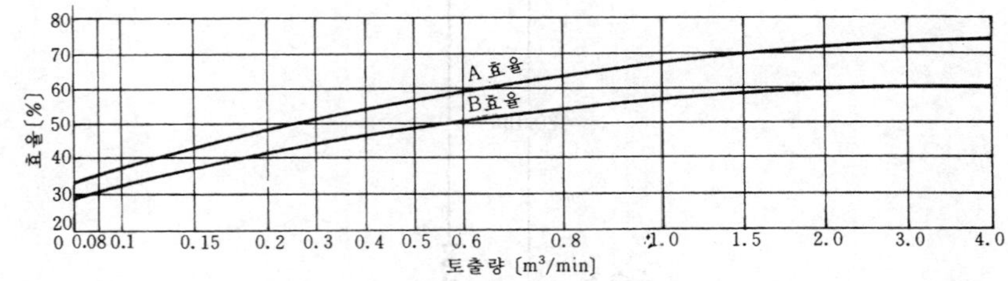

토출량 [m³/min]	0.08	0.1	0.15	0.2	0.3	0.4	0.5	0.6	0.8	1.0	1.5	2.0	3.0	4.0
A효율(%)	32	37	44	48	53.5	57	59	60.5	63.5	65.5	68.5	70.5	73	74
B효율(%)	26.3	30.3	36.2	39.4	43.9	46.7	48.4	49.6	52.1	53.7	56.2	57.8	59.9	60.7

[주] A효율은 펌프효율이 최고일 때의 토출량에 대한 최저효율임
B효율은 사양 토출량시의 최저효율

그림 2-11 소형 와권펌프 효율

표 2-14 해발높이와 펌프 흡입양정

고 도 [해발 m]	0	100	200	300	400	500	1,000	1,500
기 압[mmHg]	760	751	742	733	724	716	674	634
이론상의 흡입높이[m]	10.33	10.20	10.08	9.97	9.83	9.7	9.0	8.6

[주] 수온 15[℃]인 경우의 값임

표 2-15 수온과 펌프 흡입양정

수 온 [℃]	0	20	50	60	70	80	90	100
이론상의 흡입높이[m]	10.336	9.685	9.042	7.894	7.208	5.562	2.926	0
실제 흡입높이[m]	7.0	6.5	4.0	2.5	0.5	0	0	0

예제 2-6 예제 2-3에서 유량을 구한 펌프의 실양정이 20m인 경우 펌프의 원동기 동력을 계산하시오.
밸브, 직관, 부속류의 마찰저항 손실수두는 5mAq이며 속도수두는 생략하고 펌프는 와권펌프로 한다.

풀이

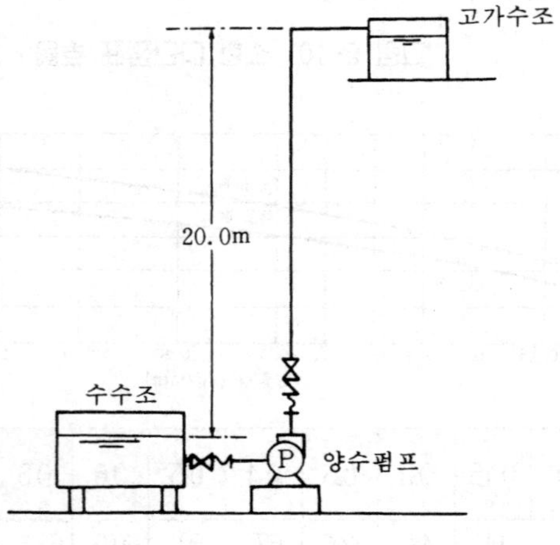

그림 2-12 예제 2-6의 배관계통도

식 2-14에서 전양정을 구한다.

주어진 조건에서

$H = 20 + 5 = 25\text{mAq}$

식 2-17에서 전달효율 $\eta_t = 1$, 여유율 $a = 1.2$, 펌프효율은 그림 2-11에서 $\eta_p = 0.484$

$$L_m = \frac{a \times r \times Q \times H}{6,120 \times \eta_t \times \eta_p}$$

$$= \frac{1.2 \times 1,000 \times 0.5 \times 25}{6,120 \times 1 \times 0.484}$$

$$= \frac{15,000}{2,962} = 5.06\text{kW}$$

전동기는 5.5kW로 한다.

4) 압력 탱크의 용량

그림 2-13에 표시된 바와 같이 체적 V, 초압 P_o인 밀폐탱크에 펌프로 물을 가압송수하여 탱크 내압이 최고 사용압 P_2까지 상승하였을 때 펌프를 정지시키며 물의 사용에 의해 최저 사용압 P_1까지 강하 시 펌프를 기동시킨다. 펌프의 정지시부터 재기동시까지 유입한 수량 $V_2 - V_1$을 유효수량이라 하며 초압 P_o , 용량 V의 물이 들어 있지 않은 탱크에 V'만큼의 물이 있을 때의 압력 P'까지 상승하면 V'의 V에 대한 비율 r은 보일의 법칙에 의해 다음 식으로 나타낸다.

$$r = \frac{V'}{V} = \frac{P' - P_o}{P' + 1.033} \quad \cdots\cdots (2\text{-}19)$$

P_o와 P'의 비율을 백분율로 표시하면 표 2-16과 같다.

위 식에서 압력탱크의 용량은 다음 식으로 산정 할 수 있다.

$$V \geq \frac{Q}{r_2 - r_1} \quad \cdots\cdots (2\text{-}20)$$

V : 압력탱크의 전용량[ℓ]

Q : 유효수량 $Q = V_2 - V_1$[ℓ]

r_2 : 초압 P_o ,펌프 정지압 P_2의 경우 탱크 내 수량 비율

r_1 : 초압P_o ,펌프 기동압 P_1의 경우 탱크 내 수량비율

유효수량 Q는 다음의 관계에 의해 정한다.

$$Q = K \times Q_{pu} \qquad \cdots\cdots (2\text{-}21)$$

표 2-16 압력탱크의 체적 비율표(수조 전체적에 대한 수량비율%)

[kPaG]

	종압 P'														
초압 (P_o)	50	100	150	200	250	300	350	400	450	500	600	700	800	900	1000
0	32.6	49.2	59.2	65.9	70.8	74.4	77.2	79.5	81.3	82.9	85.3	87.1	88.6	89.7	90.6
25	16.3	36.9	49.3	57.7	63.7	68.2	71.7	74.5	76.8	78.7	81.8	87.0	85.8	87.2	88.4
50	0	24.6	39.5	49.5	56.6	62.0	66.2	69.5	72.3	74.6	78.2	80.9	83.0	84.2	86.1
75		12.3	29.6	41.2	49.5	55.8	60.7	64.6	67.8	70.4	74.6	77.8	80.3	82.2	83.8
100		0	19.7	33.0	42.5	49.6	55.2	59.6	63.3	66.3	71.1	74.7	77.5	79.7	81.6
125			9.9	24.7	35.4	43.4	49.6	54.6	58.7	62.2	67.5	71.6	74.7	77.2	79.3
175			0	16.5	28.3	37.2	44.1	49.7	54.2	58.0	64.0	68.5	72.0	74.8	77.0
200				8.2	21.2	31.0	38.6	44.7	49.7	53.9	60.4	65.4	69.2	72.8	74.8
225				0	14.2	24.8	33.1	39.7	45.2	49.7	56.9	62.2	66.4	69.8	72.5
250					7.1	18.6	27.6	34.8	40.7	45.6	53.3	59.1	63.7	67.3	70.2
275					0	12.4	22.1	29.8	36.1	41.4	49.8	56.0	60.9	64.8	68.0
300						6.2	16.5	24.8	31.6	37.3	46.2	52.9	58.1	62.3	65.7
325						0	11.0	19.9	27.1	33.2	42.7	49.8	55.4	59.8	63.4
350							5.5	14.9	22.6	29.0	39.1	46.7	52.6	57.3	61.2
370							0	9.9	18.1	24.9	35.5	43.6	49.8	54.8	58.9
375								5.0	13.6	20.7	32.0	40.5	47.0	52.3	56.6
400								0	9.0	16.6	28.4	37.3	44.3	49.8	54.4
450									0	8.3	21.3	31.1	38.7	44.9	49.9
500										0	14.2	24.9	33.2	39.9	45.3

$$\frac{V'}{V} \times 100 = \frac{P' - P_o}{P' + 1.033} \times 100$$

[주] V: 압력수조의 전용적 　　P : 압력수조의 초압

V' : 압력수조 내 물의 용적 　　P' : V'일 때의 수조 내 압력

다만,

$$Q_{pu} \geqq Q_p \quad \cdots\cdots (2\text{-}21)$$

K : 펌프의 가동시간[min](일반적으로 2~3분)

Q_{pu} : 펌프 급수량[ℓ/min]

Q_p : 순시 최대 예상 급수량[ℓ/min]

K는 전동기의 과열을 방지하기 위하여 제한하는 값으로 전동기의 기동빈도로부터 계산하는 최소가동 시간이다.

$$K = \frac{60}{n} \quad \cdots\cdots (2\text{-}22)$$

n : 전동기의 허용기동빈도[회/h]

표 2-17에 n의 값을 나타냈다

표 2-17 펌프의 기동빈도

전동기출력[kW]	0.75 이하	3.7 이하	7.5이하	22이하	55이하
기동빈도(回/h)	40	30	20	12	8

일반적으로 $P_2 - P_1$은 100~200kPa로서 P_o는 P_1보다 100~200kPa 낮게 하는 것이 적당하다.

r_1은 공기의 혼입을 방지하기 위하여 0.15V 이상으로 하며, 급수펌프의 양정은 다음 식을 만족하여야 한다.

$$H \geqq H_1 + H_2 + H_3 + H_4 \quad \cdots\cdots (2\text{-}23)$$

H : 급수펌프의 전양정[m]

H_1 : 급수펌프의 실제양정[m]

H_2 : 급수펌프의 풋 밸브로부터 최고위치 등 최악의 조건의 기기까지의 밸브, 배관, 이음쇠에 의한 마찰손실수두[m]

H_3 : 최고위치 또는 최악의 조건에 있는 수전 또는 기기의 필요압에 상당하는 높이[m](표 2-2 참조)

H_4 : 펌프기동정지의 압력차$(P_2 - P_1)$에 상당하는 높이[m]

예제 2-7 **압력탱크방식으로 순시최대 예상급수량이 500 ℓ/min, 탱크초압 100kPa, 펌프 발정압 (200kPa→350kPa)인 경우 압력탱크의 용량을 구하시오.**

풀이 ① 급수펌프의 수량을 순시최대예상급수량 500ℓ/min로 하며 펌프의 최소가동시간은 3분으로 한다.

유효수량 Q는 식 2-20에서

$Q = 3\times500 = 1,500\,\ell$

② 표 2-12에서 $P_o = 1$의 경우 종압 200kPa또는 350kPa 상당하는 r_1, r_2를 구하면

$r_1 = 33\%$, $r_2 = 55.2\%$

식 2-19에서 압력탱크 용량 V를 구하면

$$V \geq \frac{Q}{r_2 - r_1} \geq \frac{1,500}{0.552 - 0.33} \geq 6,757(\ell)$$

압력탱크의 용량은 7㎥로 한다.

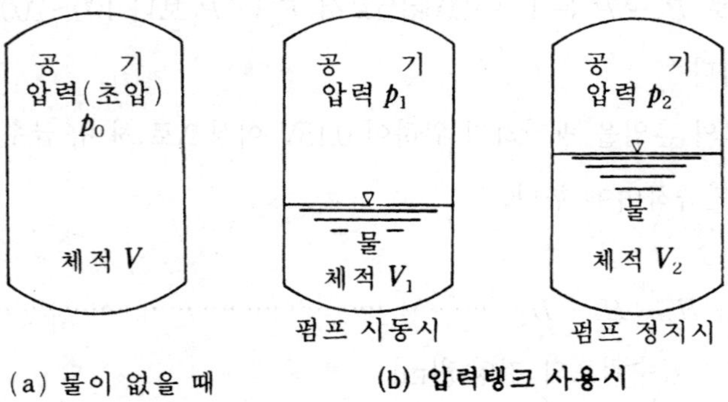

그림 2-13 압력수조의 작동

5. 배관계획과 관경결정

1) 조닝·계통구분

건물의 층고가 높을수록 급수를 한 계통으로 공급하면 하층부에서는 급수압의 과다로 급수기구의 사용장애, 소음, 진동, 워터햄머, 기구류 패킹의 조기마모에 의한 누수 등이 발생한다. 급수압의 한계는 호텔·아파트·병원 등에는 200~400kPa, 사무실, 사업장 등에서는 400~500kPa 이하로 하는 것이 바람직하며 이 이상의 급수압일 경우 하층부에 대한 중간탱크와 감압 밸브 설치 등에 의해 급수압을 조정하여야 한다. 이와 같이 급수구분을 2계통 이상 나누는 것을 조닝이라 하며 이에 대한 예는 그림 2-14, 2-15에 나타냈다. 급수설비의 계통구분시 종방향 조닝 이외에 보수 관리면을 고려하여 조닝하는 경우도 있다.

① 용도별 계통 구분 : 음료, 급탕, 소화, 공조보급수 계통 등
② 부문별 계통 구분 : 호텔의 숙박·연회장·주방, 병원의 진료·병실 등
③ 조닝별 계통 구분 : 종방향 조닝 이외에 동서남북 횡방향 조닝, 동별 조닝 등

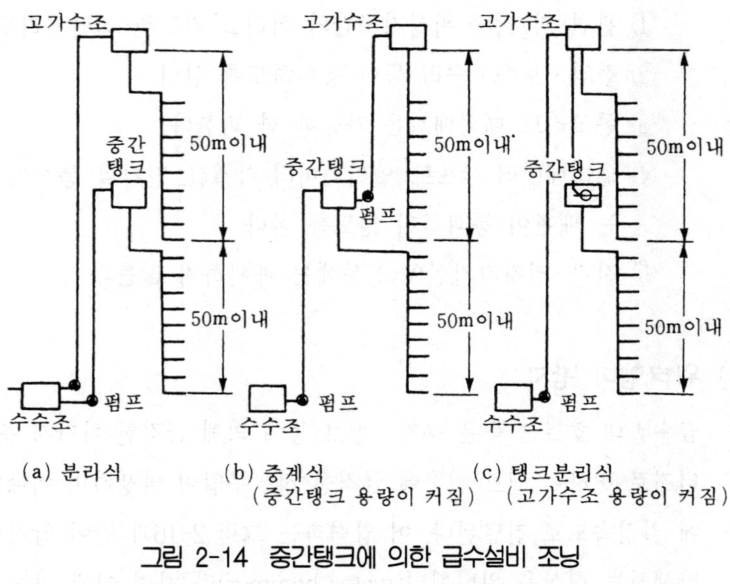

그림 2-14 중간탱크에 의한 급수설비 조닝

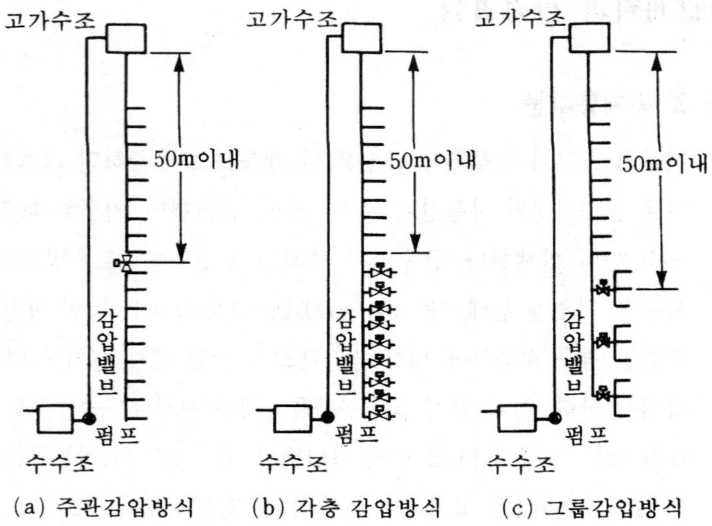

그림 2-15 감압밸브에 의한 급수설비 조닝

2) 배관경로

배관경로를 결정하기 위하여는 경제성 보수관리 등을 고려하여 다음 사항에 유의하여야 한다.

① 관련 기기류 · 위생기구간의 거리를 가능한 최단거리로 한다.
② 점검 · 보수 · 수리 등이 용이하도록 한다.
③ 콘크리트 매설배관은 가능한 한 피한다.
④ 엘리베이터 샤프트, 엘리베이터 기계실, 전기실, 통신기기실, 컴퓨터실 등에는 배관이 통과하지 않도록 한다.
⑤ 전기, 전자기기실의 상부에는 배관하지 않는다.

3) 워터햄머 방지

급수관내 흐르는 물은 수전 · 밸브 등에 의해 급격한 차단시 운동에너지가 압력에너지로 변하여 밸브 전후에 급격한 정 · 부압이 발생하며 이때의 압력파가 배관계에 일정속도로 전달된다. 이 압력파는 그림 2-16과 같이 압력변화와 반사에 의해 발생하는 현상을 워터햄머(water hammer)라 하며 이에 의해 배관 · 기기류에 진동, 소음이 발생하며 심한 경우 기기·배관의 파손과 누수 등의 사고원인이 된다.

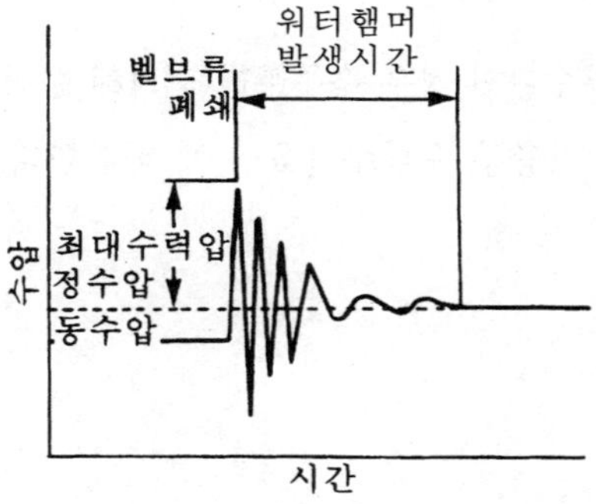

그림 2-16 워터햄머 개념도

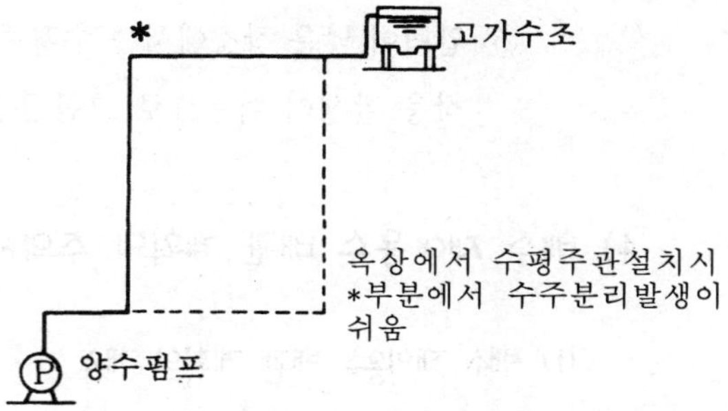

그림 2-17 수주분리 발생 쉬운곳의 배관 예

(1) 워터햄머 발생예상 장소

워터해머 발생이 예상되는 곳은 다음과 같다.

① 전자밸브, 코크 등 짧은 시간에 개폐하는 밸브, 수전류를 사용하는 장소
② 관내의 사용압력이 매우 높은 장소
③ 관내의 사용유속이 매우 빠른 장소
④ 수온이 높은 장소
⑤ 물기등 분리 발생이 쉬운 배관부분
⑥ 엘보 부분이 많은 배관부분
⑦ 펌프의 양수관

(2) 워터햄머 방지대책

① 수격압은 유속에 비례하므로 가능한 유속을 느리게 한다.
② 에어챔버와 수격방지기를 설치하여 비압축성 유체에 전달되는 수격압을 공기에 의해 흡수시킨다. 이러한 장치의 설치위치는 워터햄머 원인이 되는 밸브류에 가능한 근접하여 설치한다.
③ 펌프 토출 측에 수격방지용 역지 밸브를 설치하여 역류의 유속이 빨라지기 전에 신속히 밸브를 폐쇄한다.

④ 대구경 볼탑은 탱크 내에 형성된 파도에 의해 워터햄머 발생이 우려되므로 소구경 볼탑을 2개 설치 하거나 탱크 내부에 파도를 줄이는 판을 설치하여 조치한다.

⑤ 압력이 낮은 장소에서는 수평주관이 긴 양수관의 경우 수주분리에 의해 수격작용 발생이 쉬우므로 그림 2-17과 같이 저층부 수평주관을 길게 배관한다.

4) 배수 재이용수 배관 계획의 주의사항

(1) 배수 재이용수 배관 계획의 개요

일반적으로 배수 재이용 설비의 배관은 원수(原水)계 · 급수계 · 배수계로 구분되며 일반의 상수급수배관 · 배수배관 설비에 준하여 계획된다. 그러나 재이용수는 수질상의 문제로 상수도(음료수)와 엄격히 구별되어야 하며 배관계획시 오배관, 오접합에 의한 크로스컨넥션의 방지를 하여 중수도의 음용사고가 발생하지 않도록 계획 하여야 한다.

(2) 배수 재 이용수 배관의 주의사항

① 배수 재 이용수의 배관설비는 다른 배관과 겸용하지 않는다.

② 배수 재 이용수의 배관설비는 외관상 다른 배관설비와 용이하게 판별 가능하도록 표식을 하며 또는 물에 착색을 하여 판별할 수 있도록 한다.

이상은 오접합을 방지하기 위한 조치로서 재 이용수 배관은 상수급수관과 다른 재질을 사용하거나 상수관과 다른 파이프 샤프트를 사용하는 등의 대책을 고려한다.

③ 재 이용수 배관을 지중에 매설하는 경우 상수급수관과 일정간격을 둔다.

④ 재 이용수 탱크와 상수탱크를 직접 접속하지 않는다. 재 이용수 탱크에 상수급수관으로 보급수가 필요한 경우 크로스커넥션을 방지하기 위하여 적절한 토수구 공간을 탱크상부에 둔다.

⑤ 보수 · 점검 · 교체 등이 용이하도록 유효한 조치를 한다.

⑥ 세면기 등의 오음, 오사용의 우려가 있는 위생기구는 배수 재 이용수를 사

용하지 않도록 한다.

⑦ 오접합에 대한 여부를 시공 중, 완성 후 상세하게 조사 · 시험한다.

5) 급수압력과 관내유속

수사용기기류를 정상적으로 작동시키기 위하여는 적절한 급수압력의 확보가 필요하며 급수압력이 높을 때는 사용기기류의 내압성능의 문제, 유량유속의 과다에 의한 피해 등이 발생한다. 관내유속이 과다할 경우 워터햄머, 유수음발생, 밸브와 수전의 접속부 마모촉진 등의 장애가 발생하며 일반적으로 급수주관에서의 유속은 강관의 경우 2.0m/sec 이하 동관의 경우 1.5m/sec 이하가 바람직하며 필요이상으로 급수압이 높을 경우 위생기구 패킹재의 마모, 유속이 증가하여 유동소음과 워터햄머가 발생하며 동관은 난류에 의한 부식(에로젼)이 발생하므로 주의하여야 한다. 일반적으로 급수압력의 상한선은 400~500kPa 정도이며 정숙이 요구되는 주거용 건축물은 300~400kPa 정도로 한다.

표 2-18 권장유속

배 관 종 류	조 명	최적유속(m/s)
펌프흡입관	흡상높이, 흡입관 길이, 수온에 따라 상이함	0.5~1
펌프토출관	공기를 포함한 물로서 부식의 우려가 있을 때	1.5~2
급수본관	상수도 본관	1~2
급수분지관	건물내 급수관	0.5~0.7
급수원거리 송수관	수도 배수본관	1.5~3
보일러 급수관	수온 70℃ 이상	0.6~1
배수펌프양수관	-	1~1.5

6) 마찰손실수두

일반적으로 윌리엄 하젠 공식이 가장 많이 사용되며 식은 다음과 같다.

$$Q = 1.67\,Cd^{2.63}i^{0.54} \times 10^4 \quad \cdots\cdots \text{(2-24)}$$

Q : 유량[ℓ/min] d : 관대경(m) i : 마찰손실수두

C : 유량계수(동관 · 연관 · 시멘트라이닝관 : 140, 강관 · 주철관 · 고(古)동관 · 고(古)연관 · 비닐관 : 130, 고(古)시멘트 라이닝관 : 110, 고(古)주철관 · 고(古)강관 : 100)

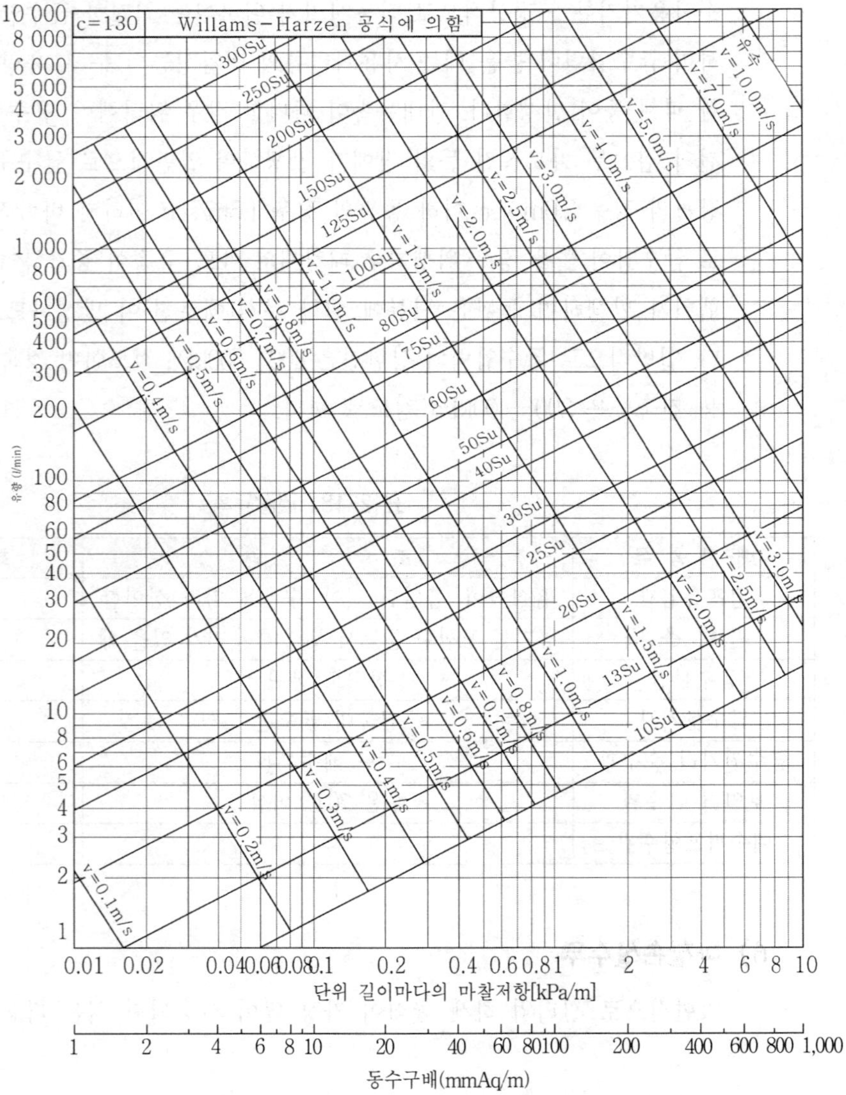

그림 2-18 일반배관용 스테리스강 강관 유량선도(10℃)

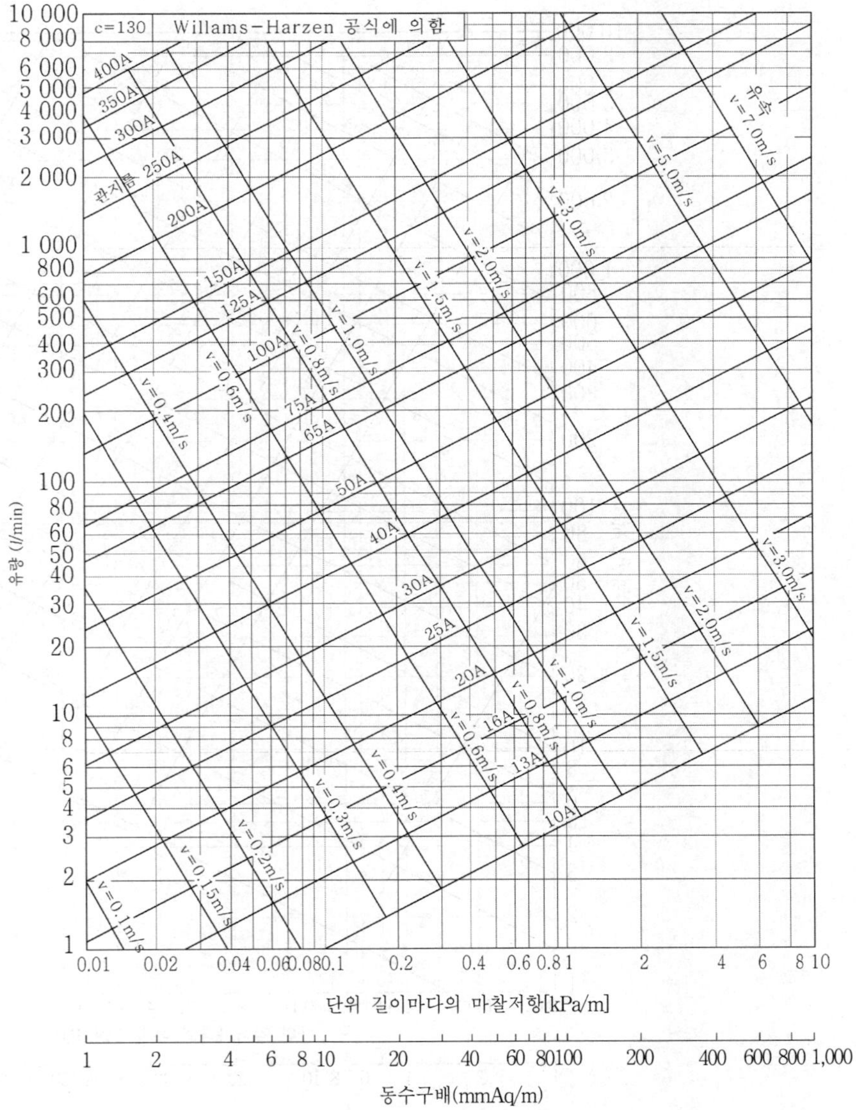

그림 2-19 경질 염화 비닐관 유량선도

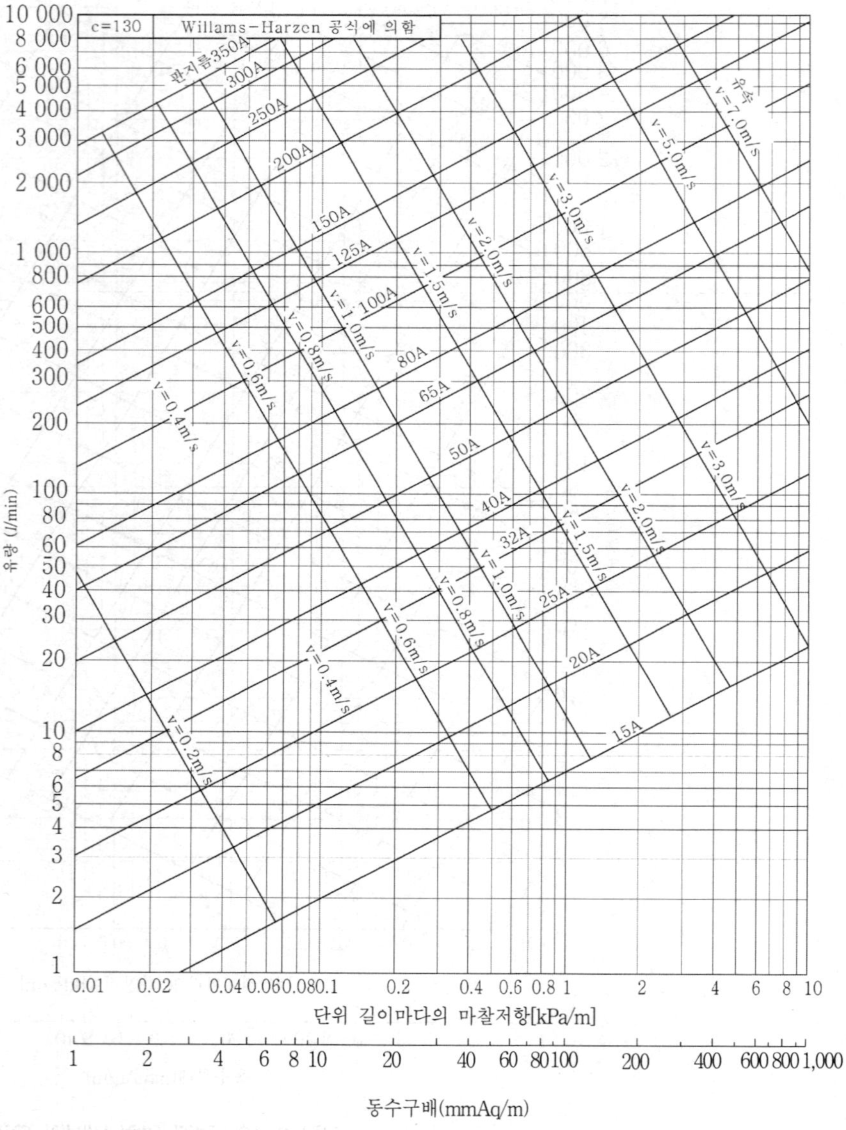

그림 2-20 경질 염화라이닝강관 유량선도

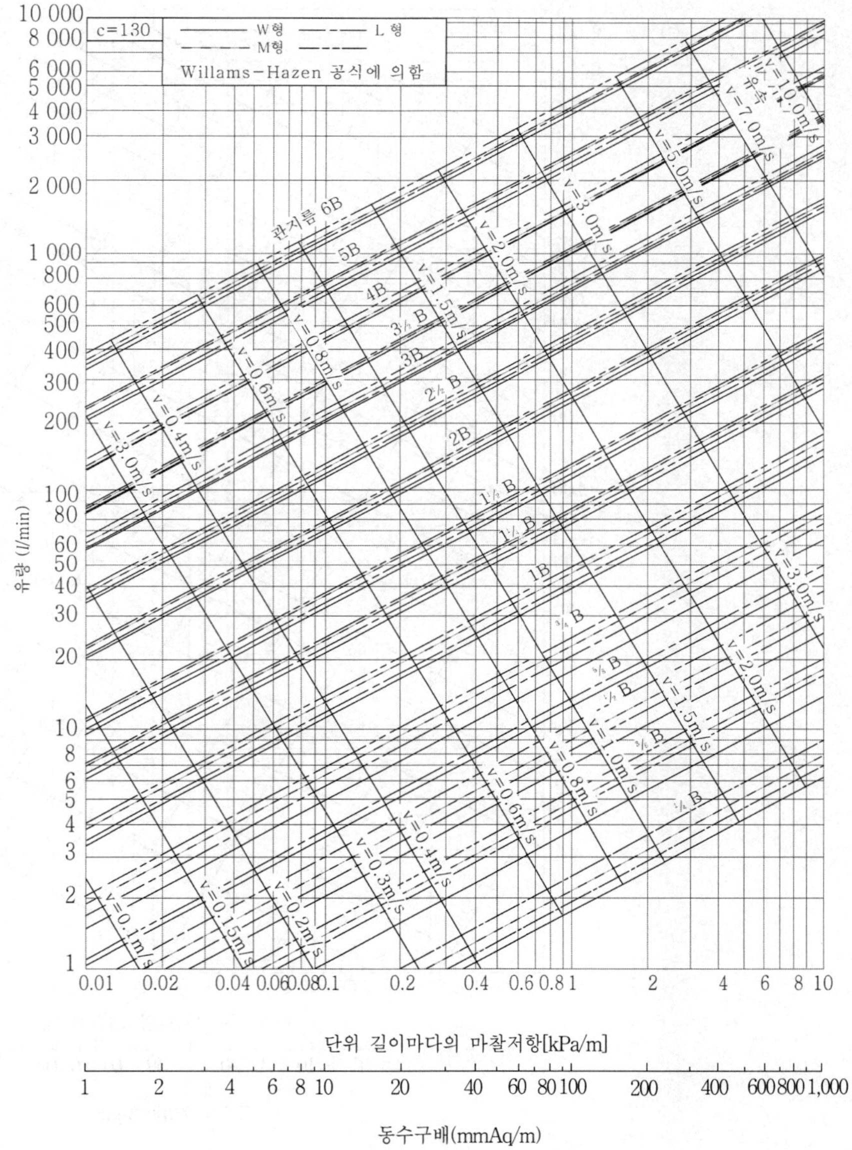

그림 2-21 동관 유량선도

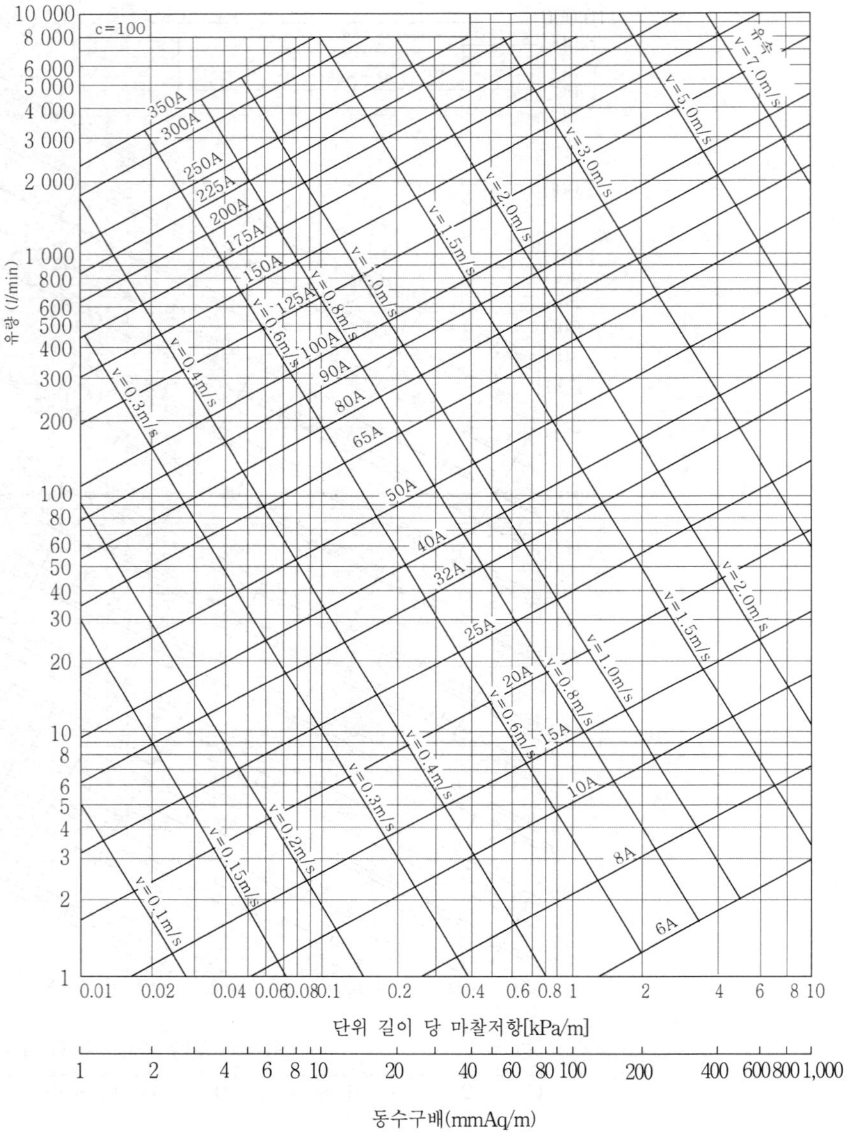

그림 2-22 배관용 탄소강 강관 유량선도

윌리엄 하젠 공식을 기초로 일반배관용 스테인리스관, 경질염화 비닐관, 경질염화 비닐 라이닝 강관, 동관, 배관용 탄소강 강관의 유량선도를 그림 2-18~22에 나타냈다. 부속, 밸브류의 마찰손실 수두는 표 2-19에 표시한 상당길이에 의해 계산한다. 일반 급수설비에서 직관에 대한 상당관 길이비율은 강관의 경우 100~200%, 동관과 같이 내부 윤활이 양호한 경우 75~150%로 한다.

예제 2-8 아연도금강관에 아래표와 같이 유량이 흐를 때 마찰저항선도를 이용하여 단위길이당 마찰손실수두[mmAq/m], 유속[m/s]을 구하시오 관경결정시 마찰손실수두 50mmAq/m 이하 유속 2m/s 이내로 한다.

유량[ℓ/min]	150	300	500	1000	2000
수두[mmAg/m]	(1)	(4)	(7)	(10)	(13)
유 속[m/s]	(2)	(5)	(8)	(11)	(14)
관 경[A]	(3)	(6)	(9)	(12)	(15)

풀이 (1) 47 (2) 11 (3) 50A (4) 25 (5) 0.97 (6) 80A (7) 18 (8) 0.95 (9) 100A (10) 22 (11) 1.2 (12) 125 (13) 35 (14) 1.8 (15) 150

예제 2-9 50A 급수 수평관이 다음 조건으로 흐를 때 상당관길이를 이용하여 전마찰손실수두를 구하시오
배관길이 100m, 유속 1m/s 90° 엘보 5EA,직류 TII 1,게이트밸브 3, 첵밸브 1

풀이 국부저항상당길이 : $5\times2.4+0.75\times1+0.48\times3+4.6=18.79$

$(100+18.79)\times43\text{mmAg}=5107.97$

$=0.5108\text{mm Ag}$

표 2-19 국부저항의 상당길이 (강관)

[단위 : m]

호칭경 [mm]	상당길이 [m]									
	90도 엘보	45도 엘보	90도 T자관 (분류)	90도 T자관 (직류)	게이트 밸브	스톱 밸브	앵글 밸브	체크 밸브 (스윙식)	체크밸브 (충격 흡수식)	Y형 스트레이너
15	0.6	0.36	0.9	0.18	0.12	4.5	2.4	1.2		1.38
20	0.75	0.45	1.2	0.24	0.15	6.0	3.6	1.6		2.18
25	0.9	0.54	1.5	0.2	0.18	7.5	4.5	2.0		3.0
32	1.2	0.72	1.8	0.36	0.24	10.5	5.4	2.5		4.62
40	1.5	0.9	2.1	0.45	0.3	13.5	6.6	3.1	4.2	5.47
50	2.1	1.2	3.0	0.6	0.39	16.5	8.4	4.0	3.8	8.0
65	2.4	1.5	3.6	0.75	0.48	19.5	10.2	4.6	3.8	11.45
80	3.0	1.8	4.5	0.90	0.63	24.0	12.0	5.7	4.0	14.11
100	4.2	2.4	6.3	1.20	0.81	37.5	16.5	7.6	2.0	21.62
125	5.1	3.0	7.5	1.50	0.99	42.0	21.0	10.0	2.0	31.57
150	6.0	3.6	9.0	1.80	1.20	49.5	24.0	12.0	2.0	41.17

7) 부하유량의 산정

급수관의 관경을 결정하기 위해서는 각 계통부하유량의 최대 값 즉, 순시최대유량을 산정 하여야 하며 방법은 다음과 같다.

① 물 사용 시간율과 기구급수단위에 의한 방법

② 기구 급수 부하단위에 의한 방법

③ 기구 이용에서 예측하는 방법

(1) 물 사용 시간율과 기구급수단위에 의한 방법

설비 기구 수에 의해 동시최대 물사용 기구 수를 구하여 기구 1개당 유량을 곱해 구한 순시최대유량에 의한 방법으로 순서는 다음과 같다.

① 기구 종류별 설치수량에 의해 그림 2-23을 이용하여 동시최대 물사용 기구 수와 순시최대유량을 구한다.

② 즉시식과 대시식의 이용형태의 구분은 표 2-20에 의하며, 수사용 시간율 n

의 표준치 또는 기구급수단위는 표 2-21에 의한다.

③ 즉시식 이용형태의 기구가 설치되어져 있는 장소 또는 층이 2개 이상의 경우 그림 2-24에 의해 사람 수에 대응한 기기수를 보정한 후 그림 2-23을 이용하여 산출한다.

④ 이종기기의 동시사용유량은 각기기 중 최대치 이외에 $\frac{1}{2}$의 유량을 더하여 구한다.

다만, 소변기 세척탱크 등은 연속 흐름으로서 전부 더한다.

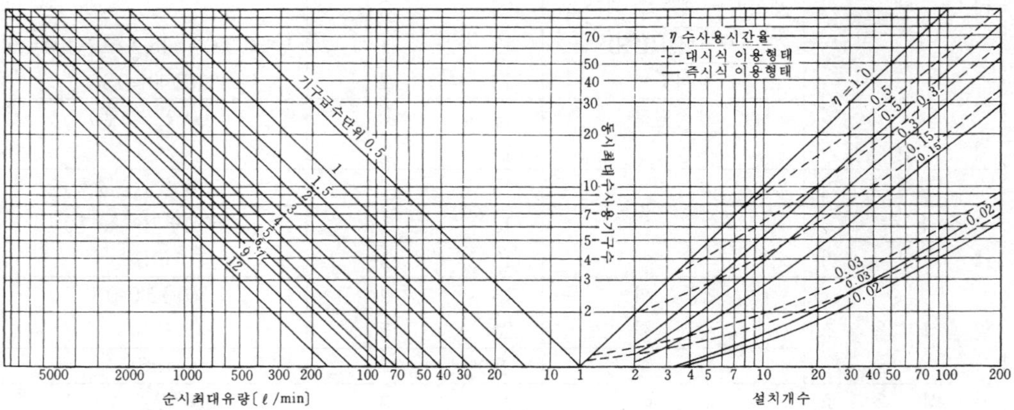

그림 2-23 순시최대유량의 산정

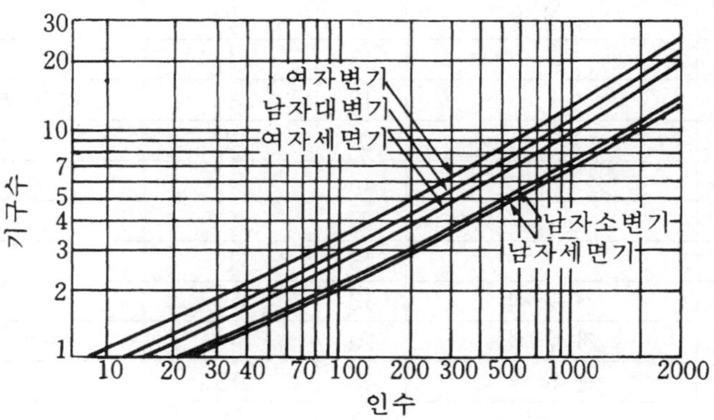

그림 2-24 기구수의 보정

표 2-20 즉시식과 대시식의 이용형태

즉 시 식	대 시 식
연구소, 대학, 아파트의 주배관, 사무실, 백화점, 병원, 식당, 이발소, 이용원, 대형욕조. 분산설치의 세면기(병실 · 연구실),주방기구	학교, 공장, 주택(내부), 기숙사, 극장, 공회당, 호텔 · 여관의 공용지역, 정거장의 청소용, 오물청소용

표 2-21 물사용시간율 η 의 표준치

기 구 명	급 수 방 식	구 경	기구급수 단위	η (0.5(잠정))
대 변 기	세척밸브(사이폰식)	25	9	남10/300≒0.03, 여15/100=0.15
	세척밸브(세출식, 세락식)	25	6	
	세척밸브(L,H)	13	1	남 50/300≒0.15, 여50≒100=0.5
소 변 기	세척밸브	13	2	13/40≒0.3
	세척탱크	13	0.5	1.0(연속흐름)
세 면 기		13	1	0.5
수 세 기		13	1	0.5(세면기에 준함)
수술용수세기		13	1	0.5(세면기에 준함)
세 발 기		13	1	(0.5)
일 식 욕 조	소 형	13	2	360/1200=0.3
	중 형	20	5	(0.5)
	대 형	25	7	(0.5)
양 식 욕 조	욕조, 샤워	20	3	180/1200=0.15
샤 워		13	1	180/1200=0.15 또는 300/600=0.5
주 방 용	가 정 용	13	1	(0.5)
	영 업 용	20	2	(0.5)
탕비실싱크급수전		13	1	(0.5)
세면기급수전		13	1	(0.5) (세면기에 준함)
청소용급수전		20	3	(0.5)
세탁용급수전		13	1	(0.5)
이물제거용급수전		25	9	(0.5)
실험실급수전		13	1	(0.5)
탕 비 기	저 탕 식	13	0.5	(0.5)
	저 탕 식	20	1	(0.5)
	순 간 식	13	0.5	(0.5)
살 수 전		13	2	(0.5)
		20	5	(0.5)

(2) 기구급수부하 단위에 의한 방법

① 표 2-22에 의해 각 기구의 기구급수부하 단위를 구한 후 각 계통별로 누계한다.

② 그림 2-25에 의해 동시사용유량을 구한다. 세척밸브가 많을 경우 곡선 ①을 이용한다.

표 2-22 기구급수부하 단위(F.U)

기 구 명	수 천	기구급수부하 단위	
		공 중 용	개 인 용
대 변 기	세척밸브	10	6
	세척탱크	5	3
소 변 기	세척밸브	5	
	세척탱크	3	
세 면 기	급 수 전	2	1
수 세 기	급 수 전	1	0.5
의료용세면기	급 수 전	3	
사무실용싱크	급 수 전	3	
주 방 싱 크	급 수 전		3
조 리 장 싱 크	급 수 전	4	2
〃	혼합밸브	3	
청 소 용 싱 크	급 수 전	4	3
욕 조	급 수 전	4	2
샤 워	혼합밸브	4	2
욕 실 유 니 트	대변기가 세척밸브인 경우		8
〃	대변기가 세척탱크인 경우		6
수 음 기	수음용 수전	2	
탕 비 기	볼 탑	2	
살수·주차장	급 수 전	5	

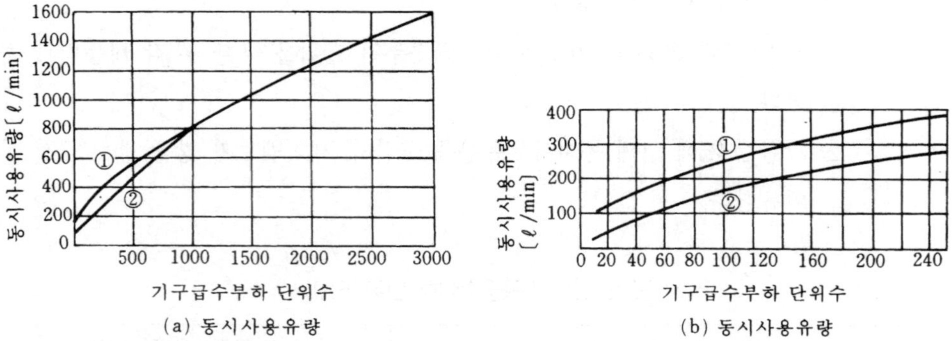

그림 2-25 동시사용유량

(3) 기구 이용에서 예측하는 방법

개략법으로 이용하는 것으로 방법 1,2에 의해 즉시 구할 수 없는 경우 사용하며 순서는 다음과 같다.

① 표 2-23의 동시 사용율을 기구 수에 곱하여 동시사용 기구 수를 구한다.

② 이 동시사용 기구 수에 표 2-24의 기구별 순시최대유량을 곱하여 부하유량을 구한다.

표 2-23 기구의 동시사용률

[단위 : %]

기구종류 \ 기구수	1	2	4	8	12	16	24	32	40	50	70	100
대변기(세정밸브)	100	50	50	40	30	27	23	19	17	15	12	10
일반기구	100	100	70	55	48	45	42	40	39	38	35	33

표 2-24 위생기구별 수전의 유량 및 접속관경

기구종류	1회당 사용량 [ℓ]	1시간당 사용 회수 [회]	순시최대유량 [ℓ/min]	접속관경 [A]	비 고
대변기(세정밸브)	13.5~16.5	6~12	110~180	25	평균 15ℓ/회/10s
대변기(세정탱크)	15	6~12	10	15	
소변기(세정밸브)	4~6	12~20	30~60	20	평균 5ℓ/회/6s

기구종류	1회당 사용량 [ℓ]	1시간당 사용 회수 [회]	순시최대유량 [ℓ/min]	접속관경 [A]	비　　고
소변기(세정탱크)	9~18	12	8	15	2~4인용 기구 1개에 대해 4.5ℓ
소변기(세정탱크)	22.5~31.5	12	10	15	5~7인용 기구 1개에 대해 4.5ℓ
수 세 기	3	12~20	8	15	
세 면 기	10	6~12	10	15	
싱크(13mm수전)	15	6~12	15	15	
싱크(20mm수전)	25	6~12	15~15	20	
수 음 기			3	15	
살 수 기				15~20	
일식욕조	크기에 따름	3	25~30	20	대욕조인 경우에는 수전 및 급수관
양식욕조	125	6~12	25~30	20	구경을 25~32mm로 한다.
샤　　워	24~60	3	12~20	15~20	수량은 종류에 따라 크게 다르다.

예제 2-10 그림 2-26과 같은 사무실의 남자 화장실에서 급수배관 각 구간의 순시최대유량을 방법 1을 이용하여 구하시오.

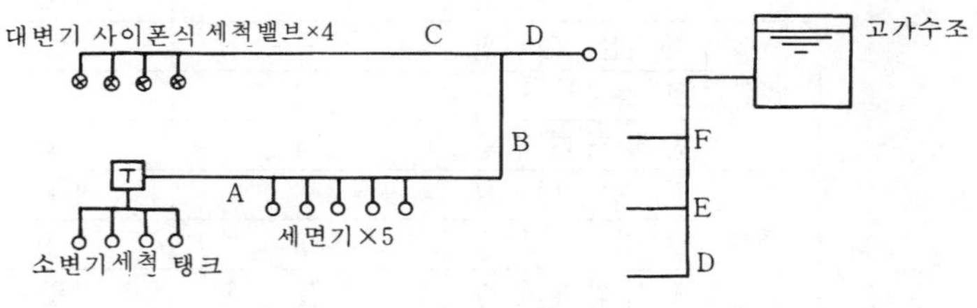

그림 2-26 남자화장실(예제 2-10)

풀이 ① 표 2-20에서 사무실은 즉시식임, 표 2-21과 그림 2-23을 이용하여 각종기기별 순시최대유량을 구한다.
선도의 사용방법을 그림 2-27에 나타냈다.

풀이

기 구 명	기구급수 단위	η	개 수	순시최대유량(ℓ/min)
소변기세척탱크	0.5	연속	1	7
세 면 기	1.0	0.5	5	38
대변기세척밸브	9.0	0.03	4	135

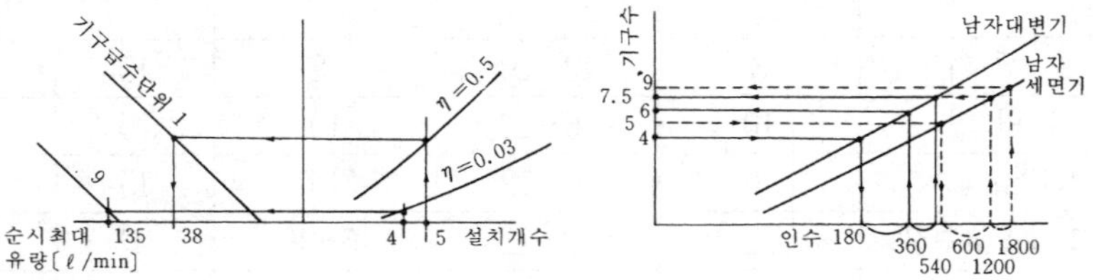

그림 2-27 예제 2-10의 선도 사용법

② 1층분의 각 구간 순시최대유량은 다음과 같이 된다.

구 간	순시최대유량(ℓ/min)
A	$Q_A = 7$
B	$Q_B = 7 + 38 = 45$
C	$Q_C = 135$
D	$Q_D = 135 + 7 + 38/2 = 161$

③ 2층 3층의 순시최대유량을 구하나 즉시식이므로 그림 2-24를 이용하여 기구수의 보정후 그림 2-23에서 산출한다.

구 분		소변기세척탱크	세 면 기	대변기세척밸브
1층분	기 구 수	1	5	4
	환 산 인 원	-	600	180
2층분	환 산 인 원	-	1,200	360
	보 정 기 구 수	2	7.5	6
	순 시 최 대 유 량	14	55	155
3층분	환 산 인 원	-	1,800	540
	보 정 기 구 수	3	9	7.5
	순 시 최 대 유 량	21	65	165

위 표에서 E, F는 다음과 같이 구함

구 간	순시최대유량(ℓ/min)
E	$Q_E = 155 + 14 + 55/2 \fallingdotseq 197$
F	$Q_F = 165 + 21 + 65/2 \fallingdotseq 219$

예제 2-11 예제 2-8을 방법 2를 이용하여 산출하시오.

풀이 표 2-18에 의해 기구급수 부하단위를 구한 후 누계하여 그림 2-25에서 동시사용유량을 구한다.

기 구 명	기구급수부하 단위
소변기세척탱크	3
세면기	2
대변기세척밸브	10

구 간	기구급수부하 단위	동시사용유량[ℓ/min]
A	3	8
B	3+2×5=13	45
C	10×4=40	180
D	13+40=53	195
E	53×2=106	260
F	53×3=159	310

예제 2-12 예제 2-8을 방법 3을 이용하여 산출하시오.

풀이 표 2-21에 의해 각 기구의 순시최대유량을 구하고 이를 표 2-19의 동시사용률을 곱하여 구한다.

기 구 명	순시최대유량[ℓ/min]
소변기세척탱크	8
세면기	10
대변기세척밸브	110

구간	기구순시최대유량[ℓ/min]	기기수의 누계	동시사용률	동시사용유량[ℓ/min]
A	8	1	1	8
B	8+5×10=58	6	0.63	37
V	4×110=440	4	0.5	220
D	37+220=257			257
E	① 일반기구(58×2)=116	12	0.48	56
	② 대변기(440×2)=880	8	0.4	352
				408
F	①일반기구(58×3)=174	18	0.44	77
	②대변기(440×3)=1320	12	0.3	396
				473

(4) 배관 관경 결정

① 유량선도에 의한 방법 : 관경 결정을 하고자 하는 구간의 순시최대유량을 산정 하여 해당배관 재질의 유량선도에서 허용마찰저항과 유속에 의해 관경을 구한다.

허용마찰저항은 식 2-25에 의해 산출한다.

$$i = \frac{(H-P)}{K(L+l)} \times 1,000 \quad \cdots\cdots (2\text{-}25)$$

i : 허용 마찰 저항[mmAq/m]

P : 정수두[mAq]

H : 필요수압 또는 표준수압[mAq]

K : 관로 계수(2.0~3.0)

L : 주관의 배관길이[m]

l : 지관의 배관길이[m]

관로 계수는 직관길이에 대한 국부저항 상당길이를 포함한 배관길이를 말하는 것으로 일반건물의 경우 2.0~3.0 정도이다.

배관결정 순서는 다음과 같다.

㉮ 배관경로를 결정한다

㉯ 각 구간의 순시최대유량을 산정 한다.

㉰ 각종 기기류의 필요수압을 확인한다.

㉱ 각 구간의 직관길이를 구한다.

㉲ 계통 중 조건이 가장 불량한 기구에 작용하는 정수두를 구하여 식 2-25에 의해 허용마찰저항을 산출한다.

㉳ 순시최대유량과 허용 마찰 저항 값을 이용하여 관내허용 유속제한(2m/s 이내) 내에서 유량선도에 의해 각 구간의 관경을 결정한다.

㉴ 필요에 따라 표 2-19의 저항 상당길이를 이용하여 손실수두 검산 후 배관 관경을 수정한다.

② 관균등표에 의한 방법 : 기구 수가 적은 지관의 관경결정시 사용하는 방법으로 비교적 관경이 크게 산정 된다.

표 2-25~30의 관균등표에 의해 산출하며 순서는 다음과 같다.

㉮ 표 2-24에 의거 각종 위생기구류의 접속 관경을 구하여 각 지관의 관경을 정한다.

㉯ 각 지관을 균등표를 이용하여 각 계통의 최소 지관 관경을 환산하여 누계 한다.

㉰ 표 2-23의 동시 사용률을 이용하여 각 구간별 균등 수를 산출하여 균등표에 의해 관경을 구한다.

표 2-25 배관용탄소강 강관 균등표

	15	20	25	32	40	50	65	80	100	125	150	200	250	300	350
15	1														
20	2.2	1													
25	4.1	1.9	1												
32	8.1	3.7	2.0	1											
40	12.1	5.6	2.9	1.5	1										
50	22.8	10.6	5.5	2.8	1.9	1									
65	44.0	20.3	10.7	5.4	3.6	1.9	1								
80	69.4	32.0	16.8	8.5	5.7	3.0	1.6	1							
100	140.0	64.5	33.8	14.2	11.5	6.1	3.2	2.0	1						
125	247	114	60.0	30.4	20.4	10.8	5.6	3.6	1.8	1					
150	387	179	93.9	47.7	31.9	17.0	8.8	5.6	2.8	1.6	1				
200	802	370	194	98.8	66.1	35.1	18.2	11.6	5.7	3.2	2.1	1			
250	1,148	655	344	175	117	62.1	32.2	20.4	10.2	5.7	3.7	1.8	1		
300	2,284	1,054	553	281	188	100	51.9	32.9	16.4	9.2	5.9	2.8	1.6	1	
350	3,042	1,404	737	375	251	133	69.1	43.9	21.8	12.3	7.9	3.8	3.1	1.3	1

표 2-26 경질염화비닐관 균등표

	13	16	20	25	30	40	50	65	75	100	125	150	200	250	300	350
13	1															
16	1.7	1														
20	3.1	1.8	1													
25	5.6	3.2	1.8	1												
30	9.8	5.7	3.2	1.8	1											
40	19.2	11.1	6.2	3.4	2.0	1										
50	36.4	21.1	11.7	6.5	3.7	1.9	1									
65	74.6	43.2	24.0	13.4	7.6	3.9	2.1	1								
75	108	62.3	34.7	19.3	10.9	5.6	3.0	1.4	1							
100	241	124	68.9	38.3	21.8	11.1	5.9	2.9	2.0	1						
125	385	223	124	68.9	39.1	20.0	10.6	5.2	3.6	1.8	1					
150	579	335	186	104	58.9	30.1	15.9	7.8	5.4	2.7	1.5	1				
200	1256	727	405	225	128	65.4	34.5	16.8	11.7	5.9	3.3	2.2	1			
250	2,307	1,336	743	413	235	120	63.4	30.9	21.4	10.8	6.0	4.0	1.8	1		
300	3,780	2,190	1,218	677	385	197	104	50.7	35.1	17.7	9.8	6.5	3.0	1.6	1	
350	5,687	3,292	1,831	1018	578	296	156	76.2	52.8	26.6	14.8	9.8	4.5	2.5	1.5	1

표 2-27 경질염화비닐 라이닝강관 균등표

	15	20	25	32	40	50	65	80	100	125	150	200	250	300	350
15	1														
20	2.5	1													
25	5.2	2.1	1												
32	11.1	4.4	2.1	1											
40	17.2	6.8	3.3	1.5	1										
50	33.7	13.4	6.4	3.0	2.0	1									
65	67.3	26.8	12.8	6.1	3.9	2.0	1								
80	104	41.5	19.9	9.4	6.1	3.1	1.6	1							
100	217	86.3	41.4	19.6	12.7	6.4	3.2	2.1	1						
125	392	156	74.7	35.3	22.8	11.6	5.8	3.8	1.8	1					
150	611	243	117	55.1	35.6	18.1	9.1	5.9	2.8	1.6	1				
200	1,293	514	247	117	75.4	38.4	19.2	12.4	6.0	3.3	2.1	1			
250	2,290	911	437	207	134	68.0	34.1	21.9	10.6	5.9	3.7	1.8	1		
300	3,728	1,483	711	336	217	111	55.4	35.7	17.2	9.5	6.1	2.9	1.6	1	
350	4,954	1,970	945	447	289	147	73.6	47.5	22.8	12.7	8.1	3.8	2.2	1.3	1

표 2-28 동관(K type)균등표

	1/2	3/4	1	1¼	1½	2	2½	3	4	5	6
1/2	1										
3/4	2.5	1									
1	5.3	2.1	1								
1¼	9.6	3.9	1.8	1							
1½	15.2	6.1	2.8	1.6	1						
2	31.6	12.7	5.9	3.3	2.1	1					
2½	56.1	22.5	10.5	5.8	3.7	1.8	1				
3	89.3	35.9	16.8	9.3	5.9	2.8	1.6	1			
4	188	75.5	35.3	19.6	12.4	5.9	3.4	2.1	1		
5	335	135	62.9	34.9	22.1	10.6	6.0	3.8	1.8	1	
6	535	215	100	55.7	35.3	16.9	9.5	6.0	2.8	1.6	1

표 2-29 동관(L type)균등표

	1/2	3/4	1	1¼	1½	2	2½	3	4	5	6
1/2	1										
3/4	2.6	1									
1	5.3	2.0	1								
1¼	9.2	3.5	1.7	1							
1½	14.5	5.5	2.7	1.6	1						
2	30.0	11.5	5.7	3.3	2.1	1					
2½	53.0	20.3	10.1	5.8	3.7	1.8	1				
3	84.6	32.3	16.0	9.2	5.8	2.8	1.6	1			
4	178	67.9	33.7	19.4	12.3	5.9	3.4	2.1	1		
5	318	122	60.4	34.7	22.0	10.0	6.0	3.8	1.8	1	
6	513	196	97.3	56.0	35.4	17.1	9.7	6.1	2.9	1.6	1

표 2-30 동관(M type)균등표

	1/2	3/4	1	$1\frac{1}{4}$	$1\frac{1}{2}$	2	$2\frac{1}{2}$	3	4	5	6
1/2	1										
3/4	2.5	1									
1	5.1	2.0	1								
$1\frac{1}{4}$	8.6	3.4	1.7	1							
$1\frac{1}{2}$	13.4	5.3	2.6	1.6	1						
2	27.6	10.9	5.4	3.2	2.1	1					
$2\frac{1}{2}$	48.7	19.2	9.6	5.7	3.6	1.8	1				
3	77.8	30.6	15.4	9.0	5.8	2.8	1.6	1			
4	162	63.6	31.9	18.8	12.1	5.9	3.3	2.1	1		
5	289	114	57.0	33.5	21.5	10.5	5.9	3.7	1.8	1	
6	465	183	91.7	54.0	34.7	16.9	9.5	6.0	2.9	1.6	1

예제 2-13 그림 2-28과 같은 급수배관 각 부분의 관경을 구하시오. 배관재질은 경질염화비닐 라이닝강관으로 한다.

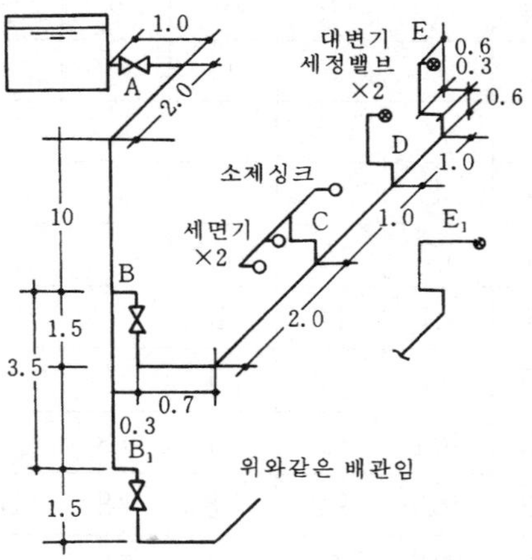

그림 2-28 예제 2-13의 급수배관

풀이 ① 일반조건이 가장 불량한 위층의 대변기 세척밸브까지의 허용마찰 저항을 구한다.

A-E구간의 정수두 $H = (10 + 1.5) - (0.6 + 0.6) = 10.3\text{m}$

기구의 필요압력 $P = 70\text{kPa} = 7\text{m}$

주관의 직관길이 L=13m, 지관의 직관길이 l=8m

관로계수 K=2

허용 마찰저항 i는 식 2-24에 의해

$$i=\frac{10.3-7}{2(13+8)}\times 1{,}000=\frac{3{,}300}{42}\fallingdotseq 79\text{mmAq/m}$$

② 기구급수단위법에 의해 구간의 순시최대유량을 구하고 그림 2-22의 유량선도에서 관경을 구한다.

구 간	급수단위 F_u	유 량 [ℓ/min]	i=79[mmAq/m]의 관경	이 경우의 i[mmAq/m]	유속[m/s]
E-D	10	100	40	79	1.5
D-C	20	130	50	38	1.2
C-B	28	160	50	50	1.4
B-A	56	200	50	79	1.8

③ 하단에서 B-E간의 허용 마찰을 구하면 AB간의 마찰손실은

$$H_1=2\times 13\times\frac{79}{1{,}000}=2.1\text{mAq}$$

따라서 $B-E_1$간의 허용 마찰은

$$i=\frac{13.8-2.1-7}{2\times(3.5+8)}=\frac{4.7}{23}\times 1{,}000=204\text{mmAq/m}$$

④, ②와 같은 순서로 각 구간의 관경을 결정하나 유속이 2m/s를 넘는 경우 수정한다.

예제 2-14 그림 2-29의 급수배관의 각 구간관경을 균등표를 이용하여 구하시오. 배관재질은 경질염화비닐관으로 한다.

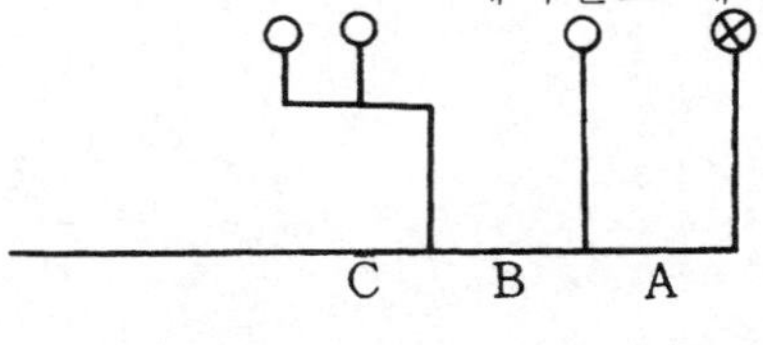

그림 2-29 예제 2-14의 급수배관

풀이 ① 표 2-21에서 각 기구의 접속관경을 구하고 표 2-26에서 최소관경으로 환산하여 균등관경을 구한다.

기 구 명	접 속 관 경	균 등 관 경
대변기 세척밸브	25	5.6
소변기 세척밸브	20	3.1
세 면 기	13	1

② 누계한 균등관경은 표 2-23의 동시사용률을 곱하여 이에 의해 균등관경에서 역으로 관경을 구한다.

구 간	균등관경누계	동 시 사용률	동시사용률 고려한 균등관경	관경[mm]
A	5.6	1.0	5.6	25
B	대변기 5.6	1.0	5.6	
	기타 3.1	1.0	3.1	
			계 8.7	30
C	대변기 5.6	1.0	5.6	
	기타 (3.1+1×2)	0.85	4.3	
			계 9.9	30

3 급탕설비

- 1. 설계의 순서
- 2. 급탕방식
- 3. 급탕온도와 급탕량
- 4. 가열장치의 배치계획과 용량산정
- 5. 배관계획과 관경결정
- 6. 순환펌프 용량결정
- 7. 안전장치
- 8. 태양열 이용설비

제 3 장 급 탕 설 비

1. 설계의 순서

급탕설비설계는 그림 3-1의 순서로 진행한다. 급탕설비의 설계요점은 급탕개소, 사용시간, 급탕부하, 급탕부하 변동 등에 대하며 정확히 파악하여 진행하여야 하며 특수용도의 경우 사용자와 충분한 협의가 필요하다.

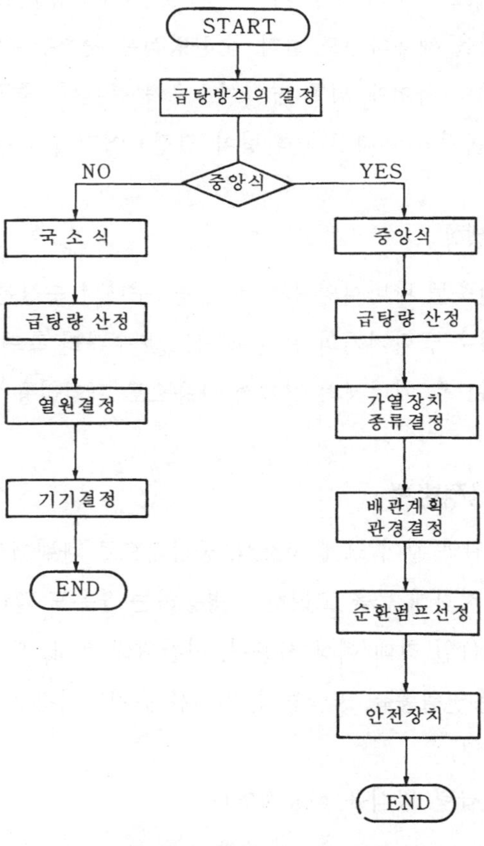

그림 3-1 급탕설비 설계 FLOW

2. 급탕 방식

1) 급탕 방식의 종류

(1) 중앙식 급탕방식

중앙식은 기계실 등에 가열장치, 저탕조, 순환펌프 등을 설치하여 이것으로부터 배관에 의해 필요한 곳에 급탕하는 방법이다. 일반적으로 중앙식은 급탕 전으로부터 사용개시 후 단시간 내에 온수가 나올 수 있도록 환탕관과 순환펌프를 설치하나 급탕 사용개소 근처에 저탕조 등이 설치되어져 있거나 주방, 욕실, 세면실, 공중목욕장 등과 같이 연속적으로 다량의 온수를 사용하는 경우 또는 주택, 소규모 설비의 경우 배관 길이 9m 이내, 중규모 이상은 30m 이내인 경우는 단관식을 채용하기도 한다. 순환방식은 순환펌프에 의한 강제 순환식과 온수의 비중량 차이에 의한 중력식으로 분류된다. 중력식의 경우 자연순환수두와 배관 굵기의 관계로 순환량이 결정되어지며 적용범위가 제한된다.

(2) 국소식 급탕방식

업무용 건축물 탕비실의 음료용 급탕, 주택의 순산온수기에 적용되며, 대규모 건물의 경우 급탕기기의 분산 배치로 보수관리 측면에서 불리하나 필요에 따라 조작하므로 에너지의 경제적 사용으로 관리비용 절감에 크게 도움이 된다.

2) 급탕 방식 선정방법

급탕 방식은 위와 같이 크게 국소식, 중앙식으로 나뉘어지나 건물 내의 급탕 용도, 사용량, 사용 시간대 등을 고려하여 병용하는 경우도 많다. 급탕 방식 선정은 건물의 용도, 부하(1일 최대 예상 사용량, 시간최대 부하, 부하의 계속시간), 사용개소, 사용목적, 사용열원종류, 공급능력, 기기류 유지관리방법, 공사비 등을 충분히 검토한 후 결정한다.

표 3-1에 각 급탕 방식을 비교하였다.

표 3-1 급탕방식의 비교

<table>
<tr><th rowspan="2">급탕방식
특징용도</th><th colspan="4">국 소 식</th><th rowspan="2">중 앙 식</th></tr>
<tr><th>(1)순간식</th><th>(2)저탕식(일반용)</th><th>(3)저탕식(음료용)</th><th>(4)기수혼합식</th></tr>
<tr><td>장단점</td><td colspan="2"><장점>
① 용도에 대응하여 필요개소에서 온수가 비교적 간단하게 생산가능
② 급탕개소가 적으며 가열기, 배관길이 등 설비규모가 작아짐
③ 열손실이 적음
④ 주택에서는 난방겸용 보일러에서 생산하여 사용가능
⑤ 건물완성 후 급탕개소 증설시 대응성이 양호함</td><td colspan="2"><단점>
① 급탕규모가 큰 경우 가열기의 수량증가로 유지관리가 어려움
② 급탕개소별 가열기 설치공간이 필요함
③ 가스온수기 사용시 건축인테리어 구조적인 제약을 받음
④ 고가의 에너지원을 사용하는 등 사용에너지에 제한 받음
⑤ 소형온수기는 사용압에 제한을 받으며 급수측 수압과 차압발생 등으로 혼합수전 샤워 사용시 불편함이 우려됨</td><td><장점>
① 기기의 동시사용률을 고려하여 가열장치의 총용량을 줄일 수 있음
② 열원장치는 공조설비와 겸용으로 설치하여 열원단가를 저렴하게 할 수 있음
③ 기계실 등에 타설비기기와 같이 설치됨에 따라 집중관리가 용이함
④ 배관에 의해 필요장소 어디든지 공급가능함
<단점>
① 설비규모가 크고 복잡하여 초기 투자비가 많이 소요됨
② 배관, 기기류에서의 열손실이 많음
③ 준공 후 기기증설 등에 대한 유연성, 대응성이 떨어짐</td></tr>
<tr><td>가열기 종류</td><td>가스・전기 순간 온수기</td><td>가스・전기・경유 저탕식 온수기(밀폐식)</td><td>가스・전기 저탕식 온수기(개방식)</td><td>기수혼합밸브, 사이렌서</td><td>증기 또는 온수보일러+저탕탱크(가열코일 포함)</td></tr>
<tr><td>급탕목적
(급탕규모)</td><td>세면기, 주방, 소규모 목욕탕, 소형욕조 등 수량이 극히 적은 범위의 목욕탕의 급탕공급
예・일반주택의 화장실, 욕실, 세면장, 소규모 식당의 주방등</td><td>중앙식 급탕설비를 설치하지 않은 중규모 건물의 주방, 욕실의 급탕
고급주택 등 소규모 건물의 별도의 열원설비가 없는 경우
예 : 소규모 건물, 고급주택, 집합주택 등</td><td>건물의 탕비실, 식당의 음료용 등 음료전용으로서 90℃ 이상 개방형으로서 사용</td><td>공장, 병원, 요양소 등의 대형욕조, 청소용, 소독용으로서 건물전체에 증기배관이 설치되어져 있는 경우, 다만 사이렌서는 소음이 발생되므로 설치 장소가 제한 됨.
음료용으로는 불가</td><td>중・대규모의 각종 건물전체에 급탕하는 경우에 사용, 중앙식에 의해 전관 급탕이 가능하여도 식당의 경영형태(자영, 외주)와 관리방침에 따라 국소식 겸용의 경우도 많음.
음료전용(커피, 차)은 별도의 (3)의 양식을 겸용함</td></tr>
</table>

3. 급탕온도와 급탕량

급탕 설비 설계시 급탕량과 시간대 부하 변동량에 대해서는 가능한 한 정확히 추정하여야 한다. 특히 다목적용도 건물 등에서의 중앙식 급탕 방식은 급탕량의 시간적 변동, 계절적 변동의 관계가 복잡하므로 충분한 검토가 필요하다. 일반적으로 급탕량 산정에는 다음과 같은 2가지 방법이 있다.

① 사용인원에 의한 방법

② 기구의 종류와 개수에 의한 방법, 그러나 위의 계산이 일치하지 않는 경우가 많으며 이를 검토하여 적정한 급탕량 산정을 한다.

1) 용도별 사용온도

급탕 온도는 공장에서 생산용 등의 특수한 경우를 제외하고는 표 3-2에 의하여 일반 급탕 온도는 60℃ 정도로서 시수와 섞어서 사용하며, 주방의 식기세척용 등으로 70~80℃의 급탕이 필요할 경우 60℃ 정도의 온수를 부스터 히터에 의해 가온하여 사용하거나 별도의 계통을 설치한다.

표 3-2 용도별 급탕사용온도

용 도		사 용 온 도 (℃)
(1) 음 료 용		50~55
(2) 목 욕 용	성 인	42~45
	소 아	40~42
(3) 샤 워		43
(4) 세면·수세용		40~42
(5) 의료용·수세용		43
(6) 면 도 용		46~52
(7) 주 방 용	일 반 용	45
	접 시 세 척 용	45(60)
	접시세척기 행구기용	70~80
(8) 세 탁 용	상 업 용 일 반	60
	견 및 모 직 물	33~37(38~49)
	린 넨 및 면 직 물	49~52(60)
(9) 수영장용		21~27
(10) 차고(세차용)		24~30

[주] ( )의 수치는 기계사용의 경우임

2) 급탕량계산

(1) 인원에 의한 산정

$$Q_d = n \times q_d \quad \cdots\cdots (3\text{-}1)$$

$$Q_{hm} = Q_d \times q_h \quad \cdots\cdots (3\text{-}2)$$

Q_d : 1일 당 예상 사용 급탕량[ℓ/d]

Q_{hm} : 시간 최대 예상 급탕량[ℓ/h]

N : 급탕 대상인원[人]

q_d : 1인 1일 당 급탕량[ℓ/d·人]

q_h : 1일 사용급탕량에 대한 1시간당의 최대 값 비율

예제 3-1 연면적 10,000m² 의 사무실 건물의 중앙식 급탕설비의 1일 예상사용급탕량과 시간최대예상급탕량을 산출하시오.
유효면적은 70%, 단위유효면적당 인원 0.1人/m² , 화장실의 세면기, 사원식당의 주방에 급탕을 공급하며 탕비실은 국소식으로 한다.

풀이 N=10,000×0.7×0.1=700人

표 3-3에서 사무실 건물 1인 1일당 급탕량은 7.5ℓ/d·人, 주방급탕량은 15ℓ/d·人으로 하면

화장실용

$Q_d = 700 \times 7.5 = 5,250\ell/\text{d}$

주방용

$Q_d = 700 \times 15 = 10,500\ell/\text{d}$

$Q_{hm} = (5,250 \times \frac{1}{5}) + (10,500 \times \frac{1}{5}) = 3,150\ell/\text{h}$

예제 3-2 600BED 종합병원(중급)의 중앙식 급탕설비의 시간최대급탕량을 산출하시오. 탕비실 음료용은 국소식으로 하며 온수치료 욕실은 없는 것으로 한다.

풀이 병원의 Q일 급탕량을 300ℓ/ d · BED로 하면

$Q_d = 600 \times 300 = 180,000 \ell/\mathrm{d}$

1일 급탕사용 시간을 16hr로 하면 1시간당 급탕량 Q_h는

$Q_h = 180,000 \div 16 = 11,250 \ell/\mathrm{d}$

시간최대예상급탕량 Q_{hm}을 30ℓ/h · BED로 하면

$Q_{hm} = 600 \times 30 = 18,000 \ell/\mathrm{d}$

$Q_{hm} = 18,000 \ell/\mathrm{d}$로 한다.

표 3-3 건물 종류별 급탕량

건물의 종류	1인 1일당 급탕량 [ℓ/ d · 人]	1일 사용에 대해 필요한 1시간당의 최대치의 비율	피크로드의 연속시간	1일 사용량에 대한 저탕비율	1일사용량에 대한 가열능력의 비율
	q_d	q_h	[h]	v	r
주택 · 아파트 · 호텔 등 [b),c)]	75~ 150 [a)]	1/7	4	1/5	1/7
사 무 실	7.5~ 11.5 [a)]	1/5	2	1/5	1/6
공 장	20 [a)]	1/3	1	2/5	1/8
레스토랑	-	-	-	1/10	1/10
레스토랑 (3식/1일)	-	1/10	8	1/5	1/10
레스토랑 (1식/1일)	-	1/5	2	2/5	1/6

[주] a) 60℃에서

b) 호텔에서는 1인의 급탕 필요량과 특성이 호텔의 형식에 따라 달라진다. 고급호텔에서는 피크로드가 낮지만 1일 사용량이 비교적 크다 일반호텔에서는 피크로드가 높지만 1일 사용량은 적다.

c) 주택이나 아파트에 식기세척기나 세탁기가 있을 때는 식기세척기 1대당 60ℓ, 세탁기 1대당 150ℓ를 추가한다.

(2) 기구의 종류 · 수량에 의한 방법

시간 최대 급탕량 Q_{hm}은

$$Q_{hm} = n \times q \times a \quad \cdots\cdots (3\text{-}3)$$

n : 기구의 수량
q : 기구 1개의 1시간당 급탕량[ℓ/ h · 개]
a : 건물용도에 의한 동시 사용률

표 3-4 위생기구별 급탕량

기 구	1회당 급탕량 q_{1} [ℓ]	1시간당 사용횟수 m[회]	1시간당 급탕량 [ℓ]	비 고
개인세면기	7.5	1	7.5	주택 · 아파트(식당은 별도계산)의 세탁기의 경우는 기계용량에 의한다
일반세면기	5	2~8	10~40	
양 식 욕 조	100	1~3	100~300	
샤 워	50	1~6	50~300	
부 엌 싱 크	15	3~5	45~75	
배식실싱크	10	2~4	20~40	
세 탁 싱 크	15	4~6	60~90	
청 소 싱 크	15	3~5	45~75	

표 3-5 위생기구별 1개 1시간당 급탕량

(최종온도 60℃로 하여 산정한 것) [ℓ/ h · 개]

	아파트	클럽	체육관	병원	호텔	공장	사무실	개인주택	학교
세면기(개인용)	7.5	7.5	7.5	7.5	7.5	7.5	7.5	7.5	7.5
세면기(공중용)	15	22	30	22	30	45	22		57
양 식 욕 조	75	75	100	75	75			75	
식 기 세 척 기	57	190~570		190~750	190~750	75~375		57	75~375
부 엌 싱 크	38	75		75	110	75	75	38	75
세 탁 싱 크	75	106		106	106			75	
배 식 실 싱 크	19	38		38	38		38	19	38
샤 워	110	570	850	280	280	850	110	110	850
청 소 용 싱 크	75	75		75	110	75	57	57	75
저탕용량계수 b) v_o	1.25	0.90	1.00	0.60	0.80	1.00	2.00	0.70	1.00

[주] a) 식기세척기의 소요량은 사용예정의 형식을 알 경우 그 형식에 대한 제조회사의 자료에서 선정해야 한다.
b) 1시간당의 최대 예상 급탕량에 대한 저탕 탱크 용량의 비율, 저탕 탱크는 대용량보일러 플랜트에서 얼마든지 증기공급을 받을 수 있는 곳에서는 그 용량을 감소시켜도 된다.

표 3-6 건물종류별 동시사용율

건물의 종류	기구동시사용률 p_o[%]
병원, 호텔	25
백화점, 주택, 사무실	30
공장, 학교, 체육관	40

표 3-7 주방기구별 소요급탕량

(온도 60[℃] 기준)

기 구 명	급탕량[ℓ/h]	기 구 명	급탕량[ℓ/h]
싱크(1조용)	110	피 싱	110
싱크(2조용)	220	순환식예비세척	150
야채용싱크	170	세 면 기	19

예제 3-3 다음 기기를 보유한 체육관의 시간최대급탕량을 구하시오. 세면기 30개, 샤워 20개(기구의 종류와 개수에 의한 방법) 표 3-5~6을 참고한다.

풀이 $Q_{hm} = \{(30\times30)+(20\times850)\}\times0.4 = 7,160\ \ell/\text{h}$

3) 음료용 급탕량의 계산

음료용 급탕기는 탕비실, 식당 등에 설치하며 열원은 가스가 주로 이용되었으나 안전성과 배기의 불필요 등으로 전기의 이용이 증가되고 있다. 그러나 전기식의 경우 가열 능력이 적어 복원력이 떨어지므로 주의하여야 한다.

탕비기의 필요용량은 다음 식에서 산정 한다.

$$Q = q\times N\times\frac{1}{K} \quad \cdots\cdots (3\text{-}4)$$

q : 1인 1회 소요량[ℓ/인](일반적으로 0.5ℓ/인)

N : 사용인원[인]

K : 연속 출탕 비율(일반적으로 70%)

필요 가열량은 다음 식에서 구한다.

$$H = Q\left(t_1 - t_2 \times \frac{1}{E} \times \frac{1}{h}\right) \qquad \text{(3-5)}$$

H : 필요 가열량[kcal/h]

Q : 저탕량[ℓ]

t_1 : 급탕온도(90%)

t_2 : 급수온도(5%)

E : 가스탕비기의 효율(60%)

h : 가열시간(0.5h)

예제 3-4 사용인원 70명을 대상으로 하는 탕비실의 음료용 급탕기 용량과 필요가열량을 구하시오

풀이 ① 탕비기의 저탕량 산출

$$Q = 70 \times 0.5 \times \frac{1}{0.7} = 50\,ℓ$$

② 가열량

급탕온도 90℃, 급수온도 5℃, 가열시간은 30분으로 한다.

$$H = 50(90-5) \times \frac{1}{0.6} \times \frac{1}{0.5} \fallingdotseq 14,200\ \text{kcal/h}$$

③ 전기를 열원으로 하는 경우 히터의 용량 1kWh=860kcal이므로

전기식의 경우 탕비기 효율은 85%이며

$$H = 50(90-5) \times \frac{1}{0.85} \times \frac{1}{0.5} \times \frac{1}{860} \fallingdotseq 12\text{kw}$$

4. 가열장치의 배치계획과 용량산정

1) 배치계획

보일러 배치시 연도의 길이가 짧고 구부러진 부분이 최소가 되도록 고려하며 주변 장애물과의 거리는 양측 면과 후면 600mm, 전면 1,500mm 정도가 바람직하다. 저

탕 탱크를 설치하는 경우 후면 800mm, 측면 600mm 정도로 하며 가열코일 설치시는 코일의 보수 가능한 공간을 확보한다. 연소 소음이 큰 경우 보일러실 위치와 실내방음 공사에 대하여 고려하며, 보일러와 저탕 탱크는 대형 중량물로서 신설시의 반입경로와 갱신시의 반출입 경로 등을 고려한다.

2) 열원의 제원

급탕기의 가열방식은 물을 가스, 경유, 전기 등에 의해 직접 가열하는 직접가열방식과 저탕 탱크에 가열코일을 삽입하여 코일 내 증기 또는 고온수 등의 열매를 통과시켜 가열하는 간접가열방식이 있으며, 그 외에 물에 증기를 혼합시켜 발생하는 방법도 있다. 표 3-8은 열원의 제원을 표시한 것이며 열원 소비량은 다음과 같다.

표 3-8 열원의 제원

기호 / 열원	소비량 Q	발열량 H	효율 (%)	이론 공기량
중유 · 경유	kg	42MJ/kg	50~70	10.0~11.5Nm³/kg
등유	kg	46MJ/kg	50~70	12.0Nm³/kg
도시가스	m³	15~46MJ/kg	65~75	4.6Nm³/m³ (21MJ/m³의 경우 공기량임)
천연가스	m³	33~46MJ/m³	65~75	
액화석유가스	kg	46~50MJ/kg	65~75	1.3Nm³/kg
전기	kW	3.642MJ/kW	98	
증기코일	kg	증기의 잠열량[kJ/kg]	97	
기수혼합	kg	증기의 전열량(급탕온도까지의 현열량)[kJ/kg]	100	

$$Q = \frac{Q_1(\,t_h - t_c)}{H \times E} \quad \cdots\cdots (3\text{-}6)$$

Q : 열원의 1시간당 소비량

Q_t : 가열급탕량[ℓ/h]

t_h : 급탕온도[℃]

t_c : 급수온도[℃]

H : 열원의 발열량 (표 3-8 참조)

E : 가열기 효율(표 3-8 참조)

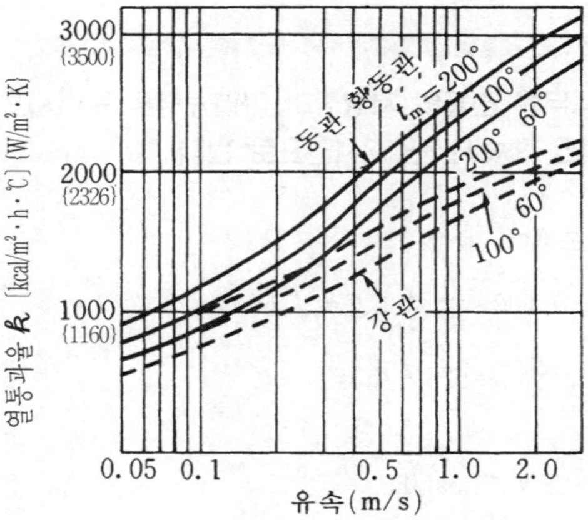

[주] 코일 외측이 고온수일 경우 열통과율은 위의 값의 $\frac{1}{2}$로 한다.

그림 3-2 열교환기코일 열통과율

(코일 외측 : 증기, 내측 : 물)

3) 저탕량과 가열기의 능력 계산

가열능력이 클 경우 저탕량은 적어도 되며 가열능력이 적을 경우 저탕량은 커야 한다.

가열부하와 저탕량을 산정하기 위하여는 1일 최대예상 급탕량, 피크시의 시간 최대 급탕량, 피크 계속시간을 알아야 한다. 가열부하, 저탕량, 급탕량은 다음 식이 성립되며 급탕 사용에 의한 저탕 탱크로의 급수유입에 의한 유효 저탕 계수를 K라 할 때 다음 식이 성립된다.

$$Q_{hm} \times d \leqq Q_1 \times d + K \times V \quad \cdots\cdots (3\text{-}7)$$

$$\therefore Q_t \geqq Q_{hm} - \frac{K \times V}{d}$$

Q_{hm} : 피크시 단위 시간당 저탕 탱크로부터의 급탕량[ℓ/h]

Q_t : 단위 시간에 열 교환하는 급탕량[ℓ/h]

d : 피크의 계속시간[h]

V : 저탕 탱크 전용량[ℓ]

K : 저탕 탱크의 유효 저탕 계수(0.6~0.9, 탱크의 용량이 클수록 계수는 큼)

$K \times V$: 유효 저탕량[ℓ]

예제 3-5 예제 3-1에서 구한 사무실 건물의 저탕량과 가열능력을 구하시오. 급탕온도 60℃, 급수온도 5℃, 피크 계속시간은 2시간으로 한다.

풀이 저탕량 V는 표 3-3을 참조한다.

$$V = \left\{(5,250 \times \frac{1}{5} + (10,500 \times \frac{2}{5})\right\} \div 0.7 = 7,500\,\ell$$

$$Q_t \geqq 3,150 - \frac{0.7 \times 7,500}{2} \fallingdotseq 525\,\ell/\text{h}$$

필요가열능력은

$$H = 525 \times (60 - 5) = 28,875\text{kcal/h}$$

예제 3-6 저탕탱크의 저탕량이 3,000[ℓ], 가열기의 저탕용량 500[ℓ], 피크시의 급탕량 1,500[ℓ/h], 피크 계속시간이 3시간인 경우의 가열량을 구하시오.

풀이 $Q_{hm} = 1,500\,\ell/h,\ V = 3,00\,\ell,\ V_h = 500\,\ell,\ d = 3\,\ell$

저장탱크와 가열기의 유효저탕량 비율을 각기 0.7, 0.6으로 할 때

$$\therefore Q_t \geqq 1,500 - \left(\frac{0.7 \times 3,000}{3} + \frac{0.6 \times 500}{3}\right) = 700\,\ell/\text{h}$$

$$\therefore H = 700(60 - 5) = 38,500\,\text{kcal/h}$$

4) 간접가열기의 코일설계 및 증기소비량

(1) 코일면적

저탕 탱크를 온수 또는 증기로 가열시 가열코일의 내측 표면적은 다음 식으로 계산한다.

$$S=\frac{Q_t(t_h-t_c)}{K\left(t_s-\frac{t_h+t_c}{2}\right)} \quad \cdots\cdots (3\text{-}8)$$

S : 코일 내측의 표면적[m²]
t_c : 급수온도[℃]
Q_t : 가열수량[ℓ/h]
t_h : 급탕온도[℃]
K : 가열 코일의 전열량
t_s : 증기의 온도[℃]

표 3-9 저장탱크의 가열코일 전열량

[W/(m² · ℃)]

관의 재질 / 열원의 종류	동 관	스테인레스강강관
증 기	1280	1050
350K정도의 온수	870	560
420K정도의 온수	–	700

1W/(m² · ℃)=0.860kcal/m² · h · ℃

표 3-10 증기의 압력, 온도, 응축잠열

증기절대압력 [kPa]	98.1	117.7	137.3	156.9	176.5	196.1	215.7	235.4
증기온도 [℃]	99.09	104.25	108.74	112.73	116.33	119.62	122.64	125.45
증기응축잠열 [kJ/kg]	2,259	2,245	2,233	2,222	2,101	2,201	2,194	2,186
증기절대압력 [kPa]	255.0	274.6	294.2	313.8	333.4	353.0	372.7	392.3
증기온도 [℃]	128.08	130.55	132.88	135.08	137.18	139.18	141.09	142.92
증기응축잠열 [kJ/kg]	2,179	2,172	2,165	2,158	2,152	2,146	2140	2,135

1kPa=1.01972×10⁻²kgf/cm², 1kJ=0.238889kcal

표 3-11 코일 내측 표면적

동 관					강 관				
외경 [mm]	두께 [mm]	내경 [mm]	관 1m당 내측표면적 [m²/m]	면적1m²당 관길이 [m/m²]	관의 호칭 [A]	두께 [mm]	내경 [mm]	관 1m당 내측표면적 [m²/m]	면적 1m²당 관길이 [m/m²]
25	2.0	21	0.066	25.2	25	3.2	27.6	0.087	11.5
32	2.0	28	0.088	11.4	32	3.5	35.7	0.112	8.9
38	2.9	32.2	0.101	9.9	40	3.5	41.6	0.131	7.6
50	2.9	44.2	0.139	7.2	50	3.8	52.9	0.166	6.0

(2) 증기소비량

$$G_s = K_s \cdot \frac{H_s}{r \cdot \eta_h} \quad \cdots\cdots (3\text{-}9)$$

G_s : 증기 소비량[kg/h]

H_s : 가열 능력[kJ/h]

K_s : 여유 계수(=1.1~1.15)

r : 증기의 응축잠열[kJ/kg](≒2,260)

η_h : 가열기 효율(=1.0)

일반적으로 가열 방식은 그림 3-3 중에서 선정한다.

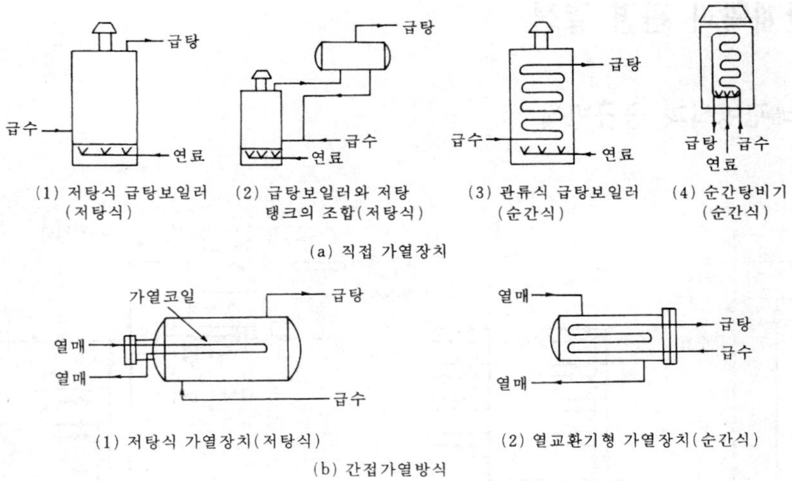

그림 3-3 가열방식의 예

예제 3-7 예제 3-5의 경우 코일의 길이와 열매 소비량을 구하시오.
열매는 절대압력 137.3kPa{1.4kgf/cm² }의 증기로 하며 가열코일은 관경 25mm 동관을 사용한다.

풀이 $Q_t = 525\ \ell/h,\ t_h = 60℃,\ t_c = 5℃$

표 3-9에서 K=1,280[W/m² · ℃]

표 3-10에서 $t_s = 108.74℃$

따라서 동 코일 내측의 표면적 S를 구하면

$$S = \frac{525(60-5)}{1,280\left(108.74 - \frac{60+5}{2}\right)} \fallingdotseq 0.30\text{m}^2$$

표 3-11에서 25mm 동코일의 1m²당 길이는 25.2m/m²이다. 코일 내 스케일 부착을 고려하여 50% 여유를 두면 코일 길이 L은

$$L = 0.30 \times 25.2 \times 1.5 \fallingdotseq 11\text{m}$$

$Q_t = 525\ \ell/h,\ t_h = 60℃,\ t_c = 5℃$

표 3-10에서 H=2233kJ/kg, 가열코일의 열효율 E=0.97 물의 비열 4.19kJ/kg · K에서 증기소비량 Q_s는

$$Q_s = \frac{525 \times 4.19 \times (60-5)}{2233 \times 0.97}$$

$\fallingdotseq$55.9kg/h

5. 배관계획과 관경 결정

1) 배관방식과 공급방식

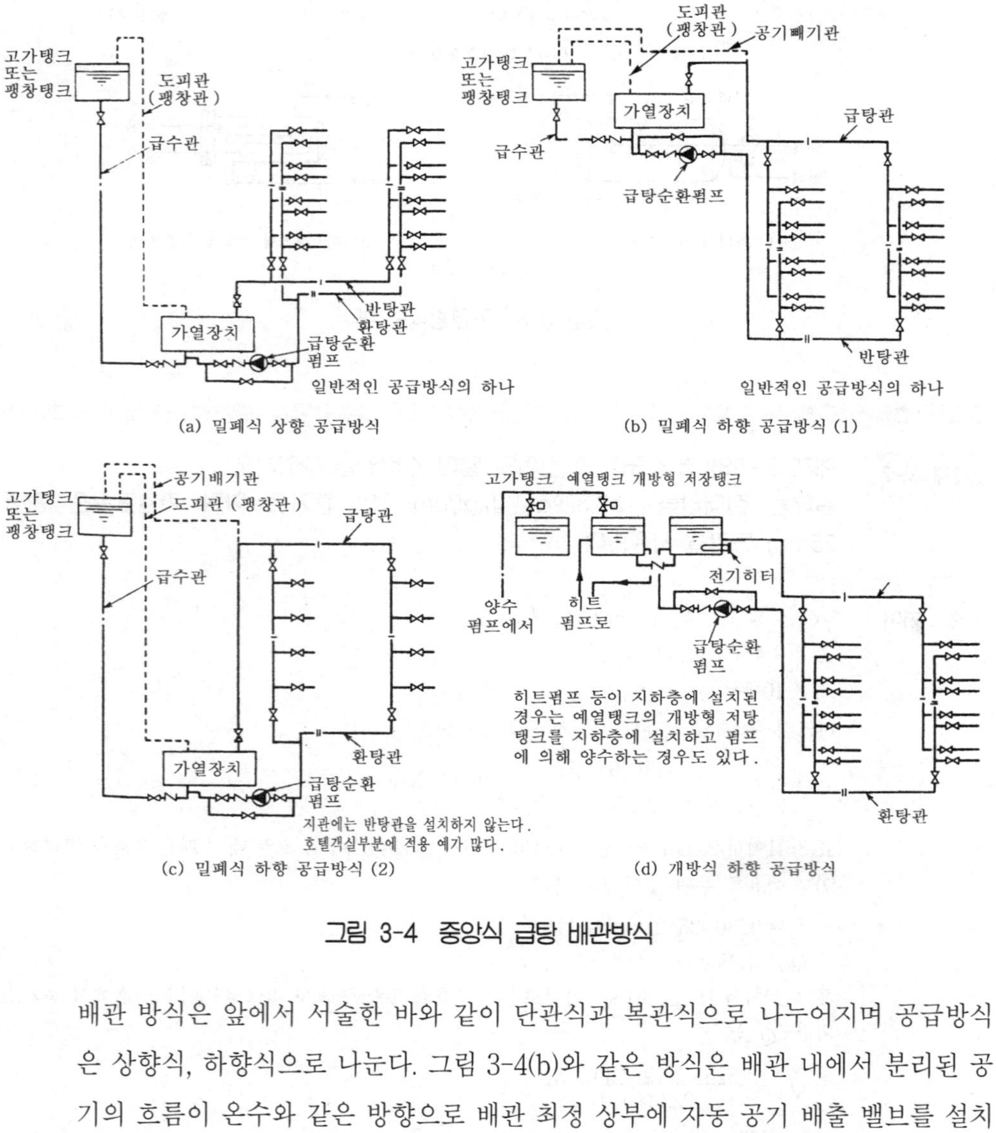

그림 3-4 중앙식 급탕 배관방식

배관 방식은 앞에서 서술한 바와 같이 단관식과 복관식으로 나누어지며 공급방식은 상향식, 하향식으로 나눈다. 그림 3-4(b)와 같은 방식은 배관 내에서 분리된 공기의 흐름이 온수와 같은 방향으로 배관 최정 상부에 자동 공기 배출 밸브를 설치하여 배관 내 공기를 제거한다.

그림 3-5(d)는 최상부에 주관이 전개되어 하향 공급하는 방식으로 배관의 최고 정상 부위에 에어벤트를 설치한다. 환탕관의 설치는 급탕관 말단까지 적절한 온도의 급탕을 공급하는 데는 좋으나 배관거리가 길어져 공사비가 증가한다. 따라서 건물의 용도, 수준, 기구의 용도 등에 따라 검토하여야 한다. 상향식 배관은 하층에서 대량의 온수를 단시간에 사용하는 주방, 목욕탕이 있을 때 최상부의 압력이 떨어져 공기분리에 의해 온수의 토출이 불량하거나 공기흡입에 의해 배관부식의 원인이 되기도 한다. 이와 같이 대량의 온수를 사용하는 계통은 가열장치 또는 급탕 헤더로부터 개별계통으로 공급하도록 한다.

2) 조 닝

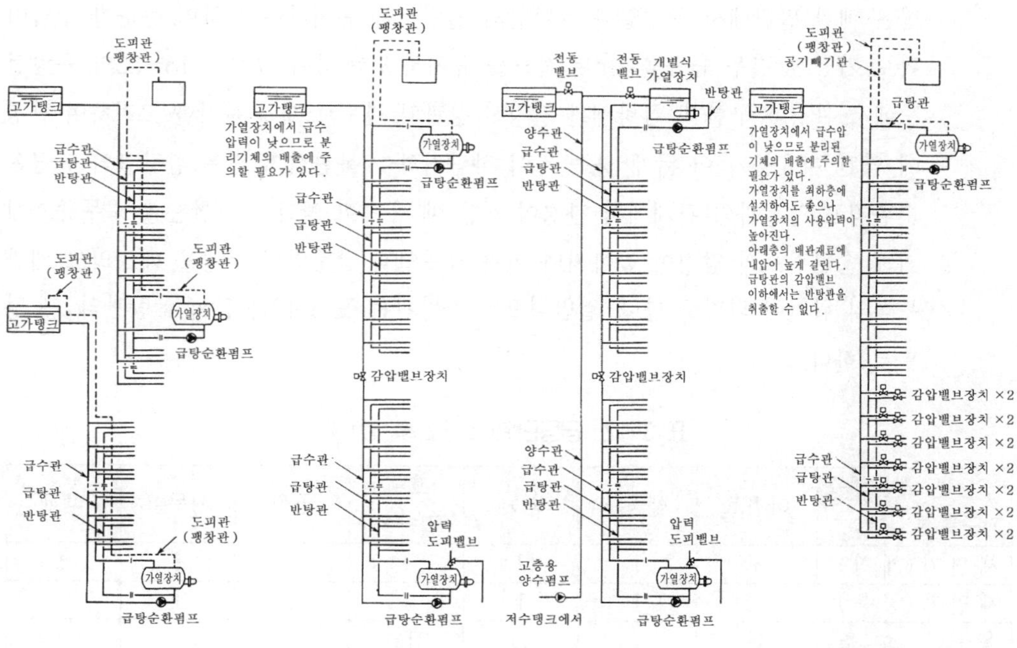

(a) 중간탱크에 의한 조닝 (b) 주관 감압밸브 장치에 의한 조닝 (1) (c) 주관 감압밸브 장치에 의한 조닝 (2) (d) 각층 감압밸브 장치에 의한 조닝

그림 3-5 급탕설비의 조닝 예

초고층건물의 경우 급수압 조정을 위하여 고가수조와 감압밸브에 의한 조닝을 하며 급탕 계통도 같은 형태의 조닝을 한다. 그림 3-5는 조닝의 방식을 나타낸 것으로 (c)(d)는 저탕 탱크가 집중되어져 있어서 보수관리상 유리하나 배관, 기기에 작용하는 압력이 커진다. (a)(b)는 저탕 탱크가 분산되어져 보수관리에 불리하며 각기 존별 기기의 설치공간이 필요하나 기기배관에 과대한 압력이 걸리지 않는다.

3) 배관 관경 결정

급탕관 관경 결정 방법은 시간 최대 급탕량의 1.5~2배를 순시 최대 예상 급탕량으로 계산하는 방법과 표 3-12에 의해 급탕 단위를 합하여 그림 3-6에서 동시사용유량을 구하여 배관마찰 저항선도에서 구하는 방법이 있다. 배관관경 결정시 주의사항은 배관 말단에서 급수압과 급탕압의 밸런스를 유지하여야 하며 충분한 수압이 확보 가능한 경우 유속을 1m/s 정도를 유지하도록 하여 그림 2-18~22의 유량선도에서 관경을 구한다. 급탕배관 결정시 강관의 경우 스케일 부착을 고려하여 관경에 약간 여유를 두어 굵게 하는 것이 바람직하며 복관식의 경우 환탕관의 관경은 순환펌프 양정과의 관계에서 관경이 적을 때 유속이 빨라져 마찰손실 수두증가에 의해 순환펌프의 양정이 높아지며 이는 급수압과 급탕압의 균형을 깨뜨리고 배관부식의 원인이 되기도 한다. 일반적으로 환탕관은 표 3-13과 같이 급탕관의 $\frac{1}{2}$ 정도로 한다.

표 3-12 급탕단위(급탕온도 60℃)

기구종류 \ 건물종류	아파트	체육관	병원	호텔 기숙사	공장	사무실	학교
세면기(개인)	$\frac{3}{4}$	$\frac{3}{4}$	$\frac{3}{4}$	$\frac{3}{4}$	$\frac{3}{4}$	$\frac{3}{4}$	$\frac{3}{4}$
세면기(공용)	-	1	1	1	1	1	1
욕조	$1\frac{1}{2}$	-	$1\frac{1}{2}$	$1\frac{1}{2}$	-	-	-
접시세척기	$1\frac{1}{2}$	객석수 250당 3단위					
의료용욕조	-	-	5	-	-	-	-
주방	$\frac{3}{4}$	-	3	$2\frac{1}{2}$	3	-	$\frac{3}{4}$
청소용	$1\frac{1}{2}$	-	$2\frac{1}{2}$	$2\frac{1}{2}$	$2\frac{1}{2}$	$2\frac{1}{2}$	$2\frac{1}{2}$
샤워	$1\frac{1}{2}$	$1\frac{1}{2}$	$1\frac{1}{2}$	$1\frac{1}{2}$	3	-	$1\frac{1}{2}$

* 체육관, 공동목욕탕, 공장설비 등의 샤워는 동시 사용률 100%로 한다.

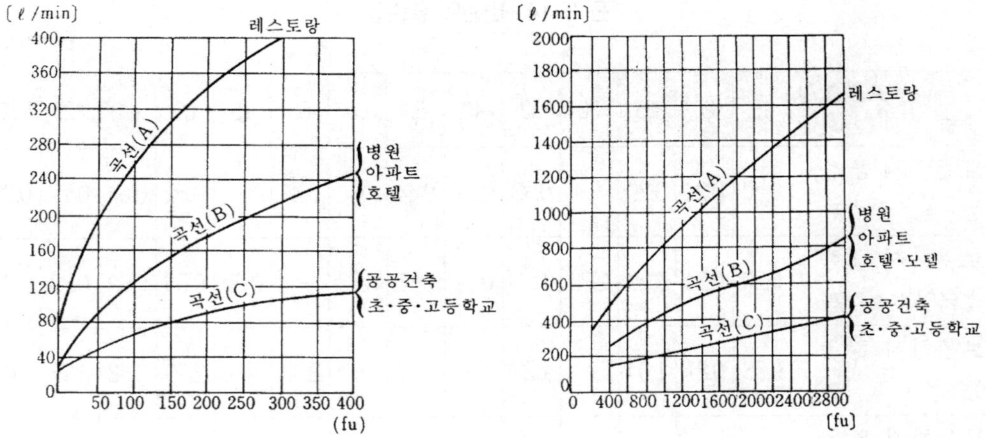

그림 3-6 급탕단위에 의한 동시사용유량

표 3-13 환탕관관경

(mm)

급탕관경	20~25	32	40	50	65~80
환탕관경	20	20	25	32	40

6. 순환펌프 용량결정

순환펌프의 순환유량은 배관계에서 손실된 열량을 보완하는 정도의 유량이 필요하며 일반적으로 급탕관과 환탕관의 온도차 5℃ 정도로서 다음 식으로 표시한다.

$$W=\frac{0.86Q\cdot 2l\cdot (t_h-t_r)}{60\Delta t} \quad \cdots\cdots (3\text{-}10)$$

W : 순환펌프 순환유량[ℓ/min]

Q : 주배관의 대표 관경에 대하여 단위 길이 당 열손실[W/(m℃)]
(팽창관, 공기빼기관은 제외)

Δt : 급탕 환탕관의 온도차 강제순환 5℃, 자연순환 10℃

t_h : 급탕 온도[℃]

t_r : 배관의 주위온도[℃](≒15)

l : 급탕 탱크에서 가장 먼 급탕 공급 장소까지의 배관길이[m]

표 3-14 배관의 열손실

[w/m℃]

종별 \ 호칭경(A)	15	20	25	30	32	40	50	60	65	75	80	100	125	150
보온 시공한 동관	0.20	0.24	0.29	–	0.33	0.37	0.44	–	0.45	–	0.52	0.64	0.77	0.78
보온 시공한 스테인리스강관	0.20	0.24	0.29	0.32	–	0.37	–	6.42	–	0.50	0.56	0.69	0.82	0.82
보온하지 않은 동관	0.58	0.81	1.04	–	1.27	1.51	1.77	–	2.43	–	2.90	3.82	4.75	5.67
보온하지 않은 스테인리스강관	0.58	0.81	1.04	1.24	–	1.56	–	2.20	–	2.78	3.25	4.16	5.09	6.01

1W=0.860kcal/h

[주] 바깥 표면 열전달율은 11.63W/(m² · ℃), 안표면 열 전달율은 7,000W/(m² · ℃), 동관의 열 전달율은 388W/(m² · ℃), 스테인리스 강관의 열 전달율은 16W/(m² · ℃), 보온재의 열 전달율은 0.045W/(m² · ℃), 배관 보온재의 두께는 15~50A는 20mm, 60~125A는 25mm, 150A는 30mm로 하였다.

예제 3-8 그림 3-7의 4층 사무용 건축물에 16개의 세면기가 설치되어져 있다. 급탕단위를 이용하여 급탕배관 관경과 순환펌프의 순환량, 양정을 구하시오. 급탕온도 60℃, 실내온도 25℃, 동관 (L type)을 사용한다.

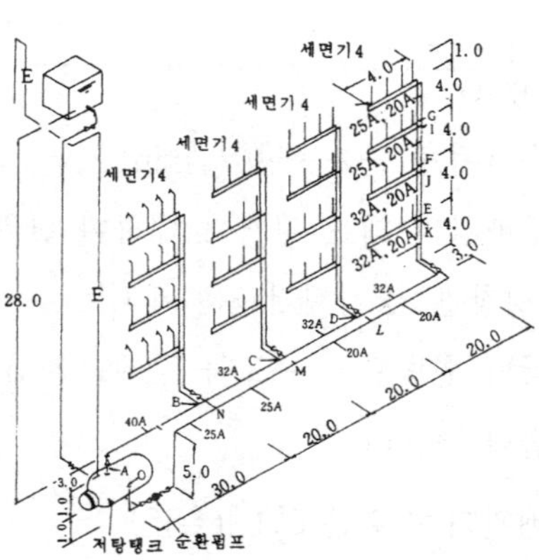

그림 3-7 급탕배관 계통도(예제 3-8)

풀이 그림 3-7의 배관 계통도에서 저탕 탱크에서 가장 먼 곳까지의 마찰손실을 계산한다. 표 3-12에서 전 계통의 급탕 단위를 구한다.

세면기 1 f_u/개×64개 = 64 f_u

그림 3-7의 동시사용유량표의 곡선 (c)에서 50ℓ/min을 구한다.

A~B의 최대유량은 50ℓ/min이다.

같은 방식으로 B~C, C~D, …… G~H의 유량을 구하면 다음과 같다.

B~C : 1 f_u/개×48 = 48 f_u→42ℓ/min

C~D : 1 f_u/개×32 = 32 f_u→40ℓ/min

D~E : 1 f_u/개×16 = 16 f_u→30ℓ/min

E~F : 1 f_u/개×12 = 12 f_u→30ℓ/min

F~G : 1 f_u/개×8 = 8 f_u→28ℓ/min

G~H : 1 f_u/개×4 = 4 f_u≒25ℓ/min

표 3-15 급탕관경의 계산

구간	급탕 단위	유량 [ℓ/min]	관경 [mm]	유속 [m/s]	마찰저항 [mmAq/m]	배관지관 길이L_n[m]	밸브·부속 등의 상당관길이 l_n[m]	총배관길이 L_n+l_n[m]	배관계의 마찰손실 $R_n(L_n+l_n)$[mmAq]
A~B	64	50	40	0.75	23	33	40A(1개×0.3)+40^A(1개×0.75)=1.05	1.05+33=34.05	34.05×23=783.15
B~C	48	42	32	0.90	36	20	90°T(직)40^A(1개×0.275)=0.275	0.275+20=20.275	20.275×36=729.90
C~D	32	40	32	0.85	35	20	90°T(직)32^A(1개×0.18)=0.18	0.18+20=20.18	20.18×35=706.30
D~E	16	30	32	0.65	20	27	90°T(직)32^A(1개×0.18)+32^A(2개×0.6)=1.38	1.38+27=28.38	28.38×20=567.60
E~F	12	30	32	0.65	20	4.0	90°T(직)32^A(1개×0.18)=0.18	0.18+4=4.18	4.18×20=83.60
F~G	8	28	25	0.86	50	4.0	90°T(직)32^A(1개×0.18)=0.18	0.18+4=4.18	4.18×50=209.00
G~H	4	25	25	0.8	37	8.0	90°T(직)25^A1개×0.14)+25^A(3개×0.45)=1.49	1.49+8=9.49	9.49×37=351.13
합 계									3430.68

그림 2-21의 유량표에서 유속이 1m/s이하가 되도록 관경을 결정하면 표 3-17이 된다.

표 3-16 각 관경별 열손실

관 경 [mm]	직관길이 [m]	단위길이당 손실열량 [W/m℃]	직관의 열손실량 [W/m℃]
40	33	0.37	12.2
32	104	0.33	34.32
25	84	0.28	24.39
20	180	0.24	43.2
합 계			114.11

표 3-17 급탕 순환펌프 양정계산

구간	순환유량 [l/min]	관경 [mm]	유속 [m/s]	마찰저항 [mmAq/m]	배관직관길이 L_n[m]	배관계 마찰손실 R_nL_n[mmAq]
A~B	17.4	40	0.22	3.0	33.0	99.0
B~C	12.75	32	0.26	4.0	20.0	80.0
C~D	8.7	32	0.17	1.8	20.0	36.0
D~E	4.35	32	neg	neg	27.0	neg
E~F	3.26	32	neg	neg	4.0	neg
F~G	2.18	25	neg	neg	4.0	neg
G~H	1.09	25	neg	neg	8.0	neg
H~I	1.09	20	neg	neg	8.0	neg
I~J	2.18	20	0.12	1.8	4.0	7.2
J~K	3.26	20	0.17	3.2	4.0	12.8
K~L	4.35	20	0.23	6.0	27.0	162.0
L~M	8.7	20	0.46	19.0	20.0	380.0
M~N	12.75	25	0.43	12.0	20.0	240.0
N~O	17.4	25	0.55	19.0	36.0	648.0
합 계						1701.0

배관 말단수전 필요수압은 3mAq 이상이므로 고가수조와 해당수전의 정수압과 마찰손실수두차는 3mAq 이상이어야 한다.

$28.0-(13.0+3.48)=11.52 > 3\text{m}$

따라서 말단 수전의 필요압을 만족한다. 배관과 기기로부터의 열 손실 Q를 구한다.
그림 3-7에서 팽창관과 각 관경의 관내온도와 관주변 온도차 1℃당의 열 손실을 표 3-16에 나타냈다. 따라서 기기에서의 열 손실을 직관 열 손실의 30%로 하고 관내온도가 60℃, 관주변온도가 25℃이므로

$Q=114.11(60-25)\times 1.3 \fallingdotseq 5{,}220\text{W}$

순환수량 W는 환탕온도를 55℃로 하면

$$W = \frac{0.86 \times 5,220}{(60-55) \times 60} \fallingdotseq 15\ell/\min$$

Q : 배관계에서의 열손실[W]

t_h : 급탕주관내의 온수온도[℃](60℃)

t_{hR} : 환탕관의 온수온도[℃](55℃)

$$W = \frac{0.86 \times 5,220}{(60-55) \times 60} \fallingdotseq 15\ell/\min$$

배관계 전체의 순환수량은 13ℓ/min이므로 각 구간의 순환수량은 부하의 비로 구한다. 밸브, 이음쇠 등의 국부저항을 직관길이의 50%~100%로 유량선도에서 구하면 표 3-17이 된다. 이 결과 순환펌프의 양정은 약 3.4m가 된다.

7. 안전장치

물의 가열에 의한 팽창으로 기기와 배관 내 과대한 압력 발생을 방지하기 위하여 팽창 탱크와 팽창관을 설치한다.

1) 팽창관과 팽창탱크

팽창관은 온수보일러와 저탕 탱크로부터 단독으로 설치하며 배관의 중간에 밸브를 설치하여서는 안 된다. 팽창관의 내경은 표 3-18과 같이 보일러의 전열면적에 의하여 결정하며, 팽창관의 높이는 그림 3-9와 같이 보일러 저탕 탱크의 급수원인 고가수조 또는 팽창 탱크보다 높아야 하며 이에 대한 계산식은 다음과 같다.

$$h > \left(\frac{\rho_1}{\rho_2} - 1\right)H \quad \cdots\cdots (3\text{-}11)$$

h : 탱크수면에서 팽창관까지의 높이[m]

H : 탱크수면에서 급탕 배관 최저 위치까지의 높이[m]

ρ_1 : 가열 전 물의 밀도[kg/ℓ](표 3-19)

ρ_2 : 가열 후 물의 밀도[kg/ℓ](표 3-19)

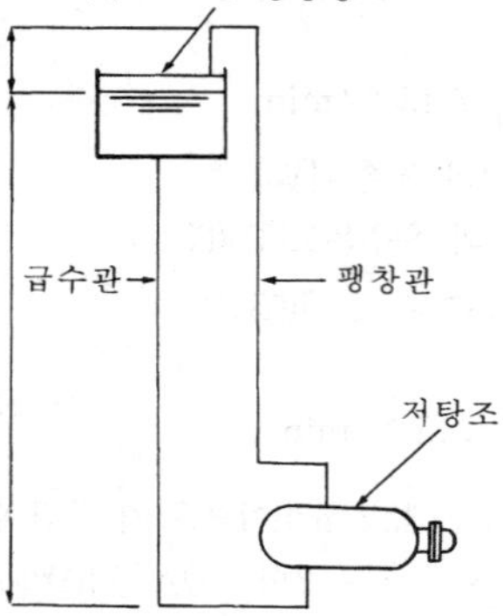

그림 3-8 팽창관의 높이

표 3-18 전열면적과 팽창관의 내경

전열면적 [m^2]	팽창관내경 [mm]
10 미만	25 이상
10 이상 15 미만	30 이상
15 이상 20 미만	40 이상
20 이상	50 이상

표 3-19 물의 비중량

온 도(℃)	밀도[kg/ℓ]	온 도(℃)	밀도[kg/ℓ]
0	0.9998	40	0.9922
5	1.0000	50	0.9881
10	0.9997	60	0.9832
15	0.9991	70	0.9778
20	0.9982	80	0.9718
25	0.9971	90	0.9653
30	0.9957	100	0.9584

2) 팽창탱크의 용량

팽창탱크는 급탕 장치 내 물의 팽창에 의해 팽창관으로 유출하는 수량을 저장하는 탱크로서 고가수조를 팽창탱크의 겸용으로 사용하는 경우도 있으나 별도로 설치하는 것이 바람직하다. 팽창탱크는 개방형이 일반적이나 최근에는 밀폐형도 사용되어지고 있다.

(1) **개방형 팽창 · 보급수탱크 용량산정**

개방형 팽창탱크의 용량은 다음 식에 의하여 구한다.

$$Q = Q_1 + Q_2$$

Q_1 : 팽창량 흡수분에 의한 용량[ℓ]

Q_2 : 급량변동량 흡수에 의한 용량[ℓ]

$$Q_1 = K_1 \cdot \left(\frac{\rho_1}{\rho_2} - 1\right) V \quad \cdots\cdots (3\text{-}12)$$

Q_1 : 팽창량(ℓ)

ρ_1 : 가열 전 물의 밀도[kg/ℓ](표 3-19)

ρ_2 : 가열 후 물의 밀도[kg/ℓ](표 3-19)

V : 급탕 계통의 전 수량[ℓ]

K_1 : 여유 계수(=1.5~2.5)

$$Q_2 = K_2 \cdot Q_{hm}$$

K_2 : 시간 최대 예상 급탕량에 대한 비율[h]$\left(\frac{1}{3} \sim 1\right)$

Q_{hm} : 시간 최대 예상 급탕량[ℓ/h]

(2) **밀폐형 팽창 탱크**

밀폐형 팽창 탱크의 용량은 다음 식에 의하여 구한다.

$$V = \frac{\Delta v}{\dfrac{P_1}{P_1 + 0.1H} - \dfrac{P_1}{P_2}} [\ell] \quad \cdots\cdots (3\text{-}13)$$

Δv : 팽창량[Pa]

P_1 : 대기압{통상 1kgf/cm^2}[Pa]

P_2 : 장치의 최대 허용 압력{절대압 kgf/cm^2}[Pa]

H : 팽창 탱크로부터 장치 최고 위치까지의 높이[m]

예제 3-9 고가수조의 수면(최고위치)에서 급탕관의 최저위치까지 35m, 급수온도 5℃, 저탕탱크의 최고온도 80℃의 경우 팽창관의 입상높이를 구하시오.

풀이 표 3-19에서 r=1kg/ℓ, r′=0.9718kg/ℓ

$$H = 35\left(\frac{1}{0.9718} - 1\right) \fallingdotseq 1.016\ \mathrm{m}$$

예제 3-10 저탕탱크의 용량이 2,000ℓ, 배관전체 보유수량이 1,500ℓ의 경우 팽창탱크 크기를 결정하시오.
급수온도 5℃, 가열 후 수온은 80℃로 한다.

풀이

$$\Delta V = \left(\frac{1}{0.9718} - 1\right) \times (2,000 + 1,500) \fallingdotseq 101.6\ \ell$$

팽창탱크의 용량은 여유를 두어 팽창량의 2배인 200ℓ로 한다.

예제 3-11 급탕장치 전체가 가열될 때의 팽창량이 50ℓ, 장치의 최대허용 압력이 500kPa, 밀폐형 팽창탱크에서 고가수조의 수면까지 30m인 경우 팽창탱크용량을 구하시오.

풀이

$$V = \frac{50}{\dfrac{1}{1+0.1\times 30} - \dfrac{1}{5}} = \frac{50}{0.05} = 1,000\ \ell$$

표 3-20 배관의 보유수량

(a) 동관(M Type)

관경[mm]	15	20	25	32	40	50	65	80	100
내용적[ℓ/m]	0.16	0.33	0.57	0.85	1.18	2.05	3.16	4.51	7.85

(b) 강관(KSD 3507)

관경[mm]	15	20	25	32	40	50	65	80	100
내용적[ℓ/m]	0.20	0.37	0.60	1.00	1.36	2.20	3.62	5.12	8.71

8. 태양열 이용설비

1) 태양열 이용의 기본계획

기본계획은 급탕 부하의 발생상태 파악과 해당지역의 연간 일사량, 태양열 의존률의 결정, 건축계획 중 집열판 설치위치, 적재하중에 대한 건물의 강도, 면적, 방위, 건물 그림자의 영향 등을 고려하여 종합적인 계획 후 판단한다.

2) 태양열 이용 중앙 급탕 공급 방식

태양열을 급탕 열원의 일부분으로 이용할 때 급탕 부하가 연간에 걸쳐서 발생시 에너지절약 효과를 얻을 수 있다. 이는 난방의 태양열 이용과는 달리 저온의 집열로서 집열 효율이 높으며 연간 일사량이 많은 지역일수록 유리하다. 태양열을 중앙식 급탕 방식에 활용하는 방법은 그림 3-9와 같은 방식이 있으며 직접 급탕 방식은 축열조와 집열기 간에 물을 강제 순환시켜 승온하며 필요시 재 가열하여 사용하기도 한다. 간접 급탕 방식은 축열조 내 열교환용 코일을 설치하며 집열기와 축열조 간의 열매로는 물 또는 에틸렌글리콜 등의 부동액을 이용한다. 그러나 코일의 부식에 의한 부동액 누설의 대책, 정기적인 부동액 보급 등을 고려하여야 한다.

3) 부하 산정과 시스템 결정

급탕 부하 전체를 태양열에 의존하는 것은 실현 불가능하며 따라서 연간의 태양열 의존률을 정하고 계획을 진행한다. 시스템 선정 시는 보조열원의 종류와 사용기기를 검토하여 집열판과 축열조의 위치에 따라 축열조의 내압, 순환펌프의 동력비, 배관계로부터의 열 손실 등을 검토한다. 또한 동절기 동결방지에 대하여도 고려하여 집열판의 동결 전 동결방지밸브 또는 온도센서에 의한 전자밸브 개폐에 의한 퇴수 또는 순환펌프운전 등의 방법을 고려한다.

4) 집열판

집열판의 설치 장소는 건물과 공작물의 그림자에 영향을 받지 않는 장소를 선정하며 일반적으로 옥상을 이용한다. 집열판의 경사각도는 태양고도와의 관계로부터 여름에는 적게, 겨울에는 크게 하는 것이 유리하나 연간부하가 있는 급탕의 경우 해당지역의 위도에 가까운 각도가 유리하다. 동절기 맑은 날이 많은 지역에는 위도 +(10~30)가 바람직하다. 방위의 영향은 정남향에서 동 또는 서쪽으로 15° 정도까지는 크게 영향이 없지만 30°~45° 이상인 경우에는 불리하다. 집열판은 풍압, 비, 염해의 영향을 받으므로 지지대의 강도, 방식 등에 주의하여야 하며 항상 관찰 및 보수, 청소 가능한 장소에 설치하여 먼지의 부착 등에 의한 집열 효과저하 등을 막을 수 있도록 한다.

5) 경제성 평가

태양열의 집열은 태양의 일사가 없고 비 또는 구름이 있는 경우에는 급탕 부하에 대하여 열원기기에 의하여야 하며 집열판, 축열조 등의 설비비도 다른 시스템에 비하여 크게 소요된다. 일반적으로 급탕 설비의 경우 10년 정도로 투자금액이 회수 가능하도록 계획하여야 한다.

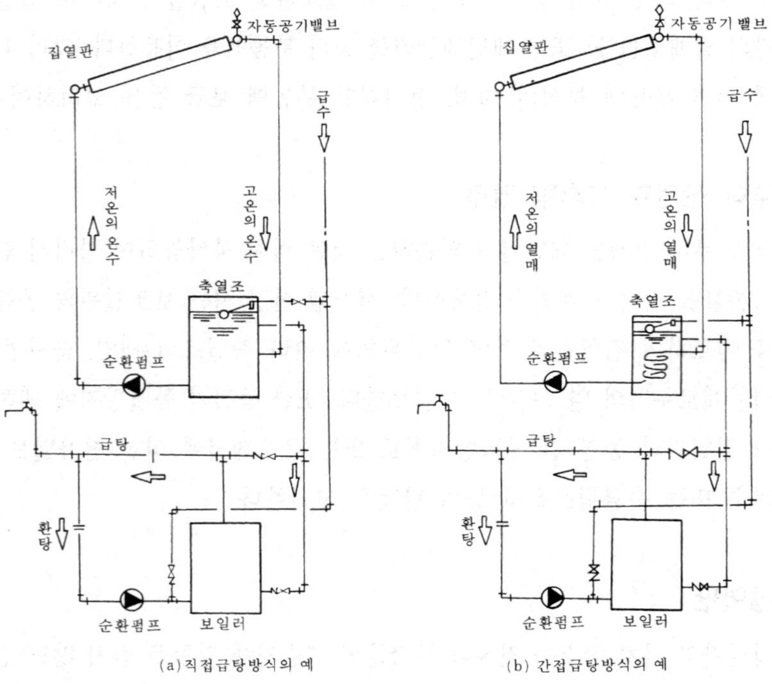

그림 3-9

4 배수통기설비

제 4 장 배수통기설비

1. 설계순서

배수통기설비 설계순서는 설비의 내용, 배수 방류처의 상황 등에 따라 차이가 있으나 다음과 같다. 배수계통은 배수 방류처의 확인, 배수방식의 결정, 부하유량의 산정, 배수펌프 · 배수탱크 · 포집기 · 배수처리시설 등의 기기장치 용량산정, 배수관 관경 산정 등의 순서로 하며, 통기계통은 통기방식의 결정, 통기관의 대기 개구부 위치 결정, 통기관 관경 결정의 순서로 하며 그림 4-1은 배수통기설비의 설계순서를 나타냈다.

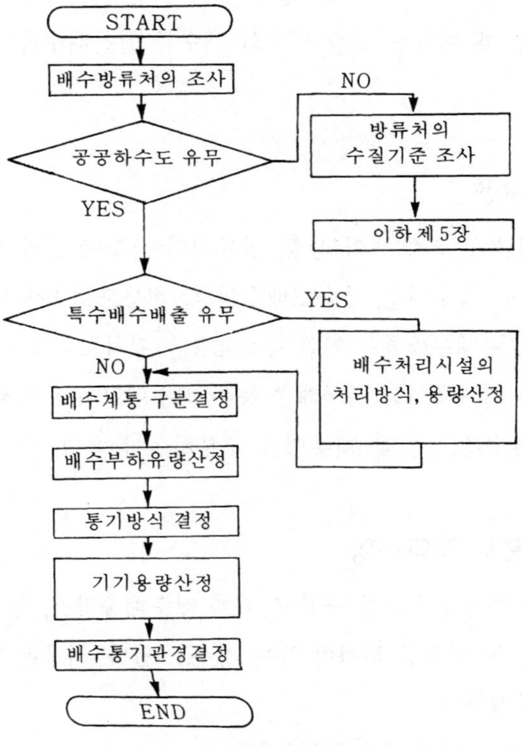

그림 4-1 배수통기설비설계 FLOW

2. 배수계통구분

1) 배수의 종류

건물과 부지내의 배수는 다음과 같이 구분된다.

① 오수 : 대 · 소변기, 이와 유사한 용도로 사용되는 기구, 예를 들면 비데, 변기 소독기, 오물청소 등으로부터의 배수

② 잡 배수 : 대 · 소변기와 유사용도 기구를 제외한 기구 즉 세면기, 욕조, 세탁 등으로부터의 배수

③ 우수 배수 : 지붕과 부지내의 빗물과 오염되지 않은 물을 포함한 배수

④ 특수 배수 : 하수도에 직접 방류시 유해, 유독, 위험 성질을 보유한 물질의 배수를 말하며 구체적으로는 공업폐수, 방사성배수, 대규모 주방으로부터의 배수 등이다.

⑤ 중수도 배수 : 물의 유효이용을 위하여 한번 사용한 물을 재생하여 이용하는 경우 재 이용을 위한 원수의 배수를 일반배수와 구분하여 별도로 배수한다.

2) 배수계통의 구분

배수계통은 건물과 부지 내의 상황, 방류처의 상황에 따라 다르나 일반적으로 오수, 잡배수, 우수, 특수배수, 중수도배수의 각 계통으로 나누어 그림 4-2와 같은 방법으로 방류한다. 배수방류는 자연 중력흐름을 원칙으로 하나 지하실의 배수 등 하수도보다 낮은 위치에서의 기구배수 등은 배수탱크에 모아서 펌프에 의해 배수한다. 이 경우 배수탱크는 각 계통별로 구분하여야 한다.

3) 배수계통 구분시 주의사항

배수계통은 그림 4-2에 의한 구분 이외에 배수배출장소, 용도, 수질 등에 의해 계통분리 또는 단독 배수를 하여야 하는 경우도 있다. 다음은 단독분리가 필요한 배수 3종류를 열거했다.

① 포집기를 설치하여야 하는 계통

㉮ 주방계통

㉯ 주차장, 세차장, 자동차 수리공장 등의 계통

㉰ 이용원, 미장원 계통

㉱ 세탁장 계통

㉲ 치과, 정형외과 등의 플라스터 사용 계통

㉳ 가축위생처리장 계통

② 특수배수계통

㉮ 산, 알카리, 용제 등을 배출하는 계통

㉯ 방사성물질 배출계통

③ 기 타

㉮ 대규모 목욕시설

㉯ 각층에 설치된 음수기, 음료냉각기 등의 간접 배수 계통

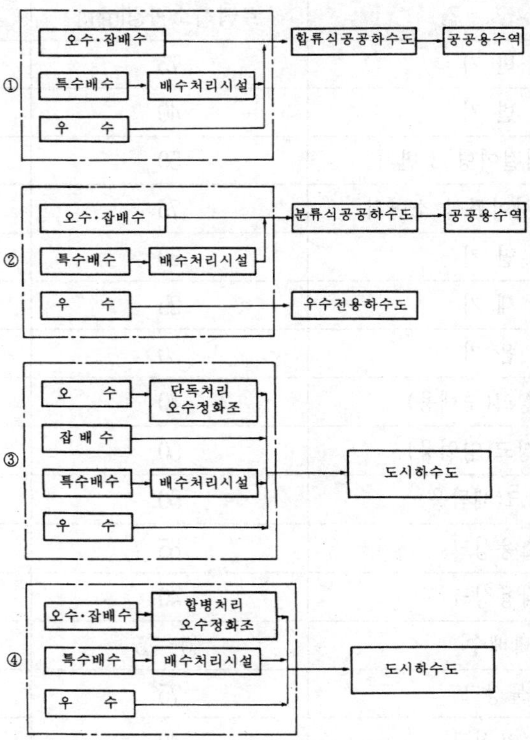

그림 4-2 배수방류 방식

3. 배수관 관경 결정

배수관 관경 결정법은 미국의 NPC(National Plumbing Code)에서 제정된 기구 배수부하 단위법과 일본 공기조화 위생공학회의 급배수 설비기준 HASS 206에 의한 정상 유량법 등이 있다.

1) 관경결정 기본원칙

(1) 트랩과 기구배수관의 관경

위생기구의 트랩과 기구 배수관의 관경은 표 4-1에 나타냈으며, 기구 배수의 최소 관경은 30mm로 한다.

표 4-1 트랩, 기구배수관의 최소 관경

관 경	트랩최소관경[mm]	기구배수관의 최소관경[mm]
대 변 기	75	75
소 변 기	40	40
스톨형 · 벽걸이형 소변기	50	50
벽 붙이형 사이펀식 소변기	75	75
세 면 기	30	30
수 세 기	25	30
수 음 기	30	30
요리장싱크(주택용)	40	40
요리장싱크(영업용)	50	50
조합싱크(세탁용)	50	50
청소용싱크	65	65
세탁용싱크	40	40
바닥배수*	40~75	40~75
오물싱크	75	75
의료용싱크	40	40

관 경	트랩최소관경[mm]	기구배수관의 최소관경[mm]
치과용유닛	30	30
화학실험용싱크	40	40
디스포우저(주택용)	40	40
디스포우저(영업용)	50	50
이발용세면기	30	30
비 데	40	40
전기세탁기(주택용)	40	40
전기세탁기(영업용)	50	50
욕조(양식)	40	40
욕조(일식)	40	30
욕조(공중용)	50~75	50~75
칸막이샤워	50	50

[주] *바닥 배수는 되도록 두지 않는 편이 바람직하다. 두는 경우에는 그 바닥의 면적 · 배수량 · 배수의 성질에 따라 관경을 결정한다.

(2) 배수 수평지관의 관경

배수 수평지관의 관경은 이와 접속하는 위생기구 트랩 최대 관경 이상의 관경으로 하여야 한다.

(3) 배수 수직관 관경

배수 수직관의 관경은 이와 접속하는 배수 수평지관 최대 관경 이상으로 하여야 하며 수직관의 상부와 하부간의 관경은 동일하게 하여야 한다.

(4) 관경의 축소

수직 · 수평관에서 배수 흐름방향으로 관경을 축소해서는 안 된다.

(5) 지중 매설배관

땅 속 또는 건물 내부에 매설되는 배수배관은 50mm 이상으로 한다.

표 4-2 기구배수 부하단위 (f.u.D)

기 구 명		부속트랩 구경(A)	기구배수 부하단위	기 구 명	부속트랩 구경(A)	기구배수 부하단위
대변기	세척탱크	75	4	치과용유닛 욕실세트(UBR) (대변기, 세면기, 욕조) 대변기가 세척밸브인 경우 대변기가 세척탱크인 경우 배수펌프 인젝터 (토출량 3.8ℓ/min마다)		
	세척밸브	75	8			0.5
소변기	벽걸이형	40	4			6
	스 톨 형	50	4			8
세면기		32	1			
	치 과 용	32	1		32	2
	이발,미용용	32	2			
수세기	일 반 형	32	1			
	소 형	25	0.5			
수음기		32	0.5			
욕 조	주 택 용	40	2	바닥배수	40	0.5
	공 중 용	50~75	4~6		50	1
샤 워	샤워헤드 1개당		3		75	2
싱 크	청 소 용	65	2.5	상기 이외의 기구	32	1
	〃	75	3		40	2
	오 물 용		8		50	3
	의료용 대형	40	2		65	4
	의료용 소형	40	1.5		75	5
	연 합 식	50	3		100	6
	화학실험용	40	1.5			
	주방용, 주택용	40	2			
	〃	50	4			
	호텔, 공중용	50	4			
	팬트리용, 접시	40	2			
	세 척 용	50	4			

[주] ① 세탁용 싱크의 배수부하단위는 이들 기구가 속하는 계통의 관경을 결정할 때에 적용하며, 주관의 구경을 결정할 때에는 제외해도 된다.
② 바닥배수는 배수 면적에 따라 결정한다.
③ 공조기 또는 유사 기구에서의 배수량은 배수 펌프와 같이 3.8ℓ/min마다 2단위로 한다.

2) 기구 배수 부하 단위법에 의한 관경 결정

(1) 관경 결정법의 개요

배수관에서 발생하는 부하는 기구의 배수 특성에 따라 1회당 배수량, 1회 배수 시간과 단위시간의 유량 등으로 표시되며 이는 기구의 종류에 따라 각기 고유 값과 사용빈도, 사용인원, 성별, 설치장소, 기구의 종류 등에 따라 크게 차이가 있다. 이러한 요소를 관련시켜 계산하는 것은 대단히 복잡하며, 기구 배수특성에 대하여 최대 배수유량을 채용하여 각 기구별 최대배수유량에 대하여 표준 기구(세면기)의 최대 배수유량(28.5ℓ/min)으로 나눈 기구단위를 구하고 여기에 기구의 동시 사용률 등을 고려하여 정한 값이 기구배수부하단위(fuD : fixture unit with value an load factors)이다. 관경의 결정은 배수관 각 부위에서 발생하는 부하의 기구배수부하단위 누계로부터 구한다.

표 4-3 표준기구 이외의 위생기구 배수부하단위

기구 배수관 또는 트랩구경[mm]	f.u.D	기구 배수관 또는 트랩구경[mm]	f.u.D
30이하	1	65	4
40	2	75	5
50	3	100	6

(2) 브랜치 간격 계산방법

브랜치 간격은 배수 수직관에 접속하고 있는 각층의 배수수평지관과 배수수평주관간의 수직거리가 2.5m 이상일 때를 1브랜치 간격이라 하며 그림 4-3에 간격산정방법의 예를 나타냈다.

일반적으로 층고는 2.5m 이상이므로 각기 수평지관간격은 브랜치 간격 이상을 유지하고 있으나 그림 중 (e)에서 4층의 수평지관 밑에 2.5m 이하의 위치에 수평지관이 합류할 때 이 지관은 브랜치 간격이 되지 못한다. 이는 배수수평지관에서 배수 수직관으로 흘러가는 배수가 수직관에 유입시 일어나는 난류상태가 정류상태로 되려면 약 2.5m의 높이를 필요로 하며, 다음의 수평지관에서 배수가 유입하더라도 수직관 내의 기압변화를 어느 정도 이하로 유지할 수 있는 수직 관경이 필요하다는 이유에서 생겨난 용어이며, 그림 4-3 (e)와 같이 1브랜치 간격 내에 2개 이상의 수평지관이 있는 경우에는 그 브랜치 간격에 있어서 전수 평지관에서의 배수량 합계가 부하로 된다.

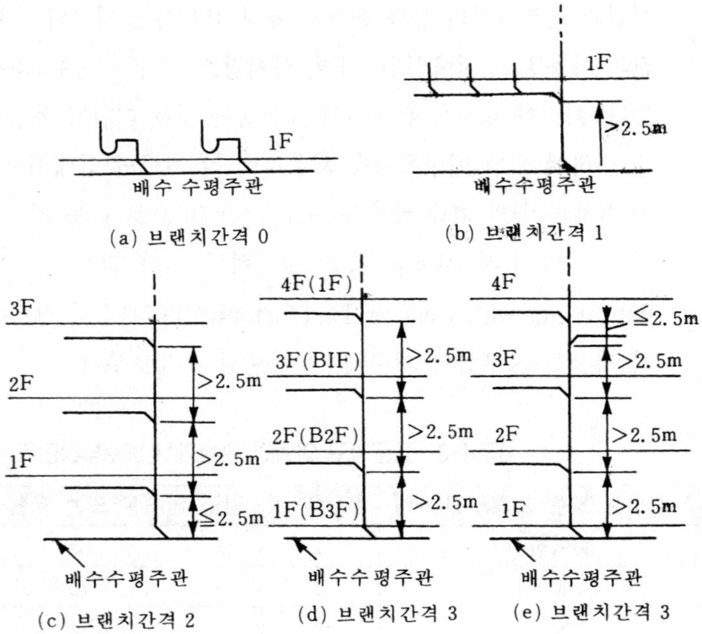

그림 4-3 브래치간격 산정방법

(3) 관경 결정 순서

관경 결정은 위의 기본원칙을 기준으로 하여 다음 순서에 의해 진행한다.

① 설치되어진 기구의 기구 배수 부하 단위를 표 4-2에 의해 구한다.

② 각기 배관위치에서의 기구 배수 부하 단위를 누계하며 표 4-4, 4-5에 의해 배수수평지관, 배수 수직관의 관경을 결정한다.

③ 표 4-4를 이용하여 배수 수평주관, 부지배수관의 관경을 구한다.

④ 펌프에서 토출되는 배수를 배수 수평주관에 접속시 표 4-2의 기구 배수 부하 단위로 환산하여 관경을 구한다.

표 4-4 배수 수평 주관, 부지 배수관 용량(NPC ASA A40.8~1955)

관 경(mm)	배수수평주관 및 부지배수관에 접속 가능한 허용최대 배수단위수			
	구배			
	1/192	1/96	1/48	1/24
50			21	26
65			24	31
80		20*	27*	36*
100		180	216	250
125		390	480	575
150		700	840	1,000
200	1,400	1,600	1,920	2,300
250	2,500	2,900	3,500	4,200
300	3,900	4,600	5,600	6,700
375	7,000	8,300	10,000	12,000

* 대변기 2개 이내

표 4-5 배수 수평 지관, 수직관 용량(NPC ASA A40.8~1955)

관경(mm)	허용최대배수단위수			
	배수수평지관[1]	3층 이하 배수수직관	4층 이상 배수수직관	
			수직관의 합계	1층 또는 1브랜치간격 합계
30	1	2	2	1
40	3	4	8	2
50	6	10	24	6
65	12	20	42	9
80	20[2]	30[3]	60[3]	16[2]
100	160	240	500	90
125	360	540	1,100	200
150	620	960	1,900	350
200	1,400	2,200	3,600	600
250	2,500	3,800	5,600	1,000
300	3,900	6,000	8,400	1,500
375	7,000	-	-	-

[주] 1) 배수 수평 주관의 지관은 포함하지 않음
2) 대변기 2개 이내
3) 대변기 6개 이내

(4) 관경 결정시 주의사항

① 배수 수평 지관

최소 관경은 오수관 80[A], 잡배수관50[A] 이상으로 하며 대변기에 접속되는 오수관은 변기 2개 이내는 80[A], 3개 이상은 100[A] 이상으로 한다. 구배는 표 4-6을 참고한다.

표 4-6 배수관의 표준구배 · 최소구배

배수관 관경(mm)	표 준 구 배	최 소 구 배*
30~65	1/25~1/50	1/50
80		1/100
100	1/50~1/100	
125		1/150
150		1/200
200이상	최소 유속 0.6m/s 이상 유지할 것	

* 일본 공기조화 · 위생 공학화 규격 HASS 206~1982

② 배수 수직관 : 표 4-5를 사용하여 결정하며 주의사항은 다음과 같다.

㉮ 통기방식이 회로통기방식, 개별통기방식과 같이 충분한 통기관이 확보되는 경우에 사용하며 신정통기방식에는 적용되지 않는다.

㉯ 수직관의 높이가 3층 이상의 경우는 각층의 배수수평지관의 합계 단위수 이외에 각층의 최대 단위수가 허용범위 안에 있는지 확인하여 관경 결정한다.

③ 배수 수평 주관 : 표 4-4를 이용하여 산출하며 동일 관경의 수평주관도 구배에 따라 허용 부하단위수가 다르므로 구배 선정에 유의하여야 한다. 일반적으로 배수수평주관은 지하 1층 천장에 설치하나 이곳에는 배관, 덕트 등이 복잡하게 설치되어져 충분한 구배를 주기가 어려우므로 설계시 이를 고려한다. 설계시 1/48 정도 구배로 관경 결정 한 후 1/96구배로 시공되어질 경우 관경을 1단계 키워야 하며 설계시는 이를 고려한다. 배수수평주관에 배수펌프 토출을 접속할 때는 기계배수를 자연 유하의 배수에 합류된 것으

로 인하여 관내에서 난류발생과 관내 기압에 큰 영향을 주게 되므로 가능한 합류를 피하고 단독으로 옥외에 배수시키는 것이 바람직하다.

④ 배수관 용도에 의한 관경 결정상의 고려사항 : 계산에 의해 산출된 관경은 용도에 따라 고려하여야 한다. 예를 들면 주방배수관 등은 사용 중 관벽에 지방성분의 부착이 쉽다. 그리스포집기를 설치하여도 시간경과에 따른 지방성분의 관내 부착에 의한 관단면 축소는 피할 수 없다. 따라서 이러한 부분에 대하여 실제 사용 관경은 계산 관경 보다 적어도 1단계 크게 하는 것이 바람직하며 집합 주택의 부엌배관도 이와 같은 이유로 관경 상향조정이 필요하다.

⑤ 신정통기방식의 배수 수직관 : 통기수 직관을 설치하지 않고 신정 통기관만으로 배수 수직관을 설치하는 경우는 다음 사항을 고려한다.

㉮ 배수 수직관의 길이는 30m 이내로 한다.

㉯ 배수 수직관 도중에 오프셋 배관을 설치하지 않는다.

㉰ 배수 수평 주관의 수평방향 엘보는 배수 수직관 하부에서 3m 이내에 설치하지 않도록 한다.

㉱ 배수 수직관의 허용유량은 다음의 정상 유량법에 나타냈으나 2관식에 비하여 굵은 편이다.

(5) 기구 배수 부하 단위법에 의한 배수 관경 산출 예

예제 4-1 그림 4-4의 화장실 배관에서 배수관경 ⓐ~ⓘ, ⓡ, ⓢ를 기구배수단위법에 의해 표 4-4, 4-5를 이용하여 구하시오.
주철배관의 경우

풀이

ⓐ 기구 배수 단위는 표 4-4, 4-5에 의해 2fuD관경 50[A]
ⓑ 기구 배수 단위 16fuD 대변기 2개로 관경 80[A]
ⓒ 기구 배수 단위 누계 12fuD 관경 80[A]
ⓓ 기구 배수 단위 3fuD 관경 50[A]

ⓔ 기구 배수 단위 26.5fuD 의해 관경 100[A](루프통기관이 f계통에 접속되므로 f계통에 접속되는 fuD와 동일하게 계산함)

ⓕ ⓔ와 동일

ⓖ 기구 배수 단위 29.5fuD 관경 100[A]

ⓗ 기구 배수 단위 41.5fuD 관경 100[A]

ⓘ 기구 배수 단위 59.5fuD 관경 100[A]

ⓡ 수직관의 단위 59.5×10=595fuD
표 4-5에 의해 관경 125[A]
각층 1층 분의 단위 수는 59.5fuD이므로 수직관의 관경은 125[A]와 차이가 없음

ⓢ 배수 수평 주관 595fuD 관경 150[A]

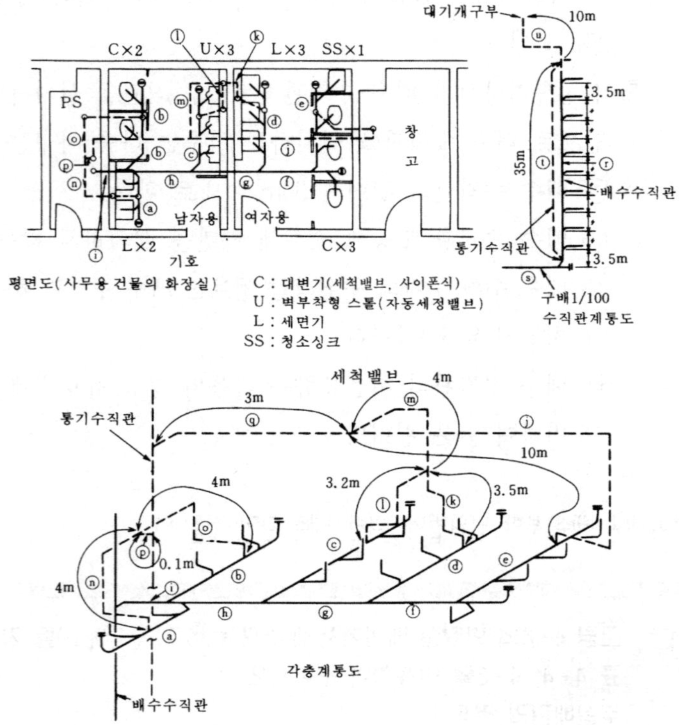

그림 4-4 예제 4-1, 4-7의 그림

예제 4-2 그림 4-5와 같은 배수관 관경 ⓐ~ⓗ를 기구배수부하단위법에 의해 구하시오.

풀이

ⓐ 배수 단위 누계 50×9=450fuD 관경 100[A](표 4-5)
ⓑ 배수 단위 누계 50×9=450fuD 관경 150[A](표 4-4)
ⓒ 배수 단위 누계 420fuD 관경 1층 100fuD 관경 125[A](표 4-5)
ⓓ 배수 단위 누계 420fuD 관경 1층 100fuD 관경 150[A](표 4-4)
ⓔ 배수 단위 누계 50×5=250fuD 관경 100[A](표 4-5)
ⓕ 오프세트 45°로 관경 125[A] (표 4-4)
ⓖ 50×9=450fuD 표 4-4에서 관경 100[A]이나 ⓕ가 125[A]이므로 125[A]로 함 (표 4-5)
ⓗ 배수단위 누계 450fuD 관경 150[A](표 4-4)

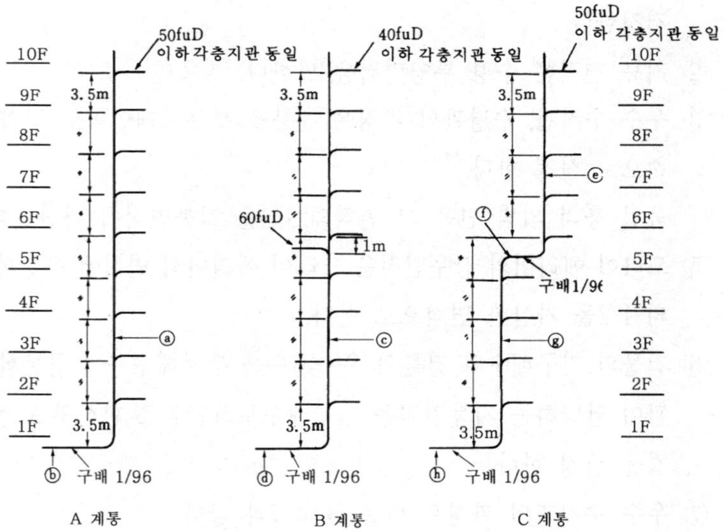

[주] 1) 1층 배수는 단독으로 옥외배출
2) 통기관은 생략함

그림 4-5 예제 4-2의 그림

4. 우수 배수관 관경결정

1) 기본사항

① 우수는 어떤 경우에도 분뇨정화조에 배수되어서는 안 된다.

② 우수 수직관은 기구에 접속하는 배수관 또는 통기관과 겸용해서는 안 된다.

③ 우수 수직관이 우수 부지 배수관과 접속하는 곳에는 보수용 맨홀을 설치한다.

2) 관경 결정법

① 우수 배수관의 관경 결정은 원칙적으로 각 지방의 시간 최대 강우량에 의하여 결정한다.

② 지붕 면적은 수평 투영면적을 말한다.

③ 우수 수직관, 수평관의 관경은 지붕을 루프드레인별로 구획하여 그 면적을 기준으로 산정 한다.

④ 옥탑 층의 외벽 면은 그 면적의 1/2을 지붕면적에 가산한다.

⑤ 드라이 에리어의 강우면적은 드라이 에리어의 면적에 옥상까지의 비에 젖는 면의 1/2을 가산한 면적으로 한다.

⑥ 건물의 기구배수와 건물의 우수배수를 부지배수관에 합류할 때에는 우수 수직관이 담당하는 지붕면적을 기구배수부하단위로 환산하고 이것을 가산하여 관경을 산정 한다.

⑦ 우수 수직관의 관경은 다음 표 4-7과 같다.

⑧ 우수 수평관의 관경은 다음 표 4-8과 같다.

⑨ 배수 수평 주관에 우수수평주관을 합류시킨 경우의 관경은 지붕면적을 fuD로 환산하여 일반 배수 계통의 fuD에 가산하고 표 4-4에 의해 결정한다. 환산법은 지붕면적 $93m^2$마다 1fuD로 한다. 이것을 식으로 나타내면 다음과 같다

$$\text{환산 } fuD = 256 + \frac{\text{지붕면적} \times \frac{\text{그 지역의 최대 강유량}}{100} - 93}{0.36} \quad \cdots\cdots\cdots (4\text{-}1)$$

다만, 환산 fuD≧256

펌프・공기조화장치 등에서 연속적 또는 배수를 우수수평주관에 합류시키는 경우에는, 그 배수량을 지붕면적으로 환산하여 표 4-8에 의해 결정한다. 환산법은 배수량 3.8ℓ/min마다 2.23m²의 지붕면적으로 한다. 이를 식으로 나타내면 다음과 같다.

$$\text{환산지붕면적} = \frac{2.23 \times \text{배수량}}{3.8} [\mathrm{m}^2] \quad \cdots\cdots (4\text{-}2)$$

표 4-7 우수 수직관의 관경 (HASS 206)

관 경[mm]	허용최대 지붕면적[m²]
50	67
65	135
75	197
100	425
125	770
150	1,250
200	2,700

［주］① 지붕면적은 수평투영면적으로 한다.
② 허용최대 지붕면적은 강우량 100mm/h를 기초로 하여 산출한 것이다. 따라서 그 외의 강우량에 대하여는 표의 값에 '100/해당 지역의 최대강우량'을 곱해서 산출한다.
③ 정방형 또는 장방형의 우수 수직관은 여기에 접속되는 유입관의 단면적 이상으로 하고 내면의 단면을 상당 관경으로 하여 장변/단변의 비율을 표의 값에 곱해서 그 허용최대 지붕면적으로 한다.

표 4-8 우수 수평관의 관경 (HASS 206)

관경[mm]	허용 최대 지붕면적[m²]								
	배 관 구 배								
	1/25	1/50	1/75	1/100	1/125	1/150	1/200	1/300	1/400
65	127	90	73	-	-	-	-	-	-
75	186	131	107	-	-	-	-	-	-
100	400	283	231	200	179	-	-	-	
125	-	512	418	362	324	296	-	-	-

관경[mm]	허용 최대 지붕면적[m²]								
	배 관 구 배								
	1/25	1/50	1/75	1/100	1/125	1/150	1/200	1/300	1/400
150	-	833	680	589	527	481	417	-	-
200	-	-	1.470	1,270	1,130	1,040	897	732	-
250	-	-	-	2,300	2.060	1,880	1,630	1,330	1,150
300	-	-	-	3,740	3.350	3,050	2,650	2,160	1,870
350	-	-	-	-	5.050	4,610	3,990	3,260	2820
400	-	-	-	-	-	6,580	5,700	4,650	4,030

[주] ① 지붕 면적은 수평 투영 면적으로 한다.

② 허용 최대 지붕면적은 강우량[mm/h]를 기초로 하여 산정 한 것이다. 따라서 그 이외의 강우량은 표의 값에 '100/해당 지역의 최대 강우량'을 곱하여 산출하고 유속이 0.6m/s 이하 또는 1.5m/s 이상인 것은 바람직하지 못하므로 제외한다.

3) 관경계산 예

예제 4-3 **그림 4-6과 같은 우수 배수 계통 건물의 우수배관 ⓐ ~ ⓓ의 관경을 구하시오. 설계 조건은 설계 최대 강우량 140mm/h로 하며 지붕의 루프드레인은 집수 면적을 균등하게 받는 것으로 한다.**

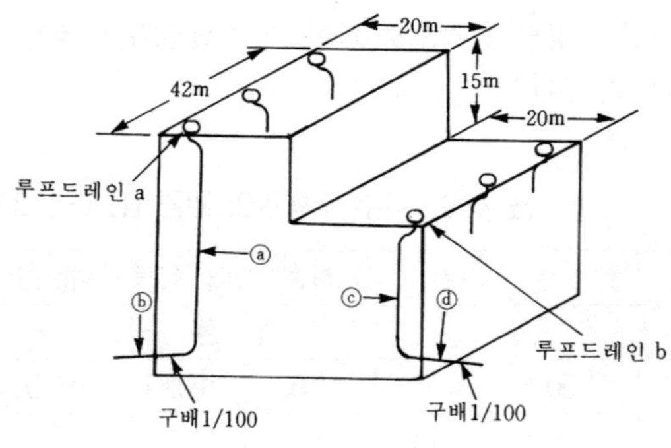

그림 4-6 예제 4-3의 그림

풀이 루프드레인 a의 담당 면적은 $20 \times 42 \times \frac{1}{3} = 280\ m^2$

설계 최대 강우량 140mm/h이므로 $280 \times \frac{140}{100} = 392\ m^2$

ⓐ의 관경은 표 4-7에서 100[A]
ⓑ의 관경은 표 4-8에서 150[A]
루프드레인 B의 담당면적은

$$(20 \times 42 + 15 \times 42 \times \frac{1}{2}) \times \frac{1}{3} = 385\ m^2$$

설계 최대 강우량은 140mm/h이므로 강우량 100mm/h로 환산시 지붕 면적은

$$385 \times \frac{140}{100} = 539\ m^2$$

ⓒ의 관경 표 4-7에서 125[A]
ⓓ의 관경 표 4-8에서 150[A]

5. 기기의 배치계획과 용량 결정

1) 배수탱크와 배수펌프 배치계획

배수탱크는 일반적으로 화장실 계통(대변기, 소변기, 청소용수)의 오수를 저장하는 오수탱크와 목욕실, 주방 등의 잡배수를 저장하는 잡배수 탱크로 나뉜다.

(1) 배수탱크의 배치

오수탱크는 일반적으로 화장실 부근, 잡배수는 화장실, 주방 등의 부근에 건물 구조체 2중 슬래브 부분을 이용하여 설치한다.

(2) 배수펌프의 배치

배수펌프의 배치 위치는 다음 사항을 고려하여 계획한다.

① 보수 · 점검이 편리하도록 배치한다.
② 펌프의 주변은 운전 · 점검 · 보수시 반출입이 용이하도록 주변의 기기, 배관, 벽면 등으로부터 충분한 간격을 띄운다.

배수펌프는 예비용으로 2대 이상 설치하여야 하므로 펌프의 위치, 기종, 흡입용 피트 등에 대하여 종합적으로 검토하여야 한다.

2) 배수탱크와 배수펌프의 용량산정

(1) 배수탱크 용량

배수탱크의 용량과 배수펌프의 토출량은 배출량의 다소, 유량변동의 특성, 펌프모터 소손방지를 위한 필요 최단 운전시간 간격 등의 내용에 의해 상호 연관성이 있다. 따라서 배수탱크의 용량은 위의 상호관계를 충분히 고려하여 다음 사항에 의거 결정한다.

① 통상의 경우 최대 배수시 유량의 15~60분과 펌프 용량의 10~20분의 2가지 조건을 만족하는 용량으로 한다.

② 저수조의 오버플로에서 유입하는 배수탱크는 저수조의 수위조절밸브 고장 등을 고려하여 ①의 사항에 오버플로의 유량을 더한다.

③ 방류처의 규제에 의해 일시적으로 건물의 지하에 저장하는 경우 1일 총배수량과 하수관의 주・야간 허용배수량 등을 검토하여 결정한다.

④ 배수탱크에서 저장하는 배수는 24시간 이상 저장시 부패가 발생하므로 주의하여야 한다. 장시간 저장시는 탱크 내 공기를 공급하여 부패방지 등을 고려한다.

⑤ 배수탱크는 점검・보수・청소를 위하여 유효 내경 60cm 이상 방취형 맨홀을 2개소 이상 설치한다.

(2) 배수펌프의 용량

① 배수량이 일정한 경우 배수펌프의 용량은 펌프의 운전휴지시간을 고려하여 평균 배수량의 1.2~1.5배 정도로 한다.

② 배수량의 변동이 심한 경우는 다음과 같다.

㉮ 배수탱크가 작은 경우 최대배수유량의 1.2~1.5배로 한다.

㉯ 배수탱크가 충분히 큰 경우 평균배수유량의 1.2~1.5배로 한다.

㉰ 배수량과 변동패턴이 파악되는 경우 배수량 변동곡선을 작성하여 펌프 용량을 결정한다.

㉱ 오수, 주방배수와 같이 고형물을 포함한 경우 오물용 펌프를 선택하며

펌프의 최소관경을 80[A]로 한다. 이 경우 토출량의 최소유량은 임펠러를 가공하여도 [300ℓ/min]까지가 한계이다.

㉮ 잡배수 펌프의 최소구경은 50[A]로 한다. 다만 건물 2중 슬라브 내의 용출수, 기계류 냉각수, 응축수와 같이 비교적 깨끗한 물인 경우 40[A]로 해도 좋다

㉯ 배수펌프의 전양정은 실양정, 마찰손실수두, 토출 수두를 가산하여 구하며 필요 이상으로 양정을 높이지 않도록 한다. 배수펌프는 일반 펌프와는 달리 토출 측에서 밸브로 유량 조정하는 것을 피하며 특히 오수용의 경우 밸브조정시 고형물의 걸림 등이 우려되므로 밸브에 의한 조정을 피한다. 따라서 필요 이상으로 양정이 높을 경우 실제 토출량이 정격토출량을 초과하여 오버로드에 의한 모터의 소손이 우려된다.

㉰ 주방 등과 같이 유지분을 포함한 비교적 높은 온수 배수를 취급하는 수중형 모터의 케이블은 일반재질의 경우 사용에 따른 케이블 피복재 용해에 의한 소손이 우려되므로 내유성 케이블 사용이 바람직하다.

㉱ 배수펌프는 동일 용량의 예비펌프를 설치하며 운전방식은 자동교환, 순차운전방식을 채용하고 비상시는 2대 동시운전이 가능하도록 하고 이를 위하여 토출관의 관경도 2대 동시수용이 가능하도록 결정한다.

예제 4-4 **지하층에 설치하는 배수탱크와 배수펌프의 용량을 다음의 설계조건에 의하여 구하시오.**
<설계조건>
배수탱크에 유입하는 배수는 지하 1·2층의 화장실과 탕비실로서 대변기 10개, 소변기 9개, 세면기 8개, 청소용 싱크 2개 탕비싱크 2개로 한다.

풀이 (1) 각 기구의 사용 수량을 다음과 같이 산정한다.
배수탱크 용량은 1시간분 저장시 3.5m³ 배수펌프는 배수탱크 용량을 20분간 배출한다고 하면

$$4.044\times\frac{1}{20} = 202\ell / \min$$

위생기구	개수	1회당 급수량[ℓ/회]	사용횟수[회/h]	소계[ℓ/h]
대 변 기	10	15	12	1800
소 변 기	6	4.5	12	324
세 면 기	8	10	12	960
소제싱크	2	25	12	600
탕 비 기	2	15	12	360
			합 계	4,044[ℓ/h]

5-2, (2) ② ㉣에 의거 구경 80[A], 토출량 300ℓ/min 정도로 한다.

3) 포집기(Interceptor)의 배치계획과 용량

(1) 그리스 포집기(Grease Interceptor)

① 배치 장소 : 그리스 포집기는 영업용 주방 등으로부터의 배수 중 포함되어져 있는 지방분을 냉각·응고시켜 제거하는 것으로 설치장소는 다음 조건을 만족하여야 한다.

㉮ 그리스 포집기 주변은 청소가 쉽도록 충분한 공간을 확보한다.

㉯ 청소시 잔존물의 외부반출이 쉬운 장소로 한다.

② 용량 산정 : 그리스 포집기는 내부 구조, 격판의 수, 평면 크기, 깊이, 청소주기 등에 따라 포집기의 효율이 차이가 나며 일본 HASS 217-1991(그리스 포집기) 규격에 성능표시 선정 기준, 용량 산정법이 정해져 있다. 그림 4-7은 그리스 포집기에서의 그리스 포집량과 고형물의 적재를 표시한 그림이다. 선정순서는 식 4-4에 의거 유입유량 Q를 구한다.

$$Q = n \cdot V_n \cdot \frac{1}{t} \cdot k \quad \cdots\cdots (4\text{-}4)$$

Q : 유입 유량[ℓ/min]

n : 1일당 식사 수[食/d]

V_n : 1식당 사용 수량[ℓ/食]

t : 1일당 주방사용시간[min/d](표 4-9)

k : 위험률을 사용하여 정한 유량의 평균사용유량에 대한 비율 (표 4-9)

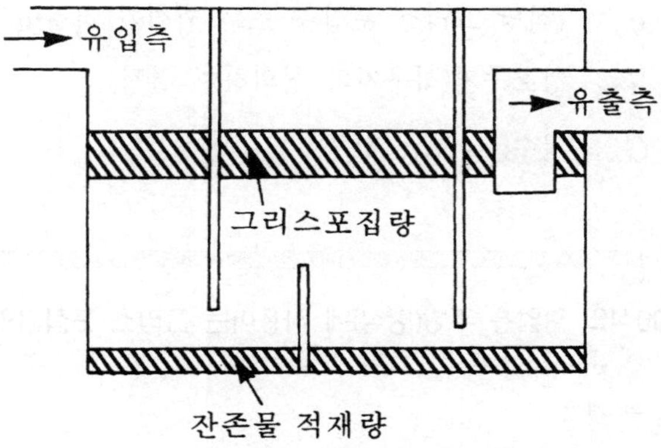

그림 4-7 그리스 포집량과 고형물의 적재량

표 4-9 각 인자와 표준값

종별 \ 인자		Vn	q	g	t	k
		1식사당 사용수량 [ℓ/食]	1식사당 그리스포집량 [g/食]	1식사당 찌꺼기 잔량 [g/食]	1일당 주방사용시간 [min/d]	위험률을 사용하여 정한 유량의 평균사용량에 대한 배율
영업용 주방	양 식	80	7	4	720	3.5
	중국식	80	10	5		
	일 식	70	5	3		
	분 식	50	3	1.5		
	경양식	45				
	차	20	1	0.5		
	사원, 종업원용 주방	45	3	2	600	

포집 그리스량 G는

$$G=n \cdot g \cdot i \cdot C \quad \cdots\cdots (4\text{-}5)$$

G : 포집 그리스량[kg]

n : 1일당 식사 수[食/d]

g : 1식당 그리스 포집량 또는 찌꺼기 잔량[g/食]

i : 청소주기(사용자와 협의하여 결정)

C : 정수($=10^{-3}$)

예제 4-5 **1일 800식의 영업용 주방(양식)에 사용하는 그리스 포집기의 용량을 구하시오.**

풀이 유입유량의 계산

$$Q=n\cdot V_n \cdot \frac{1}{t}\cdot k$$

$$=800[食/d]\times 80[\ell/食]\times \frac{1}{720[\min/d]}\times 3.5$$

$$\fallingdotseq 311.2[\ell/\min]$$

포집 그리스량, 청소주기 7일(1주일)로 할 때

$$G=n\cdot g\cdot i\cdot C$$

$$=800\times 7\times 7\times 0.001=39.2\text{kg}$$

(2) 오일 포집기(oil Interceptor)

① 설치 장소 : 오일 포집기는 자동차 수리공장, 급유소, 세차장, 주차장 등에서 휘발유 등의 기름이 배수에 섞일 우려가 있는 장소의 배수계통에 설치하여 휘발유 등의 기름을 제거하는 포집기로서 설치장소는 용도에 따라 다소 차이가 있으나 배수구의 하류 측에 점검, 청소가 쉬운 장소에 설치한다.

② 용량 산정 : 오일 포집기의 용량산정은 일반휘발유, 윤활유의 포집기에 유입에 대하여 극소량부터 대량유입과 유입 토사량을 고려하여야 한다. 오일 포집기의 유출입관은 유수면 아래에 있으므로 포집기의 깊이는 600mm 이상으로 하는 것이 바람직하며 용량산정 계산은 다음과 같다.

· 오일포 집기의 실용량=A+B(그림 4-8 참조)

A : 유분리층[ℓ]

= 세차수량[ℓ/min]×저류시간[min]

B : 토사량 [ℓ]

= 토사량[ℓ/대]×세차대수[대/d]×청소주기[d]

㉮ 세차 수량(차량의 외관 및 바닥 세차의 경우)

· 자동 세차 장치 : 기 기사 양수량[ℓ/min]

· 수전에 의한 세차 : 소형의 경우 20[ℓ/min]에 준함

㉯ 저류시간

· 90% 이상의 효율을 필요로 한 경우 격판 1매시 2분 이상 , 격판 2매시 적어도 1분간

· 95% 이상 효율이 필요한 경우 격판 1매시 3분 이상, 격판 2매시 1분 이상

㉰ 토사량 : 0.5~2[ℓ/대]

㉱ 세차 대수 : 사용자와 설계자와 협의

㉲ 청소 주기 : 사용자와 설계자와 협의

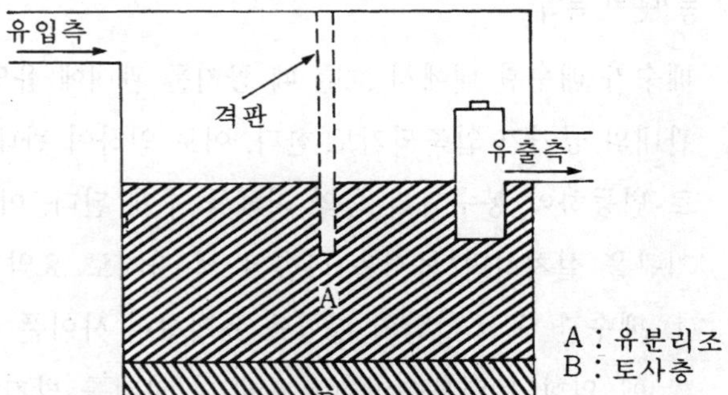

그림 4-8 오일포집기 용량

예제 4-5 주차대수 50대의 오일포집기 용량을 구하시오

<설계조건>

① 세차용 수전 사용

② 세차는 5일에 1회 실시, 수량 1대 1회당 200ℓ 사용

③ 사용수량 $1m^3$ 당 토사량 2ℓ

④ 청소주기 6개월

⑤ 포집효율 95%이상 격판 2매

풀이 유분리층 A=20×1=20ℓ

토사량 $B = 200 \times 50 \times \frac{180}{5} \times \frac{2}{1000} = 720\,\ell$

오일포집기 용량은 A+B=20+720=740ℓ

이는 포집기 1대 설치의 경우이며 대수분할시 B의 부분을 적당히 분할하여 A를 더한 값으로 필요 대수를 설치한다.

6. 통기방식

1) 통기관의 목적과 종류

(1) 통기관의 목적

배수가 배수관 내에서 흐를 때 공기를 관내에 유입하거나 배수의 흐름에 따른 관내의 공기가 압축되기도 한다. 이로 인하여 관내의 압력이 정압 또는 부압으로 변동하여 봉수파괴 등의 피해를 주게 된다. 이러한 피해를 막기 위하여 통기관을 설치하며 목적은 다음의 세 가지로 요약할 수 있다.

① 배수관 내 공기압의 평형을 유지하여 사이폰 작용 및 역압(back pressure)에 의한 트랩봉수(water seal)의 파괴를 방지한다.

② 배수관 내에서 배수의 흐름을 원활하게 한다.

③ 배수관 내에 신선한 공기를 유통시켜 배수관 계통의 환기를 도모하여 관내를 청결하게 유지한다.

(2) 통기관의 종류

① 신정 통기관 : 배수 수직관의 상부를 연장하여 옥상에서 대기 중에 개방하는 통기관으로, 관경은 배수 수직관과 동일구경으로 한다. 다만 수평주관 또는 부지배수관이 만수가 되어 흐를 때에는 신정통기방식으로 해서는 안 된다.

② 통기 수직관 : 기구 통기관과 통기지관을 모아 수직방향으로 통기시키기 위한 관으로 최하층 배수수평지관으로부터 건물의 최상부까지 관경의 변경 없이 단독으로 대기 중에 개구시킨다.

③ 각개통기관

㉮ 각 기구 트랩의 통기를 위하여 설치하는 통기관으로서 트랩웨어에서 통기접속까지의 기구배수관 길이는 표 4-10의 길이 이내로 하며 구배는 1/50~1/100로 한다.

표 4-10 트랩웨어에서 통기관까지의 거리

기구배수관의 관경[mm]	거리[m]
30	0.8
40	1.0
50	1.5
75	1.8
100	3.0

㉯ 각 개통기관은 기구 트랩웨어에서 관경의 2배 이상 떨어진 위치에서 분지하여야 한다.

㉰ 대변기, 기타 이와 유사한 기구를 제외하고 통기관 접속개소는 트랩웨어 보다 낮은 곳에 설치해서는 안 된다.

㉱ 기구배수관이 높이를 달리하여 배수 수직관에 접속되는 경우 가장 높은 곳에서 수직관과 접속되는 기구배수관 이외에는 각 기구배수관마다 통기관을 설치해야 한다.

④ 공용통기

㉮ 기구가 서로 마주보고 설치되었거나 병렬로 설치된 2개의 기구배수관이 같은 높이에서 배수 수직관에 접속되어 있고 트랩과 통기관의 거리가 표 4-10이내일 때에는 공용통기관을 설치해도 무방하다.

㉯ 같은 층에서 기구가 서로 마주보고 설치되었거나 병렬로 설치된 2개의 기구배수관이 하나의 배수 수직관에 서로 높이가 다르게 접속되어 공용통기관을 설치할 때의 배수 수직관의 관경은 상부기구의 기구 배수관의 관경 보다 1단계 큰 관경으로 하고 하부기구의 기구배수관의 관경 보다 작게해서는 안 된다.

⑤ 회로통기관 : 2개 이상의 트랩봉수를 보호하기 위하여 최상류의 기구배수관이 배수수평지관 접속직후 부분으로부터 통기수직관까지 연결하는 배관을 말한다.

⑥ 습통기관 : 통기의 목적 이외에 배수관으로도 사용되는 부분의 통기관으로 1,2층용 욕실배수관 등에 적용하며, 습통기관의 부하 유량은 그 습통기관을 배수관으로 했을 때의 1/2로 한다. 다만, 대변기에서의 배수를 습통기관에 접속해서는 안 된다.

⑦ 도피통기관

㉮ 단층건물 및 최상층을 제외한 모든 층의 대변기 및 이와 유사한 기구가 8개 이상인 배수수평지관에는 환상통기관을 설치하는 이외에 그 최하류에서 기구배수관이 접속된 직후의 배수수평지관의 하류측에 도피 통기관을 설치한다.

㉯ 단층 건물 및 최상층을 제외한 모든 층의 대변기, 청소싱크의 S트랩, 바닥배수 등 바닥에 설치하는 기구와 세면기 또는 이와 유사한 기구가 혼재하는 배수 수평지관에는 도피통기관을 설치한다.

㉰ 세면기 또는 이와 유사한 기구의 배수가 배수수평지관의 상류에 연결될 때 각 수직지관은 각개통기관을 설치한다.

⑧ 결합통기관 : 배수 수직관내 압력변화를 방지 또는 완화하기 위하여 배수수직관으로부터 분지하여 통기수직관에 접속하는 통기관을 말하며 고층건

물의 경우 최상층으로부터 10층 이내마다 설치한다.

⑨ 통기헤더 : 신정통기관이나 통기수직관은 건물 최정상부에서 한곳으로 모아 대기 중으로 방출하기 위한 배관을 말하며 간접배수 계통의 통기관, 배수탱크 통기관은 단독으로 대기 중에 배출시킨다.

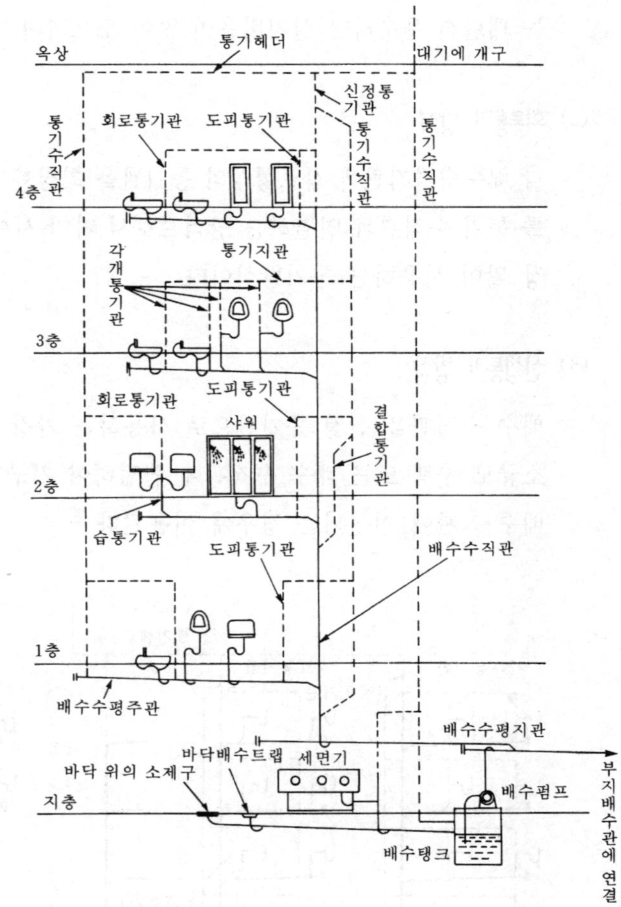

그림 4-9 배수 및 통기배관 계통도

2) 통기방식의 분류

(1) 각개통기 방식

각 기구마다 통기관을 각기 설치하여 통기 수평지관에 연결하며 각 지관의 말단에 통기 수직관과 연결하는 통기방식으로서 자기 사이폰 방지 등 통기효과는 대단히 우수하나 설치비용이 많이 소요되며 미국에서 주로 채용되고 있다.

(2) 회로통기 방식

각 배수수평지관에 회로형식의 통기관을 최상류 기구의 하류측에 설치하여 이를 통기 수직관과 연결하는 방식으로서 자기 사이폰 방지는 안되지만 현재 가장 많이 사용하는 통기방식이다.

(3) 신정통기 방식

배수 수직관을 신정 통기관으로 사용하는 가장 단순한 통기방식으로서 주로 소규모 주택 또는 배수 수직관에 인접하여 기구가 설치되어 있거나 단독으로 배수 직관에 연결되는 경우에 이용된다.

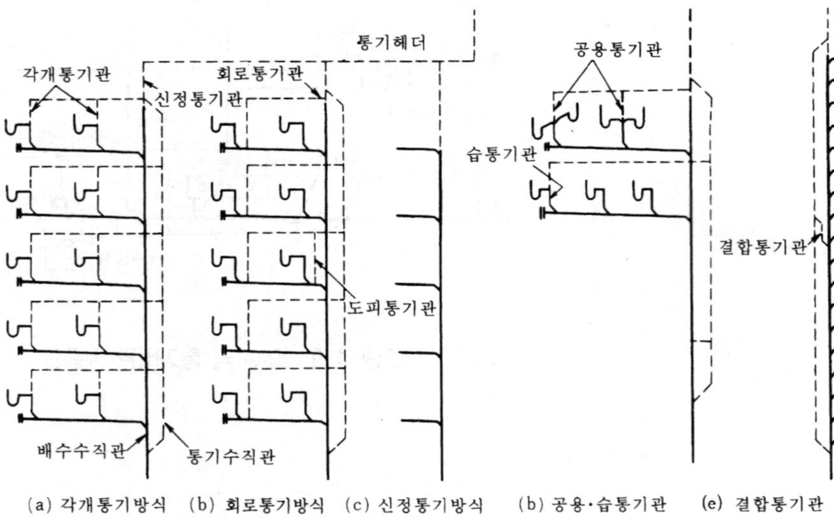

그림 4-10 통기관의 종류와 통기방식

(4) 특수통기 방식

① 섹스티어 방식 : 프랑스의 Rogger Legg,, George Richards 및 M. Loure등이 공동 개발한 것으로 1967년경 남부 프랑스를 중심으로 한 고층 아파트에 처음으로 설치하였다. 본 방식은 그림과 같이 신정통기관 이외의 통기관을 필요로 하지 않고 배수관경이 적어도 되며 4개의 대변기를 동시에 배수할 수 있는 용량의 것도 있다. 사용재질은 주철제와 PVC의 두 종류가 있으며 국내에서 고층아파트 배수공사에 일부 사용되고 있다.

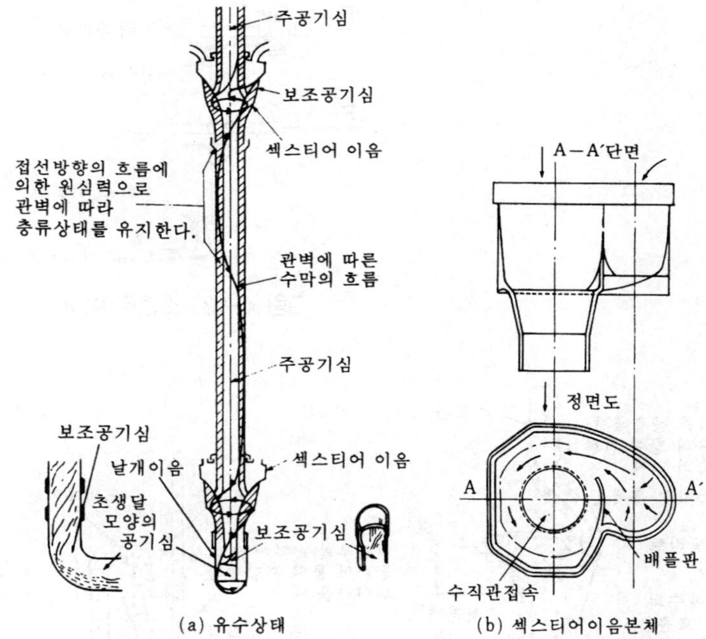

그림 4-11 섹스티어 방식

② 소벤트 방식 : 1961년 스위스 Fritz Sommer씨가 고안해 낸 것을 발전시켜 개발한 것이다. 배수 수직관과 각층 배수 수평지관을 접속하는 부분에 공기혼합이음(aerator fitting)을 설치하고 배수 수직관이 수평주관과 접속되는 부분에 공기분리이음(de-aerator fitting)을 설치한다.(그림참조)

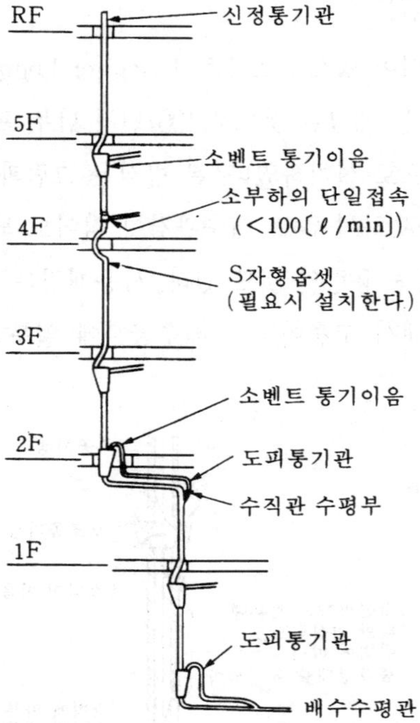

그림 4-12 소벤트 방식

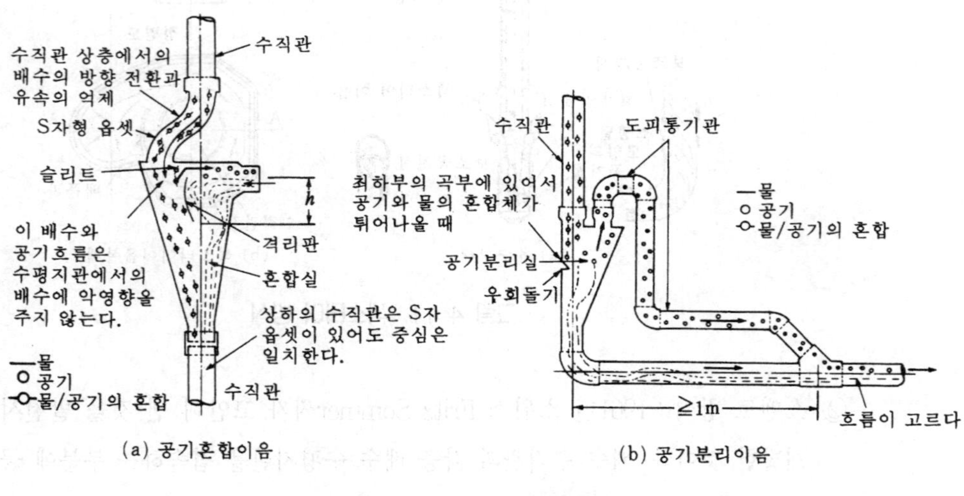

그림 4-13 소벤트 방식의 배관이음

(5) 배수탱크 통기관

배수 펌프 운전시 배수탱크 내의 기압변동이 기구트랩봉수에 영향이 미치지 않도록 단독으로 대기에 개구한다.

7. 통기배관시의 주의사항

1) 통기관 배관방법

수평 배수관으로부터의 통기관 취출 방법은 그림 4-14와 같이 배수관 중심부 상부 수직선으로부터 45° 이내에서 취출하여야 하며 각 층 위생기구로부터 150mm 이상 상향 방향으로 간격이 떨어져야 한다. 통기관의 구배는 관내에서 발생한 물방울의 자유 유하를 위하여 배수관 방향으로 1/200정도의 하향 구배로 하며 루프통기관 설치시 주의사항은 그림 4-14와 같다.

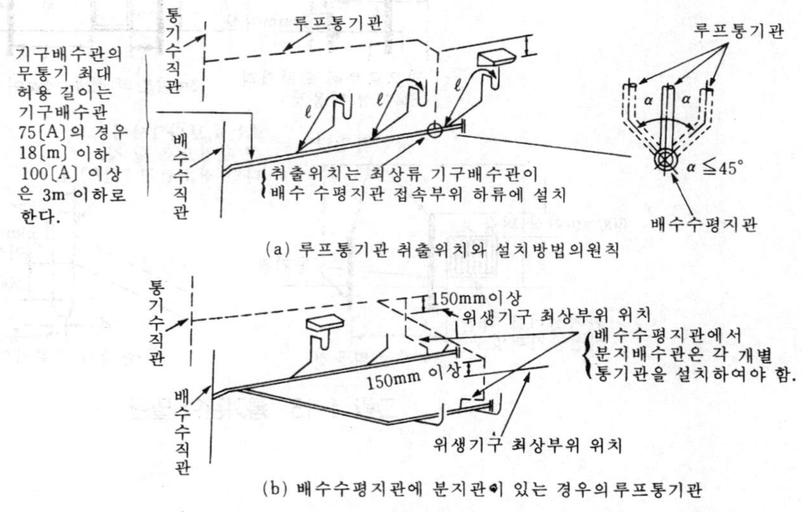

그림 4-14 회로통기관 설치시 주의 사항

2) 통기관의 말단

신정통기관은 상승기류에 의해 하수가스가 통기관 개구부를 통하여 방출된다. 따라서 통기관의 말단은 그림 4-15와 같은 방법으로 대기에 개구되어야 하며 악취 등으로부터 악영향을 피하기 위하여 다음과 같은 내용에 주의하여야 한다.

① 지붕을 관통하는 통기관은 지붕면으로부터 150mm 이상 높여서 대기에 개구시킨다.

② 지붕을 정원, 운동장, 건조장 등으로 사용하는 경우 옥상을 관통하는 통기관은 옥상에서 2m 이상 높인다.

③ 한 냉지의 통기관 말단 개구부가 적설, 동결에 의한 폐쇄 우려가 있는 경우 지붕면으로부터 높이 300mm 이상, 관경 75[A] 이상으로 한다.

④ 통기관 말단의 개구부는 해당건물 또는 인근건물의 출입구, 창, 환기구의 상부에서 600mm 이상 띄워서 개구시킨다.

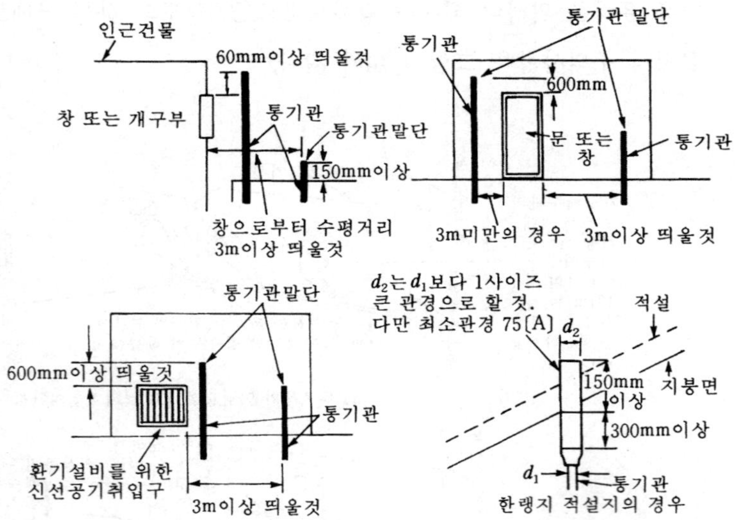

그림 4-15 통기관의 말단

8. 통기관 관경 결정

1) 관경 결정의 기본원칙

① 최소 관경은 30mm로 하며 건물의 배수탱크에 설치하는 통기관의 관경은

50mm이상으로 한다.

② 회로통 기관의 관경은 배수수평지관과 통기수직관 중 관경이 큰 관의 1/2 이하의 관경이 되어서는 안 된다.

③ 배수 수평지관의 도피통기관 관경은 각기 접속하는 배수수평지관 관경의 1/2 이상이어야 한다.

④ 신정통기관 관경은 배수 수직관 관경보다 작아서는 안 된다.

⑤ 각개통기관 관경은 접속되어지는 배수관 관경의 1/2 이상이어야 한다.

⑥ 배수 수직관 오프세트의 도피통기관 관경은 통기수직관과 배수수직관 중 작은 쪽의 관경 이상으로 한다.

⑦ 결합 통기관 관경은 통기수직관과 배수수직관 중 관경이 작은 쪽 이상으로 한다.

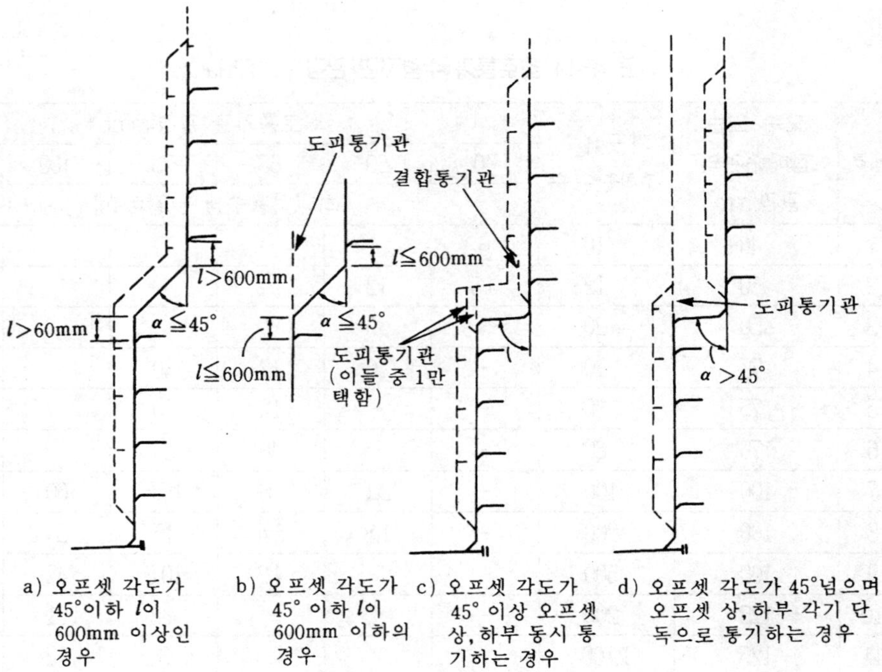

그림 4-16 배수수직관의 오프세트시 통기관 설치방법

2) 배수 부하 단위법에 의한 관경 결정

(1) 관경 결정순서

① 회로통기관 : 배수 수평지관의 길이에 의해 표 4-11을 이용하여 산출한다. 배수 수평지관에서 분지관이 있는 경우 분지지점 이후 최장 길이에 대하여 통기관 관경을 결정한다.

② 통기수직관 : 통기수직관이 연결되고 있는 배수관의 배수 단위 수와 배수 수직관과 연결되는 시점부터 신정통 기관까지의 길이에 의해 표 4-12를 이용하여 산출한다.

③ 통기헤더 : 통기헤더와 연결하는 통기수직관의 전체 배수 단위 수 합계와 통기관의 대기 개구부로부터 가장 먼 위치에 있는 통기수직관의 시점까지의 길이에 의해 표 4-12를 이용하여 구한다.

표 4-11 회로통기 수평지관 관경 (V.T.Manas)

번호	오수 또는 잡배수관의 관경[mm]	기구배수 부하단위수	회로통기관 관경[mm]					
			40	50	65	75	100	125
			최대허용수평관 길이[m]					
1	40	10	6					
2	50	12	4.5	12				
3	50	20	3	9				
4	75	10	-	6	12	30		
5	75	30	-	-	12	30		
6	75	60	-	-	48	24		
7	100	100	-	2.1	6	15.6	60	
8	100	200	-	1.8	5.4	15	54	
9	100	500	-	-	4.2	10.8	42	
10	125	200	-	-	-	4.8	21	60
11	125	1,100	-	-	-	3	12	42

표 4-12 통기관의 관경과 길이 (NPC ASA A40.8-1955)

번호	오수또는 잡배수의 관경[mm]	배수단위	통기관 관경[mm]								
			30	40	50	65	75	100	125	150	200
			통기관의 최대허용배관 길이[m]								
1	30	2	9								
2	40	8	15	45							
3	40	10	9	30							
4	50	12	9	22.5	60						
5	50	20	7.8	15	45						
6	65	42	-	9	30	90					
7	75	10	-	9	30	60	180				
8	75	30	-	-	18	60	150				
9	75	60	-	-	15	24	120				
10	100	100	-	-	10.5	30	78	300			
11	100	200	-	-	9	27	75	270			
12	100	500	-	-	6	21	54	210			
13	125	200	-	-	-	10.5	24	105	300		
14	125	500	-	-	-	9	21	90	270		
15	125	1,100	-	-	-	6	15	60	210		
16	150	350	-	-	-	7.5	15	60	120	390	
17	150	620	-	-	-	4.5	9	37.5	90	330	
18	150	960	-	-	-	-	7.2	30	75	300	
19	150	1,900	-	-	-	-	6	21	60	210	
20	200	600	-	-	-	-	-	15	45	150	390
21	200	1,400	-	-	-	-	-	12	30	120	360
22	200	2,200	-	-	-	-	-	9	24	105	330
23	200	3,600	-	-	-	-	-	7.5	18	75	240
24	250	1,000	-	-	-	-	-	-	22.5	37.5	300
25	250	2,500	-	-	-	-	-	-	15	30	150
26	250	3,800	-	-	-	-	-	-	90	24	105
27	250	5,600	-	-	-	-	-	-	7.5	18	75

예제 4-7 그림 4-4에서의 통기관 ⓙ~ⓟ, ⓣ, ⓤ의 관경을 기구배수부하 단위법에 의해 구하시오.

풀이

위치	fuD합계	배관길이[m]	배수관관경	통기관관경[mm]	비 고
j	26.5	10		65	
k	3	3.5		40	
l	12	3.2		40	
m	15	7.5		50	
n	2	4		40	
o	16	4		65	
p	18	4.1		65	
q	59.5	13		75	
t	59×10=595	35		100	
u	595	35+10=45		100	신정통기관으로 배수수직관보다 가늘어서는 안되므로 125A로 변경

예제 4-8 그림 4-17의 통기관관경 ⓐ~ⓙ를 구하시오.

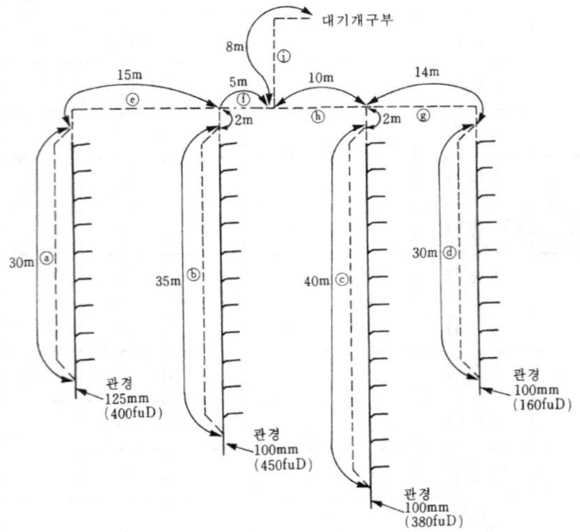

그림 4-17

풀이

위치	fuD합계	배관길이 [m]	배수관관경	통기관관경 [mm]	비 고
a	400	30	125	100	
b	450	35	100	75	
c	380	40	100	75	
d	160	30	100	75	
e	400	45	125	125	배수관경보다 가늘어서는 안 됨
f	850	50	125	125	배수관경보다 가늘어서는 안 됨
g	160	44	100	100	배수관경보다 가늘어서는 안 됨
h	540	54	100	100	배수관경보다 가늘어서는 안 됨
i	1,390	62		150	

예제 4-9 지하층 배수탱크에 접속되는 기구는 대변기(FV) 5개, 벽붙이 스톨형 소변기 3개, 세면기 5개, 청소 싱크 1개 (배수트랩관경 65A), 탕비기 2개일 때 배수탱크의 통기관 관경을 구하시오.

<설계조건>

① 배수펌프 토출량 300 ℓ/min

② 통기관 길이 50m

③ 탕비기 배수관경 50A

풀이

기구명	fuD	수량	계	비고
양변기(FV)	8	5	40	
소변기(스톨형)	4	3	12	
세 면 기	1	5	5	
청소싱크	2.5	1	2.5	
탕 비 기	3	2	6	
			계	65.5[fuD]

배수펌프 토출량을 배수 단위로 환산하면

$$300\times\frac{2}{3.8}=157\text{fuD}$$

따라서 부하는 배수 펌프 토출량 기준으로 한다.

표 4-12에 의거 관경은 75[A]가 된다.

5 오수정화 설비

제 5 장
오수정화 설비

1. 설계순서

오수정화설비는 화장실에서 배출되는 오물을 하수도법에서 규정하는 하수종말처리장이 있는 공공하수도 이외에 방류하고자 하는 경우 위생상 지장이 없는 구조의 분뇨정화조 또는 오수정화시설을 설치하여야 한다. 오수정화시설은 분뇨, 오수의 관련법규에서 규정하고 있는 특별 청소지역(서울특별시, 광역시, 시의 관할지역)과 주택건설촉진법에 의하여 공동주택을 건설하는 지역에서 건축연면적(공동주택을 합산한 면적) 1,600m^2 이상인 건물에 적용하고 있으며, 분뇨정화조는 위 이외의 지역과 일정규모 이하인 건물에 이용하도록 규정하고 있다.

오수정화설비 설계시 고려하여야 할 사항은 다음과 같다.

① 규모(계획처리 대상인원, 계획오수량)

② 건축용도

③ 해당법령 및 행정지도 사항

④ 유입수질, 처리수질

⑤ 부지면적 · 형상

⑥ 취기 · 소음 · 진동 · 위생해충 등의 2차 공해 대책

⑦ 기상조건

⑧ 오니처분 방법

⑨ 건설비, 운전비(설치기기의 유지비 등을 포함한 종합 비용)

⑩ 유지관리 체제

설계의 순서는 그림 5-1에 나타냈다.

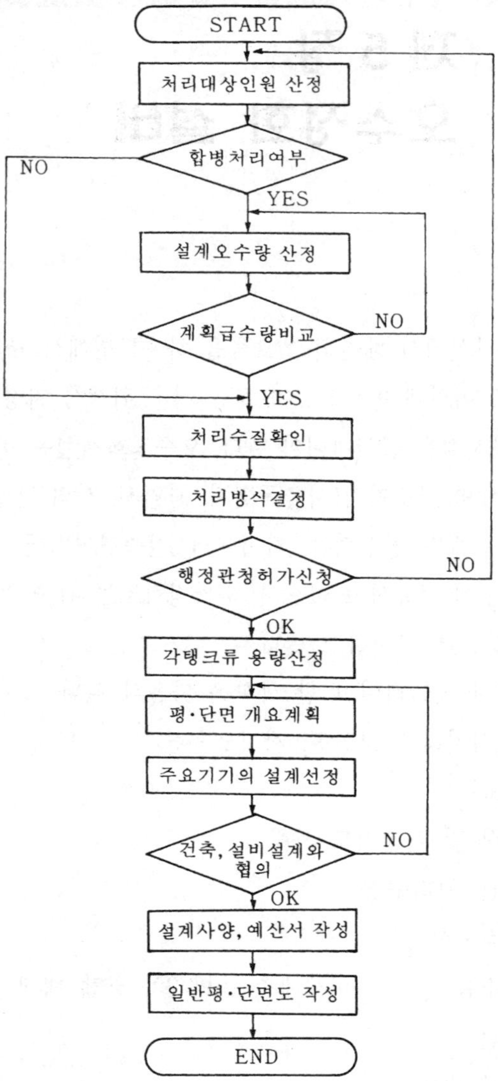

그림 5-1 오수정화시설설계 FLOW

2. 처리대상 인원의 산정

처리대상 인원은 건축용도별 오수정화시설의 처리대상인원 산정기준에 의하여 산정한다.

표 5-1 건축용도별 오수정화시설의 처리대상인원 산정기준(KS F 1507)

<table>
<tr><th rowspan="2">유 사
용도별
번 호</th><th rowspan="2" colspan="2">건 축 용 도</th><th colspan="2">처리대상인원</th></tr>
<tr><th>단위면적당
산정인원</th><th>산정바닥면적</th></tr>
<tr><td rowspan="3">1</td><td rowspan="3">집 회 장
시설관계</td><td>공회당, 집회장</td><td colspan="2">동시에 수용할 수 있는 인원(정원)의 1/2</td></tr>
<tr><td>극장, 영화관, 연예장</td><td colspan="2">동시에 수용할 수 있는 인원(정원)의 3/4</td></tr>
<tr><td>관 람 장
경 기 장
체 육 관</td><td colspan="2">$n=\dfrac{20c+120u}{8}\times t$ t=0.5~0.3
여기서 n : 처리대상인원[인]
c : 대변기 수[개]
u[1] : 소변기 수 및 양용 변기 수[개]
t : 단위변기당 1일 평균 시간[시간]</td></tr>
<tr><td rowspan="4">2</td><td rowspan="4">주택시설
관 계</td><td>주 택</td><td colspan="2">연면적 100[m²] 이하일 때는 5인, 100[m²] 이상 부분의 면적에 대하여는 30[m²] 이내마다 1인을 가산함. 다만, 연면적 220[m²]을 넘을 때는 전부 10인으로 한다.</td></tr>
<tr><td>공동주택</td><td colspan="2">1세대에 대해서는 3.5인으로 하고, 거실[2] 수가 2이상일 때는 1거실[2]을 더할 때마다 0.5인을 가산한다. 다만, 1세대가 1거실[2] 만으로 구성되어 있을 때에는 2인으로 할 수 있다.</td></tr>
<tr><td>하숙, 기숙사</td><td>1[m²]당 0.2인</td><td>거실[2]의 바닥 면적, 다만, 고정 침대 등으로 정원이 명확한 것은 유사 용도별 2의 학교 기숙사에 따른다.</td></tr>
<tr><td>학교, 기숙사,
양로원,양호시설</td><td colspan="2">동시에 수용할 수 있는 인원(정원)</td></tr>
<tr><td rowspan="3">3</td><td rowspan="3">숙박시설
관 계</td><td>여관, 호텔, 모텔</td><td>1[m²]당 0.1인</td><td rowspan="2">거실[2]의 바닥면적</td></tr>
<tr><td>간이 숙박소, 합숙소</td><td>1[m²]당 0.3인</td></tr>
<tr><td>유스호스텔</td><td colspan="2">동시에 수용할 수 있는 인원(정원)</td></tr>
<tr><td rowspan="2">4</td><td rowspan="2">의료시설
관 계</td><td>병원, 요양소, 전염병원</td><td>1병상당 1.5인</td><td>다만, 외래인 부분은 진료소로 적용함.</td></tr>
<tr><td>진료소, 의원</td><td>1[m²]당 0.3인</td><td>거실[2]의 바닥 면적</td></tr>
<tr><td rowspan="7">5</td><td rowspan="7">점포관계</td><td>점포, 시장</td><td>1[m²]당 0.1인</td><td>영업외 용도에 쓰이는 부분의 바닥 면적</td></tr>
<tr><td>요정, 연회장</td><td>1[m²]당 0.1인</td><td>거실[2]의 바닥면적</td></tr>
<tr><td>백 화 점</td><td>1[m²]당 0.1인</td><td rowspan="2">영업외 용도에 쓰이는 부분의 바닥 면적</td></tr>
<tr><td>음식점, 레스토랑,
다방, 카바레, 비어홀</td><td>1[m²]당 0.3인</td></tr>
<tr><td>시 장</td><td colspan="2">$n=\dfrac{20c+120u}{8}\times t$ t=0.5~3.0</td></tr>
<tr><td>당구장, 탁구장, 댄스홀</td><td>1[m²]당 0.1인</td><td>영업외 용도에 쓰이는 부분의 바닥 면적</td></tr>
<tr><td>슬롯트머신점, 기원</td><td>1[m²]당 0.6인</td><td></td></tr>
</table>

유 사 용도별 번 호	건 축 용 도		처리대상인원	
			단위면적당 산정인원	산정바닥면적
		골프연습장, 유원지, 볼링장, 해수욕장, 수영장, 스케이트장	$n=\dfrac{90c+120u}{8}\times t$ t=0.4~2.0	
6	오락시설 관 계	골프장, 클럽하우스	18홀까지는 50인[3)], 36홀은 100인[3)]	
7	자 동 차 차고관계	자동차 차고, 주차장	$n=\dfrac{20c+120u}{8}\times t$ t=0.4~2.0 주차장 : 0.1인/m^2	
		주 유 소	1영업소당 20인	
8	학교시설 관 계	보육원, 유치원, 초등학교	동시에 수용할 수 있는 인원(정원)의 1/4	
		중 · 고등학교, 전문학교	동시에 수용할 수 있는 인원(정원)의 1/3, 또는 고등학교 및 전문학교 등에서 야간과정을 병설할 경우 야간 정원의 1/4을 가산함.	
		대학, 각종학교		
		도 서 관	동시에 수용할 수 있는 인원(정원)의 1/2	
		대학부속도서관	동시에 수용할 수 있는 인원(정원)의 1/4	
		대학부속체육관	$n=\dfrac{20c+120u}{8}\times t$ t=0.5~1.0	
9	사 무 실	사 무 실	1[m^2]당 0.1인	사무실[4)]의 바닥 면적
		행정관청, 외래자가 많은 사무실	1[m^2]당 0.2인	
10	작 업 장 관 계	공장, 작업장, 관리실	작업 인원의 1/2	
		연구소, 실험실	동시에 수용할 수 있는 인원(정원)의 1/3	
11	1~10의 용 도 에 따 른 시 설	역, 버스터미널, 공중변소	$n=\dfrac{20c+120u}{8}\times t$ t=1~10	
		공중목욕탕(방에 붙은 욕탕은 제외함)	1[m^2]당 0.5인	탈의장[5)]의 바닥 면적
		방에 붙은 욕탕 (터키탕, 사우나탕)	1[m^2]당 0.3인	영업의 용도에 쓰이는 부분의 바닥 면적

[주] ① 여자 전용 변소에 있어서는 변기 수의 약 1/2을 소변기로 본다.
② 거실이란, 건축법에 따른 용어의 정의로 말하는 거실이며, 거주 , 집무, 작업, 집합 및 오락 그 외에 이것에 속하는 목적을 위해서 계속적으로 사용하는 방을 말함. 다만 공동주택에 있는 부엌 및 식당은 제외한다.
③ 골프장의 클럽하우스의 처리대상 인원에는 종업원 수를 별도 가산한다.
④ 사무실이란, 사장실, 비서실, 중역실, 회의실 및 응접실을 포함한다.
⑤ 탈의장에는 카운터 및 벽에 붙은 래커부분은 포함하지 않는다.

3. 성능의 결정

오수정화시설의 성능은 관련법규 기준에 따라 대상건물의 크기, 설치구역, 대상인원에 따라 결정하며 이는 표 5-2에 나타냈다. 또한 수질과 정화설비의 성능에 관계 된 용어에 대한 해설은 표 5-3에 나타냈다.

표 5-2 처리 용량과 설치 장소의 구역에 의한 오수정화시설의 성능

대상건물	처리방식	처리 용량[kℓ]					성능	
		100 이하	100~200			200 이상	방류수질[ppm]	BOD제거율[%]
건축연면적 1,600[m²] 이상	합병처리 (오수정화시설)	▬▬					BOD 100 이하	
			▬▬				BOD 80 이하	
						▬▬	BOD 60 이하	
1,600[m²] 이하	단독처리 (분뇨정화조)						BOD 100 이하 (상수보호구역)	50 이상

[주] 골프장의 방류 수질은 30ppm 이하, 다만, 상수보호구역에서는 10ppm 이하

표 5-3 수질에 관계된 용어

용어	설명
pH 값	수소 이온농도를 표시하며, pH가 7이면 중성, 7을 초과할 때에는 알칼리성, 7미만은 산성
BOD	생물화학적 산소요구량을 표시하며, 수중유기물이 분해해서 안정한 산화물이 되기까지 얼마나 산소를 소비했는가를 표시한다.
BOD 제거율	$\text{BOD 제거율} = \dfrac{\text{원수(原水)의 BOD} - \text{정화조 출구물의 BOD}}{\text{원수의 BOD}}$
BOD 부하	$\text{BOD용적부하}[\text{kgBOD/m}^3\text{d}] = \dfrac{\text{오수BOD[ppm]} \times \text{유입수량}[\text{m}^3/\text{d}]}{\text{폭기조 용적}[\text{m}^3] \times 1000}$
COD	화학적 산소요구량을 뜻하며, 오수 중의 산화되기 쉬운 유기물이 산화제($KMnO_4$)에 의해 산화될 때에 소비되는 산화제의 양에 상당하는 산소량
SS	부유물질을 뜻하며, 오수 중에 함유되어 있는 고형물질의 양을 말한다. 스크린으로 제거되는 대형의 것은 포함치 않는다.
MLSS	폭기조내의 혼합액의 부유물질의 농도
ABS	중성세제를 뜻하며, 하드인 것은 활성오니법 등으로는 분해되기 어렵다
DO	용존산소
VS	휘산(揮散)물질, 가열하면 연소하는 물질

4. 유입오수량과 유입수질

유입오수량과 유입수질의 성질은 오수정화시설 기능에 크게 영향을 미치므로 신중을 기해야 한다. 이는 건물용도별 배수량 및 배수농도표에 의하여 결정하며 이때 고려하여야 할 사항은 다음과 같다.

① 기준배수량, 배수농도표 채용의 타당성 파악
② 급수계획량에 대한 파악
③ 과거 유사건물의 실적과 비교
④ 지역특성과 특수용도 등에 대한 파악
⑤ 오수 이외에 기타 잡배수, 특수배수, 우수 등의 혼입 여부

표 5-4 건축용도별 배수량 및 배수농도

분류	건 축 용 도		1일 배수량	배수농도 BOD[ppm]	비 고
1	급식시설	주택시설, 집회장 시설, 사회복지시설, 점포시설, 오락시설, 자동차 차고, 학교시설, 사무실, 공회당, 역·버스터미널 등	15 [ℓ/食]	350	
2	주택시설	주택, 공동주택, 하숙·기숙사, 합숙소	200 [ℓ/인]	200	
3	숙박시설	여관, 호텔, 모텔, 콘도미니엄	300 [ℓ/인]	200	1. 온천온수는 포함하지 않는다. 2. 연회장, 결혼식장을 포함한 경우에는 그 용도의 부분면적에 대하여 20[ℓ/m²·일]을 가산하고 BOD는 연회장 300ppm, 결혼식장은 200ppm으로 한다.
4	의료시설	병 원	1,000 [ℓ/BED]	300	1. 병상수가 300을 초과하는 부분에 대하여는 1,500[ℓ/병상·일]로 한다. 2. 외래환자의 오수량은 별도 가산한다.

<table>
<tr><th>분류</th><th colspan="2">건 축 용 도</th><th>1일
배수량</th><th>배수농도
BOD[ppm]</th><th>비 고</th></tr>
<tr><td rowspan="2">5</td><td rowspan="2">점 포</td><td>슈퍼마켓, 백화점, 시장</td><td>30
[ℓ/m²]</td><td>250</td><td>육류, 어류점의 바닥면적 합계가 연면적의 20% 이상을 차지할 때에는 배수량은 35[ℓ/m²·일], BOD는 300[ppm]으로 한다.</td></tr>
<tr><td>식품접객업소</td><td>300
[ℓ/m²]</td><td>250</td><td>면적은 연면적의 20[%]로 한다.</td></tr>
<tr><td>6</td><td>학교시설</td><td>초등학교
중 학 교
고등학교</td><td>30
[ℓ/인]
31
[ℓ/인]
40
[ℓ/인]</td><td>100</td><td></td></tr>
<tr><td>7</td><td>사 무 소</td><td>은행·행정관청
·일반관청</td><td>15
[ℓ/m²]</td><td>100</td><td rowspan="3">통상 근무자 수로하고, 급식 시설이 있을 때에는 그 부하량을 가산한다.</td></tr>
<tr><td>8</td><td>작업장소
및
영 화 관</td><td>작업장, 공장, 연구소, 극장, 연회장, 체육관</td><td>40
[ℓ/인]</td><td>100</td></tr>
<tr><td>9</td><td>기 타</td><td>카바레, 비어홀, 다방, 당구장, 기원, 헬스클럽, 안마시술소, 골프연습장, 수영장, 볼링장, 스케이트장, 의원, 교회, 목욕탕, 탁구장, 주차장, 이·미용실</td><td>30
[ℓ/m²]
15
[ℓ/m²]</td><td>100
100</td></tr>
</table>

[주] 위 표에 나타나지 않는 오수의 농도(BOD) 값을 계산할 때에는 BOD량(배수량에 BOD 값을 곱한 값)의 원 단위를 기준하여 계획을 진행시켜도 된다. 예를 들면 한국인의 1인 1일당 분뇨의 BOD량은 약 13g이므로 이에 대한 세정수로서 50ℓ(0.05m³)를 사용한다면 이 오수의 평균 BOD 값은 13g/0.05m³=260g/m³, 즉 260ppm 정도가 된다. 또한 분뇨, 주방배수, 잡배수 등을 합한 1인 1일 당 BOD량은 약 40g이므로 이때 1일의 사용수량이 200ℓ이라면 평균 BOD 값은 200ppm이 된다(40/0.2=200g/m³)

표 5-5 건축용도별 최대 급수량 및 평균 오수량

유사용도별 번호	건축용도	1일 최대급수량[ℓ/d]			배출계수	평균오수량[l/d]
		대 상	급수량	급수시간[h]		
1	병원·요양소	병 상	500~800[*1]	12	0.7~0.8	350~640
	전염병원	병 상	500~800	12	0.7~0.8	350~640
	진 료 소	외래환자	10	4	0.8~1.0	8~10
		의사, 간호사	110	8	1.0	100
	양 로 원	상 주 자	200	10	0.9	180
2	주 택	상 주 자	250[*2]	12	0.8	200
	공동주택	상 주 자	250[*2]	12	0.7~0.8	175~200
	하숙·기숙사	상 주 자	180	8	1.0	180
3	탁아소·유치원	아동정원	60	6	1.0	60
	초등학교	직 원	110	8	1.0	110
	중·고등학교 대 학	학생정원	90	6	1.0	90
		학생정원(야간)	60	4	1.0	60
		직 원	110	8	1.0	110
4	군인숙소	상 주 자	300	8	1.0	300
	학교기숙사	상 주 자	180	8	1.0	180
5	여 관[*3]	이 용 객	240	10	0.6~0.7	144~168
	호 텔[*3]	이 용 객	540	10	0.6~0.7	324~378
	요 정	연 인 원	30[*4]	4	0.6~0.7	18~21
	간이숙박시설	이 용 객	180	8	0.8	114
6	음식점·레스토랑[*5]	연 인 원	40	10	0.3~0.4	12~16
		종 업 원	110	10	1.0	110
	비 어 홀[*5]	연 인 원	20	10	0.3~0.4	6~8
		종 업 원	110	10	1.0	110
	다 방[*5]	연 인 원	10	12	0.4~0.5	4~5
		종 업 원	110		1.0	110
	카 바 레	연 인 원	30	6	0.3~0.4	9~12
		종 업 원	110	6	1.0	110
7	공중목욕탕	연 인 원	50	12	1.0	50
8	사무소·은행	종 업 원	100	8	0.8~0.9	80~90
		종 업 원[*6]	100	12	0.7~0.8	70~90
9	슈퍼마켓	연 인 원	5	8	0.6	3
		종 업 원	100	8	1.0	100

유사용도별 번호	건축용도	1일 최대급수량[ℓ/d]			배출계수	평균오수량[l/d]
		대 상	급수량	급수시간[h]		
10	백 화 점	연 인 원	5	8	0.8	4
		종 업 원[*7]	100	8	1.0	100
11	연구소 · 실험실	종 업 원	100[*8]	8	1.0	100
12	공장 · 작업장	종 업 원	120[*9]	8[*10]	1.0	120
13	일반공공도서관	열 람 자	9	5	1.0	9
	부속도서관	열 람 자	9	5	1.0	9
14	공회당 · 집회장	이 용 자	18	8	0.9	16
15	극장 · 연예장	이 용 자	50	10	1.0	50
	영 화 관	이 용 자	18	12	0.7~0.8	13~15
16*11	관람장 · 경기장	관 객	30	5	0.7~0.8	21~24
	체 육 관	선수 · 종업원	100	5	1.0	100
	주 차 장	이 용 객	15	12	0.7	10
		종 업 원	100	8	1.0	100
	스케이트 · 볼링장	연 인 원	30	10	0.8~0.9	24~27
	수 영 장	연 인 원	50	10	0.8~0.9	40~45
	골프연습장	연 인 원	10	10	0.8~0.9	8~9
	당구장 · 탁구장	연 인 원	5	8	0.7~0.8	3~4
	· 오 락 장	종 업 원	100	8	1.0	100
18	주유소[*12]	종 업 원	100	8	1.0	100
19	골프장클럽하우스	회 원	200	10	1.0	200
		종 업 원	150	10	1.0	150

[주] [*1]고급 병원은 1,000~1,200[ℓ/병상]인 경우도 있다. [*2]양식 욕조가 있는 주택은 350[ℓ/인]으로 한다. [*3]여관은 공동욕조, 호텔은 개별욕조로 한다. [*4]종업원을 포함한다. [*5]사용 수량 중에서 냉각수 등의 처리를 하지 않아도 좋은 물이 50~70%이다. [*6]야근종업원을 포함한다. [*7]종업원은 손님 연인원의 3% 정도이다. [*8]실험용수는 별도 처리해야 하므로 포함하지 않는다. [*9]공장용수는 포함하지 않는다. [*10]1교대 근무로 한다. [*11]공중변소는 잡배수가 없으므로 생략한다. [*12]세차배수가 있을 때에는 기름, 토사 등이 포함되므로 별도의 처리계통이 필요하다.

5. 처리방식

오수의 처리방식은 크게 단독처리방식(정화조)과 잡배수를 포함한 오수정화시설로 나누며 이에 대한 분류는 다음과 같다.

1) 분뇨정화조는 일반적으로 부패탱크 방식을 채택하고 있으며, 그 기능은 정화조에 유입되는 오수에 함유된 각종 고형물을 침전 또는 부상시켜 분리하는 것이다. 침전물은 탱크 바닥에 쌓여서 혐기성 박테리아의 작용에 의하여 분해·소화되고 고형물은 무기화한다. 산화조(2차 처리장치)에서는 오수 중에 포함되어 있는 세균이나 미세한 부유물질 등이 호기성 세균의 작용에 의하여 흡착·산화되며, 소독조에서의 염소 접촉에 의하여 살균되어 방류한다. 이러한 분뇨정화조에는 다음과 같은 종류가 있다.

① 소형정화조(가정용FRP제)
② 임호프 탱크식
③ 접촉폭기식
④ 살수형 부패탱크식
⑤ 부패탱크식
⑥ 폭기식
⑦ 살수여상식

2) 오수정화시설은 침전, 호기성 또는 혐기성 분해 등의 방법에 의하여 분뇨와 생활하수를 함께 처리하는 정화시설로서 우리 나라의 분뇨, 오수의 처리 법률에서는 다음과 같이 분류하고 있다.

① 장기폭기식
② 접촉산화식
③ 살수여상식
④ 회전원판 접촉식
⑤ 표준 활성 오니식
⑥ 접촉안정식
⑦ 임호프 탱크식

오수정화시설의 처리방식 선정은 기능사용인원, 성능에 따라 행하며 1,2차 처리 후까지 제거되지 않는 부유물, 용해성 유기물질, 영양염류(질소, 인) 등이 잔존시에는 3차 처리를 설치하여 제거하여야 하며 대상인원별 처리방식, 성능에 대한 내용은 표 5-6과 같다.

표 5-6 대상인원별 처리방식 성능

구 분	처리방식	성능 BOD [ppm]	적용인원 [n]	흐 름 도
단독처리	분리접촉 폭기방식	90 이하	500 이내	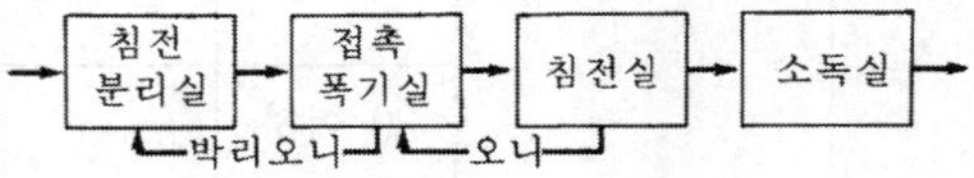
	분리폭기방식	90 이하	500 이내	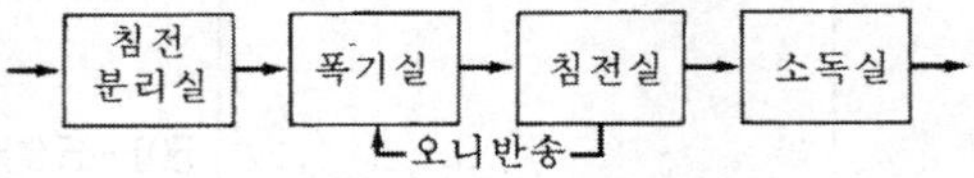
합병처리	회전원판 접촉방식	60 이하	51~500	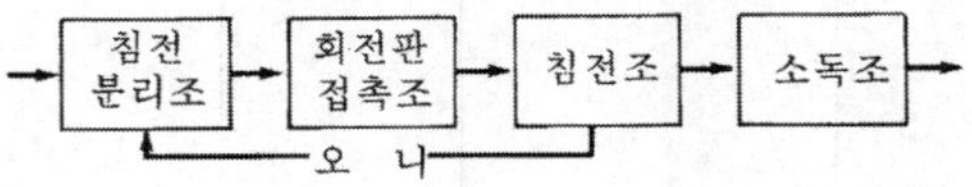
		60 이하	201~500	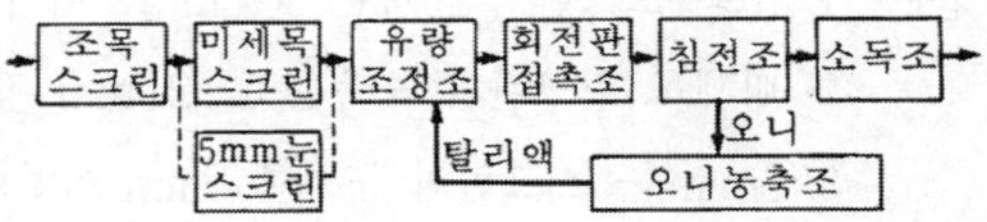
		30이하		
		60 이하	501~2,000	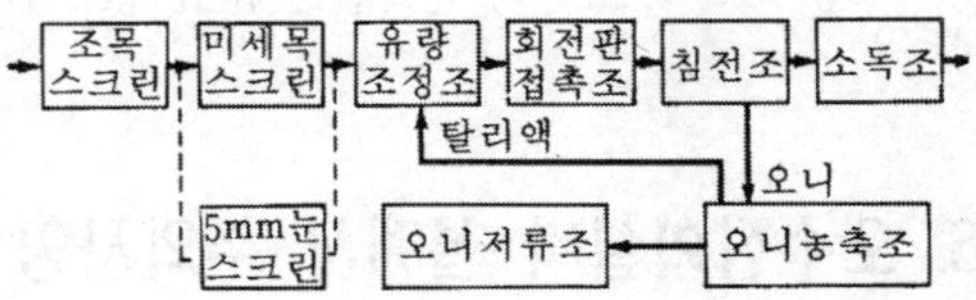
		30 이하	501 이상	
		20 이하		
	장시간폭기방식(처리대상인원 201~500인까지는 침사조를 생략할 수 있다. 또한 오니농축조, 오니저류조를 오니 농축저류조로 대체한다)	60 이하	201~500	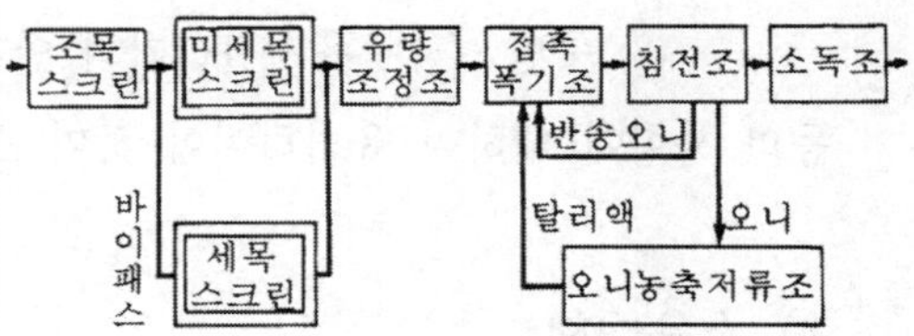(500인 이하는 5mm눈스크린)
		30 이하		

구 분	처리방식	성능 BOD [ppm]	적용인원 [n]	흐 름 도
		60 이하	501~2,000	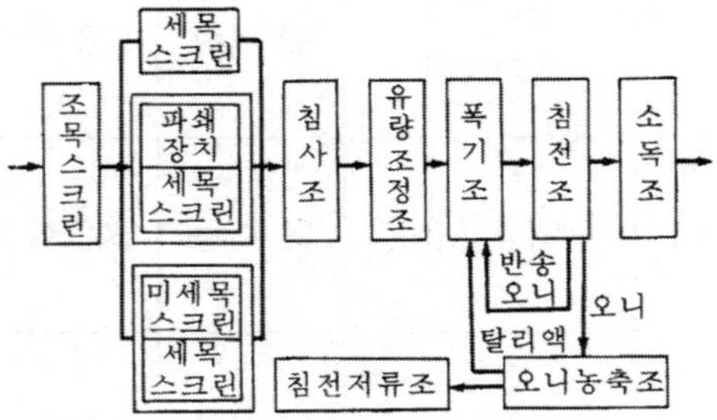
		30 이하	501~5,000	
		20 이하		

［주］① 조목 스크린의 눈폭은 50mm정도이다.
② 미세목 스크린의 눈폭은 1~2.5mm 정도이다.
③ 5mm 눈 스크린의 눈폭은 5mm 이하이다.
④ 조목 스크린은 세목 스크린, 파쇄장치, 미세목 스크린의 어느 한 가지와 조합한다.
⑤ 침사조는 스크린의 앞에 설치할 수도 있다.
⑥ 세목 스크린의 눈폭은 20mm 정도이다.

6. 오수정화설비 설계시 주의사항

오수정화설비 설계시는

① 요구성능을 안정적으로 유지할 것.
② 환경조건을 악화시키지 않을 것.
③ 주변 주민, 유지관리자의 안전성을 확보할 것.

등의 사항에 대하여 유의하여야 하며 소음, 취기에 대한 대책으로서는 다음과 같다.

1) 소음대책

① 브로워의 설치시 실내환기용 급・배기 부분에 방음 챔버를 설치하며 기계 실내의 벽, 천장 등에 흡음재를 설치하고 출입구는 방음 문으로 한다.

② 건물 지하층에 정화조설비를 설치하는 경우 기계, 배관설비의 진동이 벽체를 통하여 예상되지 못한 장소에서 소음 문제가 발생할 수도 있으므로 수중브로워의 채용, 벽체 관통파이프의 벽체 접촉 등을 방지한다.

③ 기기의 방진대책을 충분히 검토하며 기기선정시 유의한다.

2) 취기대책

처리방법에 따라 다르나 유입부와 오니 저장조 등의 취기발생이 우려되는 장소에 대하여 유의하여야 한다.

① 침전 분리조 등 취기발생 부분에 대하여 기밀 구조로 하고 배기 설비를 설치할 것.

② 정화조설비의 관리작업 공간 내 환기를 필요로 하는 경우에는 배기 덕트에 대하여 취기가 문제되지 않는 장소까지 작업하여 배기 설비를 갖출 것.

6 배수재이용 설비와 우수이용 설비

- 1. 설계순서
- 2. 수 이용계획의 입안
- 3. 배수재이용설비
- 4. 우수 이용설비

제 6 장 배수재이용 설비와 우수이용 설비

1. 설계순서

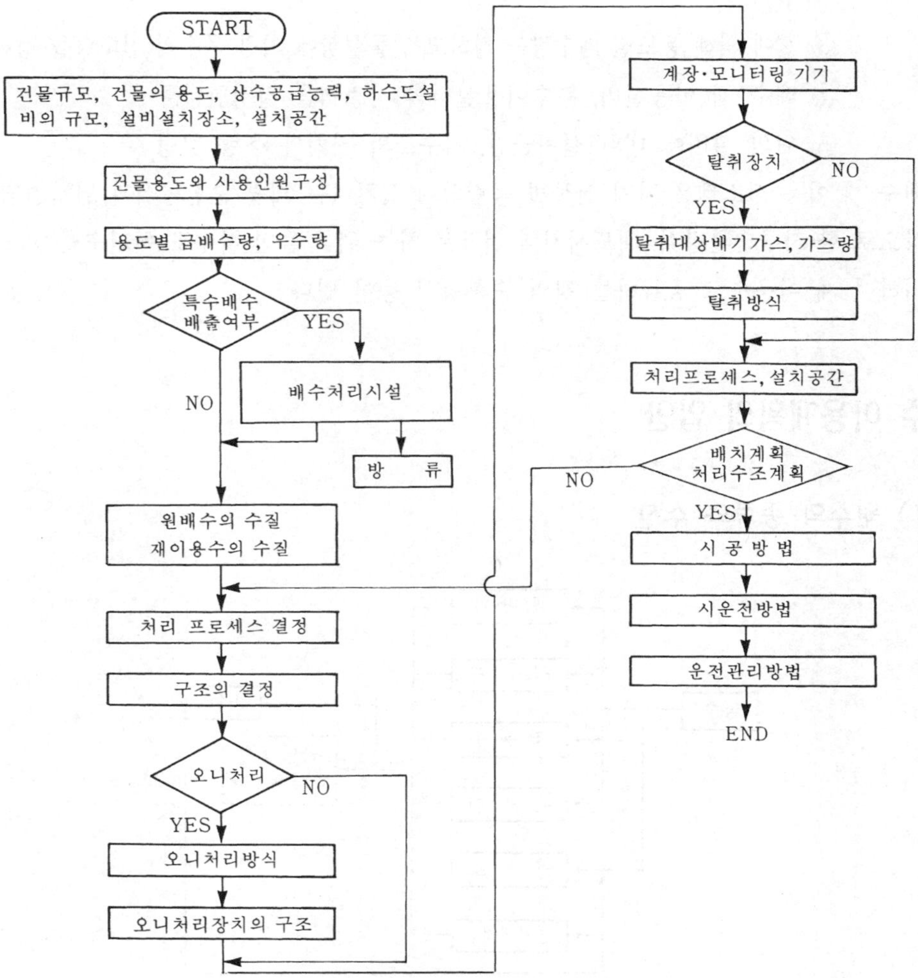

그림 6-1 배수재이용설비 설계 FLOW

배수 재 이용은 일반의 생활배수를 재 이용 설비에서 고도처리를 한 후 수세변소, 조경용수, 냉각용수, 세차용수 등의 비교적 위생적으로 지장을 주지 않는 용도에 재 이용하는 물을 말하며 또한 비교적 수질이 양호한 우수를 간단한 처리를 하여 위의 용도로 사용하는 설비를 우수이용설비라 한다.

이들의 설계순서는 다음과 같다.

① 건물의 용도를 파악하여 사용인원을 결정한다.

② 건물의 용도와 인원에 의거 건물에서 이용하는 급수용도와 급수량을 조사한다.

③ ②에 의해 용도별 배수량을 정하고 건물형상에 의한 우수의 집수량을 정한다.

④ 배수 재 이용설비, 우수이용설비의 시스템을 결정한다.

⑤ 위의 설비에 대한 설치공간, 저수조의 위치와 용량 결정

배수 재 이용 시스템은 각기 건물별 독립하여 설치하는 개별 순환방식과 일정지역 대상으로 한 지구순환방식, 대도시지역 전체로 하는 예를 들면 하수도 처리수를 고도 처리하여 재 이용수로 공급하는 광역 순환방식 등이 있다.

2. 수 이용계획의 입안

1) 원수의 종류와 수질

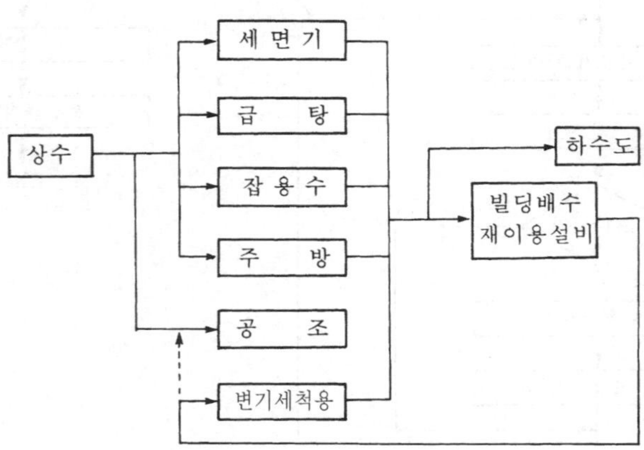

그림 6-2 건물의 급배수 FLOW

건물에서 배출되어지는 배수는 세면기, 탕비기, 공조기 드레인, 냉각탑 브로우, 목욕실 등의 BOD, SS, 유지분이 적은 배수와 주방, 변기 등으로부터 오염물질이 많은 배수로 나뉜다. (그림 6-2) 또한 건물에 따라서는 의료시설로부터의 특수배수, 수영장배수 등도 있다. 이들은 개별적으로 배수되는 경우도 있으나 일반적으로는 각종 배수가 혼합되어져 있으며 혼합비율도 시간에 따라 달라져 배수의 수질 또한 변한다.

(1) 잡배수

세면기배수는 건물 총배수량 중 10~30% 정도로서 비교적 깨끗한 배수로 우선적으로 재 이용수의 원수로 이용한다. 호텔의 경우 욕실배수, 일반건물의 하절기 냉각탑 브로우수도 이용한다.

(2) 주방배수

다용도 복합건물에서는 저층부 또는 최상층에 레스토랑 등의 식당을 설치하여 다량의 주방 배수를 배출하는 경우가 있다. 이들 배수는 음식점의 종류, 조리방법 등에 따라 수질이 다르나 일반적으로 BOD, SS, 유지방분이 많은 배수이다. 따라서 이를 재 이용 원수로 사용시 처리비용이 크게 소요되어 일반적으로는 사용하지 않는다.

2) 원수의 선택

재 이용수를 원수로 채택시에는 건물의 용도별 배수량을 제일 먼저 검토하여야 한다. 일반적으로는 총 배수량 중 변기세척수는 30~40%, 주방배수 20~30%, 호텔의 경우는 목욕탕 배수가 큰 비중을 차지하고 있다. 이에 대한 비율은 표 6-1에서 보여지듯이 배수 재 이용 설비에 이용하는 원 배수는 A그룹으로서 세면기 배수, 탕비기 배수, 냉각탑 브로우수, 우수, 목욕배비에 이용하는 원 배수는 A그룹으로서 세면기 배수, 탕비기 배수, 냉각탑 브로우수, 우수, 목욕 배수 등을 우선 이용하며 원수가 부족시에는 B그룹으로 주방배수, 세차배수와 변기배수 등도 고려하여 배관 설비계획을 한다.

표 6-1 사무용 건축물의 용도별 사용수량 비율

용도분류	샘플수 (個)	변기세척수 [%]	식당용수 [%]	냉방용수 [%]	세면기용수 [%]	기 타[%]	
						주요사용처	기타
사무실(대형)	10	33(20~47)	32(11~47)	12(1~20)	5(3~8)	음료 10(3~25)	8
사무실(중소형)		38	23	14	6	음료 12	7

〔주〕 ( )내의 숫자는 최저~최고를 나타냄

표 6-2 원수구분에 의한 배수량 비율

배수구분 \ 건물규모	600[m²]	15,000[m²]	30,000[m²]	비 고
A : 잡배수	4.9±1.6	12.3±4.2	24.7±8.2	
B : 잡배수 (주방배수 포함)	12.9±4.8	32.2±12.2	64.5±24.1	
C : 오수배수	24.3±6.9	60.7±17.7	121.4±35.2	

표 6-3 원수의 수질 기준예

(1) 잡배수 종류별 수질의 예와 기준

항 목 \ 종 류	세 면 기	냉각탑브로우	욕 실	기 준 치
SS [mg/ℓ]	100	10	16	100
BOD [mg/ℓ]	80	60	50	100
COD [mg/ℓ]	150	100	14	80
n-헥산 [mg/ℓ]	10	-	-	10

(2) 주방배수의 수질 실측지와 기준치

항 목 \ 종 별	A 건물	B 건물	C 건물	기 준 치
SS [mg/ℓ]	258	700	133	400
BOD [mg/ℓ]	336	672	413	600
COD [mg/ℓ]	229	432	315	500
n-헥산 [mg/ℓ]	160	94	103	150

(3) 잡배수 오수의 수질 실측치의 예와 기준치

종 별 / 항 목	D 건물	E 건물	F 건물	기 준 치
SS[mg/ℓ]	90	188	210	250
BOD[mg/ℓ]	90	160	272	300
COD[mg/ℓ]	100	150	112	20

표 6-4 잡용수의 수질목표

분 류	Ⅰ류		A	Ⅱ류				B
용 도 / 항 목	① 변기세척용	③ 공조용	(①~②)의 수질목표치	③ 세차	④ 조경살수용	⑤ 청소	⑥ 연못분수	(③~⑥)의 수질목표치
탁도(SS)	30>	10>	10>	5>	5>	5>	5>	5>
색	불쾌감이 없을 것	←	←	30>	50>	30>	30>	30>
취 기	불쾌감이 없을 것	←	←	←	←	←	←	←
pH	6.5~9.0	6.5~9.0	6.5~9.0	6.5~9.0	6.5~9.6	6.5~9.0	6.5~9.0	6.5~9.0
BOD	〈20	〈10	〈10	〈10	〈10	〈10	〈10	〈10
COD	〈40	〈20	〈20	〈20	〈20	〈20	〈20	〈20
용해성물질	〈5,000	〈1,000	〈1,000	〈500	〈1,000	〈500	〈1,000	〈500
암모니아성N	〈20	〈20	〈20	〈10	〈10	〈10	〈10	〈10
경 도	〈400	〈300	〈300	〈200	〈300	〈200	〈300	〈200
염소이온	〈400	〈300	〈300	〈200	〈300	〈200	〈300	〈200
ABS	〈2	〈1	〈1	〈1	〈2	〈1	〈1	〈1
철 + 망간	〈1	〈0.5	〈0.5	〈0.3	1	〈0.3	〈1	〈1
잔류염소	-	-	-	>0.2	>0.2	>0.2	0.2~0.5	0.2~0.5
대장균류	-	-	-	(-)	(-)	(-)	(-)	(-)

비고 : Ⅰ류의 용도에 한정하여 공급시 A수질 목표로 하며 Ⅱ류의 용도에 한정 또는 Ⅰ·Ⅱ류의 전 용도시는 B를 수질목표로 한다.

3) 재 이용수의 수질

재 이용수의 수질은 사용처에 따라 요구수질이 다르나 일반적으로 다음의 항목이 요구되고 있다.

① 사용처의 요구수질에 만족할 것.

② 위생상 문제가 없을 것.

③ 수질이 항상 안정될 것.

④ 경제성이 있을 것.

⑤ 시설과 기구의 기능에 악영향을 미치지 않을 것.

현재 사용되는 각 용도별 수질기준의 예는 표 6-4와 같다.

3. 배수 재 이용설비

1) 배수 처리 방식의 종류

배수처리 시스템을 크게 분류하면 전처리, 주 처리, 후처리로 분류되며 각기 처리 시설에는 각종 기기가 처리방식별로 다수 조합되어져 있다. 배수 재 이용설비는 원 배수의 수량과 수질, 재 이용수의 사용목적, 설치공간, 사용수조의 크기 등의 각종 조건에 따라 처리방식, 사용기기의 종류가 달라진다.

(1) 전처리

표 6-5와 같이 배수중의 고형 이물질, 유지분 등을 제거하여 주 처리 과정이 원활히 될 수 있도록 하는 설비이다.

표 6-5 전 처리방식 개요

배수의 종류	배수중 포함된 물질	처 리 방 식
세 면 기	실, 먼지, 모발, 담배꽁초, 모래, 작은 돌	침사조, 응집침전 스크린, 오일트랩 가압부상장치, 오일 제거매트
급탕·주방배수	차찌꺼기, 음식물찌꺼기, 유지분	
청소, 세차	작은 돌, 모래, 기름, 섬유질	
변기세척수	휴지, 모래, 섬유질실	
우 수	작은 돌, 모래, 나무잎	
냉각탑 브로우	모래, 스케일방지제 약품, 나무잎	

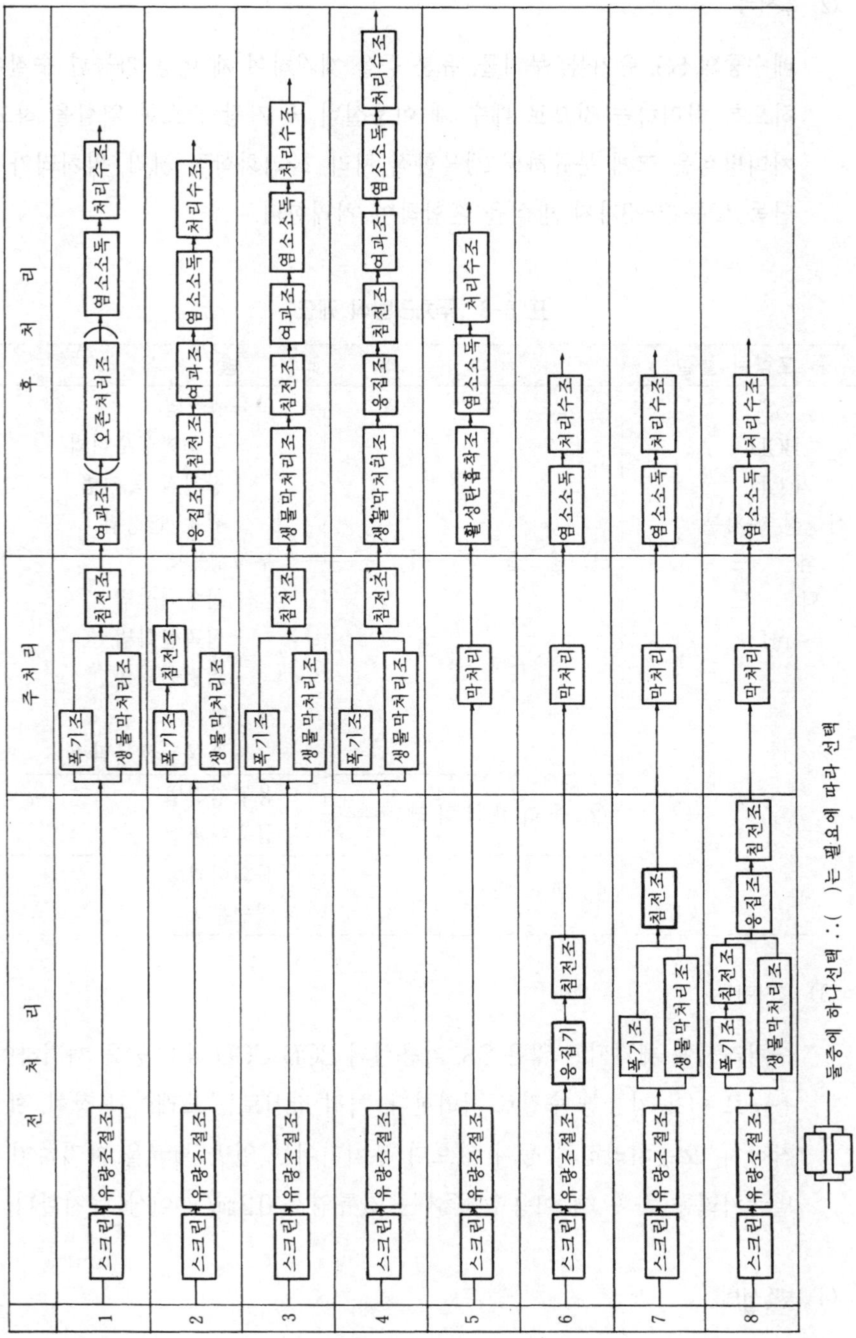

그림 6-3 표준 처리 FLOW

(2) **주처리**

배수중의 SS, 유기물, 무기물, 유분 등을 제거하여 재 이용 가능한 수질에 근접하도록 처리하는 것으로 배수 재 이용설비 중 가장 중요한 역할을 하고 있다. 처리방식을 크게 분류하면 생물학적 처리, 물리화학적 처리, 막처리가 있으며 단독 또는 2~3가지 방식을 혼합하여 처리한다.

표 6-6 주처리방식 개요

배수중 포함된 물질	처리 방식	
SS BOD COD 식물성 유지분 색 도 탁 도 pH	① 생물처리	부유생물법 · 표준활성오니법 · 장시간 폭기법 · 접촉 안정법 부착생물법 · 살수여상법 · 접촉산화법 · 회전원판법 병용법 · 유동층생물막법
	② 물리화학처리	응집침전법 급속여과법
	③ 막처리	한외여과법 역침투법

(3) **후처리**

주처리시에 제거되지 않은 SS, 가용성의 BOD·COD,색소 등을 제거하여 재 이용수로 이용 가능한 수질로 처리한다. 처리 장치로는 모래여과 장치, 활성탄 흡착장치, 오존처리장치 등이 있으며 후처리에는 일반 세균을 제거하기 위하여 멸균처리를 하며 재 이용수 중에는 잔류염소 0.2㎎/ℓ 이상 유지한다.

(4) **부속설비**

시스템에 생물처리와 유분제거를 위해 주방 제해시설을 설치하는 경우 취기문제를 해결하기 위한 탈취설비와 오니 중의 수분을 감소시키기 위한 탈수설비의 설치가 필요하다.

2) 배수처리방식의 선정

배수 재 이용 시스템은 그림 6-3과 같은 표준처리 Flow가 있으며 시스템선정시 원 배수의 종류, 설치공간, 설치위치, 초기투자비용, 운전비용, 재 이용수의 수질 등을 고려하여 선정하며 시스템 중 가장 널리 사용되는 3가지에 대하여 개요와 장·단점을 기술하였다.

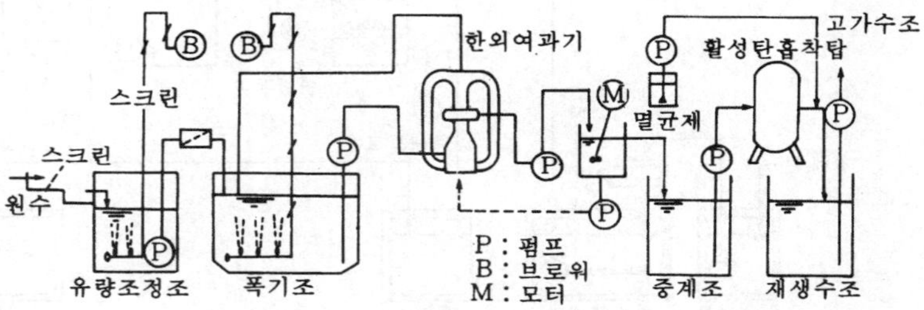

그림 6-4 생물처리, 한외여과막 FLOW의 예

(1) 생물처리 · 한외여과막법

주방배수, 잡배수, 오수를 포함한 배수의 처리 가능한 시스템으로서 전 처리로 1차 스크린, 2차 스크린을 이용하고 주처리로는 고농도 활성오니 처리와 한외여과막법을 이용한다. 원 배수에 오수가 포함되어져 있는 경우 후처리로서 색도 제거를 위한 활성탄 흡착처리와 초산화(硝酸化)반응에 의해 처리수의 pH조정을 할 필요가 있다. 그림 6-4는 생물처리, 한외여과막처리 Flow의 예이다. 이 시스템의 특징은 ① 처리수질이 양호함 ② 설치면적이 적음 ③ 간헐운전이 가능 ④ 운전관리의 용이함 ⑤ 잉여오니 발생량 적음 ⑥ 취기 대책이 용이하나 단점으로는 초기 투자비용과 운전비가 많이 소요된다.

(2) 생물막 여과법과 모래여과 · 활성탄법

이는 한 개의 반응조에서 유리물의 분해와 부유성 고형물의 여과를 동시에 하는 방법으로 전처리로는 스크린을 사용하며 주처리로는 생물막 여과를 사용, 후처리는 모래여과, 활성탄 흡착을 이용한다. 그림 6-5는 이에 대한 flow를 나타냈다. 시스템의 특징은 ① 운전비의 저렴, 특히 전력비 ② 설치면적이 적게 소요됨 ③ 유지관리가 용이하며, 단점으로는 원배수 선정이 필요하며 이는 잡배수, 목욕탕 배수 등과 같이 BOD, SS, 유지 방분이 적은 배수가 적합하며 주방배수, 오수 등의 BOD, SS, 유분이 많은 배수는 전처리설비를 하여야 한다.

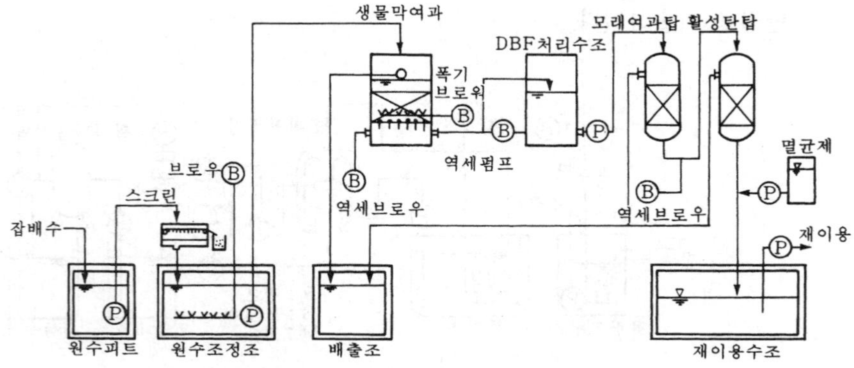

그림 6-5 생물막 여과법과 모래여과 · 활성탄 FLOW

(3) 회전원판법과 모래여과 활성탄법

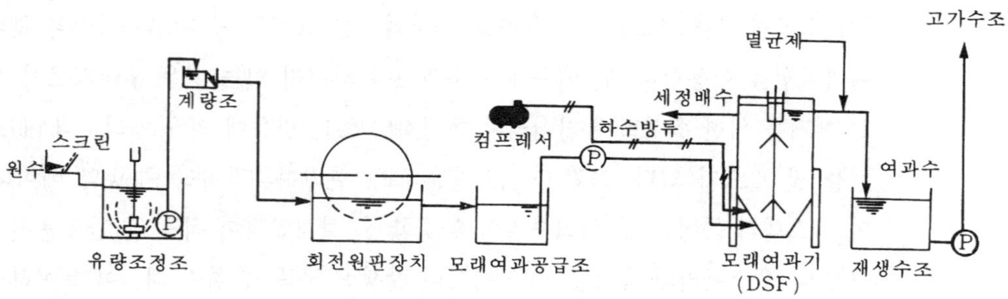

그림 6-6 회원원판법과 모래여과 FLOW

전처리에 스크린, 주처리에 회전원판법을 사용하며 후처리로서 모래여과, 활성탕 흡착처리를 이용한다. 그림 6-6은 이 방법의 flow이다. 이 시스템의 특징은

① 장치가 소형임 ② 초기 투자비용, 운전비용이 적게 소요됨 ③ 오니발생량이 적으며, 단점으로는 ① 취기의 발생으로 탈취 대책이 필요함 ② ①로 인하여 건물 외부에 설치하여야 함.

4. 우수 이용설비

우수는 수질이 양호하여 잡용수로 우수를 간단히 처리하여 사용하는 예가 발표되고 있으며 앞으로 산업발달에 따른 물사용량의 증가와 한정된 수자원으로 인하여 우수사용의 증가가 예측되어지고 있다.

1) 우수 처리방식의 개요

(1) 우수 이용용도

용도는 배수 재 이용수와 유사하여 변기세척수, 조경용수, 냉각탑 보급수 등으로 이용한다.

(2) 우수의 회수

회수대상 장소로 건축물 옥상 또는 부지전체를 대상으로 하는 경우가 있다. 건축물의 옥상에서 회수하는 경우는 우수의 수질이 우수하며 회수가 쉽고 이에 대한 처리설비가 간단하여 초기투자비와 운전경비가 적게 소요된다. 그러나 최근 건물의 고층화에 의해 연면적에 대한 회수 면적이 적어져 우수이용률이 적어졌다. 부지전체를 대상으로 하는 경우에는 모래, 기름, 유기물 등이 포함되어져 회수수의 수질이 불량하므로 처리 시스템을 충분히 검토하여야 하며, 우수의 회수량은 연간 강우량, 일일 강우량, 시간 강우량, 유출률, 저장시설의 용량 등에 따라 다르므로 각기 내용을 검토하여 추정하여야 한다. 연간 강우량은 지역에 따라 다르므로 설계시에는 가능한 건물입지 장소의 자료를 수집 검토하여야 한다.

(3) 회수 우수의 수질

우수는 강우시 접촉하는 대기중의 NO_x, SO_x 등의 용해에 의해 산성이 되며 산성우는 각지에서 문제를 발생시키고 있다. 이러한 현상은 초기 강우시 발생하므로 우수의 집수는 이러한 시간대를 피하여야 한다.

(4) 우수 처리방식

건물지붕의 회수우수는 수질이 양호하여 간단한 처리설비로 충분하며 설계상 고려할 점은 다음과 같다.

① 초기강우의 집수금지

② 공기중의 먼지, 조류배설물, 낙엽 등을 제거하기 위한 여과장치, 침사장치, 염소 살균장치 등을 설치한다.

2) 우수 처리방식의 선정

우수처리방식은 ① 우수를 저장조에 저장 후 일정량을 처리하면서 사용 또는 처리수로 저장하는 방식과 ② 강우수를 전량 처리하여 저장하는 방식으로 나누어진다. 전자는 처리설비가 적고 기기의 운전관리가 용이하나 우수저장조 내에는 처리전의 우수가 대량으로 있으므로 부패방지대책, pH 등의 수질을 점검하여야 한다. 후자는 유입 우수의 시간적 변동에 의해 처리설비를 크게 하여야 할 필요가 있으며 초기투자비용이 높으며 강우강도의 변동에 대하여 추종하는 처리 설비를 선택하여야 한다.

(1) 우수 저장조 용량

우수 저장조 용량은 클수록 회수율이 향상되어 좋으나 비용상 문제가 되어 일반적으로 재 이용 수량의 10~20일분 정도가 바람직하다. 침사조는 우수 저장조를 분할하여 설치하며 우수의 유입시 모래 등의 침전물이 상승하지 않는 구조로서 청소와 모래의 반출이 용이한 위치 및 구조로 한다. 우수 저장조는 건물 구조체 지하 2중 슬래브를 이용하는 예가 많으므로 우수 저장조의 만수시 우수의 집수를 정지할 수 있도록 우수집수관 중간에 자동밸브를 설치하여 우수를 일시에 옥외로 방출되도록 고려한다. 이러한 제어시스템은 우수 중의 모래, 흙 등에 의해 장해가 발생하지 않도록 하며 우수 저장조가 일정수위 이상되는 경우를 고려하여 외부로 방출할 수 있는 펌프를 설치한다.

(2) 우수 집수관 설계

우수 집수관은 배수통기설비의 우수배관 관경 결정을 참고한다.

(3) 여과설비

건물지붕으로부터 집수한 우수는 비교적 양호한 배수이므로 설비적으로는 ① 침사조를 설치하고 간이 여과 설비로서 ø3~5cm 정도 크기의 쇄석을 충진한 층의 표면에 현탁물질을 부착시켜 처리하는 방식 ② 미세한 그물형 여과기(micro strainer)로 여과하는 방식 ③ 소형 여과기를 이용하는 방식 등이 일반적으로 채용된다.

(4) 부대설비

처리수는 차아염소소다에 의한 멸균처리 및 잔류염소 0.2mg/ℓ 이상 유지하도록 하여야 한다.

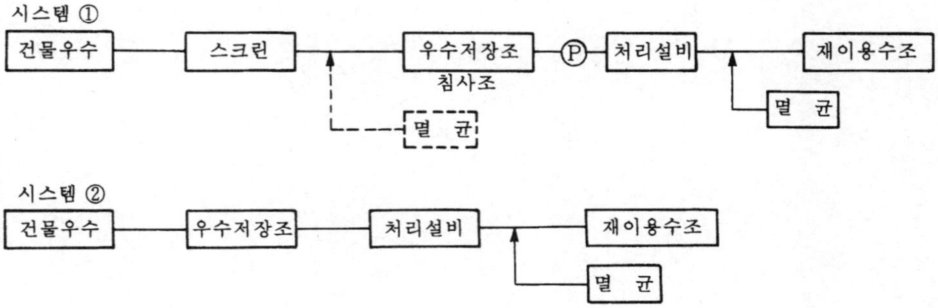

그림 6-7 우수처리방식 FLOW

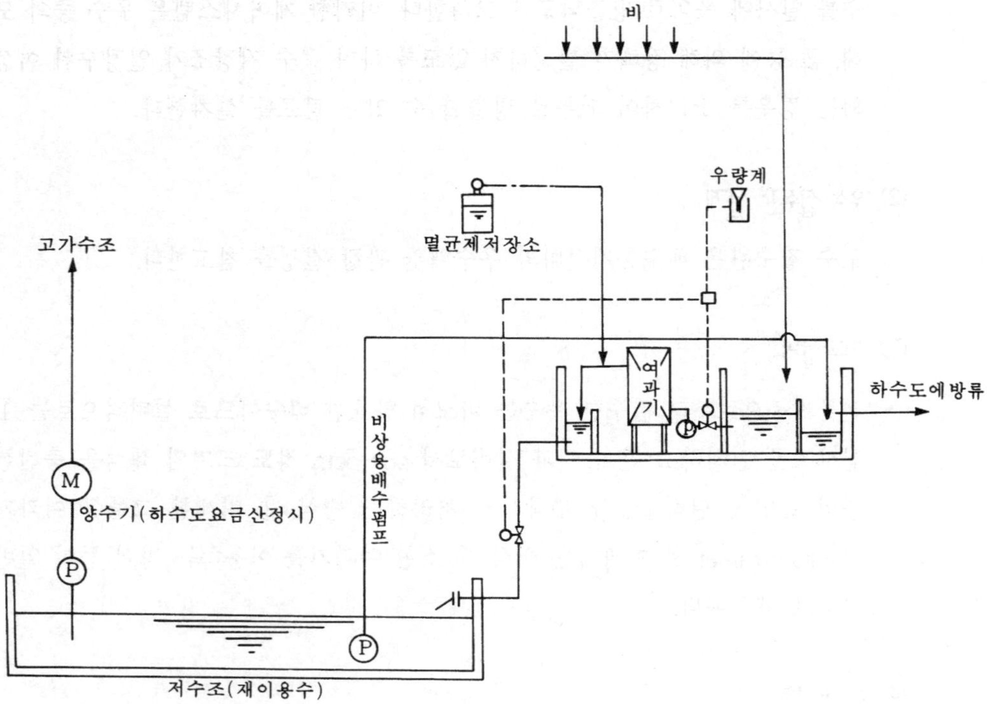

그림 6-8 우수집수 FLOW

7 위생기구설비

제 7 장 위생기구 설비

1. 대변기와 세척방식

1) 대변기의 종류

대변기는 서양식 변기와 동양식 변기로 나누며 기능에 따라 다음의 종류로 분류한다.

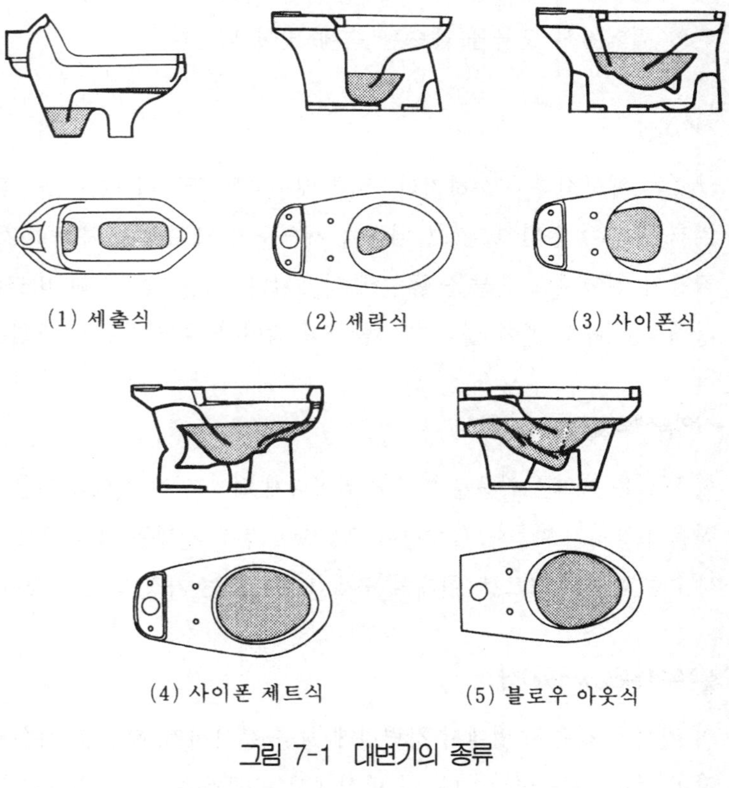

그림 7-1 대변기의 종류

(1) 세출식

이 방식은 오물받이 부분에 물이 고이는 얕은 접시모양의 부분이 있어, 여기에 오물을 일시 고이게 한 다음 수세시에 트랩 측으로 씻어내는 형식이다. 그림 7-1에서와 같이 오물을 받는 부분의 물 괴임이 얕기 때문에 괸 오물이 물 밖으로 노출되어 취기발산이 많다. 그러나 직접 변기에 인체를 접촉하지 않는 관계로 공공 장소에 많이 사용되나 서양에서는 사용하지 않는다.

(2) 세락식

이 방식은 세출식보다 우수하나 사이폰 방식보다는 성능이 떨어져 미국에서는 사용되지 않고 있다. 오물은 직접 트랩의 유수 면에 떨어지고 주변에서 떨어지는 세척수의 일부는 용기 벽을 닦으며 대부분은 트랩 유수 면을 가리는 것과 같이 떨어져서 오물을 배수관 속에 밀어 넣는다.

(3) 사이폰식

구조는 세락식과 비슷하지만, 트랩 배수로에 굴곡이 많으므로 유수 저항이 커져서 흐름이 완만하고, 그 때문에 세척수가 배수로에 가득 차서 흘러 사이폰 작용이 일어나고 오물을 흡수해 가게된다. 이는 세락식과 비교하여 배수력이 강력하고 유수 면이 넓어 취기발산이 적어 우수한 성능을 발휘하는 기기이다.

(4) 사이폰젯트(Siphon jet)식

이 방식은 사이폰 작용을 빠르게 일어나게 하기 위해 젯트를 갖춘 것이며, 사이폰 작용이 강하기 때문에 유수면이 오물받이 부분 전체를 거의 덮고, 봉수도 깊으며, 배수로 직경도 크므로, 현재의 수세식 변기로는 가장 양호한 것이라 할 수 있다.

(5) 블로우아웃(Blow-out)식

이 방식은 작은 구멍에서 강력하게 물을 분사시켜, 오물을 배수관 쪽으로 유출하여 불어 내는 형식이다. 이 방식에서는 세척수의 급수압력은 70kPa 이상 필요하며, 수세시의 소음도 크다.

2) 대변기 세척방식

대변기 세척방식은 로탱크방식, 세척밸브방식, 하이탱크방식이 있다. 로탱크방식은 급수관이 13mm로서 저수압에서 사용 가능하며 보수가 용이하여 일반 가정용으로 주로 사용된다. 세척밸브방식은 연속 사용이 가능하여 호텔, 사무실 등에서 사용된다. 오물을 제거하기 위하여 순간적으로 다량의 물이 필요하여 급수관 관경 25[A]이상, 수압 70kPa 이상이 필요하다. 일반 가정에서는 급수관 관경이 25mm보다 가늘어 세척밸브는 사용하지 않는다.

(1) 로탱크 방식

로탱크는 벽에 설치하는 방식과 변기에 연결 설치하는 방식이 있으며 최근에는 후자가 주로 사용되고 있다. 그림 7-2에 로탱크의 레버가 상방향으로 올라가 후로트 밸브가 열리며 탱크의 물이 변기로 배출된다. 탱크 내의 물이 줄어들면 후로트 밸브는 탱크로 유입되는 물에 의해 배수밸브를 폐쇄하고, 볼탑은 자동급수를 개시하여 지정 위치까지 물이 채워지면 볼탑에 의해 물의 유입이 정지된다.

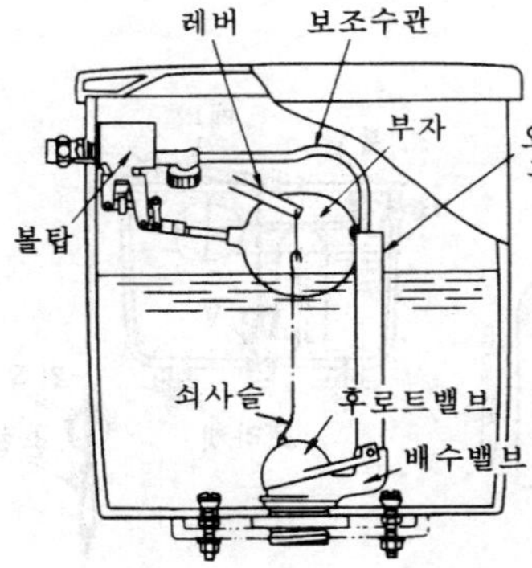

그림 7-2 로탱크구조

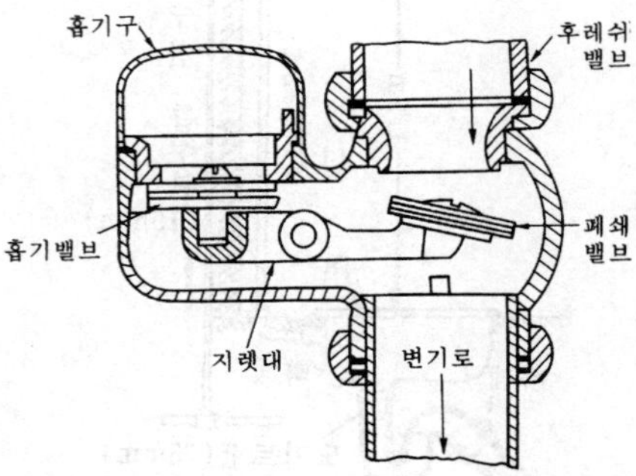

그림 7-3 바큠브레이커

(2) 세척밸브 방식

밸브 핸들조작에 의해 압력실의 물이 빠지면서 피스톤 밸브를 상승시켜 물이 토출 된다. 이 동안 스트레이너의 작은 구멍을 통하여 압력실에 물이 들어가

피스톤 밸브가 하강하여 자동적으로 물의 토출이 정지된다. 세척밸브의 표준 토수량은 15ℓ, 표준 토수 시간은 10초 정도이며 최근에는 리모콘식과 자동감지식의 세척밸브도 사용되고 있다.

(3) 비큠브레이커

대변기의 트랩경로에 고형물이 막혔을 경우, 오수가 변기 내에 충만하여 세척용 토수구를 침범하게 된다. 이런 상태의 경우, 단수 등에 의해 급수관이 감압되었을 때에 역사이폰 작용이 일어나서 변기 내의 오수가 급수관 내에 빨려올라 가게 된다. 이런 비위생적인 현상을 방지하기 위하여 고안된 것이 그림 7-3에 표시한 역류방지기이다. 이것은 역류방지기(Vacuum Breaker)라고도 하며, 세척밸브 하부에 장치하고 그 아래에 입관을 이어서 늘 대기압으로 유지한다. F.V 이 외에도 비데 · 오물싱크 · 사이폰젯트식 대변기 등에는 반드시 역류방지기를 기구마다 장치해야 한다.

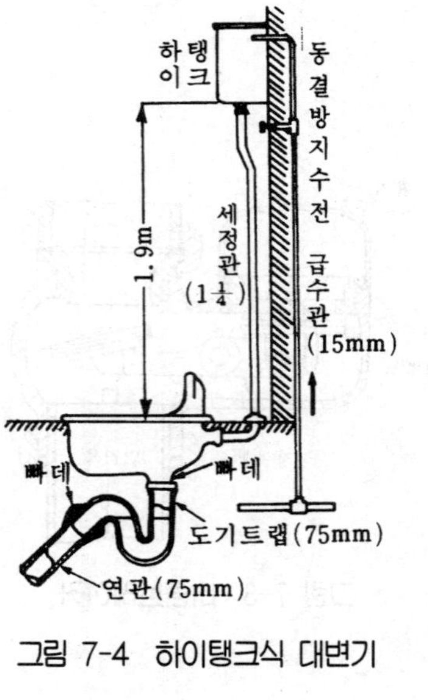

그림 7-4 하이탱크식 대변기

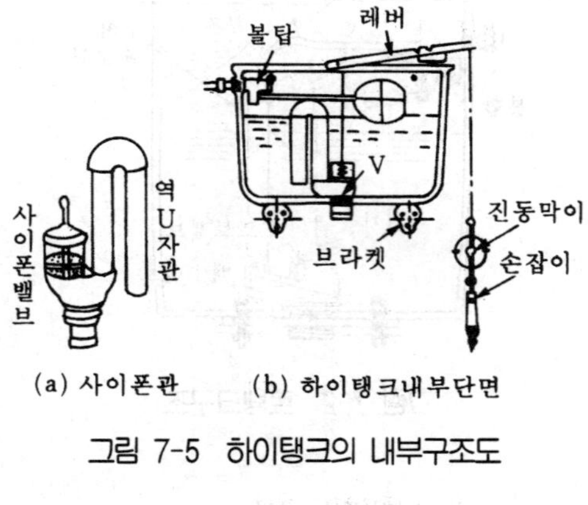

그림 7-5 하이탱크의 내부구조도

(4) 하이탱크 방식(High Tank System)

이것은 도기제, 법랑칠철판제 등의 하이탱크에 볼탑급수전을 통하여 항상 일정량의 물을 저수하고 있다가 일시에 세척시키는 방식이다. 그림 7-4는 가장 보편적인 방식을 표시한 것이며, 그림 7-5는 하이탱크의 내부 부속기기를 나타낸 것이다. 하이탱크의 설치높이는 변기 상부에서부터 1.9m를 표준으로 하며, 탱크의 용량은 보통 15ℓ이고, 급수관의 관경은 15mm, 급수압력은 30kPa 정도이면 된다.

2. 소변기와 세척방식

1) 소변기의 종류

소변기는 벽걸이형, 벽걸이 스톨형, 스톨형이 있으며 각기 대·중·소 트랩 포함여부 등으로 분류되며 내용은 그림 7-6과 같다.

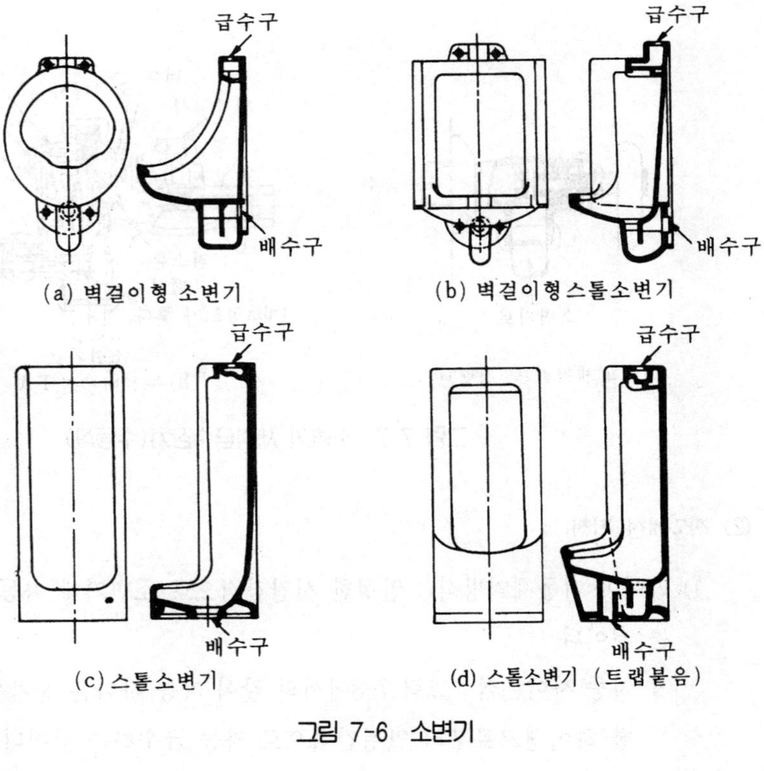

그림 7-6 소변기

2) 소변기 세척방식

소변기의 세척급수장치도 대변기의 경우와 큰 차가 없으며 호텔 · 아파트 · 주택과 같은 곳에서는 개별용, 사무소 · 백화점 · 정거장 등에서는 다수의 소변기를 설치하는 공중용이 대개 이용된다. 소변기의 세척용수는 대변기와 달라서 고형물이 없으므로 적어도 되며, 대체적인 표준으로는 벽걸이형에서는 1회의 세정에 4ℓ, 스톨형에서 6ℓ, 세척시간은 10~15초 정도이다. 또한 소변기의 세척급수방식은 크게 나누어 수동식과 자동세척장치로 구분되는데, 그 대표적인 것은 다음과 같다.

(1) 수동식

사용자가 사용시에는 손으로 조작하는 것으로 가장 단순한 방식이다. 그림 7-7(a)에 표시한 소변기 세척밸브 또는 (b)의 후레쉬밸브 등을 사용한다. 이것은 각 변기마다 장치하며 사용시 수동으로 세척한다. (b)의 누르는 버튼식 세척밸브의 세척장치는 대변기 세척밸브와 동일하다.

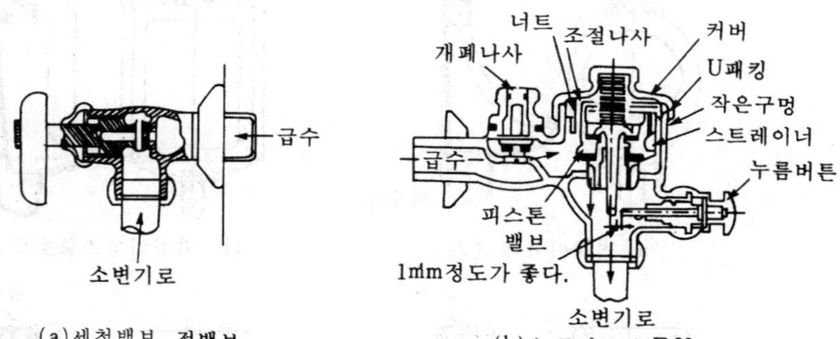

그림 7-7 소변기 세척급수장치(수동식)

(2) 자동세척 장치

① 타이머 자동세척방식 : 일정한 시간간격으로 소변기에 자동적으로 급수하는 것이다.

㉮ 자동 사이폰식 : 그림 7-8에서와 같이 자동 사이폰 장치를 중심에 설치한 하이탱크로부터 일정간격으로 자동 급수하는 것이다. 이 방식은 하

이탱크를 높은 위치에 설치해야 할 필요가 있지만, 급수압이 낮아도 되고 관경이 가늘어도 (15A) 좋다.

㉯ 자동 F.V식 : 전동세척밸브와 타이머(timer)를 조합한 것으로, 타이머에 의해 일정간격으로 「솔레노이드」에 1초간 정도 통전해서 그 자력으로 F.V를 작동시켜 급수를 개시한다. 그림 7-9에서와 같이 소형이어서 설치공간이 필요치 않고, 세척간격의 조절이 자유로운 방식이지만, F.V식이므로 급수압은 70kPa 이상, 관경도 25A 이상 필요하며, 소비전력도 고려해야 한다.

㉮, ㉯방식 모두 급수세척간격은 3~10분 정도로 하지만, 간격이 너무 길면 취기발산과 배수불량의 원인이 되므로 사용빈도를 고려해야 한다.

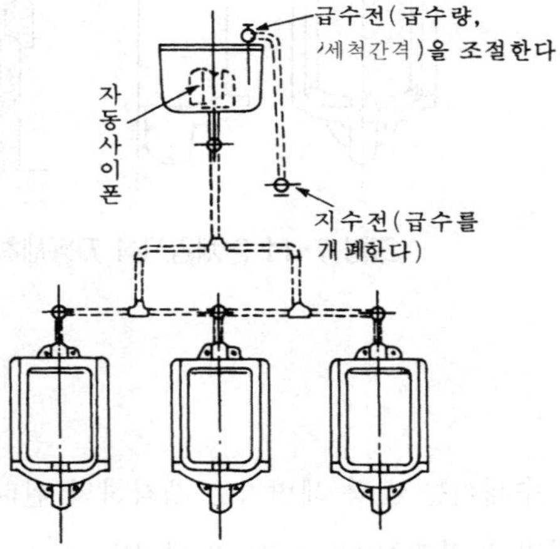

그림 7-8 자동사이폰식 세척방식

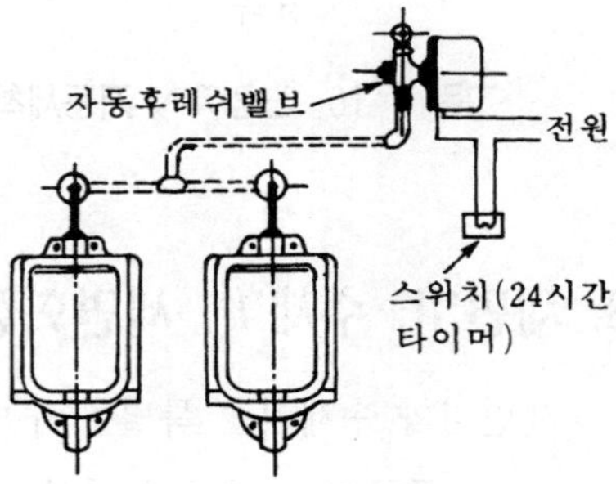

그림 7-9 자동 F.V식 세척방식

② 감지 자동 세척방식 : 소변기를 사용하는 대상을 감지해서 자동 세척하는 것으로 가격이 다소 비싸지만 이상적인 최고급의 기구이다.

㉮ 소변 감지식 : 그림 7-10에서와 같이, 소변기의 트랩부에 2극의 전극을 설치하여 소변 유입하는 것에 의해 그 전극간의 저항치 변화를 검출하여, 이것을 제어기에서 증폭하여 전자밸브를 작동시켜 소변기에 급수하는 방식이다. 급수압력은 30~50kPa, 급수관경은 15~25A 정도이다.

㉯ 인체 감지식 : 그림 7-11에서와 같이 소변기의 상부에 감지장치를 설치해서, 감지 F.V로부터 가시광선을 조사해서 사용자가 앞에 서 있으면 반사되어 이것을 「다이오드」에서 검출(catch)한다. 다음에 사용자가 변기를 떠나면 반사가 없어지고, 「솔레노이드」가 작동되어 F.V가 토수를 개시하도록 하는 것이다. 급수압력은 70~700kPa, 관경은 15A 이상, 감지시간은 5초 이상이며, 토수량은 4~6ℓ/회로 조절이 가능하다.

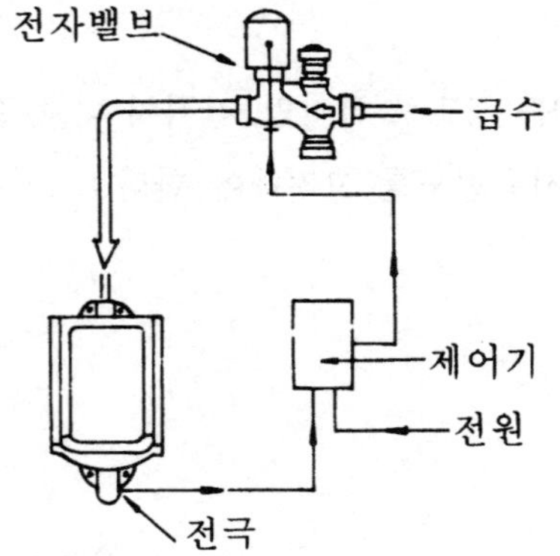

그림 7-10 뇨감지식 자동세척방식

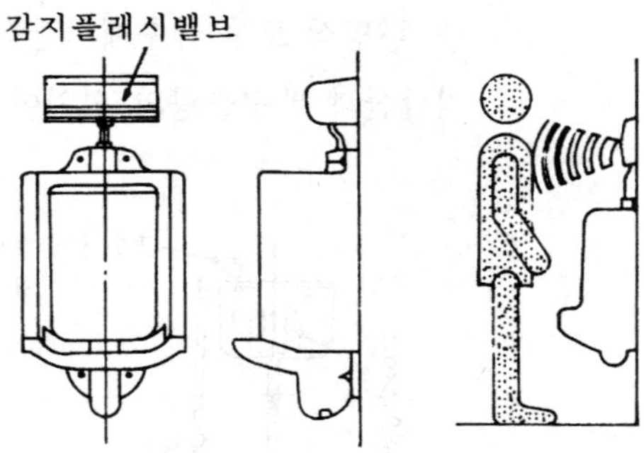

그림 7-11 인체감지식 자동세척방식

3. 세면기, 수세기, 세면화장대

세면기와 수세기는 특별한 구별 없이 수세기는 소형 세면기로 생각하면 된다. 세면기는 그 종류가 다양하며 설치방법에 따라 브라켓식(bracket), 백행거(back-hanger), 카운터(counter)식으로 나누며 또한 벽걸이식과 입형으로 나누기도 한다. 세면기용 급수전은 단독 수전과 혼합 수전이 있으며 혼합 수전은 2핸들 방식과 싱글레버 방식이 있으며 싱글레버 방식은 온・냉수의 혼합량 조절, 정지공급 등이 용이하여 많이 사용되고 있다. 세면 화장대는 캐비넷 형식으로 세면기, 급배수 금구, 화장품 등의 수납장, 거울, 조명시설 등을 유닛형식으로 제작한 것을 말한다.

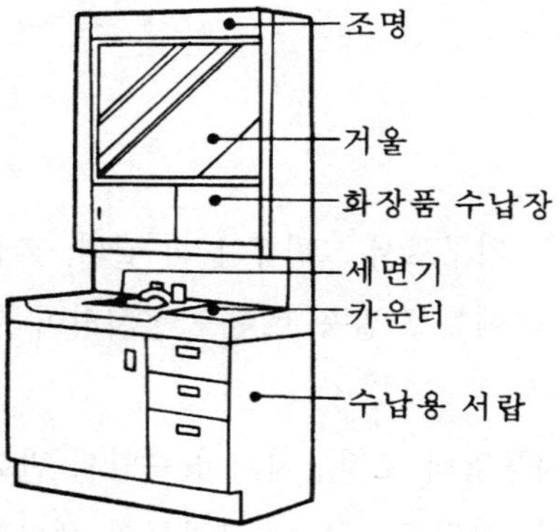

그림 7-12 세면화장대

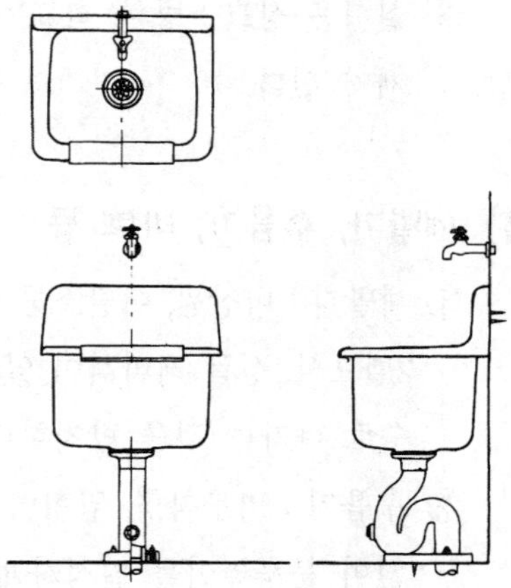
그림 7-13 청소싱크

4. 기타 기구류

1) 욕 조

욕조는 크게 동양식, 양식, 양식절충형의 3가지로 나누며 설치 방법에 따라 분류하면 그 종류는 다양하다. 통상 호텔의 화장실에는 욕조, 세면기, 변기가 조합되어진 양식 욕조가 이용되고 있다. 재질은 주철법랑제, 강판법랑제 인조대리석, 스테인리스, FRP 등이 사용되고 있으며 이들 재질 중 내구성, 입욕감, 청소의 용이 등으로 보면 주철법랑제품이 가장 우수하며 기타 재질도 각기 특징이 있어 사용장소, 시공성, 예산 등을 고려하여 선정한다.

2) 싱크류

① 부엌 싱크 : 주택용 부엌싱크는 조리대, 가스렌지 테이블, 복합취사 용구, 식기세척싱크 등으로 구성되어져 있으며 스테인리스 제품이 대부분을 이루고 있다.

② 청소 싱크 : 사무용 건물, 병원, 호텔 등의 화장실 또는 청소용품실에 설치되어 바닥청소용 걸레 등을 세탁하거나 기타 용도로 사용하며 그림 7-13은 청소싱크의 예이다.

③ 실험용 싱크 : 병원, 학교, 연구실 등에 사용하는 기구로서 도기제, 스테인레스제가 있다.

3) 세발기, 수음기, 비데 등

① 세발기 : 미장원, 이발소등에 사용하는 기구로서 그림 7-14와 같다. 혼합 수전은 2밸브식, 싱글 레버식이 있으며 배수부에는 모발용 트랩을 설치하여 모발이 배수로 나가는 것을 방지한다.

② 수음기 : 벽부착형, 입형이 있으며 자동압력 조정장치에서 수압의 변화에 관계없이 분무높이를 일정하게 유지한다. 그림 7-15는 벽부착형의 예이다.

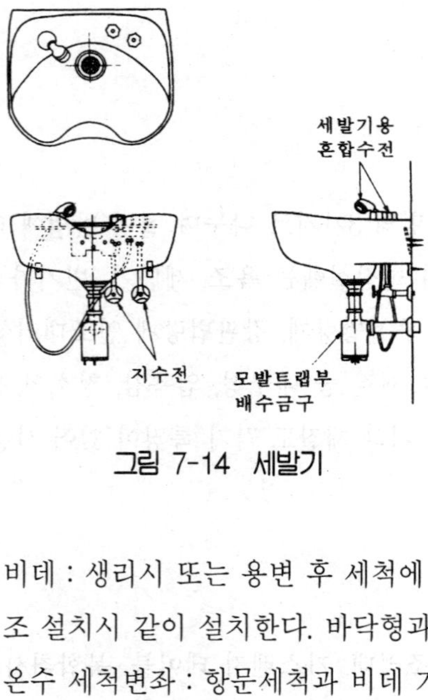

그림 7-14 세발기

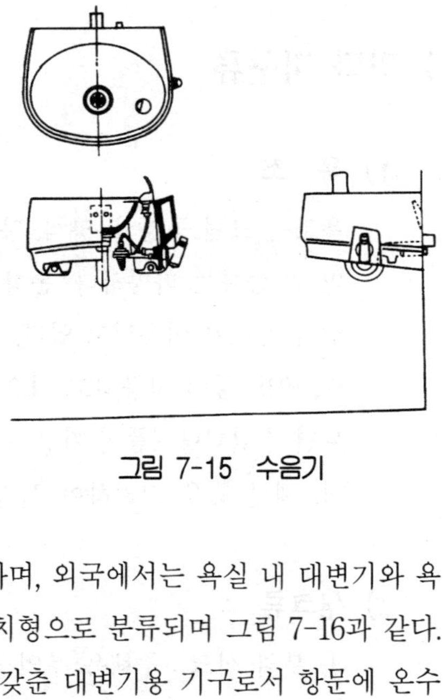
그림 7-15 수음기

③ 비데 : 생리시 또는 용변 후 세척에 사용하며, 외국에서는 욕실 내 대변기와 욕조 설치시 같이 설치한다. 바닥형과 벽설치형으로 분류되며 그림 7-16과 같다.

④ 온수 세척변좌 : 항문세척과 비데 기능을 갖춘 대변기용 기구로서 항문에 온수세척하여 치질 등의 질병시 위생적인 생활을 할 수 있으며 온수세척 이외에 온풍건조, 변좌 난방기능 등을 갖추고 있으며 그림 7-17과 같다.

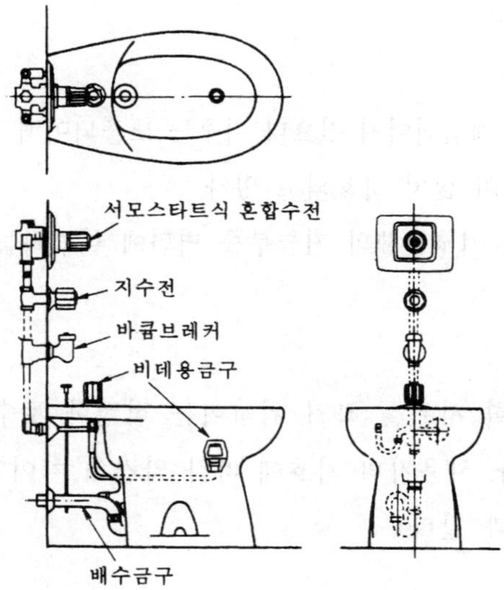

그림 7-16 비 데

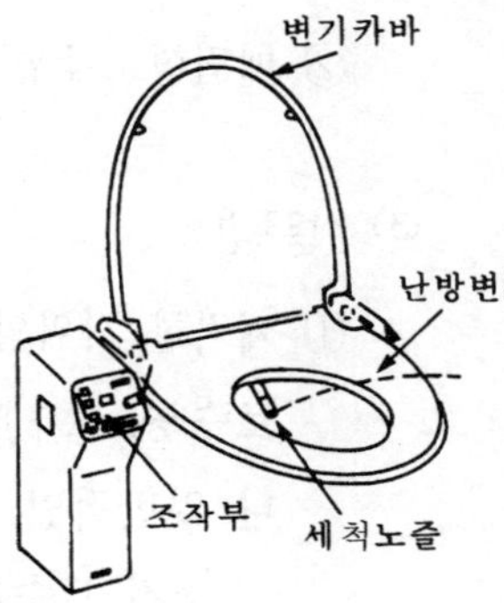

그림 7-17 온수세척변좌

5. 샤워·욕조금구 및 수전류

1) 급수·급탕 방식에 의한 분류

① 단독 수전 : 급수·급탕의 수전이 각기 독립되어 사용하는 수전

② 혼합 수전 : 급수·급탕의 수전이 일체화되어진 것으로 다음과 같은 종류가 있다.

㉮ 2밸브식 : 급수·급탕 각기 핸들을 회전시켜 사용수온도, 토수량을 조절하는 방식으로 가장 기본적인 구조이다.

㉯ 믹싱밸브식 : 하나의 핸들로 온도 조절이 가능한 형식으로 온도조절 핸들이 지수 기능이 있는 방식과 각기 개폐기능을 갖는 형식이 있다.

㉰ 싱글 레버식 : 레버 핸들의 조작으로 급수, 정지, 수량조절, 온도조절이 가능한 방식으로 믹싱 밸브 방식보다 조작이 쉽다.

㉱ 서모스타트식 : 온도 조절 핸들의 눈금을 조절하여 희망하는 설정 온도로 사용 가능한 방식으로 급수·급탕 압력이 변화하여도 서모스타트 기능에 의해 자동온도 조절이 가능한 방식으로 혼합수전 중 가장 우수한 방식이다.

(2) **배관방식에 의한 분류**

① 노출형 : 급수 · 급탕 배관은 매립되어져 있으나 기구는 노출되어져 있는 방식으로 주택에 이러한 방식이 많이 사용되고 있다.

② 매립형 : 급수 · 급탕 배관과 기구본체의 기능부를 벽면에 매립하는 방식

(3) **사용조건**

① 쾌적한 샤워의 조건 : 쾌적한 샤워를 하기 위하여는 적정한 토수 온도, 토수량, 토수압이 필요하다. 사용자의 기호에 따라 약간의 차이가 있으나 일반적인 범위는 다음과 같다.

적정 토수온도 : 42℃

적정 토수량 : 8~15ℓ/min

토수량과 수압은 샤워 살수판 구멍의 크기와 수량에 따라 다르나 8ℓ/min이하는 사용을 피하도록 하며 5ℓ/min 정도에서도 살수는 되나 수압은 극히 약하게 된다. 15ℓ/min 이상의 경우 수압이 커지며 20ℓ/min 정도에서는 피부 통증을 느끼게 된다. 적정한 토수량과 수압을 확보하기 위해서는

㉮ 급수 · 급탕 압력의 확보

㉯ 적절한 급탕기의 선택

㉰ 저항이 적은 금구류의 선정이 필요하다.

② 샤워 욕실금구의 사용조건

㉮ 최저 사용 압력 : 샤워의 종류에 따라 사용압력 조건이 다소 차이가 있으나 적정한 샤워 상태를 얻기 위하여는 기구의 입구 측에 최소 50kPa 이상의 급수 · 급탕 압력이 필요하다. 그림 7-18과 같이 샤워 · 욕조 자동전환 밸브 사용시 수압이 낮을 때 샤워측으로 전환이 되지 않는 경우도 있다.

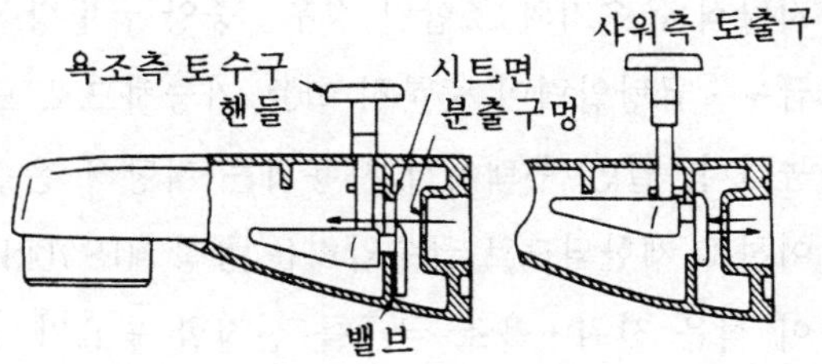

그림 7-18 샤워 · 욕조 자동전환밸브 부착 토수구

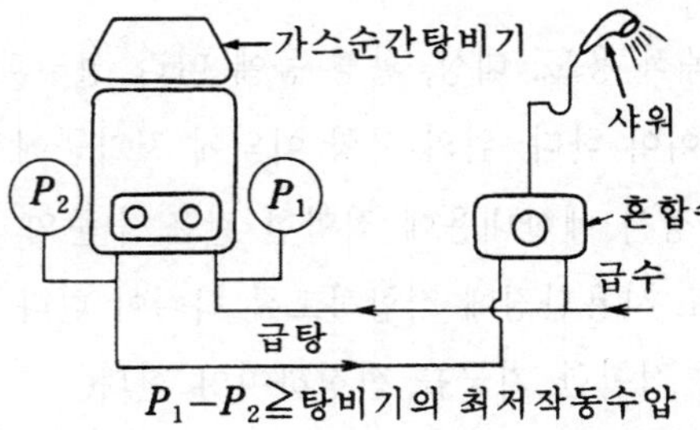

그림 7-19 가스 순간 탕비기와 샤워의 조합 예

㉯ 가스 순간 탕비기와 조합의 경우 : 선 정지식 가스순간 탕비기의 경우 그림 7-19와 같이 탕비기에 급수되는 1차 압력 P_1과 탕비기에서 기구로 공급되는 2차압 P_2의 차압이 탕비기의 최저 작동수압 이상이면 가스밸브를 전개하여 완전 연소하나 차압이 그 이하가 되면 점화하지 않거나 불완전 연소가 발생한다. 따라서 탕비기를 정상적으로 가동시키기 위하여는 $P_1 - P_2 \geq$ 탕비기 최저 작동수압을 만족하여야 하며, 이를 위하여는 1차압 P_1을 높이든지 2차압 P_2를 낮추어야 한다. 1차압은 통상 변경되지 않으므로 2차압 P_2를 최대한으로 낮추는 것이 바람직하다. 이를 위하여는 급탕 배관을 가능한 짧게 하여 배관 마찰손실을 적게 하고 기구저항이 적은 혼합 수전을 선정하여야 한다. 필요 최저수압은 샤워 · 욕조금구의 종류 · 제조회사에 따라 다르므로 카탈로그 등을 확인한다.

③ 저탕식 온수기와 조합인 경우 : 중앙 급탕방식을 채용하고 있는 호텔 등은 급수 · 급탕압력이 충분히 확보 가능하므로 모든 종류의 기구에도 적용 가능하다. 일반 주택에서 사용되는 저탕식 온수기로의 급수 압력이 100kPa 이하로 제한되므로 급수압력은 통상 60~70kPa가 된다. 그러므로 기구저항이 적은 샤워 · 욕조 금구를 선정할 필요가 있다.

6. 위생기구의 선정

위생기구는 사용목적 용도, 대상, 환경 등에 따라 성능과 기능을 충분히 발휘할 수 있는 기종을 선정하여야 한다. 위의 사항 이외에 저가품에서 고급까지 여러 종류가 있으므로 위생기구 선정시 예산내용에 적합한 같은 수준의 기종을 선정하도록 하여야 하며, 색채, 형상 등도 사용환경에 적합하도록 하여야 한다. 적절한 기구 선정의 기본조건으로 다음 사항에 적합한 기구를 선정하여야 한다.

· 사용자에 대한 적응
· 지역에 대한 적응
· 건물에 대한 적응
· 규격에 대한 적응

1) 사용자에 대한 적응

위생기구는 유아, 학생, 성인, 노인, 장애자 등 각 사용자에 적응되는 기구를 선정하며, 공공시설과 같이 다수의 사람들이 사용하는 장소의 경우 기기의 선정과 주변설비의 배치를 고려하고 신체 장애자용 기구의 배치와 사용의 편이성, 안전성, 내구성이 있는 기구 선정이 필요하다.

2) 지역에 대한 적응

한랭지에서는 동절기에 배관 내 물과 기구 내의 물이 동결 · 파손될 우려가 있으므로 배관 내와 위생기구 내의 물을 제거하거나 유동시켜 동결을 방지하거나 한랭지용 기구를 채용하여 동결방지 대책을 수립하여야 한다.

3) 건물에 대한 적응

건물의 종류, 용도에 대하여 적절한 기구를 선정한다. 호텔, 집합주택은 인근의 벽, 바닥을 통하여 각 실이 구획되어져 있으므로 급배수 소음이 구조체에 전달하여 소음이 문제가 되는 경우가 많으므로 저소음기구의 선정이 필요하다. 또한 설비유닛의 사용시 건물 수준에 적합한 크기, 사용기구를 선정하여야 하며 배치도 고려하여야 한다.

8 소화설비

제 8 장 소 화 설 비

1. 소화설비의 종류

소방이란 연소작용을 정지시키는 소화, 연소를 억제하거나 냉각하여 연소의 확대를 방지하는 방화, 연소작용의 발생원인을 근원적으로 방지하는 예방 등을 총칭하는 말이다. 그 중에서 소화설비란 화재의 발생을 신속하게 감지하여 화재를 초기단계에서 소멸시키기 위하여 시설하는 설비로서 화재에 의한 피해를 최소화하기 위하여 설치한다. 우리나라 소방법에 규정하고 있는 소화시설은 크게 나누면 다음과 같다.

1) 소화설비

물 기타 소화약제를 사용하여 소화를 행하는 다음 각호의 기계, 기구 또는 설비와 이에 상응한 소화성능이 있는 것을 말한다.

① 소화기 및 다음의 간이소화용구
- ㉮ 물 양동이
- ㉯ 소화수통
- ㉰ 건조사
- ㉱ 팽창 질석 또는 팽창 진주암
- ㉲ 기타 소화약제에 의한 간이소화용구

② 옥내소화전 설비

③ 옥외소화전 설비

④ 스프링클러 설비

⑤ 물 분무 등 소화설비(물 분무 소화설비, 포말 소화설비, 분말 소화설비, 이산화탄소 소화설비 및 할로겐화물 소화설비)

⑥ 동력 소방 펌프 설비

2) 경보설비

화재의 발생을 통보하는 기계, 기구 또는 설비로서 다음 각호의 것을 말한다.

① 자동 화재 탐지설비
② 전기 화재 경보기
③ 자동 화재 속보설비
④ 비상 경보설비(비상벨, 자동식 사이렌, 방송설비)

3) 피난설비

화재가 발생한 때에 피난하기 위하여 사용하는 것으로써 다음 각호의 것을 말한다.

① 미끄럼대, 피난 사다리, 구조대, 완강기, 피난교, 피난 밧줄, 기타 피난기구
② 유도 등 또는 유도 표시
③ 비상조명 등
④ 방열복, 공기호흡기 등 인명 구조장비

4) 소화용수설비

화재의 진압에 필요한 소화용수를 저장하는 설비로서 다음 각호의 것을 말한다.

① 소화수조, 저수조 기타 소화용수 설비
② 상수도 소화용수 설비

5) 기타 소화활동상 필요한 설비

제연설비, 연결송수관 설비, 연결살수 설비, 비상콘센트 설비 또는 무선통신 보조설비를 말한다.

2. 소화설비 설치대상 특수장소

소화설비를 설치하여야 하는 소방대상물을 특수장소라 하고 우리나라 소방법에서는 다음과 같이 구분한다.

(1) 근린 생활시설

① 슈퍼마켓, 일용품(식품 · 잡화 · 의류 · 완구 · 서적 · 건축자재 · 의약품류) 등의 소매점으로서 동일한 건축물(동일구내에 2동 이상의 건축물이 있는 경우에는 이를 동일한 건축물로 본다) 안에서 그 용도에 사용되는 바닥면적의 합계가 500m^2 미만인 것.

② 대중음식점 · 다과점 · 다방 · 기원

③ 이용원 · 미용원 · 일반목욕장 · 세탁소(공장이 부설된 것은 제외한다)

④ 의원 · 치과의원 · 한의원 · 침술원 · 접골원 · 조산소 · 안마시술소

⑤ 정구장 · 탁구장 · 헬스클럽 · 체육도장 그 밖의 이와 비슷한 것으로 동일 건축물 안에서 그 용도에 사용하는 바닥면적의 합계가 500m^2 미만인 것.

⑥ 금융업소 · 사무소 · 부동산중개업소 · 결혼상담소 등 그 밖의 이와 비슷한 것으로서 동일 건축물 안에서 그 용도에 사용되는 바닥면적의 합계가 300m^2 미만인 것.

⑦ 종교집회장으로서 동일한 건축물 안에서 그 용도에 사용되는 바닥면적의 합계가 300m^2 미만인 것.

⑧ 공업배치 및 공장설립에 관한 법률 제28조의 규정에 의한 도시형 업종에 해당하는 공장인 제조업 · 수리점 그 밖의 이와 비슷한 것으로서 동일한 건출물 안에서 그 용도에 사용되는 바닥면적의 합계가 200m^2 미만이고, 대기환경 보전법 · 수질환경 보전법 또는 소음 · 진동 규제법에 의한 배출시설(이하 '배출시설'이라 한다)의 설치허가를 요하지 아니하는 것.

⑨ 당구장 · 볼링장 · 청소년 전자유기장으로서 동일한 건출물 안에서 그 용도에 사용되는 바닥면적의 합계가 200m^2 미만인 것.

⑩ 사진관 · 표구점 · 예능계학원 · 기술계학원(주산 · 부기 · 타자 · 속기 · 경리 · 속셈 · 속독 · 웅변 · 변론 · 언어교정 · 컴퓨터에 한한다) · 독서실 · 장의사 · 동물병원 그 밖의 이와 비슷한 것.

(2) 위락시설

① 일반 유흥음식점(전문음식점 · 간이주점 그 밖의 이와 비슷한 것을 포함한

다) 무도 유흥음식점 외국인전용 유흥음식점 그 밖의 이와 비슷한 것.

② 특수목욕장

③ 당구장 · 유기장 그 밖의 이와 비슷한 것으로서 근린 생활시설에 해당하지 아니하는 것.

④ 투전기업소 및 카지노업소

⑤ 무도장 · 무도학원 및 노래연습장

(3) 관람집회 및 운동시설

① 공연장 : 극장 · 영화관 · 연예장 · 음악당 · 서커스장 그 밖의 이와 비슷한 것.

② 집회장 : 회의장 · 공회장 · 예식장 그 밖의 이와 비슷한 것.

③ 관람장 : 운동경기관람장(운동시설에 해당하는 것을 제외한다) · 경마장 · 자동차경주장 그 밖의 이와 비슷한 것.

④ 체육관 · 운동장(육상 · 구기 · 수영 · 스케이트 · 승마 · 사격 · 궁도 · 골프 등의 운동장을 말한다)으로서 관람석의 바닥면적이 1,000m^2 미만인 것(제1항 제5호 또는 제9호에 해당하는 것을 제외한다.)

⑤ 제4호의 규정에 의한 운동장에 부수되는 건축물

(4) 판매시설

① 도매시장 · 백화점

② 소매시장 : 도 · 소매업진흥법 제2조의 규정에 의한 시장 · 대규모 소매점 그 밖의 이와 비슷한 것.

③ 상점 : 동일 건축물 안에 복합되어 있는 제1항 제1호 내지 제4호 또는 제9호의 용도로 사용되는 시설의 바닥면적의 합계가 1,000m^2 이상인 것.

(5) 숙박시설

① 일반 숙박시설 : 호텔 · 여관 · 여인숙 · 모텔

② 관광 숙박시설 : 관광호텔 · 가족호텔 · 국민호텔 · 해상관광호텔 · 휴양콘도미니엄 · 한국형호텔 · 유스호스텔

③ 오피스텔(업무를 주로하는 각 개별실에 일부 숙식을 할 수 있는 건축물을 말한다)

(6) 노유자시설

① 아동시설 : 아동 복지시설 · 유치원 · 새마을유치원 그 밖의 이와 비슷한 것.
② 노인시설 : 노인 복지시설 · 경로당 그 밖의 이와 비슷한 것.
③ 장애인 시설 : 장애인 재활 시설 · 요양시설 · 이용시설 · 점자도서관
④ 그 밖의 다른 용도로 분류되지 아니한 사회복지시설

(7) 의료시설

① 일반병원 : 종합병원 · 병원 · 치과병원 · 한방병원 · 정신병원 · 요양소
② 격리병원 : 전염병원 · 마약진료소 그 밖의 이와 비슷한 것.

(8) 아파트 (주택건설촉진법 시행령 제2조의 규정에 의한 아파트) 및 기숙사

(9) 업무시설

① 동사무소 · 경찰서 및 소방서 외 파출소 · 우체국 · 보건소 · 공공도서관 그 밖의 이와 비슷한 것으로서 그 용도에 사용되는 바닥면적이 1,000m^2 미만인 것.
② 마을공회당 · 마을공동작업소 · 마을공동구판장 그 밖의 이와 비슷한 것.
③ 발전소(변전소) · 양수장 · 정수장 · 대피소 그 밖의 이와 비슷한 것.
④ 공공 업무 시설 : 국가 또는 지방자치단체의 청사 그 밖의 이와 비슷한 것으로서 제1호 내지 제3호에 해당하지 아니하는 것.
⑤ 일반 업무 시설 : 금융업소 · 사무소 · 신문사 그 밖의 이와 비슷한 것으로서 제1항에 해당하지 아니하는 것.

(10) 통신촬영시설

① 방송국
② 전신전화국

③ 촬영소

(11) 교육연구시설

① 학교 : 초등학교 · 중학교 · 고등학교 · 전문대학 · 대학 · 대학교 그 밖의 이에 준하는 각종학교

② 교육원(연수원 그 밖의 이와 비슷한 것을 포함한다)

③ 직업훈련소

④ 학원(근린 생활시설에 해당하는 것과 자동차 운전학원 · 정비학원 및 무도학원은 제외한다)

⑤ 연구소(연구소에 준하는 시험소 · 계량계측소를 포함한다)

⑥ 도서관

⑦ 청소년시설 : 생활권청소년시설 · 자연권청소년시설 그 밖의 이와 비슷한 것.

(12) 전시시설

① 전시장 : 박물관 · 미술관 · 과학관 · 기념관 · 산업전시장 · 박람회장 그 밖의 이와 비슷한 것.

② 동 · 식물원 : 동물원 · 식물원 · 수족관 그 밖의 이와 비슷한 것.

(13) 공 장

물품의 제조 · 가공(세탁 · 염색 · 도장 · 표백 · 재봉 · 건조 · 인쇄 등을 포함한다) 또는 수리에 계속적으로 이용되는 건축물로서 다음 각호의 1에 해당하는 것. 다만, 근린 생활시설 또는 위험물저장 및 처리시설에 해당하는 것을 제외한다.

① 공해 공장 : 배출 시설의 설치허가를 받아야 하는 공장

② 일반 공장 : 제1호에 해당하지 아니하는 공장

(14) 창고시설

위험물저장 및 처리시설에 해당하지 아니하는 건축물로서 다음 각호의 1에 해당하는 것

① 창고(냉동창고를 포함한다)
② 하역장

(15) 운수자동차 관련시설

① 여객자동차터미널 및 화물터미널
② 철도역사
③ 공항시설
④ 항만시설 및 종합여객시설
⑤ 주차용 건축물 및 차고
⑥ 세차장
⑦ 폐차장
⑧ 자동차 검사장
⑨ 자동차 매매장
⑩ 자동차 정비공장
⑪ 자동차 부속상
⑫ 자동차 운전학원 · 정비학원

(16) 관광휴게실

① 야외음악당
② 야외극장
③ 어린이회관
④ 관망탑
⑤ 휴게소
⑥ 공원 · 유원지 또는 관광지에 부수되는 건축물
⑦ 군휴양시설

(17) 종교시설

① 종교 집회장 : 교회 · 성당 · 사찰 · 기도원 그 밖의 이와 비슷한 것으로서 제 1항에 해당하지 아니하는 것.

② 수도장 : 수도원 · 수녀원 그 밖의 이와 비슷한 것.

(18) 동 · 식물관련시설

① 부화장

② 도축장

(19) 위생 등 관련시설

① 분뇨처리시설

② 일반폐기물 처리시설

③ 특정폐기물 처리시설

④ 화장장

⑤ 납골당

⑥ 묘지에 부수되는 건축물

⑦ 장례식장

(20) 교정시설

① 교도소(구치소 · 소년원 · 소년감별소를 포함한다)

② 감화원 그 밖의 범죄자의 갱생 · 보호 · 교육 · 보건 등의 용도에 사용하는 것.

(21) 위험물저장 및 처리시설

① 위험물 제조소 등

② 가연성가스를 100ton 이상 저장 · 취급하는 시설

(22) 지하가

지하의 공작물 안에 설치되어 있는 점포 · 사무실 그 밖의 이와 비슷한 시설로서 연속하여 지하도에 면하여 설치된 것과 그 지하도를 합한 것.

① 지하상가

② 터널(궤도차량용을 제외한다)

(23) 문화재

문화재보호법에 의하여 문화재로 지정된 건축물

(24) 복합건축물

하나의 건축물 안에 제1항 내지 제22항 중 2 이상의 용도로 사용되는 것.

(25) 완전구획부분

내화구조의 소방 대상물로서 개구부가 없는 내화구조의 바닥 또는 벽으로 구획되어 있는 부분은 각각 별개의 소방 대상물로 본다.

3. 소화설비

1) 옥내소화전 설비

(1) 적용건물

① 연면적 3,000m² 이상이거나 지하층 · 무창층 또는 지하층을 제외한 층수가 4층 이상인 층 중 바닥면적이 600m² 이상인 층이 있는 것은 전층
② 제1호에 해당하지 아니하는 근린생활시설 · 위락시설 · 판매시설 · 숙박시설 · 노유자시설 · 의료시설 · 업무시설 · 통신촬영시설 · 공장 · 창고시설 · 운수자동차 관련시설 및 복합건축물로서 연면적 1,500m² 이상이거나 지하층 · 무창층 또는 지하층을 제외한 층수가 4층 이상인 층 중 바닥면적이 300m² 이상인 층이 있는 것은 전 층
③ 제1호 및 제2호에 해당하지 아니하는 공장 및 창고 시설로서 별표 4에서 정하는 수량의 750배 이상의 특수 가연물을 저장 · 취급하는 것

(2) 설비의 구성

옥내소화전 설비는 수원, 가압송수장치, 배관, 옥내소화전함, 소방용 호스, 노즐, 제어반, 비상전원 등으로 구성된다.

(3) 가압송수장치

① 송수펌프방법
② 압력수조방법
③ 고가수조방법

(4) 시설기준

① 소화전은 각층에 설치하고 층의 각 부분으로부터 1개의 옥내소화전 방수구까지의 수평거리는 25m 이내이어야 한다.
② 최상층에 설치되어 있는 옥내소화전 노즐에서의 방수량은 150 ℓ/분 이상, 방수압력 170~700kPa이어야 한다.
③ 소화전함의 문짝 면적은 0.5m^2 이상, 강판 두께 1.5mm 이상으로 한다.
④ 소화전함에서는 구경 40mm의 앵글 밸브, 40mm 이상의 소화용 호스, 13mm직사형 관창 또는 방사형 관창 1개를 수납한다.
⑤ 설치 높이는 바닥에서 개폐 밸브까지 1.5m 이하가 되도록 한다.
⑥ 소화전함의 표면에는 '소화전'이라 표시한다.
⑦ 지하층을 제외한 층수가 7층 이상으로 연면적 2,000m^2 이상이거나 지하층 바닥면적 합계가 3,000m^2 이상인 경우 설치시에는 비상전원용 전용수전 설비, 자가발전 설비 또는 축전지 설비(내연기관에 의한 펌프를 사용하는 경우에는 내연기관 기동 및 제어용 축전지를 말한다)에 의한 비상전원 설비를 갖춘다.
⑧ 연결송수관 설비와 겸용할 때의 주배관은 100mm 이상, 분기관은 65mm 이상으로 한다.
⑨ 배관은 배관용 탄소강강관(KSD 3570), 압력배관용 탄소강강관(KSD 3507) 또는 이와 동등 이상의 강도, 내식성 및 내열성을 가진 것이어야 한다.

⑩ 옥내소화전 설비의 수직배관은 호칭경 50mm 이상, 수평지관은 호칭경 40mm 이상으로 한다.

(5) 소화용 펌프

① 펌프의 종류는 일반적으로 원심식 터빈 펌프를 사용한다.

② 펌프의 양수량 ℓ/분=옥내소화전의 설치개수 N×150ℓ/분 이상으로 한다.(N : 5개 이상인 경우 5개)

③ 펌프의 효율[E]은 표 8-1에 따른다.

표 8-1 소화용 펌프의 효율

펌프의 구경[mm]	효 율 [E]	펌프의 구경[mm]	효 율 [E]
40	0.4~0.45	100	0.6~0.65
50~65	0.45~0.55	125~150	0.65~0.7
80	0.55~0.6		

④ 펌프의 전동기 용량은 다음 식으로 구한다.

$$P(\mathrm{kW}) = \frac{0.163 \cdot Q \cdot H}{E} \cdot K \quad \cdots\cdots (8\text{-}1)$$

Q : 펌프의 토출량[m³/분]

H : 펌프의 전양정[m]

E : 펌프의 효율(8-1참조)

K : 전동기의 전달계수[K=1.1]

⑤ 펌프의 흡입측은 공기 고임이 생기지 않는 구조로 하고, 토출측 주배관의 구경은 유속 3m/s 이하가 되도록 한다.

⑥ 펌프의 성능시험 배관은 펌프의 토출 측 개폐 밸브 상류 측에서 분기하고 배관 구경은 정격 토출 압력 65% 이하에서 정격 토출량의 150% 이상으로 토출 할 수 있는 크기 이상으로 하며, 150% 이상을 측정할 수 있는 유량측

정장치를 설치한다.

㉮ 체절운전시 수온 상승을 방지하기 위하여 릴리프 밸브를 설치한다.

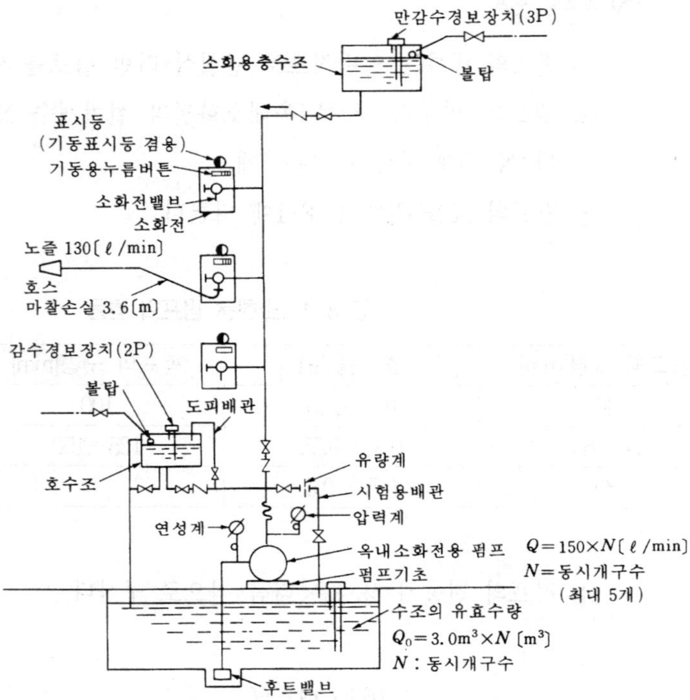

그림 8-1 옥내소화전 배관 계통도

(6) 수원수량

① 수원의 종류는 지하에 설치하는 지하수조, 압력수조 및 고가수조 방식으로 구분한다.

② 수원 수량은 옥내소화전 설치개수(최대 5개)×3m³ 이상으로 한다.

③ 수원의 수위가 펌프보다 낮은 곳에 있을 때에는 다음과 같이 호수조를 설치한다.

㉮ 호수조(呼水槽)는 전용으로 하고 용량은 100~150ℓ 정도로 한다.

㉯ 호수조에는 감수경보장치 및 자동급수장치(볼탑)를 설치한다.

(7) 배관요령

① 옥내소화전 설비의 표준 배관계통은 그림 8-1과 같다.

② 배관경은 표 8-2에 의한다.

표 8-2 옥내소화전 배관경별 허용 유량표

배 관 경 [mm]	배관 최대 허용 유량[ℓ/min]
10	130
50	260
65	390
80	520
100	650

2) 옥외소화전 설비

(1) 적용 건물

① 1층 및 2층의 바닥면적의 합계가 9,000m² 이상인 것. 이 경우 동일구 내에 둘 이상의 건축물이 있는 때에는 그 건축물의 외벽 상호간의 중심선으로부터 수평거리가 1층에 있어서는 3m 이하, 2층에 있어서는 5m 이하인 것은 이를 한 개의 건축물로 본다.

② 지정문화재로서 연면적 1,000m² 이상인 것.

③ 제1호에 해당하지 아니하는 공장 및 창고 시설로서 별표 4에서 정하는 수량의 750배 이상의 특수 가연물을 건축물밖에 저장・취급하는 것.

(2) 종 류

① 지하식 소화전

② 지상식 소화전(단구형, 쌍구형)

(3) 설비의 구성

옥외소화전 설비는 옥내소화전 설비와 같이 수원, 가압송수장치, 배관, 옥외 소화전함, 소방용 호스, 노즐, 제어반, 비상전원 등으로 구성된다.

(4) 시설기준

① 건축물의 각 부분으로부터 1개의 호스 접결구까지의 수평거리는 40m 이하이어야 한다.

② 소화전함에는 구경 65mm의 호스 및 방사형 관창을 수납한다.

③ 2개의 소화전을 동시에 작동했을 때 노즐에서의 규격 방수압은 250kPa 이상, 방수량은 350ℓ/분 이상으로 한다.

④ 옥외소화전에서 5m 이내 지점에 소화전함을 설치한다.

⑤ 소화전함 표면에 "옥외소화전"이라고 표시한다.

⑥ 수원 수량은 소화전 설치개수(최대 2개)×7m³ 이상으로 한다.

⑦ 가압송수장치 등은 옥내소화전 설비와 같다.

(5) 배관 요령

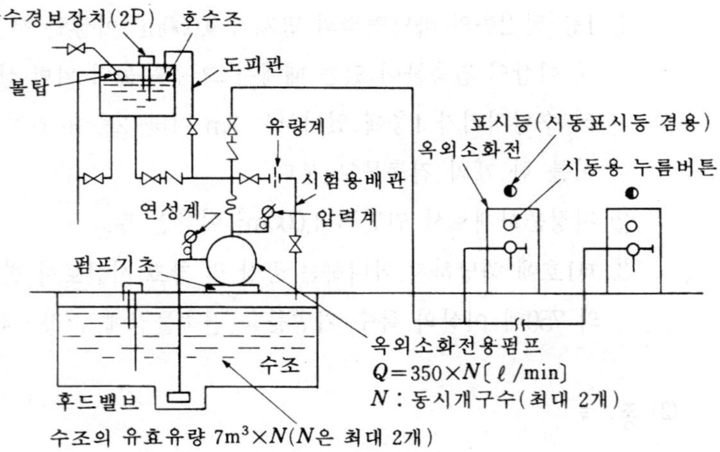

그림 8-2 옥외소화전 배관 계통도

① 옥외소화전 설비의 표준 배관계통도는 그림 8-2와 같다.

② 배관경은 표 8-3에 따른다.

표 8-3 옥외소화전 배관경별 허용 유량표

배 관 경[mm]	배관 최대 허용 유량[ℓ/min]
65	350
100	700

③ 옥외소화전 펌프의 전양정은 다음과 같이 구한다.

$$H = h_1 + h_2 + h_3 + h_4 \quad \cdots\cdots (8\text{-}2)$$

H : 펌프의 전양정[mAq]
h_1 : 배관의 마찰손실수두[mAq]
h_2 : 실양정(흡입 실양정 + 토출 실양정)[mAq]
h_3 : 노즐의 방수압력 환산수두[mAq](=25)
h_4 : 호스의 마찰손실수두[mAq]

3) 스프링클러 설비

(1) 적용건물

① 관람집회 및 운동시설의 무대부분(무대부에 부설된 장치물실 및 소품실을 포함한다)으로서 바닥면적의 무대부가 지하층·무창층 또는 지하층을 제외한 층수가 4층 이상인 층에 있는 경우에는 300m² 이상, 그 밖의 층에 있는 경우에는 500m² 이상인 무대부

② 판매시설로서 바닥면적의 합계가 지하층을 제외한 층수가 4층 이하인 건축물에 있어서는 9,000m² 이상, 지하층을 제외한 층수가 5층 이상인 건축물에 있어서는 6,000m² 이상인 것은 전층

③ 지하층을 제외한 층수가 11층 이상인 건축물로서 여관 또는 호텔의 용도로 사용되는 층이 있는 것은 전층

④ 아파트로서 지하층을 제외한 층수가 16층 이상인 것은 16층 이상의 층

⑤ 반자(반자가 없는 경우에는 지붕의 옥내에 면하는 부분)의 높이가 10m를 넘는 랙크식창고(선반 또는 이와 비슷한 것을 설치하고 승강기에 의하여

수납물을 운반하는 장치를 갖춘 것을 말한다)로서 연면적 2,100m^2 이상인 것.

⑥ 공장 및 제5호에 해당하지 아니하는 창고시설로서 별표 4에서 정하는 수량의 1천배 이상의 특수 가연물을 저장·취급하는 것.

⑦ 지하가로서 연면적 1,000m^2 이상인 것.

⑧ 제1호 내지 제3호·제5호 또는 제6호에 해당하지 아니하는 소방대상물(학교를 제외한다)의 지하층·무창층 또는 지하층을 제외한 층수가 4층 이상인 층으로서 바닥면적이 1,000m^2 이상인 층

⑨ 제1호 내지 제3호·제5호·제6호 또는 제8호에 해당하지 아니하는 소방대상물(학교를 제외한다)로서 지하층을 제외한 층수가 11층 이상인 것은 11층 이상의 층

⑩ 제1호 내지 제9호의 소방대상물에 부속된 보일러실

(2) 종 류

① 폐쇄식 : 습식, 건식, 준비작동식

② 개방식 : 일제살수식

(3) 헤드의 종류

① 설비 방식별 : 폐쇄형, 개방형

② 반사판별 : 상향형, 하향형, 상하양용형, 측벽형

③ 동작온도별

표 8-4 스크링클러 헤드의 동작온도

최고 주위온도[℃]	표시온도[℃]	동작온도[℃]
39미만	79미만	72
39~64	79~121	103
64~106	121~162	143
106이상	162이상	183

〔주〕 최고 주위온도가 150℃를 초과할 경우는 별도로 정한다.

(4) 시설기준

① 헤드는 소방 대상물의 천장 또는 반자와 덕트, 선반 기타 이와 유사한 부분(폭이 1.2m를 초과하는 것에 한한다)에 설치한다. 다만, 폭이 9m 이하인 실내에는 측벽에 설치할 수 있다.

② 천장, 반자, 선반 등의 각 부분에서 하나의 스프링클러 헤드까지의 수평거리는 무대부 1.7m 이하, 래크식 창고 2.5m 이하, 일반건축물 등에는 2.1m 이하, 내화구조 건축물에는 2.3m 이하로 한다.

③ 방수압은 100kPa를 초과하지 않고, 방수량은 80ℓ/분 이상으로 한다.

④ 무대부에는 개방형 헤드를 설치한다.

⑤ 측벽형 헤드의 설치 시 실폭이 4.5m 미만일 때에는 긴 변의 한 쪽벽에 1열로 설치하고, 폭 4.5m 이상 9m 이하인 때에는 양측 벽에 각각 1열로 설치하되 마주보는 벽의 헤드가 나란이 꼴이 되도록 3.6m 이내마다 설치한다.

⑥ 소방 펌프 차가 쉽게 접근할 수 있는 곳의 지면에서 0.5~1m 높이에 65mm 쌍구형 송수구를 설치한다.

⑦ 하나의 분지관에는 8개 이하의 헤드를 설치한다.

⑧ 습식 하향식 헤드를 설치할 경우에는 회향식배관(廻向式配管)으로 한다.

⑨ 분지관의 배열은 토너먼트 방식이 아니어야 한다.

⑩ 교차배관은 분지관 밑에 수평으로 설치하고 최소 구경은 40mm 이상으로 한다.

⑪ 교차배관은 끝에 40mm 이상 크기의 개폐 밸브가 달린 청소구를 설치하고 호스 접결이 가능한 나사식 또는 고정 배수관식으로 한다.

⑫ 유수 검지 장치를 사용하는 설비에는 분지관의 끝에 구경 25mm의 시험장치를 설치한다.

⑬ 폐쇄형 헤드를 사용하는 수원 수량을 계산하기 위한 스프링클러 헤드의 기준개수는 다음과 같다.

㉮ 10층(지하층을 제외)이하의 건물

· 준 위험물 또는 특수 가연물을 저장, 취급하는 래크식 창고 : 30개, 기타 : 20개

· 도매시장, 백화점, 슈퍼마켓, 소매시장 또는 복합건축물 : 30개, 기타 : 20개

· 기타, 헤드의 부착높이가 8m 이상의 것 : 20개

· 헤드의 부착높이가 8m 미만의 것 : 10개

㉯ 11층 이상의 건축물(지하층 제외) 및 지하가 : 30개, 11층 이상의 아파트 : 10개

㉰ 수원의 수량은 헤드 기준 개수×$1.633m^3$로 한다.

⑭ 개방형 헤드를 사용하는 경우에는 헤드의 개수가 30개 이하일 때에는 설치 헤드 수×$1.6m^3$ 이상으로 하고, 30개 이상일 때에는 가압송수장치의 송수량(ℓ/분×20) 이상으로 한다.

(5) 스프링클러 헤드의 배치방법

① 정방형으로 배치하는 경우의 설치 간격은 그림 8-3과 같이 내화건물에서 3.2m 이하, 일반건물 등에서 3.0m 이하로 한다.

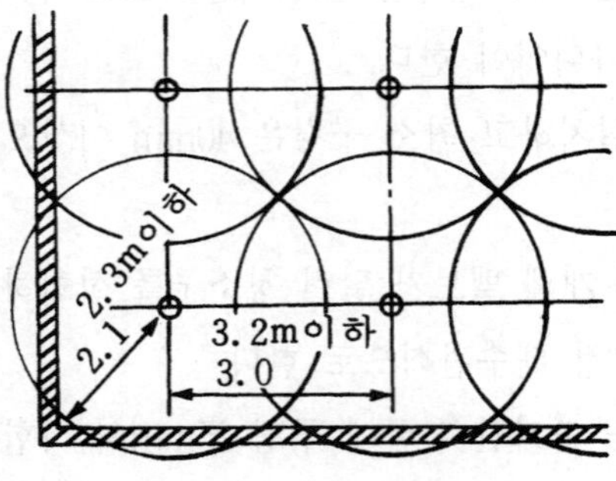

그림 8-3 정방형 배치

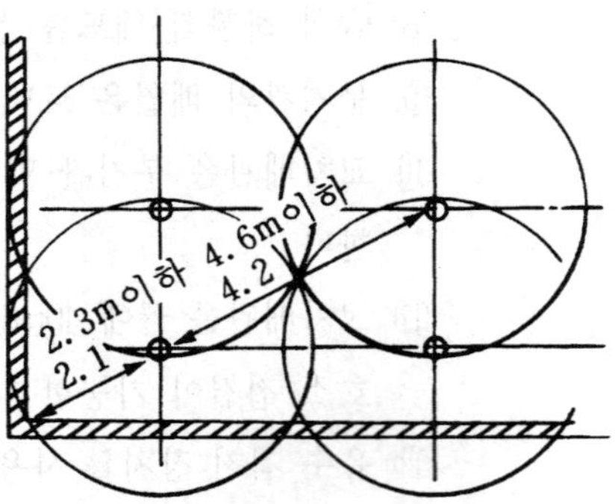

그림 8-4 장방형 비치

② 장방형으로 배치하는 경우의 헤드의 대각선 거리는 그림 8-4와 같이 내화건물에서 4.6m 이하, 일반건축물 등에서 4.2m 이하로 한다.

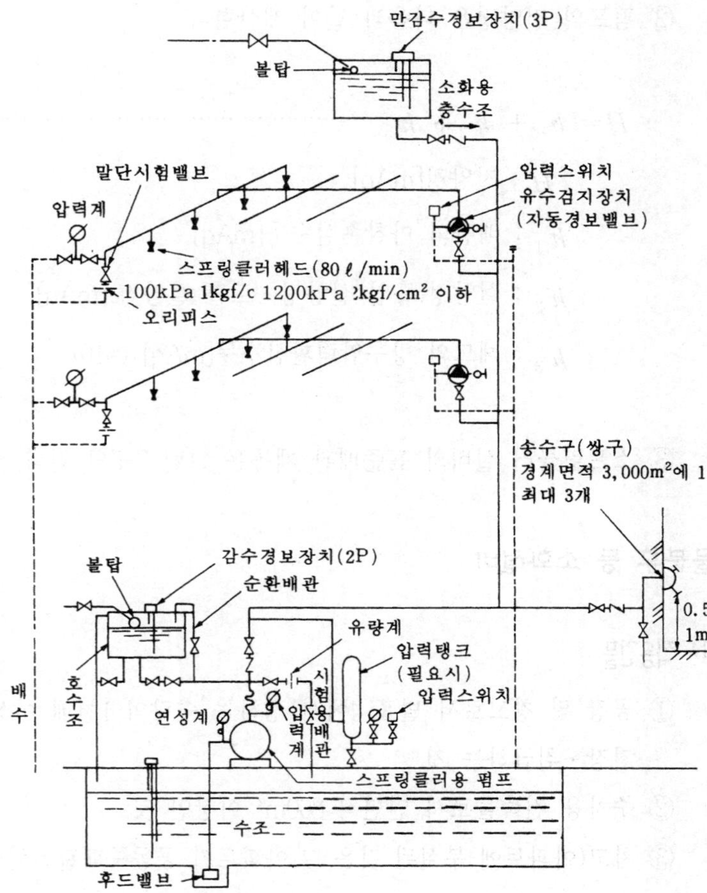

그림 8-5 스크링클러 설비의 배관 계통도

(6) 배관요령

① 배관경은 원칙적으로 유량과 마찰손실에 의하여 구하며, 표 8-5에 따라 간이식으로 선정할 수 있다.

표 8-5 급수관경과 헤드수

급수관경[mm]	25	32	40	50	65	80	100	125	150
폐쇄형 헤드수	2	3	5	10	30	60	100	160	275
개방형 헤드수	1	2	5	8	15	27	55	90	150

② 펌프의 전양정은 다음과 같이 계산한다.

$$H = h_1 + h_2 + h_3 \quad \cdots\cdots (8\text{-}3)$$

H : 전양정[mAq]

h_1 : 배관의 마찰손실수두[mAq]

h_2 : 실양정(흡입 실양정+토출 실양정)[mAq]

h_3 : 헤드의 방수압력환산수두[mAq] (=10)

③ 스프링클러 설비의 표준배관 계통은 그림 7-5와 같다.

4) 물분무 등 소화설비

(1) 적용건물

① 공장 및 창고로서 별표 4에서 정하는 수량의 1천배 이상의 특수가연물을 저장·취급하는 것.

② 주차용 건축물로서 연면적 800m² 이상인 것.

③ 차고(아파트에 부설된 것은 그 아파트가 공동주택관리령 제7조에 해당하는 공동주택에 한한다)로서 주차의 용도로 사용되는 부분의 바닥면적이 200m² 이상인 것.

④ 제2호 및 제3호에 해당하지 아니하는 승강기 등 기계장치에 의한 주차시설로서 20대 이상 주차할 수 있는 것.

⑤ 전기실·발전실·변전실(가연성 절연유를 사용하지 아니하는 변압기·전류차단기 등의 전기기기와 가연성 피복을 사용하지 아니한 전선 및 케이블만을 설치한 전기실·발전실 및 변전실은 제외한)·축전지실·통신기기실 및 전산실로서 바닥면적이 300m² 이상인 것. 이 경우 동일한 방화구획 내에 둘 이상의 실이 설치되어 있는 경우에는 이를 한 개의 실로 보아 바닥면적을 산정 한다.

(2) 포소화 설비

① 포소화 설비는 전역방출방식으로 한다

② 소화제는 단백포소화 약제, 수성막 포소화 약제 또는 합성계면활성제 포소화 약제 중에서 경제성을 고려하여 결정한다.

③ 폼헤드는 바닥 면적 $9m^2$당 1개 이상, 폼워터스프링클러 헤드는 바닥면적 $8m^2$마다 2개 이상 설치한다.

④ 폼헤드의 배치는 그림 8-6과 같이 정방형 배치인 경우 설치 간격은 3.0m 이하, 그림 8-7과 같이 장방형 배치인 경우 헤드의 대각선 거리는 4.2m 이하로 한다.

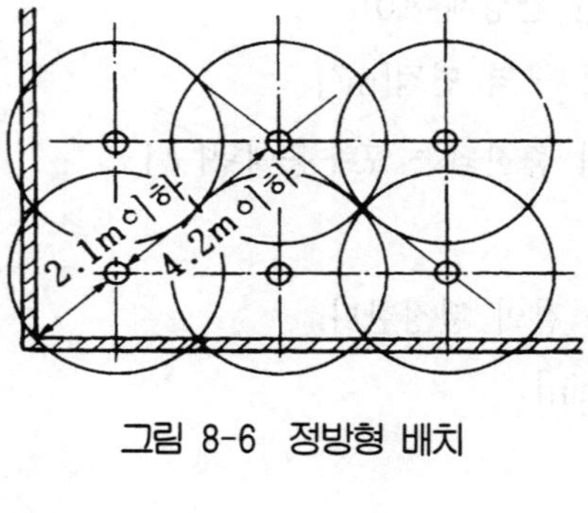

그림 8-6 정방형 배치

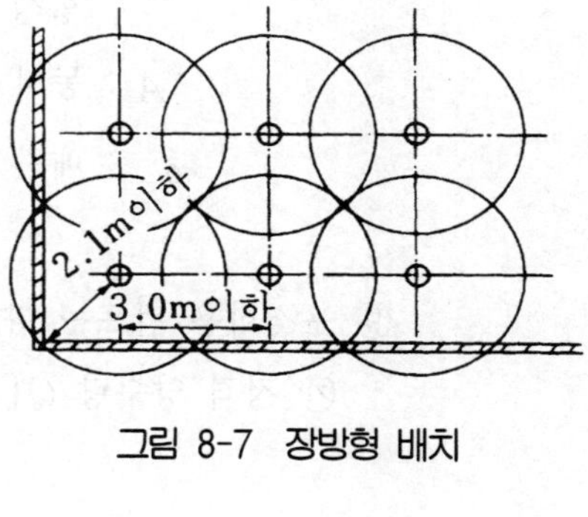

그림 8-7 장방형 배치

⑤ 배관은 전용으로 한다.

⑥ 포소화용 펌프의 특성은 정격 양수량의 150%인 경우, 전양정은 정격 전양정의 65% 이상인 것으로 한다.

⑦ 폼헤드의 방사압력은 260kPa 이상으로 한다.

⑧ 수원 수량은 다음과 같이 계산한다.

㉮ 실수량 $Q_o[\ell]$

$$Q_o = 10 \cdot K \cdot N + q_o \quad \cdots\cdots (8\text{-}4)$$

K' : 소화제의 단위 바닥 면적 당 방사량[$\ell/m^2 \cdot min$]

A : 동시 방사 구역 면적[m^2]

q_o : 배관 내에 충진되는 포수용액량[ℓ]

표 8-6 폼헤드 1개당 방사량

소 화 제	방 사 량[ℓ/min]
수 성 막	36이상
합성계면활성제	72이상

㉯ 규정수량 Q_o'[ℓ]

$$Q_o' \geq 10 \cdot K' \cdot A + q_o \quad \cdots\cdots (8\text{-}5)$$

K' : 소화제의 단위바닥 면적 당 방사량[ℓ/m² · min]
(수성막=3.7)
(합성 계면 활성제=8.0)
A : 동시 방사 구역 면적[m²]
q_o : 배관 내에 충진되는 포수용액량[ℓ]

⑨ 포소화용 펌프는 다음과 같이 결정한다.

㉮ 정격 양수량 Q[ℓ/min]

$$Q = K \cdot N \quad \cdots\cdots (8\text{-}6)$$

K : 폼헤드 1개당 방사량[ℓ/min]
N : 동시 방사 구역에 설치하는 폼헤드 수

㉯ 전양정 H[mAq]

$$H = h_1 + h_2 + h_3 \quad \cdots\cdots (8\text{-}7)$$

h_1 : 배관의 마찰손실수두[mAq]
h_2 : 실양정(흡입 실양정+토출 실양정)[mAq]
h_3 : 폼헤드의 방수압력수두[mAq](=25)

⑩ 포원액 저장량은 다음과 같이 계산한다.

$$q = K_m \cdot Q_o \quad \cdots\cdots \quad (8\text{-}8)$$

q : 포원액 저장량

K_m : 소화제의 농도 =0.06(수성막제)

=0.03(합성계면활성제)

Q_o =수원 수량[ℓ]

⑪ 배관요령

㉮ 포소화 설비의 표준배관 계통은 그림 8-8과 같다.

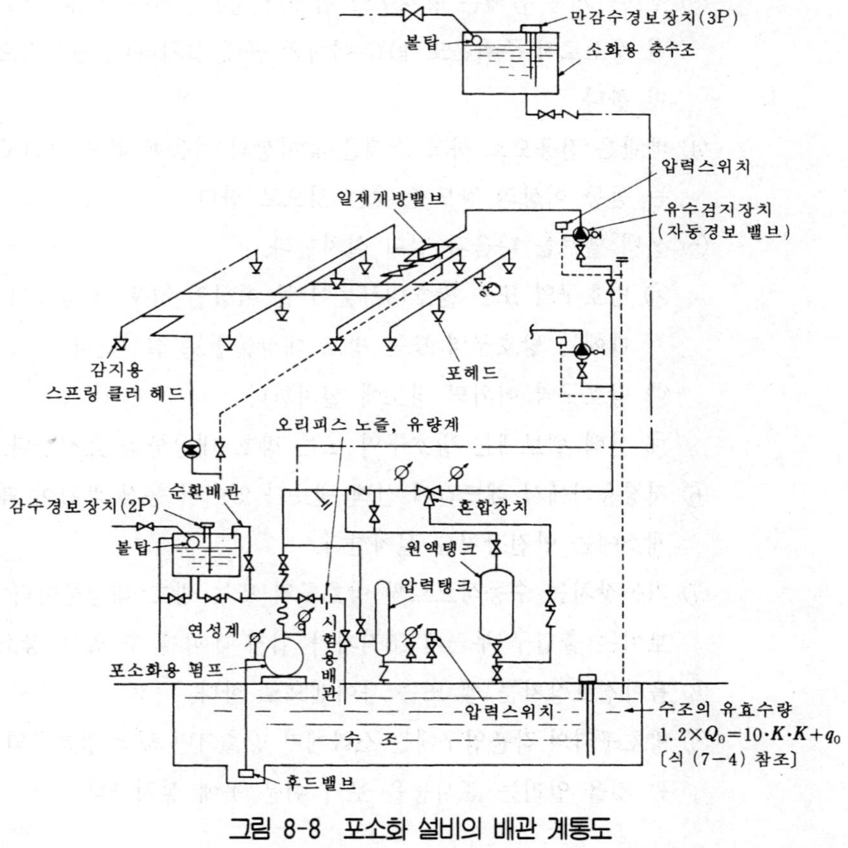

그림 8-8 포소화 설비의 배관 계통도

㉯ 배관 관경은 포수용액 중에 사용되는 포소화제의 영향을 고려할 필요가 없으며 원칙적으로 물인 경우와 같이 유량과 마찰손실에 의하여 구하고, 간이식으로 표 8-7과 같이 구할 수도 있다.

표 8-7 포소화 설비의 배관경

헤드수[개]	1~2	3	4	5~6	7~9	10~12	13~16
배관경[mm]	25	32	40	50	65	80	100

(3) 할로겐화물 소화설비

① 할로겐화물 소화설비는 전역방출방식 또는 국소 방출방식으로 한다.

② 소화제는 할론 2402, 1211 또는 1301로 한다.

③ 소화약제용 봄베는 방호구역 밖에서 방호구역을 통하지 않고 출입이 가능한 장소로서 주위온도 40℃ 이하의 곳에 설치하며, 원칙적으로 전용실이어야 한다.

④ 배관은 전용으로 하고 스케줄 40이상의 이음매 없는 아연도 강관, 동관 또는 동등 이상의 강도를 갖는 것으로 한다.

⑤ 선택 밸브는 다음과 같이 설치한다.

㉮ 방호구역 또는 방호대상물이 둘 이상인 경우, 저장용기를 공동 사용할 때에는 방호구역 또는 방호 대상물별로 설치한다.

㉯ 방호구역 이외의 장소에 설치한다

㉰ 선택 밸브에는 방호구역 또는 방호 대상물을 표시한다.

⑥ 저장용기에서 헤드간에 선택 밸브가 있어서 통상 배관이 폐쇄상태로 되는 개소에는 안전장치를 설치한다.

⑦ 기동장치는 수동식으로써 방호구역 또는 방호 대상물마다 방호구역이 잘 보이는 출입구 부근에 조작자가 쉽게 대피할 수 있는 장소에 설치한다.

⑧ 음향경보장치는 벨 또는 사이렌으로 한다.

⑨ 방호구역의 각출입구에는 소화제가 방출되면 해당 방호구역 안이 위험하다는 것을 알리는 표시등을 보기 쉬운 곳에 설치한다.

⑩ 바닥에서의 높이가 층고의 2/3 이하의 위치에 있는 개구부에서 방사한 소화제가 유실하여 소화효과를 감소시킬 우려가 있거나 보안상 위험이 있을 때에는 소화제 방출 전에 개구부를 폐쇄할 수 있는 자동폐쇄장치를 설치한다.

⑪ 방호구역의 환기용 송풍기 및 기타 기기류는 소화제를 방출하기 전에 정지하는 구조로 한다.

⑫ 할로겐화물 소화설비의 배관계통은 그림 8-7과 같다.

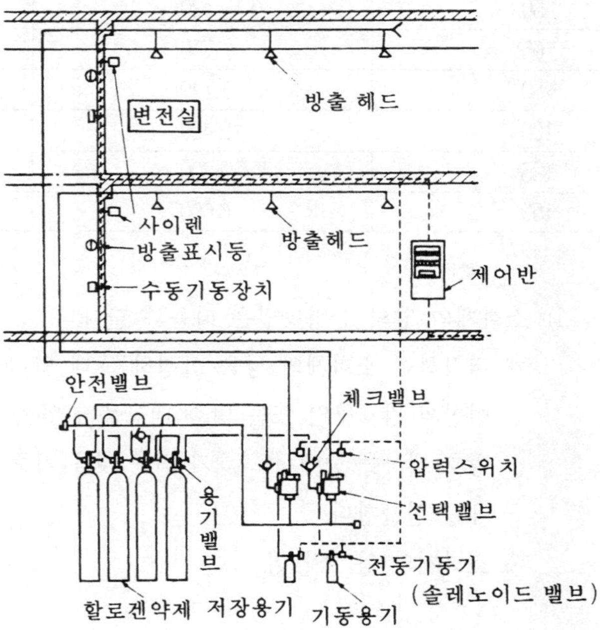

그림 8-9 할로겐화물 소화설비의 배관 계통도

⑬ 배관경은 다음과 같이 결정한다.

㉮ 배관경은 배관 속을 통과하는 소화제의 양에 의하여 개략적으로 결정한다.

㉯ 배관 내 소화제의 양(kg/sec)은 분사헤드 1개당 최소방출량(kg/sec)×(배관에 연결된 노즐 개수)에 의하여 결정한다.

㉰ 배관경의 개략 결정은 표 8-8에 의한다.

표 8-8 배관별 허용 소화제량 (개략치)

배 관 경[mm]	배관에 대한 허용 소화제량	
	30초간[kg]	1초당[kg]
15	15	0.5이하
20	30	1.0이하
25	75	2.5이하
32	144	4.8이하
40	210	7.0이하
50	420	14.0이하
65	750	25.0이하
80	1,140	38.0이하
100	2,400	80.0이하
125	4,200	140.0이하
150	6,600	220.0이하

⑭ 소화제의 양의 산정방법은 다음과 같다.

㉮ 저장하는 소화제의 양을 산정하는 데 있어서 동일한 방화대상물에 둘 이상의 방호구역 또는 방화 대상물이 있는 경우에는 각 방호구역 또는 방호 대상물 중에서 최대가 되는 것을 기준으로 하여 필요한 양의 소화제를 산출한다.

㉯ 소화제의 양 W[kg]

$$W = 0.32 \cdot V + 2.4 \cdot A \quad \cdots\cdots (8\text{-}9)$$

V : 방호구획 또는 방호 대상물의 체적[m^3]

A : 자동폐쇄 장치를 설치하지 않은 개구부 면적[m^2]

㉰ 위 소화제를 30초간에 방출한다.

소화제의 최소 방출량 Q_m[kg/sec]는 다음과 같이 구한다.

$$Q_m = W/30 \quad \cdots\cdots (8\text{-}10)$$

분사헤드 1개당 최소 방출량 Q_{mo}[kg/sec]은 다음과 같다.

$$Q_{mo} = Q_m / n \quad \cdots\cdots (8\text{-}11)$$

n : 분사헤드의 개수

표 8-9 분사 헤드 1개당 개략 방출량

헤드구경[mm]	30초간의 방사량[kg]	매초당 방사량[kg]
20	42	1.4
25	75	2.5
32	135	4.5

⑮ 소화제용 용기는 다음과 같이 계산한다.

㉮ 원칙적으로 충진량 50kg, 용량 68ℓ의 용기로 한다.

㉯ 용기의 수량 N[본]

$$N = W / 50 \quad \cdots\cdots (8\text{-}12)$$

여기서 W : 소화제의 양[kg]

⑯ 분사헤드는 다음과 같이 구한다.

㉮ 헤드의 방사입력 P는 1400kPa 이상으로 하고 다음 식과 같이 계산한다.

$$P = 4200 - (\Delta P_1 + \Delta P_2 + \Delta P_3) \quad \cdots\cdots (8\text{-}13)$$

4200 : 소화제 방출전 용기의 압력[kPa]

ΔP_1 : 소화제가 배관에 충만하기 위하여 필요한 압력손실[kPa]

ΔP_2 : 배관의 낙차에 의한 압력손실[kPa]

ΔP_3 : 용기밸브에서 헤드까지의 배관의 마찰손실[kPa]

㉯ 헤드의 방사압력 P[kPa]로서 노즐 유율(流率) R[kg/sec · cm^2]을 그림

8-10에서 구한다.

표 8-10 배관 1m 당 관내용적

배관경[mm]	내용적[ℓ/m]	배관경[mm]	내용적[ℓ/m]
150	17.91	40	1.33
125	12.59	32	0.99
100	8.22	25	0.58
80	4.79	20	0.36
65	3.41	15	0.20
50	2.18	유도관	1본당 0.13

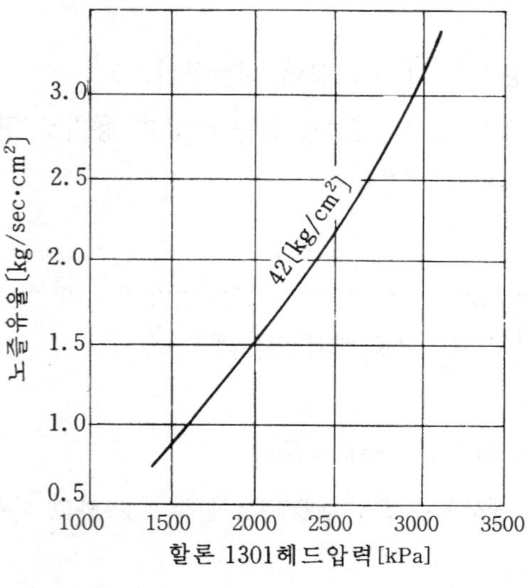

그림 8-10 할론 1301의 등가분사구 면적당 방출량

헤드의 필요 등가면적을 A_e[cm²]라 하면

$$A_e = Q_{mo}/R \quad \cdots\cdots (8\text{-}14)$$

Q_{mo} : 분사 헤드 1개당 최소 방출량[kg/sec]

식 (8-14) A_e에 의하여 분사 헤드를 결정한다.

(4) 분말소화 설비

① 전역방출방식 또는 국소 방출방식으로 한다.

② 소화제는 일반적으로 인산염류가 주성분인 것으로 한다.

③ 한 개의 방사구역의 면적은 가능하면 균등하고 정방형에 가까운 것으로 한다.

④ 분말소화 약제의 저장 용기는 다음에 따른다.

㉮ 방사구역이 이웃하여 4이상인 경우에는 분말 용기를 2개 설치한다.

㉯ 방사구역이 이웃하여 복수인 경우로서 인접하는 3방사구역마다 방화상 유효한 간벽으로 구획한 때에는 분말용기 1개로 할 수 있다

㉰ 분말용기의 내용적은 분말 1kg당 용기의 내용적을 1ℓ의 비율로 산출한 양 이상으로 한다.

㉱ 분말용기는 방사구역 이외의 장소에서 방사구역을 통하지 않고 출입할 수 있는 장소에 설치한다.

⑤ 저장용기 및 배관에는 잔류가스 또는 잔류소화제를 처리할 수 있는 가스 등에 의한 청소장치를 설치한다.

⑥ 가압용 가스 및 청소용 가스는 다음과 같다.

㉮ 가스는 원칙적으로 질소 가스로 한다.

㉯ 청소용 가스는 가압용 가스 용기를 겸용하여 저장한다.

⑦ 가압용 가스는 200kPa 이하의 압력으로 조정할 수 있는 압력조정기를 설치한다.

⑧ 음향경보장치는 사이렌으로 한다.

⑨ 배관은 다음에 따른다.

㉮ 분말소화 설비 배관은 전용이어야 한다.

㉯ 배관재는 아연도 배관용 탄소강관으로 한다.

㉰ 헤드를 설치한 지관에 이르는 분기는 토너먼트 형식으로써 동시에 방사하는 방사 헤드와 방사압력이 균일하도록 배관한다.

㉱ 배관경은 분말 소화제의 유량이 표 8-11의 값 이하가 되지 않도록 결정한다.

⑨ 분말소화 설비의 배관 계통은 그림 8-11과 같다.

표 8-11 배관경별 분말 소화제의 최소 유량

배관경[mm]	최소유량[kg/sec]	배관경[mm]	최소유량[kg/sec]
15	0.5	50	5.7
20	0.9	65	9.6
25	1.5	80	13.5
32	2.5	100	23.5
40	3.2	125	35.0

⑩ 저장하는 소화제의 양은 다음 식으로 구한 소화제를 30초간에 방출하도록 한다.

$$W_b = 5.72 \times A \quad \cdots\cdots (8\text{-}15)$$

W_b : 분말용기 1개당 소화제의 양[kg]

A : 분말용기가 담당하는 방사구역 중에서 최대인 방사구역의 면적 [m^2]

⑪ 가압용 가스량은 다음과 같이 계산한다.

$$G = g \cdot w \quad \cdots\cdots (8\text{-}16)$$

G : 가압용 가스량[ℓ]

g : 소화제 1kg당 가스량[ℓ/kg]

질소인 경우=40[ℓ/kg]

w : 소화제의 양[kg]

5) 소화용수 설비

(1) 적용건물

① 상수도소화용수 설비는 연면적 5,000m^2 이상인 소방대상물에 설치하여야 한다.

② 소화수조 또는 저수조는 다음 각호의 소방대상물에 설치하여야 한다. 다만, 건축법 제58조의 규정에 의한 비상급수시설이 내무부령이 정하는 시설기준에 적합한 경우에는 이를 소화수조 또는 저수조로 갈음할 수 있다.

㉮ 1층 및 2층의 바닥면적의 합계가 15,000m^2 이상인 것. 이 경우 동일구 내에 2이상의 건축물이 있는 때에는 그 건축물의 외벽 상호간의 중심선으로부터 수평거리가 1층에 있어서는 3m 이하, 2층에 있어서는 5m 이하인 것은 이를 1개의 건축물로 본다.

㉯ 제2호에 해당하지 아니하는 소방대상물로서 지하층을 제외한 층수가 11층 이상인 것.

(2) 시설기준

① 수원의 상시 저수량이 40m^3 이상이거나 흡입가능 수량이 1m^3/분 이상으로 40분 이상 계속하여 흡수할 수 있는 양으로 한다.

② 소화용수 시설의 수원은 다음에 적합하여야 한다.

㉮ 지면에서의 낙차가 4.5m 이하로 한다.

㉯ 흡수 부분의 수심은 0.5m 이상으로 한다.

㉰ 소방펌프차가 쉽게 접근할 수 있어야 한다.

㉱ 흡수에 지장이 없도록 토사, 진개 등을 제거할 수 있는 설비를 갖추어야 한다.

㉲ 흡수관의 투입구가 네모인 때에는 한 변의 길이가 60cm 이상, 원형인 경우에는 지름이 60cm 이상으로 한다.

③ 소화수조는 소화펌프차가 채수구의 2m 이내의 지점까지 접근할 수 있어야 한다.

④ 저수량은 소방 대상물의 연면적을 기준면적(7,500 또는 12,500m^2)으로 나누어 얻은 수에 20m^{3}를 곱한 양 이상으로 한다.

⑤ 지하에 설치하는 소화용수 설비의 흡수관 투입구는 소요수량 80m^3 이하일 때에는 1개 이상, 80m^3 이상일 때에는 2개 이상 설치하고 '흡수관 투입구'라고 표시한다.

⑥ 채수구에는 소방용 호스 또는 소방용 흡수관에 사용하는 구경 65mm 이상의 나사식 결합 금구를 다음과 같이 설치한다.

㉮ 소요수량 20~40m³ ·············· 1개

㉯ 소요수량 40~100m³ ············ 2개

㉰ 소요수량 100m³ 이상 ··········· 3개

⑦ 채수구는 지면에서 0.5~1m의 위치에 설치하고 '채수구'라고 표시한다.

⑧ 유수의 양이 0.8m³/분 이상을 사용할 수 있을 때에는 소화수조를 설치하지 아니할 수 있다.

⑨ 소화용수가 지하 4.5m 이하에 있을 때에는 다음과 같은 가압 송수 장치를 설치한다.

㉮ 소요수량 20~40m³ ··················· 양수량 1,100ℓ/분 이상

㉯ 소요수량 40~100m³ ················· 양수량 2,200ℓ/분 이상

㉰ 소요수량 100m³ 이상 ················ 양수량 3,300ℓ/분 이상

⑩ 소화수조가 옥상 또는 옥탑 등에 설치되어 있을 때에는 채수구에서의 압력이 150kPa 이상으로 한다.

⑪ 상수도 소화용수 설비는 수도법의 규정 외에는 다음에 따른다.

㉮ 소화전은 소방차의 접근이 쉬운 도로변 또는 공지에 설치한다.

㉯ 호칭경 75mm 이상의 수도배관에 호칭경 100mm 이상의 소화전을 접속하여야 한다.

㉰ ㉯항의 규정에 의한 소화전은 소방대상물의 수평투영면의 각 부분으로부터 140m 이하가 되도록 설치하여야 한다.

6) 제연설비

(1) 적용건물

① 관람집회 및 운동시설로서 무대부의 바닥면적이 200m² 이상인 것.

② 근린생활 및 위락시설·판매시설 및 숙박시설로서 지하층 또는 무창층의 바닥면적이 1,000m² 이상인 것.

③ 시외버스정류장 · 철도역사 · 공항시설 · 해운시설의 대합실 또는 휴게시설로서 지하층 또는 무창층의 바닥면적이 1,000m² 이상인 것.

④ 지하가로서 연면적 1,000m² 이상인 것.

⑤ 특수장소에 부설된 특별피난계단 및 비상용승강기의 승강장

(2) 시설기준

① 배연 설비의 설치 장소는 다음과 같은 배연 구역으로 구획한다.

㉮ 1개 배연 구역의 면적은 1,000m² 이내로 한다.

㉯ 거실과 통로는 상호 배연 · 구획한다.

㉰ 통로의 배연 구역은 보행중심선의 길이가 40m를 초과하지 않아야 한다. (구조상 불가피한 경우 60m)

㉱ 하나의 배연 구역은 직경 40m의 원내에 들어갈 수 있어야 한다. (구조상 불가피한 경우 60m)

㉲ 하나의 배연 구역은 2개 이상 층에 미치지 않도록 한다.

② 배연 구획은 보 및 배연 경계벽 또는 화재 시 자동으로 구획되는 가동벽, 셔터, 방화문 등의 벽으로 하되 다음 기준에 적합한 것으로 한다.

㉮ 재질은 내화재 또는 불연재로 한다.

㉯ 배연 경계는 천장 또는 반자에서 그 수직하단까지의 거리가 0.6m 이상이고, 바닥에서 그 수직하단까지의 거리가 2m 이내이어야 한다. 다만, 구조상 불가피한 경우에는 2m를 초과할 수 있다.

㉰ 배연 경계벽은 배연시 기류에 의하여 그 하단이 쉽게 흔들리지 않아야 하며, 가동식일 때에는 급속 하강으로 인명에 피해를 주지 않는 구조이어야 한다.

③ 예상 배연 구역에 대해선 화재시 연기 배출과 동시에 공기 유입이 가능하고 거실인 경우에는 통로에 공기 유입이 될 수 있도록 한다.

④ 통로의 주요 구조부가 내화구조이고 불연재 또는 난연재로 마감되어 있으며, 가연성 내용물이 없는 경우에는 그 통로는 예상 배연 구역에서 제외한다.

⑤ 거실의 바닥 면적이 400m² 미만으로 구획된 예상 배연 구역에 대한 배출량은 다음과 같다.

㉮ 바닥 면적 1m²당 1m³/min 이상으로 하되 예상 배연 구역 전체에 대한 최저 배출량은 5,000m³/h 이상이어야 한다.

㉯ 바닥면적 50m² 미만인 예상 배연 구역을 통로배출방식으로 하는 경우에는 통로보행 중심선의 길이 및 수직거리에 따라 표 8-12에 정하는 기준량 이상으로 한다.

표 8-12 배연설비의 배출량 (바닥 면적 50m² 미만)

통로길이[m]	수직거리[m]	배출량[m³/h]	비 고
40이하	2 이하	25,000 이상	벽으로 구획된 경우를 포함한다.
	2~2.5	30,000 이상	
	2.5~3	35,000 이상	
	3 이상	45,000 이상	
40~60	2 이하	30,000 이상	벽으로 구획된 경우를 포함한다.
	2~2.5	35,000 이상	
	2.5~3	40,000 이상	
	3 이상	50,000 이상	3

⑥ 거실의 바닥 면적이 400m² 이상인 예상 배연 구역의 배출량은 다음과 같다.

㉮ 예상 배연 구역이 직경 40m인 원의 범위 안에 있을 때에는 배출량이 40,000m³/h 이상이어야 한다. 다만, 예상 배연 구역이 배연 경계로 구획된 경우에는 그 수직거리에 따라 배출량은 표 8-13에 의한다.

표 8-13 배연설비의 배출량 (예상 배연구역 직경 40m 이하)

수직거리[m]	배출량[m³/h]	수직거리[m]	배출량[m³/h]
2이하	40,000이상	2.5~3	50,000이상
2~2.5	45,000이상	3이상	60,000이상

㉯ 예상 배연 구역이 직경 40m인 원의 범위를 초과한 때에는 배출량이

45,000m^3/h 이상이어야 한다. 다만, 예상 배연 구역이 배연 경계로 구획된 경우에는 그 수직거리에 따라 배출량은 표 8-14에 의한다.

표 8-14 배연설비의 배출량 (예상 배연구역 직경 40m 이상)

수직거리[m]	배출량[m^3/h]	수직거리[m]	배출량[m^3/h]
2이하	45,000이상	2.5~3	55,000이상
2~2.5	50,000이상	3이상	65,000이상

⑦ 예상 배연구역이 통로인 경우의 배연량은 다음과 같다.

㉮ 보행 중심선의 길이가 40m 이내인 경우의 배출량은 40,000m^3/h 이상으로 한다.

㉯ 보행 중심선의 길이가 40m 이상인 경우의 배출량은 45,000m^3/h 이상으로 한다.

⑧ 예상 배연 구역에서의 배출구의 설치는 다음과 같다.

㉮ 바닥 면적이 400m^2 미만이고 예상 배연 구역이 벽으로 구획되어 있는 경우에는 천장 또는 반자와 바닥사이의 중간 윗 부분에 설치한다.

㉯ 통로 또는 바닥면적이 400m^2 이상의 예상 배연 구역이 벽으로 구획되어 있는 경우에는 천장, 반자 또는 이에 가까운 벽의 부분에 설치한다.

㉰ 예상 배연 구역의 각 부분에서 하나의 배연구까지의 수평 거리는 10m 이내로 한다.

⑨ 예상 배연 구역에 대한 공기 유입은 유입 덕트에 의한 강제유입 또는 자연유입방식으로 하거나 인접한 배연 구역 또는 통로에 유입된 공기를 당해 구역으로 유입시키는 방식으로 한다.

⑩ 바닥 면적이 400m^2 이하인 예상 배연 구역에서의 공기 유입구는 바닥 외의 장소에 설치하고 공기 유입구와 배출구간의 직선거리는 5m 이상으로 한다.

⑪ 바닥 면적 400m^2 이상인 예상 배연 구역에서의 공기 유입구는 바닥에서 1.5m 이하의 높이에 설치하고 그 주변 2m 이내에는 가연물이 없도록 한다.

⑫ 예상 배연 구역에 공기가 유입되는 순간의 풍속은 5m/s 이하로 한다.

⑬ 예상 배연 구역에 대한 공기 유입구의 크기는 배출량 1m^3/min에 대하여

35cm² 이상으로 한다.

⑭ 외기 유입 덕트 내 풍속은 20m/s 이하로 한다.

⑮ 가동식의 벽, 배연 경계벽, 댐퍼 및 배출기의 작동은 자동화재 감지기와 연동되어야 하며, 예상 배연구역(또는 인접장소) 및 제어반에서 수동으로 기동될 수 있어야 한다.

⑯ 승강로비 및 특별피난계단 전실에는 그림 8-12와 같이 급기구 및 배기구를 설치하여 배연과 외기도입이 동시에 이루어지도록 조치한다.

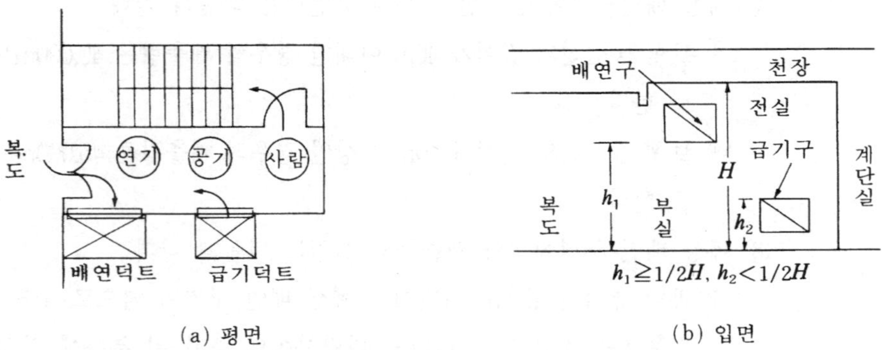

그림 8-12 특별피난계단 전실의 급·배기구

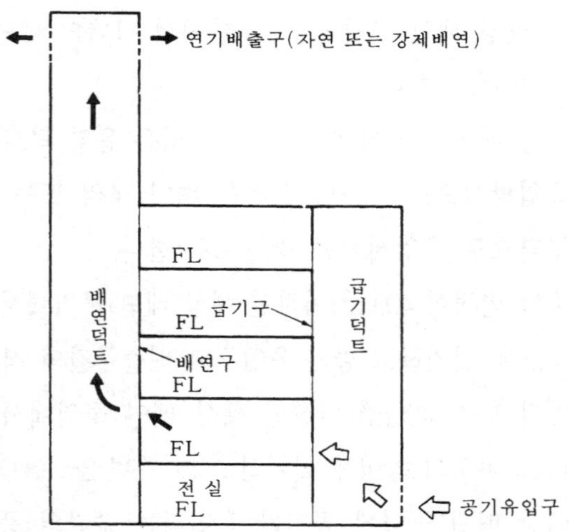

그림 8-13 하부 외기도입방식

⑰ 평상시 급기구는 폐쇄하였다가 배연구와 동시에 개방한다.

⑱ 외기 도입방법은 원칙적으로 그림 8-13에 따르고 연기가 피난을 방해하는 일이 없도록 하며 공기도입을 방해하는 방화 댐퍼, 풍량조절 댐퍼 등은 설치하지 않는다.

(3) 설계요령

① 배출기는 다음과 같이 설계한다.

㉮ 배출기와 배출덕트의 접속부분에 사용하는 캔버스는 석면 등 내열성이 있는 것으로 한다.

㉯ 배출기의 전동기 부분과 배풍기 부분은 분리해서 설치하여야 하며, 배풍기 부분은 유효한 내열처리를 한다.

㉰ 배출기 및 그 전동기는 원칙적으로 내화구조로서 환기설비를 갖춘 옥상 기계실 등에 설치한다.

㉱ 기계실은 원칙적으로 배출기의 주위에 60cm 정도의 공간을 확보한다.

㉲ 배출기의 흡입측, 토출 측에는 급격한 형상변화가 있는 덕트로 설치해서는 안 되며 부득이한 경우에는 가이드 베인을 설치한다.

㉳ 배출기를 선정할 때에는 계산상 정압에 대하여 풍량이 과대해져서 전동기가 과부하 운전되지 않도록 조치한다.

㉴ 배출기에 대한 방음, 방진은 고려하지 않는다. 다만 공조용 송풍기를 겸용할 때에는 별도이다.

㉵ 배출기는 기기의 방열을 저지하는 단열재로 피복해서는 안 된다.

㉶ 1대의 배연기가 담당하는 방연 구역은 가능하면 동일면적이 되도록 계획한다.

② 배연 덕트는 다음과 같이 설계한다.

㉮ 배출기의 흡입측 덕트 내 풍속은 15m/s 이하, 배출 측 풍속은 20m/s 이하로 한다.

㉯ 덕트의 크기는 원칙적으로 정속법으로 결정한다.

㉰ 덕트의 강판두께는 표 8-15에 의한다.

표 8-15 배연덕트의 강판두께

(단위 : mm)

덕트단면의 긴변 또는 직경	450 이하	450~750	750~1,500	1,500~2,250	2,250 이상
강판 두께	0.5 이상	0.6 이상	0.8 이상	1.0 이상	1.2 이상

㉣ 배출 덕트는 아연도강판 또는 동등 이상의 내식성, 내열성이 있는 것으로 하고 내열성의 단열재로 유효한 단열처리를 시행하며 콘크리트를 사용해서는 안 된다.

㉤ 수직으로 각층을 관통하는 주덕트는 원칙적으로 내화구조의 샤프트 안에 설치한다.

㉥ 덕트는 원칙적으로 평면상 방화구획 내에서 마감되어야 하며, 부득이 방화구획을 관통할 때에는 관통부에 온도 휴즈식 방화댐퍼를 설치하고 그 작용온도는 280℃로 한다.

③ 배연구는 다음과 같이 설계한다.

㉮ 배연시 역풍 등으로 간섭이 일어나지 않도록 조치한다.

㉯ 인접건물 및 다른 층으로 연소 전달이 일어나지 않도록 그림 8-14와 같이 조치한다.

㉰ 옥외에 면하는 배출구 및 공기 유입구는 비 또는 눈 등이 유입되지 않도록 하고 배출된 연기가 공기 유입구로 순환 유입되지 않도록 한다.

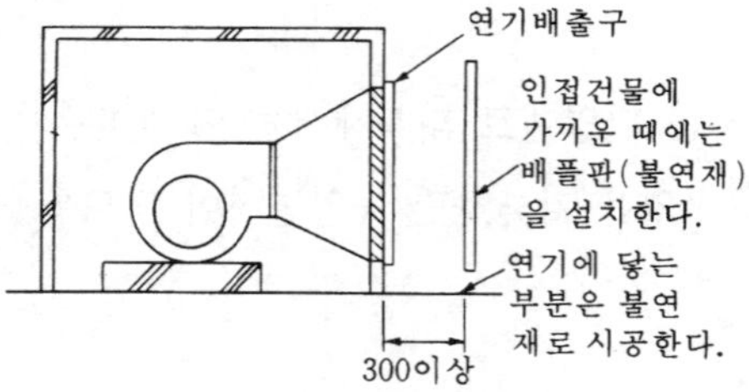

(a) 수평 1방향 배출방법

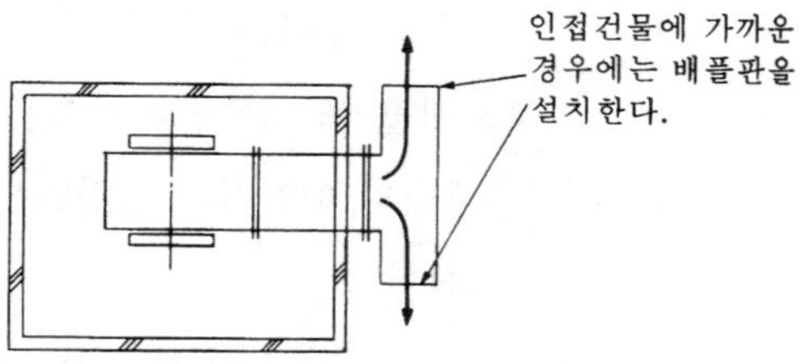

(b) 수평 2방향 배출방법

그림 8-14 연기 배출 방법

④ 가동식의 벽, 배연 경계벽, 댐퍼 및 배출기의 작동은 자동화재 감지기와 연동되어야 하며, 예상 배연 구역 및 제어반에서 수동으로 기동이 가능하도록

한다.

⑤ 배연설비를 설치해야 할 소방 대상물 중 직접 외기에 통하는 배출구 면적의 합계가 당해 배연 구역 바닥 면적의 1/100이상이며, 배출구로부터 각 부분의 수평거리가 30m 이내이고 공기 유입이 기준에 적합할 때에는 배연 설비를 설치하지 않아도 된다.

⑥ 배연설비를 설치하여야 할 소방 대상물 중 공기조화설비가 배연설비 시설기준에 적합하고 평상시의 공기조화 기능이 화재시 자동적으로 즉시 배연기능으로 전환 될 수 있는 경우에는 당해 공기조화 설비로 배연설비를 갈음 할 수 있다.

⑦ 배연설비를 설치하여야 할 소방 대상물 중 변소, 목욕실 또는 사람이 상주하지 아니하는 50m² 미만의 물품창고 등으로 사용되는 부분은 배출구, 공기 유입구의 설치 및 배출량 산정에서 이를 제외한다.

⑧ 배연구의 유효 개구 면적은 다음과 같이 계산한다.

$$a=\frac{q \cdot A}{60 \cdot v} \qquad \text{(8-17)}$$

a : 유효 개구 면적[m²]

q : 배연 구역 1m² 당 배연량[m³/m² · min](=1.0)

A : 배연 구역의 면적[m²]

v : 배연구의 표준 통과 풍속[m/s](=8.0)

⑨ 배연기의 배연량은 다음과 같이 계산한다.

· 1개의 배연 구역인 경우

$$Q_1=60 \cdot K \cdot A \qquad \text{(8-18)}$$

Q_1 : 배연량[m³/h]

A : 배연 구역의 바닥면적[m²=m³/min]

K : 여유계수(=1.1)

· 2이상의 배연 구역인 경우

$$Q_2 = 120K \cdot A_{max} \quad \cdots\cdots (8\text{-}19)$$

Q_2 : 배연량[m^3/h]

A_{max} : 배연기의 담당 최대 배연 구역 면적[$m^2 = m^3/min$]

K : 여유계수(=1.1～1.3)

7) 연결송수관 설비

(1) 적용건물

지하층의 층수를 제외한 층수가 5층 이상으로 연면적 6,000m^2이거나 지하층을 제외한 층수가 7층 이상 또는 지하층의 층수가 3층 이상인 소방대상물에 설치한다.

(2) 시설기준

① 송수구는 다음과 같이 설치한다.

㉮ 송수구는 쌍구형으로 하고 소방 펌프차가 쉽게 접근할 수 있는 위치에 설치한다.

㉯ 송수구는 연결송수관의 배관마다 1개 이상을 지면에서 0.5～1m 이하의 위치에 설치한다.

㉰ 송수구의 결합금속구는 구경 65mm의 것으로 한다.

㉱ 송수구의 부근에는 체크 밸브를 설치한다.

㉲ 송수구에는 가까운 곳의 보기쉬운 곳에 '송수구'라고 표시한다.

② 연결송수관 설비의 배관은 다음과 같이 설치한다.

㉮ 송수관 설비의 주배관의 관경은 100mm 이상으로 한다.

㉯ 지면에서의 높이가 31m 이상의 소방 대상물 또는 지상 11층 이상의 소방 대상물에서는 습식설비로 한다.

㉰ 연결송수관 설비의 배관은 주배관경이 100mm 이상의 옥내소화전 설비,

스프링클러 설비 또는 물분무 소화설비의 배관과 겸용할 수 있다.

㉣ 송수구의 부근에는 체크 밸브를 설치한다.

㉤ 연결송수관의 배관계통은 그림 8-15와 같다.

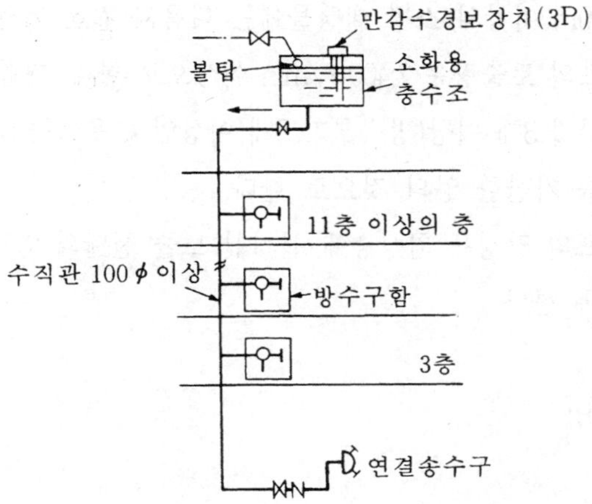

그림 8-15 연결송수관의 배관 계통도

③ 방수구는 다음과 같이 설치한다.

㉮ 연결송수관 설비의 방수구는 당해 소방 대상물의 3층 이상의 층마다 설치하되 당해 층의 각 부분으로부터 하나의 방수구까지의 수평거리는 지하가 또는 지하층의 바닥면적의 합계가 3,000m² 이상인 것은 25m, 그 밖의 장소는 50m 이하가 되도록 한다.

㉯ 11층 이상의 부분에 설치하는 방수구는 쌍구형으로 한다.

㉰ 방수구의 호스 접결구는 바닥에서 0.5~1m 이하의 위치에 설치한다.

㉱ 방수구의 결합 금속구는 구경 65mm의 것으로 한다.

㉲ 방수구의 위치표시는 방수구의 상부에 설치하되 10m 거리에서 쉽게 식별할 수 있는 적색 등이나 발광색 또는 축광식 표식으로 한다.

㉳ 방수구는 개폐 기능이 있는 것으로 한다.

④ 11층 이상에 설치하는 방수용 기구함은 다음과 같다.

㉮ 11층 이상에 설치하는 연결송수관 설비의 방수용 기구함은 3층 이내마

다 1개 이상을 설치하되, 하나의 방수구에서 보행거리 5m 이내로 한다.

㉯ 방수용 기구함에는 길이 15m의 호스 5본 이상, 방사형 관창 2개 이상을 비치한다.

㉰ 방수용 기구함에는 보기 쉬운 곳에 '방수용 기구함'이라고 표시한다.

⑤ 높이 70m 이상의 소방 대상물에는 다음과 같은 가압송수장치를 설치한다.

㉮ 펌프의 토출량은 2,400ℓ/min 이상으로 한다. 다만, 당해 층에 설치한 방수구가 3개 이상(방수구가 5개 이상인 경우에는 5개)에서는 1개마다 800ℓ를 가산한 양의 것으로 한다.

㉯ 펌프의 양정은 최상층에 설치한 노즐 선단의 압력이 350kPa 이상이 되도록 한다.

8) 연결살수 설비

(1) 적용건물

① 판매시설로서 바닥면적의 합계가 1,000m² 이상인 것.

② 지하층으로서 바닥면적의 합계가 150m² 이상인 것. 다만, 주택건설촉진법 시행령 제 30조 제1항 단서의 규정에 의한 국민주택 규모 이하인 아파트의 지하층(대피시설로만 사용하는 것에 한한다)과 학교의 지하층에 있어서는 700m² 이상인 것.

③ 가연성가스를 100ton 이상 저장・취급하는 시설. 다만, ①,②의 경우 주요부조부가 내화구조로 되어 있을 때에는 욕실・화장실・전기실・기계실・통신기기실・승강기의 승강로・린넨슈우트・파이프 닥트 샤프트 등의 면적을 제외한다.

(2) 시설기준

① 송수구는 다음과 같이 설치한다.

㉮ 소방 펌프차가 쉽게 접근할 수 있는 위치에 설치한다.

㉯ 송수구의 호스 접결구는 쌍구형으로 한다. 다만, 하나의 송수구역에 부

착하는 살수헤드의 수가 10개 이하인 때에는 단구형으로 할 수 있다.

㉰ 송수구의 호스 접결구는 지면에서 0.5~1m의 위치에 설치한다.

㉱ 송수구의 호스 접결구는 각 송수구역마다 설치한다.

② 연결살수 설비의 배관은 다음과 같이 설치한다.

㉮ 연결살수 설비의 배관은 전용으로 한다.

㉯ 개방형 헤드를 사용하는 배관은 표 8-16에 따른다.

㉰ 폐쇄형 헤드를 사용하는 배관은 표 8-17에 따른다.

표 8-16 개방형 헤드의 배관경

하나의 배관에 부착하는 살수헤드수[개]	1	2	3	4~5	6~10
배관경[mm]	32	40	50	65	80

표 8-17 폐쇄형 헤드의 배관경

하나의 배관에 부착하는 살수헤드수[개]	2이하	3	4~5	6~10	10~20
배관경[mm]	32	40	50	65	80

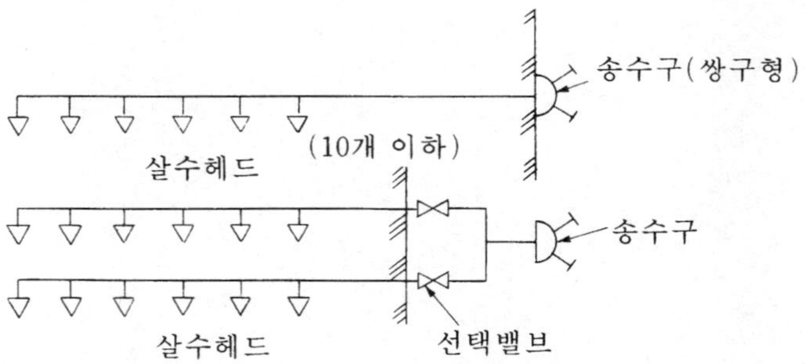

그림 8-16 연결살수 설비의 배관계통도

㉱ 선택 밸브를 설치하는 경우에는 송수구의 부근에 설치하고 '송수구역'이라 표시한다.

㉲ 선택 밸브는 화재시 연소의 우려가 없는 장소로서 조작 및 점검이 쉬운 위치에 설치한다.

㉥ 자동개방 밸브에 의하여 선택 밸브를 사용하는 경우에는 송수구역에 방수하지 않고 자동밸브의 작동시험이 가능하도록 한다.

㉦ 연결살수 설비의 배관 계통은 그림 7-16에 따른다.

③ 연결살수 설비의 헤드는 다음과 같이 설치한다.

㉮ 실내에 면하는 천장 또는 반자에 설치한다.

㉯ 천장 또는 반자의 각 부분으로부터 하나의 살수헤드까지의 수평거리가 개방형 헤드에 있어서는 3.7m 이하이고, 폐쇄형 헤드에서는 스프링클러 헤드 설치기준에 준하여 설치한다.

㉰ 하나의 송수구역에 설치하는 살수헤드의 수는 개방형 헤드에 있어서 10개 이하, 폐쇄형 헤드에 있어서는 20개 이하가 되도록 한다.

9 가스설비

제 9 장 가 스 설 비

1. 기본사항

일반적으로 건물에서 사용하는 가스는 주로 조리, 급탕, 냉난방용으로 사용하며 최근에는 크린에너지(clean energy)로 가스 사용이 증가하고 있다. 현재 사용되는 가스는 크게 도시가스, 액화석유가스(LPG : liquified petroleum gas), 액화천연가스(LNG : liquified natural gas)로 나뉘어지며 각기의 특징은 다음과 같다.

1) 도시가스

도시가스는 일반적으로 여러 종류의 단체가스의 혼합물로 그 조성은 원료 및 제조방법과 밀접한 관계가 있으며 주원료는 액화천연가스(LNG), 납사, 액화석유가스 등의 석유제품이며 그 외에 석탄가스가 포함된다. 도시가스의 종류는 다음과 같다.

(1) 제조가스

석탄, 코크스, 원유, 납사, LPG 등을 원료로 사용해서 제조한 가스를 정제혼합하여 일정기준의 발열량으로 조정한 것을 말한다.

(2) 천연가스

천연가스는 지하로부터 발생하는 메탄 등을 주성분으로 하는 가연성 가스이며 연료용에서 화학공업의 원료용에 이르기까지 다양하게 사용되고 있으며 도시가스로 사용되는 경우는 다음과 같다.

① 천연가스를 직접 공급한다.(10,500~11,000W/m^3)

② 천연가스를 공기와 희석하여 공급한다.(5,200~7,000W/m^3)

③ 천연가스를 LPG로 발열량을 증가시켜 공급한다.(13,000W/m^3)

④ 제조가스와 혼합하여 공급한다.

2) 액화석유가스

액화석유가스(이하 LPG라고 한다)는 프로판, 부탄이 주성분으로서 소량의 에틸렌, 프로필렌, 부틸렌을 함유하고 있으며 천연가스나 석유정제과정에서 채취된 가스를 압축 냉각하여 액화시킨 것이다. 상온 상압 하에서는 기체상태로서 저장이나 운반, 취급이 편리하며 발열량도 높으나 공기보다 무거워 유출되는 경우 인화폭발의 위험성이 크다. 따라서 기화시켜서 그대로 사용하는 것은 1차 공기를 흡인하기 위하여 기구공급압력이 도시가스에 비하여 높다. 일반적으로 LPG는 가정용, 영업용, 자동차 연료용 및 공업용 연료 등으로 사용되고 있으며 KS 규격에는 1종과 2종으로 구분하여 1종은 가정용과 영업용, 2종은 공업용 연료와 자동차 연료용으로 규정하고 있다. LPG의 공급설비는 용기, 압력조정기, 배관 등으로 이루어지며 저장용기의 용량이 1ton이상인 설비는 특정공급설비라고 해서 저장설비와 부속장치에 대하여 이격거리 등의 제한이 있다. LPG는 많은 양의 가스를 발생시키는 데에는 용기에서의 증발량의 한계가 있기 때문에 열원을 사용하여 발생시키는 기화장치(vaporizer)를 이용한다. 용기에서 가스를 발생시키게 되면 비등점이 낮은 성분이 먼저 가스화되기 때문에 남은 양으로는 가스의 성분이 변하지만 기화장치는 용기에서 액을 빼내게 되므로 가스성분의 변동이 적다. 소규모 공급설비에는 자동절환조정기, 대규모 설비에는 액의 자동 절체 장치를 사용하게 되면 가스공급의 중단 없이 용기 속에 있는 액을 완전히 소비할 수 있다. 일반적인 LPG 40%에서 1560kPa 이하이기 때문에 고압이므로 용기, 밸브, 조정기, 고압호스 등은 고압가스 안전관리법의 규정에 따라 선정해야 한다. LPG의 배관은 가스가 고열량이기 때문에 도시가스에 비하여 관경이 가늘어서 도시가스로 교체하고자 할 때에는 배관을 교체할 필요가 있기 때문에 겸용배관으로 설비해 두면 편리하다. LPG 배관은 동관도 사용할 수 있으며 동관은 내식성이 있지만 암모니아 또는 산류에는 의외로 취약하므로 주의를 요한다. 저압부에는 고무호스가 기구와의 접속부에 사용되는데 반드시 LPG용 규격품을 사용하고 압력조정기와 저압배관의 중간에 설치하는 고무호스는 30cm 이상을 초과해서는 안 된다.

3) 액화 천연가스(LNG)

액화 천연가스는 유전에서 채취한 천연가스를 −162℃까지 냉각 액화한 것을 말하며 액화시 탄산가스, 유화수소, 중탄화수소 등은 정제 제거되므로 기화된 LNG는 전혀 불순물을 포함하지 않고 있다. 천연가스의 주성분인 메탄은 1.4m^3/kg(0℃ 1기압)정도이지만 1기압 하에서 −162℃까지 냉각하면 체적은 $\frac{1}{580}$로 줄어든다.

2. 도시가스 설비

도시가스는 각기 제조공장에서 정제된 가스를 공장이나 정압장 가스홀더에 저장하고 매설된 가스관을 통하여 필요한 곳에 공급하는 설비로서 100kPa 이상을 고압, 100kPa 미만을 저압으로 구분한다. 고압 공급방식은 원거리 수송시에 가스송출압력을 높여 펌프에 의해 압축하여 1000kPa의 고압으로 이송시킨다. 저압 공급방식은 각 가스 공장으로부터 200kPa 내외의 가스를 정압기를 통하여 공급압 0.5~2.5kPa로 조정하여 사용처에 공급한다.

1) 설계 순서

가스설비는 건축설비의 일부분으로서 건축계획에 적합하게 되어야 하며 이를 위하여는 건축의 기본설계 단계에서 해당지역 가스공급 사업자와 협의하여 설비에 대한 기본사항을 정해야 하며, 그림 9-1은 설계 순서를 나타냈다.

2) 가스기기 선정

가스기기 선정시는 다음 사항을 기준으로 한다.

① 공급가스 종류에 적합한 기기일 것.
② 연소방식이 안전한 기기일 것.
③ 사용이 편리하며 효율이 우수할 것.
④ 난방·급탕용 기기는 밀폐식 또는 옥외에 설치할 것.
⑤ 개방식 가스기기 선정시 환기설비를 고려할 것.

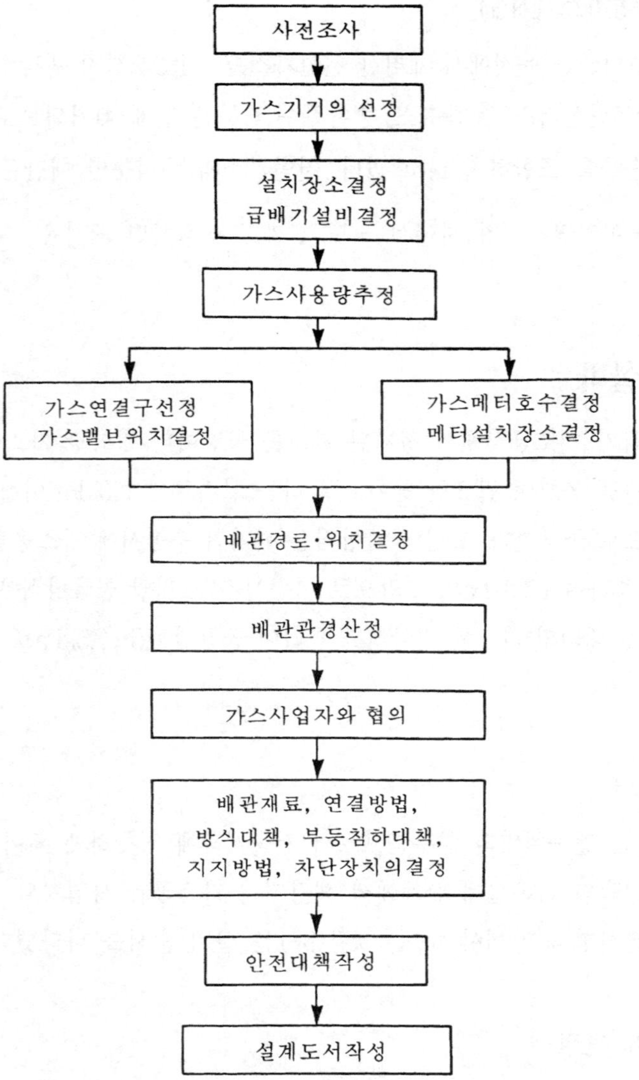

그림 9-1 도시가스설비 설계순서

3) 가스소비량 산정

주방용 가스레인지, 순간탕비기 등의 비교적 소형 가스기기는 제조회사의 카달로그에 의해서 가스소비량을 산정하며 가스보일러, 냉동기 등의 대형기기는 각기 시간 최대소비량 Q[m^3/h]을 정격출력에 의거하여 산정 한다.

4) 배관경로·위치의 선정

배관경로는 제일 먼 기구까지의 배관길이를 알 수 있도록 입체적으로 그리며 실거리를 기입한다.

배관경로와 위치는 안전성을 위하여 다음의 원칙에 의한다.

① 건물 인입배관은 건물 당 1개소로 한다.

② 배관은 외력과 기타에 의한 손상이 발생되지 않는 경로와 위치로 한다.

③ 배관은 공사와 점검이 용이한 장소에 설치하며 다음 장소는 피한다.

㉮ 건축물, 구조체의 기초면 하부

㉯ 제3자의 부지

㉰ 엘리베이터 승강기 통로 내

㉱ 콘크리트 타설 면 밑

㉲ 현관, 차고, 정원, 나무가 밀집되어져 있는 장소

㉳ 욕실, 화장실 등의 물 또는 오물에 의해 부식의 우려가 있는 장소

④ 건물의 벽, 바닥 등을 관통하는 경우 다음 위치로 한다.

㉮ 건축구조상 지장이 없는 곳

㉯ 관통위치는 가능한 한 노출되어져 있을 것.

㉰ 방수처리부위는 원칙적으로 피한다.

5) 각 배관구간의 동시사용 유량(설계유량)의 산정

설계유량은 각 배관구간이 담당하는 시간당 최대가스유량에 기구의 동시 사용율을 고려하여 설계유량을 구한다. 건축용도별 동시 사용율은 표 9-1에 나타냈다. 그러나 동일용도의 건물에서는 가스기구의 종류나 설치개수 등에 따라서 현저하게 동시 사용율이 다르므로 실제에 대응할 수 있도록 결정해야 한다.

표 9-1 용도별기구의 동시 사용률

건물용도	일반건축물	식당(영업용 주방)	공동주택
동시사용률	70%	80%	60%

표 9-2 가스 기구의 동시사용률

기구수(개)	동시사용률(%)
1～ 5	100
6～10	70
11～15	60
16이상	55

표 9-3 공동주택의 동시사용률

세 대 수	동시사용률(%)	세 대 수	동시사용률(%)	세 대 수	동시사용률(%)
1	100	8	61	40	43
2	90	9	59	50	40
3	84	10	58	70	36
4	78	15	54	100	33
5	73	20	51	200	30
6	68	25	48		
7	64	30	46		

6) 가스계량기의 선정

배관에 의해 공급된 가스는 가스계량기를 통과하여 가스기구에 이르기 때문에 동시 사용율을 고려한 시간당 최대사용량을 통과시킬 수 있도록 압력강하를 고려해 배관경과 계량기의 기종을 선정하여야 한다.

표 9-4 가스계량기의 규격

계량기의 형식	계량기의 크기		
	호 칭	최대통과량[m^2/h]	접속지름[mm]
T형 · N형 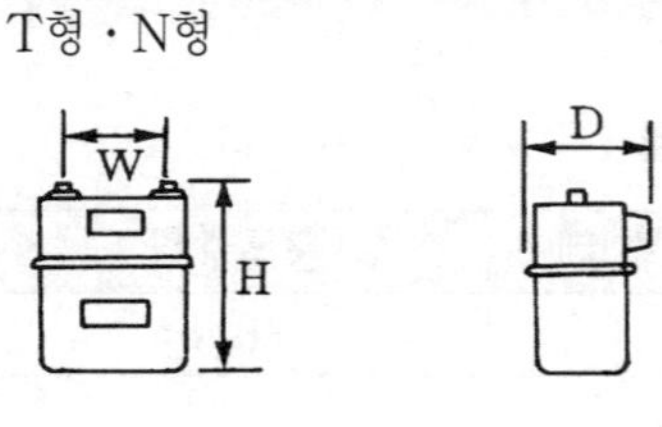	N 2	2	20
	N 3	3	20
	N 5	5	20
	N 7	7	25
	N 10	10	32
	N 15	15	40

<table>
<tr><th rowspan="2">계량기의 형식</th><th colspan="3">계량기의 크기</th></tr>
<tr><th>호 칭</th><th>최대통과량[m^2/h]</th><th>접속지름[mm]</th></tr>
<tr><td rowspan="4">B형(3~50호)
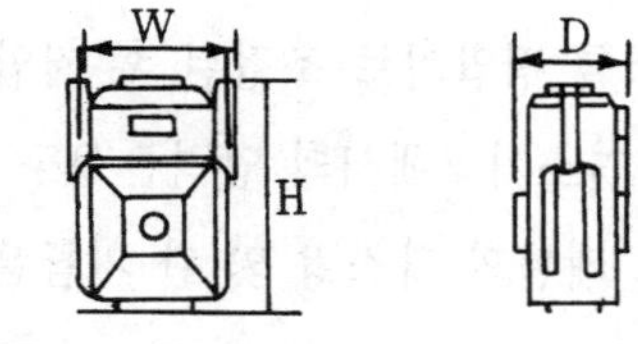
</td><td>T 3</td><td>3</td><td>20</td></tr>
<tr><td>T 5</td><td>5</td><td>20</td></tr>
<tr><td>T 7</td><td>7</td><td>25</td></tr>
<tr><td>B 3</td><td>3</td><td>15</td></tr>
<tr><td rowspan="4">B형(90~200호)
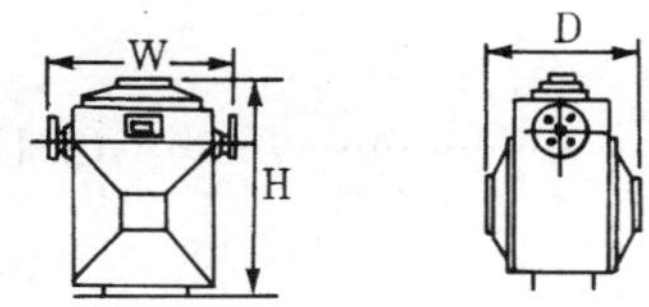
</td><td>B 5</td><td>5</td><td>20</td></tr>
<tr><td>B 7</td><td>7</td><td>25</td></tr>
<tr><td>B 10</td><td>10</td><td>32</td></tr>
<tr><td>B 15</td><td>15</td><td>40</td></tr>
<tr><td rowspan="5">H형
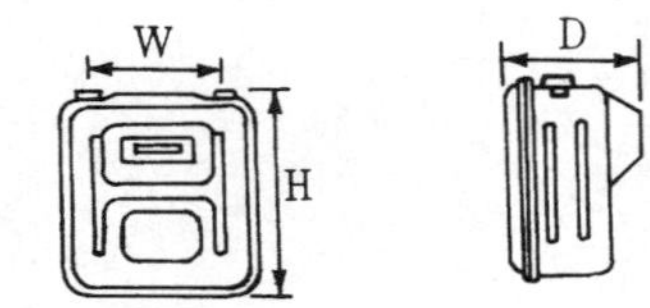
</td><td>B 30</td><td>30</td><td>50</td></tr>
<tr><td>B 50</td><td>50</td><td>50</td></tr>
<tr><td>B 90</td><td>90</td><td>80</td></tr>
<tr><td>B 120</td><td>120</td><td>100</td></tr>
<tr><td>B 150</td><td>150</td><td>125</td></tr>
<tr><td rowspan="4">M형
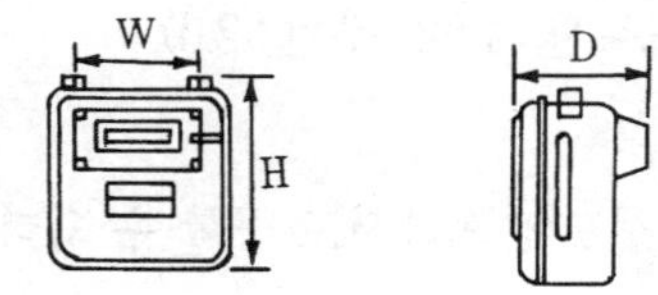
</td><td>B 200</td><td>200</td><td>125</td></tr>
<tr><td>H 3</td><td>3</td><td>15</td></tr>
<tr><td>H 5</td><td>5.5</td><td>20</td></tr>
<tr><td>M 5</td><td>5</td><td>15</td></tr>
</table>

소형 가스계량기의 경우에는 가스 사용량이 계량기 용량의 60% 정도가 되도록 택하며, 1개의 가스기구가 최대 통과량의 80%를 초과할 때는 한 단계 큰 계량기를 선택한다.

3. 배관설계

1) 저압배관 설계

가스저장소로부터 직접 압력을 이용하여 수송된 가스를 정압기로 조정된 후 저압배관(100kPa 미만)을 통하여 수요자에게 공급하는데 연소기구에서의 압력은 0.5~2.5kPa이며 주택에 주로 사용된다. 소(小), 중(中)가스 배관의 가스량 및 관 지름은 다음의 폴(pole)식을 사용하여 구한다.

$$Q=K\cdot\sqrt{\frac{H\cdot d^5}{S\cdot L}}=0.7055\sqrt[5]{\frac{dh}{SL}} \quad \cdots\cdots (9\text{-}1)$$

$$\therefore d=\left\{\left(\frac{Q}{K}\right)^2\frac{SL}{h}\right\}^{\frac{1}{5}} \quad \cdots\cdots (9\text{-}2)$$

Q : 가스공급량[m^3/h]

L : 배관길이[m]

K : 폴 상수[0.7055]

d : 파이프의 안지름[cm]

h : 허용압력 손실[mmAq]

S : 가스비중(LNG : 0.65, 도시가스 : 0.64, 프로판 : 1.52, 부탄 : 2.0)

또한 계산에 의한 값보다 부정확하지만 다음의 표나 선도에 의해서도 구할 수 있다.

표 9-5 저압가스관의 공급 유량표

길이(m) / 호칭지름(A)	5	10	20	30	40	50	80	100
20	6.05	4.28	3.03	2.47	2.14	1.91	1.51	1.35
25	11.2	7.28	5.53	4.51	3.91	3.49	2.76	2.47
32	21.2	15.0	10.6	8.67	7.51	6.72	5.31	4.75
40	31.1	22.0	15.6	12.7	11.0	9.84	7.78	6.69
50	56.8	40.1	28.4	23.2	20.1	10.0	14.2	12.7

길 이(m) / 호칭지름(A)	50	100	200	500	800	1000	1200	1500
80	69.7	51.6	36.5	23.1	18.2	16.3	14.9	13.3
100	142	100	70.9	44.9	35.5	31.0	29.0	25.9
150	373	264	186	118	92.2	83.4	76.1	68.1
200	748	529	374	236	187	177	153	137
250	1280	908	642	406	321	287	262	234
300	2020	1430	1011	639	505	452	413	369

예제 9-1 관지름 50A, 배관길이 80m인 가스설비에서 입구압력이 1.2kPa인 가스를 공급할 때 출구압력이 1.15kPa이고 비중이 0.64일 때 공급한 가스량은 얼마인가?

풀이 유량표에서 50A란과 길이 80m란이 만나는 값을 찾으면 14.2m³/h를 구할 수 있다. 유량선도에서 관길이 80m의 세로선과 호칭지름 50A의 사선이 만나는 점을 찾으며 약 14m³/h를 구할 수 있다. 또 Pole의 유량 공식을 이용하면

$$Q = K\sqrt{\frac{d^5 h}{Sl}}$$

$$= 0.7055\sqrt{\frac{(5.295)^5 \times 5}{0.64 \times 80}}$$

= 14.2m³/h가 된다.

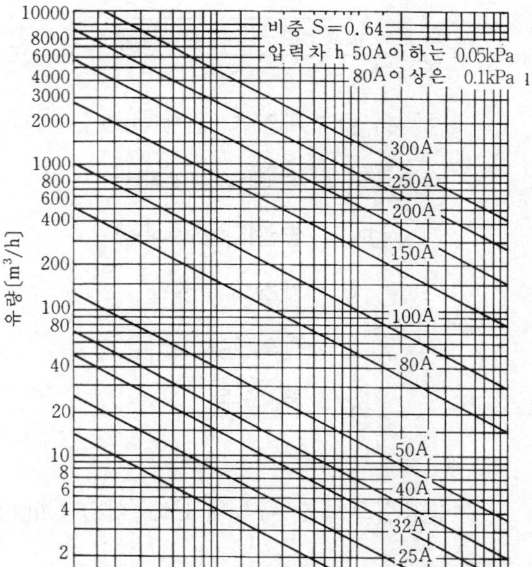

저압가스관의 유량선도

2) 중·고압배관 설계

중압배관(100~1,000kPa G)은 공장에서 중앙 본관에 가스를 수송하고 공급지역의 적당한 위치에 설치된 지구 정압기로 저압까지 조정하여 수요자에게 공급하기 위한 것으로 공급량이 많거나 공급지역이 넓어서 저압관으로 할 경우는 비용이 많이 드는 경우에 사용된다. 고압배관(1,000kPa G 이상)은 수송 가스량이 많고 배관길이가 길 때는 수송압력을 높이면, 큰 배관은 사용하지 않아도 많은 양의 가스를 수송할 수 있으므로 배관 시설비가 절약되어 경제적이며, 공장에서 고압으로 압송된 가스를 다른 공장 또는 공급소에 수송되든가, 지역정압기에 의해 감압되어 중압 또는 저압 본관으로 공급하는 것이다. 고압공급의 경우는 압력변동에 수반해서 체적변화, 기체의 밀도 변화에 따라 가스 상태가 변화하므로 고압가스 유량의 식은 저압 가스식 보다 복잡하지만 일반식으로는 다음과 같다.

$$Q = K\frac{\sqrt{(P_1^{\,2} - P_2^{\,2})\,d^5}}{Sl} \quad \cdots\cdots (9\text{-}3)$$

d : 파이프 안지름[cm]

P_1 : 초압[kg/cm²abs]

P_2 : 종압[kg/cm²abs]

S : 가스의 비중

l : 관의 길이[m]

K : 폴 상수

실용식으로는 다음의 Coxe식과 Oliphant식이 사용된다.

$$Q = 52.31\sqrt{\frac{(P_1^{\,2} - P_2^{\,2})\,d^5}{S\ell}} \quad \cdot\cdot\cdot\cdot\cdot\ Coxe \cdots\cdots (9\text{-}4)$$

$$Q = 51.12\left(1 + \frac{\sqrt{d}}{47.81}\right)\sqrt{\frac{(P_1^{\,2} - P_2^{\,2})d^5}{S\ell}} = 53.4\sqrt{\frac{(P_1^{\,2} - P_2^{\,2})d^5}{S\ell}} \cdots Oliphant$$

$$\cdots\cdots (9\text{-}5)$$

표 9-6 LP가스 중앙공급관의 치수 조견표

관내압력의 변화	기점압력	0.32	0.32	0.32	0.32	0.32	0.32	0.32
[kg/cm^2G]	종점압력	0.31	0.30	0.29	0.28	0.27	0.26	0.25
게이지 압력	압력손실	0.01	0.02	0.03	0.04	0.02	0.06	0.07
파이프 치수	길이[m]	가스유량[kg/h](프로판:부탄=7:3, 비중 1.66, 밀도 2.037)						
1B	100	17.2	24.2	26.6	34.1	38.1	41.6	44.9
	200	12.1	17.1	20.9	24.1	26.9	29.4	31.7
	300	9.9	14.0	17.1	19.7	22.0	24.0	25.9
	400	8.6	12.1	14.8	17.1	19.0	20.8	22.4
	500	7.7	10.8	13.2	15.3	17.0	18.6	20.1
1¼B	100	32.4	45.7	55.9	64.3	71.9	78.6	84.7
	200	22.9	32.3	39.5	45.5	50.8	55.6	59.9
	300	18.7	26.4	32.3	37.1	41.5	45.4	48.9
	400	16.2	22.9	27.9	32.2	35.9	39.3	42.4
	500	14.5	20.4	25.0	28.8	32.1	35.1	37.9
1½B	100	47.8	67.4	82.4	95.0	106.0	115.9	125.0
	200	33.8	47.7	58.3	67.2	75.0	82.0	88.4
	300	27.6	38.9	47.6	54.8	61.0	66.9	72.1
	400	23.9	33.7	41.2	47.5	53.0	58.0	62.5
	500	21.4	30.2	36.9	42.5	47.4	51.8	55.9
2B	100	87.3	123.2	150.6	173.6	193.7	221.8	228.3
	200	61.7	87.1	106.5	122.7	137.0	149.7	161.4
	300	50.4	71.1	86.5	100.2	111.8	122.3	131.8
	400	43.6	61.6	75.3	86.8	96.8	105.9	114.2
	500	39.0	55.1	67.3	77.6	86.6	94.7	102.1

제2편
공기조화설비

1 설계의 진행방법

제 1 장
설계의 진행방법

1. 계획·설계의 순서

공조설비설계의 흐름에 따라 「구상→기본계획→기본설계→실시설계」의 단계가 되며 건물구조 · 용도에 따라서 기본계획이 기본설계에 포함되는 경우도 있다.

1) 구 상

건축설계자의 주도로 계획을 수립하기 위한 준비단계로서 기본 골격과 성격을 결정짓는 과정으로 공기조화에서는 공기조화의 필요성과 수준, 열원방식, 적용계획, 장래계획의 검토, 건물의 입지, 규모, 용도, 예산 등에 대하여 건축주, 건축설계자와 깊이 있게 협의하는 과정이다.

2) 기본계획

건축설계에서 계획한 구조, 규모, 용도에 따른 공간을 검토하며 법규, 설계용 자료 수집, 에너지 유효 이용계획, 에너지 절약 대책, 공조방식을 검토하여 시스템의 수준을 정하고 기본계획서와 공사비 개략 계산서를 작성한다.

3) 기본설계

기본설계는 실시설계의 전단계로서 기본계획에서 검토되어진 내용에 대하여 보다 더 구체적인 제안을 하는 단계이다. 이 단계에서는 건축 기준층 평면도, 단면도 등이 결정되어진 상태에서 개략 부하계산에 의한 주요기기 산출, 기계실 면적의 파악, 덕트 · 배관계획 등을 하며 이들 내용에 대한 건축측과 개략조정, 개략예산산출과 전체예산과의 적합성 등을 검토한다.

4) 실시설계

실시설계는 기본설계까지 검토되어진 내용에 대하여 상세한 검토를 통하여 확정하고 이를 도면, 시방서, 계산서, 예산서 등을 작성하는 작업을 말한다. 이와 같은 공조계획에 대한 순서별 작업내용은 표 1-1에 나타냈으며 설계순서의 flow는 그림 1-1에 나타냈다.

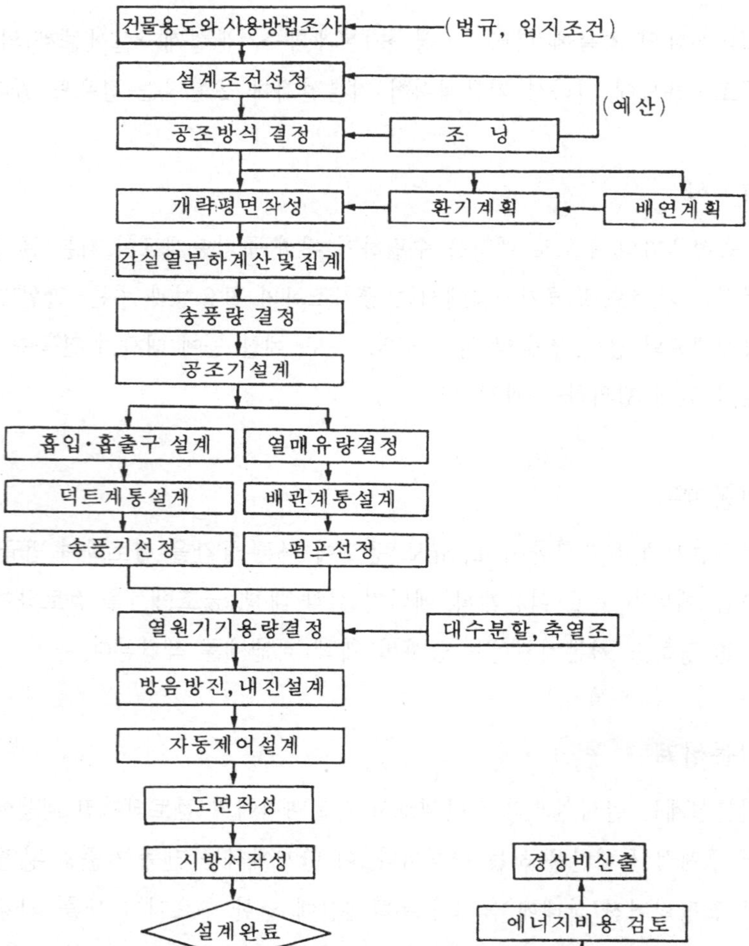

그림 1-1 공조설비설계 FLOW

표 1-1 공조계획의 순서

계획의 순서	구 상	기본계획	기본설계	실시설계
성과도서	① 건축규모, 용도 ② 장래계획 ③ 공기 ④ 예산	① 기본계획서 ② 공사비 계산서	① 설계설명서 ② 사양개요서 ③ 공사비 계산서 ④ 각종 기술자료	① 실시설계도 ② 특기시방서 ③ 공사비 내역서 ④ 각종 계산서
검토항목	① 공조인가, 난방인가 ② 공조의 수준 ③ 열원계획 ④ 장래계획 전망 ⑤ 에너지 절약계획	① 공조방식의 검토 ② 실내환경의 설정 ③ 공사비의 개략산출 ④ 자료수집, 검토 ⑤ 실험, 실측 ⑥ 유사사례 조사 ⑦ 관계법령 조사 ⑧ 현지조사	① 열원방식의 검토 ② 공조방식의 검토 ③ 개략부하 계획 ④ 기기의 배치 ⑤ 자료수집, 검토 ⑥ 유사사례 검토 ⑦ 현지조사	① 설정조건 확인 ② 열부하 계산 ③ 풍량산정 ④ 장치용량 결정 ⑤ 공조방식 결정 ⑥ 설계도 작성 ⑦ 세부사양 결정

2. 시스템의 구상·결정

1) 건물의 용도, 사용방법의 명확화

공조시스템 결정시 건물의 용도와 사용방법을 파악하는 것은 대단히 중요하다. 건축주, 건축설계자와 협의를 통하여 건물 성격을 파악하며 건축물의 건설 예정장소의 상황을 충분히 조사하여야 한다. 표 1-2는 부지조사서의 예로서 부지주변의 상황(풍향, 일사 상태), 인접건물에의 영향(급배기구, 그림자, 소음, 미관), 급수관의 현황(매설위치, 관경, 수압), 배수관의 상태(종말 처리장 접속여부, 매설위치, 깊이, 관경, 배수규제내용), 가스관의 상태(가스종류, 매설위치, 관경) 등을 충분히 조사하며 건축법, 소방법 등의 관련 법규를 충분히 파악하여 확인한다. 또한, 유사설계예의 조사검토를 통하여 건물종류별 고유의 문제점, 일반적인 설계수준, 앞으로의 방향 등을 조사한 후 건축주에게 개략예산에 대한 내용을 협의한다.

표 1-2 부지조사서

건축 개요

명　　칭 :

부지주소 :

건물면적 :

건물용도 :

건축규모 : 건축면적　　　층수

연 면 적　　　층고

(주요용도별 면적)

공사시간 : 착공　　　준공

급　　수

조 사 대 상 자 : 성명　　　TEL

예상사용수량 :　　　m^3/d

수　도　관 : 위치　　관경　　배관재질

인입가능관경 :　　　인입점의 수압

인입조건(인입관재질, 관경, 양수기위치, 분담금, 수도요금 등)

배　　수

조 사 대 상 자 : 성명　　　TEL

예 상 배 수 량 : 생활배수　m^3/d　우수　m^3/d

하　수　관 : 위치　　관경　　배관재질

접속점의 관경 : 오수　　　우수

하 수 방 식 :

방류수 수질기준 : BOD　SS　pH　기타

가　　스

조사대상자 : 성명　　　TEL

예상사용량 : 일반용　　　냉난방용

공　급　관 : 위치

가 스 종 류 : 발열량

인 입 조 건 : (인입관 재질, 관경, 가스계량기 설치위치)

분담금, 가스요금

오수정화조

조 사 대 상 자 : 성명　　　TEL

예 상 배 수 량 :　m^3/d　산정기준인원　人

처 리 방 식 :

방류수질기준 : BOD　SS　pH　기타

공해 관계

조사대상자 : 성명　　　TEL

대 기 오 염 : 사용연료 규제 여부 및 내용

수 질 오 염 : 배수수질기준

BOD　SS　pH　기타

소　　음 :

악　　취 :

기　　타 :

전　　력

조 사 대 상 자 : 성명　　　TEL

추정계약전력 :

인입위치간격 : 전압　　차단용량　　부담금

기　　타 :

전　　화

조사대상자 : 성명　　　TEL

필요국선수 :　　　회선

인 입 위 치 :

기　　타 :

2) 건축설계자와의 협의

우수한 설계를 하기 위하여는 설계시 환경공학적인 면에서 건축설계자에게 일사의 차폐, 건물의 방위, 건물의 형태 등에 대하여 초기에 조언을 하여야 한다. 특히, 에너지 절약형 건축물은 설비적 방안 이외에 건축적인 고려가 대단히 큰 효과를 발휘한다. 구조상으로는 건물의 종횡비, 방위, 코어위치를 고려하여야 하며 건축적 수법으로는 건물의 일사 조정, 방풍대책, 건물의 형태, 창면적비, 개구부의 방향, 배치계획, 기계실과 샤프트의 배치계획, 통풍계획, 자연채광계획, 단열계획 등의 항목에 대하여 검토할 필요가 있다.

3) 공조시스템의 선정

공조 시스템 결정 과정은 설비비, 경상비, 에너지비용, 기계설치공간 등 계획상에 설정되어지는 사항을 검토하여 여러 공조시스템 중 2~3종의 시스템을 선정하여 이중 선택하도록 한다. 시스템 선정 시 고려하여야 할 기술내용은 다음과 같다.

(1) 조닝(zoning)

공기조화를 진행하는 구역을 각기 특성에 따라 구분하는 것을 조닝이라 하며 방위별, 용도별, 사용시간대별로 구획한다.

(2) 부분공조

각 실에서의 공조사용시간이 일치하지 않은 경우에 부분만 공조를 진행하는 경우를 부분공조라 한다. 각 해당실의 유닛방식과 VAV유닛설치, 또는 지역 전동밸브 설치에 의한 원격제어 등이 있다.

(3) 외기 냉방(free air cooling economizer cycle)

중간기 또는 동절기에 외기 온도가 토출 온도 이하인 경우 외기를 실내에 도입하여 냉동기 운전 없이 냉방을 진행하는 것을 말한다.

(4) 개별 제어

각 실 또는 유닛에 온도 감지기를 설치하여 토출풍량 또는 온도를 제어하여 각 실마다 요구하는 실온을 유지하는 방법으로 자동제어설비의 추가설치로 설비비가 증가한다. 대개 고급건축물에 사용하며, 그 외에는 다음과 같은 경우에 사용한다.

① 실내 온도를 일정하게 유지(전산실, 수술실)하여야 할 때

② 실내 부하의 변동이 시간적으로 클 때

③ 외벽 부하가 위치에 따라 변동이 심할 때

이러한 사항을 고려하여 각종 공조방식의 비교표는 표 1-3과 같다.

표 1-3 각종 공조방식의 비교 (사무실 빌딩)

평가항목 / 공조방식	경 제 성					공조환경수준				유지보수와 시설변경				
	1	2	3	4	5	6	7	8	9	10	11	12	13	14
	설비 공사비	운전 경상비	동력비	외기 냉방	설비 면적	개별 온도 제어	존 온도 제어	연간공조 운전의 대응성	공기 청정의 대응성	잔업시 운전	수시로 사용 운전	용도 변경의 대응성	시설 변경의 용이성	보수 관리
CAV.SD+FCU	중	중	중	(하)	중-대		하	(하)	하	(하)			보통	보통
VAV.SD+FCU	중-대	중-대	중-대	(하)	중-대	하	하	하	하	(하)		하	보통	보통
VAV.SD+FCU	중	소-중	소-중	하	중-대	하	하	하	하	(하)		하	보통	보통
VAV.SD+FIN TUBE	소-중	소	소	하	중-대	하	하	하	하	(하)		하	보통	용이
VAV.SD+방위별 CAV	중	소-중	소-중	하	대	하	하	하	하	(하)		하	보통	용이
CAV.DD	중-대	대	대	하	대	하	하	하	하	(하)		하	보통	보통
small zone AHU+FCU	대	중	중	(하)	대	(하)	하	(하)	(하)	(하)		(하)	용이	보통
central PAC+SD	소	소	소	하	소		(하)	(하)	하	하	하	(하)	용이	
small zone PAC+SD	중	중	중	(하)	중-대		하	(하)	(하)	하	하	(하)	용이	보통

[주] * ( )는 보완을 하면 가능하다는 표기임

* CAV : 정풍량방식, VAV : 변풍량방식, FCU : 팬코일 유닛, FPU : 팬파워드 유닛, SD : 단일덕트, DD : 이중덕트, PAC : 팩케이지에어콘

조닝계획은 공조방식을 진행 할 구획을 나누어 각기 공조 계통을 설치, 실내상태에 따라 제어하도록 하는 것으로 공조계획시 제일 먼저 작업하여야 할 사항이다. 조닝의 결정요소는 용도, 사용시간, 실내 온습도 조건, 외기의 영향을 받는 공간, 장래의 유연성 등이 있으며 구체적인 예로 그림 1-2의 대규모 사무실 건물로서 4면이 유리창으로 구성되고 중앙에 코어를 설치한 경우 창측의 부분,

외부 존(페리메터존)을 동서남북의 4개 존으로 나누고 내부를 1개의 존(인테리어 존)으로 한다. 각 존별 부하 특성은 표 1-4, 1-5와 같다.

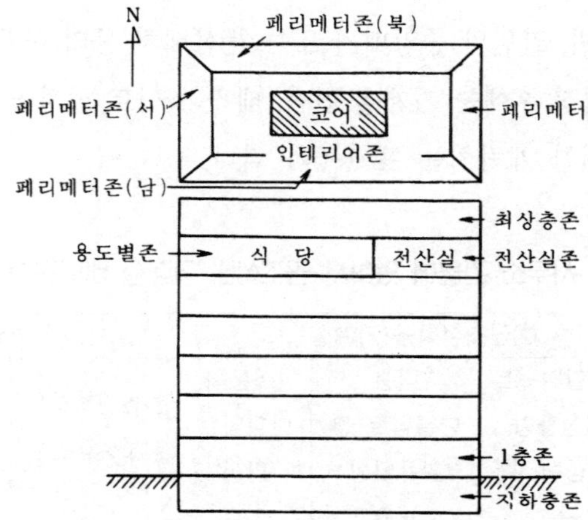

그림 1-2 조닝구성 예

표 1-4 방위별 존의 부하특징

외부존	동	오전 8시에 냉방부하가 최대이며 오후에는 적게 된다.
	서	오전의 냉방부하는 적으나, 오후 4시의 부하가 최대로 된다. 동절기 북서풍이 있을 때는 난방부하는 북쪽이 크다
	남	하절기의 냉방부하는 크지 않으나, 중간기(4월, 10월) 정오의 냉방부하는 하절기의 동서면과 같게 된다
	북	냉방부하는 적으나, 일사가 없고 동절기의 풍향효과가 커서 난방부하는 다른 존에 비하여 크게 된다.
내부존		난방부하는 적고, 동절기에도 오전 중의 예열부하를 제외한다면, 전등, 인원등으로 냉방부하만 발생된다. 단, 최상층의 내부존은 종일 난방부하를 발생한다.

표 1-5 사용목적별 존의 구분 방법

사무실 건축	일반 사무실은 각층 단위로 구분하는 일도 있다(각층 유닛식). 그 외는 대회의실(또는 강당), 식당, 중역실, 숙직실 등을 각각 별개의 계통으로 한다. 특히 전자계산실은 패키지 유닛을 사용하여 독립계통으로 한다.
극장·공회당	관객석(강당), 입구, 홀, 회의실, 관리실, 의상실 등은 각각 별도의 계통으로 한다.
병 원	진료실, 수술실, 신생아실, 검사실, 병실, 관리실 등은 각각 별도의 계통으로 한다.

각 층별 위치의 열 부하 특성이 다름에 따라 옥상존, 1층 존, 지하층 존으로 나누며 그 외에 용도별, 사용 시간대별, 특수 실내의 온습도 조건에 따라 식당, 전산실, 임원실 등으로 나누며 각기 조닝을 기초로 공조기의 존 수, 중앙방식 공조기의 제어방법, 열원의 중앙배치 또는 분산배치 등의 구체적인 내용을 검토한다. 공조방식결정 후에는 기계실 면적, 배관과 덕트 설치 공간의 검토를 하여야 하며 이에 대한 개략치는 표 1-6과 같다.

표 1-6 사무소 건물에 있어서 공조설비 기계실 바닥면적의 개략치

바닥 연면적 [m²]	(1)공조설비기계실 (개략치) [m²]	(2)공조설비용 기계실			(3) 보일러실만의 기계실		
		각층, 단일덕트 방식(정풍량, 변풍량) [m²]	각층 단일덕트+팬 코일유닛방식 [m²]	1계통의 단일덕트 방식 [m²]	일반건축물의 보일러실 [m²]	중급 병원의 보일러실 [m²]	고급호텔, 고급병원의 보일러실 [m²]
1,000	70(7.0)	75(7.5)	-	50(5.0)	20(2.0)	55(5.5)	-
3,000	200(6.6)	190(6.3)	120(4.0)	130(4.3)	50(1.6)	100(3.3)	160(5.3)
5,000	290(5.8)	310(6.2)	200(4.0)	220(4.4)	75(1.5)	140(2.8)	200(4.0)
10,000	450(4.5)	550(5.5)	350(3.5)	-	120(1.2)	190(1.9)	280(2.8)
15,000	600(4.0)	750(5.0)	550(3.7)	-	170(1.1)	230(1.5)	330(2.2)
20,000	770(3.8)	960(4.8)	730(3.7)	-	200(1.0)	280(1.4)	380(1.9)
25,000	920(3.7)	1,200(4.8)	850(3.4)	-	220(0.9)	320(1.3)	430(1.7)
30,000	1,090(3.6)	1,400(4.7)	1,000(3.0)	-	250(0.8)	340(1.1)	480(1.3)

[주] 표 중에서 ( )안은 백분율(%)을 나타낸다.

4) 실시설계

실시설계는 기본설계를 구체적으로 확정하여 최종적인 도면과 시방서를 작성한다. 이 단계에서는 건축의 평면, 단면, 마감재 등이 결정되어지며 이러한 건축도면에 의거 공조용 부하계산을 하여 열원기기의 용량, 공조기, 송배풍기, 펌프류의 사양을 결정하며 덕트·배관 경로별 크기를 결정한다. 이외에 필요한 사항을 정한 후 실제 도면에 설계자의 의도, 사양, 수량 등에 대하여 제 삼자가 명료하게 파악 가능하도록 표현한다. 시방서는 도면을 보완하는 것으로 필요사항을 명시하며 설계계산서에는 기기류, 덕트, 배관의 결정 근거를 명시하여야 한다.

2 공조방식

제 2 장 공 조 방 식

1. 공조방식의 분류

공조방식은 중앙식과 개별식으로 분류되며 중앙방식은 전공기 방식, 수·공기방식, 수방식으로 나뉜다. 열원중앙방식은 일반적인 공기조화설비의 기본이 되는 방식으로 중앙기계실에 열원으로서 냉동기와 보일러를 설치하여 공기조화기에 공급하는 방식이며 개별방식은 압축기를 내장한 유닛을 필요에 따라 분산 배치하는 방식으로 패키지유닛의 고급화, 편리성 등으로 소규모 건축물과 주택 등에서의 채용이 증가하고 있다.

1) 열원중앙방식

(1) 전공기 방식의 특징

전공기 방식의 장점은 다음과 같다.

① 청정도가 높아 공조, 냄새제어, 소음제어에 적합하다.
② 중앙 집중식이므로 운전, 보수관리를 집중화할 수 있다.
③ 공조하는 실에는 드레인 배관, 공기 여과기 또는 전원이 필요 없다.
④ 외기 냉방이 가능하다.
⑤ 배열회수장치를 이용하기 쉽다.
⑥ 많은 배기량에도 적응성이 있다.
⑦ 동절기 가습이 용이하다.

단점은 다음과 같다.

① 덕트가 커서 설치공간이 커진다.
② 존별 공기평형 유지를 위한 기구가 없으면 공기균형 유지가 어렵다.
③ 송풍동력이 커서 다른 방식에 비하여 반송동력이 크게 소요된다.

④ 대형의 공조기실이 필요하다.

전공기 방식은 사무소 건물, 병원의 내부 존, 청정도가 요구되는 병원의 수술실, 배기 풍량이 많은 연구소, 레스토랑, 대풍량 고정압이 요구되는 극장 등에 주로 사용된다.

(2) 수·공기 방식의 특징

수·공기 방식의 장점은 다음과 같다.

① 부하가 큰방에 대해서도 덕트가 작아질 수 있다.
② 전공기 방식에 비하여 반송동력이 적게 소요된다.
③ 유닛별로 제어하면 개별제어가 가능하다.

단점은 다음과 같다.

① 유닛에 고성능의 필터를 사용할 수 없다.
② 필터의 보수, 기기의 점검이 증대하여 관리비가 증가한다.
③ 실내기기를 바닥 위에 설치하는 경우 바닥 유효면적이 감소한다.

수·공기 방식은 사무소, 병원, 호텔 등의 다실건축물의 외부 존에 적용된다.

(3) 수방식의 특징

수(水)방식은 덕트가 없으므로 설치 면에서는 유리하지만 외기 도입이 어려워 실내공기가 오염되기 쉽다. 그러나 개별적인 실온제어가 가능하므로 사무소 건물의 외주부용, 여관, 주택 등과 같이 거주인원이 적고 틈새바람에 의하여 외기를 도입하는 건물에서 채용한다.

2) 개별방식

냉매를 직접 열매로서 이용하는 것으로 패키지형 방식을 말하며, 장점은 다음과 같다.

① 유닛에 냉동기를 내장하고 있으므로 부분운전이 가능하고 에너지가 절약된다.
② 장래의 부하증가, 증축 등에 대해서는 유닛을 증설함으로써 쉽게 대응할 수

있다.

③ 온도 조절기를 내장하고 있어서 개별제어가 가능하다.

④ 취급이 간편하고 대형의 것도 쉽게 운전된다.

단점은 다음과 같다.

① 유닛에 압축기를 내장하고 있으므로 진동, 소음 발생이 쉽다.

② 외기 냉방이 어렵다.

③ 수명이 타 기종에 비하여 짧다.

이상과 같은 특징으로 주택, 숙박업소객실, 소규모 건물, 24시간 계통의 전산실, 경비실 등에 주로 사용된다.

2. 단일 덕트방식

이 방식은 그림 2-1과 같이 가장 기본적인 공조방식으로 일정 풍량을 송풍하여 실내부하변동에 따라 토출 공기온도의 변화 즉 냉·온수코일의 열교환량 제어에 의해 실내온도를 제어하는 방식이다. 단일 덕트 방식은 덕트 풍속에 의해 저속 덕트와 고속 덕트로 나누어지며 고속 덕트는 풍속15m/s 이상인 경우를 말하며 일반적으로 20~25m/s를 채용한다. 고속 덕트 시스템은 건축적으로 공간상의 문제가 있을 시에 채용되어지나 덕트 내의 마찰저항은 저속 덕트 보다 2배 이상 커짐에 따라 송풍동력이 많이 소요되어 최근에는 에너지 절약 측면에서 그다지 채용되지 않고 있다.

단일 덕트 방식의 장점은 다음과 같다.

① 공조기가 중앙식이므로 공기조절이 용이하다.

② 공조기실을 별도로 설치하므로 유지관리가 용이하다.

③ 공조기실과 공조대상실을 분리할 수가 있어서 방음, 방진이 용이하다.

④ 송풍량과 환기량을 크게 계획할 수 있으며, 환기 팬을 설치하면 외기 냉방이 용이하다.

단점은 다음과 같다.

① 다실 공조인 경우 각 실의 부하변동에 대한 대응력이 약하다.

② 가변 풍량 방식에 비하여 송풍기 동력이 커져서 에너지 소비가 증대한다.

적용되는 건물은 크린룸, 수술실, 방송스튜디오, 사무실의 인테리어존, 극장, 전시장, 레스토랑, 슈퍼마켓 등이다.

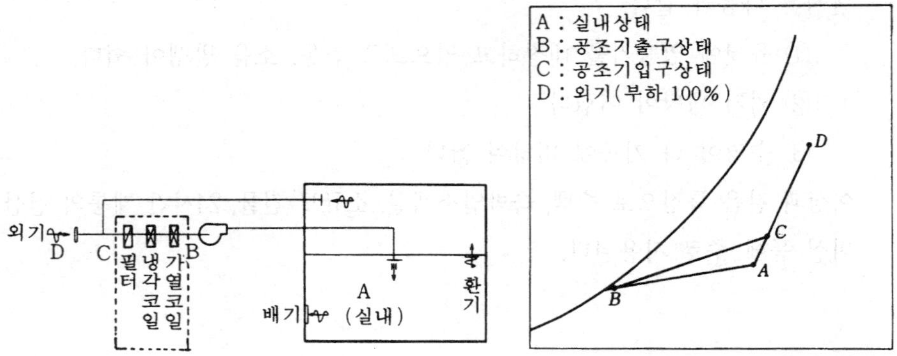

(a) 흐름도 (b) 공기선도상의 변화

그림 2-1 정풍량 단일덕트 방식 (냉방시)

표 2-1 저속덕트와 고속덕트의 비교 (개략치)

구 분	주덕트 풍속[m/s]	분지덕트 풍속[m/s]	송풍기 전압[Pa]	송풍기 동력[kW]
저속덕트	8~15	4~ 6	500~ 750	30~ 37
고속덕트	20~30	10~12	1500~2500	75~100

[주] 송풍동력은 풍량 9,000m³/h인 경우

3. 재열 코일방식

단일 덕트 방식이 다실 공조에 채용되는 경우 각실의 부하변동에 대응하는 방법으로 고안되어진 시스템이 단말 재열 코일 방식이다. 이는 각실 또는 존별로 재열 히터를 설치하고 실내 서모스 탯에 의해 실온을 제어하며 재열 히터의 열원으로는 증기 또는 온수가 일반적으로 사용된다. 이 방식은 재열량의 에너지 손실이 발생하기 때문에 사용하는 예가 많지 않으나 병원의 수술실, 제약공장, 반도체공장, 연구소 등의 청정공간에서는 재열 방식에 의한 각실 제어가 적합하며 재열기의 열원으로서 냉동기로부터 회수한 열을 이용하면 에너지절약 측면으로도 유효하다. 재열 방식은 잠열부하가 비교적 많고 현열 비가 적은 식당, 다방 등의 외기와 면하지 않은 실내로서 외부로부터의 유입열이 없을 때에 실내온도를 낮게 유지하기 위하여 과 냉각해서 제습한 공기를 재열하는 경우 등에 적용하며 최근에는 에너지절약 관점에서 상대습도를 70%까지 허용하고 있어 그다지 사용되고 있지 않다. 그림 2-2는 재열 방식의 계통과 공기선도상의 변화를 나타냈다.

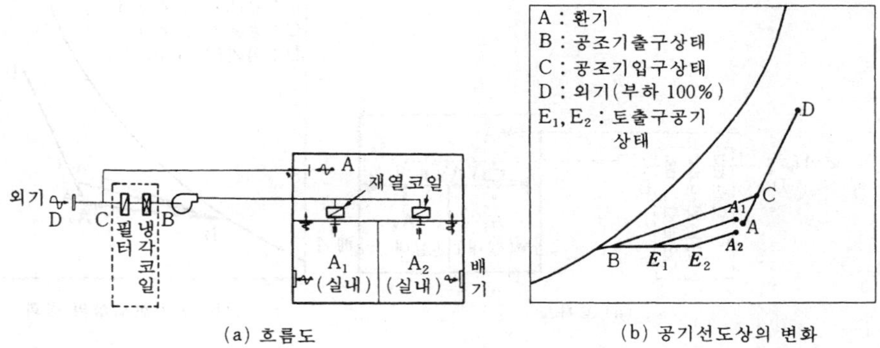

그림 2-2 재열방식 (냉방시)

4. 가변 풍량방식

정풍량 방식이 풍량을 일정하게 유지하면서 송풍온도를 변화시켜 부하변동에 대응하는데 반하여, 가변 풍량 방식은 송풍온도를 일정하게 유지하고 부하변동에 따라 송풍량을 변화시켜 실온을 제어한다. 공조설비에 있어서 부하에 따라서 풍량을 변화시키는 방법은 결코 새로운 개념이 아니다. 예전에는 수동으로 댐퍼를 작동하여 제어하였으나 이것을 자동적으로 조절할 수 있도록 개선한 것이 가변 풍량 방식 즉 VAV방식(variable air volume)이다. VAV방식의 기본적 계통은 그림 2-3과 같으며, VAV방식의 원리는 다음 식에 나타난 바와 같이 송풍량과 실내의 현열 부하와의 관계에 의하여 표시된다.

$$H_s = 0.86(t_r - t_d),\ Q = \frac{0.86 \cdot H_s}{0.29(t_r - t_d)}$$

H_s : 실내 현열 부하[W]

Q : 송풍량[m³/h]

t_r : 실내 온도[℃]

t_d : 송풍 온도[℃]

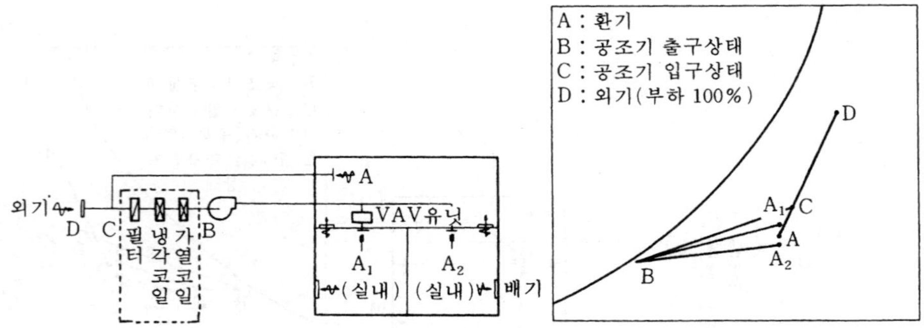

(a) 흐름도 (b) 공기선도상의 변화

그림 2-3 가변풍량 단일덕트 방식 (냉방시)

1) 가변풍량 방식의 특징

VAV방식은 전공기 방식이 갖고 있는 다음의 장점이 있다.

① 실내에 설비기기 점유면적이 적어 유효 바닥면적이 증가된다.

② 외기 냉방 채용이 가능하다.

③ 기기류, 필터 등이 중앙에 집중되어 보수 관리가 용이하며 고도의 공기청정, 취기제거, 소음처리가 가능하다.

④ 부하변동에 따른 실내온도 제어가 용이하다.

VAV방식에 대한 장점은 다음과 같다.

① 동시 사용률 적용으로 주 덕트에서 최대부하시보다 약 20~30%정도의 설계풍량을 삭감할 수 있으므로 VAV유닛 송풍기 제어에 대한 가격상승 요인을 공조기, 주 덕트에서 절감시킬 수 있다.

② 각실 또는 각 존별로 VAV유닛을 설치하고 그 부분의 열 부하에 따라서 송풍량을 조절하여 실온을 유지하므로 불필요한 에너지를 사용하지 않는다.

③ 부분 부하시 송풍기 제어에 의해 송풍기 동력을 절감할 수 있다.

④ 전폐유닛을 채용하여 사용하지 않는 방에 대한 공조를 정지하여 송풍량을 줄이고 송풍기의 소비동력을 절감한다.

⑤ 장래의 부하증가를 예상하여 장치용량을 결정하더라도 송풍기 제어에 의해 불필요한 동력을 소비하지 않는다.

⑥ 부하변동에 대하여 제어응답성이 양호하여 거주성이 향상된다.

⑦ 시운전시 각 토출구의 풍량 조정이 간단하다.

한편 가변풍량 단일덕트 방식을 채용할 때에는 다음과 같은 점에 주의하여야 한다.

① 최소 풍량에서도 공기분포가 양호한 토출구를 선정해야 하며, 최대 풍량 및 최소 풍량시에도 동일한 토출 특성이 있는 토출구를 선정하여야 한다.

② 최소 풍량시에 외기량을 확보할 수 있는 최소 풍량 설정기구를 설치한다. 특히 일반 사무실과 회의실이 동일 존일 경우에는 필요 외기량이 서로 다르므로 주의한다.

③ 동력절감을 위하여 송풍기 제어를 하지만 최대, 최소 풍량일 때의 송풍기 운전특성을 검토하여 송풍기 제어 필요성 여부를 결정한다.

④ 송풍기 제어에 의한 동력절감을 위해서 리밋트로드 팬을 사용하는 것이 바람직하다.

⑤ 최대, 최소 풍량시의 송풍기 특성을 검토하여 최소 송풍량에 있어서도 안전운전이 가능한 특성의 송풍기를 선정한다.

⑥ 송풍기 제어는 어떤 방식이 에너지 절약적인가 검토한다.

⑦ 냉난방의 절체, 또는 동일 존에 냉난방이 동시에 발생하는 경우에 대비하여 적절한 대책을 수립한다.

2) VAV유닛의 종류와 특징

VAV유닛의 종류는 크게 교축형과 바이패스형으로 나누어지나 주로 교축형이 사용되어지고 있다.

(1) 교축형

교축형의 특징은 두 개의 독립된 동작부를 갖고 있으며 이는 실내부하변동에 대응하여 서모스탯 감지에 의해 작동하는 기구와 덕트 내 정압 변동을 조정하는 정풍량 기구이며 이를 정압 조정기라고도 한다. 바이패스 유닛은 유닛을 통과하는 풍량이 일정하기 때문에 덕트 내의 정압은 거의 변동이 없으며 토출풍량과 바이패스 비율만 변한다. 그러나 교축형은 유닛 통과풍량을 부하의 변동에 따라 변화시키기 때문에 덕트 내의 정압도 송풍량 변동에 따라서 변화한다. 그림 2-4, 5, 6은 교축형의 예이다.

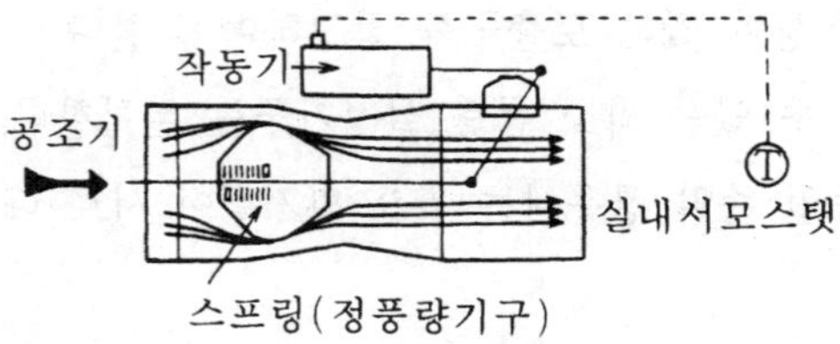

그림 2-4 교축형 유닛
(스프링 내장형, 단일유닛)

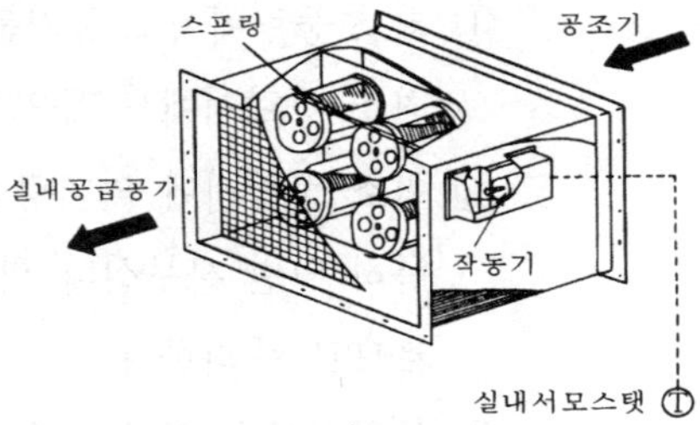

그림 2-5 교축형 유닛
(스프링 내장형, 복수형유닛)

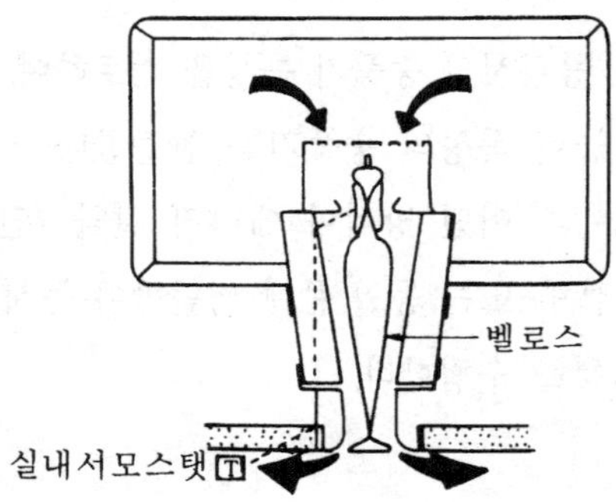

그림 2-6 교축형 유닛 (벨로스 내장형)

(2) **토출구 선정**

VAV용 토출구 선정시 주의사항은 풍량 변화시에 공기분포의 변동이 적은 것이 바람직하다. 따라서 도달거리가 긴 노즐형 토출구와 스로트형 토출구는 피하고 확산 성능이 우수한 토출구를 선정하여야 한다.

(3) 송풍기 제어

교축형 VAV의 특징은 토출공기를 교축할수록 덕트 내 정압이 상승하여 이에 의한 송풍공기압 과다를 방지하고 동력절약을 위해 송풍기 제어를 한다. 송풍기 제어방법은 댐퍼제어(스크롤 댐퍼제어), 베인제어, 가변피치제어, 회전수제어 등이 있다. 그림 2-7은 제어방법에 따른 동력변화를 나타낸 그림으로서 회전수제어, 베인제어, 댐퍼제어의 순서로 에너지절약 효과가 있다. 그러나 회전수 제어는 초기투자비가 크기 때문에 제어방법 결정시에는 최종적으로 장치의 규모, 정압변동의 폭, 설비비, 운전비 등을 고려하여야 한다.

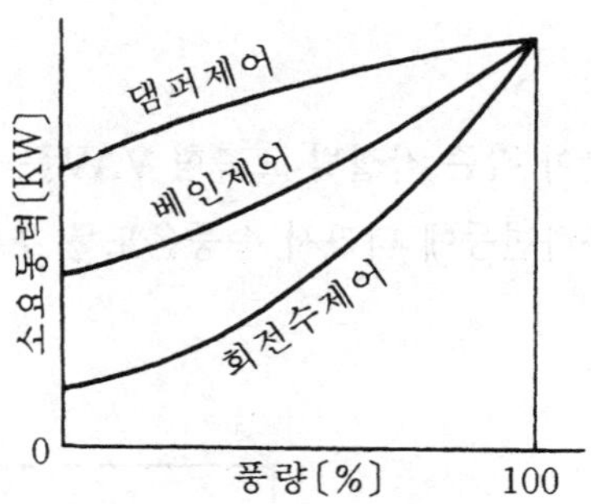

그림 2-7 송풍기의 풍량 제어에 따른 소요동력

(4) 바이패스형 유닛

바이패스형은 실내의 부하변동에 따라서 실내 토출 풍량을 조절하여 바이패스 시키는 것으로 부하의 변동에 대해서도 송풍량이 변하지 않는다는 특징이 있다. 그림 2-8에 바이패스형 유닛을 나타냈다.

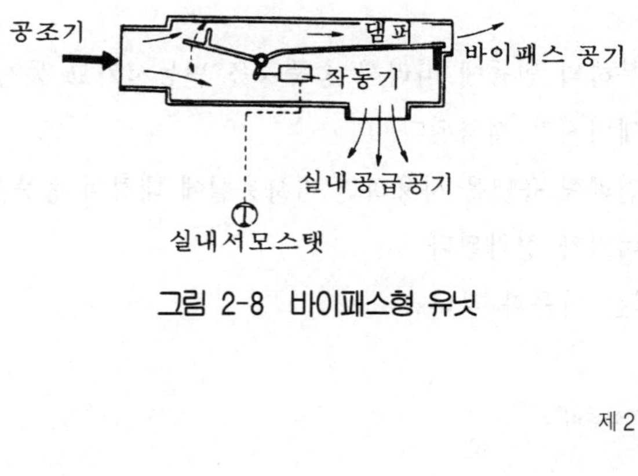

그림 2-8 바이패스형 유닛

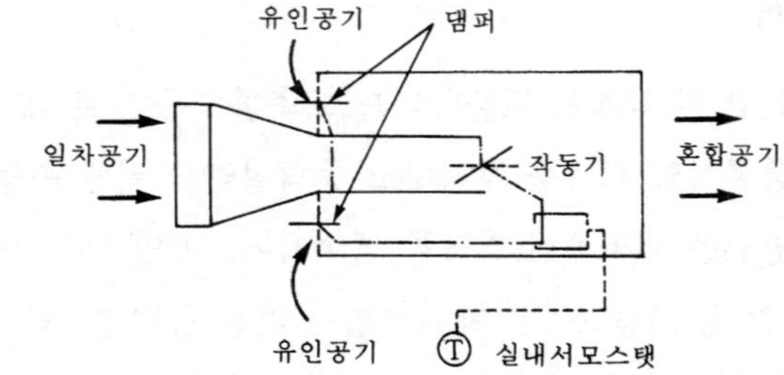

그림 2-9 유인형 유닛

3) 각종 VAV유닛의 사용방법

(1) 교축형 VAV유닛

그림 2-10과 같이 각존 각실별 교축형 VAV를 설치하여 실내 서모스탯의 작동에 의해 실내부하변동에 따라서 송풍온도를 조절하여 제어하며 장점은 다음과 같다.

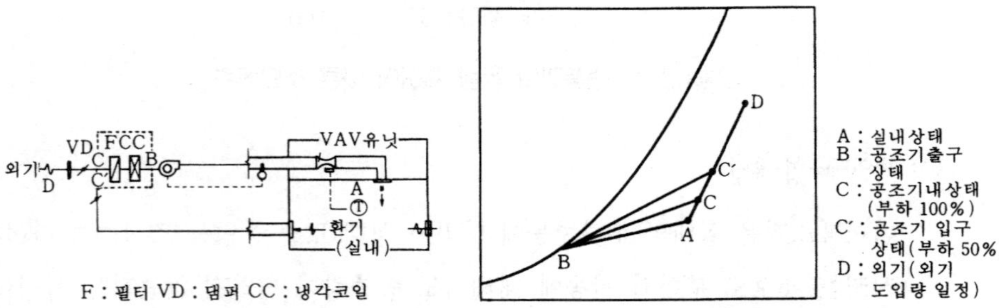

(a) 흐름도 (b) 공기선도상의 변화

그림 2-10 교축형 가변풍량 방식

① 부하의 변동에 따라서 송풍량을 변동시키고 동시에 송풍기를 제어하므로 에너지가 절약된다.

② 전폐형 유닛을 사용하면 비사용실에 대하여 송풍를 정지할 수 있으므로 에너지가 절약된다.

단점은 다음과 같다.

① 최소 필요 환기량을 확보하기 위하여 최소개도 설정을 정해야 한다.
② 송풍기의 풍량제어가 필요하다.
③ 패키지 유닛 등과 같이 직팽코일을 내장하고 있는 공조기에 사용하는 경우에는 통과 풍속이 감소하지 않는 특별한 제어방식이 요구된다.

(2) 바이패스형 유닛

그림 2-11에 나타난 바와 같이 천장 내에 설치한 바이패스형 유닛은 실내 온도조절기의 작동에 의하여 실내 부하의 변동에 따라서 실내에 토출할 공기를 천장 내에 바이패스시키는 것이며, 냉동기를 내장하는 패키지 유닛의 각실 제어용으로 흔히 사용된다. 바이패스형 유닛의 장점은 다음과 같다.

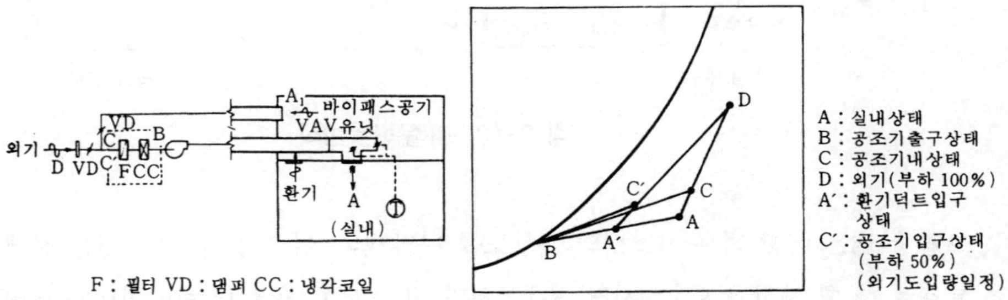

(a) 흐름도 (b) 공기선도상의 변화

그림 2-11 바이패스형 가변풍량 방식

① 부하 변동에 대해서 덕트 내 정압이 일정하므로 발생소음이 적다.
② 압력 손실이 적다.
③ 송풍기 제어가 필요 없다.

단점으로는 부하변동에도 불구하고 토출 풍량이 일정하여 송풍기 제어에 의한 에너지 절약을 기대할 수 없다.

5. 이중덕트 방식

그림 2-12에 나타난 바와 같이 온풍 덕트와 냉풍 덕트를 설치하고 제어하고자 하는 존

또는 실별로 혼합 상자(mixing box)를 설치하여 실내의 부하에 따라서 온풍, 냉풍을 혼합 공급하여 실온을 제어하는 방식이며, 온풍 덕트와 냉풍 덕트를 설치하기 때문에 이중 덕트 방식이라 부른다. 혼합상자의 제어는 실내 온도 조절기의 작동에 의하여 부하에 따라서 온풍, 냉풍의 혼합비가 정해지며, 토출 풍량은 유량제어 댐퍼에 의하여 제어된다.

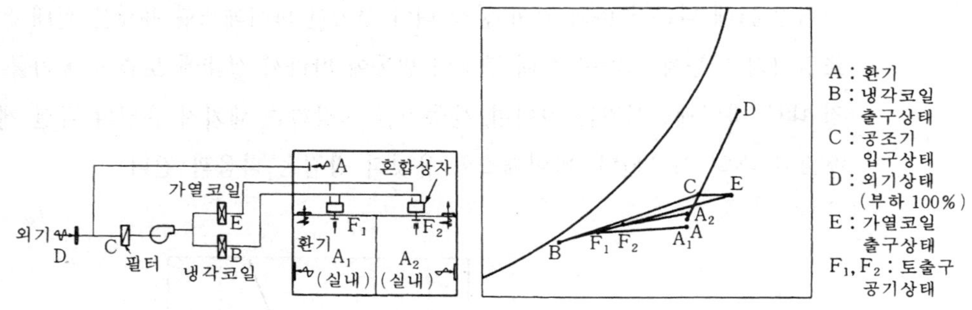

(a) 흐름도 (b) 공기선도상의 변화

그림 2-12 이중덕트 방식

그림 2-13은 이중 덕트 시스템의 계통도를 나타냈다. 이 그림과 같이 건물 전체를 한계통으로 할 때 하절기 오후 4시경 최대부하가 되는 서쪽 존은 냉풍이 최대가 되며 온풍은 0가 된다. 이와는 반대로 남·동·북쪽은 부분부하로서 온·냉풍이 혼합되어 토출 한다. 이때 온풍의 열량만큼 냉동기 부하가 증가되며 이 증가분을 혼합손실이라 한다. 이 혼합손실은 중간기, 동절기에 특히 크게 발생한다. 따라서 건물전체를 1개의 존으로 계획하는 것은 피하고 방위별 조닝계획을 통하여 혼합손실을 줄여야 한다. 이중 덕트 방식의 특징으로는 전공기 방식이 갖는 일반적인 특징 이외에 다음과 같은 장점이 있다.

① 개별제어가 가능하다.

② 냉난방을 동시에 시행할 수가 있으므로 계절별로 냉난방을 절환(change over)할 필요가 없다.

③ 100% 전공기 방식이므로 공조대상 공간에는 물, 공기, 드레인 배관이나 전기배관 및 필터가 필요 없다.

④ 장래의 칸막이 변경에 대해서 유연성이 있다.

⑤ 공기 열매체 사용으로 실온에 대한 응답이 빠르다.

한편 다음과 같은 단점이 있다.

① 냉온풍의 혼합에 따른 에너지 손실과 연간 일정한 풍량 공급에 의해 송풍 동력으로 인한 운전비가 상승한다.

② 덕트가 냉·온풍의 두 계통이므로 설비비가 많아진다.

③ 덕트의 설치 공간이 커진다.

④ 완전한 습도제어가 어렵다.

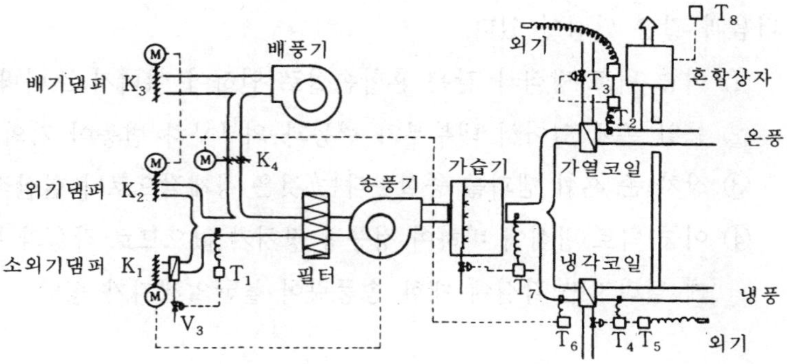

그림 2-13 이중덕트방식 계통도

그림 2-14 혼합상자 구조

6. 멀티존 방식

멀티존 방식은 그림 2-15에 나타난 바와 같이 이중 덕트 방식처럼 실내 온도 조절기의 신호에 의하여 냉풍과 온풍을 공조기의 존댐퍼로서 제어하는 방식이며, 혼합된 공조공기는 단일 덕트 방식에 의하여 분배된다. 따라서 멀티존 방식은 비교적 존 수가 소규모인 건물에 적합하다.

이 방식의 장점은 다음과 같다.

① 소규모 건물에서 이중 덕트 방식과 비교하여 초기 투자비가 저렴하다.

② 이중 덕트 방식의 덕트 공간을 천장 속에 확보할 수 없는 경우에 적합하다.

한편 다음과 같은 단점이 있다.

① 이중 덕트 방식과 같은 혼합손실로 인하여 에너지 소비량이 많아진다.

② 동일 존에 있어서 내부부하 변동과 외부부하 변동이 거의 균일해야 한다.

③ 장차 존 혼합 댐퍼를 증설한다는 것은 경제적으로나 현실적으로 불가하다.

④ 이중 덕트 방식에 비하여 정풍량 장치가 없으므로 각실의 부하변동이 심하게 달라지면 각실에 대한 송풍량이 불균일해지기 쉽다.

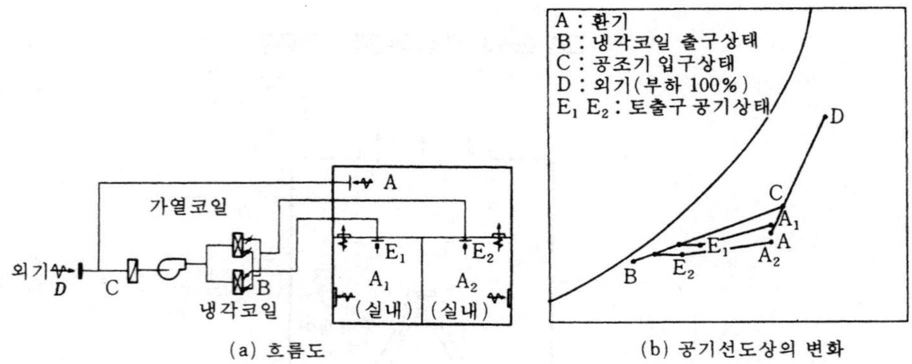

그림 2-15 멀티존 방식

7. 각층유닛 방식

이 방식은 앞에서의 단일 덕트 정풍량과 변풍량 또는 이중 덕트 등의 모든 방식에 응용될 수 있으며 이는 각층에 1대 또는 여러 대의 공조기를 배치하는 방법으로 장점은 다음과 같다.

① 송풍용 덕트 길이가 짧아지고 주 덕트의 평면 배치는 각종 복도부분에 한하므로 시공 설계가 용이하다.

② 각층별 또는 존별 시간차 운전에 적합하다.

③ 설계에 따라서 각층 슬라브 관통 덕트가 없으므로 방재상 유리하다.

단점으로는

① 공조기대수의 증가로 초기투자비가 크게 소요된다.

② 공조기의 분산배치로 보수관리가 복잡하다.

과거에는 그림 2-16과 같이 옥상에 외기 처리용 공조기를 설치하여 각층 유닛에 덕트로 공급하는 방식이 많았으나 최근에는 그림 2-17과 같이 각층에서 외기를 도입하는 방식이 많이 사용되고 있다. 이때 리턴 팬과 리턴 덕트를 설치하면 외기 냉방도 가능하다.

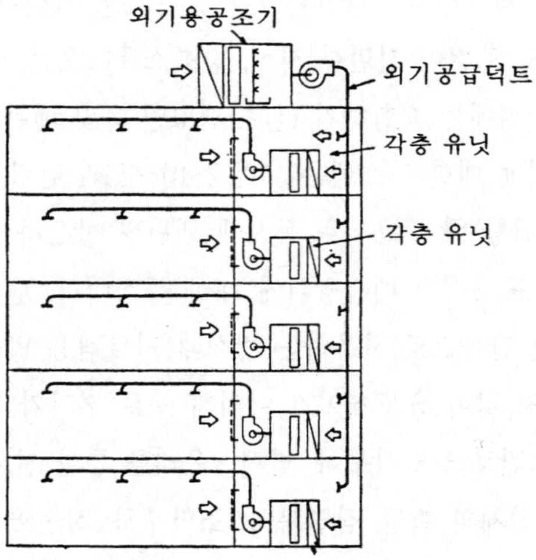

그림 2-16 각층 유닛방식
(옥상외기도입)

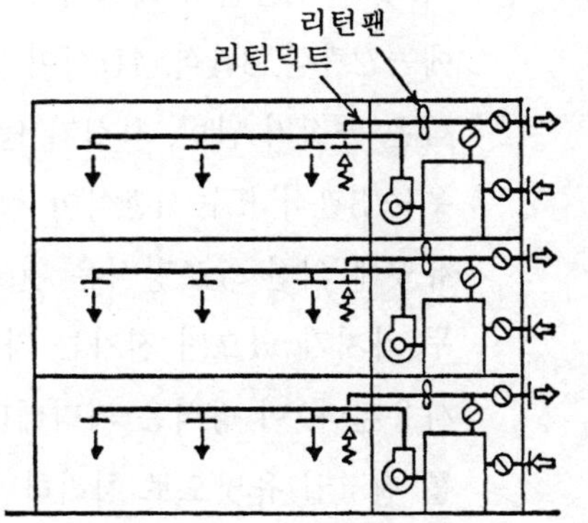

그림 2-17 각층 유닛방식
(각층에서 외기도입)

8. 팬코일 유닛 방식

1) 팬코일 유닛 방식 개요

팬코일 유닛(fan coil unit) 방식은 그림 2-18에 나타난 바와 같이 냉·온수코일로 구성되며 중앙열원설비에서 냉수 또는 온수를 공급받아서 실내의 공기를 송풍기로 코일에 순환시키므로서 냉각 또는 가열 작용을 하는 장치이다. 송풍기의 입구 측에는 코일의 오염방지를 위해 저성능 필터를 설치하며 응축수 배수용 드레인 팬을 설치한다. 배관방식과 제어방식에 따라 독립코일을 두 세트 설치한 유닛, 송풍량을 단계적으로 조절하는 유닛, 코일통과 공기를 바이패스 제어하는 유닛, 팬모터 회전수 제어 유닛, 냉온수의 출입구 온도차를 크게 한 유닛, 외기취입 가능한 유닛 등이 있다.

2) 팬코일 유닛 방식의 적용

팬코일 유닛은 각실과 존의 부하에 개별적으로 대응 가능하여 주택, 호텔의 객실, 병원, 사무실빌딩의 페리메터존 등에 적용한다. 그러나 병원의 수술실, 크린룸, 동물사육장과 같이 청결도, 취기, 온습도 조건이 정밀한 시설, 방송스튜디오 등과 같이 낮은 소음발생 레벨이 요구되는 시설에는 적합하지 않다. 팬코일 유닛 배관방식에는 2관식, 3관식, 4관식이 있으며 이에 대한 시스템은 그림 2-19~23과 같다. 2관식은 동절기 난방, 하절기 냉방만을 위할 때 적용되며 동시에 냉난방 발생하는 경우는 3관식 또는 4관식이 적용된다. 표 2-2는 배관방식에 대한 특징이다. 팬코일 유닛에 의한 공조방식은 팬코일 유닛 단독으로 사용하는 방식과 덕트겸용 방식의 두 가지가 있으며 전자는 가습이 되지 않아 습도제어가 어려워 주로 후자가 많이 사용된다. 이 방식은 페리메터존의 스킨로드(일사부하, 벽체·유리를 통한 전도열)를 팬코일 유닛으로 처리하며 그 외 인체의 현열, 잠열부하, 조명부하, 신선공기공급은 인테리어 존의 덕트를 연장시켜 처리한다. 또한 동절기 가습을 인테리어존 계통의 공조기가 담당하고 외주부의 인체부하, 조명부하를 팬코일 유닛에 담당시키는 방법도 있으며 페리메터존 창밑 설치는 유리창으로부터의 난방부하가 큰 경우에 유효하다. 호텔의 객실 등에서는 그림 2-24에서와 같이 천장에 설치하는 경우도 있으며 이 경우 외기 유닛과의 조합도 가능하다.

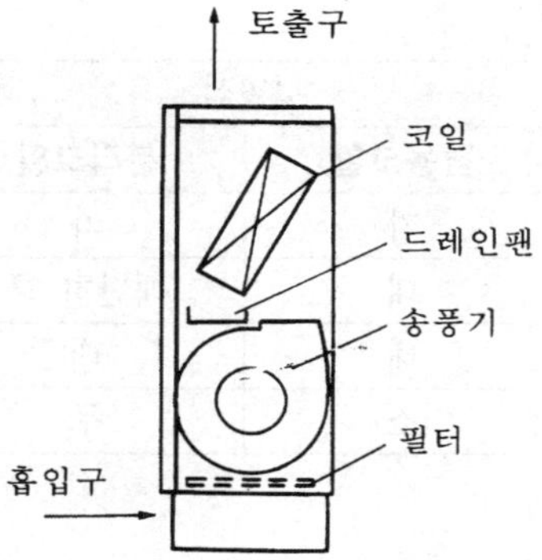

그림 2-18 팬코일 유닛

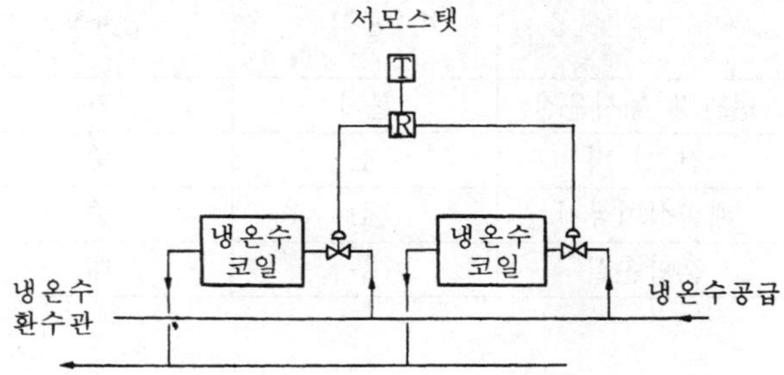

그림 2-19 2관식(변유량) 시스템

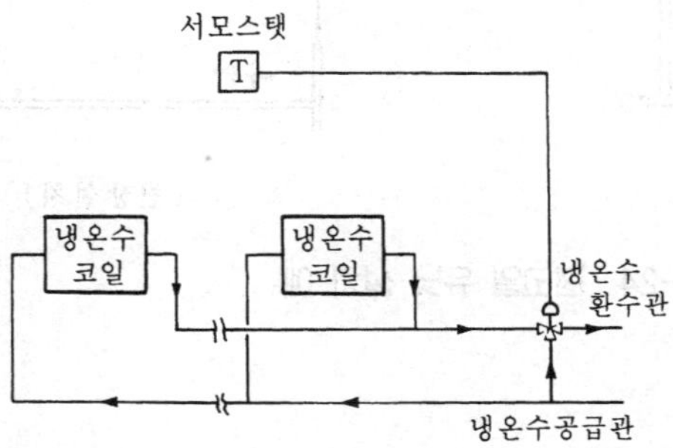

그림 2-20 2관식(정유량) 시스템

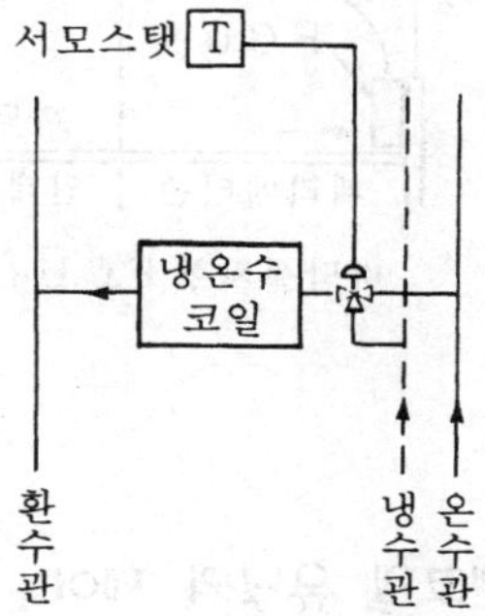

그림 2-21 3관식 시스템

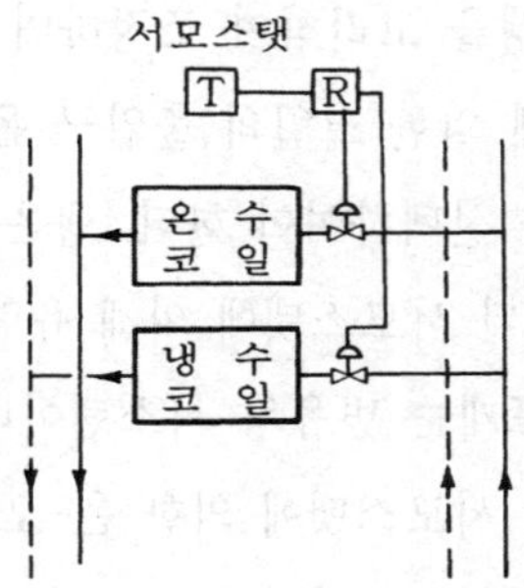

그림 2-22 4관식(2코일식) 시스템

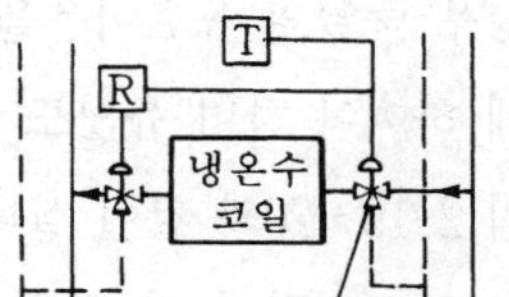

그림 2-23 4관식(1코일) 시스템

표 2-2 배관방식의 특징

	2관식	3관식	4관식	
			겸용코일	분리코일
냉난방 동시운전	불가	가	가	가
건 설 비	소	중	대	대단히 큼
배관설치공간	소	중	대	대
혼합손실	무	대	소	무

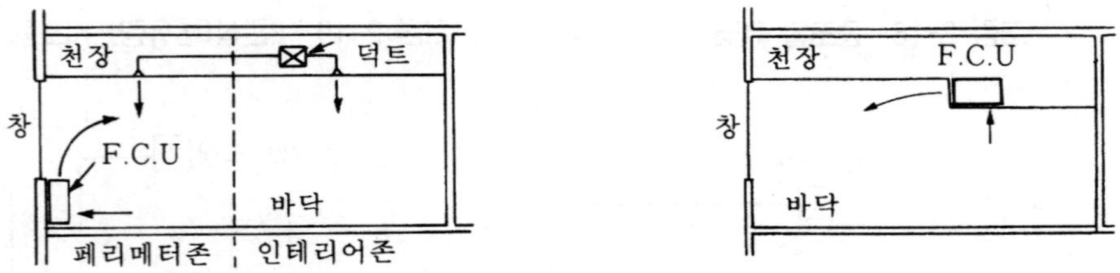

바닥설치형 F.C.U+단일덕트 (천장설치)

그림 2-24 팬코일 유닛 설치 예

3) 팬코일 유닛의 제어

팬코일 유닛의 제어는 코일의 냉온수량 조절과 통과 공기량의 바이패스에 의한 조절, 송풍기의 스피드, 정지 기동 등에 의하며 이들의 조합에 의한 방법도 있다. 냉온수의 공급온도도 실내코일에서 응축수 발생을 고려하여 조정하며 축열조 이용의 경우 축열의 유효이용을 위하여 수량제어에 의한 코일의 출입구 온도차를 충분하게 하여야 하며 유닛도 이에 적합한 기종을 선택하여야 한다. 냉온수량 조절은 그림 2-19~20과 같이 실내 또는 유닛에 설치된 서모스탯에 의해 유량조절용 이방밸브로 조절하며 이 경우 냉·온수 순환 펌프계는 변유량 시스템이다. 송풍기 속도제어는 수동에 의해 강·중·약을 선택하며 서모스탯에 의한 온-오프 또는 송풍기의 회전수 제어를 한다. 서모스탯의 위치는 실내에 설치하는 것이 바람직하며 유닛 내 설치시에는 팬 정지시 코일 표면온도의 영향을 받는다. 수량제어는 유닛 또는 각실별 제어하는 개별 제어와 부하경향이 유사한 존을 묶어서 하는 존 제어가 있다.

9. 유인 유닛(Induction unit) 방식

유인 유닛 방식의 원리는 중앙공조기로부터 공급되어진 고압의 1차 공기(150~800Pa)를 노즐에서 토출시켜 실내공기를 유인하여 1차 공기와 혼합 후 실내에 토출시키는 방법으로서 필요에 따라 2차 공기를 냉·온수코일에 통과시켜 냉각 또는 가열한다. 유인 유닛은 그림 2-25, 유인 유닛 방식의 개요는 그림 2-26과 같다.

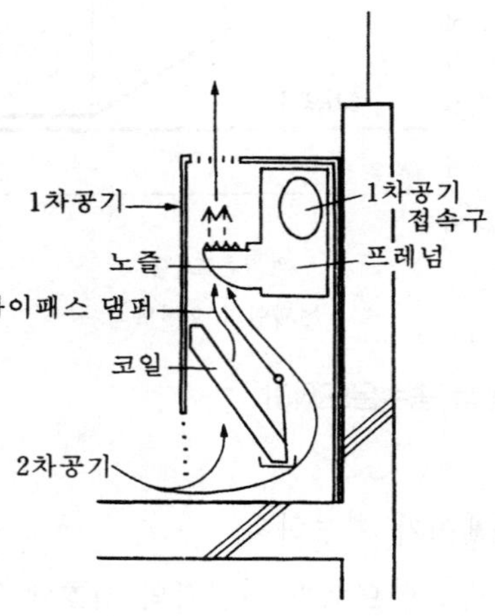

그림 2-25 유인유닛

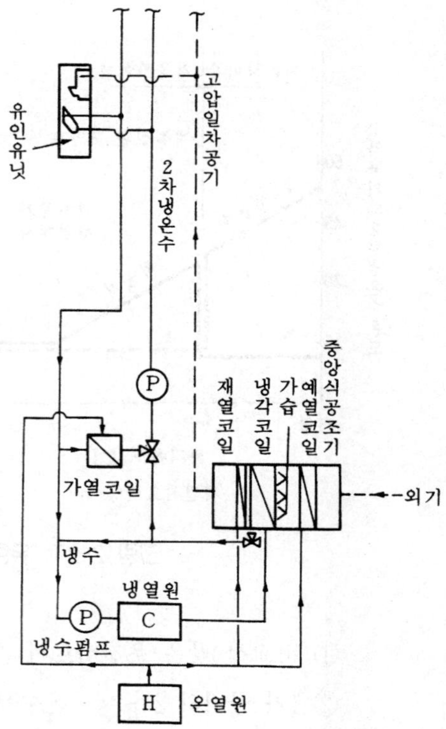

그림 2-26 유인유닛 방식의 개요

2차 코일의 수온과 1차 공기의 토출온도는 그림 2-26과 같이 외기 온도에 의해 변화되어지며 계절절환(change over)방식은 그림 2-27에서와 같이 하절기 사이클에서는 2차 냉수온도를 일정하게 하며 외기 온도 상승시 1차 공기 온도를 낮추어서 외기 보상을 한다. 동절기 사이클에서는 1차 공기온도를 일정하게 하며 외기 온도가 낮을 때 2차 온수온도를 높여 외기 보상을 한다. 비 계절절환(non change over)방식은 그림 2-27에서와 같이 유닛의 코일에 년간을 통하여 2차 냉수를 흐르게 하며 동절기에는 필요한 난방부하에 대하여 1차 공기의 토출 온도를 높여서 처리한다. 동절기에 대단히 추운 지역에서는 1차 공기량이 하절기 보다 동절기에 커지므로 계절절환 방식이 적당하며 동절기 기후가 온난한 지역과 일사 부하가 큰 남측존에는 비 계절절환 방식이 적합하다. 유인유닛 방식도 팬코일 유닛방식과 동일하게 3관식, 4관식이 사용되기도 하며 유인유닛의 장점은 다음과 같다.

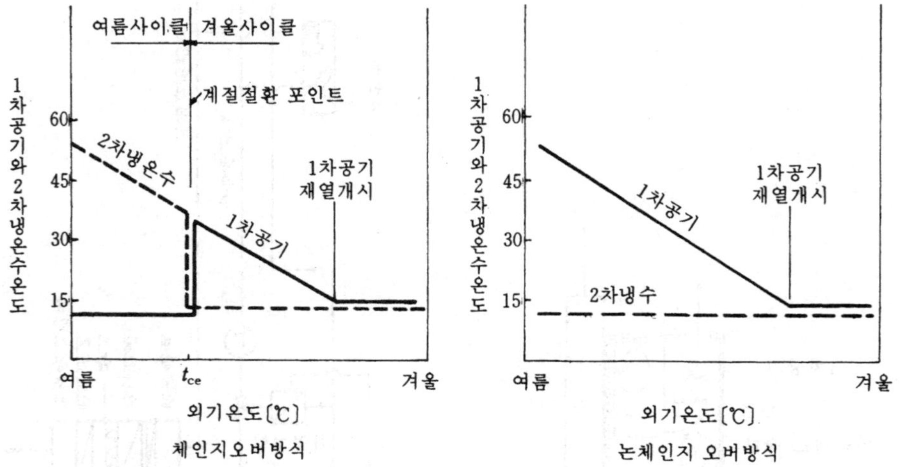

그림 2-27 유인유닛의 송풍 송수온도제어

① 비교적 낮은 운전비로서 개별 실온제어가 가능하다.

② 1차 공기와 2차 냉·온수를 별도로 공급함으로써 재실자의 기호에 알맞는 실온을 선정할 수 있다.

③ 1차 공기를 고속 덕트로 공급하고, 2차 측에 냉·온수를 공급하므로 열운송에 필요한 공간을 최소화한다.

④ 중앙공조기는 처리 풍량이 적어서 소형으로 된다.

⑤ 제습, 가습, 공기여과 등을 중앙기계실에서 행한다.

⑥ 유닛에는 팬 등의 회전부분이 없으므로 내용연수가 길고 일상점검은 온도조절과 필터의 청소로 비교적 적다.

⑦ 송풍량이 일반적인 전공기 방식에 비하여 적고, 실내부하의 대부분은 2차 냉수에 의하여 처리되므로 열 반송 동력이 적다.

한편 유인유닛 방식의 단점은 다음과 같다.

① 1차 공기량이 비교적 적어서 냉방에서 난방으로 전환할 때의 운전방법이 복잡하다.

② 송풍량이 적어서 외기 냉방효과가 적다.

③ 자동제어가 전공기 방식에 비하여 복잡하다.

④ 1차 공기로 가열하고 2차 냉수로 냉각(또는 가열)하는 등 가열, 냉각을 동시에 행하여 제어하므로 혼합손실이 발생하여 에너지가 낭비된다.

⑤ 팬 코일 유닛과 같은 개별 오프제어가 불가능하다.

10. 복사 냉난방 방식

복사 냉난방 방식은 일명 패널 에어방식(panel air system)이라고도 하며, 일반적으로 천장 패널 및 바닥 등에 매설한 배관에 냉수 또는 온수를 보내어 실내 현열 부하의 50~70%를 처리하고 동시에 외기를 포함한 공기를 냉각 감습하거나 가열 가습하여 송풍함으로써 잔여 실내 현열 부하와 잠열부하를 처리한다. 우리 나라에서는 이러한 방식을 채용한 예는 적으나 덕트 방식의 보조설비로서 바닥 패널난방을 병용하는 방식이 은행의 영업장, 회의장 바닥 또는 로비 등에 적용하는 경우가 있다. 냉수를 패널의 배관 속에 통수할 경우에는 실내의 절대습도가 낮아서 패널 면에 결로가 발생하지 않아야 하는데 패널 표면이 방안 공기의 노점온도보다 낮게 되면 문제가 생긴다. 그래서 결로 방지를 위하여 패널에 냉수를 보낼 때에는 실내에 감습된 냉풍을 보내어 절대습도를 낮게 한 다음에 냉수에 의한 냉방을 행하여야 한다.

복사냉난방 방식의 장점은 다음과 같다.

① 복사를 이용하므로 쾌감도를 높일 수가 있다.

② 냉난방부하를 직접 냉·온수에 의하여 제거하므로 전공기 방식에 비하여 덕트 체적을 작게 할 수 있다.

③ 조명 발열이 클 때에는 이를 수냉식의 조명기구로 처리할 수 있다.

④ 복사부하를 직접 제거함으로써 실온의 제어성을 향상시킬 수 있다.

한편 다음과 같은 단점이 있다.

① 방열 면 및 그에 따르는 배관설비, 제어설비가 필요하다.

② 제어가 부적당하게 되면 냉각 면에 결로가 생길 염려가 있다. 특히 잠열부하가 많은 공간에는 부적당하다.

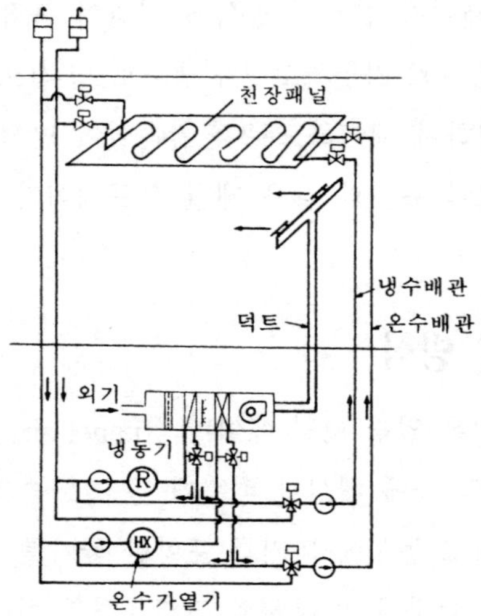

그림 2-28 패널에어방식

11. 룸 쿨러(room cooler)

룸 에어콘디셔너 방식이라고도 하며 일체식과 분리식으로 나뉜다. 일체식은 초기에서 근래까지 주로 사용한 방식으로 설치상의 문제, 미관상 등으로 인하여 최근에는 분리식이 주종을 이르고 있다. 주로 호텔, 소규모 사무실, 대규모 건물의 페리메터존 처리 등에 사용된다. 분리형의 실내유닛은 증발기와 팬으로 구성되어져 있으며 실외 유닛은 압축기, 응축기 팬을 내장하여 냉매배관에 의해 실내외 유닛이 접속되어져 있다. 따라서 실내유닛의 발생소음이 적으며 기기의 설치가 용이하다.

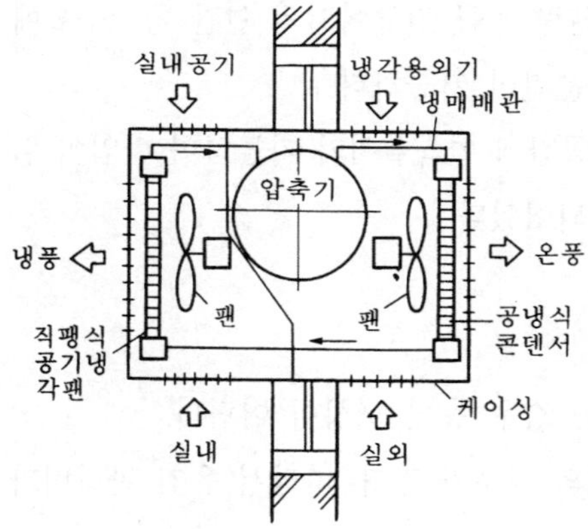

그림 2-29 룸 쿨러의 구조

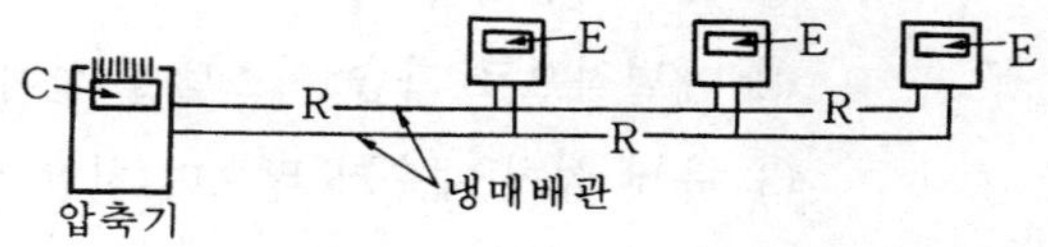

그림 2-30 멀티 유닛형 룸 쿨러

12. 멀티형 유닛(multi aircoditioner)

그림 2-30과 같이 실외 유닛으로부터 1개의 냉매배관 계통에 여러 대의 실내 유닛을 접속하는 방식으로 중·소규모 건물의 에너지 절약과 개별 제어운전에 적합한 시스템이다. 냉매배관 분지방법은 제조회사에 따라 다르나 그림 2-31과 같이 조인트와 헤더를 사용하는 방법과 그림 2-33과 같이 멀티컨트롤러를 사용하여 분지하는 방법이 있다. 냉매배관의 허용길이는 그림 2-32와 같이 실제길이 100m, 고저차 50m, 실내 유닛간 고저차 15m 정도로서 종래의 공냉식에 비하여 비교적 길며 이는 1개의 냉매배관계통에 4~5층의 유닛 설치가 가능하여 소규모 건물의 경우 1개의 시스템으로 대응 가능하다. 멀티유닛의 제어는 1대의 실외유닛에 대하여 복수의 실내유닛이 접속되어 실내유닛의 개별운전·정지와 실온 설정 등의 제어가 가능하며, 실외 유닛과 다수의 실내유닛, 운전조작용 리모콘을 마이크로 컴퓨터를 이용한 통신 채용도 가능하다. 이러한 제어에 의해 실외 유닛의 능력 조정 범위는 100~16% 정도까지 폭을 넓혀 실내온도 변화에 대해 냉매 유량의 선형제어를 할 수 있다.

멀티유닛형의 장점은 다음과 같다.

① 실내 유닛별 제어가 가능하여 증설, 칸막이 변경 등에 대응성이 양호하다.

② 직팽식 사용으로 열반 송동력이 적게 소요되며 냉매의 변유량 제어에 의해 에너지가 절약된다.

③ OA기기의 보급 등에 의한 실내 발열량이 큰 건물에서의 연간 냉방수요에 대응하기 위해 외기 -5℃까지 냉방운전이 가능하다.

④ 실외 유닛은 모듈로 설치하여 좁은 공간에 연속설치가 가능하며 반입이 일반용 엘리베이터로 가능한 크기로 되어있다.

단점은 다음과 같다.

① 내구기한이 짧다.

② 개별적으로 가습 시스템을 설치하는 경우 유닛 구성이 어렵다.

③ 유닛 설치 개수가 많으며 천장 설치의 경우가 많다. 따라서 유지 관리비가 증대한다.

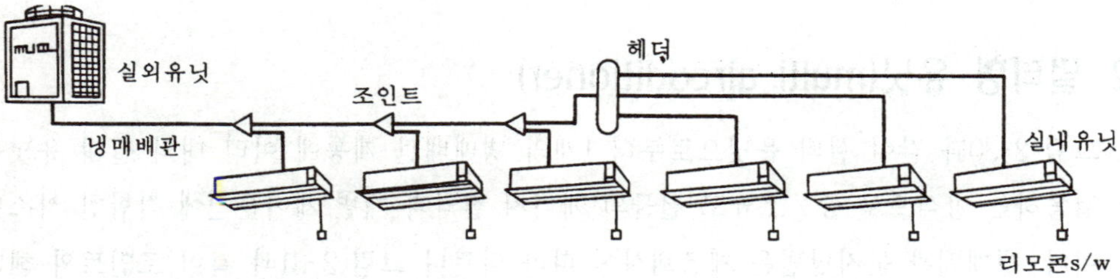

그림 2-31 조인트와 헤더에 의한 분지방법

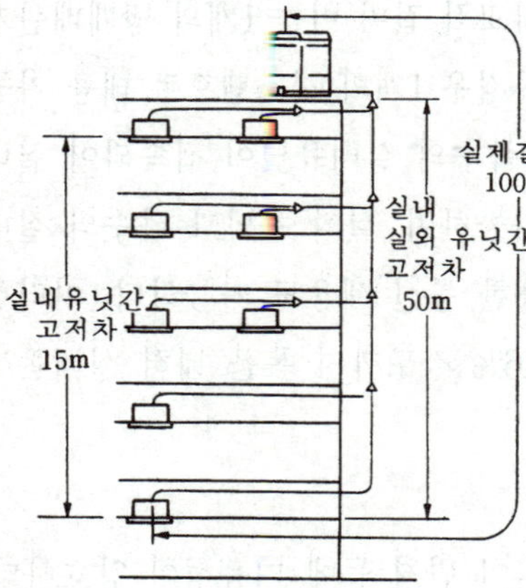

그림 2-32 냉매배관 허용길이

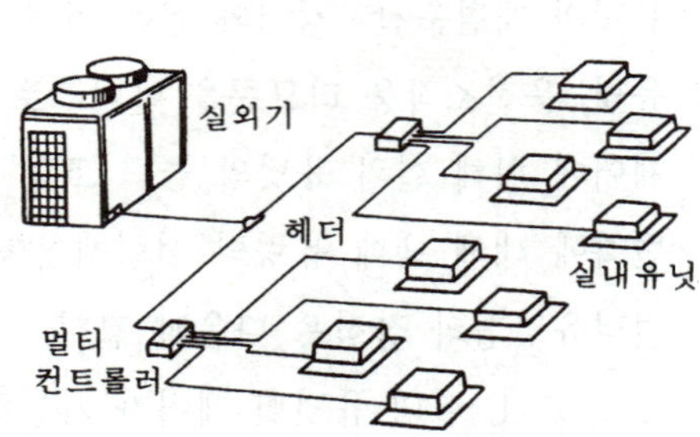

그림 2-33 멀티컨트롤러에 의한 분지방법

13. 패키지 유닛 방식

패키지 유닛 방식이란 압축기, 응축기, 증발기 등의 냉동 사이클계의 기기, 송풍기, 필터, 자동제어 및 케이싱 등으로 구성된 공장 생산품을 이용하는 방식이다. 패키지 유닛의 압축기 출력용량은 0.75~120kW 정도이며, 냉방전용 패키지 유닛(난방에는 온수코일, 증기코일, 전열기 등을 내장한다)과 열펌프식 패키지 유닛으로 대별된다. 또한 냉방전용 유닛은 수냉식과 공냉식으로 구분하며, 열펌프 유닛도 수열원식과 공기열원식으로 구분한다.

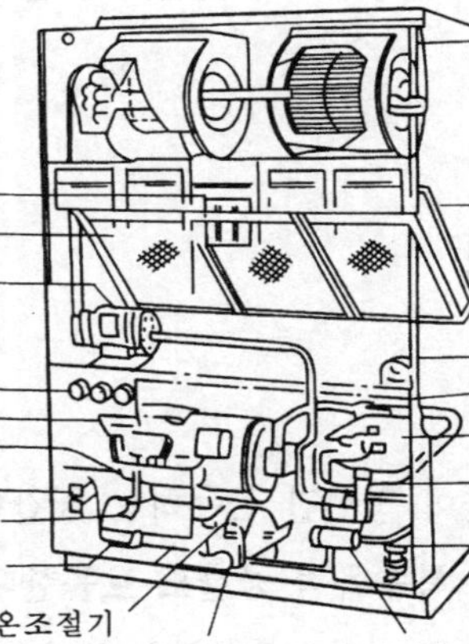

그림 2-34 패키지 유닛

패키지 유닛 방식의 장점은 다음과 같다.

① 공장에서 대량 생산하므로 가격이 저렴하고 품질이 보증된다.

② 중앙방식에 비하여 기계실 면적이 적어진다.

③ 증축, 개축시 패키지 유닛의 증설, 교체로서 대응할 수 있으므로 시스템의 융통성이 있다.

④ 공장 생산품이므로 시공이 용이하고 공기가 단축된다.

⑤ 유닛별 단독 운전, 단독제어가 가능하다.

단점은 다음과 같다.

① 중앙식의 냉동기, 보일러 등에 비하여 내용년수가 짧다.

② 압축기, 팬, 필터 등의 부품수가 많아지고 보수비가 증대한다.

③ 일반적으로 온습도 제어는 압축기의 온·오프제어, 언로드 제어이므로 온습도의 제어성이 저하된다.

패키지 유닛 방식은 사무실 건물, 상점, 레스토랑, 다방 등의 소·중규모 건물에 적합하며, 전산실이나 24시간 계통의 실에서 부분적으로 이용한다. 최근에는 패키지 유닛의 고급화로 대규모 사무실 건물, 병원 등에서 사용하는 사례가 증가하고 있다. 사용상 주의할 사항은 표준사양 제품이지만 용도에 따라서 표준형, 저풍량형, 저온용, 전외기형, 전산실용 등을 선정할 수 있으므로 건물의 사용목적, 실정에 알맞는 기종을 선택해야 한다. 또한 소요 정압이 높거나 청정도가 높은 공기를 요구하는 곳 등에서는 기종 선정에 특별히 주의하여야 한다.

14. 각종건물의 적용방법

1) 사무용 건물

사무용 건물은 특정인들이 장시간 근무하는 공간이며, 기타의 사용목적으로서 회의실, 식당, 전산실 등의 특수목적 공간도 보유한다. 사무용 건물에 적합한 공조시스템은 열원이 중앙방식의 경우 VAV방식, 유인유닛 방식+단일덕트 방식, 팬코일 유닛+단일덕트 방식, 이중덕트 방식이 있다. 열원분산 방식은 각층 유닛 방식, 패키지 에어콘 방식이 주로 이용되며, 임대건물의 경우 각 임대인의 개별운전, 사용요금 산정 등의 내용으로 분산 방식이 주로 채용된다.

2) 공연장, 영화관

공연장, 영화관은 불특정 다수가 모이는 장소로서 장시간 일정한 좌석에 앉아 있는 대공간으로, 특히 공조소음의 허용치가 적은 특징이 있다. 홀용 공조기는 대풍량으로서 덕트의 소음장치로 인하여 정압이 크며 일반적으로 단일덕트 방식을 채용하나 부분적인 온도제어를 위하여 재열 코일 방식을 채용하는 경우도 있다. 소규모 극장, 영화관 등은 패키지유닛 방식을 채용하는 경우도 있다.

3) 병 원

병원은 상시 환자가 거주하는 입원실 부분과 외래환자의 진료·검사 등을 위한 진료부분으로 나뉜다. 진료부분에는 청정공간이 필요한 수술실, ICU, CCU, 방사선진료 등의 다기능 공간이 필요하며 입원실 부분의 공조방식은 기본적으로 개별공조방식으로 청정공기를 공급하기 위한 전공기 방식이 가장 적합하다. 현재 가장 많이 사용하는 방식은 FCU+단일덕트 방식, VAV 방식, 각층 유닛 방식이다.

4) 호텔, 여관

호텔, 여관은 숙박부분과 레스토랑, 연회장, 서비스를 위한 공간 등의 공용부분으로 나뉜다. 숙박부분은 각 실별 개별운전, 개별제어가 필요하며 운전소음이 적어야 한다. 따라서 FCU+단일 덕트 방식이 일반적으로 사용된다. 소규모 호텔, 여관의 경우는 룸 에어콘 방식이 적당하며 공용부분은 사용상태가 간헐적이므로 존별 단일 덕트 방식 또는 패키지 에어콘 방식이 일반적이다.

5) 백화점, 쇼핑센터

백화점, 쇼핑센터는 불특정 다수가 출입하는 건물로서 시간별, 계절별 건물 층수별 사람의 혼잡도가 다르며 실내발생 열 부하도 크게 차이가 있다. 일반적으로 사무용 건물과 비교하여 실내냉방 부하가 크며 단위 면적 당 풍량이 큰 것이 특징이다. 채용시스템은 각층 단일 덕트 방식, VAV 유닛 방식이 주로 사용되며 부하변동의 제어, 에너지 절약의 관점에서 VAV 방식이 바람직하며 소규모 판매시설에는 각층 유닛 방식, 각층 패키지 방식이 적합하다.

6) 연 구 소

연구소는 주요 연구분야에 따라 생물계, 화학계, 물리계 등으로 분리하며 특성별로는 배기량이 많은 구역, 항온 항습실, 클린 룸, 가변공조실, 냉장실, 바이오 하자드실, RI실 등의 공간이 있다. 일반적으로 연구실은 배기량이 많아 단일 덕트 방식이 주로 채용되며 배기량이 비교적 적은 실험실의 경우 존별 패키지 유닛 방식도 적당하다. 특별한 내부 발생열의 처리에는 냉방전용 히트펌프 유닛을 설치한다. 그 외 특수용도

공간에 대하여는 각기 용도에 적합한 공조 방식을 각기 채택하는 것이 바람직하다.

7) 도서관, 미술관, 박물관

도서관은 비교적 방문객의 숫자가 일정하나 미술관, 박물관은 시간대 또는 전시물에 따라 방문객의 숫자가 크게 변한다. 또한 미술관, 박물관은 중요한 미술품을 소장·전시하므로 온습도 제어의 정밀도가 높아야 하며 필터의 수준이 높고 제습재열이 필요한 경우가 있다. 전공기 방식의 단일 덕트 방식이 일반적이며 에너지 절약을 고려한 VAV 방식도 적합하다.

8) 스포츠 시설

스포츠 시설에는 체육관, 수영장, 체력 단련장 등이 있으며 천장고가 높고 운동을 위한 공간, 관람을 위한 공간의 2개 요소로 나누어 계획하여야 한다. 스포츠 시설은 일반적으로 단일 기능의 공간으로서 단일 덕트 방식에 의한 온습도 제어가 일반적이며 관람구역, 사무실 등에 대해서만 공조하는 것이 일반적이다.

9) 공 장

공장은 생산제품에 따라 IC제품, 약품, 식품 등의 청정공간이 요구되는 공간과 방직공장, 인쇄공장과 같이 온습도 제어가 요구되는 공장, 단순작업을 하는 종업원을 위한 공간 등과 같이 공장의 목적, 사용조건, 대상에 따라 크게 차이가 발생한다. 일반적으로 생산시설은 제품의 가격 영향을 적게 하기 위하여 투자금액을 줄이고 운전비용을 적게 하는 경향이 있으며 청정공기와 정밀 온습도 제어가 필요한 곳에는 단일 덕트 방식, 재열 방식이 채용된다. 종업원 작업공간의 공조 방식으로는 패키지 유닛방식, 단일 덕트 방식 등이 일반적으로 사용된다.

10) 학 교

학교는 일반적으로 난방설비만 설치하고 있으나 최근 대학교에서는 연구실, 강의실, 도서관 등에 부분적 공조채용 예가 증가되고 있으며 의과계 대학 등에는 전관냉방을 채택하는 경우도 있다.

3 열원방식

- 1. 열원 장치 계획
- 2. 냉열원 방식
- 3. 온열원 방식

제 3 장 열 원 방 식

1. 열원 장치 계획

1) 사용에너지 방식

일반적으로 건물에 사용되는 에너지와 냉·온 열원방식의 조합은 표 3-1과 같다. 종래에는 냉 열원으로 전기에 의한 전동냉동기를 사용하고 온 열원으로는 석유등의 화석 연료에 의한 보일러 사용이 일반적이었다. 그러나 1980년대 초 흡수식 냉동기의 출현과 도시의 대기오염 공해방지, 하절기 전력피크 수요경감, 도시가스 공급 배관망의 형성 등으로 사용에너지원이 다변화되고 있다.

표 3-1 에너지원과 냉·온열원의 조합 방식

에너지원	냉열원		온열원
전 기	전동냉동기 히트펌프		전기보일러 전열기 히트펌프
석유·가스	흡수식냉동기 증기터빈 구동 냉동기 내연기관 구동 히트펌프 직화식 냉·온수 방생기		보일러 내연기관 구동 히트펌프 직화식 냉온수 발생기
태양열	흡수식냉동기 랭킨 사이클냉동기		흡수식냉동기 랭킨 사이클냉동기

2) 열원방식 선정방법

열원설비 선정잡업 순서와 선정상의 관련 요소는 그림 3-1과 같다. 이 그림에서는 편리상 기기검토와 에너지 검토를 독립해서 표시하였으나 실제로는 상호간의 관련성으로 종합적 검토하여야 한다.

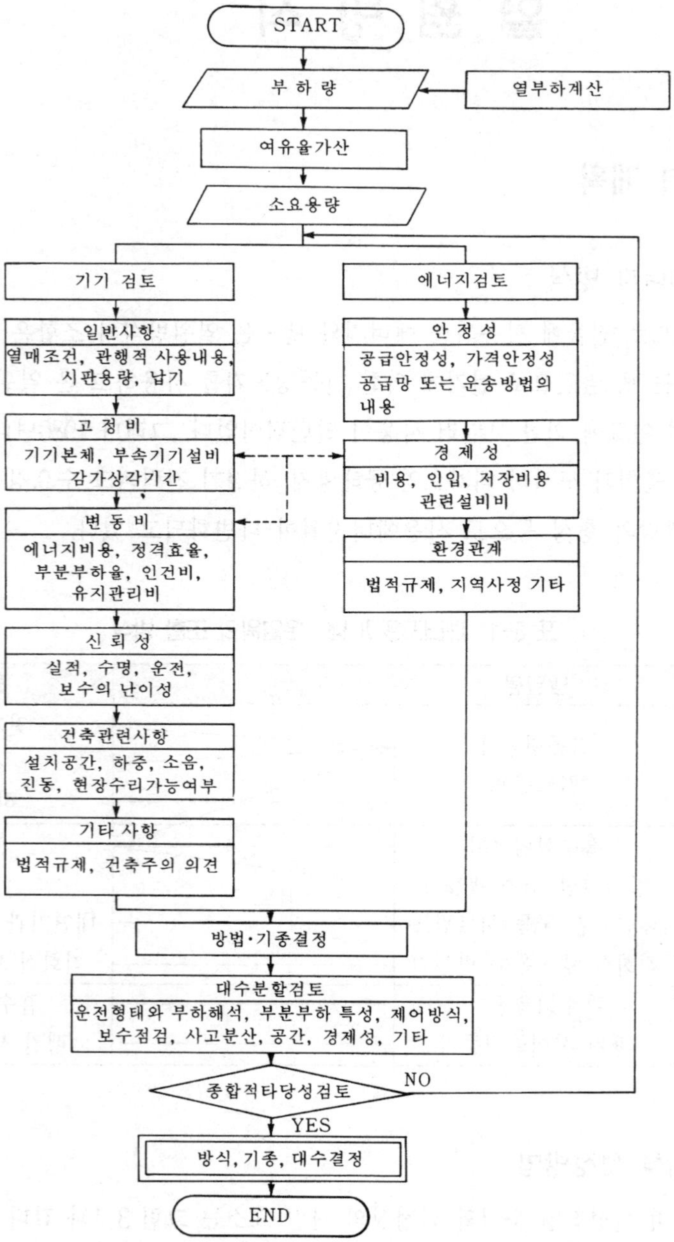

그림 3-1 열원설비선정 순서 FLOW

(1) 기기의 검토

공조계통별 부하계산에 의한 열원설비 부하로 동시부하율을 고려한 최대 부하가 구하여지며 여기에 적당한 여유를 더하여 기기용량을 결정한다. 여유율은 장래의 부하증가 예정 내용을 고려하여 일반적인 값을 적용한다. 선정순서에 따라 설명하면 열매조건은 냉·온수, 증기 등 냉·온 열매조건, 시판기기의 용량, 경제성 등의 전체 포괄적 관점에서 일반적으로 검토한다. 시판용량은 시판되고 있는 해당기기의 최고·최저용량을 말하며 납품기간은 특히 비범용기기 또는 신규 개발품의 경우 주의한다. 부속기기 설비는 냉동기의 경우 냉각탑, 펌프 등 보일러에서는 탱크류, 펌프 등을 말한다. 예를 들면 전동냉동기와 흡수식 냉동기의 경우 본체가격에서 큰 차가 없다 하여도 냉각수 계통설비에서는 후자가 비용이 더 소요되나 수변전 설비에서는 전자가 더 저렴하다. 감가 상각 기간에 대해서는 가정용 소형기기류와 대형기기류는 2배 이상 차이가 나기도 한다. 에너지 비용은 기기의 정격효율과 부분부하효율을 같이 고려하여 연간 비용을 검토하며 이를 위하여는 최대부하에 의한 기기용량 결정과 연간부하 해석을 하여야 한다. 인건비, 유지관리비에 대해서도 경제성을 검토하며, 신뢰성의 요소에는 범용기기의 경우 문제가 없으나 비범용기기 또는 신제품의 경우 제조회사로부터 성능에 대한 내용파악 및 필요시에는 보증서를 요구하여야 한다. 건축관련 사항 중 공간 문제는 기기류 설치위치와 면적, 반입·반출 경로에 대하여 검토하여야 한다.

(2) 에너지원의 검토

에너지원에 대하여는 현재와 장래의 공급안정성 가격안정성에 대하여 검토하여야 한다. 에너지원의 가격은 사회적 정세에 따라 공급사정이 변동되며 이에 따른 불안정에 가격은 변동된다. 따라서 최근 대규모 건축물의 경우 전력, 도시가스, 등유를 병용하는 에너지 시스템 채용의 예도 있다. 경제성 중 비용, 부하특성, 전환 효율의 관련은 연간 소요비용 총액으로 검토하여야 하며 그 외에 전기, 도시가스 등의 공급 계통에 의존하는 경우에는 인입비용과 인입설비비 관련 부대설비비 등에 대하여도 충분히 고려하여야 한다. 연료에 대한 법적 규제는 법률에 의한 조례 외에 지방자치단체의 행정지도 방침과 조례에 대하여도 유의하여야 하며 또한 규제 내용은 앞으로 더 엄격하여지는 경향이 있으므로 장래 예측도 고려한다.

(3) 대수분할과 제어

기기의 대수는 건설비, 설치공간 면에서는 적은 쪽이 유리하다. 그러나 운전비 면으로는 냉동기와 보일러의 경우 저부하시에는 저효율으로서 대용량기기 운전시에는 불리하게 된다. 따라서 운전형태와 운전부하 해석을 하여 기기특성과 제어방식을 고려한 후 운전대수를 결정하며 복수의 기기설치시는 군관리운전을 고려한다. 정기적인 점검과 보수점검을 필요로 하는 기기에 대하여는 복수로의 분할이 필요하며 생산공장과 같이 기기 정지시 피해가 큰 경우 또는 온라인 전산실과 같이 연중무휴 시설에서는 예비기기를 설치한다.

2. 냉열원 방식

1) 냉열원 방식의 종류와 특징

냉동기는 왕복운동식, 원심식, 회전식, 흡수식, 증기분사식 등이 있으나 공조용으로 일반적으로 사용되는 방식은 표 3-2에 나타냈다. 이들 냉동기는 증발기 내에서 냉매를 증발시켜 냉동작용을 하며 증발기에 공기를 직접 냉각시키는 직접팽창식과 물 또는 브라인을 냉각하는 방식이 있다. 직접팽창식은 패키지 에어콘 등의 소형에 주로 이용되며 응축기에서 냉매를 냉각시키기 위하여 냉각수 또는 냉각용 공기가 필요하다. 이때 냉각수를 이용하는 방식을 수냉식, 공기를 이용하는 방식을 공냉식이라 하며, 수냉식은 냉각탑에 의해 냉각수를 냉각시켜 순환 사용한다. 냉동기는 동작원리에 의해 증기 압축식과 흡수식으로 나누어진다. 증기 압축식은 표 3-2와 같이 각종 압축기가 사용되며 압축기의 동력으로는 일반적으로 전동기가 이용되나 대용량의 경우에는 증기터빈, 가스엔진, 디젤엔진, 가스터빈과 같은 내연기관을 사용하기도 한다. 흡수식에서는 동력 대신 가열용 열원이 필요하며 주로 증기, 온수 또는 직화식을 이용하기도 하며 내연기관, 보일러 등의 폐열을 이용하기도 한다. 일반공조용 냉동기를 용량별로 분류하면 소용량의 룸 에어콘 등은 왕복동식 또는 로터리형 냉동기, 2~100USRT 범위의 패키지 공조기와 냉동유닛으로서는 왕복동식, 100USRT 이상의 대용량에는 터보식 또는 흡수식이 주로 이용된다. 공조용에 사용되는 각종 냉동기의 비교표는 표 3-3 과 같다.

표 3-2 공조용 냉동기의 종류, 용량범위, 적용

냉 동 사이클	형 식		종 류	냉 매	용량범위	적 용
증기 압축 사이클	체적압축형	왕복동식	소형 전밀폐형 냉동기	R-22, R-502(저온용)	400W~15kW	소용량의 룸에어콘 2kW이상은 패키지용
			중형 반밀폐형 냉동기	R-22, R-12, R-502(저온용)	15kW~75kW	패키지 칠러용이 대부분임
			고속 다기통 냉동기	R-22, R-502(저온용)	30kW~300kW	대형 패키지, 대형 칠러용 외에 콘덴싱 유닛, 압축기 유닛으로서 산업용에 사용
		회전식	밀폐식회전 피스톤냉동기	R-22	400W~2kW	룸에어콘용
			개방식회전 피스톤냉동기	R-22	2kW~150kW	선박냉동용, 산업용
			스크류 냉동기	R-22	5kW~1,500kW	냉동용, 중·대용량은 공조 히트펌프 용
	이젝터형		증기분사 냉동기	水	25~100USRT	10~30℃의 냉수제조용, 약품 식품의 냉각농축장치에 적합
	원심형		밀폐형 원심냉동기	R-123	100~3,000US	중·대규모건물의 일반공조용, 지역냉방용
			개방형 원심냉동기	R-123, R-134a, R-22(대용량용)	600~10,000USRT	전동기 이외의 구동용, 지역 냉방용
흡수 냉동 사이클	흡수형		소형 흡수냉동기	水(흡수제 LiBr)	3~10USRT	주택, 소규모 건물용
			1중효용 흡수냉동기	水(흡수제 LiBr)	50~2,000USRT	배압터빈구동 원심냉동기와 조합한 방식과 폐열 이용에 사용됨
			2중효용 흡수냉동기	水(흡수제 LiBr)	75~3,000USRT	고압증기 사용시 일반공조용
			직화식 냉온수기	水(흡수제 LiBr)	50~2,000USRT	가스연소가 많으며 일반건물에서 냉난방 겸용
공기 냉동 사이클	-		공기압축냉동기	공기	5USRT 이상	항공기 등의 특수용
펠티에 효과	-		열전냉동	(전자)	-	발열부품의 국부냉각용, 우주선, 잠수함용

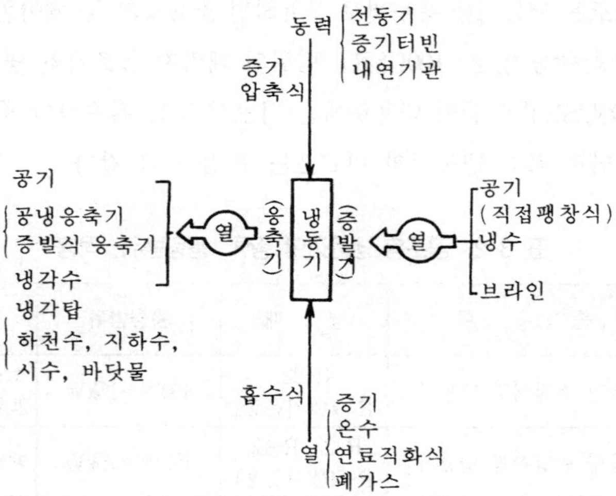

그림 3-2 냉동기에서의 열의 흐름도

표 3-3 각종 냉동기의 적용비교

공동방식의 분류		장치 규모	설비비	운전비	용 량 제어성	설치 면적	소음 진동	보수 관리	채용 의예	비 고
왕복동식	공냉식	小~中	A	B	A	A	B	A	多	소규모 건물에 많음
	수냉식	小~中	B	B	B	B	A	B	多	소규모 건물에 많음
터보식	수냉식(전동)	中~大	B	B	B	B	B	B	多	중·대규모에 사용
	공냉식(전동)	中	D	B	B	C	C	B	小	
	복수터빈구동	大	D	A	C	C	C	C	小	지역 냉방에 사용
흡수식	직화식	中~大	A	B	B	A	A	C	多	중규모에 많은
	증기식	大	B	C	A	C	A	C	中	증기를 사용하는 건물에 사용
스크류식	공냉식	中~大	C	B	A	A	D	A	小	
	수냉식	中~大	B	B	B	B	C	B	小	

(1) 왕복 동식 냉동기의 특징

왕복 동식 냉동기를 공조용으로 사용할 경우 2~100USRT 정도의 범위이며 설비비면에서 타 기종에 비하여 비교적 저렴하다. 15kW 정도까지는 소형으로 가격이 저렴하며 전밀 폐형이나 15kW 이상은 내구성과 보수관리 측면에서 반밀폐형이 대부분이며 30kW 이상의 대형기종에서는 고속 다기통형으로서 반밀폐형과 개방형이 주종을 이루고 있다. 왕복동형의 사용냉매는 대부분 R-22로서 고압가스 취급 대상 품목이다.

(2) 터보냉동기 열원방식의 특징

일반공조용으로는 밀폐형이 사용되며 100USRT~3,000USRT 범위에서 사용한다. 개방형은 중용량에서 흡수식냉동기와 조합하여 사용하기도 하나 대부분 대용량으로서 지역냉방용, 대규모 플랜트용으로 증기터빈 구동으로 채용된다. 사용하는 냉매 R-123의 경우 저압으로서 고압가스 관계법규에 해당되지 않는다. 밀폐형은 일반 공조용으로서 많이 사용되어지고 있으나 최근에는 흡수식으로 채용이 바뀌고 있다.

(3) 흡수식냉동기 열원방식의 특징

일반건물의 냉난방 겸용 열원으로 채용되고 있는 직화식 냉・온수 발생기는 보일러 부분과 흡수식 냉동기 부분을 합한 장치로서 연료를 직접 연소시키는 구조로 연료 소비량이 1USRT 당 3,310W(2중 효용의 경우 30% 에너지 절약됨)이다. 냉수와 온수의 절환도 동시에 가능하며 가스 사용시에는 배관에서 직접 공급하여 연료 보급의 관리가 용이하다. 등유 사용시에는 저장시설이 필요하나연료단가가 도시가스에 비하여 $\frac{1}{2}$ 정도로서 운전비가 적게 소요된다. 흡수식 냉동기는 열원이 필요하며 1중 효용 흡수식은 1USRT당 약 5,150W의 가열원이 필요하며 일반 증기사용의 경우 전동터보냉동기에 비하여 연료비가 많이 소요되나 증기터빈 터보냉동기와의 조합방식, 태양열, 폐열의 온수 이용시에는 적절하다. 2중 효용 흡수식은 약 5.23W・USRT의 고압증기를 필요로 하나 전동터보식에 비하여 운전비는 저렴하나 설비비는 크게 소요되며, 수전설비비용과 공간 등을 고려하여야 한다. 동력은 10kW 정도로서 100~600USRT까지 담당할 수 있어 25,000m^2 정도의 건물에서 특수 고압 수전 설비 설치가 예상될 때, 흡수식 냉동기 채택시 보통 고압 수전 설비로 되어 전체 설비비면에서는 어느 정도 경제성이 있다.

3. 온 열원방식

온 열원의 에너지원으로는 석유, 가스, 전기, 지열증기, 태양열, 폐가스, 폐열 등이 있으며 히트펌프 채용에 의해 지하수, 대기, 실내발생열 등도 사용 가능하다.

1) 석유, 가스사용 온 열원방식

현재 사용되고 있는 보일러의 종류는 표 3-4와 같다.

표 3-4 보일러의 종류

보일러의 종류		취출열매체의 종류	증기압력 또는 온수 온도	증발량 또는 열출력	보일러 효율 (%)	주요 용도
주철제보일러		증기	100kPa 이하	200~2,000kW		
		저온수	120℃ 이하	30~2,300kW	80~85	급탕난방
원형 보일러	입형 보일러	증기온수	700kPa 이하	50~500kW	70~75	난방 프로세스
	노통 연관 보일러	증기	1600kPa 이하	250~7,500kW		급탕, 난방, 프로세스
		중고온수	170℃ 이하	340~9,200kW	85~90	지역난방
수관 보일러	입형 수관 보일러	증기	1,000kPa 이하	250~1,000kW	85	급탕, 난방, 프로세스
관류 보일러	단관식 소형 관류보일러	증기	1,000kPa 이하	100~1,000kW	80	난방, 프로세스
	다관식 소형 관류보일러	증기	1,000kPa 이하	100~1,000kW	75~85	난방, 프로세스
	대형 관류보일러	증기	1,000kPa 이상	50,000kW 이상	90	발전용
		고온수	130℃ 이상	5,800kW 이상		지역난방
전기보일러		온수	120℃ 이하	120~920kW	98	
열매보일러		기상	200~400℃ 이상	1.2~2,300kW	80~85	프로세스
		액상				
주택용 소형 온수보일러		온수	100kPa 이하	12~40kW	60~80	급탕, 난방
진공식 온수기		온수	60~80℃ 이상	5~1,860kW	75~80	급탕, 난방

연료는 경제성뿐만 아니라 공해에 대한 고려, 장래 에너지 공급 연간공조 또는 기간 공조의 내용 등에 의해 결정한다. 석유를 연료로 사용시에는 지역에 따라 중유, 경유의 사용제한이 되기도 하며 이는 연소 배기가스에 의한 공기오염을 방지하기 위하여 제한한다.

4 공기선도 사용방법

제 4 장 공기선도 사용방법

1. 공기선도의 기초

1) 공 기

공기는 질소, 산소, 아르곤, 탄산가스, 수증기 등의 혼합물이며 질소와 산소가 대부분을 차지하고 있다. 지상부근에 있는 대기에는 이들 성분의 비율이 수증기를 제외하면 거의 일정하며 조성은 표 4-1과 같다. 다만, 수증기는 계절, 기후에 따라 많은 차이를 나타낸다. 따라서 수증기를 전혀 포함하지 않은 공기를 건공기(dry air : DA), 수증기를 포함한 공기를 습공기(moist air 또는 humid air)라 하며 이것은 건공기와 수증기의 혼합물이다.

표 4-1 건조공기의 성분(지상부근의 대기의 표준치)

성 분	N_2	O_2	Ar	CO_2
용적조성[%]	78.09	20.95	0.93	0.03
용적조성[%]	75.53	23.14	1.28	0.05

비고) ① 위의 성분 이외에 Ne, He 등이 있으나 미량이므로 생략한다.
② 연소배기 등에 의한 CO_2의 농도는 국부적으로 위의 값보다 큰 값을 나타낸다.
③ 실내공기는 인체의 대사 등으로 일반적으로 CO_2의 농도는 위의 값보다 크다.

2) 습공기의 성질

공기조화에서는 일반적으로 상온부근의 습공기를 대상으로 한다. 습공기 중의 수증기는 소량이며 이를 계산상 이상기체로 생각하여도 크게 차이는 없다. 습공기의 상태는 압력, 온도, 습도에 의해 표시되며 이들의 상태에 따라 엔탈피, 비용적 등의 상태 값이 정하여진다.

(1) 절대습도

절대습도는 공기 중에 포함되는 수증기의 중량에 의하여 습도를 나타내는 것으로, 건공기를 기준으로 하여 건공기 1kg을 함유하고 있는 습공기 속의 수증기량이 $x$kg일 때 이를 절대습도 $x$kg/kg(DA)또는 kg/kg′이라 표시한다. 여기서 (DA)는 건공기(dry air)를 나타내며, 습공기는 건공기와 수증기가 혼합된 것으로 생각하므로 습공기 $(1+x)$kg속에 건공기 1kg과 수증기 $x$kg이 포함되어 있는 것이 된다. 이하 각 상태 값을 표시할 때에는 이와 같이 건공기 기준 값을 사용한다. 실제 상온부근의 공기에서 x는 1에 비하여 극히 적다. 예를 들면 건구 온도 20℃, 상대습도 60%의 경우 1kg의 건공기에 포함되어지는 수증기의 양은 9g으로서 실용적으로 건공기 1kg은 습공기 1kg과 거의 차이가 없다.

(2) 수증기 분압

혼합기체에 있어서 어떤 하나의 성분만으로 전용적을 차지하고 있다고 가정할 때 나타내는 압력을 분압이라 한다. 이것은 그 성분의 양에 의하여 결정되므로 수증기 분압도 습공기의 습도표시에 사용된다. 수증기 분압 P_w kPa와 절대습도 $x$kg/kg(DA)와의 관계는 습공기를 이상기체라고 가정하면 다음 식과 같이 표시된다.

$$x=\frac{R_a}{R_w}\cdot\frac{P_w}{P-P_w}=0.622\frac{P_w}{P-P_w} \qquad \text{(4-1)}$$

P : 습공기의 전압[kPa]

R_a : 건공기의 가스정수(=287.06[J/kg · K])

R_w : 수증기의 가스정수(=461.91[J/kg · K])

따라서 수증기 분압으로 습도를 표시할 수 있다.

(3) 포화공기

공기 중에 포함되는 수증기의 양은 한계가 있으며, 이는 온도와 압력에 따라 달라진다. 이 한계까지 수증기를 포함한 상태의 공기를 포화공기(saturated air)라 하며 이 때의 수증기 분압을 포화증기압이라 한다.

(4) 상대습도

습공기의 수증기 분압 P_w와 그 온도에 있어서 포화공기의 수증기 분압 P_{ws}와의 비를 백분율로 나타낸 것을 관계습도(relative humidity : RH) 또는 상대습도라 하며, 감각적인 습도를 표시할 때에 사용하고 다음 식과 같이 나타낸다.

$$\phi = 100 \frac{P_w}{P_{ws}} [\%] \quad \cdots\cdots (4\text{-}2)$$

P_w : 습공기 수증기 분압[Pa]

P_{ws} : 해당온도에서의 포화공기 수증기 분압[Pa]

절대습도는 공기 중 수분의 양을 중심으로 표현하나 상대습도는 공기 중 포함되어진 수분의 비율을 중심으로 표현한다. 건공기는 상대습도 0%이며 포화공기에서는 100%가 된다. 냉장고 내 습도상태의 경우 절대습도는 낮고 상대습도는 높다라고 표현될 수 있다.

(5) 비교습도, 포화도

습공기의 절대습도와 그 온도에 있어서 포화공기의 절대습도 x_s와의 비를 백분율로 나타낸 것을 비교습도 또는 포화도라 하며 다음 식과 같이 나타낸다.

$$\psi = 100 \frac{x}{x_s} \quad \cdots\cdots (4\text{-}3)$$

상대습도 ϕ와 비교습도 ψ는 온도가 높을수록 차이가 커지나 일반적으로 공기조화에서 취급하는 상온부근에서는 실용적으로 같은 값을 나타낸다.

(6) 노점온도

온도가 높은 공기일수록 많은 수증기를 포함할 수가 있으므로 습공기의 온도를 낮게 하여 어떤 온도에 이르면 포화상태가 되고 더욱 냉각하면 수증기의 일부가 응축하여 이슬이 맺히게 되는데, 이때의 온도를 노점온도(dew point)라 한다. 노점온도는 수증기 분압에 대하여 일정한 값을 나타내며, 이 수증기 분압은 노점온도에 있어서의 포화증기압과 같다. 또한 노점온도는 압력을 일정하게 하면 절대습도에 대해서도 일정한 값을 나타낸다.

(7) 습구 온도

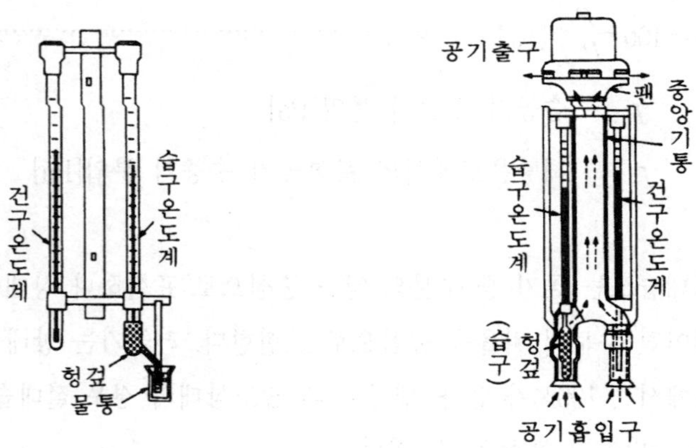

(a) 오거스트 건습계　　(b) 아스만 습도계

그림 4-1 건습구 온도계

습도를 측정할 때에는 건습구온도계를 사용한다. 이때 건구 온도계는 일반적인 온도계로서 공기온도를 측정하는 것이고, 습구 온도계는 건구 온도계의 감온부를 헝겊으로 싸서 모세관으로 물을 흡수하여 감온부를 적시게 하면 표면에서 물이 증발하면서 열을 빼앗아 주위의 공기에서의 열전달과 균형있는 상태의 온도를 나타내는데 이 온도를 습구 온도(wet bulb temperature : WB)라 한다. 습구 온도와 대비하여 일반적인 건구 온도계에 나타나는 공기온도를 건구 온도(dry bulb temperature : DB)라 한다. 포화공기는 감온부에서 증발이 일어나지 않으므로 습구 온도는 건구 온도와 같아지지만 불포화 공기의 습구 온도는 건구 온도 보다 낮으며 상대습도가 낮을수록 증발량이 크기 때문에 그 차는 크게 나타난다. 이와 같이 건구 온도와 습구 온도에 의하여 상대습도를 구할 수가 있다. 그러나 습구에 있어서의 증발량은 감습부의 풍속에 따라서 달라지므로 일정한 풍속 하에서 측정해야 한다. 그래서 실내에 설치하여 거의 기류가 없는 곳에서 사용하는 오거스트 건습계(그림 4-1(a))와 일정한 풍속을 강제적으로 공급하면서 측정하는 아스만 습도계(그림 4-1(b))는 동일한 온습도의 공기를 측정하더라도 습구 온도가 다르게 나타나므로 상대습도를 구하는 계산식이 각기 다르다.

(8) 단열 포화 온도

기류 속에 물방울을 분무하게 되면 공기와 물방울과의 사이에 열전달과 물질이동(증발 또는 응축)이 일어나 수온 및 공기의 온습도가 변화한다. 그러나 일부 물방울의 증발과 공기에서의 전달된 열량이 평형되어 있는 상태에서는 수온은 변화하지 않는다. 이러한 수온의 물을 기류 속에 분무하면 공기온도는 처음 수온에 가깝게 되고 포화상태에서는 수온과 같아진다. 이 온도는 입구공기의 온습도에 의하여 결정되며 이것을 단열포화온도(adiabatic saturated temperature)라 한다. 습구 온도계가 나타내는 온도는 풍속이 빨라지면 차츰 일정한 값이 되고 (약 5m/s이상에서) 단열포화온도와 같아지므로 아스만 습도계의 습구 온도는 근사적으로 단열포화온도를 측정할 수 있다. 따라서 공조설비의 설계 또는 측정에는 습구 온도로서 단열포화온도를 사용하는 경우가 많다.

(9) 엔탈피

습공기의 엔탈피는 0℃인 건조공기의 엔탈피를 기준 값, 즉 0으로 하고 각기 온습도 상태에서 공기 1kg당 W를 나타낸다. 절대습도 $x$kg/kg′인 습공기의 엔탈피는 건공기 1kg인 엔탈피와 $x$kg인 수증기의 엔탈피와의 합이므로 일반적인 공기조화에서 사용하고 있는 온도 및 압력의 범위에서는 다음과 같은 근사식으로 표시할 수 있다.

$$i = i_a + i_w x \quad \cdots\cdots \quad (4\text{-}4)$$

$$= 1.006t(2501 + 1.80t)x \, [\mathrm{kJ/kg}]$$

i : 습공기의 엔탈피[kJ/kg]

i_a : 건공기의 엔탈피[kJ/kg]

i_w : 수증기의 엔탈피[kJ/kg]

t : 건구 온도[℃]

x : 절대 습도[kg/kg′

습 공기의 (정압)비열 C_p[kJ/kg · ℃]는 온도 1[℃]를 변화시킬 때의 열량, 즉 엔탈피의 변화이며, $C_p = (\partial i/\partial t)x$이다. 따라서 다음과 같이 표시할 수 있다.

$$C_p = 1.005 + 1.80x \quad \cdots\cdots \quad (4\text{-}5)$$

(10) 비체적

건 공기 1kg을 함유하는 습 공기의 체적을 비체적이라 하고, 단위는 [m^3/kg]으로 표시한다. 비체적은 습 공기를 완전가스라 한다면 다음 식과 같이 표시된다.

$$v = (R_a + xR_w)\frac{T}{P} \times 10^{-4} \quad \cdots\cdots \quad (4\text{-}6)$$

v : 비체적[m^3/kg]

R_a, xR_w : 건조공기 및 수증기의 가스정수

x : 절대 습도[kg/kg′

T : 절대 온도[K]

P : 습공기의 압력[kPa]

따라서 대기압 하에서 위 식은 다음과 같이 변형할 수 있다.

$$v = 0.2871(t + 273.15)(1 + 1.6078x)/P \quad \cdots\cdots \quad (4\text{-}7)$$

t : 건구온도[℃]

공기조화계산에 있어서 공기는 체적당의 량으로 취급하는 경우가 많다. 예를 들면 송풍기는 일반적으로 풍량[m^3/h]으로 표시한다. 그러나 엔탈피 또는 비열은 중량당의 값이므로 열량 계산에 있어서는 풍량을 비체적으로 나눈 것을 이용한다. 비체적은 위 식에서와 같이 온도와 습도에 의하여 변화하기 때문에 가열이나 냉각과정에서 송풍온도가 변화하는 경우에 비체적이 달라지면 계산이 매우 까다로워진다. 그래서 비체적의 값은 어떤 대표 값을 이용하여 계산과정에 있어서 비체적은 일정하다고 가정하는 경우가 많다. 이러한 비체적의 대표 값은 평균치로 하거나 실내의 설계 온습도에 있어서의 비체적 값을 적용하거나 간단한 계산에 있어서는 일정한 표준 값을 설정하여 적용하면 편리하다. 예를 들어 20℃의 건조공기를 표준공기라고 하면, 비중량은 1.2kg/m^3이고, 비체적은 그 역수이므로 0.83m^3/kg이다. 이 값은 표준공기의 비체적이므로 대표 값이라 하면, 공기 1m^3를 1℃상승시키는데 필요한 열량은 약 1.2143kJ/ m^3·℃가 된다.

예제 4-1 다음 문장 중의 (a)~(e)에 적합한 용어를 ①~⑦중 선택하시오
습공기의 습도 표시는 여러 가지 방법이 있다. (a)습도는 건공기 1㎏을 포함한 습공기중의 (b)의 중량을 나타내며 (c)습도는 습공기의 수증기분압과 동일건구온도의 포화상태의 수증기분압과의 비율을 말한다. 또한(d)습도(포화도)는 습공기의 절대습도와 동일건구온도의 (e)공기의 절대습도와의 비율을 말한다.
①포화 ②비교 ③습 ④수증기 ⑤공기 ⑥절대 ⑦상대

풀이 (a)→⑥, (b)→④, (c)→⑦ (d)→②, (e)→①

2. 공기선도

1) 공기선도의 구성

(1) 개 요

습공기의 상태는 압력, 온도, 습도, 엔탈피, 비체적 등으로 표시된다. 일반적으로 압력은 대기압 하에서 사용되므로 일정하다고 가정하면 다른 상태 값은 이

들 중 2가지를 구하면 다른 것은 따라서 결정되므로 2개의 변수를 좌표로 하는 선도로 표시할 수가 있다. 이와 같이 습공기의 상태를 나타내는 선도를 습공기 선도(psychrometric char) 또는 간단히 공기선도라 한다.

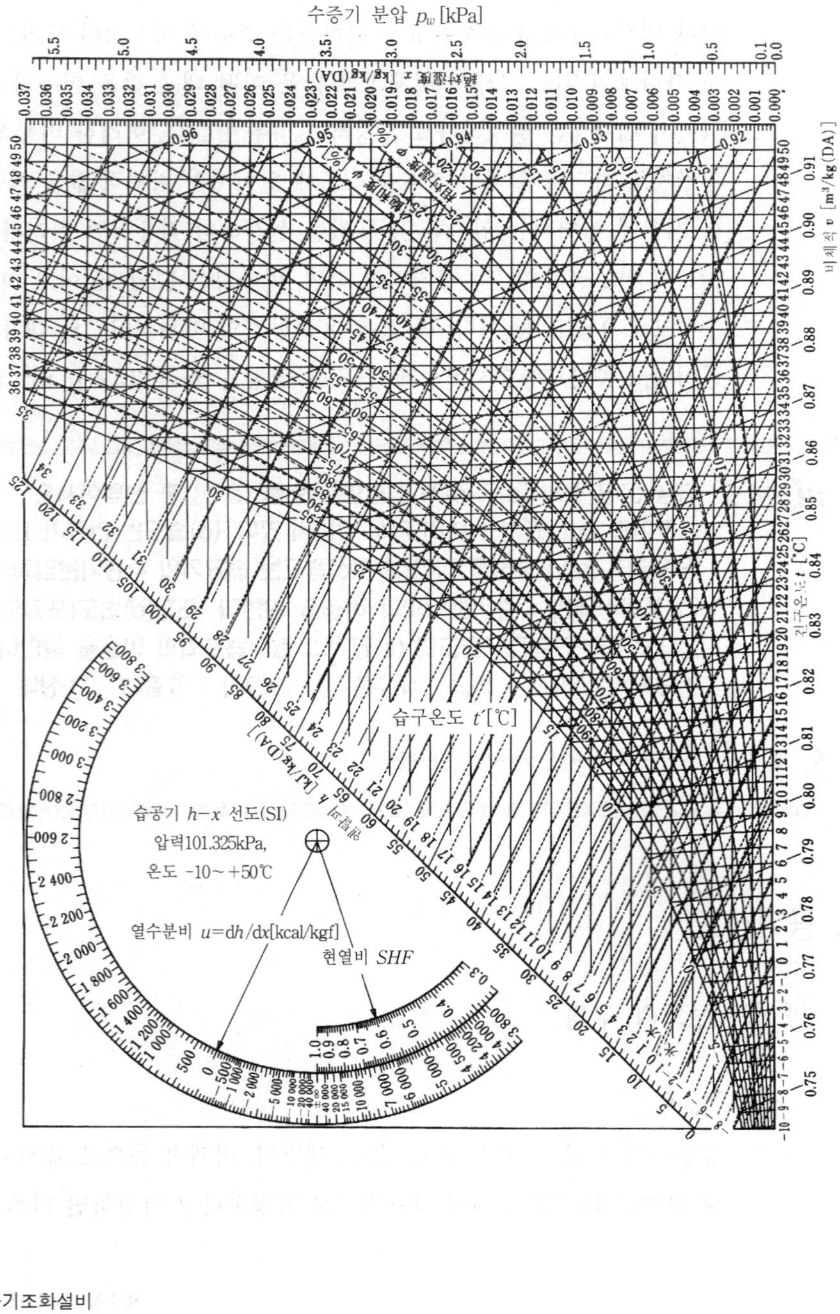

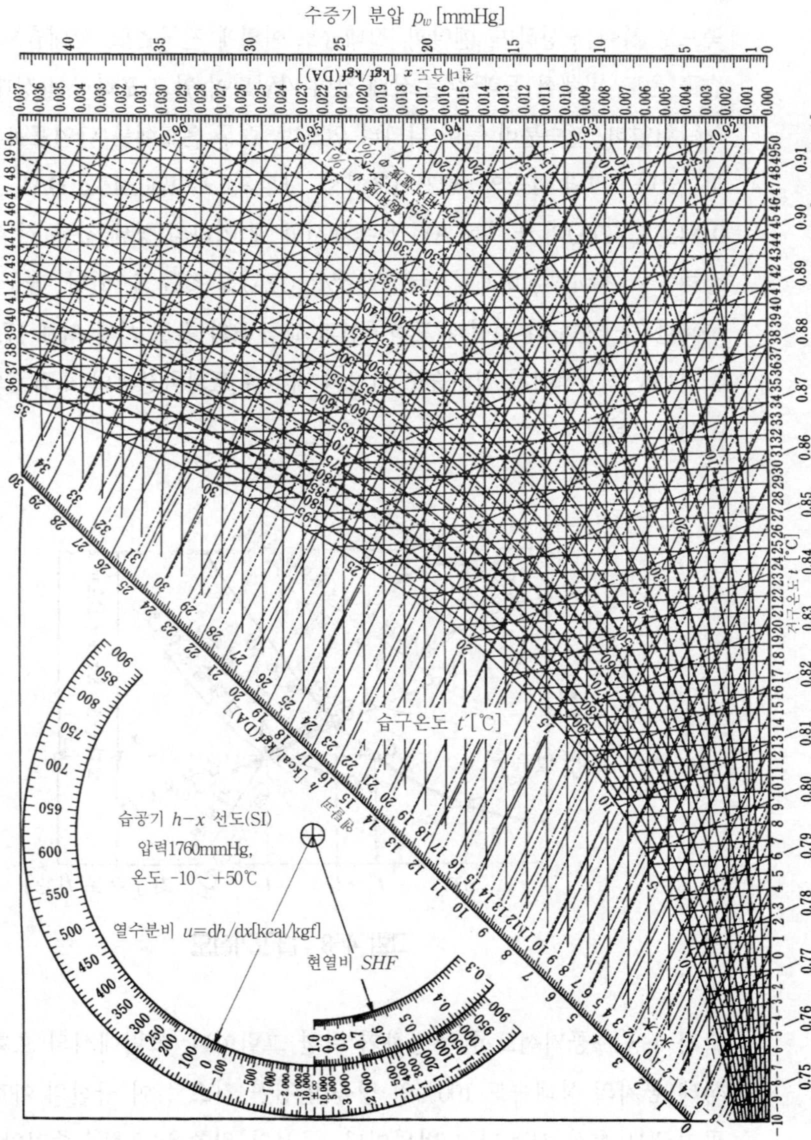

(b)

그림 4-2 습공기선도

공기선도에는 엔탈피와 절대습도를 좌표로 사용하는 i-x선도가 일반적으로 사용되고 있으나 건구 온도와 절대습도를 좌표로 하는 t-x선도, 건구 온도와 엔탈피를 사용하는 t–i선도도 이용된다. t–x선도는 절대습도 x를 횡축, 엔탈피 i를 사축으로 하여 구성하며, 엔탈피, 절대습도 이외에 건구온도, 상대습도, 수증기 분압, 습구 온도, 비체적 등과 같은 상태 값이 기입되어 있고 포화곡선(상대습도 100%의 선), 현열비, 열수분비 등이 나타나 있으며, 습구 온도에는 단열포화온도가 이용되고 있다. 그림 4-2의 공기선도에서 엔탈피 i= 12kcal/kg(DA) 절대습도 x= 0.09kg/kg(DA)의 공기를 A점으로 표시할 때 기타의 상태 값은 건구온도 t= 27℃, 상대습도 φ=41%, 비체적 v=0.863m^3/kg(DA)을 찾을 수 있다. 습구온도는 A점을 통과한 습구온도의 점선과 포화곡선의 교점 B의 온도 t'에 의해 17.9℃를 구한다. 노점온도는 A점에서 절대습도 일정의 직선과 포화곡선과의 교점 C의 온도 t''=12.5℃를 구한다.

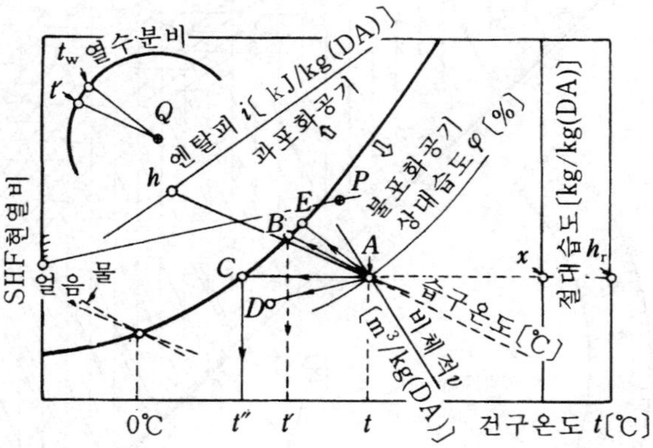

그림 4-3 습공기선도

그림 4-3은 공기선도를 설명하기 위한 그림이다. 그림에서의 포화곡선은 각기 상태 공기의 상대습도 100%인 점을 연결한 것으로 이 곡선의 아래쪽은 불포화 공기로서 통상 사용되는 범위이다. 곡선의 위쪽은 포화수증기압 이상의 수분을 포함하고 있는 공기로서 불안정한 과포화상태이거나 일부 수증기가 응축하여 안개처럼 부유하고 있는 '안개 낀 공기상태' 또는 저온부에서는 눈을 포함한 공기로서 특수한 경우 이외에는 사용하지 않는다.

예제 4-2 건구온도 24℃, 습구온도 17℃일 때 이 공기의 상대습도, 노점온도, 절대습도, 엔탈피, 비체적을 구하시오.

풀이 공기선도에 의해
상대습도 50%, 노점온도 12.5℃, 절대습도 0.0093kg/kg(DA)
엔탈피 60kJ/kg(DA), 비체적 0.856m³/kg(DA)

(2) 현열비(sensible heat factor : SHF)

현열비는 공기의 상태 변화시에 사용하는 것으로 엔탈피 변화에 대한 현열량 변화의 비율을 발한다. 엔탈피 변화량 Δi, 온도변화 Δt, 비열 C_p일 때

$$\mathrm{SHF} = \frac{\Delta q_s}{\Delta i} = \frac{C_p \times \Delta t}{\Delta i} \quad \cdots\cdots (4\text{-}8)$$

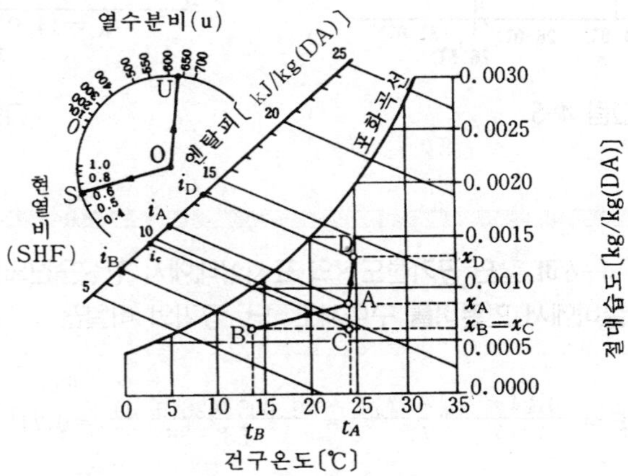

그림 4-4 현열비, 열수분비

그림 4-4에서 온도 t_A, 절대습도 x_B 의 점을 C라 하면, $\mathrm{SHF} = (i_C - i_B)/(i_A - i_B)$로서 공기선도에서 구할 수가 있다. 현열비가 일정하게 변화하면 공기 선도상에서 일정한 경사의 직선으로 표시되므로 이 경사를 나타내는 것이

현열비에 대한 눈금이며 기준점 O와 눈금상의 S점을 연결한 직선과 평행인 상태변화의 현열비는 S점의 값이 된다. 역으로 현열비가 주어졌을 경우에는 현열비 눈금에 있는 값과 O점을 연결하여 이것과의 평행선을 그어서(예를 들면 점 A에서) 이 직선상의 점(예를 들면 점 B)과의 상태변화를 주어진 현열비로 한다. 현열비는 열부하 계산에 있어서 현열부하/전열부하로서 계산하여 해당부하를 감당하기 위한 송풍온도의 결정 등에 이용한다.

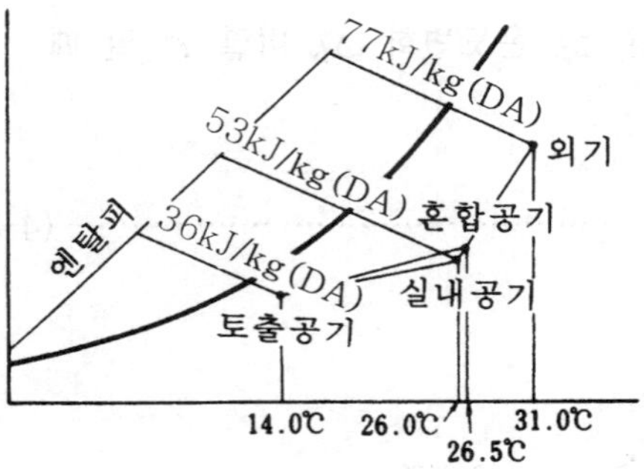

그림 4-5

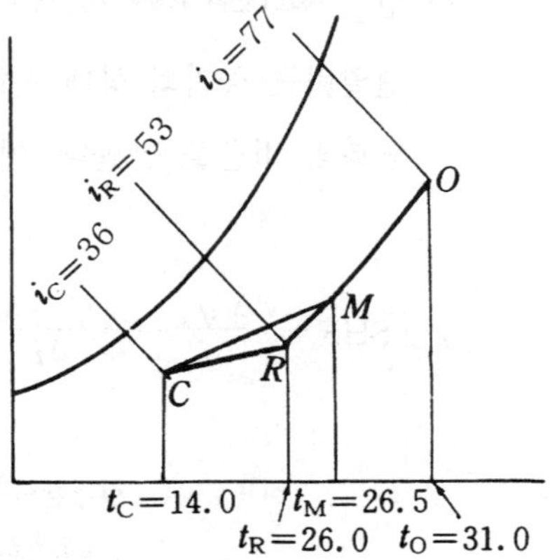

그림 4-6

예제 4-3 그림 4-6과 같은 공기선도상의 표시상태에서 정상운전되는 사무실 건물의 공기조화설비에서 현열비를 구하시오. 단, 공기의 비열은 1.005kJ/kg(DA)로 한다.

풀이

$$SHF = \frac{0.24\times(t_R - t_C)}{i_R - i_C} = \frac{1.005\times(26-14)}{53-36} = 0.71$$

(3) 열 수분비(enthalpy-humidity difference ratio)

열수분비 U는 엔탈피 변화량과 공기 중의 수증기 변화량의 비로서 다음 식과 같이 주어진다.

$$U = \frac{\Delta i}{\Delta x} \quad \cdots\cdots (4\text{-}9)$$

선도에서 일정한 경사로 표시되는 것으로 선도의 기준점(⊕로 표시)과 열수분비 U의 눈금을 연결한 직선화 평행한 직선상의 상태변화는 주어진 열수분비로 나타낸다. U는 어떤 열량과 수분이 주어졌을 때 공기선도상에 변화하는 방향을 지시하는 것으로 물, 온수, 증기 등의 분무에 의한 가습시 사용된다. 물, 증기의 온도를 t_w, t_s로 할 때 U는 다음 값이 된다.

증기의 경우

$$U = 597.5 + 0.441\, t_s \quad \cdots\cdots (4\text{-}10)$$

물, 온수의 경우

$$U = t_w$$

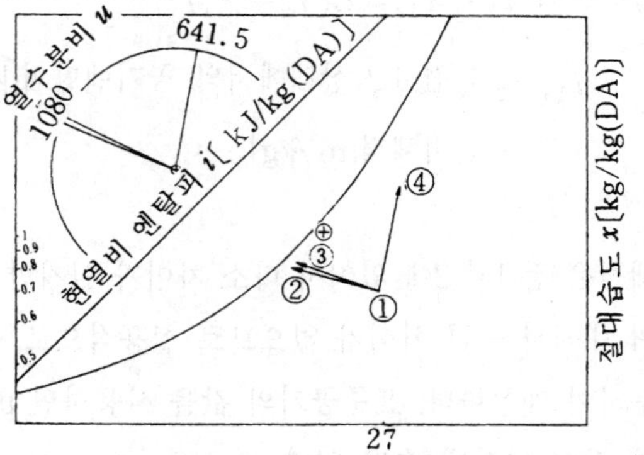

그림 4-7 열수분비 U의 사용방법

예를 들면 10℃의 물, 80℃의 온수, 100℃의 증기 변화는 그림 4-7에 의한다.

10℃ 물의 경우 $U = t_w = 10$(그림4－7①→②)

80℃ 온수의 경우 $U = t_w = 80$(그림4－7①→③)

100℃ 증기의 경우$U = 597.5 + 0.441 \times 100 = 641.5$(그림4－7①→④)

2) 공기조화 프로세스

공기의 가열, 냉각, 가습, 감습, 혼합 과정이 공기조화의 기본 공정이며 이에 대한 공기선도상의 표시 및 계산 방법은 다음과 같다.

(1) 가 열

증기와 온수 사용의 팬 코일 유닛 또는 전기 히터로 공기를 가열하는 경우 공기 중의 수분량은 변하지 않고 온도만 상승한다. 이는 그림 4-8과 같이 선도상에서는 절대습도 일정의 선상에서 변화한다. 그림 4-8의 점 1에서 2까지 가열하는데 소요되는 열량 q_hkJ/h는 풍량을 Q m³/h또는 Gkg/h라 하면 다음 식과 같이 표시한다.

$$q_h = \frac{Q}{v}(i_2 - i_1) = G(i_2 - i_1) \quad \cdots\cdots (4\text{-}11)$$

$i_1,\ i_2$: 점 1,2 상태에서의 공기엔탈피[kJ/kg]

v : 비체적[m³/kg]

비체적은 점 1과 2에 있어서 다소 차이가 있지만 일반적으로 공조에 사용되는 범위 내에서는 큰 차이가 없으므로 실용적으로 평균치 또는 적당한 대표값을 사용하여 계산한다. 표준공기의 값을 사용하면 v=0.83m³/kg이므로 윗식은 다음과 같이 나타낼 수가 있다.

$$q_h = \frac{Q}{v} C_p(t_2 - t_1) = \frac{Q}{0.83} \times 1.005(t_2 - t_1) \fallingdotseq 1.2143Q(t_2 - t_1)$$

C_p : 정압비열kJ/kg≒1.005

t_1, t_2 : 점 1,2의 건구온도℃

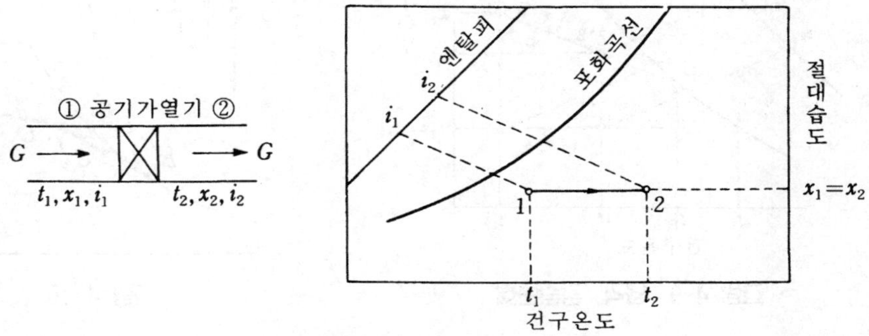

그림 4-8 가열변환

예제 4-4 건구온도 10℃, 습구온도 5℃의 공기를 가열장치를 이용하여 건구온도가 25℃될 때까지 가열한다. 가열기를 통해간 공기량이 1,000m³ /min 일 때 필요가열량을 구하시오

풀이 공기선도에 의해 가열장치 입구의 공기엔탈피는 18.84kJ/kg(DA) 가열 후 공기엔탈피 33.92kJ/kg(DA)에 의해 필요가열량은

1.2×1,000×(33.92-18.84)=18096kJ/min 또는

1.2×1.005×1,000×(25-10)=18090kJ/min

(2) 냉 각

① 코일에 의한 냉각 : 냉각코일에 의해 공기를 냉각하는 경우 코일의 표면온도가 공기의 노점온도보다 높을 때는 공기 중의 수분은 응축결로 하지 않고 그의 양은 변하지 않으므로 그림 4-9의 a와 같이 절대 습도 일정의 선상에서 변화한다. 이 경우 냉각에 필요한 열량은 식 4-12에 의해 구한다.

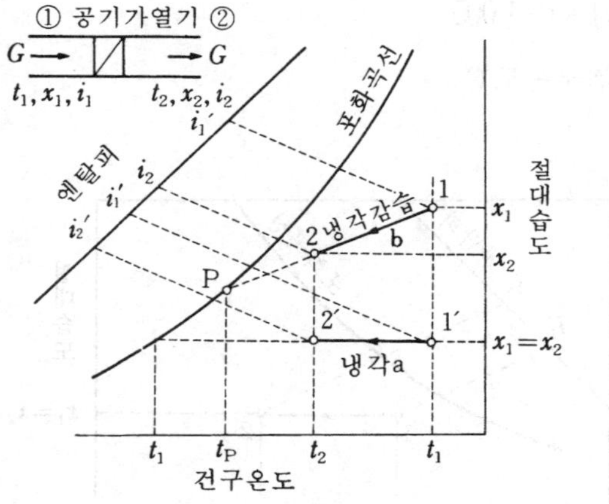

그림 4-9 냉각, 감습변화

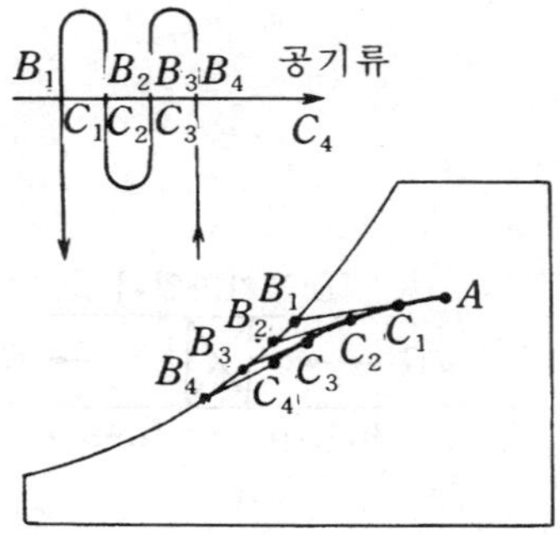

그림 4-10

예제 4-5 **건구온도 35℃, 상대습도 50%의 공기 1,000m³ /min을 냉각시켜 감습하지 않고 상대습도 95%의 공기를 제조하고자 할 때 냉각기를 통하여 공기로부터 제거하여야 할 열량을 구하시오.**

풀이 풀이 공기선도에 의해 냉각 전 공기의 엔탈피는 80.80kJ/kg(DA), 냉각 후 공기의 엔탈피 69.08kJ/kg(DA), 건구온도 23.8℃에 의해 1.2×1,000×(80.80-69.08)=14064kJ/min

코일의 표면온도가 처리공기의 노점온도보다 낮을 때 코일 표면에 결로가 발생하고 응축수가 제거되어 공기중의 수분량이 감소한다. 따라서 공기의 상태는 그림 4-9 b와 같이 냉각 · 감습되어 온도, 절대습도가 변하게 된다. 이때 공기의 출구온도 표시하는 점 2는 입구공기의 상태점 1과 코일의 평균 표면온도 t_p가 포화곡선과 만나는 점 P를 연결하는 직선상에 있게 된다. 열수가 많은 냉수코일에서는 각 열의 평균온도가 변하므로 그림 4-9에서와 같이 냉각 감습선 b는 곡선이 된다. 그러나 실용상 곡선의 적용이 곤란하므로 종합적인 평균 표면온도를 사용하여 점 1에서 점 2까지 직선으로 냉각한다고 가정한다. 이와 같이 코일평균 표면온도를 정확히 아는 것은 곤란하여 실용적으로 코일입구수온 t_{w1}과 출구공기의 습구온도 t_2'의 평균치로 나타내며 이 경우의 냉각열량 q[kJ/h]는 다음 식으로 나타낸다.

$$q = G(i_1 - i_2) = \frac{Q}{0.83}(i_1 - i_2) \quad \cdots\cdots (4\text{-}12)$$

또한 그림 4-9에서 (2P)/(1P)의 비를 코일의 바이패스 계수(bypass facto r : BF)라 하며 이는 코일의 형상, 열수, 공기풍속 등에 따라 달라지며 이에 대한 내용은 표 4-2와 같다.

표 4-2 냉각코일의 바이패스 계수

a) 냉각코일의 열수과 BF와의 관계

열 수	2	3	4	5	6
BF	0.31	0.18	0.10	0.06	0.03

b) 냉각코일을 통과하는 공기속도와 BF의 관계

공기속도(m/s)	1.5	2.0	2.5	3.0
BF	0.11	0.14	0.18	0.20

예제 4-6 건구온도 30℃, 상대습도 50%의 공기 1,000m³ /min을 냉각코일을 통과시켜 냉각감습한다. 코일의 평균표면온도는 10℃, BF는 0.1일 때 코일에서 제거되는 열량을 구하시오.

풀이

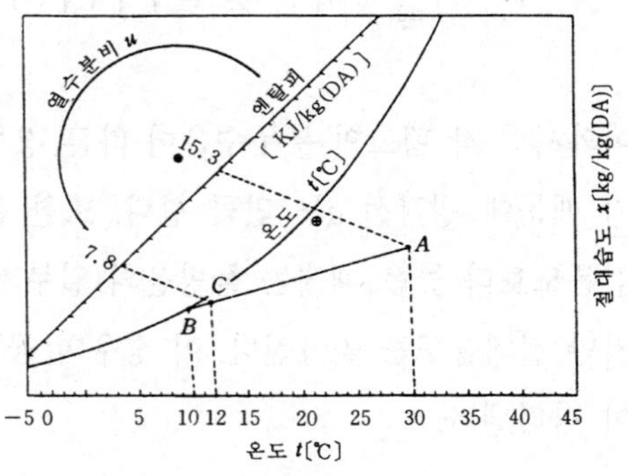

그림 4-11

코일 입구공기 상태점 A에서의 엔탈피는 64.06kJ/kg(DA), 코일 평균온도 10℃는 점 B로 표시된다. BF가 0.1이므로 코일 출구의 공기 상태는 직선 AB의 길이중 90%의 점 C가 된다. 점 C의 공기 건구온도는 12℃, 엔탈피는 32.66kJ/kg(DA)이다. 따라서 제거되는 열량은

$$\frac{1000}{0.83}(64.06-32.66)=37831\text{kJ/min}$$

② 에어와셔(air washer)에 의한 냉각 : 에어와셔에 의해 공기를 냉각하는 경우에는 물방울과 공기가 직접 접촉하여 열 전달과 더불어 물질이동이 일어나므로, 공기는 온도 및 습도가 함께 변화한다. 공기의 노점온도보다 낮은 수온의 냉수를 분무하게 되면 공기중의 수증기는 물방울의 표면에서 응축하여 물방울과 더불어 낙하하기 때문에 공기는 감습 한다. 이때 공기의 상태변화는 그림 4-12의 a로서 표시되며, 출구공기를 나타내는 점 2는 입구공기를 나타내는 점 1과 출구수온 t_{w2}가 포화곡선과 만나는 점 3과를 연결하는 직선상에 있게 되고, 전열량 q_c[W]는 다음 식에 의하여 계산하며 출구수온을 구할 수가 있다.

$$q_c=\frac{Q}{v}(i_1-i_2)=LC_w(t_{w2}-t_{w1}) \quad \cdots\cdots (4\text{-}13)$$

L : 분무수량[kg/h]

C_w : 물의 비열(≒4.1868)[kJ/kg℃]

t_{w1}, t_{w2} : 입구 및 출구수온[℃]

에어와셔의 각 뱅크의 분무수온이 다른 경우에는 각 뱅크에서 점 3이 이동하기 때문에 냉각선 a는 만곡 한다. 또한 분무하는 냉수의 온도가 공기의 노점온도보다 높은 때에는 물방울의 일부가 증발하여 공기의 온도가 낮아지지만 절대습도는 높아진다. 이 경우의 공기상태 변화는 그림 4-12의 b와 같이 나타낸다.

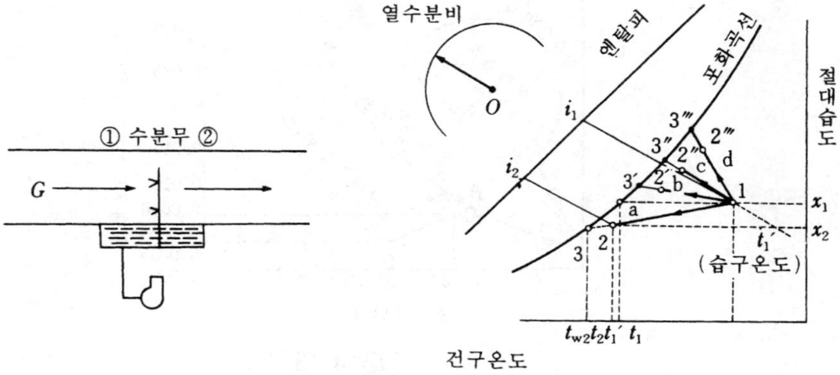

그림 4-12 물분무에 의한 상태변화

(3) 가 습

가습은 수분무, 증기분사, 가열 팬에 의한 증발 등이 있으며 수분무, 가습기에는 에어와셔와 같이 다량의 물방울을 분무, 순환시키는 것과 미세한 물방울을 분무하여 분무수량을 거의 증발시키는 방식이 있다.

① 에어와셔의 경우 : 에어와셔에서 분무수를 냉각하거나 가열하지 않고 순환 사용하게 되면 공기온도와 수온과의 차에 의한 열 전달과 증발에 의한 냉각이 평형되는 수온에 이른다. 이러한 상태를 단열 가습이라 하며, 수온은 입구공기의 단열포화온도(습구 온도)와 동일한 값이 된다. 공기는 그림 4-13의 c와 같이 습구 온도가 일정한 선상에서 변화하며 온도의 저하와 절대습도의 상승현상이 일어난다. 이때 엔탈피의 변화는 증발한 물의 엔탈피가 추가될 뿐이므로 실용적으로는 엔탈피의 변화는 없는 것으로 간주한다. 또한 출구공기의 상태는 그림의 2″로 나타내며, 분무 수량이 많고 공기와 물방울과의 접촉시간이 길어지게 되면 포화곡선상의 점 3″에 접근하며, 이 (1,2″)/(1,3″)의 비를 포화효율이라 한다.

일반적으로 에어와셔의 효율은 다음과 같다.

분무노즐의 열수　1열의 경우 ………… 65~80(%)

2열의 경우 ………… 80~98(%)

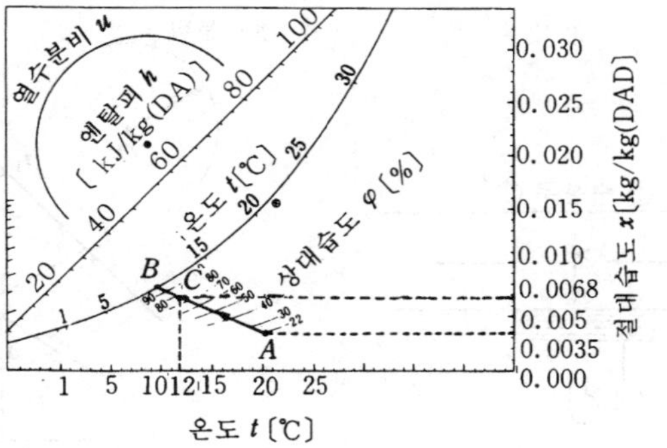

그림 4-13

에어와셔로 분무수를 가열하는 경우 통과공기는 가습되는 동시에 건구 온도가 상승 또는 하강한다. 통과공기의 건구 온도가 높고 낮아지는 변화는 분무되는 온수의 온도와 수량에 따라 결정된다.

㉮ 온수의 온도가 에어와셔 입구공기의 건구 온도보다 높고 통과공기량에 비하여 분무수량이 대단히 많은 경우 그림 4-14의 점 A를 입구공기의 상태점 점 B를 분무수온을 나타내는 점이라 할 때 공기는 에어와셔를 통과하는 동안 점 A의 직선 AB상에서 B를 향하여 상태가 변화하여 에어와셔 출구로서 점 C의 상태가 된다. 점 C의 위치는 에어와셔의 포화효율에 의해 결정되며 이 경우 공기는 가습과 가열이 동시에 진행된다.

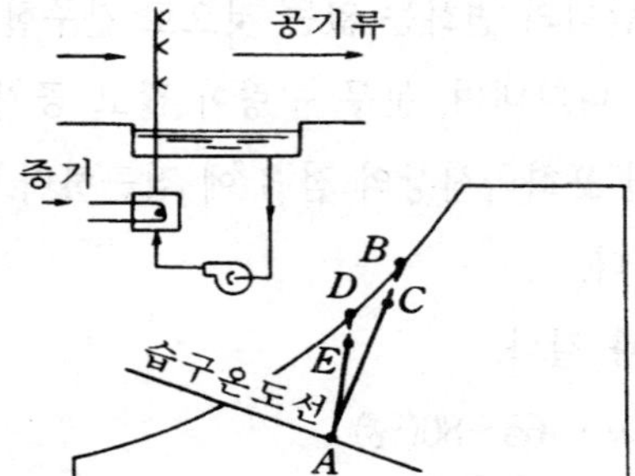

그림 4-14 에어와셔에 의한 가습(1)

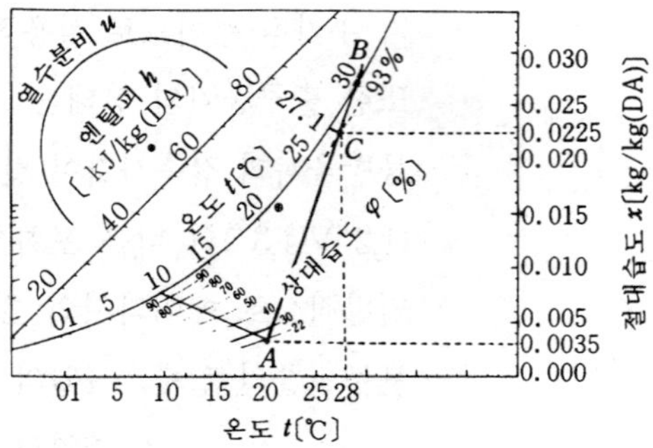

그림 4-15

㉯ 분무수의 온도가 에어와셔 입구의 공기 건구 온도와 같은 온도로서 분무되어 이 온도가 일정하게 유지되는 경우 공기의 상태는 그림 4-16과 같이 최초의 공기상태 A를 통과하는 건구 온도선이 포화곡선을 향하여 이동한다. 이 경우 가습 만으로 냉각은 하지 않는다.

㉰ 분무수의 온도가 통과공기의 건구 온도 보다 낮고 습구 온도 보다 높으며 수온이 일정하게 유지되는 경우 그림 4-17에서 점 C와 같이 냉각 가습되는 상태가 된다.

㉱ 분무수의 온도가 변하는 경우 앞에서의 ㉮, ㉯, ㉰에서 분무수의 온도가 분무 낙하 중 변하지 않는 경우에 대하여 기술하였으나 실제의 에어와셔에서는 통과 풍량에 대하여 분무수량이 충분하게 많지 않은 경우 낙하 중 수온은 변한다. 이때 수온은 그림 4-16의 B점에서 D점(최초수온에서 입구공기의 습구 온도에 가깝게)으로 변하므로 공기출구상태는 E점이 된다.

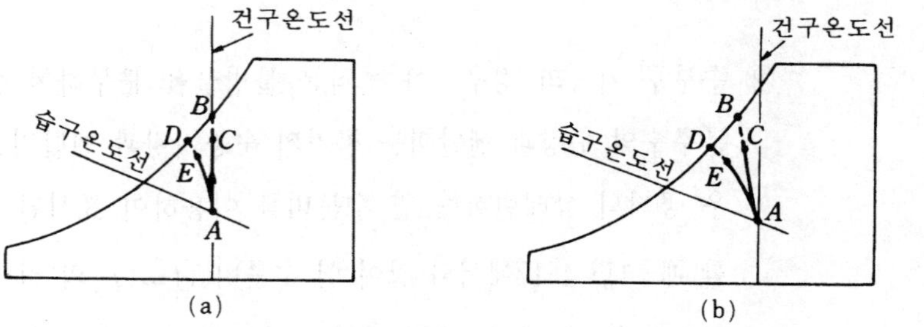

그림 4-16 에어와셔에 의한 가습

예제 4-7 건구온도 20℃, 습구온도 10℃의 공기 1,000m³ /min을 에어와셔의 순환분무수 중을 통과시킬 때 출구공기상태와 가습량을 구하시오. 에어와셔의 효율은 80%로 한다.

풀이 공기선도 그림 4-13에 의해 에어와셔 입구공기 A의 절대 습도는 0.0035kg/kg(DA), 이 공기는 에어와셔 중 점 A를 통과하는 습구 온도선상으로 포화곡선을 향하여 이동할 때 출구에서는 AB길이의 80%의 점C는 습구 온도 10℃, 절대 습도 0.0068kg/kg(DA), 상대습도 79%가 된다.

또한 에어와셔에 의해 통과공기에 주어진 수분량은 다음과 같다.

$$\frac{1000}{0.83}\times(0.0068-0.0036)=3.86\text{kg/min}$$

예제 4-8 **건구온도 20℃, 습구온도 10℃의 공기 1,000m³ /min을 30℃의 물을 분무하는 에어와셔를 통과할 때 출구공기의 상태와 에어와셔에서 공기에게 주어진 가습량을 구하시오**

풀이 그림 4-15에서와 같이 건구온도 20℃, 습구온도 10℃의 에어와셔 입구상태점 A와 포화곡선상의 30℃의 분무수 상태점 B를 직선으로 연결한 AB선상에 AB길이의 80%인 지점을 AC로 한다. 점 C는 에어와셔 출구공기의 상태점이다. 출구공기의 건구온도는 28℃, 습구온도는 0.0225kg/kg(DA), 상대습도는 93%, 절대습도는 0.0225kg/kg(DA)이다. 또한 A점 공기의 절대습도는 0.0035kg/kg(DA)로서 에어와셔통과 공기에 주어지는 수분량은

$$\frac{1000}{0.83}\times(0.025-0.0035)=25.9\text{kg/min}$$

② 수분무 가습의 경우 : 아주 작은 물방울을 분무하여 증발시키는 경우에는 분무수의 수량과 엔탈피는 공기의 수증기량과 엔탈피를 증가시킨다. 이 경우 공기의 상태변화는 열 수분비를 이용하여 표시된다. 수온을 t_w[℃]라 할 때 그림 4-17에서와 같이 열 수분비 $U=t_w$의 직선과 평행한 선상에서 변화한다. 상온부근 물의 현열은 잠열에 비하여 극히 적으므로 이러한 상태변화는 실용적으로 습구온도의 일정 선상 또는 엔탈피 일정의 선상에서 변화한다고 생각해도 좋다.

③ 증기분사 가습의 경우 : 증기가습기는 미세한 구멍에서 증기를 공기 중에 분사시켜 가습하는 것으로 일반적으로 저압증기가 이용되고 있다. 공기의 상태변화는 증기온도를 t_s[℃]로 할 때 그림 4-18에서와 같이 열 수분비 $U=597.5+0.44t_s$의 선상에서 변화한다. 이 경우 공기의 온도상승 Δt[℃]는 통상의 공기로 사용되어지는 범위에서 다음 식으로 근사 값을 구한다.

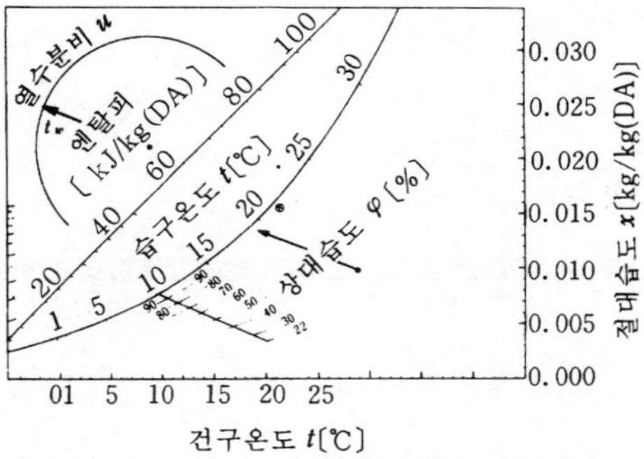

그림 4-17 수분무에 의한 가습

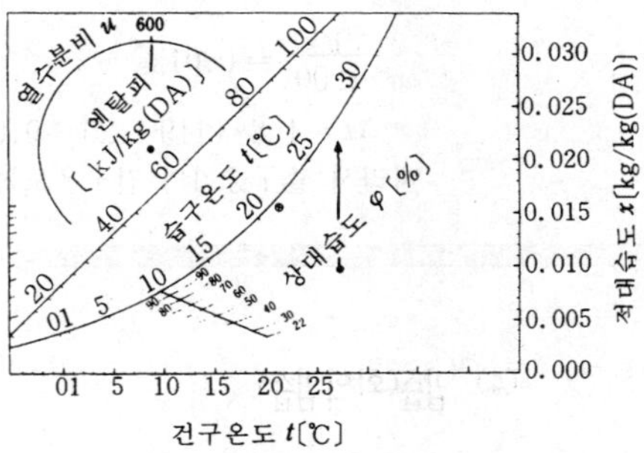

그림 4-18 증기가습

$$\Delta t = 1.8(t_s - t_1)\Delta x \quad \cdots\cdots (4\text{-}14)$$

t_s, t_1 : 증기온도와 입구공기온도[℃]

Δx : 가습에 의한 절대습도 증가량[kg/kg(DA)]

이에 의한 온도상승은 보통 1℃ 정도 이하가 많으며 실용적으로는 공기의 상태변화는 건구 온도 일정의 선상에서 변화하는 것과 큰 차이가 없다. 수분무와 증기가습의 경우 필요 가습량 Lkg/h는 다음 식에 의하여 구한다.

$$L = \frac{Q}{v}(x_2 - x_1) \quad \cdots\cdots (4\text{-}15)$$

Q : 풍량[m^2/h]

v : 비체적[m^3/kg(DA)]

x_1, x_2 : 입구와 출구공기의 절대습도[kg/kg(DA)]

예제 4-9 **건구온도 20℃의 공기 1,000m³ /min에 압력 1kgf/cm² G의 포화증기(포화온도 119℃) 12kg/min을 분무하였을 때 가습기 출구공기의 건구온도를 구하시오.**

풀이 1,000m³/min 중 건공기의 중량은

$$\frac{1000}{0.83} = 1200\text{kg/min}$$

건공기 1[kg]에 대하여 분무되어지는 증기는

$$\frac{12}{1200} = 0.01\text{kg}$$

$$\Delta t = 1.8 \times (119 - 20) \times 0.01 = 1.78$$

따라서 출구공기의 건구온도는 20+1.78=21.78℃

(4) 감습(화학감습)

감습에는 냉각코일이나 에어와셔를 이용하는 냉각감습법 이외에 실리카겔 등의 고체흡착이나 염화리듐 등의 액체 흡수에 의한 화학감습법 등이 있다. 고체 흡착감습기에 있어서 공기 중의 수증기는 흡착제에 흡착될 때에 흡착열을 발생한다. 이것은 수증기가 액상으로 변하는 응축잠열과 침투열이 가산된 것으로 실리카겔에 있어서 수분 1kg의 흡착열은 약 1,2447kJ이다. 이 때문에 공기의 상태변화는 그림 4-19의 a와 같은 열수분비 u = -12447kJ/kg의 선상에서 변화하여 감습과 더불어 온도가 상승한다.

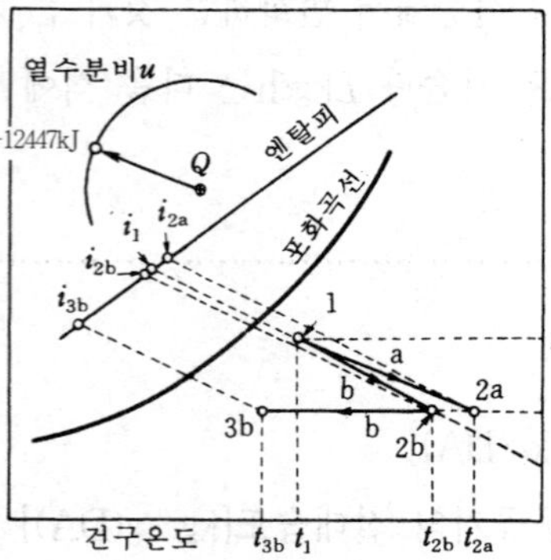

그림 4-19 감습변화(화학감습)

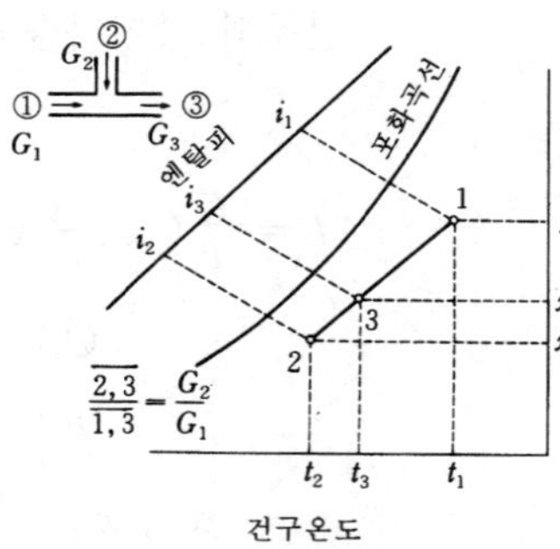

그림 4-20 혼합변화

실제적으로 흡착 감습기에서 흡착제의 능력이 저하하면 가열하여 재생하기 때문에 초기에는 흡착제 및 용기의 온도가 높아져서 공기가 가열되어 흡착열에 의하여 계산한 온도상승보다 많아진다. 액체 흡수 감습기에서는 흡수할 때 흡수 열을 발생한다. 이것은 수증기의 응축잠열과 용해열을 더한 것이며, 염화리

틈 등의 용해열은 잠열의 1%정도이므로 무시해도 된다. 그래서 공기의 상태변화는 거의 습구 온도가 일정한 선상에서 변화한다. 그러나 재생에 의한 용액온도가 상승하므로 실제로는 다소 온도상승이 커진다.

흡수 감습기에서는 흡수기내에 냉각코일을 설치하여 액 및 공기를 냉각한다. 따라서 출구공기는 점 3b와 같이 되지만 이것은 수증기의 응축에 의한 변화(습구 온도가 일정한 선상) 1→2b와 냉각코일에 의한 온도 강하(절대 습도가 일정한 선상) 2b→3b로 구분하여 고려한다. 다만 냉각코일의 열량 계산에 있어서는 공기선도에서 구하는 공기의 냉각열량 이외에 액을 냉각하는 열량을 더하여야 한다.

(5) 혼 합

상태가 서로 다른 공기를 혼합시키게 되면 혼합공기의 상태는 그림 4-20과 같이 혼합 전의 두 개의 상태를 나타내는 점 1, 2를 연결한 직선상의 점 3으로 나타내며, 점 3은 (2, 3)/(1, 3)=G_2/G_1과 같은 혼합비에 의하여 결정된다. 다만 실제적으로 (G_2/G_1)대신에 (Q_2/Q_1)을 사용한다. 여기서 G_1, G_2는 점 1, 2의 공기유량[kg/h], Q_1, Q_2는 점 1, 2상태의 풍량[m³/h]이다.

예제 4-11 **건구온도 10℃, 습구온도 5℃의 공기 1kg과 건구온도 26℃, 습구온도 18℃의 공기 3kg이 혼합했을 때의 건구온도와 습구온도를 구하시오.**

풀이

건구온도 : $\dfrac{10\times1+26\times3}{4}=22℃$ 습구온도 : $\dfrac{5\times1+18\times3}{4}=14.75℃$

선도상에 건구온도 10℃, 습구온도 5℃ 공기의 상태점 A, 건구온도 26℃, 습구온도 18℃ 공기의 상태점 B를 연결하여 직선 AB를 AC : BC=3 : 1로 나눈 점을 C라 할 때, 점 C는 혼합공기의 상태점이 된다. 이때 건구온도 21.7℃, 습구온도 15℃, 상대습도 49℃이다.

3) 공조프로세스의 공기선도상 표시

공조장치의 설계에 있어서는 공기의 상태변화를 공기선도상에 표시하여 토출공기의 온습도를 결정하거나 장치용량의 계산을 실시한다. 이것은 공조방식에 따라서 달라지므로 그림 4-21에서와 같은 단일 덕트 방식을 예로 하여 설명한다.

(1) 냉 방

① 최대 냉방 부하 시

그림과 같은 장치에 있어서 최대 냉방 부하 시에는 일반적으로 냉각코일만을 사용하며 재열하지 않는 설계를 한다. 이에 대한 공기선도상의 표시는 그림 4-22와 같다.

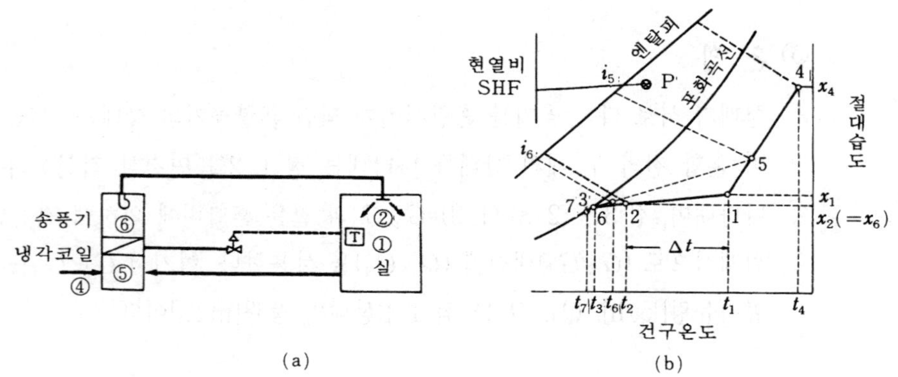

그림 4-22 냉방시의 상태변화 (최대 부하)

그림에서 점 1은 실내의 공기, 점 2는 실내로 송풍하는 공기의 상태를 나타내며, 이때의 냉방부하를 현열 부하 q_{CS} kJ/h, 잠열 부하 q_{CL} kJ/h라 하며, 실내에 송풍된 공기는 현열 부하에 의하여 가열되어 온도가 상승하고, 잠열 부하에 의하여 가습되어 습도가 상승하여 점 1의 온습도 상태가 되며, 이들 관계는 다음 식과 같이 표시된다.

$$q_{CS} = \frac{Q}{v} C_p(t_1 - t_2) = 1.2143Q(t_1 - t_2) \quad \cdots\cdots (4\text{-}16)$$

$$q_{CL} = \frac{Q}{v} r(x_1 - x_2) = 3012Q(x_1 - x_2) \quad \cdots\cdots (4\text{-}17)$$

Q : 풍량[m^3/h]

v : 비체적 [m^3/kg](=0.83)

C_p : 정압 비열[kJ/kg℃](≒1.005)

r : 증발 잠열[kJ/kg](≒2500)

t_1, t_2 : 실내 및 토출 공기의 온도[℃]

x_1, x_2 : 실내 및 토출 공기의 절대습도[kg/kg']

설계조건에서 토출공기의 온습도를 결정하기 위하여 위 식을 이용해도 좋으나, 변수는 t_2, x_2, Q의 3개인데 식이 2개밖에 없으므로 일시에 결정할 수가 없기 때문에 토출온도차 Δt($t_1 - t_2$)를 적당한 값으로 정하여 설계를 한다. Δt는 경제성, 풍량분포, 토출구의 결로 등을 고려하며 일반적으로 10~12℃정도로 한다. 냉방부하의 현열비는 다음 식으로 표시된다.

$$\mathrm{SHF} = \frac{q_{cs}}{q_{cs} + q_{cL}} \qquad \cdots\cdots (4\text{-}18)$$

이 SHF와 흡출구온도차 Δt로부터 점 2를 구할 수 있다. 공기선도상의 점 P와 현열비 눈금상의 SHF 값의 점과 연결한 직선과 평행인 1,3을 만들어 이 직선상에서 점 2을 정하면 식 4-18을 만족한다. 다만, 점 3은 포화곡선상의 점으로서 점 2는 직선 1,3 위의 어느 점이라도 취할 수 있으나 Δt를 주어지게 되면 점 2는 결정된다. Δt를 크게 하면 풍량 Q가 적어져 경제적으로 되지만 점 2를 포화상태에서 접근시키게 되면 냉각코일의 열 수가 많아지고 송풍기나 덕트 내에서의 온도상승이 있기 때문에 실제적으로 점 2는 상대습도 90~95% 이상 접근시킬 수 없다. 외기와 환기의 혼합상태는 점 5로 표시되며 이는 외기의 혼합비에 따라 결정된다. 점 6은 혼합공기의 냉각코일 출구상태를 나타낸다. 점 6은 점 2와 동일 절대습도 선상에 있으며 $t_2 - t_6$은 송풍기의 압력, 효율, 덕트의 단열성에 따라 다르나 일반적으로 중앙식인 경우 $t_1 - t_2$의 10% 전후가 많다. 점 7은 냉각 코일의 평균 표면 온도를 나타낸다.

② 부분부하시

㉮ 재열을 할 경우

공조장치의 용량은 최대부하계산에 의하여 결정하나 실제에는 부분부하의 상태에서 운전하는 경우가 많다. 이 경우 풍량을 일정하게 유지하고 토출 온습도를 변경하여 용량 조절하는 방법이 주로 사용되고 있다. 이는 공기선도 4-23의 점 2가 이동한다. 점 2로 실내에 토출하기 위하여 송풍기와 덕트 내에서의 온도상승을 고려하여 냉각코일 출구상태는 점 6이 된다. 그러나 점 5와 점 6을 연결한 선은 포화곡선의 교점 7이 대단히 낮은 온도가 되거나 직선 5, 6이 포화곡선과 교차되지 않아서 실현하기 어렵게 된다. 이와 같은 경우에는 가열코일을 재열용으로 이용하여 냉각코일에서 점 8까지 냉각 감습하고 이것을 가열코일에서 점 6까지 가열한다. 그러나 재열하게 되면 냉각코일에서는 공기를 i_5에서 i_8까지 냉각하게 되므로 최대 냉방 부하시와 비슷한 열량을 필요로 할뿐만 아니라 또다시 가열코일에서 가열열량이 필요하게 되어 비경제적인 운전이 된다.

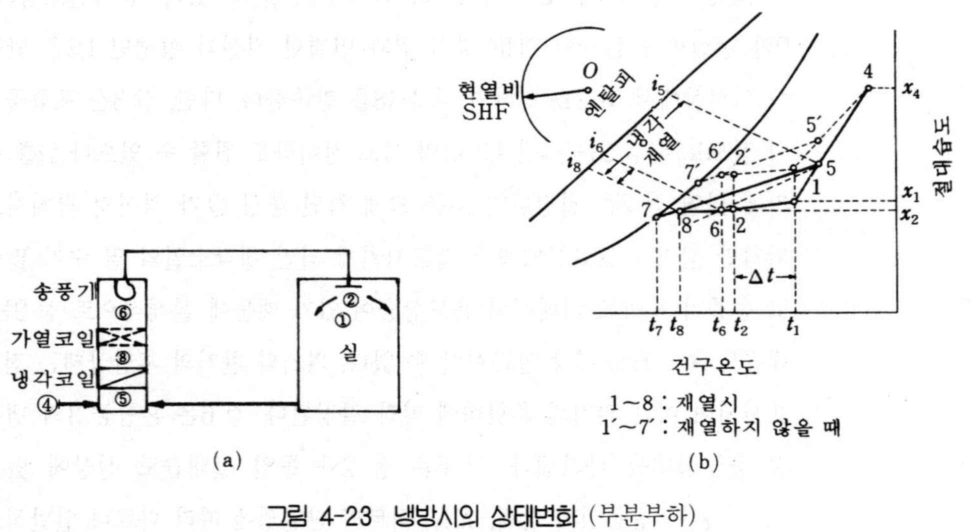

그림 4-23 냉방시의 상태변화 (부분부하)

㈏ 냉각코일의 밸브제어에 의한 방법

부분 부하시에 재열을 하지 않고 냉각코일만을 사용하여 실내온도 조절기에 의하여 냉각코일의 밸브를 제어하게 되면 점 8의 상태에서 재열하지 않고 송풍하게 되므로 실온이 너무 낮아져서 온도조절기가 작동하여 냉각코일의 밸브를 닫아서 코일의 평균표면 온도 t_7이 상승한다. 따라서 점 8은 온도 및 절대습도가 높은 쪽으로 이동하다가 평형상태에 이르게 되면 1′~7′의 상태가 되어 실내 상태 점 1′의 온도는 설계 값으로 유지되지만 습도가 높아진다. 이와 같이 재열을 하지 않으면 부분 부하시에 실내의 습도가 높아지는 경향이 있다.

(2) 난 방

그림 4-21과 같은 장치로 난방하는 경우 공기선도에서는 4-24와 같이 표시된다. 점 1은 실내상태로서 설계 온습도에 의해 설정된다. 이 점으로부터 난방부하의 현열비 SHF를 이용하여 직선 1,2를 만든다. 난방부하의 계산은 잠열부하를 생략하고 현열 부하만으로 구할 수가 있는데 이 경우는 SHF=1로서 절대습도 일정의 선을 따라 이동한다. 토출 공기를 나타내는 점 2는 이 직선상에 있다. 이때 토출온도차 Δt는 이론적으로 얼마든지 크게 정할 수가 있으나 Δt가 클수록 풍량이 적어져 실내공기 분포가 불량하여지므로 일반적으로 10℃ 정도 이하로 한다. Δt를 정하면 점 2가 구하여진다. 그러나 일반적으로 냉방시 정하여진 풍량을 난방시에도 사용하여 다음 식에서 토출 온도차를 구하는 경우가 많다.

$$q_{hs} = \frac{Q}{v} C_p (t_2 - t_1) \quad \cdots\cdots (4\text{-}19)$$

q_{hs} =난방 현열 부하[W]

다음은 외기의 상태를 점 4로 하여 외기와 환기의 혼합상태를 점 5로 표시한다. 점 8은 가열코일에서 가열되어진 공기의 상태를 나타내며 증기 가습의 경우 열수분비 u를 이용하여 점 2에 도달한다. 부분부하시에는 풍량 일정으로 운전하며 실내의 온습도 제어를 한다. 부하에 대하여 토출 공기 상태점 2가 이동하나 가열코일과 가습기의 용량제어에 의해 필요 토출 온습도를 얻을 수 있다.

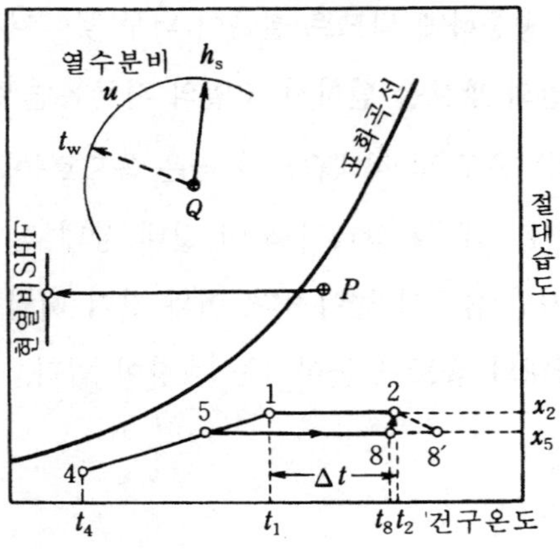

그림 4-24 난방시의 상태변화

예제 4-12 다음과 같은 공기조화기 구성시의 공기변화상태를 공기선도상에 나타내시오.

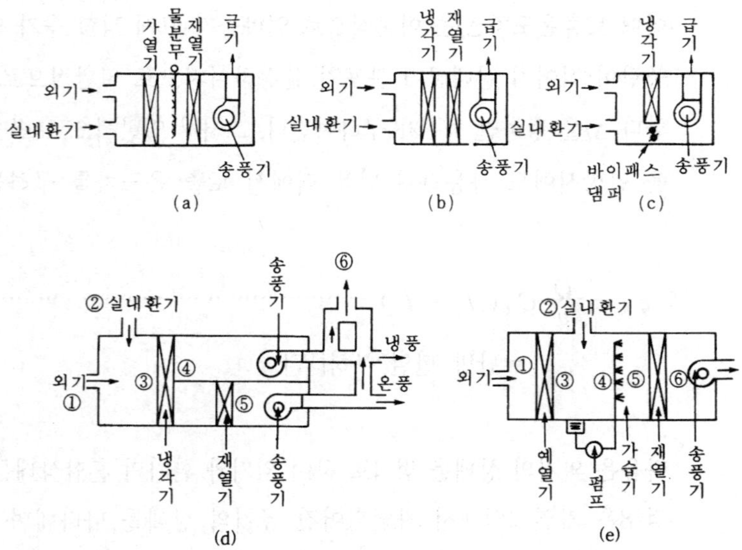

풀이

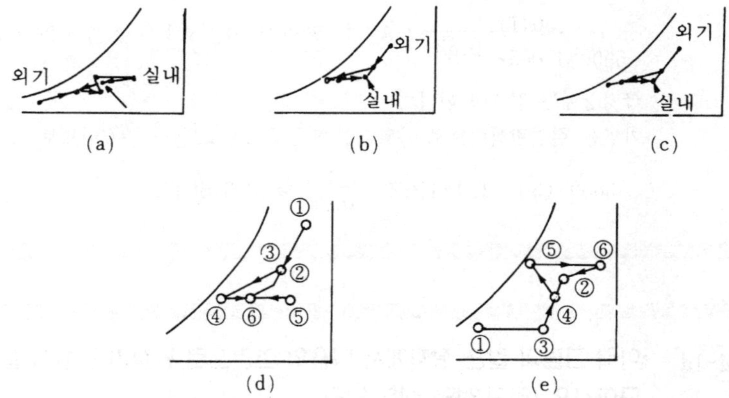

예제 4-13 그림 4-26과 같은 장치로 난방을 할 경우 다음 조건에 대하여 가열코일부하(W)를 구하시오.

<조건>

· 외　　기 : 건구온도 0℃, 상대습도 40%, 도입외기량 1,500m^3 /h

· 실　　내 : 건구온도 24℃, 상대습도 40%, SHF=0.8 현열부하 36,414kJ/h

· 열수분비 : 420kJ/kg, CF:0.8

　송풍증기 : 비　열 1.005kJ/kg℃

　　　　　　비체적 0.83m^3 /kg

　　　　　　송풍량 5,000m^3 /h

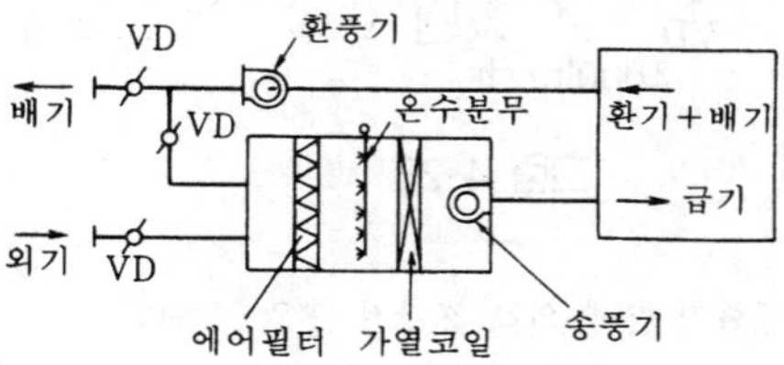

그림 4-26

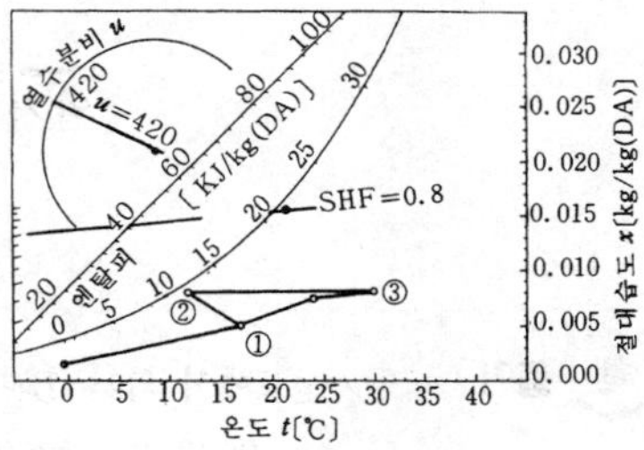

그림 4-27

풀이 외기와 환기의 혼합공기의 온도 ①

$$\frac{24\times3500+0\times1500}{5000}=16.8℃$$

온수분무에 의해 공기상태 ①은 열수분비 420kJ/kg의 선과 평행하게 CF 0.87부분까지 이동한다.

실내 SHF=0.8이므로 급기의 상태는 이선상에 있음. 또한 현열부하 36414kJ/h이므로 Δt는

$$\frac{36414}{5000\times1.005\times\frac{0.83}{1}} \fallingdotseq 8.7℃$$ 따라서 급기온도는 $8.7+24=32.7℃$

급기상태는 점 3이 된다.

가열은 현열변화이므로 가열코일 입구공기온도 ②는 12℃이므로 가열코일부하는

$$5000\times(30-12)\times1.005\times\frac{1}{0.83} \fallingdotseq 108976\text{kJ/h}$$

예제 4-14 아래 그림과 같은 장치에서 다음의 조건으로 동절기 난방시 실내토출공기 상태를 구하시오 (건구온도, 상대습도)

<조건>

- 외기도입량 2,000kg/h
- 급기량 6,000kg/h
- 외기 : 건구온도 7℃, 상대습도 45%
- 실내 : 건구온도 19℃, 상대습도 47%
- 송풍기와 덕트 등으로부터의 열 이동은 무시한다.
- 가열코일의 가열량 43,500kJ/h

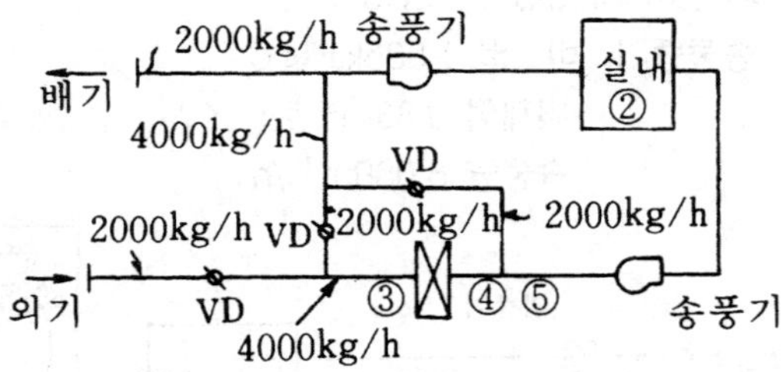

그림 4-28

풀이 공기선도에서 외기 ①과 실내환기 ②에 의해 혼합점 ③을 구한다.

$$t_3=\frac{2000\times7+2000\times19}{4000}=13℃$$

④의 상태는 코일 가열량 43500kJ/h로부터

$$t_4=13+\frac{43500}{1.005\times4000} \fallingdotseq 23.8℃$$

토출 상태 ⑤는

$$t_5=\frac{4000\times23.8+19\times2000}{6000}=22.2℃$$

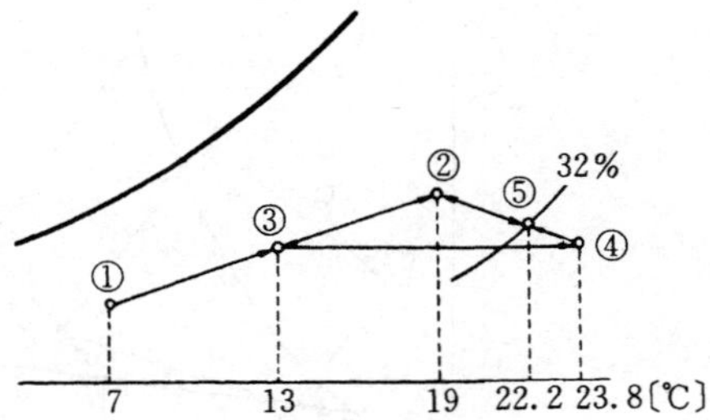

그림 4-29

예제 4-15 아래그림과 같은 장치로 냉방을 할 때 다음 조건에서 냉각기 부하를 구하시오.

<조건>

· 외　　기 : 건구온도 33℃, 습구온도 27℃

· 실　　내 : 건구온도 26℃, 상대습도 50%

· 실내부하 : 현열부하 189,000kJ/h
　　　　　잠열부하 21,000kJ/h

· 외기도입량 : 송풍공기량의 20%

· 냉각코일출구의 공기상태 : 상대습도 90%

· 송풍공기 : 비열 1.005kJ/kg(DA)℃

· 송풍기와 덕트 등으로부터의 열부하는 무시한다.

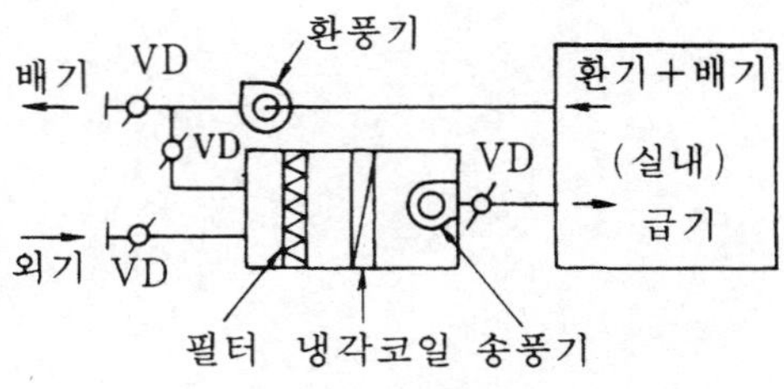

그림 4-30

풀이

$t_o = 33℃$, $t_o' = 27℃$에서 O점, $t_r = 26℃$ $RH = 50℃$에서 R점을 구하여 외기량 20%인 R점을 구한다.

$$\text{SHF} = \frac{Q_s}{Q_s + Q_c} = \frac{189000}{189000 + 21000} = 0.9$$

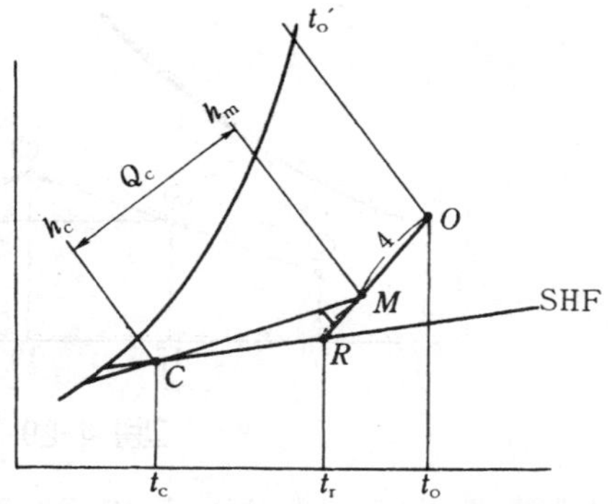

그림 4-31

공기선도상에서 R을 통과하는 SHF 0.9와 평행선과 RH 90%의 교점 C를 구한다.
송풍량 Q는 공기선도에서 $t_c = 15.7℃$ 이므로

$$Q_s = 1.2143Q(t_r - t_c)$$

$$\therefore Q = \frac{189,000}{1.2143(26-15.7)} = 15,111 ≒ 15,000 \text{m}^3/\text{h}$$

따라서 냉각기부하 Q_c는 선도에서 $h_m = 59.64$ kJ/kg $h_c = 41.16$ kJ/kg 이므로

$$Q_c = 1.2Q(h_m - h_c) = 1.2 \times 15,000(59.64 - 41.16) = 33,2640 \text{kJ/h}$$

5 부 하 계 산

제 5 장
부 하 계 산

1. 개 요

1) 부하계산의 목적과 계산 방법

(1) 부하계산의 목적

① 최대 부하 계산 : 열 부하의 설계 최대 값을 구하여 공기조화기, 냉동기, 보일러 등의 기기용량 결정과 열매 운반을 위한 덕트, 배관의 크기 결정에 사용한다.

② 연간 열 부하 계산 : 1년간 365일 매시간 당의 열 부하를 구하여 열원기기의 운전계획 작성, 운전비산출 등에 사용한다.

③ 시뮬레이션 계산 : 일정 기간 동안의 실온과 열 부하 변동을 알고자 할 때 필요한 자료를 컴퓨터에 입력하여 계산한다.

일반적으로 ①은 설계용 부하 계산, ②, ③은 동적 열 부하 계산이라 부른다.

(2) 열부하계산방법

열부하계산은 정상계산, 주기정상계산, 비정상계산의 3가지 방법이 있다 위 ①의 경우는 정상계산법, 주기정상계산법을 ②, ③의 경우에는 비정상 계산법을 이용한다.

① 정상 계산법 : 실내 외 온도가 일정하다는 가정 하에 계산하는 방법이다.

② 주기정상 계산법 : 실내 온도가 일정하고 실외기상 조건이 주기적으로 변하는 경우의 계산으로서 최대 열 부하 발생하는 기상 조건일을 설계 기준일로 정하여 주기정상상태의 계산을 한다.

③ 비정상 계산법 : 변동하는 실외기상조건과 임의의 실내공조운전 조건에 대하여 계산하는 것으로서 기기류를 포함한 건물 각 부분의 열용량에 의한 축열, 시간지연 효과 등을 계산과정에 포함시켜 비정상 열 부하 응답을 계산한다. 주기 정상계산에서는 실내 측의 온습도가 1일 중 일정한 것을 전제로 하고 있으나 비정상계산에서는 외기의 변동, 공조장치의 설정용량과 운전시간 등을 고려하여 변동하는 실내 온습도와 열 부하를 구할 수 있다. 예냉 예열시의 열 부하 · 실온의 변동 · 필요공조장치 용량을 구하고자 할 때에 비정상 계산을 이용하며 본 장에서는 최대 열 부하 계산에 대하여 기술한다.

2) 열부하 구성요소

표 5-1에 최대부하계산에 관련된 열 부하 구성요소를 나타냈다. 본표는 일반적인 공조방식에 대한 내용으로서 채용공조방식에 따라서 적당히 부하요소를 교체하여 계산한다. 각 부하요소에 대하여 다음에 설명하기로 하며 이중 외기 기상조건과 관련된 부하요소는 초과 확률온도(TAC)를 고려한 내용이다.

표 5-1 열부하 구성요소

열부하 구성요소	본서 취급 여부			
	냉방부하		난방부하	
	q_S	q_L	q_S	q_L
열원부하				
펌프 부하	○	-	×	-
배관재통과 열부하	△	-	△	-
장치축열 부하	△	-	△	-
장치 부하				

열부하 구성요소	본서 취급 여부			
	냉방부하		난방부하	
	q_S	q_L	q_S	q_L
송풍기 부하	○	–	×	–
덕트통과 열부하	○	–	×	–
외기 부하	○	○	○	○
재열 부하	○	–	–	–
실내부하				
실내부하 – 유리면 부하				
실내부하 – 유리면 부하 – 투과일사부하	○	–	△	–
실내부하 – 유리면 부하 – 관류열 부하	○	–	○	–
실내부하 – 구조체 부하				
실내부하 – 구조체 부하 – 외벽 지붕	○	–	○	–
실내부하 – 구조체 부하 – 지하실벽, 바닥	×	–	○	–
실내부하 – 내부칸막이 부하	○	–	○	–
실내부하 – 투습 부하	–	×	–	×
실내부하 – 극간풍 부하	○	○	○	○
실내부하 – 실내발열 부하				
실내부하 – 실내발열 부하 – 조명 기구	○	–	△	–
실내부하 – 실내발열 부하 – 인　체	○	○	△	×
실내부하 – 실내발열 부하 – 기　기	○	–	△	–
실내부하 – 간헐공조에 따른 축열부하	×	–	○	–

q_S : 현열부하, × : 무시함, – : 관계없음, ○ : 계산에 포함함,
△ : 무시하는 경우가 많으나 영향이 크다고 고려되는 경우 포함함, q_L : 잠열부하

(1) 실내 부하

실내부하는 실내 온습도를 일정하게 유지하기 위하여 필요한 열량으로 이는 공조풍량의 산정과 팬 코일 유닛 등 실내 설치기기 능력결정의 근거가 된다.

① 유리면 부하 : 투과 일사 부하와 관류 열 부하가 있다. 투과 일사 부하는 유리를 투과한 일사에 의한 부하로서 시간 지연 없이 즉시 열 부하로 되는 것으로 본 내용에서 설명한다. 난방시의 일사열 취득은 실내부하에 도움이 되므로 일반적으로 무시하나 고려하는 경우는 방위특성부하로서 간헐공조시의 축열 부하와 같이 방위열 부하로 취급한다. 관류열 부하는 실내외 온도차에 의한 부하이다.

② 구조체 부하 : 외벽, 지붕, 칸막이, 지하벽 등의 구조체를 통하여 외부로부터 실내에 침입하는 부하를 말한다. 외벽, 지붕의 냉방부하 산출시 주기정상계산법에 의해 벽체나 지붕을 통과하여 안쪽으로 도달하기까지는 진폭의 감소와 시간의 지연이 있게되며, 이들을 종합 계산하여 어떤 시각에 있어서의 침입열량을 간단히 전도식으로 산출할 수 있도록 만든 것을 상당온도차라 한다. 난방부하에서는 일사에 의한 영향을 무시하여 정상계산법에 의해 산출하며 지하 벽체 등의 관류열 부하는 난방시에만 고려하며 냉방시에는 부하에 도움이 되므로 무시한다.

③ 내부 칸막이 부하 : 인근 공간이 공조를 하지 않을 경우 온도차에 의한 부하를 말한다.

④ 투습 부하 : 벽체의 틈새로 실내외의 수증기 분압차에 의해 수분 유입·유출에 의한 부하를 말한다. 이 부하는 극히 적어 일반적인 공조에서는 무시하는 경우가 많다.

⑤ 극간풍 부하 : 극간풍 부하는 창, 출입문의 틈새, 출입문의 개폐시 공조공간으로 외기의 침입에 의한 부하이다. 극간풍의 풍량은 창, 출입문의 구조 외에 외부풍속과 실내외 온도차에 의해 영향을 받는다.

⑥ 실내 발열 부하 : 실내의 조명기구와 기타 기기류, 인체로부터의 발열에 의한 부하이다. 난방시에는 무시하나 24시간 공조의 경우 난방부하를 줄이는 쪽으로 고려한다.

⑦ 간헐 공조시의 축열 부하 : 간헐 공조의 경우 공조 운전정지 중 각실의 열취득, 열 손실이 존재하며 이는 건물 구조체 기기류 등에 축열되어져 있다. 이는 다음의 공조를 운전 개시 할 때 축열 부하로 표시한다. 축열 부하는 냉방시에는 적고 최대부하가 운전개시시점에서 발생하는 경우가 적어 냉방부하에서는 축열 부하를 무시하나 난방 부하시에는 이를 방위 축열 부하로 취급한다.

(2) 장치 부하

실내부하에 덕트 계통에서의 손실, 외기 부하, 재열 부하를 더한 열량을 장치부하라 한다. 이는 공조기용량 산정의 근거가 되며 제습 등의 목적으로 재열을 하는 경우 재열부하도 장치부하에 포함한다.

① 송풍기 부하 : 송풍기(전동기 포함)에서 열 취득에 의한 부하로서 난방시에는 무시한다.

② 덕트 통과 열 부하 : 덕트 내 공기온도와 주위온도의 차에 의한 부하로서 난방시에는 무시한다.

③ 외기 부하 : 일반적으로 보건공조에서는 분진, 취기, CO_2 등을 제거하여 실내환경을 양호하게 유지하기 위하여 건물 외부로부터 실내 온습도와 다른 상태의 외기를 도입한다. 외기 부하는 도입 외기를 실내 온습도와 동일한 상태로 만들기 위한 부하이다.

④ 재열 부하 : 재열에 의해 습도제어를 할 경우 제습시에는 공급공기를 과잉으로 냉각하며 이에 의한 부하를 말한다. 재열제어는 냉방시기에 주로 진행하므로 난방 부하에는 고려하지 않는다.

(3) 열원부하

장치부하에 배관계에서의 열 부하, 장치 축열 부하를 더한 열량을 열원부하라 한다. 이는 냉동기와 보일러 등의 용량산정 근거가 된다.

① 펌프 부하 : 열매 반송 펌프 부분에서의 열 취득에 의한 부하를 말하며 난방시에는 무시한다.

② 배관통과 열 부하 : 공조 설비를 구성하고 있는 배관계에서 배관 내 열매온도와 배관 주위와의 온도 차이에 의한 부하를 말하는 것으로 통상 무시하나 배관길이가 긴 경우에는 고려한다.

③ 장치 축열 부하 : 간헐 공조 운전의 경우 운전정지시 기기와 배관의 내부 보유수량 등에는 각기 다른 형태의 열에너지를 보유하고 있으며, 이는 운전개시 시 장치 축열 부하로 표시된다. 일반적으로 무시하고 있으나 설비규모가 크고 예열, 예냉의 시간제약이 있는 경우에는 고려한다.

2. 부하계산 조건

1) 실내조건

표 5-2 실내조건의 기준치

<table>
<tr><th>구 분</th><th colspan="2">여 름</th><th colspan="2">겨 울</th></tr>
<tr><td rowspan="2">일반건물
(사무실, 주택 등)</td><td rowspan="2">26℃, 50%</td><td>(25~27℃)</td><td rowspan="2">22℃, 50%</td><td>(20~22℃)</td></tr>
<tr><td>(50~60%)</td><td>(30~50%)</td></tr>
<tr><td rowspan="2">영업용 건물
(은행, 백화점 등)</td><td rowspan="2">26℃, 50%</td><td>(26~27℃)</td><td rowspan="2">21℃, 50%</td><td>(20~22℃)</td></tr>
<tr><td>(50~60%)</td><td>(35~50%)</td></tr>
<tr><td rowspan="2">공업용 건물
(공장 등)</td><td rowspan="2">28℃, 50%</td><td>(27~29℃)</td><td rowspan="2">20℃, 50%</td><td>(18~20℃)</td></tr>
<tr><td>(50~60%)</td><td>(35~50%)</td></tr>
</table>

[주] ( )값은 온습도의 적용한계 범위를 나타낸다. 중간기는 여름과 겨울의 중간값을 이용한다.

실내 온습도 조건의 일반적인 기준은 표 5-2와 같다.

특수용도 및 산업용 공조에 대한 조건은 산업별 전문가로부터 조건을 제시받거나 참고문헌의 조사에 의해 적용한다.

2) 외기 온습도 조건

국내 주요도시의 냉방설계용 외기 조건은 표 5-3과 같으며 이 조건은 오후 1~3시의 값이므로 계산시각이 다른 경우 표 5-4에 의해 시각별 보정을 한다.

표 5-3 냉방 설계용 외기 조건

외기조건 / 지 역	최고기온 평균 값		설계 조건(위험률 2.5%)		일사량
	건구온도[℃]	습구온도[℃]	건구온도[℃]	습구온도[℃]	(S.R)[cal/㎠/일]
속 초	34.1	31.2	31.2	29.0	–
춘 천	34.1	31.0	31.2	28.9	671
강 릉	35.4	32.1	32.3	29.7	565
서 울	33.7	30.7	30.9	29.7	543
인 천	32.4	29.9	29.9	28.0	465
울 릉 도	31.4	29.1	29.2	27.2	–
수 원	31.0	28.4	29.0	26.9	489
서 산	34.0	31.3	31.2	29.1	–
청 주	33.9	31.1	31.4	29.0	–
대 전	35.2	31.1	31.2	29.0	–
추 풍 령	33.5	31.1	31.1	29.0	–
포 항	35.2	31.7	32.1	29.4	–
군 산	33.5	30.9	30.8	28.8	–
대 구	36.3	31.8	32.9	29.5	–
전 주	35.2	32.0	32.1	29.6	–
울 산	35.0	32.3	31.9	29.9	–
광 주	34.4	31.1	31.5	29.0	–
부 산	32.2	29.2	29.8	27.5	–
충 무	33.2	30.6	30.6	28.6	–
목 포	33.8	31.1	31.0	29.0	601
여 수	32.9	30.0	30.1	28.1	–
제 주	33.9	31.2	31.1	29.0	–
서 귀 포	32.6	29.8	30.1	28.0	–
전 주	34.2	30.9	31.3	28.8	696

[주] 공기조화・냉동공학회 표주기상자료(1985)

표 5-4 외기조건의 시각별 보정

시 각	건구온도의 보정 [℃]	습구온도의 보정 [℃]	시 각	건구온도의 보정 [℃]	습구온도의 보정 [℃]
오전 6시	-6.3	-2.4	오후 2시	0.0	0.0
7시	-4.6	-1.8	3시	0.0	0.0
8시	-3.2	-1.1	4시	-0.5	-0.2
9시	-2.0	-0.8	5시	-1.3	-0.4
10시	-1.0	-0.4	6시	-2.2	-0.7
11시	-0.6	-0.2	7시	-3.3	-1.1
정오	-0.3	-0.1	8시	-4.0	-1.3
오후 1시	0.0	0.0			

표 5-5 냉난방장치의 용량계산을 위한 외기온도

지 명	하절기의 TAC 온도						동절기의 TAC온도	
	건구온도[℃]			습구온도[℃]			건구온도[℃]	
	1.0%	2.5%*	5.0%	1.0%	2.5%	5.0%	1.0%	2.5%*
서 울	32.1	31.1	29.9	26.3	25.8	25.2	-14.9	-11.9
인 천	30.0	29.7	28.6	26.2	25.9	25.0	-13.0	-11.2
수 원	33.0	30.0	29.2	26.6	25.9	25.4	-14.7	-12.8
전 주	32.8	31.9	31.0	27.2	26.6	26.2	-10.0	-8.5
광 주	32.7	31.9	30.9	26.8	26.3	25.8	-7.7	-7.4
대 구	33.9	32.9	31.6	27.0	26.4	26.0	-9.9	-8.2
부 산	30.4	29.7	29.4	26.5	26.0	25.5	-6.9	-5.8
울 산	33.4	32.2	31.1	27.4	26.8	26.1	-9.0	-7.0
목 포	31.7	31.1	30.1	26.9	26.3	26.0	-6.7	-5.9

[주] 건설부 제695호로서 1988년 12월 30일 고시되었다. 본 데이터는 1960~1969년까지 10년간의 통계에서 구한 것이다.

3. 냉방부하 계산

각 실과 건물 전체의 냉방부하는 외기 조건의 영향을 받아 매 시각별로 변동한다. 따라서 9, 12, 14, 16시의 4회 정도 시간대별로 계산한 후 최대부하 발생 시간을 결정한다.

1) 유리면 부하

(1) 투과 일사 부하

유리 면을 투과한 일사에 의한 열 취득은 식 5-1에 의해 구한다.

$$q_{GR} = I_{GR} \cdot k_s \cdot A_g \quad \cdots\cdots (5\text{-}1)$$

q_{GR} : 유리 면을 투과한 일사에 의한 부하[W]

I_{GR} : 유리 면에서의 표준일사열 취득[W/m²]

k_s : 내부차폐계수

A_g : 유리창면적 중 새시 면적을 제외한 유리면적

면적=창 전면적×(1-새시면적율)[m²]

단, 새시면적률 $= \dfrac{\text{새시면적}}{\text{창전면적}}$

유리 면을 투과하여 실내에 도달한 일사는 바닥, 벽 등에 흡수되어 일정시간 경과 후 실내 열 부하로 방사되나 본 내용에서는 투과 일사 q_{GR}를 유리 면 투과 일사로 한다.

① 유리 면으로부터의 표준 일사 열 취득 I_{GR}

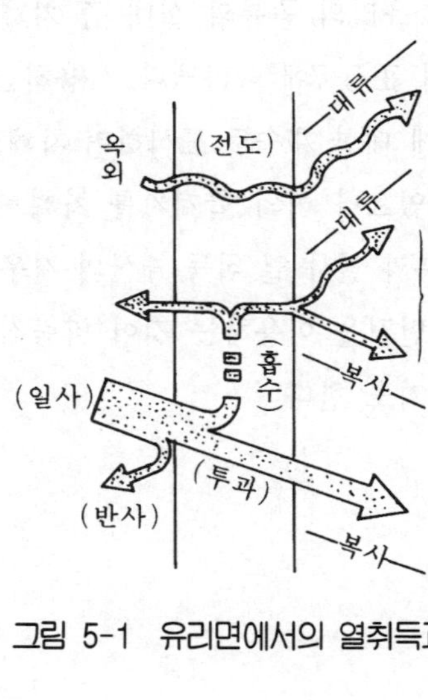

그림 5-1 유리면에서의 열취득과정

유리 면으로부터의 표준 일사 열 취득은 그림 5-1에서와 같이 투과 일사에 의한 열량과 유리면 자체에서 흡수되어 실내에 방사되는 열량의 합이다. 표준 일사 열 취득은 3mm 두께의 보통유리에 대한 자료로 표 5-6과 같다.

표 5-6 유리창에서의 표준일사열취득

[W/m²]

계 절	방위	시 각 (태양시)															합계
		오 전								오 후							
		5	6	7	8	9	10	11	12	1	2	3	4	5	6	7	
여름철 (7월 23일)	수평	1	67	243	441	602	732	816	844	816	732	602	441	243	67	1	6648
	N·그늘	51	85	53	33	40	45	49	50	49	45	40	33	53	85	0	711
	NE	0	341	447	406	335	117	49	50	49	45	40	33	24	14	0	1950
	E	0	374	554	573	506	363	159	50	49	45	40	33	24	14	0	2784
	SE	0	174	323	399	412	363	255	120	49	45	40	33	24	14	0	2251
	S	0	14	24	33	62	117	164	181	164	117	62	33	24	14	0	1009
	SW	0	14	24	33	40	45	49	120	255	363	412	399	323	174	0	2251
	W	0	14	24	33	40	45	49	50	159	363	506	573	554	374	0	2784
	NW	0	14	24	33	40	45	49	50	49	117	277	406	447	341	0	1892

[주] □의 값은 그 방위에서 1일의 최고 값이며, 축열계수법의 계산시에 사용한다.

② 내부 차폐 계수 : 유리의 종류와 실내 측 차폐물에 의한 차폐효과를 내부 차폐 계수라 하며 표 5-7에 나타냈다. 사용하는 유리·차폐물의 효과를 표준 일사 열 취득에 대한 계수로 표시하며 차폐계수는 대류성분과 복사성분으로 나눌 수가 있으나 이의 합계치를 차폐계수로 이용한다.

③ 유리 면적 A_g : 투과 일사 열 취득 계산의 경우 창 전체면적에서 섀시 면적을 뺀 정면 유리면적을 이용하는 것이 바람직하나 안전율을 고려하여 창 전체면적으로 하기도 한다.

표 5-7 차폐계수

유 리	블 라 인 드	차 폐 계 수
보통단층	없 음	1.0
	밝 은 색	0.65
	중 간 색	0.75
흡열단층	없 음	0.8
	밝 은 색	0.55
	중 간 색	0.65
보통이중 (중간 블라인드)	밝 은 색	0.4
보통복층	없 음	0.9
	밝 은 색	0.6
	중 간 색	0.7
외측흡열 내측보통	없 음	0.75
	밝 은 색	0.55
	중 간 색	0.65
외측보통 내측거울	없 음	0.65

(2) 전도열 부하

냉방 부하를 구하는 경우 유리창을 통과하는 전도열은 식 5-2에 의해 구한다.

$$q_n = K \cdot A \cdot \Delta t_n \qquad (5\text{-}2)$$

q_n : 유리면 전도열부하[W]

K : 유리면 열관류율[W/m² · K]

A : 유리창 전면적[m²]

Δt_n : 내외온도차[℃]

유리면 전체의 열 통과율은 유리, 섀시, 블라인드 등에 따라 복잡하게 구성되어져 있으며 표 5-8과 같다. 설계조건이 블라인드 설치의 경우에 동절기에는 블라인드가 없는 것으로 하여 계산하며, 하절기에도 블라인드가 설치되어져 있을 경우에 블라인드가 없는 것으로 하여 계산한다.

표 5-8 유리의 열관류율

[W/m² · K]

종 류	열관류율	종 류	열관류율
단층유리(여름)	5.1[(1)]	흡열유리	
단층유리(겨울)	5.5[(2)]	블루페인 3~6mm	5.7(2)
보측유리		그레이페인 3~6mm	5.7(2)
공기층 6mm	3.0	그레이페인 8mm	5.4(2)
공기층 13mm	2.7	서모페인 12mm	3.0(2)
공기층 20mm 이상	2.6		
유리블록(평균)	2.7		

[주] (1) 평균풍속 : 3.5m/s (2) 평균풍속 : 7[m/s]

2) 구조체 부하

외벽 지붕을 통과하여 침입하는 냉방부하는 다음 식에 의한다.

$$q_n = K \cdot A \cdot ETD_n \quad \cdots\cdots (5\text{-}3)$$

q_n : 벽체 관류열부하(복사+전도열)[W]

K : 벽체의 열관류율[W/m² · K]

A : 벽체의 면적[m²]

ETD_n : 상당온도차[℃]

유리면 투과 일사 부하와 같이 SE, S, SW에 면하는 벽체의 상당온도차는 여름보다 겨울이 크므로 위의 방위에 큰 면적의 벽체를 보유하고 있는 공간은 가을에도 냉방부하의 발생여부에 대하여 확인하여야 한다.

(1) 열 통과율

식 5-3에 의한 열 관류율 K는 단위 시간, 단위 온도차, 단위 면적당의 관류열량을 표시한다.

n개의 복수재료 층으로 구성되어진 벽체의 경우 다음 식과 같다.

$$K = \frac{1}{\frac{1}{a_i} + \frac{1}{a} + \frac{1}{c} + \frac{d_1}{\lambda_1} + \frac{d_2}{\lambda_2} + \cdots\cdots + \frac{d_n}{\lambda_n} + \frac{1}{a_0}} \quad \cdots\cdots\cdots\cdots\cdots (5\text{-}4)$$

K : 열 관류율[W/m² · K]

a_i, a_0 : 벽체의 실내 측 및 실외 측 표면 열 전달률[W/m² · K](표 5-10)

a : 공기 층의 열 전달률[W/m² · K](표 5-10)

c : 열 전달률[W/m² · K]

증공콘크리트 블록이나 아스팔트지와 같이 특정한 형상이나 두께를 갖고 균질이 아닌 것의 열 전달률을 표시한다.

λ : 구조체를 구성하는 각 재료의 열 전도율[W/m² · K]

d : 구조체를 구성하는 각 재료의 두께[m]

표 5-9 재료의 열정수표

재 료 명	열전도율 λ [W/m · K]	용적비열 cp [kJ/m³ · K]	비 열 c [kJ/kg · K]	밀 도 ρ [kg/m³]
공기(정지)	0.022	1.3	1.0	1.3
물(정지)	0.60	4200	4.2	1000
얼 음	2.2	1900	2.1	920
눈	0.060	180	1.8	100
강 철	45	3600	0.46	7900
알류미늄	210	2400	0.88	2700
동	390	3500	0.39	9000
암석(重量)	3.1	2400	0.86	2800
암석(輕量)	1.4	1700	0.88	1900
토양(점토질)	1.5	3100	1.7	1900
토양(사질)	0.9	2000	1.3	1600
토양(퇴적층질)	1.0	3300	2.3	1500
토양(화산재질)	0.5	1800	1.7	1100
모 래	0.62	1500	0.84	1900

재 료 명	열전도율 λ [W/m·K]	용적비열 c_p [kJ/m³·K]	비 열 c [kJ/kg·K]	밀 도 ρ [kg/m³]
P.C콘크리트	1.5	1900	0.80	2400
보통 콘크리트	1.4	1900	0.88	2200
경량 콘크리트	0.78	1600	1.0	1600
기포 콘크리트(ALC)	0.17	650	1.1	600
콘크리트 블록(중량)	1.1	1800	0.78	2300
콘크리트 블록(경량)	0.53	1600	1.1	1500
몰 탈	1.5	1600	0.80	2000
석면 슬레이트	1.2	1800	1.2	1500
프라스타	0.79	1600	0.84	2000
석 고 판	0.17	1000	1.1	910
석 회 판	0.74	1400	1.1	1300
토 벽	0.69	1100	0.88	1300
유 리	0.78	1900	0.75	2500
타 일	1.3	2000	0.84	2400
연와벽돌	0.64	1400	0.84	1700
기 와	1.0	1500	0.75	2000
합성수지	0.19	1500	1.2	1300
FRP	0.26	1900	1.2	1600
아스팔트류	0.11	320	0.92	1000
방습지류	0.21	310	1.3	700
다 다 미	0.15	290	1.3	230
합성다다미	0.07	260	1.3	200
카 페 트	0.080	320	0.80	400
목재(重量)	0.19	780	1.3	600
목재(中量)	0.17	650	1.3	500
목재(輕量)	0.14	520	1.3	400
합 판	0.19	720	1.3	550
연질 섬유판	0.056	330	1.3	250
반경질 섬유판	0.14	980	1.6	600
경질 섬유판	0.22	1400	1.3	1100
파티클 보드	0.17	720	1.3	550
목모 시멘트판	0.19	950	1.7	570
셀룰로오스 섬유	0.044	39	(1.3)	30

재 료 명	열전도율 λ [W/m·K]	용적비열 c_p [kJ/m³·K]	비 열 c [kJ/kg·K]	밀 도 ρ [kg/m³]
유리솜(24K)	0.042	20	0.84	24
유리솜(32K)	0.040	27	0.84	32
암면 보온제	0.042	84	0.84	100
암면 스트레이	0.051	1000	0.84	1200
암면 흡음판	0.064	250	0.84	300
스치렌 발포판	0.047	23	1.3	18
스치렌 발포판(압출)	0.037	35	1.3	28
스치렌 발포판(프레온 발포)	0.026	50	1.3	40
경질 우레탄 발포판	0.028	47	1.3	38
경질 우레탄 스프레이	0.029	47	1.3	38
연질 우레탄 발포판	0.050	38	1.3	30
폴리에틸렌 발포판	0.044	63	1.3	50
경질 염화비닐 발포판	0.036	(50)		50
밀 폐 중 공 층 R=0.15m²·K/W				
비밀폐중공층 R=0.07m²·K/W				

표 5-10 표면열전달률 (α_i, α_o)

[W/m²·K]

구 조 체	표면상태	여름(냉방용)	겨울(난방용)
수직구조(벽체)	옥외면 (α_o)	22.6[(1)]	33.4[(2)]
	실내면 (α_i)	8.3	8.3
수평구조	옥외면 (α_o)	22.6[(1)]	33.4[(2)]
수평구조 (지붕, 천장)	실내면 (α_i)	하향열류	상향열류
		6.2	9.28

[주] (1) 평균풍속 : 3.5m/s (2) 평균풍속 : 7m/s

주요 건축재료의 열전도율과 기타 열 부하에 관계 있는 물성치는 표 5-9와 같다. 토양은 함수율에 따라 열 관련 계수가 크게 차이가 나므로 지중벽과 지하바닥의 면적이 큰공간에 대하여는 함수율의 실측치를 조사하는 등의 주의가 필요하다. 건축 구조체는 내부에 공기층을 포함한 경우 열적영향이 크므로 표

5-11에 의한 값을 적용하며 이 표는 기밀재료에 의해 완전 밀폐화된 공간의 경우 적용한다. 통상 건축구조체 내의 공기층은 표중의 비밀폐 공기층의 열저항 0.069m² · K/W을 이용한다. 벽체 표면의 열 전달률은 표면 부근의 기류 상태, 표면 복사율, 열류의 방향에 따라 변한다. 외표면 열 전달률 a_0는 여름, 겨울에 23.2W/m² · K를 적용한다. 이 값은 동절기시 외부풍속 3m/s정도일 때 대류성분 $a_c = 18.56$W/m² · K와 복사성분 $a_r = 4.64$W/m² · K의 합계치이다. 내표면 열 전달률 a_i는 9.28W/m² · K로 한다.

표 5-11 공기층의 전열률 ($a = \frac{\lambda}{d}$ 개략치)

[W/m² · K]

구 조 체	형 상	전 열 률
수직구조(벽체)	밀 폐	5.8
	표준적인 실제구조	13.9
수평구조(지붕, 천장)	상향열류(밀폐)	6.15
	하향열류(밀폐)	4.2

[비고] 공기층의 한쪽이 광택면일 때의 전열률 a′의 개략치는 다음 식에 따른다.

$a' \fallingdotseq a - 4(0.82 - \varepsilon)$

여기서 ε : 광택면의 평균 복사율

(알루미늄 박 : 0.15 알루미늄피복지 : 0.2
알루미늄 관 : 0.12 도금강판 : 0.25)

표 5-12 구조체의 종류별 형상 및 중량, 열관류율

[W/m² · K]

부위	대표적인 구조		바닥면적당 중량[kg/m²]	열관류율(K) 냉방용	열관류율(K) 난방용	구조체의 종류
벽체	목조 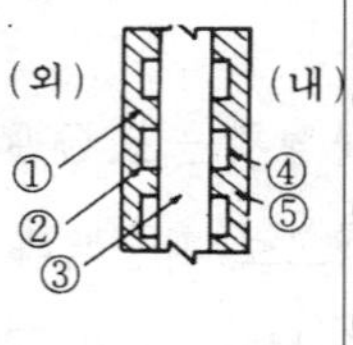	① 외측면 모르타르 20mm ② 졸대 3mm ③ 공기층 75mm ④ 졸대 3mm ⑤ 외측면 플라스터 20mm	70	3.13	3.25	Ⅱ

부위	대표적인 구조		바닥면적당 중량[kg/m²]	열관류율(K) 냉방용	열관류율(K) 난방용	구조체의 종류
	콘크리트조 	① 외측면 타일 5mm ② 외측면 모르타르 15mm ③ 콘트리트(주요구조) 120 mm / 150 mm / 200 mm ④ 내측면 모르타르 15mm ⑤ 플라스터 3mm	335 400 510	3.65 3.42 3.1	3.85 3.6 3.24	Ⅳ Ⅴ Ⅵ
지붕	목조 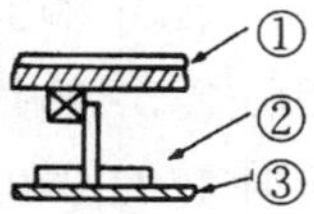	① 슬레이트 루핑 받침대 26 mm ② 공기층 ③ 하이텍스 12mm	40	1.93	2.69	Ⅱ
	콘크리트조 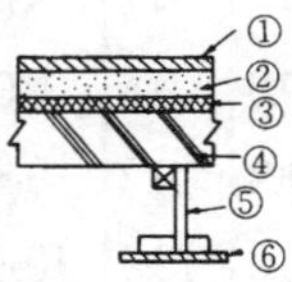	① 표면 모르타르 20mm ② 경량 콘크리트 65mm ③ 아스팔트 10mm ④ 콘크리트(주요구조) 120 mm / 150 mm ⑤ 공기층 ⑥ 하드텍스 12mm	495 560	1.43 1.39	1.81 1.76	Ⅵ Ⅶ

(2) 상당 외기 온도와 상당 외기 온도차(equivalent temperature difference : ETD)

상당온도차의 값은 계절, 시각, 방위, 구조체에 따라서 달라지므로 대상이 되는 구조체 형태에 따라 여러 가지 자료가 있어야 하는데, 우리 나라에서 작성한 자료가 많지 않으므로 1983년도 대한설비공학회에서 동력자원 연구소를 통하여 발표한 자료를 소개하면 표 5-13과 같다.

표 5-13 상당온도차 (ETD)

구조체의 종류	방위	시각(태양시)												
		오전							오후					
		6	7	8	9	10	11	12	1	2	3	4	5	6
Ⅱ	수평	1.1	4.6	10.7	17.6	24.1	29.3	32.8	34.4	34.2	32.1	28.4	23.0	16.6
	N.그늘	1.3	3.4	4.3	4.8	7.1	7.1	7.9	8.4	8.7	8.8	8.7	8.8	9.1
	NE	3.2	9.9	14.6	16.0	12.3	12.3	9.8	9.1	9.0	8.9	8.7	8.0	6.9
	E	3.4	11.2	17.6	20.8	18.8	18.8	14.6	10.9	9.6	9.1	8.9	8.0	6.9
	SE	1.9	6.6	11.8	15.8	18.4	18.4	16.7	13.6	10.7	9.5	8.9	8.1	7.0
	S	0.3	1.0	2.3	4.7	11.4	11.4	13.7	14.8	14.8	13.6	11.4	9.0	7.3
	SW	0.3	1.0	2.3	4.0	7.0	7.0	9.2	13.0	16.8	19.7	21.0	20.2	17.1
	W	0.3	1.0	2.3	4.0	7.0	7.0	7.9	10.0	14.7	19.6	23.5	25.1	23.1
	NW	0.3	1.0	2.3	4.0	70.	7.0	7.9	8.4	9.9	13.4	17.3	20.0	19.7
Ⅲ	수평	0.8	2.5	6.4	11.6	17.5	23.0	27.6	30.7	32.3	32.1	30.3	36.9	22.0
	N.그늘	0.8	2.1	3.2	3.9	4.8	5.9	6.8	7.6	8.1	8.4	8.6	8.6	8.9
	NE	1.6	5.6	10.0	12.8	13.8	13.0	11.4	10.3	9.7	9.7	9.1	8.6	7.8
	E	1.7	5.3	11.7	16.0	18.3	18.5	16.6	13.7	11.8	10.6	9.8	9.0	8.1
	SE	1.1	3.6	7.5	11.4	14.5	16.3	16.4	15.0	12.9	11.3	10.2	9.8	8.2
	S	0.5	0.7	1.5	2.9	5.4	8.2	10.8	12.7	13.6	13.6	12.5	10.8	9.2
	SW	0.5	0.7	1.5	2.7	4.1	5.4	7.1	9.8	13.1	16.2	18.5	19.3	18.2
	W	0.5	0.7	1.5	2.7	4.1	5.4	6.6	8.0	11.1	15.1	19.1	21.9	22.5
	NW	0.5	0.7	1.5	2.7	4.1	5.4	6.6	7.4	8.5	10.7	13.9	16.8	18.2
Ⅳ	수평	1.7	2.6	4.9	8.5	12.8	17.3	21.4	24.8	27.2	28.4	28.2	26.6	23.7
	N.그늘	1.3	1.9	2.6	3.2	9.9	4.8	5.6	6.4	7.0	7.5	7.8	8.0	8.3
	NE	1.7	4.1	7.1	9.5	10.9	11.2	10.6	10.1	9.8	9.6	9.4	9.0	8.4
	E	1.8	4.6	8.3	11.7	14.2	15.3	14.9	13.6	12.4	11.6	10.9	10.1	9.3
	SE	1.4	2.9	5.4	8.3	11.0	12.9	13.8	13.6	12.6	11.7	11.0	10.2	9.3
	S	1.1	1.1	1.4	2.3	4.0	6.0	8.1	9.9	11.2	11.7	11.6	10.8	9.8
	SW	1.3	1.3	1.6	2.3	3.2	4.3	5.6	7.6	10.2	12.8	15.0	16.3	16.4
	W	1.5	1.4	1.7	2.4	3.3	4.3	5.3	6.5	8.7	11.8	15.0	17.7	19.1
	NW	1.4	1.3	1.6	2.3	3.2	4.3	5.2	6.1	7.0	8.8	11.2	13.6	15.2

구조체의 종류	방위	시각(태양시)												
		오전							오후					
		6	7	8	9	10	11	12	1	2	3	4	5	6
V	수평	3.7	3.6	4.3	6.1	8.7	11.9	15.2	18.4	21.2	23.3	24.6	24.8	23.9
	N.그늘	2.0	2.1	2.4	2.8	3.2	3.8	4.5	5.1	5.7	6.6	6.7	7.1	7.4
	NE	2.2	2.1	4.7	6.5	8.1	9.0	9.4	9.4	9.4	9.3	9.2	9.1	8.8
	E	2.3	3.3	5.3	7.7	10.1	11.7	12.6	12.6	12.2	11.8	11.3	10.8	10.2
	SE	2.2	2.6	3.8	5.5	7.5	9.4	10.8	11.6	11.6	11.4	11.1	10.6	10.1
	S	2.1	1.8	1.8	2.1	2.9	4.1	5.6	7.1	8.4	9.5	10.0	10.0	9.7
	SW	2.8	2.4	2.3	2.5	2.9	3.5	4.3	5.5	7.2	9.1	11.1	12.8	13.8
	W	3.2.	2.7	2.5	2.7	3.0	3.6	4.3	5.1	6.4	8.3	10.7	13.1	15.0
	NW	2.8	2.4	2.3	2.4	2.9	3.5	4.1	4.8	5.6	6.7	8.2	10.1	11.8
Ⅵ	수평	6.7	6.1	6.1	6.7	8.0	9.9	12.0	14.3	16.6	18.5	20.0	20.9	21.1
	N.그늘	3.0	2.9	2.9	3.0	3.2	3.6	4.0	4.4	4.9	5.3	5.7	6.1	6.4
	NE	3.3	3.6	4.3	5.4	6.4	7.3	7.8	8.1	8.3	8.4	8.5	8.5	8.5
	E	3.7	3.9	4.9	6.2	7.7	9.1	10.0	10.5	10.7	10.7	10.6	10.4	10.1
	SE	3.5	3.5	4.0	4.9	6.1	7.3	8.5	9.3	9.8	10.0	10.0	9.9	9.7
	S	3.3	4.0	2.8	2.8	3.1	3.7	4.6	5.6	6.6	7.4	8.1	8.4	8.6
	SW	4.5	4.0	3.7	3.5	3.6	3.8	4.2	4.9	5.9	7.2	8.6	9.9	11.0
	W	5.1	4.5	4.1	3.9	3.9	4.1	4.4	4.8	5.6	6.7	8.3	10.0	11.5
	NW	4.3	3.9	3.6	3.4	3.5	3.7	4.1	4.5	5.0	5.6	6.7	7.9	9.2
Ⅶ	수평	10.0	9.4	9.0	9.0	9.4	10.1	11.1	12.2	13.5	14.8	15.9	16.8	17.3
	N.그늘	4.0	3.8	3.7	3.7	3.7	3.8	4.0	4.2	4.4	4.7	4.9	5.2	5.5
	NE	4.7	4.7	4.9	53	5.8	6.3	6.6	4.9	7.2	7.3	7.5	7.6	7.7
	E	5.4	5.3	5.6	6.1	6.8	7.6	8.2	8.9	8.9	9.1	9.3	9.3	9.3
	SE	5.2	5.0	5.0	5.3	5.8	6.4	7.1	7.6	8.0	8.3	8.5	8.7	8.7
	S	4.6	4.3	4.1	3.9	3.9	4.1	4.5	4.9	5.6	6.0	6.5	6.8	7.1
	SW	6.1	5.7	5.4	5.1	5.0	4.9	5.0	5.2	5.7	6.3	7.0	7.8	8.5
	W	6.8	6.3	6.0	5.7	5.5	5.4	5.4	5.5	5.8	6.3	7.1	8.0	8.9
	NW	5.7	5.3	5.0	4.8	4.7	4.7	4.7	4.9	5.1	5.4	5.9	6.5	7.3

[주] ① 위 표에 있어서 벽, 지붕 등 구조체의 종류는 개략적으로 다음 표에 따른다.

구조체의 종류	II	III	IV
형 상	· 목조의 벽, 지붕 · 두께 합계 20~70mm	· II+단열층 · 두께 합계 70~110mm의 중량벽	· III의 중량벽+단열층 · 두께 합계 110~160mm의 중량벽
구조체의 종류	V	VI	VII
형 상	· IV의 중량벽+단열층 · 두께 합계 160~230mm의 중량벽	· V+중량벽+단열층 · 두께 합계 230~300mm의 중량벽	· III의 중량벽+단열층 · 두께 합계 300~3800mm의 중량벽

② 기준 실온은 여름철 26℃이며 실온이 다를 경우에는 다음과 같이 보정하여 사용한다.
보정 온도[℃]=표의 온도+(26℃+설계 온도)

③ 각 지역별 상당온도 보정은 다음 표를 참고로 하여 적용한다.
보정 된 상당온도차[℃]=상당온도+온도 보정 값

지 명	위 도	적용치[℃]	지 명	위 도	적용치[℃]
서 울	37.57	−0.5	대 구	35.88	−0.1
인 천	37.48	−0.5	부 산	35.1	+0.1
수 원	37.27	−0.4	울 산	35.55	0
전 주	35.82	0	목 포	34.78	+0.6
광 주	35.13	+0.1	제 주	33.52	+0.8

④ 위에 나타나지 않은 지역은 다음의 위도 범위에 따라 보정하여 사용한다.

위도범위	기준치[℃](북위)	보정온도 [℃/북위 1도]
43 > x > 37.67	−0.5(37.67)	−0.62
37.6 > x > 35.67	0(37.67)	−0.25
35.67 > x > 35	+0.1(35)	+0.15
35 > x > 34.67	+0.8(34.67)	+2.1

3) 내부 칸막이 부하

비공조실과 접한 벽·바닥·천장을 통과하는 열부하는 다음 식에 의해 구한다.

$$q = K \cdot A \cdot \Delta t \quad \cdots\cdots (5\text{-}5)$$

$\Delta t = r(t_o - t_r)$

K : 벽체의 열 통과율[W/m² · K]

A : 벽체의 면적[m²]

r : 인접공간 온도차계수(일반적으로 냉방시 0.4)

t_r : 외기 온도[℃]

t_o : 공조실 온도[℃]

인접실이 고온인 경우 γ=1로 하여 구하며 주방은 실온을 40℃, 보일러실은 복사열을 고려하여 55℃로 하여 계산한다.

예제 5-2 **어떤 균질한 벽체에 열통과율(열관류율) 5.8W/m² ·K의 유리창을 설치하여 벽면전체의 평면 열통과율을 3.48W/m² ·K로 하기 위한 창 면적비를 구하시오.(벽면 전체의 면적에 대한 유리 면적의 비율%)**

[조건]

① 벽체의 열전도율 0.58W/m·K

② 두께150mm

③ 표면 열전달율(실내 측) 9.28W/m² · K

④ 표면 열전달율(실외 측) 23.2W/m² · K

풀이 벽면 전체를 통과하는 열량 qW, 면적 Am², 평균 열 통과율 KW/m² · K, 내외온도차 Δt℃로 할 때

$q = A \cdot K \cdot \Delta t$로 표시된다.

벽체부분 $q_w = A_w \cdot K_w \cdot \Delta t$

유리창부분 $q_G = A_G \cdot K_G \cdot \Delta t$로 표시된다.

$q = q_w + q_G$에서

$$AK\Delta t = A_w \cdot K_w \cdot \Delta t + A_G \cdot K_G \cdot \Delta t$$

$$A = A_w + A_G$$

$$K_w = \frac{1}{\frac{1}{20} + \frac{0.15}{0.5} + \frac{1}{8}} = 2.105\text{W/m}^2 \cdot \text{K}$$

$$K = 3.48$$

$$K_G = 5.8$$

$$3.48 \times A = 2.1(A - A_G) + 5 \times A_G$$

$$\frac{A_G}{A} = \frac{0.9}{2.9} = 0.31$$

4) 침입 외기에 의한 부하

문의 개폐시 또는 창틈을 통해 들어오는 외기와, 담배연기 등 유해가스를 제거하기 위한 환기량의 합을 침입 외기(infiltration air) 또는 틈새바람이라 한다. 최근의 고층건물들은 창틀의 기밀성능이 좋고, 또 밀폐 창으로 되어 있는 경우에 창 틈을 통한 틈새바람은 극히 적으므로 부하계산에 포함시키지 않는 경우도 많다. 그러나 일반적인 경우에는 실내로 침투된 외기는 현열 부하와 잠열부하의 원인이 된다. 즉, 침입 외기에 의한 취득열량 q_I[W]는 다음 식과 같다.

$$q_I = q_{IS} + q_{IL} \quad \cdots\cdots (5\text{-}6)$$

$$q_{IS} = G_I(t_o - t_r) = 1.214\, Q_I(t_o - t_r) \quad \cdots\cdots (5\text{-}7)$$

$$q_{IL} = r \cdot \gamma \cdot \Delta x\, G_I(x_o - x_r) = 2{,}500\, Q_I(x_o - x_r) \quad \cdots\cdots (5\text{-}8)$$

여기서,
- q_{IS} : 침입 외기에 의한 현열 취득량[W]
- q_{IL} : 침입 외기에 의한 잠열 취득량[W]
- G_I, Q_I : 침입 외기의 양[kg/h, m³/h]
- t_o, t_r : 외기 및 실내 온도[℃]
- x_o, x_r : 외기 및 실내의 절대 습도[kg/kg′]
- γ : 0℃에서 물의 증발 잠열[2,256kJ/kg]
- 1, 1.214 : 건공기의 정압 비열[kJ/kg · K, JK/m³ · K]

(1) 침입 외기의 양을 구하는 방법

침입 외기의 양을 구하는 방법은 여러 종류가 있으나 다음과 같은 몇 가지를 제시한다.

① 환기 회수법 : 가장 간단한 방법은 개략적인 계산법이다. 방의 체적에 비례하여 시간당 환기량을 체적비율로 나타낸다. 즉, 환기횟수 0.7회/h이면 시간당 실용적의 70%가 외기로 교체됨을 뜻한다. 따라서 환기량 Q_I[m³/h]는 다음 식으로 계산된다.

$$Q_I = n \cdot V \quad \cdots\cdots (5\text{-}9)$$

여기서 n : 시간당 환기횟수

V : 실의 체적[m³]

환기는 자연환기와 기계환기로 구분한다. 자연환기는 외기의 풍속과 온도차 및 창·문의 틈새 등에 따라 차이가 있으며 주택 등과 같은 소규모의 건물에 대해서 표 5-14를 적용시킨다. 송풍기를 이용하는 기계환기는 비교적 큰 건물이나 환기량이 많은 경우에 적용되며, 이때는 표 5-15, 16과 같이 실용적을 기준 한다.

표 5-14 실의 종류별 환기횟수

n[회/h]

실의 종류	환기횟수[n]	실의 종류	환기횟수[n]
1면이 외기에 접하고 창 또는 문이 있는 경우	1	외기에 접하는 창·문이 없는 경우	$\frac{1}{2}$~$\frac{3}{4}$
2면이 외기에 접하고 창 또는 문이 있는 경우	1.5	현관	2~3
3면이 외기에 접하고 창 또는 문이 있는 경우	2	응접실	2
4면이 외기에 접하고 창 또는 문이 있는 경우	2	욕실	2

[주] 기밀창일 경우는 이 표의 $\frac{1}{2}$을 취한다. 단 n은 $\frac{1}{2}$회 보다 적게는 취하지 말 것

표 5-15 환기횟수

n[용적 기준]

실용적[m³]	500미만	500~1,000	1,000~1.500	1,500~2.000	2,000~2.500	2,500~3,000	3,000~이상
환기횟수 n [회/h]	0.7	0.6	0.55	0.5	0.42	0.4	0.35

표 5-16 건축물 구조별

건 축 구 조	환기 회수 n	
	난 방 시	냉 방 시
콘크리트(대규모건축)	0 ~0.2	0
콘크리트(소규모 건축)	0.2~0.6	0.1~0.2
양식 목조	0.3~0.6	0.1~0.3
일식 목조	0.5~1.0	0.2~0.6

〔주〕 창의 새시는 전부 알루미늄 새시로 한다.

② 창문의 틈새 길이법(crack 법) : 침입외기는 창이나 문의 틈새를 통해 들어오므로 이들의 틈새길이를 구하여 계산하는 방법으로 여기에서 2가지 방법이 있다. 그 첫째 방법은 식 5-10와 같이 크랙길이 1m에 단위시간당 침입공기의 양 Q_I m³/m · h를 곱하여 구하면 가장 정확하다. 다음 식은 크랙법에 의한 침입외기량 Q_I m³/h의 계산 식이다.

$$Q_I = l \cdot Q_I \quad \cdots\cdots (5\text{-}10)$$

여기서, l : 틈새 길이[m]

Q_I : 단위 길이(1m), 단위시간 (1h)당 침입외기량[m³/m · h](표 5-17)

창이나 문의 틈새 길이는 둘레 및 맞춤부의 길이이며 그림 5-2와 같이 계산된다.

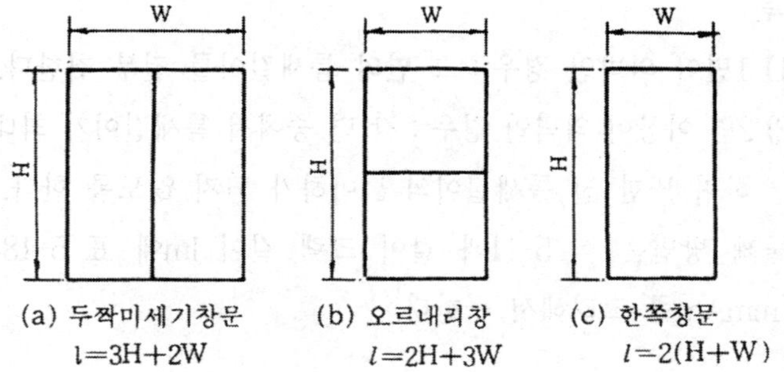

그림 5-2 틈새길이

표 5-17 창 및 문으로부터의 침입외기 (크랙법)

창 및 문의 종류	크랙 길이 1m 당 풍량 Q_l[m³/m · h]					
	풍 속 [m/s]					
	2.0	4.5	7.0	9.0	11.0	13.5
나무새시	0.7	2.8	3.6	5.5	7.4	9.7
나무새시 (장착이 나쁜것)	2.5	6.4	10.3	14.5	18.4	23.4
금속제 새시	1.8	4.2	6.9	9.6	12.8	15.6
철강 회전창(공장형)	4.9	10.0	16.2	22.8	28.4	34.5
유리도어(틈새 5mm)	26.7	83.5	78.0	111.0	134.0	162.0
나무또는 철제도어 (틈새 3mm)	5.0	12.8	20.6	29.0	36.8	46.8
공장의 도어(틈새 3mm)	17.8	35.7	53.5	72.4	69.1	106.0

[주] 풍속은 부록(그림 1)에 의해 지방별 풍속을 정한다.

틈새를 통해 들어오는 외기는 바람이 부는 방향이며, 그 반대 반향으로는 틈새바람이 나간다. 따라서, 창 · 문의 전 틈새 길이를 식 5-10에 적용해서는 안 된다. 즉 1면이 외벽인 경우에는 그 면의 틈새 길이를 전부 취한다. 2면 이상이 외벽인 경우에는 각 면 중 틈새길이가 최대가 되는 면을 취하며 또한 전 틈새 길이의 $\frac{1}{2}$이하가 되지 않도록 한다.

즉,

1) 1면이 외벽인 경우 : 그 면의 틈새길이를 전부 취한다.

2) 2면 이상이 외벽인 경우 : 각 면 중에서 틈새길이가 최대가 되는 면을 취하며 또한 전 틈새길이의 $\frac{1}{2}$ 이하가 되지 않도록 한다.

둘째 방법은 식 5-11과 같이 크랙 길이 lm에 표 5-18과 같은 a와 Δp [mmAq]를 고려해서 구한다.

표 5-18 새시의 통기특성

적용 예	틈새폭[mm]	통기특성(a)
· 기밀 구조의 새시	0.1	0.2
· 기밀 패킹부착 상하 여닫이 및 한쪽 여닫이 창	0.2~0.3	0.86
· 기밀 목제 새시	0.5	3.24
· 기밀되지 않은 새시	1~1.5	12.92

즉, 침입외기량 Q_1[m³/h]는

$$Q_1 = l \cdot a \cdot \Delta p^{2/3} \quad \cdots\cdots (5\text{-}11)$$

여기서 l : 틈새 길이[m]

a : 통기 특성(표 2-13)

Δp : 작용 압력[mmAq]

여기서 작용 압력 Δp는 건물 외부에서 바람에 의해 생기는 압력과 건물 내부와 외부의 공기부중량 차이에 건물 중성대에서의 높이를 곱한 부력의 합으로 다음과 같이 나타낼 수 있다. 중성대의 위치를 정확히 정하기는 곤란하지만 간단한 방법으로는 건물 높이의 1/2로 한다. 바람 앞쪽에 있을 때의 작용압 Δp[mmAq]는

$$\Delta p = C_f \frac{W^2}{2g} \gamma_o + (\gamma_r - \gamma_o) h \quad \cdots\cdots (5\text{-}12)$$

바람 뒤쪽에 있을 때의 작용압 Δp[mmAq]

$$\Delta p = C_b \frac{W^2}{2g} \gamma_o + (\gamma_r - \gamma_o)h \cdots\cdots (5\text{-}13)$$

여기서 C_f : 바람의 앞쪽에 있을 때의 풍압 계수(표 2-14)

C_b : 바람의 뒤쪽에 있을 때의 풍압 계수(표 2-14)

γ_r : 실내공기의 비중량[kg/m³]

γ_o : 실외공기의 비중량[kg/m³]

g : 중력의 가속도[≒9.8m/s²]

w : 풍속[m/s]

h : 중성대에서 높이[m] (중성대 위쪽은 +, 아래는 −)

5-19 풍압계수

건물폭 / 건물높이	C_f	C_b
0.1~0.2	1.0	-0.4
0.2~0.4	0.9	-0.4
0.4이상	0.8	-0.4

예제 5-1 금속제 새시로 된 창문의 틈새길이가 100m일 경우에 침입외기량 Q_I[m³ /h], 현열취득량 q_{IS}[W], 잠열취득량 q_{IL}[W], 전열취득량 q_I[W]를 구하시오. 단, 외기의 풍속은 4.5m/s이고, 실내외 공기의 온·습도는 각각 t_r : 22℃, x_r : 0.0082 kg/kg ', t_o: 33℃, x_o : 0.0192kg/kg' 이다.

풀이 i) 침입외기량은 표 5-17 및 식 2-10에 의해

$Q_I = l \cdot Q_i$

$=100\times4.2=420\text{m}^3/\text{h}$

ii) 현열취득량은 식 5-7에 의해

$q_{IS} = 0.34\ Q_I(t_o - t_r)$

$= 0.34 \times 420(33-22) = 1570.8\text{W}$

iii) 잠열취득량은 식 5-8에 의해

$q_{IL} = 830\ Q_I(x_o - x_r)$

$$= \frac{830 \times 420(0.0192 - 0.0082)}{1000} = 3835\text{W}$$

iv) 전열취득량은

$q_I = q_{IS} + q_{IL}$

$= 1570.8 + 3835 = 5405.8[\text{W}]$

③ 창의 면적으로 구하는 방법 : 침입외기량 Q_I[m³/h]는 창이나 문의 총면적에 표 5-20에서의 풍속과 문의 형식에 따른 단위 면적, 단위 시간당의 침입외기량을 곱하여 다음 식과 같이 구한다.

표 5-20 알루미늄 새시의 침입외기량 Q_I[m³/m² · h]

풍　　속 [m/s]		2	4	6	8	10
풍　　압 [mmAq]		0.184	0.735	1.65	2.94	4.59
옆으로 엇갈려 열기	A	0.070	0.16	0.25	0.35	0.46
	B	1.42	2.0	2.4	2.7	3.0
	C	5.1	7.0	8.4	9.6	10.5
한쪽 열기	A	-	0.021	0.039	0.059	0.077
	B	0.057	0.11	0.16	0.21	0.26
	C	0.078	0.13	0.28	0.40	0.52
안쪽으로 기울기	A	0.070	0.094	0.112	0.13	0.14
	B	0.14	0.23	0.30	0.40	0.52
	C	0.068	0.19	0.34	0.52	0.72
슬라이드형	A	0.030	0.040	0.049	0.056	0.062
	B	0.050	0.14	0.27	0.42	0.60
	C	0.23	0.56	0.93	1.30	1.70
회 전 창	A	0.012	0.031	0.058	0.090	0.12
	B	0.054	0.16	0.27	0.40	0.56
	C	0.22	0.50	0.81	0.01	1.05

풍 속 [m/s]			2	4	6	8	10
풍 압 [mmAq]			0.184	0.735	1.65	2.94	4.59
엇갈린 2중 새시		A	0.044	0.11	0.18	0.27	0.36
		B	0.95	1.75	2.5	3.2	3.9
		C	1.6	3.3	5.1	7.1	9.0
	엇갈리기	A	1.10	2.3	3.4	4.7	5.9
		B	2.8	6.4	10.5	14.5	19
		C	5.0	10.5	16	22	27
		A	0.060	0.11	0.15	0.20	0.24
		B	0.13	0.28	0.48	0.66	0.68
		C	1.10	2.3	3.4	4.7	5.9

[주] 1) A, B, C는 기밀성의 정도를 표시하는 것이며, A는 양호, B는 중 정도, C는 불량
2) 풍속은 부록 (그림 1)에 의해 결정한다.

$$Q_I = A \cdot Q_i \quad \cdots\cdots (5\text{-}14)$$

여기서 Q_I : 창이나 문으로부터의 단위 면적, 단위 시간당 침입 외기량[m³/m² · h](표 5-20)

A : 창이나 문의 총면적[m²]

예제 5-2 알루미늄 새시로 된 한쪽 열기창이 중간 정도의 기밀구조일 때 침입 외기량 Q_I [m³ /h]를 구하시오. 단, 창 면적은 10m² 이며 외기의 풍속은 6m/s이다.

풀이 식 5-14 및 표 5-20에 의해

$Q_I = A \cdot Q_i$

$=10 \times 0.16 = 1.6 m^3/h$

④ 사용 빈도 수에 의한 출입문의 침입 외기 : 출입문을 통한 침입 외기는 사용 빈도 수에 따라 정하는 방법으로 표 5-21은 실의 용도에 따라 사용인원 1인당 1시간당에 침투되는 바람의 양을 나타낸 것이다. 특히 겨울의 난방시에

는 건물 자체의 굴뚝효과로 현관 홀이 부압(압력)으로 되어 극간풍이 증가한다. 굴뚝효과는 높은 건물일수록 심하기 때문에 각 층 사이를 밀폐해야 한다. 표 5-22은 출입 인원수, 건물높이, 실내외의 온도차에 따른 굴뚝효과를 고려한 침입 외기의 양을 나타내고 있다.

표 5-21 문의 개폐에 의한 침입외기량 Q_I [m^3/h]

실 명	회전식 (지름 1.8m)	한쪽 열기 (폭 0.9m)	실 명	회전식	한쪽 열기
사 무 실	-	4.2	식 당	7.0	8.5
사 무 실	-	6.0	식 당(레스토랑)	3.4	4.2
백 화 점(소규모)	11.0	13.5	상 점(구두가게)	4.6	6.0
은 행	11.0	13.5	싱 잠(옷 가 게)	3.4	4.2
병 실	-	6.0	이 발 소	6.8	8.5
드럭스토어	9.5	12.0	담배가게	34.0	50.0

[주] 침입외기량 Q_I [m^3/h · 인] 는 실내인원 1인당 1시간당의 침입외기량이다.

표 5-22 연돌효과를 고려한 한쪽 열기문으로 들어오는 침입외기량 Q_I[m^3/h]

출입인원 n		1 중문(수동식)				2 중문(수동식)			
h	Δt	n=250	500	750	1,000	n=250	500	750	1,000
50	15	4,100	7,000	9,700	12,000	1,700	3,400	4,600	5,400
	20	4,300	7,300	10,000	12,200	2,000	3,700	5,100	6,100
	25	4,600	7,600	10,300	12,700	2,200	4,100	5,600	6,600
100	15	4,800	8,100	11,000	14,000	2,600	4,600	6,500	7,600
	20	6,500	9,900	13,000	16,000	3,400	5,600	7,600	9,200
	25	7,600	11,000	14,000	17,000	3,900	6,500	8,700	10,400
200	15	7,600	11,400	16,000	20,400	4,200	7,000	9,300	11,000
	20	8,500	14,000	19,000	22,000	4,700	7,600	10,000	12,000
	25	9,900	16,000	21,000	25,400	5,100	8,300	11,000	13,000

[주] 출입인수 n은 1개의 문당 매시간의 인원수, h는 높이[m], Δt는 온도[℃]

5) 실내 발열 부하

실내발열은 조명기구, 인체, 장비·기구에 의한 것이 있으며 이는 냉방부하로 된다. 엄밀하게는 실내발열부하의 현열부분에는 방사성분이 있어 발열 후 즉시 냉방부하로 되는 것은 아니나, 본 내용에서는 이러한 시간지연은 무시한다.

(1) 조명 부하

조명부하의 근거가 되는 조명용 전력은 조명계획이 완료되어 있는 경우 계획내용에 의하며 계획이 미 확정시 용도별의 조도, 조명기구 형식에서 구하는 것이 바람직하다. 개략 값은 표 5-23에 나타냈다. 조명부하는 다음 식에 의해 구한다.

$$q_E = (1-a)f \cdot W \quad \cdots\cdots (5\text{-}15)$$

q_E : 단위 바닥 면적 당 냉방부하[W/m²]

W : 단위 면적 당 조명용 전력[W/m²]

a : 흡입형 트로퍼 조명기의 열 제거율

a는 트로퍼의 형식과 흡입 풍량에 따라 다르나 실험에 의하면 0.15~0.25 정도이다. 흡입 트로퍼에 의한 제거열량은 실내 부하는 아니나 장치부하에 포함되는 것에 주의하여야 한다.

표 5-23 인원·조명 산출용 참고 값

실의 종류	인원[m²/인]	조명[W/m²]	실의 종류	인원[m²/인]	조명[W/m²]
일반사무실	5.0	20~30	호텔객실	18.0	15~30
은행영업실	5.0	60~70	백화점 (평균)	3.0	
식당	1.5	20~30	(혼잡시)	1.0	25~35
상점	3.0	25~35	(한산)	6.0	
호텔로비	6.5	20~40	극장	0.5	-

[주] 조명의 경우 호텔은 백열등, 기타는 형광등 기준임

표 5-24 실내조도와 조명용 전력의 개략치[W/m²]

분 류		조 명[lx]		조명전력[W/m²]	
		일 반	고 급	일 반	고 급
사 무 실	사 무 실	400~500	700~ 800	20~30	50~ 55
	은행영업장	750~850	1000~1500	60~70	70~100
극 장	관 객 석	100~150	150~ 200	10~15	15~ 20
	로 비	150~200	200~ 250	10~15	20~ 25
상 가		500~600	800~1000	30~40	55~ 70
백화점과 슈퍼마켓	1층, 지하 2층 이상	800~1200 600~1000		80~100 60~ 80	
학 교	교 실	150~200	250~ 350	10~15	25~35
병 원	병실 진료실	100~150	150~ 200	8~12	15~20
		300~400	700~1000	25~35	50~70
호 텔	객실 로비	80~150	80~ 150	15~30	15~30
		100~200	100~ 200	20~40	20~40
공 장	작 업 실	150~250	300~ 450	10~20	25~40
주 택	거 실	200~250	250~ 350	15~30	25~35

(2) 인체 발열 부하

표 5-25 작용온도별 인체에서의 발생 열량

[W/인]

작 업 상 태	실 온[℃]		하 절 기								
	적용장소	전발열량	착의량	22℃		24℃		26℃		28℃	
			clo	SH	LH	SH	LH	SH	LH	SH	LH
정 좌	극 장	98	0.6	77	23	73	24	64	34	51	47
가벼운 작업	학 교	116	0.6	88	28	80	36	67	49	55	62
사무실 안에서의 가벼운 보행	사무소 · 호텔 · 백 화 점	121	0.6	92	29	81	40	69	53	55	66
섰다, 앉았다, 걸었다 하는 일	은 행	139	0.6	98	42	85	55	71	67	58	81
앉은 동작	식 당	146	0.6	105	41	92	55	79	67	65	81
착석작업	가벼운 작업(공장)	208	0.6	116	92	101	106	86	121	71	137
보통의 댄스	댄 스 홀	230	0.6	130	99	115	115	98	133	80	150
보행(4.8㎞/h)	공장의 중작업	277	0.6	145	131	127	149	108	169	88	187
볼 링	볼 링 장	400	0.4	176	224	151	249	126	274	101	299

작업상태	실온[℃] 적용장소	전발열량	착의량 clo	중간기 20℃ SH	20℃ LH	22℃ SH	22℃ LH	24℃ SH	24℃ LH	26℃ SH	26℃ LH
정 좌	극 장	98	0.8	79	22	74	23	69	28	57	40
가벼운 작업	학 교	116	0.8	90	27	84	31	72	43	60	55
사무실 안에서의 가벼운 보행	사무소·호텔·백화점	121	0.8	93	28	85	36	73	48	62	59
섰다, 앉았다, 걸었다 하는 일	은 행	139	0.8	100	40	88	51	77	63	64	74
앉은 동작	식 당	146	0.8	107	40	95	50	84	63	72	74
착석작업	가벼운 작업(공장)	208	0.8	117	91	103	103	91	117	77	130
보통의 댄스	댄 스 홀	230	0.8	130	100	115	114	101	129	86	144
보행(4.8km/h)	공장의 중작업	277	0.8	143	133	128	149	112	165	94	183
볼 링	볼 링 장	400	0.6	167	233	148	253	127	273	106	294

작업상태	실온[℃] 적용장소	전발열량	착의량 clo	동절기 18℃ SH	18℃ LH	20℃ SH	20℃ LH	22℃ SH	22℃ LH	24℃ SH	24℃ LH
정 좌	극 장	98	1.0	83	22	76	22	73	24	63	35
가벼운 작업	학 교	116	1.0	91	26	87	28	77	40	66	50
사무실 안에서의 가벼운 보행	사무소·호텔·백화점	121	1.0	94	28	88	33	78	43	67	55
섰다, 앉았다, 걸었다 하는 일	은 행	139	1.0	102	37	91	49	80	59	70	70
앉은 동작	식 당	146	1.0	108	38	99	48	88	58	77	69
착석작업	가벼운 작업(공장)	208	1.0	117	90	106	101	94	114	81	126
보통의 댄스	댄 스 홀	230	1.0	129	101	116	114	103	127	90	141
보행(4.8km/h)	공장의 중작업	277	1.0	142	134	128	149	114	163	99	178
볼 링	볼 링 장	400	0.8	163	237	144	256	127	273	109	292

1) 작업상태 : 앉은 동작. 식당은 음식물에서의 발열로 현열과 잠열 각각 9W/인 포함되어 있음

2) 환경조건 : 상대습도 50%. 기류속도 0.2m/s
하절기 clo를 0.8로 선택하는 경우 중간에 값을 사용하여도 됨

인체에 의한 발열성분에는 인체표면에서 대류와 복사에 의해 발산되는 현열과, 땀・호흡 등 체외로 배출되는 잠열이 있다. 인체발열부하는 작업상태와 실온에 의해 크게 차이가 있으며 이를 정리하면 표 5-25과 같다. 같은 작업상태에 대하여 전방열량은 실온의 영향에 관계없이 일정하나 현열・잠열은 실내온도에 크게 영향을 받는다. 재실 인원수를 설계시 정확히 파악할 수 없는 경우에는 1인당 점유면적[m²/인]은 표 5-26을 이용한다. 다만 인체부하가 큰 비중을 차지하고 있는 극장 관람석, 강의 연수실, 집회실 등은 좌석수에 의해 인원수를 파악하는 등 정확한 인원을 산정 하여야 한다.

표 5-26 재실인원 1인당 점유바닥면적 [m^2/인]

	사무실 건축		백화점, 상가(매장)			식당	극장	학교	미술관	도서관		다방	미용
	사무실	회의실	일반	혼잡	한산		관람석	교사	전시실	일반	아동		이용원
일반적면적	5~8	2~5	1~4	0.5~2	4~8	1~2	0.4~0.7	1.3~1.6	2~4	1.8~3	1.3~1.6	1.5~4	2~4
설계치	5	2	2	1	5	1.5	0.5	1.4	2.5	2	1.4	2	2.5

(3) 기기발열 부하

실내기구・장치에서의 발열량은 표 5-27을 참고한다. 특히 최근의 사무실 건물에는 OA사용을 위한 전기용량이 10~15W/m² 정도로 되며, OA사용 증가가 예측되는 경우에는 40W/m² 정도까지 계획되기도 하므로 전기설비 설계자와 면밀한 협의가 필요하다. 전동기 구동 기계로부터의 발열량은 표 5-29에 의해 구한다.

표 5-27 조명기구・전기기구의 발생열량[W]

명 칭	[W]	명 칭	[W/kw] 또는 [kcal/대]
백열등 전열기	1,000	냉장고 선풍기 등(kW당)	
형광등(20W,30W)	1,200	0~0.4kW	1600W/kw
형광등(40W)	1,120~1,180	0.4~3.7	1270W/kw
형광등(40W 래피드형)	1,120~1,270	5.5~17	1160W/kw
메탈할라이드(멀티할로겐)등	1,040~1,140	복사기	200~ 550/대
고압 나트륨등	1,040~1,200	전자카피와 옵셋 제판기	1,000~2,000/대
수 온 등	1,040~1,240		

[주] 위의 자료는 각사 카탈로그에 의하여 작성하였음

표 5-28 각종 기기로부터의 발열량[W] (ASHRAE Handbook, 1977)

	명 칭	호칭 입력 [W]	발생열량[W]		
			후 드 없 음		후 드 있 음
			SH	LH	SH만
조리기기	가스식 커피포트 12ℓ	2,900	990	440	290
	가스식 커피포트 20ℓ	4,400	1,500	660	410
	전열식 커피포트 12ℓ	1,977	740	240	290
	전열식 커피포트 20ℓ	3,000	1,100	360	470
	가정용 레인지 80×80×83cmH	19,000	후드필요	후드필요	2,300
	음식점용 레인지(버너 2대당)	7,000	후드필요	후드필요	700
	음식점용 오븐(60×55×35cm)	8,700	후드필요	후드필요	870
기타	hair dryer(1.5W) blower type	–	700	120	–
	permanent(1.5kw)	–	240	47	–
	분젠 등(Φ 11mm)	870	490	120	–
	전기멸균기 1.1kW	–	190	350	–

[주] 기기사용율과 후드효율을 고려한 내용임

표 5-29 전동기에 의한 취득열량 q_E

	예	q_E
1) 전동기와 전동기로 구동되는 기계가 같이 실내에 있을 때	소형 냉장고, 선풍기, 일반 공장 내의 기계	$860\,\phi_1\,\phi_2 P/\eta_m$
2) 전동기는 실외에 있고, 실내의 기계를 구동할 때	실외의 전동기로서 전동축을 통하여 구동되는 기계	$860\,\phi_1\,\phi_2 P$
3) 동상일 때, 전동기가 있는 실내		$860\,\phi_1\,\phi_2 P\{(1/\eta_m)-1\}$

P : 전동기 정격출력 (명판 표시의 kW) η_m : 전동기 효율 (아래표)

ϕ_2 : 전동기의 가동률 ϕ_1 : 소요 동력 정격출력

kW	0~0.4	0.5~3.7	5.5~15	20이상
η_m	0.60	0.80	0.85	0.90

표 5-30 OA기기에서의 발생열

[W/대]

기 기 · 기 구 명	발 생 열 량
워드프로세서	100
PC 단말기	200
CAD 단말기	500~800
전자칠판 · FAX	100
개인용 프린터	50
개인용 칼라프린터	300
라인프린터	500
워크스테이션	1000이상
복 사 기	300정도

4. 난방부하계산

난방부하를 구하기 위한 외기조건은 표 5-5와 같다.

1) 유리면 부하

투과 일사 부하는 부하의 여유율 쪽에 해당되므로 일반적으로 무시하며 관류열 부하는 냉방부하와 같은 방법으로 구한다.

2) 구조체 부하

(1) 외벽 지붕

$$q_T = K \cdot k_1 \cdot k_2 (t_r - t_o - \Delta t_a) A \quad \cdots\cdots (5\text{-}16)$$

q_T : 관류에 의한 손실열량[W]

k_1 : 방위계수(표 5-31)

k_2 : 천장 높이에 따르는 할증계수(표 5-32)

K : 벽의 열 관류율[W/m² · K](표 5-12)

Δt_a : 대기복사에 의하는 외기 온도에 대한 증가분[℃](표 5-33)

t_r, t_o : 실내, 실외 온도

A : 벽, 지붕, 유리의 면적[m²]

표 5-31 방위계수 k_1

방 위	N NW W	SE E NE SW	S
k_1	1.2	1.1	1.0

표 5-32 천장 높이에 따른 할증 k_2

	천장높이[m]				천장높이[m]		
	5이하	5~10	10 이상		5이하	5~10	10 이상
강제대류난방				저온복사난방			
얇은 벽의 수평취출	1.00~ 1.05	1.05~ 1.15	1.15~ 1.20	바닥난방	1.00	1.00	1.00
천장취출	1.00~ 1.05	1.10~ 1.00	1.10~ 1.20	천장난방	1.00	1.00~ 1.05	-
자연대류난방	1.00	1.00~ 1.05	-	높은 위치부터의 고온복사난방	0	0	1.00~ 1.05
중정도의 높이부터 고온복사난방	1.00	1.0~ 1.05	1.05~ 1.10				

표 5-33 대기복사에 의하는 외기온도의 증분 Δt_a[℃]

외벽·창	3층 이하	$\Delta t_d=0$
	4~9층 주위에 건물이 있을 때	0
	4~9층 주위가 개방되어 있을 때	2
	9층 이상일 때	3
지 붕	구배 5/10 이상	4
천 장	지붕구배 5/10 이하	6
바닥·내벽		0

방위계수 k_1은 일사의 유an, 풍속의 크기에 따르는 열관류를 K와 주간풍량의 증감에 대해서 고려된 것이며, ASHRAE의 크랙법(crack method)에는 채용되어 있지 않으나 여기서는 일사의 유무에 대한 할증을 고려하여 넣기로 하였다.

(2) 지면에 접하는 바닥 콘크리트 또는 지하층 주변 벽의 열 손실

이 때의 열 손실량

$$q_{TB} = k_p l_p (t_r - t_o) \quad \cdots\cdots (5\text{-}17)$$

t_r, t_o : 실내와 외기의 온도[℃]

또 지하층 바닥 면과 지하 2.4m 이상의 지하층 주변 벽은 표 5-34에 표시하는 열관류를 K_B 와 그 면적 A_B[m²]를 사용하여 다음 식으로 계산한다.
t_g는 지중 온도를 표시한다.

$$q_{TB}' = K_B \cdot A_B (t_i - t_g) \quad \cdots\cdots (5\text{-}18)$$

k_P, K_B, 지하 0.5, 2, 3m의 지중 온도 t_g의 값을 표 5-34, 5-35에 표시한다.

표 3-34 k_P, K_B의 값

지면부터의 깊이[m]	+0.6(지상) 1.34	0 0.89	−0.6(지하) 1.12	−1.2(지하) 1.34	−1.8(지하) 1.56	−2.4(지하) 1.79
k_P[W/m · K]	지하층 바닥면			지하층 벽면으로서 지하 2.4m 이하 부분		
K_B[W/m · K]	0.244			0.391		

표 5-35 난방설계용 지역별 지중온도

지 명	월평균 지표면온도		동결심도	깊이에 따른 지중온도(1월)		
	최 저	최 고	(cm)	0.5m	2m	3m
속 초	-0.4	25.9	47	0.19	6.5	8.6
춘 천	-2.9	26.7	157	-5.3	2.8	5.5
강 릉	-0.1	26.4	44	0.4	3.9	9.4
서 울	-2.5	27.0	77	-0.2	5.6	8.1
인 천	-1.3	27.0	65	-1.0	6.0	8.3

지 명	월평균 지표면온도		동결심도	깊이에 따른 지중온도(1월)		
	최 저	최 고	(cm)	0.5m	2m	3m
울릉도	1.4	26.1	14	2.2	8.1	10.1
수 원	-1.5	26.7	117	-4.3	3.7	6.4
서 산	-0.6	27.3	75	1.7	5.8	8.3
청 주	-1.7	27.8	98	-3.2	4.7	7.4
대 전	-0.7	27.2	87	-2.1	5.6	8.2
추풍령	-1.2	27.1	79	1.9	5.5	8.0
포 항	0.8	28.3	37	0.9	7.8	13.0
군 산	0.7	28.6	43	0.5	7.5	9.9
대 구	-0.1	28.9	59	-0.7	6.9	9.4
전 주	0.6	28.7	58	-0.6	6.7	9.2
울 산	2.4	28.4	37	0.9	7.9	11.0
광 주	1.3	28.7	42	0.6	7.8	10.2
부 산	3.0	28.4	7	2.8	9.1	11.2
충 무	2.3	27.4	22	1.9	8.5	10.7
목 포	2.1	28.0	15	3.5	9.4	11.5
여 수	1.6	26.8	11	2.7	9.0	11.1
제 주	4.9	30.1		5.9	11.6	13.5
서귀포	6.5	29.3		5.8	11.5	13.4
진 주	0.8	27.1	59	-0.6	6.9	9.4

[주] 1970~1979년의 10년 간 통계치임

3) 내부칸막이 부하

냉방부하와 같은 방법으로 구한다. 다만 Δt는 식 5-19에 의한다.

$$\Delta t = r(t_r - t_o) \quad \cdots\cdots (5\text{-}19)$$

r : 인접실 온도차 계수(일반적으로 난방시 0.25)

t_o : 외기 온도[℃]

t_r : 공조실 온도[℃]

인접실이 고온의 경우 부하의 안전측에 해당되므로 무시한다. 다만 운전시간대가 다르거나 인접실에서의 발열이 기대되지 않는 경우에는 내부칸막이부하로 계산한다.

4) 침입 외기 부하

냉방 부하와 계산 방법이 동일하다.

5) 실내 발열 부하

실내발열은 일반적으로 부하의 안전 측에 해당되므로 고려하지 않는다.

5. 장치부하

1) 장치 부하

장치 부하는 다음 식에 의해 구한다.

$$q_T = q_S + q_L + q_F + q_D + q_B + q_R \quad \cdots\cdots (5\text{-}20)$$

q_T : 장치 부하[W]

q_S : 실내 현열 부하[W]

q_L : 실내 잠열 부하[W]

q_F : 외기 부하[W]

q_D : 덕트에 의한 열부하*[W]

q_B : 송풍기부하*[W]

q_R : 재열 부하*[W]

(* 난방 부하는 계산하지 않음)

장치 부하의 요소는 공조시스템에 따라 다르며 덕트 계통에서의 열 부하 $(q_D + q_B)$ 는 일반적으로 실내 현열 부하에 대해 몇%와 같이 간략하게 구한다.

급기 덕트가 짧은 경우 5%

일반의 경우 10%

고속 덕트 등과 같이 송풍기 정압이 높은 경우 15%

상세히 검토하는 경우 3) 덕트 재료통과 열 부하량을 계산하고, 송풍기에 의한 부하의 계산은 표 5-36을 참고한다. 코일의 능력은 코일 내외 면에 오염물질의 부착 등으로 인한 열 교환 성능의 저하와 장래의 부하 증가에 대비하여 10~15%의 여유를 두는 것이 바람직하다.

2) 외기부하

냉난방 부하계산시 외기 부하는 식 5-21의 엔탈 피 값을 이용하여 구한다.

$$q_F = r \cdot Q_F \cdot \Delta h(1-\eta) \quad \cdots\cdots (5\text{-}21)$$

현열, 잠열을 구분하면 다음과 같다.

$$q_{FS} = C_p \cdot \gamma \cdot \Delta t \cdot Q_F(1-\eta) \quad \cdots\cdots (5\text{-}22)$$

$$q_{FL} = r \cdot \gamma \cdot \Delta x \cdot Q_F(1-\eta) \quad \cdots\cdots (5\text{-}23)$$

$$q_F = q_{FS} + q_{FL} \quad \cdots\cdots (5\text{-}24)$$

Q_F : 외기량[m³/h]

q_F : 외기 부하(전열)[W]

q_{FS} : 외기 부하(현열)[W]

q_{FL} : 외기 부하(잠열)[W]

γ : 공기의 비중량(=1.2)[kg/m³]

C_p : 공기의 정압 비열(≒1kJ/kg · K)

r : 물의 증발잠열(2.256kJ/g)

Δh : 실내 외 엔탈 피차[kJ/kg(DA)]

Δt : 실내 외 건구 온도차[℃]

Δx : 실내 외 절대 습도차[kg/kg´(DA)]

η : 배기 회수율을 고려한 전열교환기 효율

증기 가습 방식의 경우 q_{FL}은 열원부하는 되나, 공조기 가열코일 부하는 되지 않음에 주의하여야 한다.

3) 덕트 재료통과 열 부하

덕트에 의한 열 부하는 덕트 재료(보온재 포함)를 통한 손실 열량과 공기누설에 의한 손실이 있다. 전자는 덕트 재료의 열 통과율, 덕트 길이, 덕트 표면면적 등에 의해 정상 전열식으로 계산가능하나 계산이 복잡하여져 일반적으로 실내 혈연부하에 대하여 1~3% 정도 추정한다. 덕트에서의 누설은 시공의 정밀도에 따라 크게 차이가 있으나 평균 5% 정도 많은 경우 10%되는 경우도 있으므로 무시해서는 안되며 누설에 대하여는 송풍량을 여유 있게 하여 대응하여야 한다. 다만 덕트에서 공조실 통과부분에 대한 손실은 무시하고 비공조실 통과 부위에 대한 손실만 고려하며 이에 대한 풍량 할증율을 설정한다.

4) 송풍기 부하

송풍기의 발열량은 표 5-21에 의해 산출할 수 있으나 표 5-36과 같이 송풍기 전압이 높은 경우에는 실내 현열 부하의 10% 이상이 되기도 한다.

5) 재열 부하

재열 부하의 유무와 크기는 공조시스템에 따라 다르므로 공기선도상의 주기를 검토하여 재열 부하를 계산한다. 그 외에 흡입 트로퍼의 제거열은 여기에 포함한다.

표 5-36 송풍기에 의한 열 부하(실내 현열에 대한 %임)

송풍기	실온과 급기온도차[℃]					
전압[Pa]	5	7.5	10	12.5	15	17.5
150	1.5	1.1	0.8	0.7	0.6	0.5
200	2.3	1.6	1.2	0.9	0.8	0.7
250	3.0	2.0	1.5	1.2	1.0	0.9

송풍기 전압[Pa]	실온과 급기온도차[℃]					
	5	7.5	10	12.5	15	17.5
300	3.9	2.7	2.0	1.5	1.3	1.2
400	5.1	3.7	2.7	2.2	1.8	1.5
500	6.7	4.7	3.5	2.8	2.3	2.0
750	11.0	7.7	5.8	4.6	3.9	3.3
1000	16.7	11.5	8.5	6.9	5.5	4.8
1250	20.5	14.0	10.4	8.6	7.2	6.2
1500	27.0	19.0	13.6	11.0	9.0	7.8
2000	-	28.0	21.2	17.2	14.2	12.3

본 표는 중앙식 장치로서 송풍기전압효율 70%의 경우와 송풍기용 모터가 공조공간 또는 케이싱 내에 설치되어 있지 않은 경우임

6. 열원부하

1) 열원 부하

(1) 열원 부하

열원 부하는 다음 식에 의해 구한다.

$$q_{RM} = q_T + q_P + q_{PM} + q_{SA} \quad \cdots\cdots (5\text{-}25)$$

q_{RM} : 열원 부하[W]

q_T : 장치 부하[W]

q_P : 배관의 열 손실[W]

q_{PM} : 펌프 부하*[W]

q_{SA} : 장치 축열 부하[W]

(*난방 부하 계산시에는 포함하지 않음)

배관계의 열부하와 장치 축열 부하 $(q_P+q_{PM}+q_{SA})$는 일반적으로 장치부하의 2~3% 정도로 하며 상세하게 검토하는 경우는 아래의 내용을 참고한다.

(2) 공조 조닝과 열원부하

대규모 건물에는 다수의 공조 존을 하나의 열원 시스템으로 담당하며, 각기 존의 부하변동 패턴은 동일하지 않다. 따라서 열원부하는 각 공조존 최대부하의 합계치가 아니라 각 존 부하를 매시간 집계하여 이의 최대치를 기초로 하여 결정한다.

2) 배관 재통과 열 부하

배관에서 주위로의 단위 길이 당 열 손실은 다음 식에 의하여 구한다.

$$q_p=(t_i+t_r)/R \quad \cdots\cdots (5\text{-}26)$$

$$R=\frac{1}{2\pi}\left\{\frac{1}{r_o \cdot a_1}+\frac{1}{\lambda_n}\ln\left(\frac{r_1}{r_0}\right)+\frac{1}{\text{o}_1}\ln\left(\frac{r_2}{r_1}\right)+\cdots+\frac{1}{\lambda_n}\left(\frac{r_{n+1}}{r_n}\right)+\frac{1}{n+1 \cdot a_2}\right\} \quad \cdots\cdots (5\text{-}27)$$

q_p : 단위 길이 당 배관으로부터의 열 손실[W/m]

t_i, t_r : 배관 내 온도 · 주위온도[℃]

R : 배관의 관류열 저항[m · K/W]

a_1, a_2 : 배관 내 · 외측의 표면 열전달률[W/m² · K]

r_o, r_1 : 원관의 내외반경[m]

r_n : 각 보온재의 외반경[m]

λ_o : 배관의 열전도율[W/m² · K]

λ_n : 각 보온재의 열전도율[W/m² · K]

통상 내부유체가 물 · 포화증기이고 배관재가 금속인 경우

$\frac{1}{r_0 \cdot a_1}$과 $\frac{1}{\lambda_0}\ln\left(\frac{r_1}{r_0}\right)$는 0으로 한다.

3) 펌프의 부하

펌프가 소비하는 에너지는 전량 배관 내의 물에 전달되므로 송풍기와 같이 다음 식에 의해 구한다.

$$q_{PM} = 860 \times \frac{\rho \times Q \times H}{\eta_p \times 6120} \quad \cdots\cdots (5\text{-}28)$$

q_{PM} : 펌프에서의 열부하[W]

ρ : 밀도[kg/m³]

Q : 수량[m³/min]

H : 양정[m]

η_p : 펌프효율

4) 장치 축열 부하

장치 축열 부하는 다음 식에 의해 구한다.

$$q_{SA} = C_w \cdot (t_{w1} - t_{w2})/\Delta\tau + C_A \cdot (t_{A1} - t_{A2})/\Delta\tau \quad \cdots\cdots (5\text{-}29)$$

q_{SA} : 장치 축열 부하[W]

C_w : 기기와 배관의 열용량[W/K]

C_A : 공조계통(덕트 등)의 열용량[W/K]

t_{w1}, t_{A1} : 각기 운전개시 전의 장치 내 수온과 덕트 내 공기온도[℃]

t_{w2}, t_{A2} : 각기 정상운전 후의 장치 내 수온과 덕트 내 공기온도[℃]

$\Delta\tau$: 장치의 예냉 또는 예열시간[h]

배관 내의 t_{w1}은 배관계의 평균을 이용하여 표 5-30으로부터 구한다. 냉동기 내의 t_{w1}은 배관계의 t_{w1}와 같은 값으로 한다. 야간의 보일러실의 공기온도와 운전시의 보일러 내의 증기 또는 온수의 온도는 평균온도를 택하며 덕트 내의 t_{A1}은 주위온도와 같은 온도로 하며(여름 : 28℃전 후, 겨울 : 20℃전 후) t_{A2}는 공조시의 송풍온도로 한다. C_w와 C_A와는 열원장치, 공조장치의 내용에 따라 많은 차이가 있으나 각종 건물로부터 통계적으로 구한 값은 표 5-29와 같다.

표 5-37 연면적당 장치의 열용량(보온재 · 물포함)

[W/m²K]

C_w	냉동기 또는 보일러	배　관	합　계
냉방시	0.093	1.01	1.1
난방시	1.11	0.66	1.77

C_A	공 조 기	덕　트	합　계
	0.07	0.66	0.73

표 5-38 예열 예냉개시시의 배관 내 수온 t_{w1}〔℃〕

	운전정지시간(h)	배관 평균 관경(A)			
		100	150	200	250
예　냉	12	26.1	22.8	20.3	18.5
	14	26.7	24.0	21.4	19.5
	16	27.1	24.7	22.4	20.5
예　열	12	22.9	27.8	31.6	34.3
	14	22.0	26.0	29.9	32.7
	16	21.4	24.9	28.4	31.3

조건 : 냉방시 $t_w = 8℃$, $t_A = 28℃$

난방시 $t_w = 50℃$, $t_A = 20℃$

암면 50mm 보온으로 한다.

6 공기조화기 설계

- 1. 공기 조화기
- 2. 패키지형 공기 조화기
- 3. 팬코일 유닛
- 4. 냉각·가열코닐
- 5. 가습기
- 6. 공기필터
- 7. 방열기류

제 6 장
공기조화기 설계

1. 공기조화기

1) 설계순서

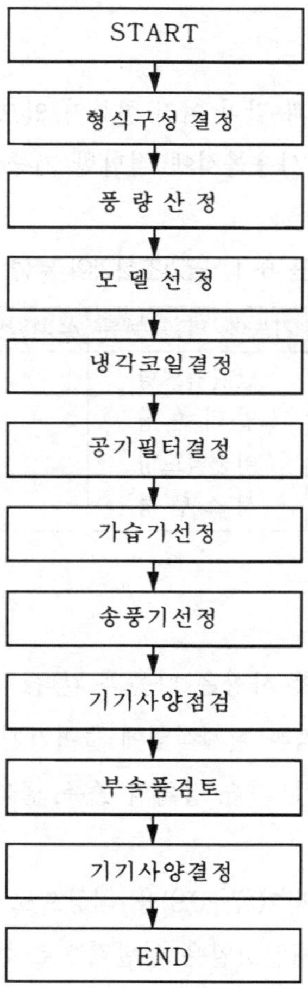

그림 6-1 공기조화기의 설계 FLOW

공기조화기(Air Handling Unit)는 송풍공기를 정화하여 온도, 습도를 조정하는 장치로서 일반적으로 송풍기, 모터, 냉각감습코일, 가열코일, 감습기, 에어필터, 케이싱 등으로 구성되어져 있으며 최근에는 전열교환기를 포함하거나 외기취입제어를 자동화하는 등의 에너지절약 측면을 고려한 기종들이 제작되어지고 있다. 본 내용에서는 종래부터 이용되어지고 있는 표준적인 제품에 대한 설계방법에 대하여 기술하였으며 설계순서는 그림 6-1에 나타냈다.

2) 설계요령

⑴ 형 식

공기조화기는 표 6-1과 같이 여러 종류가 있으며 제조회사의 카탈로그와 기술자료 등을 참고하여 사용목적에 적합한 기종을 선정하여야 한다.

표 6-1 공기조화기의 분류

분류법	조립방법에 의한 분류	기능에 의한 분류	설치방법에 의한 분류	용도에 의한 분류
종 류	현장조립형 유 닛 형	단일덕트형 멀 티 존 형 이중덕트형 시 스 템 형	수직형 수평형 혼합형	사 무 실 용 전 산 실 용 클 린 룸 용 외기처리용

⑵ 구 성

공조기 구성시 고려할 사항은 다음과 같다.

① 구체적인 용량결정과 설계작업에 들어가기 전 공조기의 종류, 기본구성(냉각·가열코일 구성, 가습 장치의 종류, 공기필터 형식, 혼합상자의 필요성) 등을 검토한다.

② 일반사무실(현열비 : 0.7~0.9)을 대상으로 냉방 진행 시 냉수 입구온도는 7℃정도로 하며 재열코일은 일반적으로 설치하지 않는다. 다만, 현열비가 대단히 적거나 정밀 습도제어가 요구되는 경우(항온, 항습실 등) 재열코일

을 고려한다.

③ 수가습방식 또는 냉각코일 전면풍속이 3m/s 이상의 경우 원칙적으로 엘리미네이터를 설치한다.

④ 가습에 증기를 사용하는 경우 원칙적으로 50kPa 이하의 저압증기에 의한 가습을 한다.

⑤ 공기필터의 종류는 목적, 성능에 적합한 종류를 선정한다.

⑥ 외기와 재순환 공기를 적당한 비율로 혼합할 필요가 있는 경우에는 혼합상자(mixing box)를 설치한다. 외기와 재순환 공기가 충분히 혼합되지 않을 경우 코일의 성능이 충분히 발휘되지 않거나 동결발생의 우려가 있다.

⑦ 그 외에 재질(염해, 특수가스), 방음, 방진, 내진, 동결방지 등의 특수한 조건이 있는 경우 각기 내용에 따라 충분히 검토한다.

(3) 용량결정

공조기 용량결정시 고려할 사항은 다음과 같다.

① 송풍량, 냉각부하, 재열부하, 가습량 등의 기본용량 산정은 공기선도에 의해 구한다.(4장 공기선도 사용방법 참조)

② 가습방식에 따라 동절기 가열부하 용량이 달라지므로 주의하여야 한다.

③ 냉각, 가열의 2코일 방식의 경우 가열 능력은 재열능력과 동절기 가열능력 중 큰 쪽의 용량을 고려한다.

④ 송풍량, 송풍조건은 냉·온수의 온도조건 실내공기분포의 조건 등과 밀접한 관계를 갖고 있으며 송풍량은 공조기의 크기를 기본적으로 결정하는 것이므로 신중히 검토하여야 한다.

(4) 선정법

유닛형 공조기의 경우 풍량에 따라 모델번호를 선정하며 각기 모델의 코일 전면면적을 기준으로 하여 코일류를 결정하고 가습기, 공기필터, 송풍기 등의 각 요소를 순차적으로 결정한다. 코일의 전면 풍속은 2.5~3m/s 정도로 하며 제조회사의 제품사양서 등에 의해 기종을 선정한다. 공조기는 처리풍량과 구성요소의 종류, 배치에 따라 크기가 결정되며 이는 기본적인 설치공간, 층고, 반입 경로, 보수공간 등을 점검하여야 한다.

예제 6-1 다음 조건에 대하여 공조기 부하를 산정하시오.

① 설계실내조건
여름 : 26℃ DB, 50% RH
겨울 : 20℃ DB, 50% RH

② 설계외기조건
여　름 : 33.2℃ DB, 27℃ WB
동절기 : 1.0℃DB, −3.5℃WB

③ 공조기의 실내 열부하(피크시)
여름 : 현열 9000W, 잠열 1000W
겨울 : 현열 8000W, 잠열 500W

④ 취입외기량 25㎥/h·人(실내인원 35人)

⑤ 공조기 구성조건
재열코일 無, 수분무가습

풀이

① 공기선도를 사용하여 냉방과 난방시의 상태를 작성하면 그림 6-2, 6-3과 같다.

② 작성되어진 공기선도에 의해 공조기부하를 계산하나 다수의 공조기가 있을 시에는 계산용지를 사용하여 이에 의해 계산하는 것이 편리하다.

표 6-2는 계산용지의 예로서 계산결과를 나타낸다. 여기에 계산되어진 공조기 부하는 코일 등의 결정에 사용되어지는 냉각·가열부하와 다를 경우가 있으므로 주의하여야 한다.

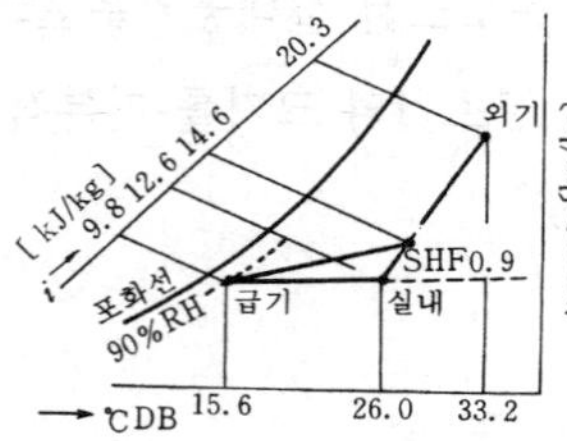

그림 6-2 하절기의 공기선도

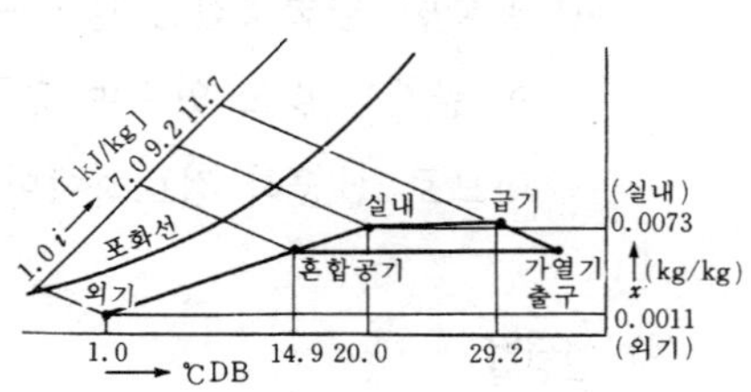

그림 6-3 동절기의 공기선도

표 6-2 공조기 부하계산서의 예와 계산 예

계 통 명	계통		존		실수	실	
	바닥면적(A) m²		실용적(V) m²		35人		
여름							
열 량	Ⓐ W 현열 (RHG) 9,000		Ⓑ W 잠열 (LHG)[w] 1,000		Ⓒ W 전열량 (THG) 10,000		
헌열비(SHF)	SHF Ⓐ9,000W THGⒸ 10,000W						0.90
공 기 조 건	DB t_s15.6℃	WB ℃	RH %	DP ℃	i 11.4W/kg	x0.010kg/kg	
송 풍 량 (Q)	SHGⒶ (9000 w/h×1.1(=9900)①) / (0.33×(t_r26.0℃ − t_s15.6℃)						3,300m³/h
외기량(OAQ)	35人×25.0m³/h · 人=875m³/h			V m³×R/h m³/h			875m³/h
외 기 혼 합 비 율	OAQ875m³/h/Q3,300m³h=0.265②			1-0.265②=0.735③			
환기량(RAQ)	Q 3,300m³/h-OAQ 875m³/h						2,425m³/h
혼 합 공 기 의 h	h_o23.55w/kg×0.265② + h_r14.62w/kg×0.735③						17w/kg
공조기입구상태	DB 27.8℃	WB 21.2℃	RH %	DP ℃	h 5.33w/kg	x0.013kg/kg	
외기부하(OAHG)	OAQ 875m³/h×1.2× (i_o23.55w/kg − i_r14.62w/kg)						97.76W
예열부하(PHG)							kcal/h
재열부하(RHG)							kcal/h
하절기공조기부하	SHG①11484W+LHGⒷ1160W+OAHG9396W+PHG W+RHG W						22,040W
겨울							
열 량	Ⓓ SHL W 현열 8,000		Ⓔ LHG W 잠열500		ⒻTHL W 전열량 8500		
급 기 온 도	t_r20.0℃ + (*SHL*Ⓓ9280*w*/kg×1.1(=10200)④) / (0.33× Q3300m³/h)						29.2℃
혼 합 공 기 의 h	h1.16W/kg×0.265②+h10.67W/kg×0.735						8.12W/kg
공조기입구상태	DB 14.9℃	WB 10.0℃	RH %	DP ℃	8.12W/kg	x0.0056kg/kg	
공조기출구상태	DB 29.2℃	WB ℃	RH ℃	DP ℃	i 13.57W/kg	x0.0078kg/kg	
외기부하(OAHL)	OAQ875m³/h×1.2×(ir 10.67w/lg/kg-io1.63w/kg)						
가 습 량	OAQ875m³/h×1.2×(x_r 0.0073kg/kg-$x_0$0.0011kg/kg)500+/597						
동절기공조기부하	SHL ④10,200W+LHL ⓔ580W+OAHL 99.76W						
터 미 널 처 리							
점검							
평 균 환 기 회 수	Q m³/h/V m³						
하절기공조기부하	하절기공조기부하 W/A m³						
동절기공조기부하	동절기공조기부하 W/A m³						
비 고							

2. 패키지형 공기조화기

1) 설계순서

설계순서는 그림 6-1과 동일하다

2) 선정방법

① 패키지형 공조기의 선정방법으로는 실내부하와 공조기 흡입 공기조건, 냉각수 조건 등으로부터 필요냉각(가열)능력을 만족하는 제품을 제품사양서에서 선정하여 풍량, 기외정압 등의 필요성능을 검토한 후 최종적으로 기기를 선정한다. 패키지형 공조기는 규격품이므로 필요능력과 기기능력이 반드시 일치하지는 않는다. 따라서 필요능력의 허용범위를 파악하여 선정하여야 한다.

② 실내 온·습도 범위가 명확히 지시되어져 있는 경우 공기선도상에 실내 온·습도 변동과 부분부하의 운전상황 등을 자동제어상의 문제점과 관련지어서 검토한다.

③ 패키지형 공조기의 냉방(난방)능력과 풍량범위(일반적으로 표준풍량에 대하여 80~120% 정도)는 종류와 기종에 따라 다를 뿐만아니라 제조회사에 따라 다른 경우도 있으므로 주의하여야 한다.

3) 선정시 주의사항

① 공냉식 히트펌프 패키지형 공조기의 경우 일반적으로 냉방능력보다 난방능력이 적으므로 설계조건시 난방능력을 필히 확인한다.

② 패키지형 공조기는 소음이 발생하므로 실내설치시 발생소음에 대하여 점검하여야 하며 일반적으로 실내설치시 7.5RT까지가 적절하다.

③ 공냉식 사용시 실내기와 실외기의 배관길이와 고저차에 제한이 있으므로 한계 이상 설치시 능력 감소, 트러블 발생 등의 문제가 우려되므로 주의한다.

④ 패키지형 공조기에서 표준부속품 이외의 공기필터 선정시에는 내장송풍기의 정압부족 현상이 발생할 수 있으므로 주의한다.

⑤ 패키지형 공조기에서 설치하는 전기히터, 가습기 등의 설치 가능한 용량은 모델에 따라 한계가 있으므로 주의한다.

⑥ 냉방전용의 패키지 공조기 설치시에는 공조기의 총용량과 냉각탑의 총용량은 특별한 경우를 제외하고는 일치시킨다.

표 6-3 패키지형 공조기의 종류와 특징

종 류	능 력 범 위		사 용 법	사용범위
	압축기용량(kW)	송풍량(m^3/h)		
수 냉 식	2.2~90	1,400~60,000	냉각탑과 조합하여 사용하는 표준형으로 가장 많이 사용됨	사무실, 은행, 음식점, 상가, 병원 등(1대당 공조면적 2,000m^2 이하)
공 냉 식	2.2~15	1,400~ 1,100	실내유닛과 실외유닛을 분리한 것으로 냉각탑이 필요없음	사무실, 은행, 음식점, 상가, 병원등(1대당 공조면적 350m^2 이하)
수열원 히트펌프	2.2~30	1,400~ 2,400	지하수를 다량으로 이용가능한 경우에 사용함	사무실, 은행, 병원, 상가(1대당 공조면적 650m^2 이하)
공기열원 히트펌프	2.2~30	1,400~ 2,200	대기오염방지 측면에서 최근 이용이 급증하나 한냉지의 경우 난방시 능력이 부족하여 가열기 설치 등의 문제점이 있음	사무실, 상가, 병원, 연구실(1대당 공조면적 700m^2 이하)
저풍량용	15~90	9,600~5,2000	잠열부하가 크거나 외기취입량이 많은 경우 토출온도를 낮추어 덕트크기를 적게 할 경우에 사용함	지하도, 극장, 연구실, 슈퍼마켓 등
저 온 용	2.2~22	2,400~27,000	생선, 식료품 등의 저장용으로 사용하며 실내온도 10℃ 정도의 특수형임	생선식품, 곡식류, 저장고, 기타 저온실(10℃ 전후)
전외기용	2.2~90	600~27,000	병원의 수술실 등과 같이 전외기의 공조를 하는 경우 사용	병원 수술실, 회복실, 분만실, 연구실, 제품공장 등의 전외기공조의 경우 사용
전산실용	3.75~22	9,000~27,000	전산실용으로 상흡입하토출의 구조임	전산실

표 6-4 패키지형 공조기의 흡입공기 습구온도 범위와 표준풍량 개략치

패키지 형식	흡입공기 습구온도 ℃(WB)범위	표준 풍량 $m^2/h \cdot RT$
표 준 형	15~17 ~ 21~23 ℃ WB	≒ $500m^3/h \cdot RT$
전 외 기 형	15~17 ~ 29~30 ℃ WB	≒ $250m^3/h \cdot RT$
전 산 실 용	11~22 ℃ WB	≒$1000m^3/h \cdot RT$
저 온 용	3~5 ~15 ℃ WB	≒ $900m^3/h \cdot RT$
산 업 용	10~17 ℃ WB	≒ $600m^3/h \cdot RT$

[주] 1) 흡입공기 습구온도 ℃(WB)는 응축온도, 풍량에 따라 다르며 제조회사에 따라 약간의 차이가 있음.
2) 일반적으로 패키지의 풍량범위는 표준풍량을 100%로 하여 80~로 하여 80~120℃ 정도임

3. 팬코일 유닛

1) 선정순서

팬코일 유닛의 선정순서는 그림 6-4와 같다.

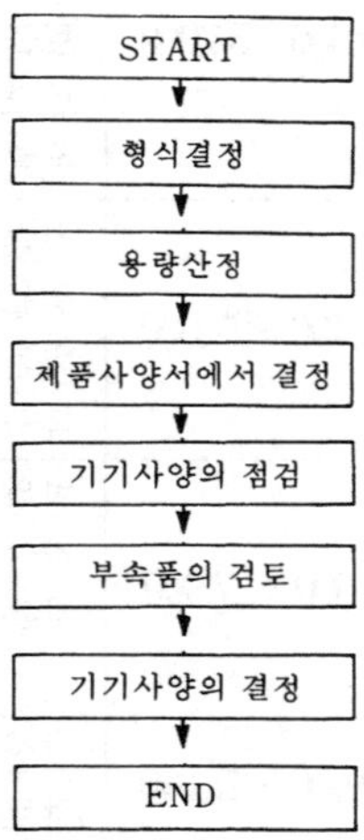

그림 6-4 팬코일 유닛의 선정 FLOW

2) 선정방법

(1) 형 식

사용목적, 설치방식, 필요기능 등을 고려하여 형식을 결정하며 형식의 종류는 표 6-5와 같다.

표 6-5 팬코일 유닛의 종류

구 분	종 류
설치방법	노출형, 은폐형
설치형태에 의한 구분	상치형, 천장형, 로보이형, 카세트형, 벽걸이형
성능구분	표준형, 2패스형, 2코일형, 고온도차 소수량형, 외기도입형, 대용량형
기타	전기집진기 부착형

(2) 용 량

팬코일 유닛의 필요능력은 열 부하 계산에 의한 실내부하 이외에 별도의 공조기 등이 있는 경우에는 이들의 처리열량을 고려하여 결정한다.

① 별도의 공조기가 없는 경우

$$\text{필요능력} = \frac{\text{열부하계산에 의한 실내부하}}{\text{설치대수}}$$

② 별도의 공조기가 있는 경우

위 식에서의 실내부하 대신에 실내부하에 공조기에 의한 처리열량을 제외한 부하를 기준으로 한다. 다만 외기처리 공조기 등의 공기를 팬코일 유닛의 흡입측에 직접 접속하는 경우에는 실내부하는 변동하지 않고 흡입공기 조건만 변동시켜 선정해도 좋다.

(3) 선정방법

① 선정방법은 일반적으로 냉수출입구 온도차와 전열부하에 의해 수량을 산출하여 이의 수량과 냉수입구 온도, 입구공기 조건(DB, WB)으로부터 현열부하에 의해 기종을 선정하며 이에 대하여 전열능력과 난방능력을 점검한다.

냉수출입구 온도차는 표준형의 경우 5℃, 에너지절약형은 8~10℃ 정도이다.

② 일반적으로 팬코일 유닛의 능력은 동일수량의 경우 냉방능력보다 난방능력이 크므로 냉방기준으로 선정한다. 그러나 온수온도가 낮은 경우(공냉식 히트 펌프 사용시 등)와 건물의 북쪽에 위치한 공간 등에서는 난방능력을 점검하여 능력 부족시에는 난방기준으로 선정할 필요가 있다.

③ 1대 당 수량과 능력이 클 경우 대수를 늘리는 편이 바람직하며 25kPa 이상의 수두손실이 있는 경우와 대용량기기는 특수한 경우를 제외하고는 설치하지 않는다.

④ 다수의 팬코일 유닛을 선정하는 경우에는 각기의 형식, 형식번호별 수량, 능력 등의 선정 기준을 결정하여 이를 기준으로 각 실의 형식번호와 대수를 결정한다.

(4) 점 검

① 제조회사의 카탈로그에 있는 팬코일 유닛의 능력표시는 일반적으로 최대풍량의 경우이므로 소음 등의 문제로 인하여 풍량 제한이 있을 시에는 상위기종을 택한다.

② 열 부하가 상대적으로 적은 공간(넓은 공간에 부하가 적은 경우) 등에는 열수지 뿐만 아니라 환기회수, 배치 등을 점검하여 공기분포상 문제가 있을 때는 대수를 증가시키는 것도 고려하여야 한다.

4. 냉각·가열코일

1) 설계순서

냉각 · 가열 코일용의 냉 · 온수 코일 설계순서는 그림 6-5와 같으며 증기코일 설계순서는 그림 6-6과 같다.

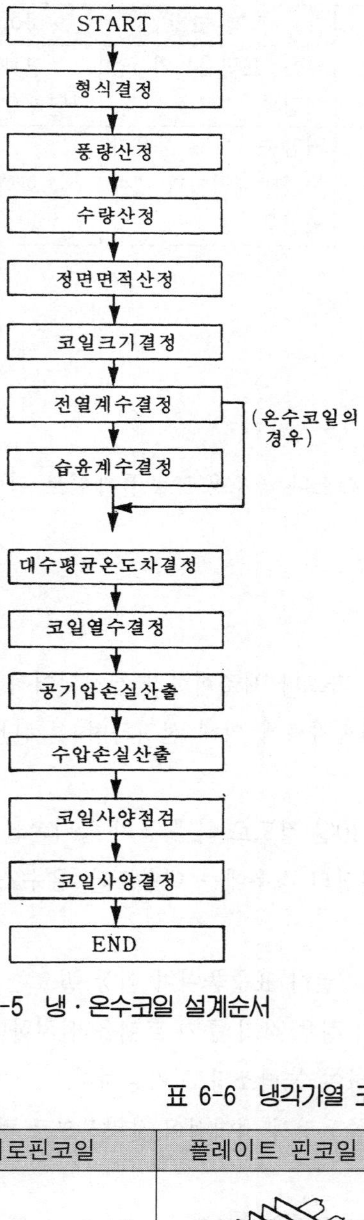

그림 6-5 냉·온수코일 설계순서

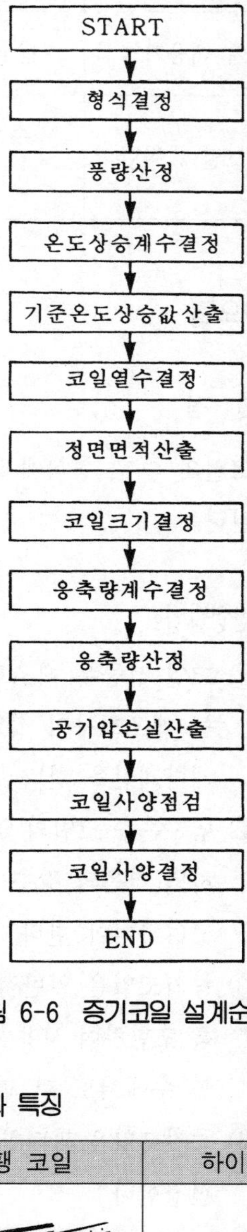

그림 6-6 증기코일 설계순서

표 6-6 냉각가열 코일의 종류와 특징

종류	에로핀코일	플레이트 핀코일	직팽 코일	하이핀 코일
형상	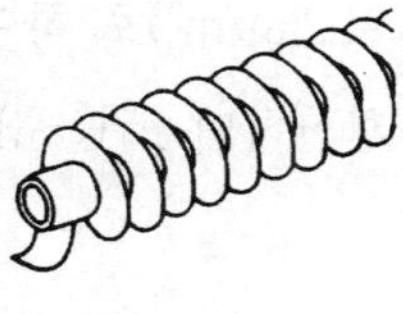	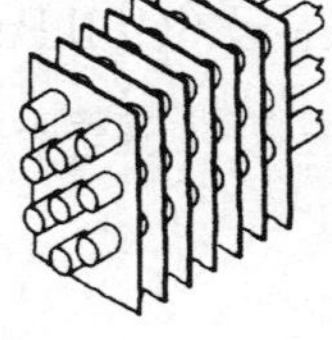	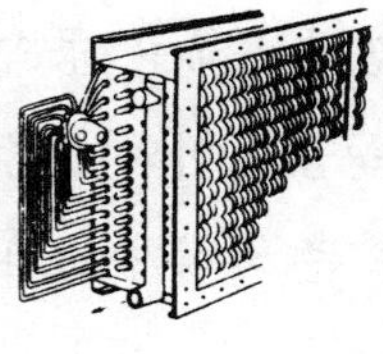	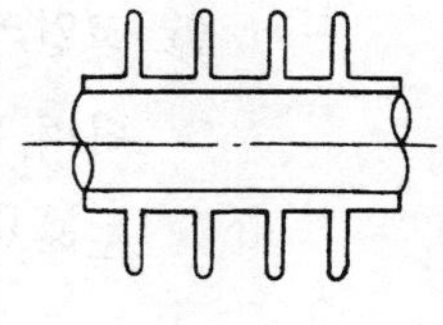

종류	에로핀코일	플레이트 핀코일	직팽 코일	하이핀 코일
특징	열팽창에 대응가능함	방열면적이 큼	낮은 표면온도가 얻어짐	핀과 코일이 단열재료로 되어있음
용도	증기코일에 적합	냉수·온수코일에 적합	저압증기에도 사용가능 함. 패키지형 냉매 코일용	화학공업용

2) 설계요령

(1) 형 식

코일의 종류, 형식에서 표 6-6과 같으나 공조용으로 플레이트 핀이 주로 이용된다.

(2) 선정방법

① 코일 성능은 제조회사에 따라 다르나 제조회사가 결정되어져 있는 경우에는 제조회사의 카탈로그와 기술자료에 의해 선정하며 설계단계의 계산은 개략계산을 한다.

② 냉·온수 코일의 열수는 최대 10열 정도로 하나 공기 압력손실 측에서 고려하면(저온의 경우 제외) 이 이상의 경우에는 냉수조건, 온수조건의 변경도 고려하여야 한다.

③ 증기코일은 일반적으로 1열과 2열이 표준품이며 이상 필요한 경우에는 이를 조합하여 사용한다. 다만 이 경우 각기 증기 트랩을 설치한다. 또한 같은 열 수에서도 핀 피치를 변경하여 능력조정도 가능하다.

④ 증기코일은 과다한 용량의 기종선정시 제어성이 불량하므로 적절한 용량을 선정한다.

⑤ 코일의 선정시 풍량, 풍속은 표준공기(101kPa, ρ =1.2kg/m^3)로 하여 계산하며, 표준공기 이외의 경우에는 필히 표준공기로 환산하며 15℃~30℃ 정도에서는 큰 차이가 없다.

(3) 코일계산시 유의사항

① 냉·온수 입구온도와 온도차

㉮ 수축열방식의 경우 코일 입구 냉수온도는 냉동기출구 냉수온도보다 높아진다.

㉯ 냉수코일 겸용 온수코일의 경우 열 수가 비교적 많아지므로 온수온도는 낮아도 무방하다.

② 코일의 배치와 통과 풍속

㉮ 냉·온수 코일의 경우 향류(counter flow:역류)를 채용하여 대수평균온도차를 크게 한다.

㉯ 외기용 온수코일 등의 관내유체가 동결우려가 있는 경우 평행류(parallel flow : 병류)를 채용한다.

㉰ 냉·온수 코일 통과 풍속은 2~3m/s로 한다.(표준 2.5m/s)

㉱ 냉각코일이 습윤 면이 되어 풍속 3m/s 이상일 경우 엘리미네이터를 설치하여 물방울의 비산을 방지한다.

㉲ 증기코일의 통과풍속은 일반적으로 3m/s 전후로 한다.(최대 5m/s)

③ 서킷선정

㉮ 서킷선정은 관내 유속에 의해 정한다.

㉯ 관내유속은 0.6~1.5m/s 정도로 한다

㉰ 싱글서킷의 유속을 1로 할 때 더블서킷은 1/2로 한다.

④ 핀 피치

㉮ 핀 피치의 표시는 25.4mm(1인치) 간격에 핀의 매수로 표시된다.

㉯ 코일표면에 성에가 끼는 경우에는 핀 피치 4.2~13mm로 한다.

㉰ 가열만 하는 경우 피치는 2mm 정도로 한다.

⑤ 코일의 재질

㉮ 관 : 동관

㉯ 핀 : 알루미늄, 동

㉰ 조건에 따라 철제핀도 사용함

㉱ 통과기체에 따라 핀에 주석, 아연 도금하여 사용한다.

㉮ 염분, 산성물질이 많은 공기의 경우 알루미늄 핀은 피한다.

⑥ 헤더형식

㉮ 헤더 또는 관 헤더가 분리되지 않아야 한다.

㉯ 관의 밴드부에 플러그를 설치하여 청소 가능토록 한다.

⑦ 기 타

㉮ 열 수 결정시 공기흐름과 코일의 오염에 의한 성능열화를 고려하여 15% 정도의 안전율을 고려한다. 산출 열 수가 3열 이하인 경우 안전계수를 1.15로 하며 표 6-9를 이용한다.

㉯ 한 냉지와 정밀온도 조절에 사용하는 증기용 코일에는 동결방지형(2중관)사용이 바람직하다

㉰ 증기용 에로핀 코일을 사용하는 경우 관의 급격한 팽창 수축에 의한 변형을 방지하기 위하여 관의 길이 2,000mm 이상의 경우 후렉시블 튜브형의 사용이 바람직하다.

표 6-7 냉 · 온수 코일 입구수온과 온도차

	코일입구 온도(℃)	코일출입구 온도차(℃)
냉 수	5~ 8	5~10
온 수	40~80	5~10

표 6-8 핀의 피치

	일반적으로 많이 이용하는 코일(mm)	특수형(mm)
냉온수 코일	3,3.5	2~25
증기 코일	3,3.5,5	2~25

표 6-9 코일산출 열수 3열 이하의 경우 결정열수

산출열수	~0.39	0.40~1.13	1.14~2.25	2.26~3.00
필요열수	1	2	3	4

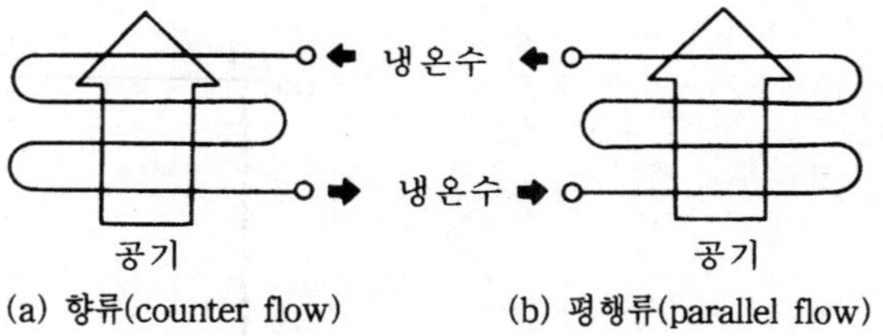

(a) 코일의 배치

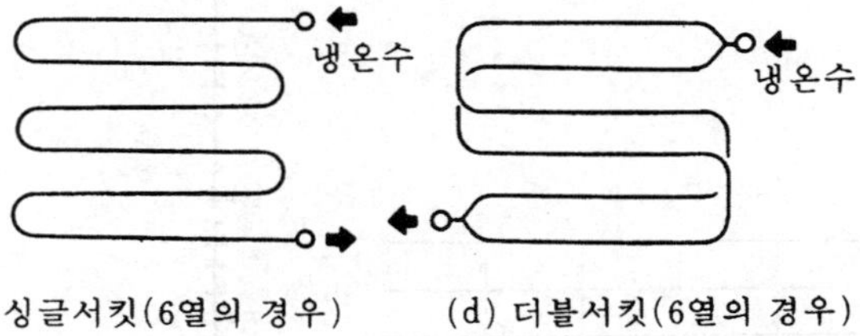

(b) 서킷의 종류

그림 6-8 냉 · 온수 코일

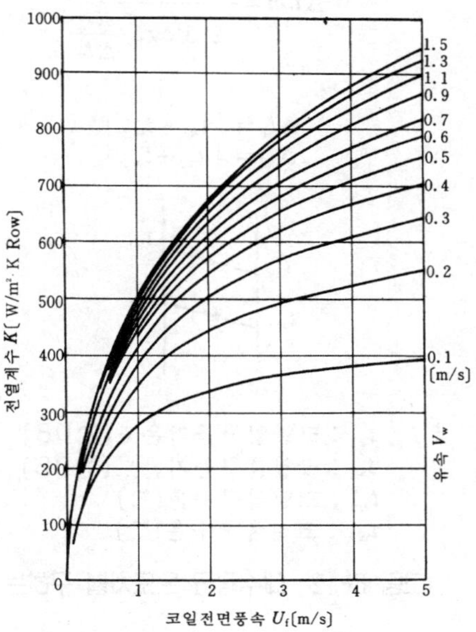

그림 6-9 전열계수 K (7판형 냉각시)

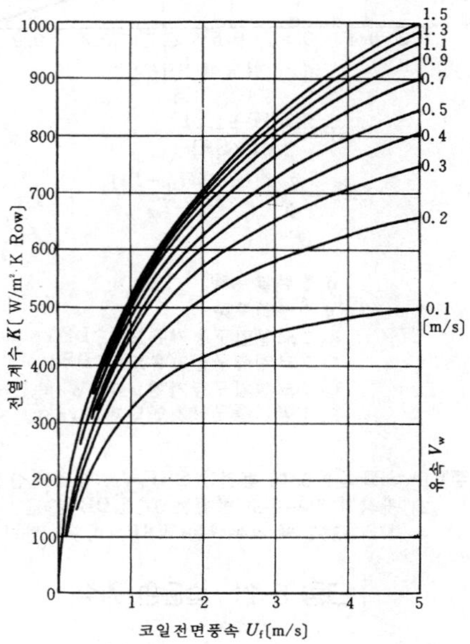

그림 6-10 전열계수 K (7판형 가열시)

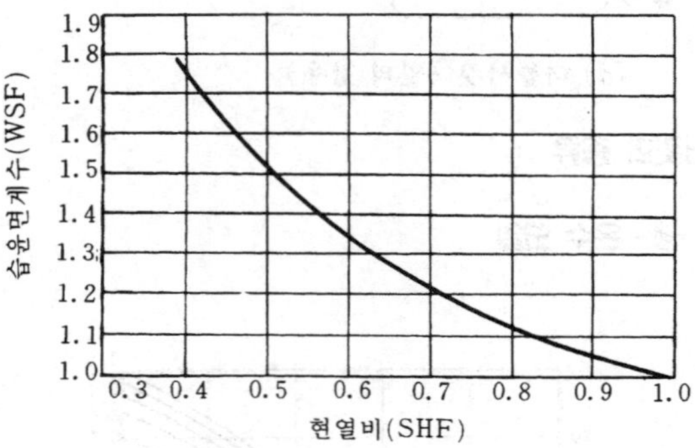

$$WSF=\frac{SHF+1.04}{2.04\times SHF}$$

$$SHF=\frac{q_3}{q_t}=\frac{0.245(t_{a1}-t_{a2})}{i_{a1}-i_{a2}}$$

q_3 : 현열부하
q_t : 전열부하
t_{a1} : 코일입구공기온도〔℃DB〕
t_{a2} : 코일출구공기온도〔℃DB〕
i_{a1} : 코일입구공기엔탈피〔W/kg〕
i_{a2} : 공기출구공기엔탈피〔W/kg〕

주) 1) SHF≦0.38의 범위는 SHF＝0.38로 계산한다.
2) 윗식의 적용온도 범위는 0℃≦DB≦36℃
DB＞36℃의 경우에는 WSF×0.9로 한다.

그림 6-11 습윤면 계수

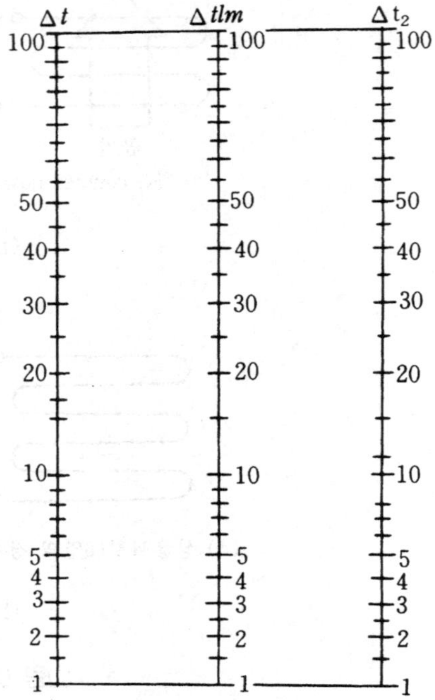

$$\Delta tlm=\frac{\Delta t_1-\Delta t_2}{2.3\log_{10}\frac{\Delta t_1}{\Delta t_2}}$$

$$\Delta t_1=|t_{a1}-t_{w2}|$$
$$\Delta t_2=|t_{a2}-t_{w1}|$$

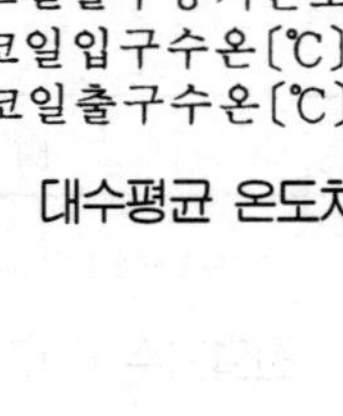

t_{a1} : 코일입구공기온도〔℃DB〕
t_{a2} : 코일출구공기온도〔℃DB〕
t_{w1} : 코일입구수온〔℃〕
t_{w2} : 코일출구수온〔℃〕

그림 6-12 대수평균 온도차를 구하는 계산선도

표 6-10 코일의 크기

엘리멘트의 길이	헤더 NO(1열당 동관의 본수)												
(mm)	12(8)	15(10)	18(12)	21(14)	24(16)	27(18)	30(20)	33(22)	36(24)	39(26)	42(28)	45(30)	48(32)
300	0.091	0.114											
400	0.122	0.15?	0.182										
500	0.152	0.190	0.228	0.266									
600	0.182	0.228	0.274	0.319	0.365	0.410							
700	0.213	0.266	0.319	0.372	0.426	0.479	0.532						
800	0.243	0.304	0.365	0.426	0.486	0.547	0.608	0.669					
900	0.274	0.342	0.410	0.479	0.547	0.616	0.684	0.752	0.821	0.889			
1000	0.304	0.380	0.456	0.532	0.608	0.684	0.760	0.836	0.912	0.988	1.064		
1100	0.334	0.418	0.502	0.585	0.667	0.752	0.836	0.920	1.003	1.087	1.170	1.254	
1200	0.365	0.456	0.547	0.638	0.730	0.821	0.912	1.003	1.094	1.186	1.277	1.368	1.459
1300	0.395	0.494	0.593	0.692	0.790	0.889	0.988	1.087	1.186	1.284	1.383	1.482	1.581
1400	0.426	0.532	0.638	0.745	0.851	0.958	1.064	1.170	1.277	1.383	1.490	1.596	1.702
1500	0.456	0.570	0.684	0.798	0.912	1.026	1.140	1.254	1.368	1.482	1.596	1.710	1.824
1600		0.608	0.730	0.851	0.973	1.094	1.216	1.338	1.459	1.581	1.702	1.824	1.946
1700		0.646	0.775	0.904	1.034	1.163	1.292	1.421	1.550	1.680	1.808	1.938	2.067
1800		0.684	0.821	0.958	1.094	1.231	1.368	1.505	1.642	1.778	1.915	2.052	2.189
1900		0.722	0.866	1.011	1.155	1.299	1.444	1.588	1.733	1.877	2.022	2.166	2.310
2000		0.760	0.912	1.064	1.216	1.368	1.520	1.672	1.824	1.976	2.128	2.280	2.432
2100			0.958	1.117	1.277	1.436	1.596	1.756	1.915	2.075	2.234	2.394	2.554
2200			1.003	1.170	1.338	1.505	1.672	1.839	2.006	2.174	2.341	2.508	2.675
2300			1.049	1.224	1.398	1.573	1.748	1.923	2.098	2.272	2.447	2.622	2.797
2400			1.094	1.277	1.459	1.642	1.824	2.006	2.189	2.371	2.554	2.736	2.918
2500			1.140	1.330	1.520	1.710	1.900	2.090	2.280	2.470	2.660	2.850	3.040
2600				1.383	1.581	1.778	1.946	2.174	2.371	2.569	2.766	2.964	3.162
2700				1.436	1.642	1.847	2.052	2.257	2.462	2.668	2.873	2.078	3.283
2800				1.490	1.702	1.915	2.128	2.341	2.554	2.766	2.979	3.192	3.405
2900				1.543	1.763	1.984	2.204	2.424	2.645	2.865	3.086	3.306	3.526
3000				1.596	1.824	2.052	2.280	2.508	2.736	2.964	3.192	3.420	3.648
3100					1.885	2.120	2.356	2.592	2.827	3.063	3.298	3.534	3.770
3200					1.946	2.189	2.432	2.675	2.918	3.162	3.405	3.648	3.891
3300					2.006	2.257	2.508	2.759	3.010	3.260	3.511	3.762	4.013
3400					2.067	2.326	2.584	2.842	3.101	3.359	3.618	3.876	4.134
3500					2.128	2.394	2.660	2.926	3.192	3.458	3.724	3.990	4.256
3600						2.462	2.736	3.010	3.283	3.557	3.830	4.104	4.378
3700						2.531	2.812	3.093	3.374	3.656	3.937	4.218	4.499
3800						2.599	2.888	3.177	3.466	3.754	4.043	4.332	4.621
3900						2.668	2.964	3.260	3.557	3.853	4.150	4.446	4.742
4000						2.736	3.040	3.344	3.648	3.952	4.256	4.560	4.864

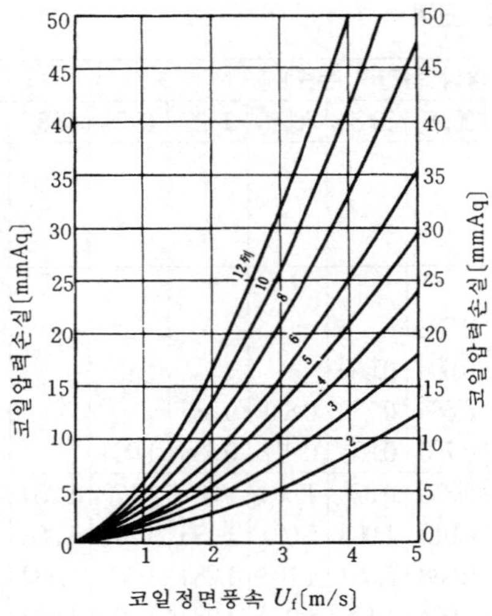

그림 6-13　7판형 습윤시 압력손실

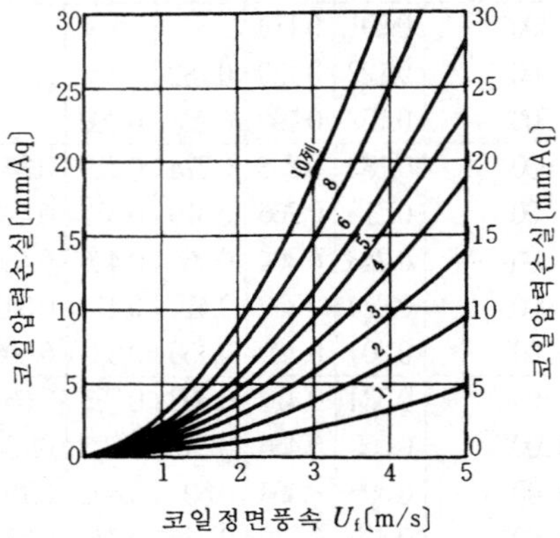

그림 6-14　7판형 건조면시 압력손실

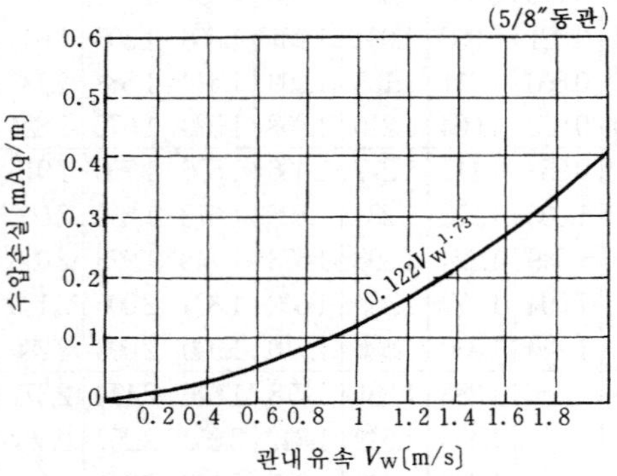

$$\Delta P_W = 0.122 \times V_W^{1.73} \times L$$

L : 직관상당길이[m]

$$L = \frac{EL \times Row}{KS \times 100} + KH\left(\frac{Row}{KS} + 1\right)$$

KS : HF=0.5, SF=1, DF=2, TF=3

KH : TH형(0.11) (U벤드식)　PB형(4) (프러그벤드식)

EL : 엘리멘트길이[mm]

Row : 열수

주 : 관내유속 V_W[m/s]과 수량 W[ℓ/min]의 관계는 다음과 같다.

$$V_W = \frac{W}{\alpha \times n}$$

α : 관두께에 관계있는 정수

n : 코일 1열당의 튜브수

관두께[mm]	α
0.5	10.8
0.6	10.2
0.8	9.7
1.2	8.6
1.4	8.1

그림 6-15　관내 유속과 수압 손실선도

예제 6-1 다음 조건의 냉온수코일의 열수와 수측과 공기측의 압력손실을 구하시오

풀이

① 코일입구 공기조건
여름 29.0℃ DB , 23.0℃ WB
겨울 13.0℃ DB , 9.0℃ WB

② 코일출구 공기조건
여름 16.0℃ DB , 15.0℃ WB
겨울 32.0℃ DB , 19.0℃ WB

③ 송풍량 1,000m³/h

④ 냉각부하
전열부하 84,900w
현열부하 43,700w

⑤ 가열부하 63,900w

⑥ 냉온수 조건
냉수입구 조건 7℃
온수입구 조건 60℃

표 6-11 코일 선정 양식의 예와 계산 예

<table>
<tr><td>계 통 명</td><td colspan="7">(계산예제)</td></tr>
<tr><td></td><td colspan="3">냉각코일</td><td colspan="4">가열코일</td></tr>
<tr><td>코일입구공기</td><td>DB 29.0℃</td><td>WB 23.0℃</td><td>DP 20.5℃</td><td>DB 13.0℃</td><td>WB 9.0℃</td><td colspan="2">DP 5.3℃</td></tr>
<tr><td>코일출구공기</td><td>DB 16.0℃</td><td>WB 15.0℃</td><td>DP 14.3℃</td><td>DB 32.0℃</td><td>WB 19.0℃</td><td colspan="2">DP 11.4℃</td></tr>
<tr><td>송 풍 량</td><td>Q</td><td>10000</td><td>m³/h</td><td>Q</td><td>10000</td><td colspan="2">m³/h</td></tr>
<tr><td>냉각가열현열부하</td><td>43700</td><td>W</td><td rowspan="2">$SHF = \frac{43700}{84900} = 0.515$</td><td>63900</td><td></td><td colspan="2">W</td></tr>
<tr><td>냉각전열부하</td><td>84900</td><td>W</td><td colspan="4"></td></tr>
<tr><td>냉 온 수</td><td>입구수온 7℃</td><td>출구수온 12℃</td><td>온도차 5℃</td><td>입구수온 60℃</td><td>출구수온 55.9℃</td><td colspan="2">온도차 4.1℃</td></tr>
<tr><td>냉 온 수 량</td><td colspan="3">$\frac{\text{냉각전열부하}84900W}{\text{물의 온도차}5℃\times60\times1.16} = 244\ \ell / min$</td><td colspan="4">$\frac{\text{가열현열부하}63900W}{\text{물의 온도차}4.1℃\times60\times1.16} = 244\ \ell / min$</td></tr>
<tr><td rowspan="3">코 일</td><td colspan="7">$\text{공기통과소요면적} = \frac{Q10000m^3/h}{\text{통과풍속}2.0\sim3.0m/s\times3600} = 0.926m^2 \sim 1.389m^2$</td></tr>
<tr><td>코일 NO</td><td>관길이</td><td>정면면적</td><td>대수</td><td>1열당관의본수</td><td>서키트</td><td>핀의핏치</td></tr>
<tr><td>NO. 30</td><td>EL 1500mm</td><td>A 1.14m²</td><td>1대</td><td>N 20本</td><td>SF</td><td>7형</td></tr>
<tr><td>전 열 계 수
K</td><td colspan="3">풍속 $U_f = \frac{Q10000m^3/h}{A1.14m^2\times3600} = 2.44m/s$
유속 $V_{mw} = \frac{244\ \ell/min}{N20本\times a\times KS} = 1.10m/s(0.6\sim1.5)$
810w/m² · h · Row</td><td colspan="4">$U_f = \frac{Qm^3/h}{Am^2\times3600} = 2.44m/s$
유속 $V_w = \frac{q\ \ell/min}{N本\times a\times KS} = 1.10m/s$
890w/m² · Row</td></tr>
<tr><td>습 윤 면 계 수
WSF</td><td colspan="3">$WSF = \frac{SHF+1.04}{2.04\times SHF}$
$= \frac{0.515+1.04}{2.04\times0.515}$
1.48</td><td colspan="4"></td></tr>
</table>

계 통 명	(계산예제)			
	냉각코일		가열코일	
대수평균온도차 Δtlm	Δt_1 =입구공기DB℃29.0-출구온도℃12.0=17.0 Δt_2 출구공기DB℃16.0-입구수온℃7.0=9.0 $\Delta tlm=\frac{\Delta t_1 - \Delta t_2}{2.3\log_{10}(\Delta t_1 / \Delta t_2)}$ 12.5℃		Δt_1 =출구수온DB℃55.9-입구공기℃13.0=42.9 Δt_2 입구수온DB℃60.0-출구공기℃32.0=28.0 $\Delta tlm=\frac{\Delta t_1 - \Delta t_2}{2.3\log_{10}(\Delta t_1 / \Delta t_2)}$ 35.0℃	
열 수 R	$h\cdot ℃\cdot \frac{\text{냉각전열부하}84900W}{A1.14m^2\times K810w/m^2\cdot K\times WSF1.48\times\Delta tlm12.5℃}$		$\frac{\text{가열현열부하}63900W}{A1.14m^2\times K890W/m^2\cdot K\times\Delta tlm35.0℃}$	
	=4.96열 ×1.15=5.7		=1.87열×1.15	
	6열		3열	
결 정 코 일	코일 NO.30	관길이 1500	열수 6열	핀피치 7형
	서킷트 HF · 30 · DF · TF	재질튜브 Cu×핀Al	표준 사양	헤더형식 TH형
공기의 압력손실 ΔPa	코일면속도 U_f 2.44m/s 열수 R6열 11mAq			
물의압력손실 ΔPw	유속 Vw1.10m/s 상당장$L=\frac{EL\times Row}{KS\times1000}+KH\times\left(\frac{Row}{KS}+1\right)$ $=\frac{1500\times6}{1.0\times1000}+0.11\times\left(\frac{6}{1.0}+1\right)=9.77m$ $\Delta Pw=\Delta P\times L$=0.14mAq/m×9.77m		단위높이당 수압의 손실 ΔP=0.122×Vw1.73=0.14 1.37mAq	
비 고	KS ………………… HF=0.5SF=1.0TF=3.0 KH ………………… TH형=0.11 PB형=4.0 a 0.55mmt=10.8 0.6mmt=10.2 0.8mmt=9.7 1.2mmt=8.5 1.4mmt=8.1 (5/8″동관의 경우)			

5. 가습기

1) 설계순서

가습기의 설계순서는 그림 6-16과 같다.

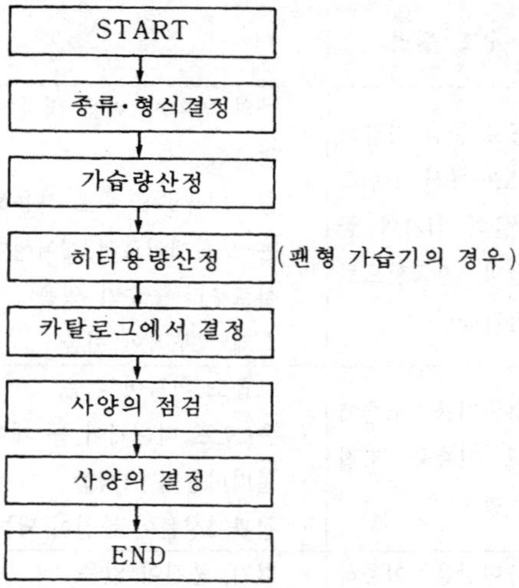

그림 6-16 가습기 설계 FLOW

2) 설계요령

(1) 형 식

① 가습기는 표 6-12와 같은 종류가 있으며 각기 용량, 제어성, 사용조건, 목적에 적합한 형식을 선택한다.

② 가습에는 가열부하의 증대방지, 제어성, 운전비 등의 면에서 증기가 우수하므로 열원이 있는 경우에는 가능한 증기를 사용하도록 한다.

③ 열원이 증기가 아니고 전외기 등 다량의 가습이 필요한 경우 전기보일러와 증기발생기 등의 채용도 검토한다.

표 6-12 가습기의 종류와 특징

형식		구조, 원리	특징	적용
방식	명칭			
수가습방식	초음파 가습기	초음파에 의해 물을 증발시켜 가습 함	· 가습효율이 좋으나 온-오프제어임 · 비용이 많이 소요됨 · 비교적 소용량임(0.2~9.6ℓ/h) · 급수의 스케일 처리비가 고가임 · 진동자의 수명 5000시간 정도임	패키지, 공기조화기, 실내직접가습 등 정밀도가 높은 가습의 경우 채용

형식		구조, 원리	특징	적용
방식	명칭			
	고압 분무 가습기	펌프로 물을 가압하여 노즐에서 분무하여 물의 입자와 공기간의 열교환으로 증발가습함	· 물의 입자가 위에 비하여 굵으나 설비비가 저렴함 · 중·대용량에 주로 사용하나 소용량도 있음 · 온-오프제어로서 제어성이 우수하나 샤프트 실로부터 누수가 있음 · 스케일 부착이 쉬움	증기가 없는 곳에서 일반적으로 사용함
증기가습방식	증기 분사 노즐	포화증기를 노즐에 의해 기류중 직접 분무함	· 고습도 획득이 쉬움 · 온-오프 비례제어 등 제어성 양호 · 설비비용이 저렴함 · 청관제성분이 분진이 되는 등의 문제가 있음	증기가 있는 경우 일반적인 공조가습 방법임
	가열 증기 분무 가습기	교축현상을 이용하여 포화증기를 과열증기로 변화시켜 분무함	· 취기, 분진이 없음 · 비례제어에 의해 고습도가 정밀도 높게 얻어지며 저온에서도 응축이 발생하지 않음 · 고가이며 취급시 주의를 요함	증기가 있는 경우, 정밀도가 높은 습도제어 필요한 경우
	팬형 가습기	전기히터로 물을 가열증발시켜 가습함	· 설비비가 저렴하며 취급이 간편함 · ON-0FF제어로 제어성이 불량함 · 전력비가 소요되며 대용량 기기가 없음 · 약 200시간 사용시 스케일 발생하며 보수관리가 필요함	증기가 없는 비교적 정밀도가 낮은 제어용으로 패키지 유닛에 주로 사용
	전극식 증기 발생기	증기실린더 내의 격자전극에 의해 물을 증기로 변화시켜 방출함	· 소형경량으로 수처리가 필요없음 · 온도조절기 설치에 의해 스텝, PID, 제어가능 다만 대용량 기종은 없음 · 고가, 전력비가 크게 소요되나 제어성이 우수함	증기가 없을 때 가열부하의 증가를 피하기 위할 때 설치
기화식	에어와셔	다량의 공기와 물을 접촉시켜 기화시킴	· 대풍량시 적합	현장조립식 공조기
	회전식	가습재를 회전시켜 수조에 습윤공기 통과시킴		덕트 내 설치
	모세관식	모세관 현상에 의한 가습재를 통풍기화시킴		

표 6-13 소형노즐의 분무수량

접속구경	분무오리피스경 [mm]	분무압력[kPa]					
		150	200	252	300	400	500
[B] 1/4	0.64	6.5	7.5	8.2	8.9	10.1	11.0
	0.97	12.0	13.4	15.0	16.1	18.2	20.0
	1.20	19.0	21.5	23.4	25.5	29.0	32.0

(2) 용 량

가습기의 용량산정은 다음에 의한다.

① 증기분무의 경우

$G_S = 1.2Q_S(x_1 - x_2)$ ······ (6-1)

$H_S = h_S \times G_s$ ······ (6-2)

G_s : 가습량[kg/h]

H_S : 가습열량[w]

Q_S : 송풍량[m³/h]

x_1 : 가습기 출구공기의 절대 습도[kg/kg′]

x_2 : 가습기 입구공기의 절대 습도[kg/kg′]

h_S : 증기의 엔탈피≒2670[kJ/kg]

② 소량의 물을 분무하는 경우

$$G_s = \frac{1.2\,Q_s(x_1 - x_2)}{\eta_w} \quad \cdots\cdots (6\text{-}3)$$

η_w : 가습기효율=0.3(수분무 가습)
=0.4(수가압 분무 가습)

③ 팬형 가습기(전열식)의 경우

$H_s = 1150\ h_v C(X - X_w)A$ ······ (6-4)

$H_e : \dfrac{H_s}{860}$ ······ (6-5)

h_v : 수온이 같은 포화 수증기의 엔탈피[kJ/kg]

C : 증발계수 =0.0152v+0.0178

X_w : 수온과 동일 온도 포화공기의 절대습도[kg/kg]

X : 수면상의 공기의 절대습도[kg/kg′]

A : 수면의 면적[m²]

v : 수면의 풍속[m/s]

H_e : 전열기 용량[kW]

(3) 선정방법

선정방법으로는 필요 가습량, 공기조건, 풍량 등에 의해 제품사양서에서 선정하며 1대의 가습기로 충분한 가습량을 얻을 수 없는 경우에는 2대 또는 3대 설치도 고려할 수 있다.

(4) 점 검

수가습 방법의 경우 분무수량과 유효가습량이 다르며 유효가습량은 분무수량의 30~45% 정도로서 급수량, 배수량에 유의하여야 한다.

(5) 기 타

수가습의 경우 공조기에 엘리미네이터를 설치한다.

예제 6-2 예제 6-1에서 소량의 물을 분무하는 경우 가습장치를 구하시오.

풀이 표 6-2에 의해 동절기 가습량은 7.3kg/h를 구한후 식 6-3에 의거 $\eta_w = 0.3$으로 하면 분무수량은 $\frac{7.3}{0.3} = 24.3$kg/h

표 6-13에 의해 노즐의 오리피스구경은 0.64mm, 분무수압 200kPa으로 할 때 노즐 수량은 $\frac{24.3}{7.5} = 3.2 \rightarrow 4$개 같은 경우 팬형 가습기로 할 경우 계산을 한다.

식 6-4에 의해 수면의 면적 A를 구한다.

가습열량 Hs=7.3×2,500kJ=18,250kJ/h

수온을 80℃로 할 경우 수온과 같은 포화수증기의 엔탈피 hv=2,642kJ/kg 또한 수면상의 풍속 v=2m/s일 때 증발계수 C는

C=0.0152×2+0.0178=0.0482

수면상의 수온과 같은 포화공기의 절대습도는 수온 80℃의 경우

Xw=0.546kg/kg′

수면상의 공기의 절대습도 X는 가습 전의 공기와 가습 후의 공기의 절대습도의 평균이므로

$$X = \frac{0.0056 + 0.0078}{2} = 0.0067$$

따라서 수면면적 A를 구하는 식 6-4로부터

$$A = \frac{H_s}{1150\ h_v C(X_w - X)} = \frac{18250}{1150 \times 2642 \times 0.0482 \times (0.546 - 0.0067)} = 0.23\text{㎡}$$

이로부터 50cm×50cm의 수면이 필요함

이 정도의 표면적을 두지 않을 경우 수면상에 물을 흡입하기 쉬운 재료를 설치하여 가습면적을 키워야 한다. 전열기 용량은

$$\frac{4360}{860} \fallingdotseq 5\text{kW}$$

열손실을 고려하여 1.2~1.5배 정도로 한다.

이 팬형 가습기 사용시 그림 6-3의 상태선도와 별도로 공기의 가열용량을 변화시켜야 한다.

6. 공기필터

1) 설계순서

공기정화장치에는 각기 사용목적에 따라 각종방식이 있으나 여기에는 주로 부유분진을 처리대상으로 한 공기필터에 대하여 기술한다. 공기필터의 설계순서는 그림 6-17과 같다.

2) 설계요령

(1) 형 식

제거인자가 주로 부유 분진을 대상으로 하는 경우에는 공기필터, 황산화물의

경우에는 에어와셔, 취기제거 시에는 활성탄 필터를 사용한다. 공기필터는 표 6-14와 같은 종류가 있으며 각기 사용목적과 조건에 적합한 종류를 선택한다.

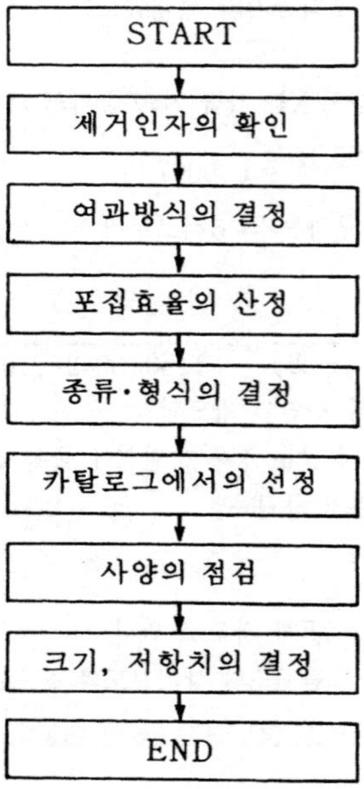

그림 6-17 공기필터의 설계 FLOW

표 6-14 공기필터의 종류

공기필터의 성능별 분류	공기필터의 형상	적합 분자 크기	적합 분자 농도[1]	압력 손실 (Pa)	분진포집율(%)4)			분진보유 용량 (g/m²)	비고
					중량법	비색법	DOP		
저성능 공기 필터	자동권취형 롤 필터 (건식여재) 멀티판넬형 필터 (자동세정)[4] 여재교환형 패널 필터 (건식여재) 정기세척형 패널 필터 (건식여재)	5μm 이상	중~대	30~200	70~90	15~40	5~10	500~2000	고성능필터, 정전기식 공기청정장치 등의 프리필터로서 사용

공기필터의 성능별 분류	공기필터의 형상	적합 분자 크기	적합 분자 농도[1]	압력 손실 (Pa)	분진포집율(%)4)			분진보유 용량 (g/m^2)	비고
					중량법	비색법	DOP		
중성능 공기 필터	여재절곡형 필터 포켓형 필터	1μm 이상	중	80~250	90~96	50~80	15~50	300~800	여재절곡형 중성능 필터의 여재면적은 필터전면 면적의 10~20배 정도가 많음
고성능 공기 필터	여재절곡형 필터 포켓형 필터	1μm 이하	소	130~350	99이상	80~95	50~90	70~250	여재절곡형 고성능 필터의 여재면적은 필터전면 면적의 20~40배 정도임
초고성능 공기필터	여재절곡형 필터	1μm 이하	소	250~500	–	–	95~99.99 99.97 이상[3)]	50~70	여재절곡형의 초고성능 필터의 여재면적은 필터전면 면적의 50~60배 정도임
정전기식 공기청정 장치	2단하전식 정전기청정형 2단하전식 여재집진형 1단하전식 여재유전형	1μm 이하	소	80~100 100~200	99이상	80~95 70~90	60~75	600~[2)]1400	

［주］ 1) 분진농도 대 : 0.4~7.0mg/m^3, 중 : 0.1~0.6mg/m^3, 소 : 0.3mg/m^3
2) HEPA 필터의 경우
3) 충돌점착식 필터
4) 중량법 : AFI 중량법에 의함, 비색법 : NBS 테스트에 의함

(2) 선정방법

① 건축물 관리기준에 의한 실내 부유 분진량 0.15mg/m^3 이하를 만족시켜야 한다.

② 부유 분진에 대한 공기필터의 선정은 실내 발생 분진량, 외기 분진 농도, 송

풍량 등으로부터 필요 포집 효율을 계산하여 이를 기준으로 하여 공기필터의 종류를 결정한다. 또는 임의로 공기필터의 종류와 효율을 정한 후 실내 분진 농도가 기준 (0.15mg/m³ 이하)을 만족하는지를 확인하는 방법도 있다. 공기필터의 필요 포집률과 실내분진농도의 계산은 6-3에 의한다.

③ 필요 포집률이 되지 않는 경우 2단으로 필터설치도 고려하며 이때의 종합 효율은 다음 식에 의해 구한다.

$$\eta_T = 1 - (1 - \eta_p)(1 - \eta_m) \quad \cdots\cdots (6\text{-}6)$$

η_T : 종합효율

η_p : 프리 필터의 효율

η_m : 주 필터의 효율

④ 중성능 이상의 공기필터는 포집 효율은 높으나 분진보유 용량이 적으므로 프리필터로 분진 보유용량이 큰 종류를 선택한다. HEPA필터의 경우 프리필터를 2단으로 하는 것이 바람직하다.

⑤ 원칙적으로 공기필터의 통과면 풍속은 2.5m/s로 한다.

⑥ 카탈로그에 의해 처리풍량, 포집효율을 고려하여 공기필터 선정시 필터크기와 공기 저항치를 결정한다.

⑦ 송풍기 필요 정압 계산시 공기필터의 압력손실은 초기 공기 저항치의 1.5~2배로 한다.

3) 필터효율 계산법

(1) 필터효율과 분진농도 계산법

실내 부유 분진농도 계산법은 실내에서의 분진 수지 계산에 의하며 다음의 3가지 계산식이 있다. 다만, 여기서는 창문 틈으로부터 침입하는 외기의 영향과 덕트 내에서 발생하는 분진은 무시한다.

식에서 사용하는 기호는 다음과 같다.

η_m : 주 필터의 필요 포집 효율

η_o : 외기 필터의 포집 효율

C_r : 설계용 실내 분진 농도[mg/m³]

C_o : 설계용 외기 분진 농도[mg/m³]

M : 실내 발생 분진량[mg/h]

Q_o : 외기도 입량[m³/h]

Q_r : 환기 풍량[m³/h]

① 주 필터 만 설치한 경우

$$\eta_m = \frac{C_o Q_o - C_r Q_o + M}{C_o Q_o + C_r Q_r} \quad \cdots\cdots (6\text{-}7)$$

$$C_r = \frac{C_o Q_o (1-\eta_m) + M}{Q_o + Q_r \eta_m} \quad \cdots\cdots (6\text{-}8)$$

② 외기용 필터와 주 필터를 같이 설치한 경우

$$\eta_m = \frac{C_o Q_o (1-\eta_o) - C_r Q_o + M}{C_r Q_r + C_o Q_o (1-\eta_o)} \quad \cdots\cdots (6\text{-}9)$$

$$C_r = \frac{C_o Q_r (1-\eta_o)(1-\eta_m) + M}{Q_o + Q_r \eta_m} \quad \cdots\cdots (6\text{-}10)$$

③ 외기용 필터와 주 필터를 별도로 설치한 경우

$$\eta_m = \frac{C_o Q_o (1-\eta_o) - C_r Q_o + M}{C_r Q_r} \quad \cdots\cdots (6\text{-}11)$$

$$C_r = \frac{C_o Q_o (1-\eta_o) + M}{Q_o + Q_r \eta_m} \quad \cdots\cdots (6\text{-}12)$$

④ 1개의 필터로 여러 공간에 공급하는 경우 이들 실 중 가장 조건이 나쁜 공간을 기준으로 계산한다.

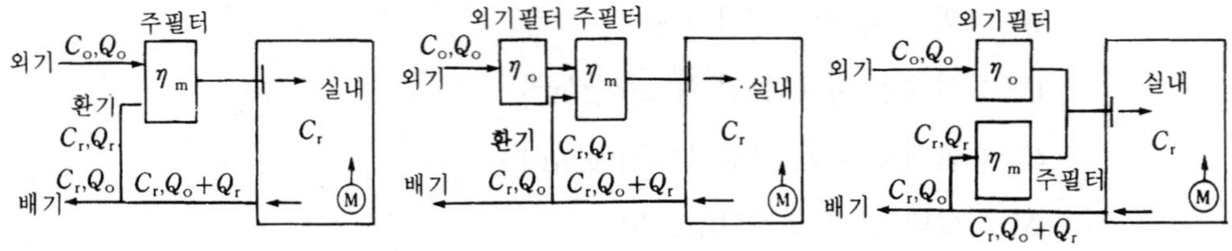

(a) 주필터만 설치한 경우 (b) 외기용과 주필터를 동시에 설치한 경우 (c) 외기용과 주필터를 별도로 설치한 경우

그림 6-18 필터효율 계산 예

(2) 계산자료

① 공기용 필터의 포집효율(η)

표 6-15 공기필터의 성능비교

분 류	필터의 종류		초기공기저항 (Pa)	포집효율(%)				보수방식	용 도
				중량법	비색법	계수법			
						JIS 14종	JIS 13종		
전식 필터	판 넬 형		55	25	15	5		정기세정	패키지 팬코일
			80(비재생)	50	20	10		교환	조진용
			120(재 생)	50	15	5		정기세정	조진용
	자동권취형		상 동	50	20	10		자동갱신	조진용
	절곡형	중성능	140	95	60	50		유닛교환	조진용
		고성능	170	99	90	70		유닛교환	일반공조
		HEPA	250	100	100	-	99.97	유닛교환	일반공조
	포 켓 형		170	100	90	70		유닛교환	크린 룸
정전기 필터	여재유전형		80	99	80	60		자동갱신	일반공조
	전기집진기		80	100	90	70		자동갱신	일반공조

앞에서 계산한 필요 포집 효율에 의해 표 6-14를 이용하여 일반적인 공기 필터의 비색법 표시효율에 의해 선정한다. 다만 대상으로 하는 분진의 크기 분포 상황에 따라 DOP법 표시에 의하여야만 하는 것도 있다. 예를 들면 끽연의 영향이 큰 사무실, 회의실 등의 실내분진의 크기분포는 0.5μm 이하의

입자가 대부분으로서 DOP법 표시효율에 의해 선정한다. 일반적으로 비색법 표시의 효율에 의한 경우는 계산상의 효율보다 어느 정도 높여 선정하는 것이 바람직하다.

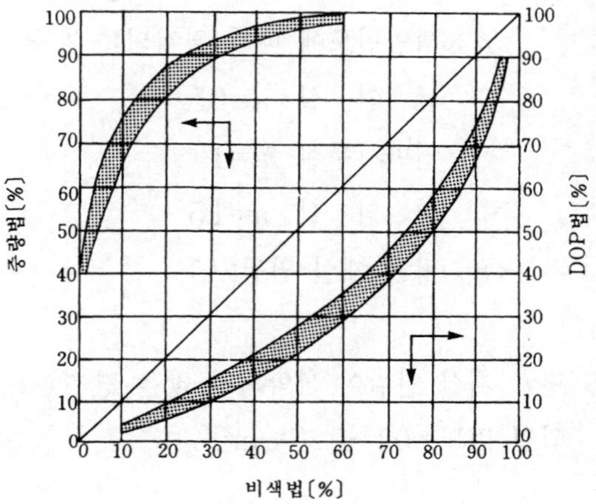

그림 6-19 공기필터의 효율 비교

② 설계용 실내 분진 농도

C_r=0.15~0.13(mg/m³)

③ 설계용 외기 분진 농도(C_o)

표 6-16을 참조한다.

표 6-16 설계용 외기 분진농도(C_o)

수 준	대응 지역	설계치(mg/m³)
1	공기가 깨끗한 지역	0.13
2	교 외	0.15
3	상업 · 주거 혼합 지역	0.17
4	상업지구	0.19
5	공업지구	0.21

〔주〕 1) 수치가 주어진 경우 주어진 값 이용
2) 주간만 공조설비 운전시 위의 값의 0.96을 곱하여 구함

④ 실내발생 분진량

$$M=K_1 \cdot a \cdot n \quad \cdots\cdots (6\text{-}13)$$

M : 실내 발생 분진량[mg/h]

K_1 : 표준 단위 발생분진량[mg/h · 人]=10

a : 끽연빈도에 따라 결정되는 계수

금 연 실 a=0.5

일반사무실 a=1

회 의 실 a=1.5

n : 평균 재실 인원(人)

평균 재실 인원이 파악되지 않을 경우

인원 밀도=0.1~0.2(人/m²)

예제 6-6 예제 6-1의 공기 필터 선정시 필요한 포집효율을 계산하시오.

풀이 실의 용도는 사무실, 상업지역에 있으며 공조설비는 주간에만 운전하므로 그림 6-18의 주필터만 설치하는 공조방식으로 한다. 주필터의 필요포집율 η_m을 구하는데는 식 6-7이 적용된다. 표 6-2에 의거 다음 값을 구한다.

실 내 인 원 35인

외기도입량 $Q_o = 35 \times 25 = 875$ m³/h

환 기 량 $Q_r = 3300 - 875 = 2425$ m³/h

설계조건으로서 실내분진 농도는로 $C_r = 0.15$ mg/m³한다. 설계용 외기분진 농도는 표 6-16에 의해 상업지역, 주간운전에서

$C_o = 0.19 \times 0.96 = 0.182$ (mg/m³)

실내발생 분진량은 식 6-13에 의해 사무실의 경우

M=10×1.0×35=350(mg/h)

이들의 수치를 식 6-7에 대입하면

$$\eta_m = \frac{C_o Q_o - C_r Q_o + M}{C_o Q_o - C_r Q_r} = \frac{(0.182 \times 875 - 0.15 \times 875) + 350}{0.182 \times 875 + 0.15 \times 2425} \fallingdotseq 0.72$$

는 DOP법에 의해 68% 이상의 공기필터를 선정하는 것이 바람직하다.

따라서 72% 이상의 포집효율을 보유한 공기필터를 선정한다. 1단으로 위의 포집효율을 얻을 수 없는 경우 2단 공기필터를 설치한다. 이때는 식 6-6에 의해 종합효율을 계산한다.
의 $C_o = 0.1\text{mg/m}^3$ 경우

$$\eta_m = \frac{0.1\times875 - 0.15\times875 + 350}{0.1\times875 + 0.15\times2425} \fallingdotseq 0.68$$

사무실 건물의 경우 공기필터 효율의 평가는 DOP법에 의해 68% 이상의 공기필터를 선정하는 것이 바람직하다.

7. 방열기류

1) 선정순서

라디에이터, 컨백터, 베이스보드 히터의 선정순서는 그림 6-20과 같으며 유닛히터의 선정순서는 그림 6-21과 같다.

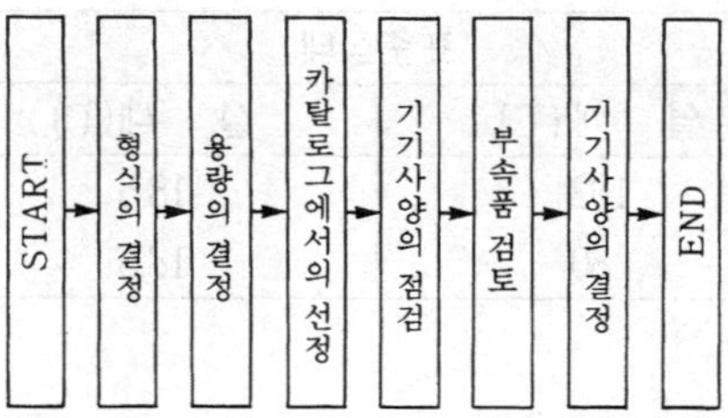

그림 6-20 라디에이터, 컨벡터, 베이스보드 히터 선정 FLOW

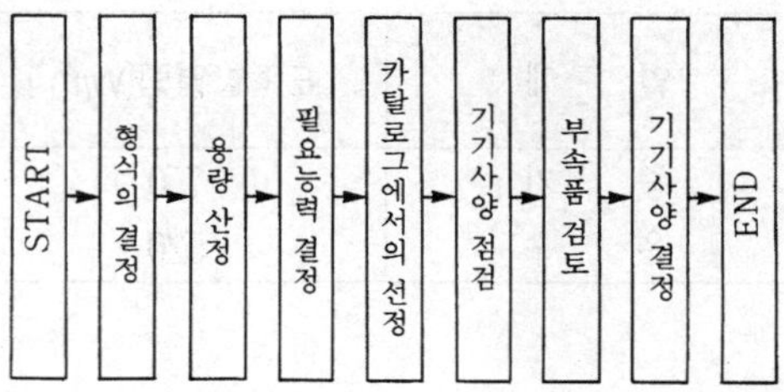

그림 6-21 유닛히터 선정 FLOW

2) 선정요령

(1) 라디에이터, 컨벡터, 베이스보드 히터

① 방열기는 표 6-18과 같은 종류가 있으며 사용목적에 적합한 기종을 선택한다.

② 필요능력(상당 방열면적 EDR)의 산출은 다음 식에 의한다.

$$EDR = \frac{Kq_r}{q_o} \quad \cdots\cdots (6\text{-}14)$$

$$q = Kq_r \quad \cdots\cdots (6\text{-}15)$$

EDR : 필요 상당 방열 면적[m²]

K : 보정치(열매체 또는 실온에 의한 보정 그림 6-22)

q_r : 실내 난방부 하[w]

q_o : 표준 방열량[w](표 6-17)

q : 필요 방열량[w]

③ 열매를 온수로 사용하는 경우 방열기의 능력은 평균온수온도로 결정되므로 동일 능력의 경우에도 입구온도가 높을수록 온도차가 크게 된다. 일반적으로 온수입구온도 85℃ 정도로서 온도차 10℃ 정도가 많다.

표 6-17 표준 방열량(q_o)

열 매	표준발열량[W/m²]	표준상태	
		열 매(℃)	실 내(℃)
증 기	750	102	18.5
온 수	520	80	18.5

④ 방열기의 높이는 창문 밑의 높이를 고려한다.

표 6-18 각종 방열기의 종류와 특징

기 기 명	구 조	열매	형 식	특 징 · 용 도
주철제방열기 (라디에이터)	주철제의 제품으로 필요 매수를 조립하여 사용	증기 온수	바닥설치, 벽설치형이 있음 2, 3, 4, 5세주와 각기 높이가 다른 형식이 있음	복사열을 이용하는 것으로 쾌적성이 우수하여 예전에 많이 사용하였으나 중량이 무겁고 공간을 차지하고 비용이 많이 소요되어 최근에는 사용하지 않음

기 기 명	구 조	열매	형 식	특 징 · 용 도
강판제방열기 (판넬라디에이터)	얇은 강판을 파도형 프레스로 가공하여 2매를 용접에 의해 조립한 제품	온수	벽설치용으로 1매와 2매가 있으며 길이 600~1900mm	복사열을 이용하며 두께가 얇아 공간이 적게 소요됨 일반주택에 사용하며 내압 300kPa 이하에 사용
컨백터 대류방열기	파이프에 핀이 부착된 형태로 케이싱 내에 내장됨	증기 온수	바닥설치, 벽설치	방열기로서 일반적으로 사용됨
베이스보드 히터	핀 부착한 파이프를 높이가 낮게 설치한 대류방열기	증기 온수		

예제 6-7 실내온도 22℃,난방부하 11600W의 실내에 컨백터를 설치하여 난방을 한다. 온수온도 80~65℃ 운전시 필요컨벡터의 EDR합계를 구하시오.

풀이 온수평균 온도와 실온의 차는

$$\frac{80+65}{2}-22=50.5℃$$

그림 6-22(b)에 의해 $K_1=1.3$

$$EDR=\frac{1.3\times11600}{520}=28.9\text{m}^2$$

합계 28.9m² EDR의 컨벡터를 적당한 대수로 분할하여 설치한다.

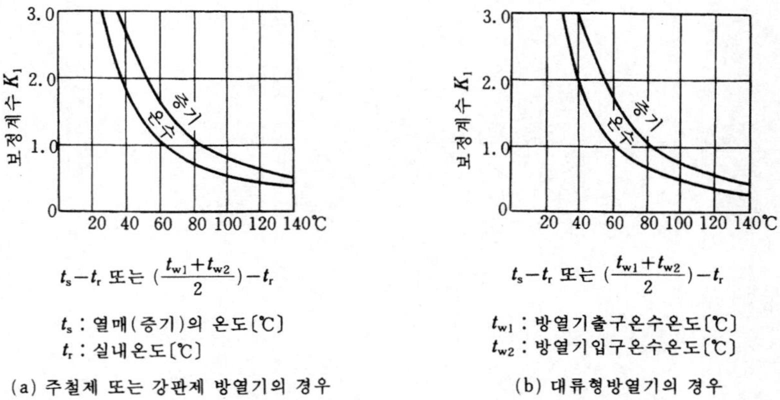

(a) 주철제 또는 강판제 방열기의 경우 (b) 대류형방열기의 경우

그림 6-22 실온 또는 열매온도가 표준과 다른 경우의 보정계수

(2) 유닛히터

① 종류는 설치방법에 따라 천장형, 벽설치형이 있으며 코일의 열수는 1열과 2열이 있다.

② 유닛히터 1대 당 필요 능력은 실내 부하 · 설치대수로 산출한다.

③ 선정은 필요 능력과 흡입 공기 조건과 입구 증기 압력(입구 온수 온도)에 의해 카탈로그에서 구한다.

④ 코일의 열 수는 1열, 2열이 있으나 2열은 1열과 비교해서 난방능력에 비하여 풍량이 적다. 따라서 실내용적에 비하여 상대적으로 열 부하가 적은 경우는 1열, 큰 경우는 2열로 선정한다.

⑤ 대수가 같다 하여도 설치방법과 설치높이에 따라 난방효과가 다르므로 배치와 설치방법도 고려한다.

⑥ 선정시 설치 높이와 거주지역, 도달거리를 점검하여 소음 등이 문제시되지 않도록 한다.

7 송풍계통의 설계

제 7 장 송풍계통의 설계

1. 설계순서

덕트 설비의 설계목표는 필요한 풍량을 필요한 장소에 필요한 시기에 가장 경제적으로 (소음, 진동을 허용치 이내로 하여) 수송하는 것이다. 공조설비 공사비중 덕트 설비비가 차지하는 비율은 20~30% 정도로 비교적 크며, 덕트 시스템의 경로, 사양, 크기 등의 내용에 따라 원가절감이 될 수 있다. 그러나 실제 덕트 설계에서는 건축적 공간의 제한, 법규상의 규제, 설계자료의 부족 등의 여러 가지 문제에 직면하게 된다. 7장에서는 일반적인 덕트 설계 기본사항에 대하여 설계순서, 설계요령을 설계자료와 같이 수록하였으며, 그림 7-1은 일반적인 덕트 설비 설계순서를 나타냈다.

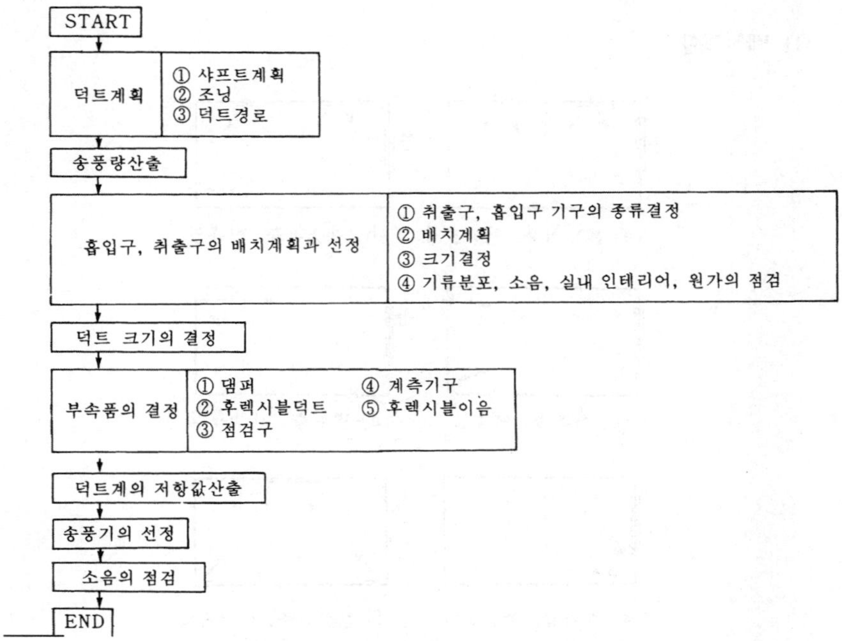

그림 7-1 덕트설비의 설계 FLOW

2. 취출기구와 흡입기구

1) 취출구·흡입구의 종류와 결정

대상공간의 면적, 용도, 수준, 취출구·흡입구의 특성과 조건을 충분히 검토한 후 각 실에 적용할 수 있는 기류분포, 허용소음, 건축의장, 공사비 등에 대한 종합적인 판단을 한 후 결정한다. 표 7-1, 7-2는 취출구 선정을 위한 자료들이다.

표 7-1 취출구, 흡입구의 종류

설치위치	취 출 구	흡 입 구
천 장	아네모형, 팬형, 스로트형, 라인형, 다공판형, 노즐형	그릴형, 스로트형, 라인형, 다공판형
벽 면	유니버설형, 그릴형, 노즐형, 스로트형, 다공판형	그릴형, 스로트형, 다공판형
창문주변	유니버설형, 그릴형	
바 닥 면	그릴형, 스로트형	그릴형, 스로트형, 다공판형, 머쉬룸형

(1) 배치계획

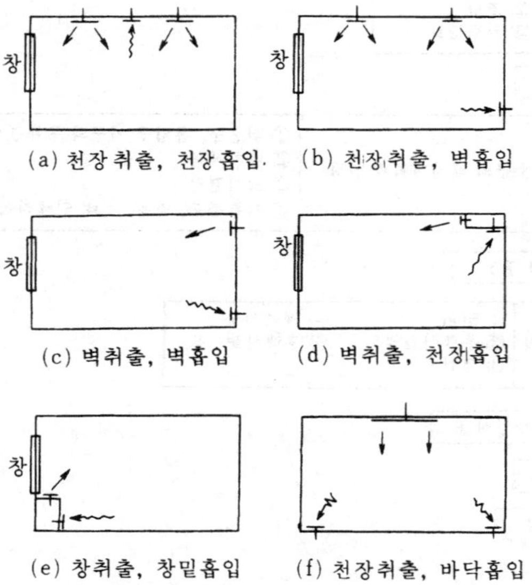

그림 7-2 일반적인 취출구·흡입구 배치 예

취출구 · 흡입구의 배치는 각 실의 용도, 기류분포, 공사비, 조명기구 등과의 위치관계를 충분히 고려하여 결정한다. 일반적으로 사용되는 기구의 특성은 그림 7-2와 같으며 계획상의 주의 사항은 표 7-3에 정리하였다.

표 7-2 각종 취출구의 특성

종류		특징	취출 기류의 조정	성능: 발생소음: 동일취출 풍속시 발생소음	성능: 발생소음: NC곡선 30~35 유지하기 위한 허용취출 풍속	성능: 취출시 기류: 도달거리	성능: 취출시 기류: 확산성능	성능: 취출시 기류: 기류의 형태
점취출구	노즐	도달거리가 크며 대공간의 후벽면에 설치. 소음에 대한 우려가 없어 방송국스튜디오 등에 사용됨	불가	극히 적음	15m/s 이하	대	소	축류
점취출구	펑커루버	취출기류의 성능은 노즐과 같으며 가동부분에 의해 취출기류의 방향을 바꿀수 있다	가	극히 적음	15m/s	대	소	축류
점취출구	아네모스타트	여러층으로 분리된 콘으로부터 방사상으로 토출하는 것으로 유인확산 성능이 우수함. 특히 천장고가 낮은 공간에 적합함	불가	중	6m/s	소	최대	복류
점취출구	팬	전면부에서 취출되는 기류가 수평으로 취출구조가 간단하며 가격저렴, 전방향 동시 취출하여 풍량조정이 어려움	가	중	7m/s	중	대	복류
선형취출구	스로트	종횡비가 크며 전체적으로 좁은선 형태로 되어있음. 측벽, 창문에 면한 천장, 창문위에 설치하며 눈에 잘 띄지 않아 건축 내장처리에 우수함	가 불가	소	5m/s	소	대	축류
선형취출구	조명기구 스로트형		가 불가	소	5m/s	소	대	축류
선형취출구	에어커텐		불가	소		대	최소	축류
선형취출구	라인형	스로트형식으로 건축천장재와 일체화가능, 취출구 위치를 자유로이 변경가능	가	소	5m/s	소	대	축류
면취출구	다공판		불가	대	5m/s	소	대	축류
면취출구	격자판 고정형 (그릴)	베인이 고정되어져 있어 일반적으로 흡입용에 주로 쓰임	불가	중	6m/s	중	중	축류
면취출구	격자판 가동형 (유니버설)	베인의 각도 변경에 의해 자재로 도달거리와 강하도가 조절가능함. 일반적으로 취출용에 이용함	가	중	6m/s	가변	가변	축류

표 7-3 취출구 · 흡입구 계획시 유의사항

기류분포	· 취출시 기류가 실내에 균질하게 분포할 것. · 취출시 기류가 보, 기둥 등의 장애물에 방해받지 않을 것 · 취출시 기류가 직접 인체에 닿지 않을 것. · 난방시 상하 온도차가 적을 것 · 취출기류가 흡입구에 바로 흡입되지 않을 것. · 끽연이 많은 회의실 등은 천장, 벽의 상부에 흡입구를 설치하여 배기를 할 것
소 음	· 소음발생은 속도에 따라 크게 변하며 동일 속도에서도 유니버설형은 소음이 크며 노즐형은 소음이 적다. · 각실간, 실내외간의 소음전달에도 주의하며 특히 도어그릴 배치에 유의한다.
의 장	· 동일 실내에 여러 종류 대형 취출구, 흡입구가 설치될 경우 외관상 바람직하지 않으므로 기능상 크게 지장이 없는 범위 내에서 규격, 크기를 통일시킨다. · 동일크기로서 폭은 일정하게 하고 길이를 변화시켜 유니버설, 그릴, 스로트형을 사용한다. · 실내평면을 모듈로 분할하여 계획할 시에는 각 모듈에 취출, 흡입구를 설치하여야 한다. · 조명기구를 취출구, 흡입구와 일체화하는 경우가 많으나 이는 배열효과와 시공의 간략화에도 유효하다.
오 염	· 분진농도가 높은 실내에 아네모스타트형 취출구 주위의 오염 발생 경우가 있으므로 오염이 되지 않는 형식을 사용한다. · 바닥면에 설치하는 취출구, 흡입구는 분진 등이 들어가기가 쉬우므로 실의 용도에 따라 적합하지 않는 경우도 있다.

2) 취출구의 선정요령

(1) 아네모스타트형 취출구 선정

① 취출구 1개당 풍량과 종류, 형식이 결정되면 취출구 성능표(제조회사 목록)에 의해 확산반경, 도달거리, 발생소음치 등을 고려하여 크기를 결정한다. 취출구 성능표의 예는 표 7-4와 같다.

표 7-4 아네모스타트형 취출구 선정표

형 식	풍 량 [m³/h]	최대확산반경 [m]	최소확산반경 [m]	수직도달거리 [m]	정압손실 [Pa]	발생소음 [A · dB]	네크풍속 [m/s
C_3 -12.5	140	1.1	0.6	2.1	17	23.7	3.0
	160	1.2	0.7	2.4	23	25.3	3.4
	180	1.4	0.8	2.7	30	28.3	3.9
	200	1.5	0.9	3.0	38	31.3	4.4
	220	1.7	1.0	3.4	46	34.0	4.8
C_2 -15	200	1.3	0.7	2.4	17	24.0	3.0
	225	1.4	0.8	2.7	21	26.8	3.4
	250	1.6	0.9	3.0	26	27.9	3.8
	275	1.7	1.0	3.3	32	30.0	4.1
	300	1.9	1.1	3.6	37	31.8	4.6
	375	2.4	1.3	4.6	58	38.1	5.7
C_2 -20	350	1.7	0.9	2.9	16	25.0	3.0
	400	1.9	1.1	3.3	21	28.7	3.4
	450	2.1	1.2	3.8	27	31.8	3.8
	500	2.4	1.4	4.2	33	33.2	4.5
	550	2.6	1.5	4.6	41	34.5	4.7
	600	2.9	1.6	5.0	48	36.4	5.2
C_2 -25	550	2.1	1.2	3.6	15	28.5	3.0
	600	2.3	1.3	3.9	19	29.8	3.3
	650	2.5	1.4	4.2	22	32.3	3.6
	700	2.7	1.5	4.5	26	30.9	3.8
	750	2.9	1.6	4.9	29	32.6	4.1
	800	3.1	1.7	5.2	33	34.3	4.4
	850	3.2	1.8	5.6	37	36.0	4.7
	900	3.4	1.9	5.9	42	38.1	5.0
C_2 -30	800	2.5	1.4	4.2	15	30.7	3.0
	850	2.7	1.5	4.5	18	32.3	3.2
	900	2.9	1.6	4.9	20	33.8	3.4
	950	3.2	1.7	5.2	23	32.0	3.6
	1000	3.4	1.8	5.4	25	33.1	3.8
	1100	3.6	2.0	6.0	30	35.5	4.2
	1200	3.9	2.2	6.5	35	37.9	4.6
	1300	4.2	2.3	7.0	42	40.8	4.9

[주] 1) 확산 반경은 실온과 같은 온도의 공기를 토출했을 때 천장근처의 수평거리, 수직도달거리는 실은 보다 10℃ 높은 공기 취출시 천장면에서의 수직거리를 기준으로 한다.
2) 확산 반경은 콘의 하부, 수직도달거리는 콘의 상부상태로 토출한 값을 기준으로 한다.
3) 최대확산반경과 수직도달거리는 잔여풍속 25m/s, 최소확산반경 0.5m/s 값을 기준으로 한다.

(2) 유니버설형 취출구의 선정

① 취출구 1개 당 풍량과 필요한 도달거리에서 실내허용 소음치를 고려하여 면 풍속(W×H 덕트 내의 평균풍속)을 결정하여 이에 의해 크기를 정한다. 일반적으로는 (사무실의 경우)면 풍속 2~4m/s(표준 3m/s)로 하여 정한다.

② 그림 7-3은 취출구 수직 판의 각도에 따른 기류의 확산 폭을 나타냈다. 취출구의 설치위치와 공간의 크기에 따라 기류분포가 일정하게 될 수 있도록 취출 각도를 정한다.

③ 카탈로그의 성능표가 면풍속 V_C로 표시되어 있는 경우 취출 실제풍속 V_D는 그림 7-4의 계수와 다음 식에 의해 산출한다.

$$V_D = R_p \times V_C \quad \cdots\cdots (7\text{-}1)$$

④ 유니버설형 취출구로부터 측면방향으로 취출 된 냉풍은 취출 후 기류가 확산에 의해 취출 공기와 실내공기의 온도차에 의해 자연 강하하므로 공기 분포상의 고려가 필요하다. 그림 7-5, 7-6은 이의 계산요령과 계산용 그림을 나타냈다. 공기의 강하도는 취출구의 수평판을 상향으로 조정하면 50% 감소시킬 수 있다.

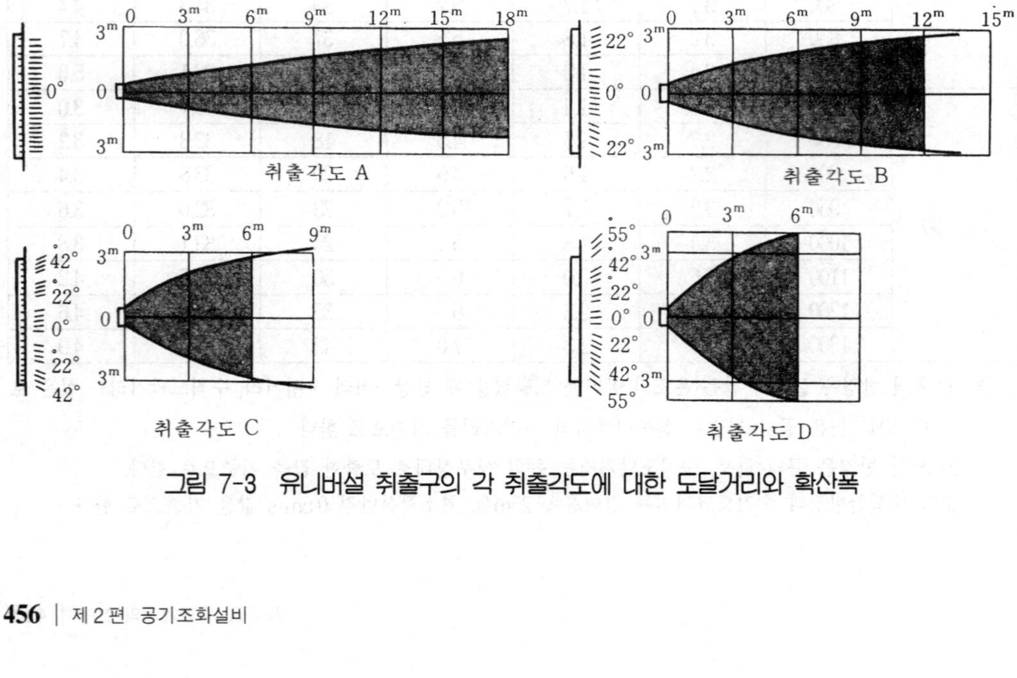

그림 7-3 유니버설 취출구의 각 취출각도에 대한 도달거리와 확산폭

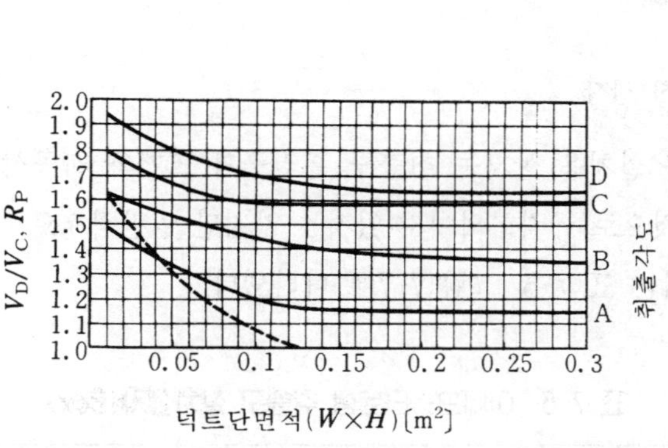

그림 7-4 유니버설형 취출구 풍속과 취출풍속

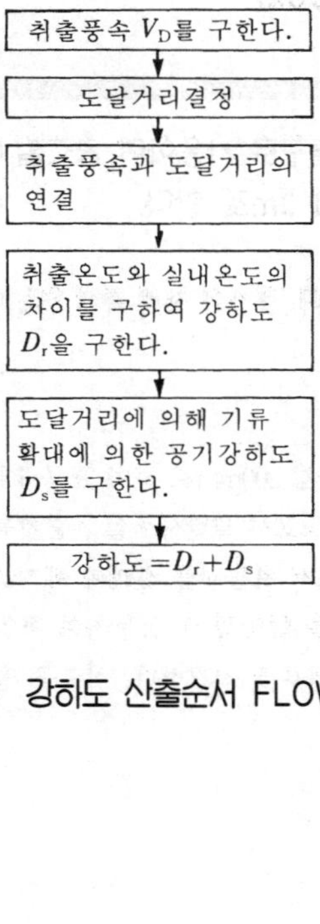

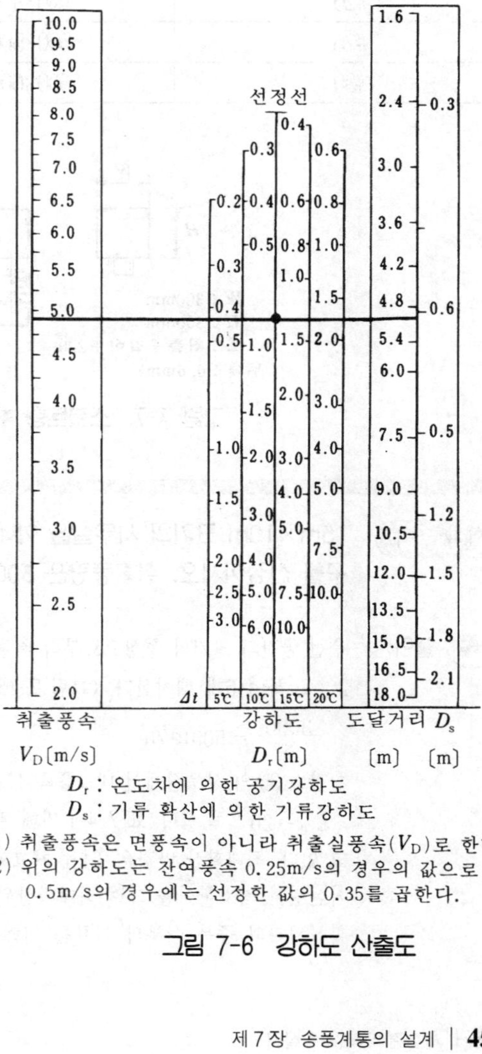

D_r : 온도차에 의한 공기강하도

D_s : 기류 확산에 의한 기류강하도

[주] 1) 취출풍속은 면풍속이 아니라 취출실풍속(V_D)로 한다.
2) 위의 강하도는 잔여풍속 0.25m/s의 경우의 값으로 0.5m/s의 경우에는 선정한 값의 0.35를 곱한다.

그림 7-5 강하도 산출순서 FLOW

그림 7-6 강하도 산출도

(3) 취출구 설치 상자

취출구류 설치용 상자는 취출구 흡입구의 크기와 시공성, 소음면으로부터 결정하는 것으로 규격화되어져 있지는 않지만 일반적으로 이용되고 있는 크기와 철판두께는 표 7-5, 그림 7-7에 나타냈다.

표 7-5 아네모스타트형 취출구 설치상자(Box)

아네모스타트 모델 No	상자크기 H	철판 두께(mmt)
#12.5	450×450×250	0.6
#15	450×450×250	0.6
#20	450×450×250	0.6
#25	500×500×300	0.6
#30	600×600×350	0.6

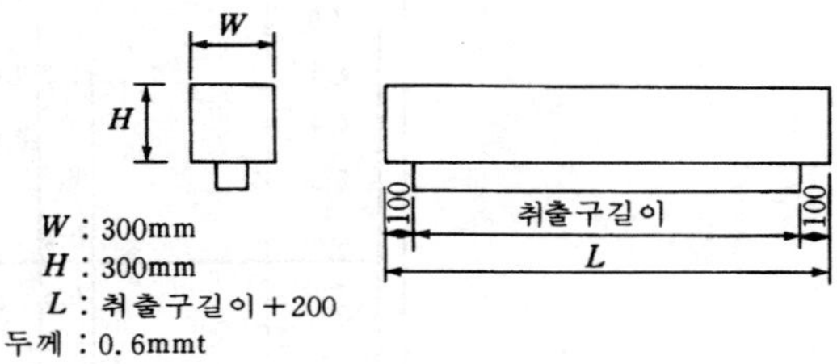

그림 7-7 스로트형 취출구 설치상자(BOX)

예제 7-1 **15m×10m 크기의 사무실을 아네모스타트형 취출구로 사용하여 공조할 때 취출구를 선정하시오. 취출풍량은 3000m³ /h, 천장고 3m로 한다.**

풀이 우선 공간의 크기와 형상으로부터 취출구 배치를 고려한다. 공간의 장변 측에 3열, 단변측에 2열로 하여 6개 배치한다. (그림 7-16)

$$\frac{3000}{6} = 500\,\mathrm{m^3/h}$$

천장고 3m의 사무실에서 네크풍속 4.5m/s로 하고 네크관경 200mm로 하여 표 7-4에 의하여 $C_2 - 20$으로 한다. 표 7-4에 의해 발생소음 33.2dB 정도로서 일반사무실 기준치를 만족하고 있다. 최대확산 반경은 2.4m, 최고확산 반경은 1.4m로서 취출구를 실내에 배치하여 최대확산원과 최소확산을 그려 최대확산원이 실내거주지역을 담당할 수 있는지의 확인과 최소확산원과의 중복 여부와 기류를 저해하는 벽, 기둥의 여부를 점검한다. 취출구 6개를 5m

씩 간격으로 3×2 상태로 배치하면 이는 조건을 만족하고 있는지 여부를 알 수 있다. 그러나 실제에는 조명기구의 배치와 천장판 간격 등을 고려하여 배치하여야 한다. 도달거리는 4.2m로서 천장고 3m에 대하여 충분하며 취출구의 정압손실은 3.3mmAq이다.

예제 7-2 **15m×5m×3mH의 사무실을 유니버설형 취출구로 이용하여 공조하는 경우 취출구를 선정하시오. 공간의 장변, 측벽면 상부에서 취출하며 풍량 3000m³ /h이다.**

풀이 공간의 크기, 형상으로부터 취출구 3개설치할 때 기구 1개당 풍량은 1000m³/h로 한다. 일반적인 사무실이므로 취출면 풍속을 3m/s로 하면 덕트크기 선정선도인 그림 7-12, 7-13으로부터 외관상 양호한 종횡비를 선택하여 500×200의 유니버설형 취출구로 한다. 취출구의 간격을 5m간격으로 할 때 그림 7-3에 의해 베인은 C각도 조정한다. 카탈로그 등에 의해 이때 도달거리가 공간의 폭 5m을 만족하며 발생소음도 허용 기준치 이내 있음을 확인한다. 다음은 이 취출구에 대하여 냉풍토출시 강하도를 그림 7-5의 순서에 의해 구한다. 취출시 실풍속 V_D는 취출구 단면적 0.1m², 취출각도 C를 그림 7-4에서 $R_p=1.6$, $V_c=3.0$으로 식 7-1에 의해

$V_D=1.6\times3=4.8$m/s 가 된다.

도달거리는 공간의 벽에서 5m로 하여 그림 7-6에 의해 $D_s=0.6$m, 실온과 취출공기온도차 10℃로 하면 $D_r=0.8$m가 구해진다. 따라서 강하도는 다음과 같아진다. 잔여풍속 0.25m/s의 경우 강하도

0.6+0.8=1.4m

잔여풍속 0.5m/s의 경우 강하도

1.4×0.35=0.5m

천장고 3m이므로 거주역의 잔여풍속은 0.5m/s를 넘지 않는다. 또한 수평의 베인을 조정하여 강하도는 50%까지 감소시킬 수 있다.

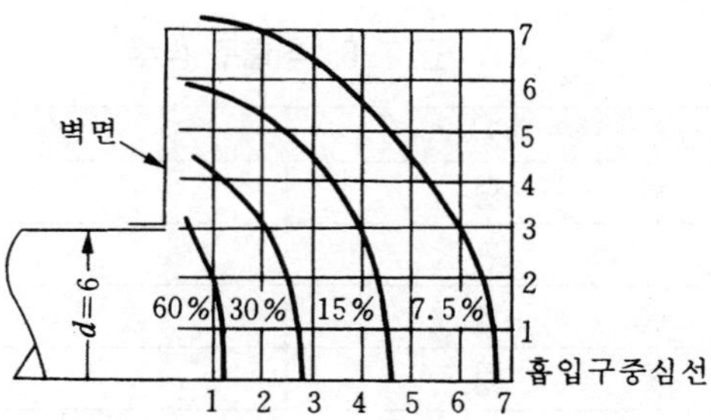

[주] 60%와 평균흡입풍속 60%의 등풍속선을 나타낸다.

그림 7-8 흡입구 부근의 기류분포

(4) 취출구 수의 결정

하나의 실에 여러 개의 취출구를 설치하는 경우에는 기류의 분포를 균일하게 하기 위해서는 취출구의 수를 적절히 선정하여 배치해야 한다.

① 벽에 설치하는 축류형 취출구 : 그림 7-9와 같이 취출구에서 마주보는 벽까지의 거리를 L이라고 할 때 취출기류의 도달거리 X는 $3/4l$로 하고, 벽의 폭을 W로 하면 취출구수 n은 다음과 같은 범위 내에서 선정한다.

$$0.4K\frac{W}{X} \leqq n \leqq 1.3K\frac{W}{X} \quad \cdots\cdots (6\text{-}5)$$

여기서 , K : 취출구상수(표 7-6)

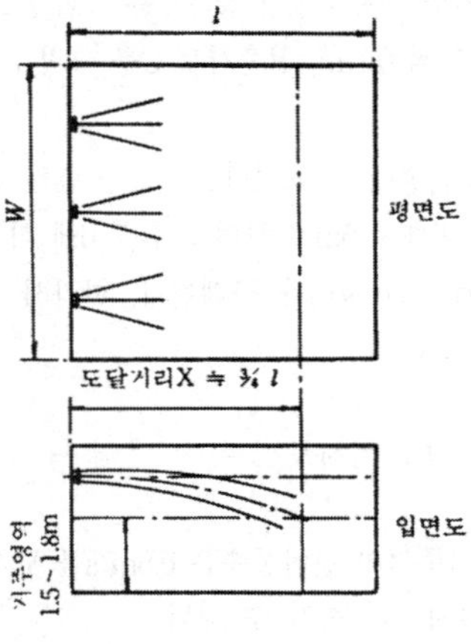

그림 7-9 벽취출구의 배치

표 7-6 취출구 상수

형 식	상수 K
그 릴 형	5.0
다 공 판	3.7
노 즐 형	7.0
슬 롯 형	3.5

② 천장에 설치하는 축류형 취출구 : 축류형 취출구를 천장에 설치하는 경우에는 그림 7-10과 같이 취출구에서 거주역 상한까지의 거리를 h로 하고, 실내의 길이를 l, 폭을 W, 취출구 상수를 K로 할 때 취출구의 수 n은 다음의 범위 SO에서 선정된다.

$$0.4K\frac{l}{h} \leqq n_1 \leqq 1.3K\frac{l}{h} \quad \cdots\cdots (6\text{-}6)$$

$$0.4K\frac{W}{h} \leqq n_2 \leqq 1.3K\frac{W}{h} \quad \cdots\cdots (6\text{-}7)$$

$$n = n_1 \times n_2 \quad \cdots\cdots (6\text{-}8)$$

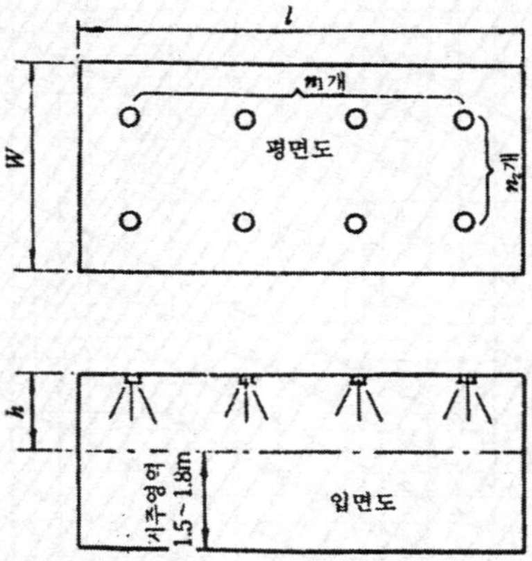

그림 7-10 축류평취출구의 전청 배치

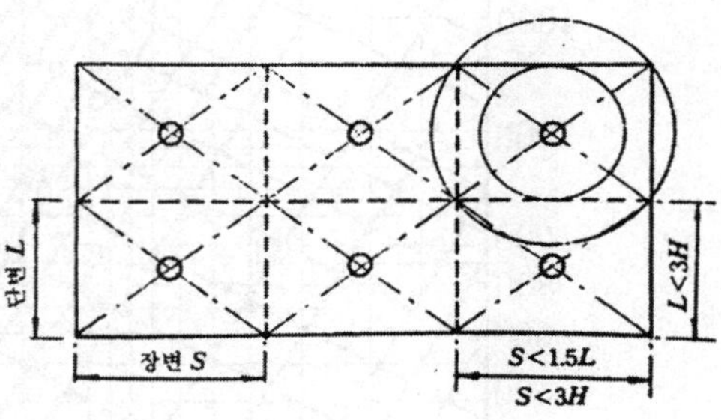

그림 7-11 확산형 취출구의 천장 배치

③ 천장확산형 취출구 : 실내의 평면을 그림 7-11과 같이 정방형 또는 장방형으로 분할하고 그 중앙에 취출구를 배치한다 이때 분할된 장변의 길이 S는 단변 길이 L의 1.5배 이하로, 또 높이 H의 3배 이내가 되도록 한다. 그리고 취출기류는 정방형의 면적 내에서 최소확산반경이 벗어나지 않고 최대확산반경이 미치지 않는 곳이 없도록 한다.

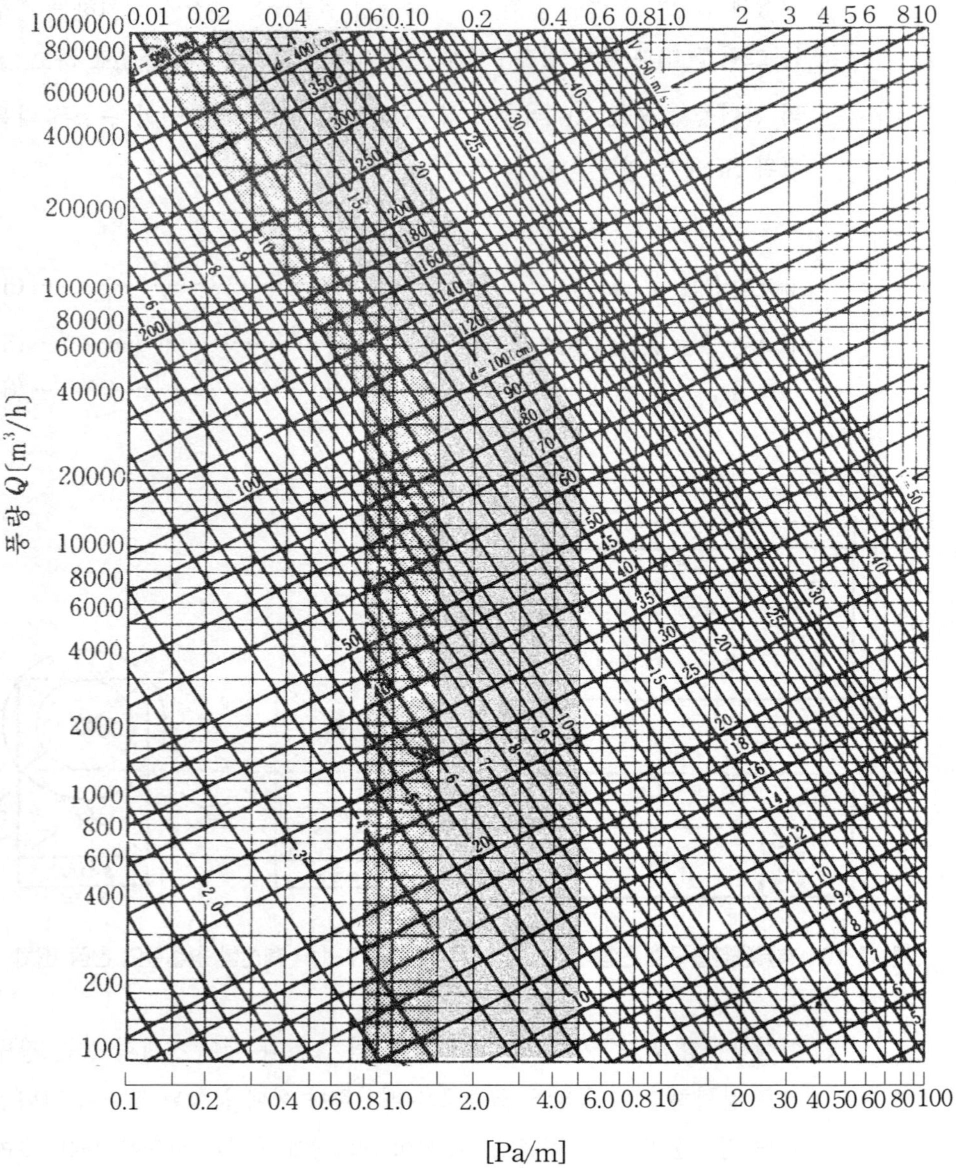

그림 7-12 덕트 마찰 손실 선도(20℃ 60%, $1.01325 \times 10^5 P_a$)

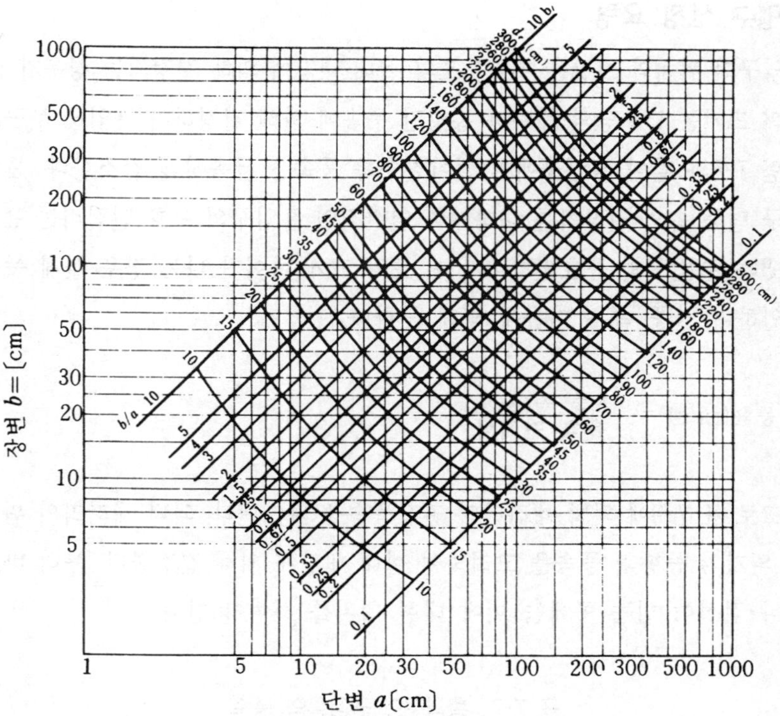

그림 7-13 장방형 덕트 환산도

3) 흡입구 선정 요령

흡입구의 위치와 형상은 기류분포와 실내 내장에 의해 결정되는 경우가 많다. 흡입구의 크기는 1개 당의 풍량과 흡입면 풍속에 의해 결정하며 흡입구 부근의 기류는 그림 7-8과 같이 흡입구에서 멀어질수록 풍속은 급속하게 감소한다. 표 7-7은 흡입구 면풍 속의 권장치를 나타내며 일반적인 흡입구의 유효 면적비는 표 7-8에 나타냈다. 흡입구의 유효면적비가 이 표와 크게 차이가 나는 경우 실제 풍속에 의해 확인하며 실풍 속은 다음에 의해 구한다.

$$\text{실풍속(m/s)} = \frac{\text{면풍 속(m/s)}}{\text{유효 면적비}}$$

참고로 표 7-9에 외벽 개러리의 권장풍속을 나타낸다. 외벽 개러리의 위치와 형상은 외기의 풍향과 풍속을 고려하여 실내 내장에 의해 결정한다. 특히 바람이 강하거나 적설이 있는 곳에는 이에 대한 대비를 하여야 한다.

표 7-7 흡입구의 권장흡입 풍속

흡입구 위치	흡입면 풍속(m/s)
거주역보다 높을 때	4.0이상
거주역 내(좌석에서 먼곳)	3.0~4.0
거주역 내(좌석 근처)	2.0~3.0
도어루버, 벽 개러리	1.0~1.5
도어 밑부분 설치	1.0~1.5

표 7-8 흡입구의 유효면적비

흡 입 구	유효면적(%)	흡 입 구	유효면적(%)
VS형, HS형	85	개러리형	70
유니버설형	75	도어루버	50
다공판형	55	외벽 개러리	40

1) $\text{유효면적비} = \frac{\text{유효면적}}{\text{흡입구 개구면적}} \times 100(\%)$

2) 본 표는 일반적인 수치임

표 7-9 외벽 개러리의 풍속

종 류	면풍속(m/s)
외기취입 개러리	2.0~4.0(2.5)
배기 개러리	2.5~4.5(3.5)

[주] ( )는 표준을 나타냄

3. 덕트의 설계

1) 송풍량의 산출

공조용 덕트의 풍량은 다음 식에 의해 구한다.

$$Q=\frac{H_s}{C_p\times\rho\times\Delta t}\times k_f=\frac{H_s\times(1.05\sim1.1)}{0.33\times\Delta t} \quad \cdots\cdots (7\text{-}2)$$

Q : 공조용 송풍량[m³/h]

H_s : 실의 현열 부하[kcal/h]

C_p : 공기의 정압비열[kJ/kg · K](≒1.0)

ρ : 공기의 밀도[kg/m³](≒1.2)

Δt : 실온과 취출 공기의 온도차

k_f : 할증계수

공조용 송풍량을 결정하는데는 실온과 취출공기 온도와의 차가 중요한 요소가 된다. 온도차 Δt를 크게 할 경우 송풍량이 적어져 송풍계통설비가 소형으로 되어 에너지가 절약되나 실내 공기 분포의 악화, 재실인원의 불쾌감 발생 등의 결과가 발생한다. 일반적으로 공조시 채용되는 취출 온도차는 다음과 같다.

냉방시 Δt=10~15℃

난방시 Δt=5~15℃

냉방시 취출 온도가 실내공기 노점온도보다 크게 낮을 때는 취출구에 결로가 발생하므로 일반적으로 실내노점온도와 취출 공기 온도의 차이는 0.5~3℃ 정도가 한계이다. 난방시에는 Δt가 적을수록 실내 상하간의 온도차가 적어진다. 풍량의 할증은 일반적으로 덕트에서의 공기누설과 열 손실을 고려하여 5~10% 정도 여유를 준다.

2) 덕트의 크기 결정과 저항 계산

(1) 덕트 크기 결정

① 일반적으로 저속 덕트(덕트 내 풍속 15m/s 이하)에서의 크기 결정은 등압법(등마찰 손실법)에 의하며 다음의 내용은 등압법에 의한 크기 결정에 대하여 기술하였다.

② 송풍기에서 각취 출구와 흡입구에 이르는 합리적인 경로를 설정하여 각 덕트 구간의 통과 풍량을 정한다.

③ 단위 길이 당 마찰 손실을 정하여 그림 7-12의 덕트 선도에 의해 원형 덕트의 직경을 구한다. 단위 길이 당 마찰손실은 저속 덕트의 경우 0.08~1.5Pa/m(1Pa/m 기준) 정도가 사용된다.

④ 덕트의 최대풍속은 소음발생과 덕트의 강도로 인하여 제한이 있으며(표 7-11)이를 넘지 않도록 한다. 따라서 덕트 통과 풍량이 30,000~40,000m³/h 이상에서는 풍속에 의해 덕트 크기를 결정한다.

⑤ 공조・환기・배연용 덕트 선정시에는 공기를 표준 공기(온도 20℃, 상대습도 60%, 비중량 1.2kg/m³, 정압비열 1,005[kJ/kg℃], 기압 100kPa)로 취급한다.(20℃±15℃ 정도는 무시하여도 큰 차이는 없음) 그러나 공기온도가 크게 다를 경우에는 그림 7-12에 의해 구한 압력손실을 다음 식에 의해 보정 한다.

$$h_o = k_t h_c \qquad \cdots\cdots (7\text{-}3)$$

$$k_t \fallingdotseq \frac{293}{273+t} \qquad \cdots\cdots (7\text{-}4)$$

h_o :실제의 마찰손실[Pa/m]

k_t : 공기온도에 의한 보정계수

h_c : 표준상태의 마찰손실

t : 취급공기의 온도(℃)

⑥ 덕트의 재질이 아연도 철판 이외의 경우 내면의 절대조도가 다르므로 보정하여야 한다. 그림 7-12는 내면의 절대조도 ε=0.18mm의 경우이므로 이와 크게 차이가 있는 경우에는 다음 식에 의해 보정 한다.

$$h_o = h_\varepsilon \cdot h_c \quad \cdots\cdots (7\text{-}5)$$

h_o : 실제의 마찰손실[Pa/m]

h_ε : 덕트 내면 조도에 의한 보정 계수(표 7-12)

h_c : 아연도 철판 덕트의 마찰 손실[Pa/m]

표 7-10 저속 덕트의단위 압력손실의 권장치[Pa/m]

종 류	급기덕트		환기, 배기덕트	
	주덕트	분지덕트	주덕트	분지덕트
주택, 홀	0.8~1	0.7~0.8	0.8~1	0.7~0.8
사 무 실	1	1	1	0.8~1
백화점, 상가	1.5	1~1.5	1.5	1 ~1.5
공 장	1~1.5	1~1.5	1~1.5	1 ~1.5

표 7-11 덕트의 최대풍속[m/s]

종 류	주덕트	분지덕트
주택, 홀	6~10	5~ 6
사 무 실	8~12	6~ 8
백화점, 상가	10~13	8~10
공 장	10~15	8~10

표 7-12 덕트내면 조도에 의한 보정 계수 (k_{ε})

덕트내면 거칠기(mm)	덕트직경(mmΦ)	500		1000	
	예 / 풍속(m/s)	5	15	5	15
대단히 거칠음 (ε=3.0)	콘 크 리 트	1.78	1.92	1.73	1.85
거 칠 음 (ε=0.9)	몰 탈 마 감	1.33	1.41	1.30	1.38
약간 거칠음 (ε=0.3)	유 리 섬 유 덕 트	1.08	1.10	1.07	1.09
매 끄 러 움 (ε=0.01)	염 화 비 닐 판	0.85	0.76	0.86	0.78

[주] 절대조도 ε=0.18mm의 경우에 대한 보정

⑦ 덕트의 크기는 표 7-13, 7-14와 같은 규격으로 표시하는 것이 바람직하며 원형 덕트로부터 단위 길이 당 저항이 같은 장방형 덕트로의 환산은 그림 7-13에 의하며 장방형 덕트에서의 종횡비(Aspect ratio)는 4이하로 하는 것이 바람직하다.

⑧ 덕트의 엘보 부분은 가능한 곡율 반경이 크도록 하는 것이 바람직하며 내측반경은 원형 덕트의 경우 직경이상, 장방형 덕트에서는 반경방향의 폭 이상으로 한다. 또한 변형부에서는 확대시 각도 15° 이하, 축소시 각도 30° 이내로 한다 불가피하게 급격한 구부러짐이나 단면적의 변화를 하여야 할 경우에는 가이드베인을 설치하여 저항을 적게 한다.

⑨ 등압법에 의한 덕트설계시 각 취출구까지의 압력손실이 크게 차이가 없는 경우에는 문제가 없으나 크게 차이가 있을 때에는 압력손실이 적은 경로에 조정을 위한 댐퍼를 설치하든지 제한 풍속 범위까지 저항을 증가시키는 등의 수정이 필요하다.

(2) 고속 덕트

고속 덕트는 덕트 내 풍속이 15m/s를 초과하는 덕트를 말한다. 덕트 크기는 적어지나 송풍 동력이 2배 이상 증가하므로 에너지 절약 측면에서 최근 공조용으로는 거의 사용하고 있지 않으나 배연 덕트, 공업용 배기 덕트에서는 채용되고 있다. 고속 덕트의 설계는 기본적으로 저속 덕트와 동일하나 단위마찰손실이 3~5Pa/m, 최고제한풍속 18~22m/s 정도로 한다. 고속 덕트 방식의 경우 덕트

각부의 정압 분포차가 발생하므로 각 취출구에서의 풍량 분배를 위하여 취출구 셔터와 댐퍼를 이용하여 조정할 필요가 있다. 이러한 어려움을 해결하기 위하여 정압 재취득법과 전압법에 의해 덕트 설계하는 것이 바람직하며, 고속 덕트 방식에서도 환기 덕트는 저속 덕트로 한다. 송풍기 정압은 공조기 저항을 포함하여 150mmAq 정도가 되도록 하며 소음에 대하여도 신중한 검토가 필요하다.

표 7-13 장방형 덕트의 크기 기준

	100	125	150	175	200	225	250	275	300	350	400	450	500	550	600	650	700	750	800	900	1000	1100	1200	1300	1400	1500	1600	1700	1800	1900	2000	2100	2200
100	○		○		○		○		○																								
125																																	
150			○		○		○		○		○	○																					
175																																	
200					○		○		○		○		○		○																		
225																																	
250							○		○	○	○	○	○		○		○																
275																																	
300									○		○	○	○		○				○	○													
350										○			○				○				○												
400											○				○				○				○										
450												○					○			○				○									
500													○		○				○		○					○							
550																																	
600															○					○			○		○								
650																																	
700																	○				○				○								
750																																	
800																			○				○										
900																				○													
1000																					○												
1100																																	
1200																																	
1300																																	
1400																																	
1500																																	
1600																																	
1700																																	
1800																																	
1900																																	
2000																																	
2100																																	
2200																																	

[주] 굵은 선 이내가 권장 크기이며 ○은 표준 크기로 한다.

표 7-14 원형덕트의 크기

[mm]

50	125	200	275	400	600	900
75	150	225	300	450	700	1000
100	175	250	350	500	800	1200

(3) 등속법에 의한 덕트 설계

이는 덕트 내 풍속을 주관과 지관까지 일정하게 한 후 덕트의 크기를 결정하는 방법으로 덕트계의 저항계산은 각 구간의 마찰손실이 다르므로 복잡하다. 일반적으로 배연 덕트와 기류내 분체가 포함된 배기용 덕트 등에 사용되며 공조용으로는 사용되지 않는다.

(4) 유리섬유 덕트(glass wool duct)

최근 공조용 덕트로 유리섬유 덕트의 채용이 증가되고 있다. 유리섬유 덕트는 종래부터의 아연도철판 덕트와 비교하여 여러 가지 장점이 있으나 제한도 많다. 유리섬유 덕트를 채용하는 경우에는 이에 대한 장・단점을 충분히 파악하여 적절히 이용하여야 하며 표 7-15는 아연도철판 덕트와의 비교표이다. 유리섬유 덕트는 철판 덕트와 같이 원형으로 가공이 되지 않아 내압, 내풍속 등의 제한이 있으며 다음은 유리섬유 덕트의 설계상 주의사항을 나타냈다.

① 유리섬유 덕트는 아연도철판 덕트 보다 약간 마찰계수가 크므로 설계시 제조회사 기술자료를 사용하나 덕트 크기 결정시에는 일반적으로 아연도 강판의 마찰손실선도를 사용하여도 실용상 차이는 거의 없다.

② 허용정압 500Pa, 허용풍속은 각형 13m/s, 원형 15m/s이므로 그 이하에서 사용한다.

③ 직관을 기본으로 하고 단면변화는 가능한 적게 한다.

④ 90°의 방향전환은 2피스 엘보가 가장 간단하게 제작되나 밴드형태의 저항치에 근사한 값이 필요한 경우 가이드베인 부착, 직각엘보 또는 3피스 엘보(60° 엘보)로 한다.

⑤ 지관은 본관에 비하여 자유로운 각도에서 접속 가능하다.

⑥ 철판제 주 덕트에 접속 가능하다.

⑦ 수분이 많은 기체, 분진, 부식성가스, 타르성분이 많은 배기, 미생물을 포함한 배기 등에는 사용하지 않는다.

⑧ 옥외에서의 노출 덕트로는 사용할 수 없으므로 방수를 위한 피복이 필요하다.

표 7-15 유리섬유 덕트와 아연도 철판 덕트의 비교

	유리섬유덕트	아연도철판덕트	비고
내 압 성	△	○	유리섬유 덕트는 정압 500Pa 이하에서 사용하여야 함
허용풍속	△	○	유리섬유 각형 덕트 13m/s 이하 유리섬유 원형 덕트 15m/s 이하
공기저항	○	○	유리섬유 덕트와 아연도철판 덕트는 실용상 같은 값임
공기누설	○	△	철판덕트는 5~10% 정도이나 유리섬유 덕트는 2% 정도임
단 열 성	○	○	철판 덕트에 25mm, 24kg/m^{3}의 보온보다 유리섬유 덕트가 보온능력이 우수함
흡 음 성	○	×	유리섬유 덕트는 흡음성이 우수하나 차음성이 떨어진다. 철판 덕트는 이와 반대임
불 연 성	○	○	
물리적강도	×	○	유리섬유 덕트는 손상, 파손이 쉬우나 파손개소의 보수는 용이함
중 량	○	×	유리섬유 덕트는 철판 덕트의 1/3정도 중량임
시 공 성	○	×	유리섬유 덕트는 단기간에 시공기술 습득이 가능하며 경량이므로 시공성이 우수함
시공비용	△	△	보온공사 포함시 큰 차가 없음
시공관리	△	△	
공사기간	○	×	유리섬유의 경우 보온, 소음방지 공정이 필요없음

○ : 우수 △ : 보통 × : 불리함

3) 덕트의 저항

덕트의 저항계산은 전압기준의 압력손실과 국부저항 계수 또는 국부저항의 상당 길이를 이용하여 계산한다.

(1) 직관 덕트의 마찰저항

직관 덕트의 압력손실은 식 7-6에 나타냈으나 실제는 마찰손실선도 (그림 7-12)에 주어져 있으며 이 도표에 의해 단위 길이 당 마찰 손실을 구하여 여기에 덕트 직관 길이를 곱하여 구한다.

$$\Delta P_t = \lambda \frac{l}{d} \times \frac{v^2}{2} \rho = \lambda \frac{l}{d} P_v \quad \cdots\cdots (7\text{-}6)$$

$$\lambda = 0.0055\left\{1 + \left(20,000\frac{\varepsilon}{d} + \frac{10^6}{R_e}\right)^{\frac{1}{3}}\right\} \quad \cdots\cdots (7\text{-}7)$$

ΔP_t : 직관덕트의 압력손실[P_a]
λ : 마찰저항 계수
l : 덕트의 길이[m]
d : 덕트의 직경[m]
v : 덕트 내의 평균풍속[m/s]
g : 중력 가속도[≒9.8m/s²]
ρ : 공기 밀도[≒1.2kg/m³](20℃, RH 60%)
P_v : 동압[Pa]≒0.06v²
ε : 절대조도[m](아연도 철판의 경우 0.15~0.18mm)
R_e : 레이놀드 No $\left(= \frac{vd}{\nu} \fallingdotseq \frac{10^5 vd}{1.5}\right)$ (표준공기), $v = \frac{\mu}{\rho}$
ν : 동점성계수[m²/s] (1-5×10⁻⁵ m²/s), 20℃ 기준
μ : 점성계수 (1.8×10⁻⁵ Pa·s) 20℃ 기준

식 7-7은 무디에 의한 난류의 전 영역에 걸친 약산 식으로 $R_e = 4 \times 10^3 \sim 10^7$, ε/d는 0.01 이하의 범위에서 5% 이내의 오차가 발생한다. ΔP_t는 전압기준의 압력손실

이나 같은 크기의 덕트 내 풍속변화는 없으므로 정압 기준의 저항 ΔP_s와 같게 된다.

장방형 덕트의 경우에는 식 7-8에 의해 이와 같은 저항의 원형 덕트로 환산도 가능하다. 그러나 실제에는 그림 7-13에 의해 용이하게 구할 수 있다.

$$d_e = 1.3\left\{\frac{(ab)^5}{(a+b)^2}\right\}^{\frac{1}{8}} \cdots\cdots (7\text{-}8)$$

d_e : 상당직경[m]

a, b : 장방형 덕트의 장변, 단변[m]

a/d는 종횡비 또는 아스펙트비(Aspect ratio)라 한다.

(2) 덕트의 국부저항

덕트의 곡면부, 분지부, 단면 변화부분 등은 마찰에 의한 압력손실 외에 와류 등에 의해 직관부분과 성질이 다른 손실이 있다. 이를 국부저항이라 하며 다음 식으로 표시된다.

$$\Delta p_t = \zeta\frac{v^2}{2}\rho = \zeta P_v \cdots\cdots (7\text{-}9)$$

ζ : 국부저항계수

각종 이형관의 국부저항 계수는 표 7-17에 나타냈다.

이 국부저항은 전압기준의 값이나 이를 이용하여 계산하는 경우 정압 재 취득 값을 고려할 필요가 없다. 국부저항은 위의 내용 외에 이와 동일한 압력손실이 발생하는 직관 덕트의 길이로 표시되며 이 길이를 국부저항의 상당길이라 하며 다음 식으로 표시된다.

$$\Delta p_t = \zeta\frac{v^2}{2}\rho = \lambda\frac{l_e}{d}\times\frac{v^2}{2}\rho \cdots\cdots (7\text{-}10)$$

$$l_e = \frac{\zeta}{\lambda} d \quad \cdots\cdots (7\text{-}11)$$

l_e : 국부 저항의 상당 길이

위 식으로 국부저항을 표시하는 경우 위의 해당하는 부분만큼 덕트의 길이가 길어진 것으로 고려하여 덕트 전 계통의 압력손실 값을 계산할 수 있어 편리하다.

(3) 개략 계산법

장치전체의 압력손실은 개략적인 계산이 필요한 경우 다음 식에 의한다.

$$P_f = P_d + P_a \quad \cdots\cdots (7\text{-}12)$$

$$P_d = (1+k)lR \quad \cdots\cdots (7\text{-}13)$$

P_f : 장치 전체의 압력손실(≒송풍기의 필요 정압)[Pa]

P_d : 덕트계의 압력손실[Pa]

P_a : 공조기기의 기내저항[Pa]

k : 국부저항비(표 7-16에 의함)

l : 덕트의 총 길이=(말단의 취출구까지의 급기덕트 길이+말단의 흡입구까지의 환기덕트 길이)[m]

R : 덕트의 단위 길이 당 마찰손실[Pa]

개략계산에 의한 경우 계획의 초기에 이용하나 최종단계의 덕트 계획이 완료된 시점에서 필히 저항 계산을 점검할 필요가 있다.

표 7-16 국부저항비(k)

소규모 덕트계(또는 곡면부위가 많을 경우)	1.0~1.5
대규모 덕트계(길이 50m 이상)	0.7~1.0
소음장치가 많은 경우	1.5~2.5

(4) 덕트의 국부저항

① 구부러진 변형 덕트의 국부저항

표 7-17 (1) 구부러진 변형 덕트의 국부 저항

<table>
<tr><th>No</th><th>명 칭</th><th>형 상 도</th><th>계 산 식</th><th>국부저항계수 ζ</th></tr>
<tr><td>1</td><td>원형덕트벤드
(성형)</td><td>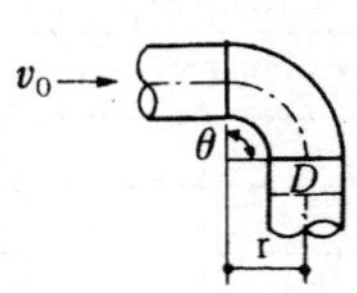</td><td>$\Delta P_T = \zeta \frac{v_o^2}{2} \rho$
$\zeta = \zeta \cdot K_\Theta$</td><td>Θ=90°
<table>
<tr><td>r/D</td><td>0.5</td><td>0.75</td><td>1.0</td><td>1.5</td><td>2.0</td><td>2.5</td></tr>
<tr><td>ζ</td><td>0.71</td><td>0.33</td><td>0.22</td><td>0.15</td><td>0.13</td><td>0.12</td></tr>
</table>
Θ=90°이외의 경우=ζ× K_Θ
<table>
<tr><td>Θ</td><td>0</td><td>20</td><td>30</td><td>45</td><td>60</td><td>75</td><td>90</td><td>110</td><td>130</td><td>150</td><td>180</td></tr>
<tr><td>KΘ</td><td>0</td><td>0.31</td><td>0.45</td><td>0.60</td><td>0.78</td><td>0.90</td><td>1.00</td><td>1.13</td><td>1.20</td><td>1.28</td><td>1.40</td></tr>
</table></td></tr>
<tr><td>2</td><td>원형덕트
마디이음</td><td>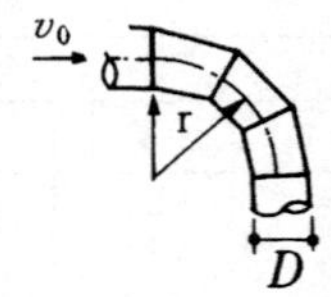</td><td>$\Delta P_T = \zeta \frac{v_o^2}{2} \rho$</td><td>
<table>
<tr><td>피스 \ r/D</td><td>0.5</td><td>0.75</td><td>1.0</td><td>1.5</td><td>2.0</td></tr>
<tr><td>3 피 스</td><td>0.98</td><td>0.54</td><td>0.42</td><td>0.34</td><td>0.33</td></tr>
<tr><td>4 피 스</td><td>-</td><td>0.50</td><td>0.37</td><td>0.27</td><td>0.24</td></tr>
<tr><td>5 피 스</td><td>-</td><td>0.46</td><td>0.33</td><td>0.24</td><td>0.19</td></tr>
</table></td></tr>
<tr><td>3</td><td>원형덕트
직각벤드</td><td>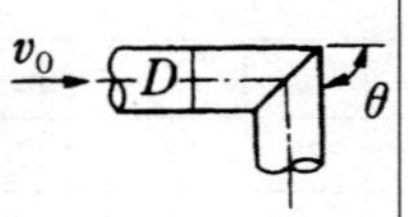</td><td>$\Delta P_T = \zeta \frac{v_o^2}{2} \rho$
$\zeta = \zeta' \cdot K_{Re}$
$\left(R_e = \frac{v_o D}{\nu} \right)$</td><td>
<table>
<tr><td>Θ</td><td>20</td><td>30</td><td>45</td><td>60</td><td>73</td><td>90</td></tr>
<tr><td>ζ</td><td>0.08</td><td>0.16</td><td>0.34</td><td>0.55</td><td>0.81</td><td>1.2</td></tr>
</table>
레이놀드수 14×10⁻⁴ 이하의 경우=ζ× K_{R_e}
<table>
<tr><td>$R_e \times 10^{-4}$</td><td>1</td><td>2</td><td>3</td><td>4</td><td>6</td><td>8</td><td>10</td><td>≥14</td></tr>
<tr><td>K_{R_e}</td><td>1.40</td><td>1.26</td><td>1.19</td><td>1.14</td><td>1.09</td><td>1.06</td><td>1.04</td><td>1.06</td></tr>
</table></td></tr>
<tr><td>4</td><td>장방형
덕트벤드</td><td>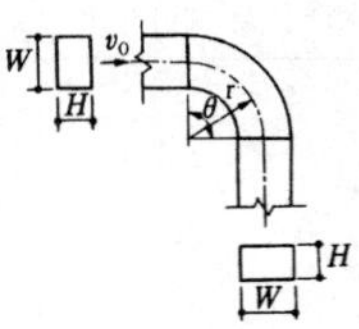</td><td>$\Delta P_T = \zeta \frac{v_o^2}{2} \rho$
$\zeta = \zeta' \cdot K_{Re} \cdot K_\Theta$</td><td>ζ′
<table>
<tr><td>r/W \ H/W</td><td>0.25</td><td>0.5</td><td>0.75</td><td>1.0</td><td>1.5</td><td>2.0</td><td>3.0</td><td>4.0</td><td>5.0</td><td>6.0</td><td>8.0</td></tr>
<tr><td>0.5</td><td>1.3</td><td>1.3</td><td>1.2</td><td>1.2</td><td>1.1</td><td>1.1</td><td>0.98</td><td>0.92</td><td>0.89</td><td>0.85</td><td>0.83</td></tr>
<tr><td>0.75</td><td>0.57</td><td>0.52</td><td>0.48</td><td>0.44</td><td>0.40</td><td>0.39</td><td>0.39</td><td>0.40</td><td>0.42</td><td>0.43</td><td>0.44</td></tr>
<tr><td>1.0</td><td>0.27</td><td>0.25</td><td>0.23</td><td>0.21</td><td>0.19</td><td>0.18</td><td>0.18</td><td>0.19</td><td>0.20</td><td>0.27</td><td>0.21</td></tr>
<tr><td>1.5</td><td>0.22</td><td>0.20</td><td>0.19</td><td>0.17</td><td>0.15</td><td>0.14</td><td>0.14</td><td>0.15</td><td>0.16</td><td>0.17</td><td>0.17</td></tr>
<tr><td>2.0</td><td>0.20</td><td>0.18</td><td>0.16</td><td>0.15</td><td>0.14</td><td>0.13</td><td>0.13</td><td>0.14</td><td>0.14</td><td>0.15</td><td>0.15</td></tr>
</table>
K_{R_e}
<table>
<tr><td>r/W \ $R_e \times 10^{-4}$</td><td>1</td><td>2</td><td>3</td><td>4</td><td>6</td><td>8</td><td>10</td><td>14</td><td>≥2P</td></tr>
<tr><td>0.5</td><td>1.40</td><td>1.26</td><td>1.19</td><td>1.14</td><td>1.09</td><td>1.06</td><td>1.04</td><td>1.0</td><td>1.0</td></tr>
<tr><td>≥0.75</td><td>2.0</td><td>1.77</td><td>1.64</td><td>1.56</td><td>1.46</td><td>1.38</td><td>1.30</td><td>1.15</td><td>1.0</td></tr>
</table>
KΘ는 No.1과 동일</td></tr>
</table>

<table>
<tr><th>No</th><th>명 칭</th><th>형 상 도</th><th>계 산 식</th><th>국부저항계수 ζ</th></tr>
<tr><td>5</td><td>장방형덕트 직각벤드</td><td>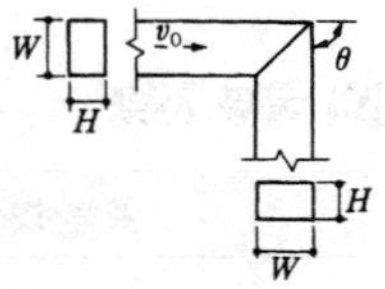</td><td>$\Delta P_T = \zeta \frac{v_o^2}{2} \rho$
$\zeta = \zeta' \cdot K_{Re}$</td><td>
ζ′
<table>
<tr><th>θ \ H/W</th><th>0.25</th><th>0.5</th><th>0.75</th><th>1.0</th><th>1.5</th><th>2.0</th><th>3.0</th><th>4.0</th><th>5.0</th><th>6.0</th><th>8.0</th></tr>
<tr><td>20°</td><td>0.08</td><td>0.08</td><td>0.08</td><td>0.07</td><td>0.07</td><td>0.07</td><td>0.06</td><td>0.06</td><td>0.05</td><td>0.05</td><td>0.05</td></tr>
<tr><td>30°</td><td>0.18</td><td>0.17</td><td>0.17</td><td>0.16</td><td>0.15</td><td>0.15</td><td>0.13</td><td>0.13</td><td>0.12</td><td>0.12</td><td>0.11</td></tr>
<tr><td>45°</td><td>0.38</td><td>0.37</td><td>0.36</td><td>0.34</td><td>0.33</td><td>0.31</td><td>0.28</td><td>0.27</td><td>0.26</td><td>0.25</td><td>0.24</td></tr>
<tr><td>60°</td><td>0.60</td><td>0.59</td><td>0.57</td><td>0.55</td><td>0.52</td><td>0.49</td><td>0.46</td><td>0.43</td><td>0.41</td><td>0.39</td><td>0.38</td></tr>
<tr><td>75°</td><td>0.89</td><td>0.87</td><td>0.84</td><td>0.81</td><td>0.77</td><td>0.73</td><td>0.67</td><td>0.63</td><td>0.61</td><td>0.58</td><td>0.57</td></tr>
<tr><td>90°</td><td>1.3</td><td>1.3</td><td>1.2</td><td>1.2</td><td>1.1</td><td>1.1</td><td>0.98</td><td>0.92</td><td>0.89</td><td>0.85</td><td>0.83</td></tr>
</table>
K_{R_e}는 No.3과 동일
</td></tr>
<tr><td>6</td><td>장방형 직각벤드 (대형베인)</td><td>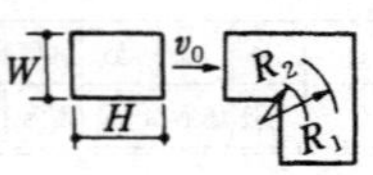</td><td>$\Delta P_T = \zeta \frac{v_o^2}{2} \rho$</td><td>
<table>
<tr><th></th><th>ζ</th><th>조건</th></tr>
<tr><td>1매 베인</td><td>0.56</td><td>R/W=0.5</td></tr>
<tr><td>2매 베인</td><td>0.44</td><td>R_1/W=0.3, R_2/W=0.5</td></tr>
</table>
</td></tr>
<tr><td>7</td><td>장방형 직각벤드 (소형베인)</td><td>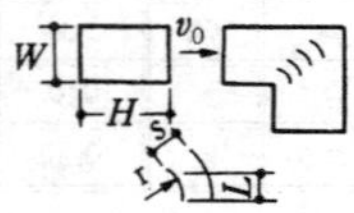</td><td>$\Delta P_T = \zeta \frac{v_o^2}{2} \rho$</td><td>
<table>
<tr><th>No.</th><th>γ</th><th>s</th><th>L</th><th>ζ</th></tr>
<tr><td>1</td><td>2.0</td><td>1.5</td><td>0.75</td><td>0.12</td></tr>
<tr><td>2</td><td>4.5</td><td>2.25</td><td>0</td><td>0.15</td></tr>
<tr><td>3</td><td>4.5</td><td>3.25</td><td>1.60</td><td>0.18</td></tr>
</table>
베인에 에지가 없는 경우 손실은 단일엘보에서는 그다지 증가하지 않으나 연속엘보로 할 경우 상당히 증가함
</td></tr>
<tr><td>8</td><td>장방형 직각벤드 (소형멀티베인부)</td><td>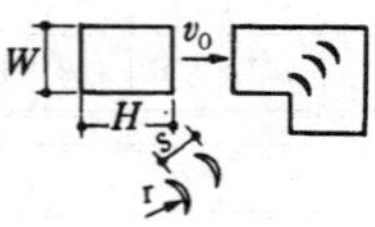</td><td>$\Delta P_T = \zeta \frac{v_o^2}{2} \rho$</td><td>
<table>
<tr><th>No.</th><th>γ</th><th>s</th><th>=5m/s</th><th>=10m/s</th><th>=15m/s</th><th>=20m/s</th></tr>
<tr><td>1</td><td>2.0</td><td>1.5</td><td>0.27</td><td>0.22</td><td>0.19</td><td>0.17</td></tr>
<tr><td>2</td><td>2.0</td><td>1.5</td><td>0.33</td><td>0.29</td><td>0.26</td><td>0.23</td></tr>
<tr><td>3</td><td>2.0</td><td>2.13</td><td>0.38</td><td>0.31</td><td>0.27</td><td>0.24</td></tr>
<tr><td>4</td><td>4.5</td><td>3.25</td><td>0.26</td><td>0.21</td><td>0.18</td><td>0.16</td></tr>
</table>
No. 1 엠보스형 베인런너
No. 2 푸시온형 베인런너
No. 3 엠보스형 베인런너
No. 4 엠보스형 베인런너
</td></tr>
</table>

<table>
<tr><th>No</th><th>명 칭</th><th>형 상 도</th><th>계 산 식</th><th>국부저항계수 ζ</th></tr>
<tr><td>9</td><td>원형덕트의 점진확대와 급확대</td><td>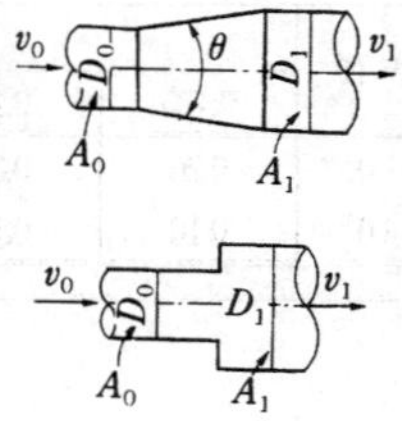
</td><td>$\Delta P_T = \zeta \frac{v_o^2}{2} \rho$
$\left(R_e = \frac{v_o D}{\nu} \right)$</td><td>
<table>
<tr><th>Re</th><th>A₀/A₁ \ θ</th><th>16</th><th>20</th><th>30</th><th>45</th><th>60</th><th>90</th><th>120</th><th>180</th></tr>
<tr><td rowspan="5">0.5 × 10^5</td><td>2</td><td>0.14</td><td>0.19</td><td>0.32</td><td>0.33</td><td>0.33</td><td>0.32</td><td>0.31</td><td>0.30</td></tr>
<tr><td>4</td><td>0.23</td><td>0.30</td><td>0.46</td><td>0.61</td><td>0.68</td><td>0.64</td><td>0.63</td><td>0.62</td></tr>
<tr><td>6</td><td>0.27</td><td>0.33</td><td>0.48</td><td>0.66</td><td>0.77</td><td>0.74</td><td>0.73</td><td>0.72</td></tr>
<tr><td>10</td><td>0.29</td><td>0.38</td><td>0.59</td><td>0.76</td><td>0.80</td><td>0.83</td><td>0.84</td><td>0.83</td></tr>
<tr><td>≥16</td><td>0.31</td><td>0.38</td><td>0.60</td><td>0.84</td><td>0.88</td><td>0.88</td><td>0.88</td><td>0.88</td></tr>
<tr><td rowspan="5">2 × 10^5</td><td>2</td><td>0.07</td><td>0.12</td><td>0.23</td><td>0.28</td><td>0.27</td><td>0.27</td><td>0.27</td><td>0.26</td></tr>
<tr><td>4</td><td>0.15</td><td>0.18</td><td>0.36</td><td>0.55</td><td>0.59</td><td>0.59</td><td>0.58</td><td>0.57</td></tr>
<tr><td>6</td><td>0.19</td><td>0.28</td><td>0.44</td><td>0.90</td><td>0.70</td><td>0.71</td><td>0.71</td><td>0.69</td></tr>
<tr><td>10</td><td>0.20</td><td>0.24</td><td>0.43</td><td>0.76</td><td>0.80</td><td>0.81</td><td>0.81</td><td>0.81</td></tr>
<tr><td>≥16</td><td>0.21</td><td>0.28</td><td>0.52</td><td>0.76</td><td>0.87</td><td>0.87</td><td>0.87</td><td>0.87</td></tr>
<tr><td rowspan="5">≥6 × 10^5</td><td>2</td><td>0.05</td><td>0.07</td><td>0.07</td><td>0.12</td><td>0.27</td><td>0.27</td><td>0.27</td><td>0.27</td></tr>
<tr><td>4</td><td>0.17</td><td>0.24</td><td>0.38</td><td>0.51</td><td>0.56</td><td>0.58</td><td>0.58</td><td>0.57</td></tr>
<tr><td>6</td><td>0.16</td><td>0.29</td><td>0.46</td><td>0.60</td><td>0.69</td><td>0.71</td><td>0.70</td><td>0.70</td></tr>
<tr><td>10</td><td>0.21</td><td>0.33</td><td>0.52</td><td>0.60</td><td>0.76</td><td>0.83</td><td>0.80</td><td>0.83</td></tr>
<tr><td>≥16</td><td>0.21</td><td>0.31</td><td>0.56</td><td>0.72</td><td>0.79</td><td>0.85</td><td>0.87</td><td>0.89</td></tr>
</table>
</td></tr>
<tr><td>10</td><td>장방형덕트의 점진확대와 급확대</td><td>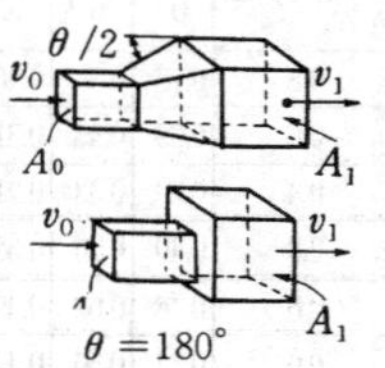
</td><td>$\Delta P_T = \zeta \frac{v_o^2}{2} \rho$</td><td>
<table>
<tr><th>A₀/A₁ \ θ</th><th>16</th><th>20</th><th>30</th><th>45</th><th>60</th><th>90</th><th>120</th><th>180</th></tr>
<tr><td>2</td><td>0.18</td><td>0.22</td><td>0.25</td><td>0.29</td><td>0.35</td><td>0.32</td><td>0.33</td><td>0.30</td></tr>
<tr><td>4</td><td>0.36</td><td>0.43</td><td>0.50</td><td>0.56</td><td>0.61</td><td>0.63</td><td>0.63</td><td>0.63</td></tr>
<tr><td>6</td><td>0.42</td><td>0.47</td><td>0.58</td><td>0.68</td><td>0.72</td><td>0.76</td><td>0.76</td><td>0.75</td></tr>
<tr><td>≥10</td><td>0.42</td><td>0.49</td><td>0.59</td><td>0.70</td><td>0.80</td><td>0.87</td><td>0.83</td><td>0.86</td></tr>
</table>
</td></tr>
<tr><td>11</td><td>장방형덕트의 변형</td><td>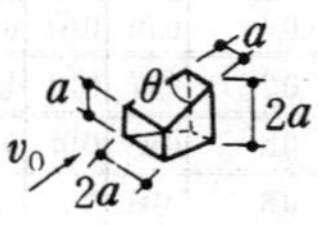
</td><td>$\Delta P_T = \zeta \frac{v_o^2}{2} \rho$</td><td>θ<14° ζ=0.15</td></tr>
<tr><td>12</td><td>점진축소와 급축소</td><td>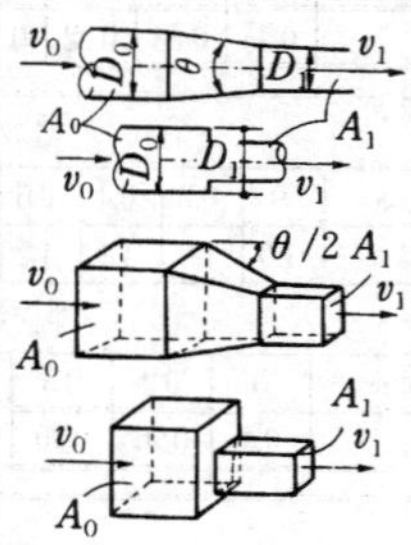
</td><td>$\Delta P_T = \zeta \frac{v_o^2}{2} \rho$</td><td>
<table>
<tr><th>A₀/A₁ \ θ</th><th>10</th><th>15~40</th><th>50~60</th><th>90</th><th>120</th><th>150</th><th>180</th></tr>
<tr><td>2</td><td>0.05</td><td>0.05</td><td>0.06</td><td>0.12</td><td>0.18</td><td>0.24</td><td>0.26</td></tr>
<tr><td>4</td><td>0.05</td><td>0.04</td><td>0.07</td><td>0.17</td><td>0.27</td><td>0.35</td><td>0.41</td></tr>
<tr><td>6</td><td>0.05</td><td>0.04</td><td>0.07</td><td>0.18</td><td>0.28</td><td>0.36</td><td>0.42</td></tr>
<tr><td>10</td><td>0.05</td><td>0.05</td><td>0.08</td><td>0.19</td><td>0.29</td><td>0.37</td><td>0.43</td></tr>
</table>
</td></tr>
</table>

<table>
<tr><th>No</th><th>명 칭</th><th>형 상 도</th><th>계 산 식</th><th>국부저항계수ζ</th></tr>
<tr><td>13</td><td>장방형덕트
45℃ 엘보에
의한 낫춤</td><td>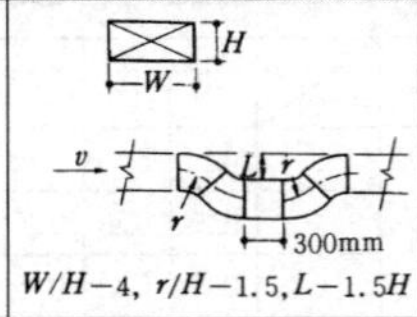</td><td>$\Delta P_T = \zeta \frac{v_o^2}{2} \rho$</td><td>
<table>
<tr><td>υ(m/s)</td><td>4</td><td>6</td><td>8</td><td>10</td><td>12</td></tr>
<tr><td>ζ</td><td>0.178</td><td>0.22</td><td>0.24</td><td>0.25</td><td>0.26</td></tr>
</table>
</td></tr>
<tr><td>14</td><td>장방형덕트
누름에 의한
낫춤</td><td>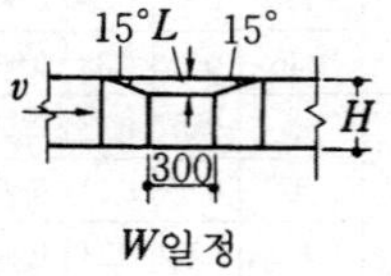</td><td>$\Delta P_T = \zeta \frac{v_o^2}{2} \rho$</td><td>
<table>
<tr><td rowspan="2">W/H</td><td colspan="4">L/H</td></tr>
<tr><td>0.125</td><td>0.15</td><td>0.25</td><td>0.30</td></tr>
<tr><td>1.0</td><td>0.26</td><td>0.30</td><td>0.33</td><td>0.35</td></tr>
<tr><td>4.0</td><td>0.10</td><td>0.14</td><td>0.22</td><td>0.30</td></tr>
</table>
</td></tr>
</table>

② 분류합류의 국부저항

표 7-17 (2) 구부러진 변형덕트의 국부저항

<table>
<tr><th>No</th><th>명 칭</th><th>형 상 도</th><th>계 산 식</th><th>국부저항계수ζ</th></tr>
<tr><td>1</td><td>원형덕트의
분류
(경사취출)</td><td>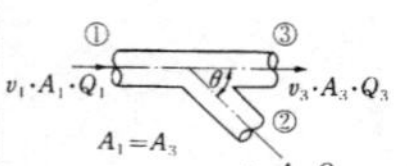</td><td>$\Delta P_T = \zeta \frac{v_1^2}{2} \rho$</td><td>
ζ① → ②
<table>
<tr><td>θ</td><td>A₂/A₁ \ Q₂/Q₁</td><td>0.1</td><td>0.2</td><td>0.3</td><td>0.4</td><td>0.5</td><td>0.6</td><td>0.7</td><td>0.8</td><td>0.9</td></tr>
<tr><td rowspan="4">30°</td><td>0.8</td><td>0.75</td><td>0.55</td><td>0.40</td><td>0.28</td><td>0.21</td><td>0.16</td><td>0.15</td><td>0.16</td><td>0.19</td></tr>
<tr><td>0.6</td><td>0.69</td><td>0.46</td><td>0.31</td><td>0.21</td><td>0.17</td><td>0.16</td><td>0.20</td><td>0.28</td><td>0.39</td></tr>
<tr><td>0.4</td><td>0.59</td><td>0.33</td><td>0.21</td><td>0.20</td><td>0.27</td><td>0.40</td><td>0.62</td><td>0.92</td><td>1.3</td></tr>
<tr><td>0.2</td><td>0.40</td><td>0.26</td><td>0.58</td><td>1.3</td><td>2.5</td><td>-</td><td>-</td><td>-</td><td>-</td></tr>
<tr><td rowspan="4">45°</td><td>0.8</td><td>0.78</td><td>0.62</td><td>0.49</td><td>0.40</td><td>0.34</td><td>0.31</td><td>0.32</td><td>0.35</td><td>0.40</td></tr>
<tr><td>0.6</td><td>0.74</td><td>0.56</td><td>0.44</td><td>0.47</td><td>0.35</td><td>0.36</td><td>0.43</td><td>0.54</td><td>0.68</td></tr>
<tr><td>0.4</td><td>0.66</td><td>0.47</td><td>0.40</td><td>0.43</td><td>0.54</td><td>0.69</td><td>0.95</td><td>1.3</td><td>1.7</td></tr>
<tr><td>0.2</td><td>0.56</td><td>0.56</td><td>1.0</td><td>1.8</td><td>-</td><td>-</td><td>-</td><td>-</td><td>-</td></tr>
<tr><td rowspan="4">60°</td><td>0.8</td><td>0.83</td><td>0.71</td><td>0.62</td><td>0.56</td><td>0.52</td><td>0.50</td><td>0.53</td><td>0.60</td><td>0.68</td></tr>
<tr><td>0.6</td><td>0.81</td><td>0.68</td><td>0.60</td><td>0.58</td><td>0.58</td><td>0.61</td><td>0.72</td><td>0.87</td><td>1.1</td></tr>
<tr><td>0.4</td><td>0.76</td><td>0.65</td><td>0.65</td><td>0.74</td><td>0.89</td><td>1.1</td><td>1.4</td><td>1.8</td><td>2.3</td></tr>
<tr><td>0.2</td><td>0.77</td><td>0.96</td><td>1.6</td><td>2.5</td><td>-</td><td>-</td><td>-</td><td>-</td><td>-</td></tr>
<tr><td rowspan="4">90°</td><td>0.8</td><td>0.95</td><td>0.92</td><td>0.92</td><td>0.93</td><td>0.94</td><td>0.95</td><td>1.1</td><td>1.2</td><td>1.4</td></tr>
<tr><td>0.6</td><td>0.96</td><td>0.97</td><td>1.0</td><td>1.1</td><td>1.1</td><td>1.2</td><td>1.4</td><td>1.7</td><td>2.0</td></tr>
<tr><td>0.4</td><td>0.99</td><td>1.1</td><td>1.3</td><td>1.5</td><td>1.7</td><td>2.0</td><td>2.4</td><td>-</td><td>-</td></tr>
<tr><td>0.2</td><td>1.3</td><td>1.9</td><td>2.9</td><td>-</td><td>-</td><td>-</td><td>-</td><td>-</td><td>-</td></tr>
</table>
ζ① → ③
<table>
<tr><td>υ₂/υ₁</td><td>0</td><td>0.1</td><td>0.2</td><td>0.3</td><td>0.4</td><td>0.5</td><td>0.6</td><td>0.8</td><td>1.0</td></tr>
<tr><td>ζ</td><td>0.35</td><td>0.28</td><td>0.22</td><td>0.17</td><td>0.13</td><td>0.09</td><td>0.06</td><td>0.02</td><td>0</td></tr>
</table>
</td></tr>
<tr><td>2</td><td>원형덕트의
분류
(직각취출)</td><td>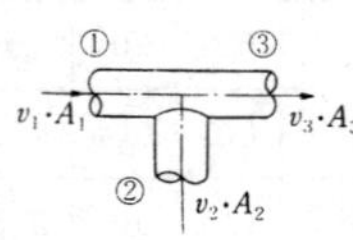</td><td>$\Delta P_T = \zeta \frac{v_1^2}{2} \rho$</td><td>
ζ① → ②
<table>
<tr><td>υ₂/υ₁</td><td>0</td><td>0.2</td><td>0.4</td><td>0.6</td><td>0.8</td><td>1.0</td><td>1.2</td><td>1.4</td><td>1.6</td><td>2.0</td></tr>
<tr><td>ζ</td><td>1.0</td><td>1.0</td><td>1.1</td><td>1.2</td><td>1.3</td><td>1.3</td><td>1.4</td><td>1.6</td><td>1.8</td><td>2.2</td></tr>
</table>
ζ① → ③
<table>
<tr><td>υ₂/υ₁</td><td>0</td><td>0.2</td><td>0.3</td><td>0.4</td><td>0.5</td><td>0.6</td><td>0.8</td><td>1.0</td></tr>
<tr><td>ζ</td><td>0.4</td><td>0.26</td><td>0.20</td><td>0.15</td><td>0.10</td><td>0.06</td><td>0.02</td><td>0</td></tr>
</table>
</td></tr>
</table>

<table>
<tr><th>No</th><th>명 칭</th><th>형 상 도</th><th>계 산 식</th><th>국부저항계수ζ</th></tr>
<tr><td>3</td><td>원형덕트의 분류
(직각코니컬
원형취출)</td><td>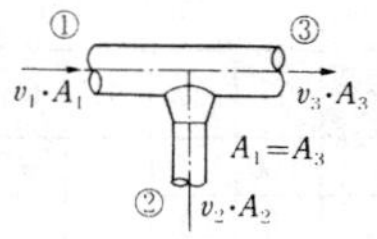
</td><td>$\Delta P_T=\zeta\frac{v_1^2}{2}\rho$</td><td>ζ① → ②
<table>
<tr><td>υ2/υ1</td><td>0</td><td>0.2</td><td>0.4</td><td>0.6</td><td>0.8</td><td>1.0</td><td>1.2</td><td>1.4</td><td>1.6</td><td>1.8</td><td>2.0</td></tr>
<tr><td>ζ</td><td>1.0</td><td>0.85</td><td>0.74</td><td>0.62</td><td>0.52</td><td>0.42</td><td>0.36</td><td>0.32</td><td>0.32</td><td>0.37</td><td>0.52</td></tr>
</table>
ζ① → ③은 No.1 의 ζ① → ③과 동일</td></tr>
<tr><td>4</td><td>장방형덕트의
분류
(분할분지)</td><td>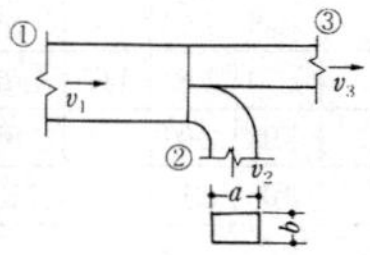
</td><td>$\Delta P_T=\zeta\frac{v_1^2}{2}\rho$</td><td>ζ① → ③
<table>
<tr><td>υ1/υ1</td><td>0.2</td><td>0.4</td><td>0.6</td><td>0.8</td><td>1.0</td><td>1.2</td><td>1.4</td><td>1.6</td></tr>
<tr><td>ζ</td><td>0.249</td><td>0.112</td><td>0.05</td><td>0.063</td><td>0.15</td><td>0.31</td><td>0.547</td><td>0.856</td></tr>
</table>
ζ① → ②
<table>
<tr><td>x</td><td>0.2</td><td>0.4</td><td>0.6</td><td>0.8</td><td>1.0</td><td>1.2</td><td>1.4</td><td>1.6</td></tr>
<tr><td>ζ</td><td>0.256</td><td>0.12</td><td>0.072</td><td>0.112</td><td>0.24</td><td>0.455</td><td>0.76</td><td>1.156</td></tr>
</table>
다만 $x=(a/b)\times(\upsilon_2/\upsilon_1)$</td></tr>
<tr><td>5</td><td>장방형덕트의
분류
(얇은 분할분지)</td><td>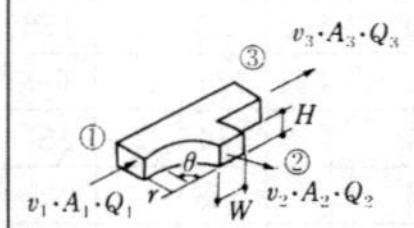

θ=90°
r/W=1.0</td><td>$\Delta P_T=\zeta\frac{v_1^2}{2}\rho$</td><td>ζ① → ②
<table>
<tr><td rowspan="2">A1/A3</td><td rowspan="2">A2/A1</td><td colspan="9">Q2/Q1</td></tr>
<tr><td>0.1</td><td>0.2</td><td>0.3</td><td>0.4</td><td>0.5</td><td>0.6</td><td>0.7</td><td>0.8</td><td>0.9</td></tr>
<tr><td>0.25</td><td>0.25</td><td>0.55</td><td>0.50</td><td>0.60</td><td>0.85</td><td>1.2</td><td>1.8</td><td>3.1</td><td>4.4</td><td>6.0</td></tr>
<tr><td>0.33</td><td>0.25</td><td>0.35</td><td>0.35</td><td>0.50</td><td>0.80</td><td>1.3</td><td>2.0</td><td>2.8</td><td>3.8</td><td>5.0</td></tr>
<tr><td>0.5</td><td>0.5</td><td>0.62</td><td>0.48</td><td>0.40</td><td>0.40</td><td>1.48</td><td>0.60</td><td>0.78</td><td>1.1</td><td>1.5</td></tr>
<tr><td>0.67</td><td>0.5</td><td>0.52</td><td>0.40</td><td>0.32</td><td>0.30</td><td>0.34</td><td>0.44</td><td>0.62</td><td>0.92</td><td>1.4</td></tr>
<tr><td>1.0</td><td>0.5</td><td>0.44</td><td>0.38</td><td>0.38</td><td>0.41</td><td>0.52</td><td>0.68</td><td>0.92</td><td>1.2</td><td>1.6</td></tr>
<tr><td>1.0</td><td>1.0</td><td>0.67</td><td>0.55</td><td>0.46</td><td>0.37</td><td>0.32</td><td>0.29</td><td>0.29</td><td>0.30</td><td>0.37</td></tr>
<tr><td>1.33</td><td>1.0</td><td>0.70</td><td>0.60</td><td>0.51</td><td>0.42</td><td>0.34</td><td>0.28</td><td>0.26</td><td>0.26</td><td>0.29</td></tr>
<tr><td>2.0</td><td>1.0</td><td>0.60</td><td>0.52</td><td>0.43</td><td>0.33</td><td>0.24</td><td>0.17</td><td>0.15</td><td>0.17</td><td>0.21</td></tr>
</table>
ζ① → ③
<table>
<tr><td rowspan="2">A1/A3</td><td rowspan="2">A2/A1</td><td colspan="9">Q2/Q1</td></tr>
<tr><td>0.1</td><td>0.2</td><td>0.3</td><td>0.4</td><td>0.5</td><td>0.6</td><td>0.7</td><td>0.8</td><td>0.9</td></tr>
<tr><td>0.25</td><td>0.25</td><td>-.01</td><td>-.03</td><td>-.01</td><td>0.05</td><td>0.13</td><td>0.21</td><td>0.29</td><td>0.38</td><td>0.46</td></tr>
<tr><td>0.33</td><td>0.25</td><td>0.08</td><td>0</td><td>-.02</td><td>-.01</td><td>0.02</td><td>0.08</td><td>0.16</td><td>0.24</td><td>0.34</td></tr>
<tr><td>0.5</td><td>0.5</td><td>-.03</td><td>-.06</td><td>-.05</td><td>0</td><td>0.06</td><td>0.12</td><td>0.19</td><td>0.27</td><td>0.35</td></tr>
<tr><td>0.67</td><td>0.5</td><td>0.04</td><td>-.02</td><td>-.04</td><td>-.03</td><td>-.01</td><td>0.04</td><td>0.12</td><td>0.23</td><td>0.37</td></tr>
<tr><td>1.0</td><td>1.0</td><td>0.72</td><td>0.48</td><td>0.28</td><td>0.13</td><td>0.05</td><td>0.04</td><td>0.09</td><td>0.18</td><td>0.30</td></tr>
<tr><td>1.0</td><td>1.0</td><td>-.02</td><td>-.04</td><td>-.04</td><td>-.01</td><td>0.06</td><td>0.13</td><td>0.22</td><td>0.30</td><td>0.38</td></tr>
<tr><td>1.33</td><td>1.0</td><td>0.10</td><td>0</td><td>0.01</td><td>-.03</td><td>-.01</td><td>0.03</td><td>0.10</td><td>0.20</td><td>0.30</td></tr>
<tr><td>2.0</td><td>1.0</td><td>0.62</td><td>0.38</td><td>0.23</td><td>0.13</td><td>0.08</td><td>0.05</td><td>0.06</td><td>0.10</td><td>0.20</td></tr>
</table></td></tr>
</table>

No	명 칭	형 상 도	계 산 식	국부저항계수ζ
6	장방형덕트에서 원형덕트 90° 분지	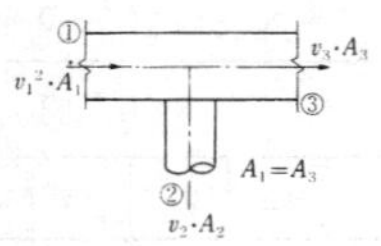	$\Delta P_T = \zeta \frac{v_1^2}{2} \rho$	ζ① → ② (아래 표)

ζ① → ②

v_2/v_1 \ Q_2/Q_1	0.1	0.2	0.3	0.4	0.5	0.6	0.7	0.8	0.9
0.2	1.00	-	-	-	-	-	-	-	-
0.4	1.01	1.07	-	-	-	-	-	-	-
0.6	1.14	1.10	1.08	-	-	-	-	-	-
0.8	1.18	1.31	1.12	1.13	-	-	-	-	-
1.0	1.30	1.38	1.20	1.23	1.26	-	-	-	-
1.2	1.46	1.58	1.45	1.31	1.39	1.48	-	-	-
1.4	1.70	1.82	1.65	1.51	1.56	1.64	1.71	-	-
1.6	1.93	2.06	2.00	1.85	1.70	1.76	1.80	1.88	-
1.8	2.06	2.17	2.20	2.13	2.06	1.98	1.99	2.00	2.07

ζ① → ③은 No.1의 ζ① → ③과 동일

No	명 칭	형 상 도	계 산 식	국부저항계수ζ
7	장방형덕트에서 코니컬원형 취출	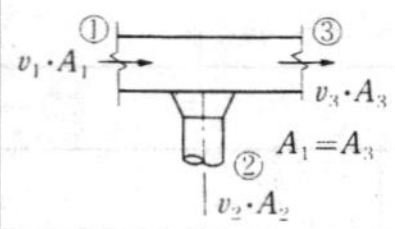	$\Delta P_T = \zeta \frac{v_1^2}{2} \rho$	ζ① → ② (아래 표)

ζ① → ②

v_2/v_1	0.4	0.50	0.75	1.0	1.3	1.5
ζ	0.80	0.83	0.90	1.0	1.1	1.4

ζ① → ③은 No.1의 ζ① → ③과 동일

No	명 칭	형 상 도	계 산 식	국부저항계수ζ
8	장방형덕트에서 장방형덕트분지 (직각취출)	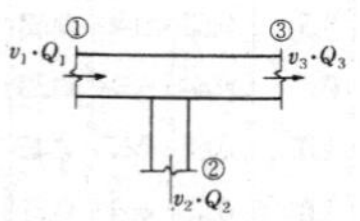	$\Delta P_T = \zeta \frac{v_1^2}{2} \rho$	ζ① → ② (아래 표)

ζ① → ②

v_2/v_1 \ Q_2/Q_1	0.1	0.2	0.3	0.4	0.5	0.6	0.7	0.8	0.9
0.2	1.03	-	-	-	-	-	-	-	-
0.4	1.03	1.01	-	-	-	-	-	-	-
0.6	1.11	1.03	1.05	-	-	-	-	-	-
0.8	1.16	1.21	1.17	1.12	-	-	-	-	-
1.0	1.38	1.40	1.30	1.36	1.27	-	-	-	-
1.2	1.52	1.61	1.68	1.91	1.47	1.66	-	-	-
1.4	1.79	2.01	1.90	2.31	2.28	2.20	1.95	-	-
1.6	2.07	2.28	2.13	2.71	2.99	2.81	2.09	2.20	-
1.8	2.32	2.54	2.64	3.09	3.72	3.48	2.21	2.29	2.57

No	명 칭	형 상 도	계 산 식	국부저항계수ζ
9	장방형덕트에서 45° 테퍼부 장방형 덕트분지	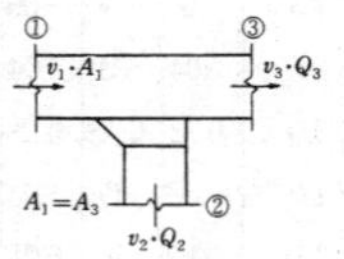	$\Delta P_T = \zeta \frac{v_1^2}{2} \rho$	ζ① → ② (아래 표)

ζ① → ②

v_2/v_1 \ Q_2/Q_1	0.1	0.2	0.3	0.4	0.5	0.6	0.7	0.8	0.9
0.2	0.91	-	-	-	-	-	-	-	-
0.4	0.81	0.79	-	-	-	-	-	-	-
0.6	0.77	0.72	0.70	-	-	-	-	-	-
0.8	0.78	0.73	0.69	0.66	-	-	-	-	-
1.0	0.78	0.98	0.85	0.79	0.74	-	-	-	-
1.2	0.90	1.11	1.16	1.23	1.03	0.86	-	-	-
1.4	1.19	1.22	1.26	1.29	1.54	1.25	0.92	-	-
1.6	1.35	1.42	1.55	1.59	1.53	1.50	1.31	1.09	-
1.8	1.45	1.50	1.75	1.74	1.72	2.24	1.63	1.40	1.17

ζ① → ③은 No.1 의 ζ① → ③과 동일

<table>
<tr><th>No</th><th>명 칭</th><th>형 상 도</th><th>계 산 식</th><th>국부저항계수ζ</th></tr>
<tr><td>10</td><td>원형장방형덕트의 합류분류</td><td>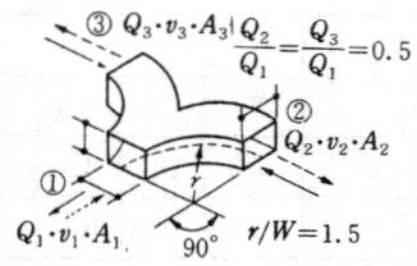
</td><td>$\Delta P_T=\zeta\frac{v_1^2}{2}\rho$</td><td>
<table>
<tr><td rowspan="2">합류</td><td>A_1 또는 A_2/A_1</td><td>0.5</td><td>1.0</td></tr>
<tr><td>ζ③ → ① 또는 ζ② → ①</td><td>0.23</td><td>0.07</td></tr>
<tr><td rowspan="2">분류</td><td>A_1 또는 A_2/A_1</td><td>0.50</td><td>1.0</td></tr>
<tr><td>ζ① → ③ 또는 ζ① → ②</td><td>030</td><td>0.25</td></tr>
</table>
</td></tr>
<tr><td>11</td><td>원형덕트장방형덕트의 합류분류</td><td>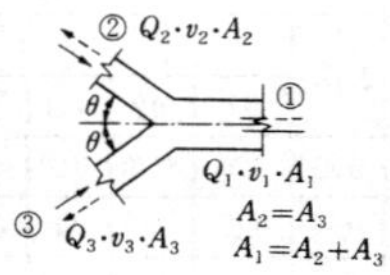
</td><td>$\Delta P_T=\zeta\frac{v_1^2}{2}\rho$</td><td>
ζ③ → ① 또는 ζ② → ①(합류)
<table>
<tr><td rowspan="2">Θ</td><td colspan="11">Q_3/Q_1 Q_2/Q_1</td></tr>
<tr><td>0</td><td>0.1</td><td>0.2</td><td>0.3</td><td>0.4</td><td>0.5</td><td>0.6</td><td>0.7</td><td>0.8</td><td>0.9</td><td>1.0</td></tr>
<tr><td>15°</td><td>-2.6</td><td>-1.9</td><td>-1.3</td><td>-0.77</td><td>-0.30</td><td>0.10</td><td>0.41</td><td>0.67</td><td>0.85</td><td>0.97</td><td>1.0</td></tr>
<tr><td>30°</td><td>-2.1</td><td>-1.5</td><td>-1.0</td><td>-0.53</td><td>-0.10</td><td>0.28</td><td>0.69</td><td>0.91</td><td>1.1</td><td>1.4</td><td>1.6</td></tr>
<tr><td>45°</td><td>-1.3</td><td>-0.93</td><td>-0.55</td><td>-0.16</td><td>0.20</td><td>0.56</td><td>0.92</td><td>1.3</td><td>1.6</td><td>2.0</td><td>2.3</td></tr>
</table>
ζ① → ③ 은 ζ① → ②(합류)
<table>
<tr><td rowspan="2">Θ</td><td colspan="13">$v_3/\ v_1$ $v_2/\ v_1$</td></tr>
<tr><td>0.1</td><td>0.2</td><td>0.3</td><td>0.4</td><td>0.5</td><td>0.6</td><td>0.8</td><td>1.0</td><td>1.2</td><td>1.4</td><td>1.6</td><td>1.8</td><td>2.0</td></tr>
<tr><td>15°</td><td>0.81</td><td>0.65</td><td>0.51</td><td>0.38</td><td>0.28</td><td>0.20</td><td>0.11</td><td>0.06</td><td>0.14</td><td>0.30</td><td>0.51</td><td>0.76</td><td>1.0</td></tr>
<tr><td>30°</td><td>0.84</td><td>0.69</td><td>0.56</td><td>0.44</td><td>0.34</td><td>0.26</td><td>0.19</td><td>0.15</td><td>0.15</td><td>0.30</td><td>0.51</td><td>0.76</td><td>1.0</td></tr>
<tr><td>45°</td><td>0.87</td><td>0.74</td><td>0.63</td><td>0.54</td><td>0.45</td><td>0.38</td><td>0.29</td><td>0.24</td><td>0.23</td><td>0.30</td><td>0.51</td><td>0.76</td><td>1.0</td></tr>
<tr><td>60°</td><td>0.90</td><td>0.82</td><td>0.79</td><td>0.66</td><td>0.59</td><td>0.53</td><td>0.43</td><td>0.36</td><td>0.33</td><td>0.39</td><td>0.51</td><td>0.76</td><td>1.0</td></tr>
<tr><td>90°</td><td>1.0</td><td>1.0</td><td>1.0</td><td>1.0</td><td>1.0</td><td>1.0</td><td>1.0</td><td>1.0</td><td>1.0</td><td>1.0</td><td>1.0</td><td>1.0</td><td>1.0</td></tr>
</table>
</td></tr>
<tr><td>12</td><td>원형덕트의 합류
(직각합류)</td><td>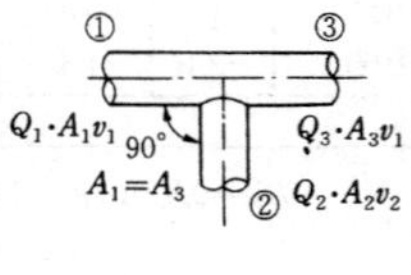
</td><td>$\Delta P_T=\zeta\frac{v_1^2}{2}\rho$</td><td>
ζ② → ③
<table>
<tr><td>Q_2/Q_3 \ A_2/A_3</td><td>0.1</td><td>0.2</td><td>0.3</td><td>0.4</td><td>0.6</td><td>0.8</td><td>1.0</td></tr>
<tr><td>0</td><td>-1.0</td><td>-1.0</td><td>-1.0</td><td>-0.90</td><td>-0.90</td><td>-0.90</td><td>-0.90</td></tr>
<tr><td>0.1</td><td>0.40</td><td>-0.37</td><td>-0.51</td><td>-0.46</td><td>-0.50</td><td>-0.51</td><td>-0.52</td></tr>
<tr><td>0.2</td><td>3.8</td><td>0.71</td><td>0.17</td><td>-0.02</td><td>-0.14</td><td>-0.18</td><td>-0.24</td></tr>
<tr><td>0.3</td><td>9.2</td><td>2.3</td><td>1.0</td><td>0.44</td><td>0.21</td><td>0.11</td><td>-0.08</td></tr>
<tr><td>0.4</td><td>16</td><td>4.3</td><td>2.1</td><td>0.94</td><td>0.54</td><td>0.40</td><td>0.32</td></tr>
<tr><td>0.5</td><td>26</td><td>6.8</td><td>3.2</td><td>1.1</td><td>0.66</td><td>0.49</td><td>0.42</td></tr>
<tr><td>0.6</td><td>37</td><td>9.7</td><td>4.7</td><td>1.6</td><td>0.92</td><td>0.69</td><td>0.57</td></tr>
<tr><td>0.7</td><td>43</td><td>13</td><td>6.3</td><td>2.1</td><td>1.2</td><td>0.88</td><td>0.72</td></tr>
<tr><td>0.8</td><td>65</td><td>17</td><td>7.9</td><td>2.7</td><td>1.5</td><td>1.1</td><td>0.86</td></tr>
<tr><td>0.9</td><td>82</td><td>21</td><td>9.7</td><td>3.4</td><td>1.8</td><td>1.2</td><td>0.99</td></tr>
<tr><td>1.0</td><td>101</td><td>26</td><td>12</td><td>4.0</td><td>2.1</td><td>1.4</td><td>1.1</td></tr>
</table>
ζ①→③
<table>
<tr><td>Q_2/Q_3</td><td>0</td><td>0.1</td><td>0.2</td><td>0.3</td><td>0.4</td><td>0.5</td><td>0.6</td><td>0.7</td><td>0.8</td><td>0.9</td><td>1.0</td></tr>
<tr><td>ζ</td><td>0</td><td>0.16</td><td>0.27</td><td>0.38</td><td>0.46</td><td>0.53</td><td>0.57</td><td>0.59</td><td>0.60</td><td>0.59</td><td>0.55</td></tr>
</table>
</td></tr>
</table>

<table>
<tr><th>No</th><th>명 칭</th><th>형 상 도</th><th>계 산 식</th><th>국부저항계수ζ</th></tr>
<tr><td>13</td><td>장방형덕트의
합류
(얇은 분할분지)</td><td>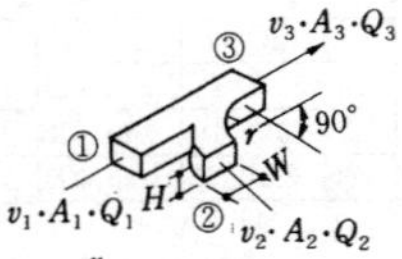

$\frac{r}{W}=1.0$</td><td>$\Delta P_T=\zeta\frac{v_1^2}{2}\rho$</td><td>
ζ② → ③
<table>
<tr><th rowspan="2">A_2/A_1</th><th rowspan="2">A_2/A_3</th><th colspan="9">Q_2/Q_3</th></tr>
<tr><th>0.1</th><th>0.2</th><th>0.3</th><th>0.4</th><th>0.5</th><th>0.6</th><th>0.7</th><th>0.8</th><th>0.9</th></tr>
<tr><td>0.25</td><td>0.25</td><td>-0.5</td><td>0</td><td>0.50</td><td>1.2</td><td>2.2</td><td>3.7</td><td>5.8</td><td>8.4</td><td>11</td></tr>
<tr><td>0.33</td><td>0.25</td><td>-1.2</td><td>-0.4</td><td>0.4</td><td>1.6</td><td>3.0</td><td>4.8</td><td>6.8</td><td>8.9</td><td>11</td></tr>
<tr><td>0.5</td><td>0.5</td><td>-0.5</td><td>0.30</td><td>0</td><td>0.25</td><td>0.45</td><td>0.70</td><td>1.0</td><td>1.5</td><td>2.0</td></tr>
<tr><td>0.67</td><td>0.5</td><td>-1.0</td><td>-0.6</td><td>-0.2</td><td>0.10</td><td>0.30</td><td>0.60</td><td>1.0</td><td>1.5</td><td>2.0</td></tr>
<tr><td>1.0</td><td>0.5</td><td>-2.2</td><td>-1.5</td><td>-0.95</td><td>-0.5</td><td>0</td><td>0.40</td><td>0.80</td><td>1.3</td><td>1.9</td></tr>
<tr><td>1.0</td><td>1.0</td><td>-0.6</td><td>-0.3</td><td>-0.10</td><td>-0.04</td><td>0.13</td><td>0.21</td><td>0.29</td><td>0.36</td><td>0.42</td></tr>
<tr><td>1.33</td><td>1.0</td><td>-1.2</td><td>-0.8</td><td>-0.40</td><td>-0.20</td><td>0</td><td>0.16</td><td>0.24</td><td>0.32</td><td>0.38</td></tr>
<tr><td>2.0</td><td>1.0</td><td>-2.1</td><td>-1.4</td><td>-0.90</td><td>-0.50</td><td>-0.20</td><td>0</td><td>0.20</td><td>0.25</td><td>0.30</td></tr>
</table>
ζ① → ③
<table>
<tr><th rowspan="2">A_2/A_1</th><th rowspan="2">A_2/A_3</th><th colspan="9">Q_2/Q_3</th></tr>
<tr><th>0.1</th><th>0.2</th><th>0.3</th><th>0.4</th><th>0.5</th><th>0.6</th><th>0.7</th><th>0.8</th><th>0.9</th></tr>
<tr><td>0.75</td><td>0.25</td><td>0.30</td><td>0.30</td><td>0.20</td><td>-0.1</td><td>-0.45</td><td>-0.92</td><td>-1.5</td><td>-2.0</td><td>-2.6</td></tr>
<tr><td>1.0</td><td>0.5</td><td>0.17</td><td>0.16</td><td>0.10</td><td>0</td><td>-0.08</td><td>-0.18</td><td>-0.27</td><td>-0.37</td><td>-0.46</td></tr>
<tr><td>0.75</td><td>0.5</td><td>0.27</td><td>0.35</td><td>0.32</td><td>0.25</td><td>0.12</td><td>-0.03</td><td>-0.23</td><td>-0.42</td><td>-0.58</td></tr>
<tr><td>0.5</td><td>0.5</td><td>1.2</td><td>1.1</td><td>0.90</td><td>0.65</td><td>0.35</td><td>0</td><td>-0.40</td><td>-0.80</td><td>-1.3</td></tr>
<tr><td>1.0</td><td>1.0</td><td>0.18</td><td>0.24</td><td>0.27</td><td>0.26</td><td>0.23</td><td>0.18</td><td>0.10</td><td>0</td><td>-0.12</td></tr>
<tr><td>0.75</td><td>1.0</td><td>0.75</td><td>0.36</td><td>0.38</td><td>0.35</td><td>0.27</td><td>0.18</td><td>0.05</td><td>-0.08</td><td>-0.22</td></tr>
<tr><td>0.5</td><td>1.0</td><td>0.80</td><td>0.87</td><td>0.80</td><td>0.68</td><td>0.55</td><td>0.40</td><td>0.25</td><td>0.08</td><td>-0.10</td></tr>
</table>
</td></tr>
<tr><td>14</td><td>장방형덕트의
합류
(분할분지)</td><td>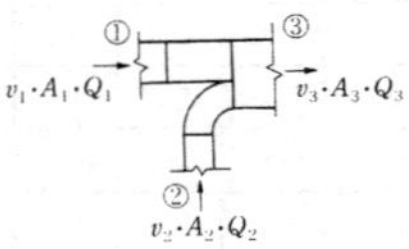
</td><td>$\Delta P_T=\zeta\frac{v_1^2}{2}\rho$</td><td>
ζ② → ③
<table>
<tr><td>v_2/v_3</td><td>0.4</td><td>0.6</td><td>0.8</td><td>1.0</td><td>1.2</td><td>1.5</td></tr>
<tr><td>ζ</td><td>-1.3</td><td>-0.9</td><td>-0.5</td><td>0.1</td><td>0.55</td><td>1.4</td></tr>
</table>
ζ① → ③
<table>
<tr><th>A_1/A_2 \ v_1/v_2</th><th>0.4</th><th>0.6</th><th>0.8</th><th>1.0</th><th>1.2</th><th>1.5</th></tr>
<tr><td>0.75</td><td>-1.2</td><td>-0.3</td><td>-0.35</td><td>0.8</td><td>0.1</td><td>-</td></tr>
<tr><td>0.67</td><td>-1.7</td><td>-0.9</td><td>-0.3</td><td>0.1</td><td>0.45</td><td>0.7</td></tr>
<tr><td>0.60</td><td>-2.1</td><td>-1.3</td><td>-0.8</td><td>0.4</td><td>0.1</td><td>0.2</td></tr>
</table>
</td></tr>
<tr><td>15</td><td>장방형덕트와
원형덕트의
합류분지
(원형덕트
직각분지)</td><td>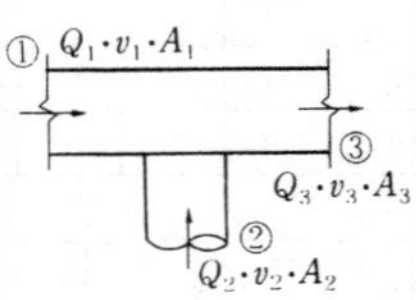
</td><td>$\Delta P_T=\zeta\frac{v_1^2}{2}\rho$</td><td>
$A_2/A_1=0.5$, $A_1/A_3=1.0$, $A_2/A_3=0.5$의 경우
ζ② → ③
<table>
<tr><th rowspan="2">(m/s)</th><th colspan="10">Q_2/Q_3</th></tr>
<tr><th>0.1</th><th>0.2</th><th>0.3</th><th>0.4</th><th>0.5</th><th>0.6</th><th>0.7</th><th>0.8</th><th>0.9</th><th>1.0</th></tr>
<tr><td><6</td><td>-0.63</td><td>-0.55</td><td>0.13</td><td>0.23</td><td>0.78</td><td>1.30</td><td>1.93</td><td>3.10</td><td>4.88</td><td>5.60</td></tr>
<tr><td>>6</td><td>-0.49</td><td>-0.21</td><td>0.23</td><td>0.60</td><td>1.27</td><td>2.06</td><td>2.75</td><td>3.70</td><td>4.93</td><td>5.95</td></tr>
</table>
ζ① → ③은 No.12 의 ζ① → ③과 동일
</td></tr>
</table>

<table>
<tr><th>No</th><th>명 칭</th><th>형 상 도</th><th>계 산 식</th><th>국부저항계수ζ</th></tr>
<tr><td>16</td><td>장방형덕트와
장방형덕트의
합류
(직각분지)</td><td>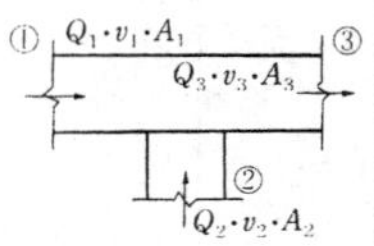
</td><td>$\Delta P_T = \zeta \frac{v_1^2}{2} \rho$</td><td>$A_2/A_1=0.5$, $A_1/A_3=1.0$, $A_2/A_3=0.5$의 경우
ζ②→③
<table>
<tr><th rowspan="2">(m/s)</th><th colspan="10">Q_2/Q_3</th></tr>
<tr><th>0.1</th><th>0.2</th><th>0.3</th><th>0.4</th><th>0.5</th><th>0.6</th><th>0.7</th><th>0.8</th><th>0.9</th><th>1.0</th></tr>
<tr><td><6</td><td>-0.75</td><td>-0.58</td><td>-0.03</td><td>0.33</td><td>1.03</td><td>1.10</td><td>2.15</td><td>2.93</td><td>4.18</td><td>4.78</td></tr>
<tr><td>>6</td><td>-0.69</td><td>-0.21</td><td>-0.23</td><td>0.67</td><td>1.17</td><td>1.66</td><td>2.67</td><td>3.36</td><td>3.93</td><td>5.13</td></tr>
</table>
ζ①→③은 No.12 의 ζ①→③과 동일</td></tr>
<tr><td>17</td><td>장방형덕트에서
45° 경사의
장방형 덕트의
합류</td><td>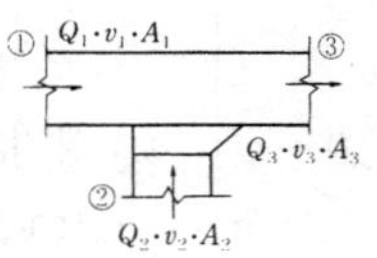
</td><td>$\Delta P_T = \zeta \frac{v_1^2}{2} \rho$</td><td>$A_2/A_1=0.5$, $A_1/A_3=1.0$, $A_2/A_3=0.5$의 경우
ζ②→③
<table>
<tr><th rowspan="2">(m/s)</th><th colspan="10">Q_2/Q_3</th></tr>
<tr><th>0.1</th><th>0.2</th><th>0.3</th><th>0.4</th><th>0.5</th><th>0.6</th><th>0.7</th><th>0.8</th><th>0.9</th><th>1.0</th></tr>
<tr><td><6</td><td>-0.83</td><td>-0.68</td><td>-0.30</td><td>0.28</td><td>0.55</td><td>1.03</td><td>1.50</td><td>1.93</td><td>2.50</td><td>3.03</td></tr>
<tr><td>>6</td><td>-0.72</td><td>-0.52</td><td>-0.23</td><td>0.34</td><td>0.76</td><td>1.14</td><td>1.83</td><td>2.01</td><td>2.90</td><td>3.63</td></tr>
</table>
ζ① → ③은 D_1 의 ζ① → ③과 동일</td></tr>
</table>

③ 소음장치의 국부저항

표 7-18 소음챔버의 국부저항

<table>
<tr><th>소음 챔버의 형상, 크기, 내장의 사양</th><th>저항계수ζ</th><th>국부저항(mmAq)</th></tr>
<tr><td>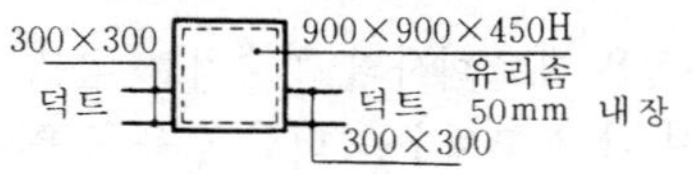
</td><td>0.419</td><td rowspan="3">$P_t = \zeta \times \frac{v^2}{2} \times \rho$
v : 챔버입구 덕트풍속(m/s)</td></tr>
<tr><td>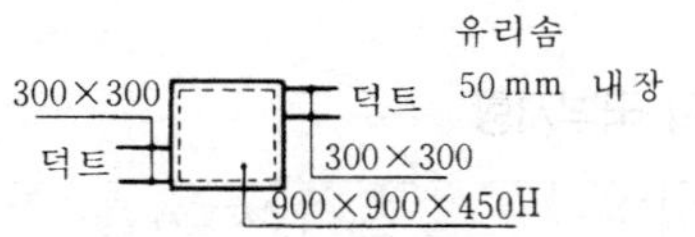
</td><td>1.088</td></tr>
<tr><td>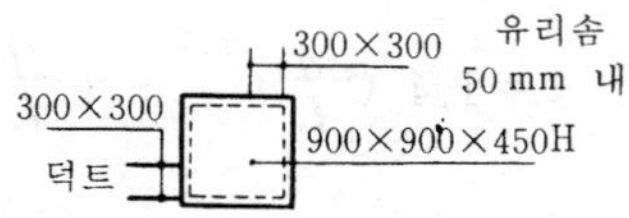
</td><td>0.902</td></tr>
</table>

[주] 1) 기타 형상에 대하여는 소음상자와 같이 급확대, 급축소를 고려하여 각 저항계수를 더한 값을 소음 챔버의 저항계수로 한다.
2) 위의 경우 실제 값의 추정에는 출입구 덕트의 상대적 위치를 고려하여 위 표의 경향을 이용할 것.
3) 통상의 챔버에도 적용 가능함

표 7-19 소음상자의 국부저항

소음 챔버의 형상, 크기, 내장의 사양	저항계수ζ	국부저항(mmAq)
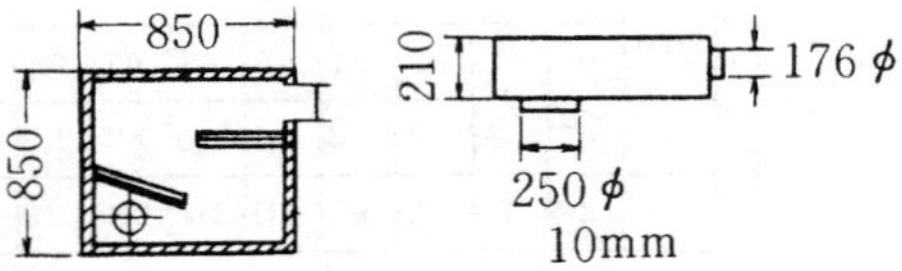	1.50	$P_t = \zeta \times \frac{v^2}{2} \times \rho$ v : 상자입구 덕트의 풍속 (m/s) 입구 댐퍼의 저항 (전개시)포함
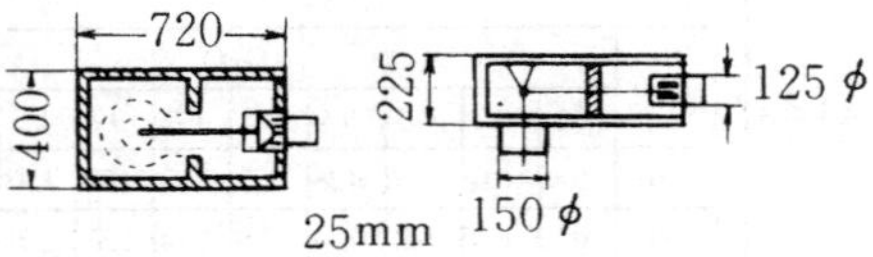	2.0	
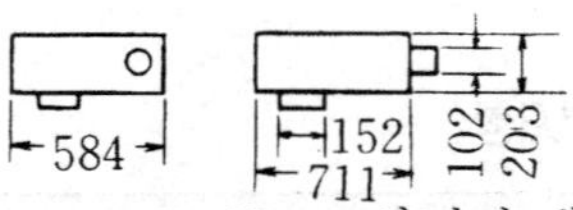 25mm 암면판 내장	≒0.5	

[주] 1) 시판되고 있는 취출구용 소음상자의 압력손실은 제조회사의 기술자료 참조
2) 기타 형상에 대하여는 확대·축소를 고려하여 각 저항계수를 더한 값을 소음상자의 저항계수로 한다.

표 7-20 소음덕트의 국부저항

No	명칭	형상도	계산식	국부저항계수ζ
1	소음상자 (1방향 취출)	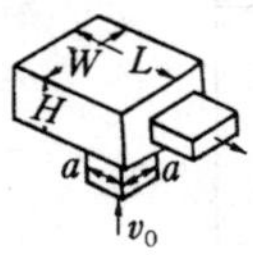	$\Delta P_T = \zeta \frac{v_1^2}{2} \rho$ 25mm 유리섬유 내장	$\zeta = 1.4 \left(\frac{a}{L}\right)^{0.83} + \left(\frac{H}{L}\right)^{-0.53}$
2	소음상자 (2방향 취출)		$\Delta P_T = \zeta \frac{v_1^2}{2} \rho$ 25mm 유리섬유 내장	Q_1방향: $\zeta = 8.2 \left(\frac{Q_1}{Q_0}\right)^n \left(\frac{a}{L}\right)^{1.94}$ Q_2방향: $\zeta = 9.2 \left(\frac{Q_2}{Q_0}\right)^m \left(\frac{a}{L}\right)^{1.00}$

a/W	0.39	0.46	0.56	a/L	0.91	0.22	0.27
n	0.31	0.91	1.23	m	0.58	0.63	0.58

<table>
<tr><th>No</th><th>명칭</th><th>형상도</th><th>계산식</th><th>국부저항계수ζ</th></tr>
<tr><td>3</td><td>소음엘보
(직각)</td><td>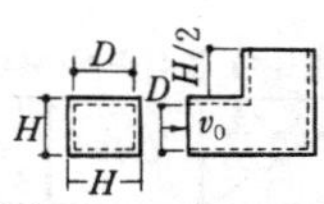
내장 : 유리섬유 면포 피복</td><td>$\Delta P_T = \zeta \frac{v_1^2}{2}\rho$</td><td><table><tr><td>ζ \ D</td><td>700</td><td>600</td><td>500</td><td>400</td><td>300</td><td>200</td></tr><tr><td>ζ</td><td>1.1</td><td>1.2</td><td>1.2</td><td>1.2</td><td>1.4</td><td>1.7</td></tr></table>이값은 내면이 비교적 평활한 마감인 경우이며 시공상태에 따라 50% 증가함</td></tr>
<tr><td>4</td><td>소음엘보
(외각엘보)</td><td>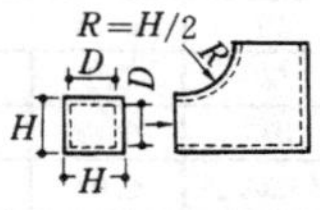
내장 : 유리섬유 면포피복</td><td>$\Delta P_T = \zeta \frac{v_1^2}{2}\rho$</td><td><table><tr><td>D</td><td>700</td><td>600</td><td>500</td><td>400</td><td>300</td><td>200</td></tr><tr><td>ζ</td><td>0.6</td><td>0.7</td><td>0.7</td><td>0.7</td><td>1.2</td><td>1.5</td></tr></table>이 값은 내면이 비교적 평활한 마감인 경우이며 시공상태에 따라 50% 증가함</td></tr>
<tr><td>5</td><td>흡음재
내장덕트</td><td>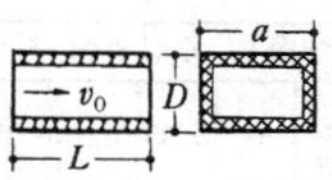</td><td>$\Delta P_T = \zeta \frac{v_1^2}{2}\rho$</td><td>암면 두께 25mm, a×b=40cm×35cm
l=0.9m의 경우 ζ : 1.06
l=0.8m의 경우 ζ : 1.20</td></tr>
<tr><td>6</td><td>흡음셀</td><td>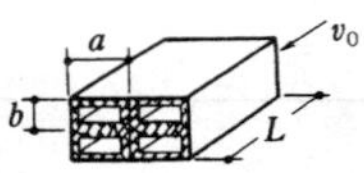</td><td>$\Delta P_T = \zeta \frac{v_1^2}{2}\rho$</td><td>암면 두께 25mm, a×b=20cm×17.5cm
l=0.9m의 경우 ζ : 2.21
l=1.8m의 경우 ζ : 3.03</td></tr>
</table>

④ 덕트 내 장애물에 의한 국부저항

7-21 덕트내 장애물에 의한 국부저항

<table>
<tr><th>No</th><th>명칭</th><th>형상도</th><th>계산식</th><th>국부저항계수ζ</th></tr>
<tr><td>1</td><td>관내상자
오리피스</td><td>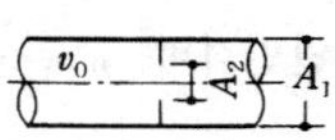</td><td>$\Delta P_T = \zeta \frac{v_1^2}{2}\rho$</td><td><table><tr><td>$A_2/A_1$</td><td>0.2</td><td>0.4</td><td>0.5</td><td>0.8</td><td>1.0</td></tr><tr><td>ζ</td><td>47.8</td><td>7.80</td><td>1.80</td><td>0.29</td><td>0</td></tr></table></td></tr>
<tr><td>2</td><td>덕트내
관통</td><td>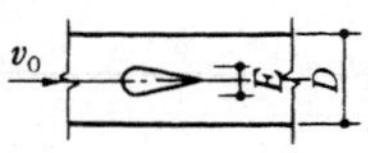</td><td>$\Delta P_T = \zeta \frac{v_1^2}{2}\rho$</td><td><table><tr><td>E/D</td><td>0.1</td><td>0.25</td><td>0.50</td></tr><tr><td>ζ</td><td>0.07</td><td>0.23</td><td>0.90</td></tr></table></td></tr>
</table>

<table>
<tr><th>No</th><th>명칭</th><th>형상도</th><th>계산식</th><th>국부저항계수ζ</th></tr>
<tr><td>3</td><td>덕트내
장애물</td><td>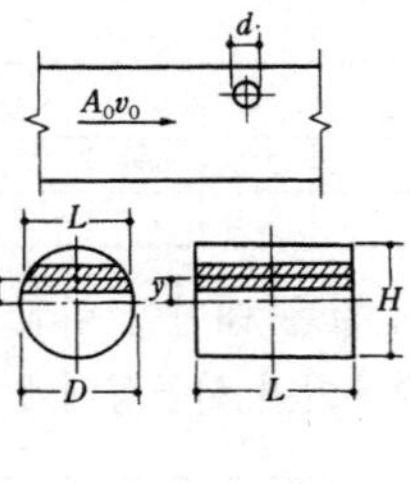
$S_m/A_0<0.3$
$S_m=d\cdot L$
$R_e=\rho\cdot d\cdot v_0/\mu$</td><td>$\Delta P_T=\zeta\frac{v_1^2}{2}\rho$
$\zeta=\zeta'\cdot K$</td><td>장애물이 중심축에 위치한 경우($y=0$) : ζ′
<table>
<tr><th>S_m/A_e \ R_e</th><th>0.05</th><th>0.10</th><th>0.15</th><th>0.20</th></tr>
<tr><td>0.1</td><td>3.9</td><td>8.4</td><td>14</td><td>19</td></tr>
<tr><td>0.5</td><td>1.5</td><td>3.2</td><td>5.2</td><td>7.1</td></tr>
<tr><td>1</td><td>0.66</td><td>1.4</td><td>2.3</td><td>3.2</td></tr>
<tr><td>5</td><td>0.30</td><td>0.64</td><td>1.1</td><td>1.4</td></tr>
<tr><td>10</td><td>0.17</td><td>0.38</td><td>0.62</td><td>0.84</td></tr>
<tr><td>50</td><td>0.1</td><td>0.22</td><td>0.38</td><td>0.5</td></tr>
<tr><td>100</td><td>0.10</td><td>0.21</td><td>0.35</td><td>0.47</td></tr>
<tr><td>$(0.5\sim200)\times10^3$</td><td>0.07</td><td>0.15</td><td>0.24</td><td>0.33</td></tr>
<tr><td>3×10^3</td><td>0.07</td><td>0.16</td><td>0.26</td><td>0.35</td></tr>
<tr><td>4×10^3</td><td>0.05</td><td>0.11</td><td>0.19</td><td>0.25</td></tr>
<tr><td>5×10^3</td><td>0.04</td><td>0.09</td><td>0.14</td><td>0.19</td></tr>
<tr><td>$(5\sim10)\times10^3$</td><td>0.02</td><td>0.05</td><td>0.07</td><td>0.10</td></tr>
</table>
장애물이 중심축에서 편심되어져 있는 경우 : K
<table>
<tr><td>y/D 또는 y/H</td><td>0</td><td>0.05</td><td>0.10</td><td>0.15</td><td>0.20</td><td>0.25</td><td>0.30</td><td>0.35</td><td>0.40</td></tr>
<tr><td>K</td><td>1.0</td><td>0.97</td><td>0.93</td><td>0.89</td><td>0.84</td><td>0.79</td><td>0.74</td><td>0.67</td><td>0.58</td></tr>
</table></td></tr>
<tr><td>4</td><td>덕트내
사각
철강통과</td><td>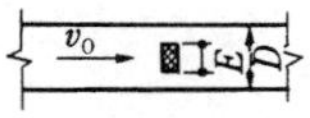</td><td>$\Delta P_T=\zeta\frac{v_1^2}{2}\rho$</td><td>
<table>
<tr><td>E/D</td><td>0.10</td><td>0.25</td><td>0.50</td></tr>
<tr><td>ζ</td><td>0.70</td><td>1.4</td><td>4.0</td></tr>
</table></td></tr>
<tr><td>5</td><td>덕트중
금속망</td><td>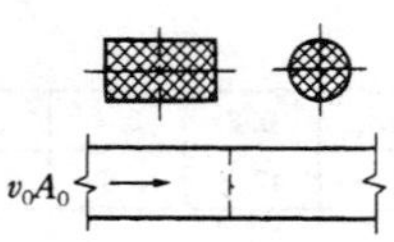</td><td>$\Delta P_T=\zeta\frac{v_1^2}{2}\rho$</td><td>
<table>
<tr><td>n</td><td>0.30</td><td>0.40</td><td>0.50</td><td>0.55</td><td>0.60</td><td>0.65</td><td>0.70</td><td>0.75</td><td>0.80</td><td>0.90</td><td>1.0</td></tr>
<tr><td>ζ</td><td>6.2</td><td>3.0</td><td>1.7</td><td>1.3</td><td>0.97</td><td>0.75</td><td>0.58</td><td>0.44</td><td>0.32</td><td>0.14</td><td>0</td></tr>
</table>
자연면적비 $n=\frac{A}{A_o}$
A : 유효면적
A_o : 덕트단면적</td></tr>
</table>

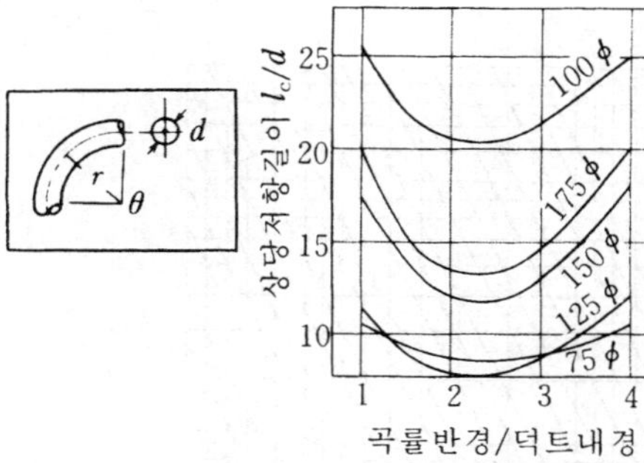

[주] $\theta=90°$ 이외에는 아래표에 의해 수정한다.

d \ θ	수정값 β 45°	90°	135°	180°
75	−1.91	0	2.30	5.70
100	−4.00	0	5.50	13.70
125	−2.00	0	2.61	5.56
150	−3.96	0	3.98	8.47
175	−4.64	0	4.46	9.48

그림 7-14 후렉시블 덕트의 상당길이

표 7-22 덕트 내 댐퍼의 국부저항 계수(ζ)

$$\frac{L}{R}=\frac{NW}{2(H+W)}$$

L : 댐퍼베인길이 합계(mm)
R : 댐퍼의 외주(mm)
N : 댐퍼베인 수
W : 댐퍼의 베인 방향의 덕트폭(mm)

베인 각도θ	장방형 버터플라이형 (1매형)	장방형 버터플라이형 (에어포일형)	다익형 평행형 L/R 0.3	0.4	0.5	0.6	0.8	1.0	1.5	다익형 대향형 L/R 0.3	0.4	0.5	0.6	0.8	1.0	1.5	원형 버터플라이형 (1매형)
0(전개)	0.04	0.50	0.52	0.52	0.52	0.52	0.52	0.52	0.52	0.52	0.52	0.52	0.52	0.52	0.52	0.52	0.20
10	0.33	0.65	0.79	0.85	0.92	0.92	0.92	1.0	1.0	0.82	0.92	1.0	1.0	1.1	1.2	1.4	0.52
20	1.2	1.6	1.4	1.5	1.5	1.5	1.5	1.6	1.6	2.1	2.2	2.3	2.3	2.4	2.7	3.2	1.5
30	3.3	4.0	2.3	2.4	2.4	2.4	2.5	2.6	2.7	4.1	5.0	5.4	6.0	6.6	7.3	9.0	4.5
40	9.0	9.4	5.0	6.0	6.0	5.4	5.4	5.4	5.4	9.0	11	13	14	18	21	28	11
50	26	24	9.0	9.0	9.0	9.0	9.0	10	10	21	28	33	38	54	65	107	29
60	70	67	14	16	18	21	22	24	28	73	100	122	148	188	245	361	108
70	-	-	32	38	45	45	55	65	102	284	332	377	411	495	547	677	-
80	-	-	166	152	188	245	284	361	576	807	915	1045	1121	1299	1521	1654	-

⑤ 국부저항 계산도

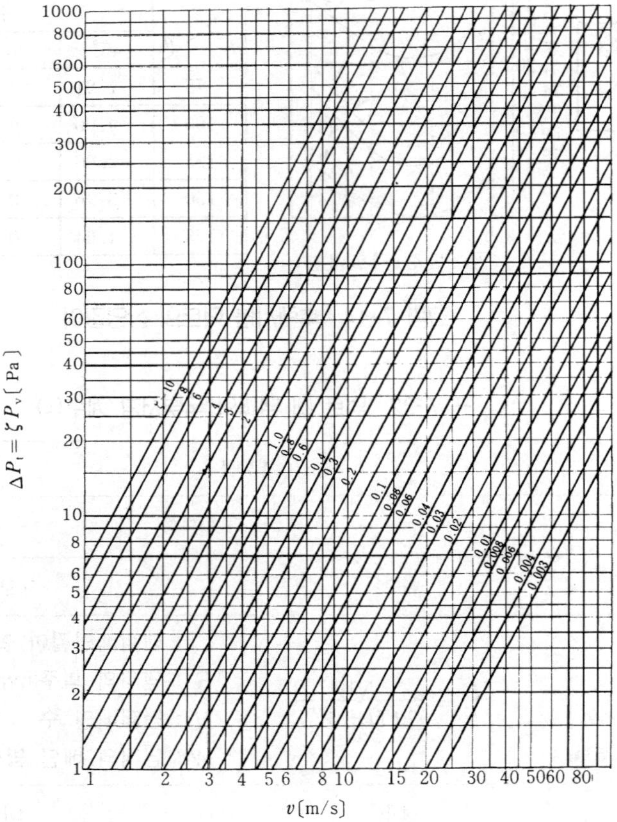

그림 7-15 국부저항 계산도

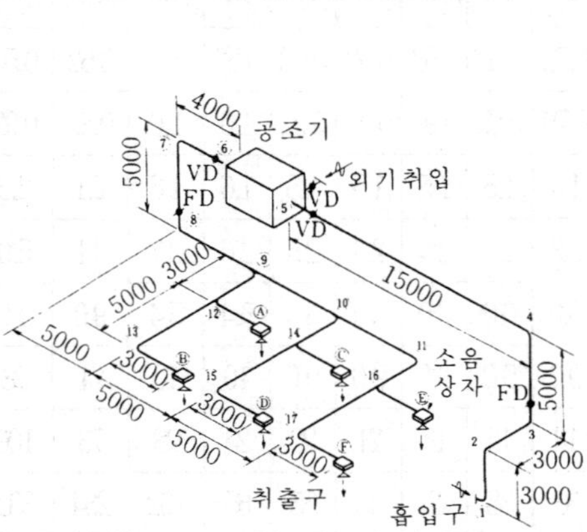

그림 7-16

예제 7-13 같은 덕트계획시 다음 조건일 때 덕트의 크기를 정하고 저항계산하여 송풍기 정압을 구하시오

① 덕트는 저속방식으로 아연도금 철판제 장방형 덕트로 한다.

② 곡면부는 내측반경 R=W(또는 H)의 90° 벤드로 하며 분지부는 같은 분할 분지로 한다.

③ 구간 번호 ⑧ 이후의 급기덕트 높이는 H=250(mm) 이내로 한다.

④ 댐퍼(VD,FD)의 국부저항 계수ζ =0.5로 한다.

⑤ 각 기기의 풍량과 압력손실(전압)은 다음에 의한다

⑥ 송풍기의 토출동압 $P_v = 7.0\,\text{Pa}$

기기	풍량[㎥/h]	압력손실[Pa]
공조기(송풍기내장)	3000	350
취출구(댐퍼부)	500×6개	45
흡입구	2100	20

풀이 ① 등압법에 의해 덕트 크기를 결정한다.

단위 마찰 손실 10Pa/m로 하여 그림 7-12에 의해 풍량과 10Pa/m에 의해 덕트 직경을 구한 다음 그림 7-13에 의해 장방형 덕트로 환산한다. 크기는 표 7-13에 의해 구한다. 결정된 덕트 크기는 표 7-23와 같다.

표 7-22 덕트크기의 결정표

구간	풍량(㎥/h)	산출덕트 직경(mm)	장방형 크기(mm)
①~⑤	2100	370	350×350
⑥~⑧	3000	420	400×400
⑧~⑨	3000	420	650×250
⑨~⑫	2000	360	450×250
⑩~⑭,⑯	1000	280	300×250
⑫~Ⓐ ⑫~Ⓐ	500	220	200×250

② 결정된 덕트 크기에 의해 저항을 계산한다.

계산은 저항이 최대가 되는 경로에 대하여 행하며 최대경로의 예측이 안 될 경우 2~3개의 경로에 대하여 계산하여 최대 값을 택한다.

③ 국부저항에 대하여는 식 7-9와 표 7-17 등에 의해 계산한다. 해당형상의 자료가 없는 경우에는 근사치로부터 구한다.

④ 직관 덕트의 길이는 엄밀하게는 국부발생 개소 전부를 계산하여야 하나 경미한 사항은 안전율 측면에서 무시하며 그림의 크기를 그대로 채용한다.

⑤ 각 경로 별 계산결과는 표 7-24에 나타냈다. 이에 의해 각 취출구에 이르기까지의 압력손실을 누계하면 표 7-25가 된다.

⑥ 급기덕트에서 각 취출구 Ⓐ-Ⓕ에서 압력손실이 가장 적은 것은 취출구 Ⓐ에 이르는 경로로서 이하 Ⓑ, Ⓔ, Ⓕ, Ⓒ의 순서로 크게 되며 Ⓓ에 이르는 경로가 가장 저항이 큰 경로가 된다.

표 7-24 덕트 압력손실 계산서

구간	명칭	형상	풍량Q (m^3/h)	크기 (mm)	단면적 A (m^2)	풍속 V (m/s)	동압 Pv (Pa)	저항계수 ζ	마찰계수 λ (Pa)	길이 l(m)	압력손실 ΔP (Pa)	비고
①	흡입구		2100								20.0	
①~②	환기덕트	직관	〃	350×350	0.12	4.86	14.5		0.8	3.0	2.4	
②	〃	벤드	〃	〃	〃	〃	〃	0.17			2.5	
②~③	〃	직관	〃	〃	〃	〃	〃		0.8	3.0	2.4	
③	〃	벤드	〃	〃	〃	〃	〃	0.17			2.5	
③	〃	FD	〃	〃	〃	〃	〃	0.50			7.3	
③~④	〃	직관	〃	〃	〃	〃	〃		0.8	5.0	4.0	
④	〃	벤드	〃	〃	〃	〃	〃	0.17			2.5	
④~⑤	〃	직관	〃	〃	〃	〃	〃		0.8	15.0	12	
⑤	〃	VD	〃	〃	〃	〃	〃	0.50			7.3	소계 6.29
	공조기		3000								350	
⑥	급기덕트	VD	3000	400×400	0.16	5.21	16.6	0.50			8.3	
⑥~⑦	〃	직관	〃	〃	〃	〃	〃		0.8	4.0	3.2	
⑦	〃	벤드	〃	〃	〃	〃	〃	0.17			2.8	
⑦~⑧	〃	직관	〃	〃	〃	〃	〃		0.8	5.0	4.0	
⑧	〃	FD	〃	〃	〃	〃	〃	0.50			8.3	
⑧	〃	변형	〃	↓				0.15			2.5	
⑧	〃	벤드	〃	650×250	0.16	5.21	16.6	0.14			2.3	
⑧~⑨	〃	직관	〃	〃	〃	〃	〃		0.9	5.0	4.5	
⑨	〃	분지(직류)	$Q_2/Q_1 = 0.33$				〃	-0.04			-0.7	
⑨	〃	분지(분류)	$A_2/A_3 = 0.67$, $A_2/A_1 = 0.46$				〃	0.32			5.3	
⑨~⑩	〃	직관	2000	450×250	0.11	5.05	15.6		1	5.0	5	
⑩	〃	분지(직류)	$Q_2/Q_1 = 0.5$				〃	0.05			0.8	
⑩	〃	분지(분류)	$A_2/A_3 = 1.0$, $A_2/A_1 = 0.67$				〃	0.52			8	

구간	명칭	형상	풍량Q (m^3/h)	크기 (mm)	단면적 A (m^2)	풍속 V (m/s)	동압 Pv (Pa)	저항 계수 ζ	마찰계수 λ (Pa)	길이 l(m)	압력손실 ΔP (Pa)	비고
⑩~⑪	〃	직관	1000	300×250	0.08	3.47	7.4		0.7	5.0	3.5	
⑪	〃	벤드	〃	〃	〃	〃	〃	0.19			1.4	
⑪~⑯	〃	직관	〃	〃	〃	〃	〃		0.7	3.0	2.1	상이한 부분에도 적용
⑯	〃	분지 (직류)	$Q_1/Q_1=0.5$				〃	0.05			4	
⑯	〃	분지 (분류)	$A_2/A_3=1.0$, $A_2/A_1=0.67$				〃	0.52			3.8	
⑯~⑰	〃	직관	500	200×250	0.05	2.78	4.7		0.6	5.0	3	
⑰	〃	벤드	〃	〃	〃	〃	〃	0.17			0.8	
⑰~Ⓕ	〃	직관	〃	〃	〃	〃	〃		0.6	3.0	1.8	
Ⓕ	소음상자		〃				〃	0.50			2.4	
Ⓕ	취출구		〃								45	

표 7-25 덕트 계통의 압력손실 집계표

환기덕트		공조기	급기덕트		덕트계의
경로	(mmAq)	(mmAq)	경로	(Pa)	전손실(Pa)
①~⑤	6.29	35.00	⑥~Ⓐ	96.3	516.7
			⑥~Ⓑ	66.7	
			⑥~Ⓒ	103.7	
			⑥~Ⓓ	103.8	
			⑥~Ⓔ	101.0	
			⑥~Ⓕ	101.4	

그러나 최고와 최대의 차는 103.8-9.63=7.5(Pa)로서 10% 이내의 차이이므로 취출구 댐퍼로 충분히 풍량 조정이 가능하다.

⑦ 덕트계의 전압손실이 10%의 여유를 고려하면 송풍기의 정압은 다음과 같다.
덕트계의 정압손실이 가장 큰 취출구 D에 이르는 경로를 택하면
송풍기 정압
=덕트계 전압 손실×1.1-송풍기 취출동압
=516.7×1.1-70≒500Pa

4) 참고사항

(1) 덕트계의 공기누설

덕트계로부터의 공기누설량은 현장가공 정밀도에 따라 크게 차이가 있으므로 계획시 정확히 추정하기가 어렵다. 일반적으로 아연 도금 철판제 장방형 덕트에서의 누설량은 스파이럴 덕트나 유리섬유 덕트에 비하여 크며 가공 정밀도에 따른 차이도 크다. 일반의 덕트계는 송풍량 10% 정도의 누설량을 고려하여 송풍량을 할증하는 경우가 일반적이나 대규모 덕트계에서는 15% 이상이 되는 경우도 종종 발생한다. 특히 배연 덕트 등의 고속 덕트의 경우에는 무시할 수 없는 양으로 소정의 풍량을 확보하지 못 할 경우도 발생하므로 대규모 시스템에서는 누설량을 점검할 필요가 있다. 좁은 틈으로부터의 공기누설량은 일반적으로 다음 식으로 표현된다.

$$Q = KP^{0.75} \quad \cdots\cdots\cdots \quad (7\text{-}14)$$

Q : 후렌지 접합부 이음부분에서의 공기 누설량[1m당](m^3/min · m)
P : 덕트 내압(정지상태의 정압)[Pa]
K : 공기 누설 계수

공기 누설 계수는 저압 덕트의 경우 k=2 고압 덕트 중 500~1000Pa 범위는 k=1, 1000~2500Pa는 k=0.5를 선택한다

또한 단열재의 유무는 누설량에 주는 영향은 적으며 다만 덕트에서의 누설량은 시공정밀도에 의해 크게 차이가 발생하는 사항에 주의한다. 에너지절약의 측면에서도 덕트의 필요부분에는 코킹재 또는 덕트용 테이프의 사용이 바람직하다.

(2) 덕트에 의한 열 손실

덕트 내에 공기가 흐를 때 덕트 내외의 온도차에 의한 열 손실이 발생한다. 그림 7-17은 덕트 표면에서의 열 손실 산정 도표로서 덕트 길이 1000m에서 내외

온도차 1℃당의 온도변화를 나타냈다. 이 그림은 장방형 덕트의 종횡비가 2의 경우로서 2이외의 경우 또는 원형 덕트의 경우에는 표 7-26의 계수 k_a를 사용한다. 실제 덕트 표면에서의 열 손실(열 취득) 이외에 덕트 내의 마찰저항에 의한 온도상승이 있다. 이는 송풍기 동력을 열 취득으로 하여 구한다.

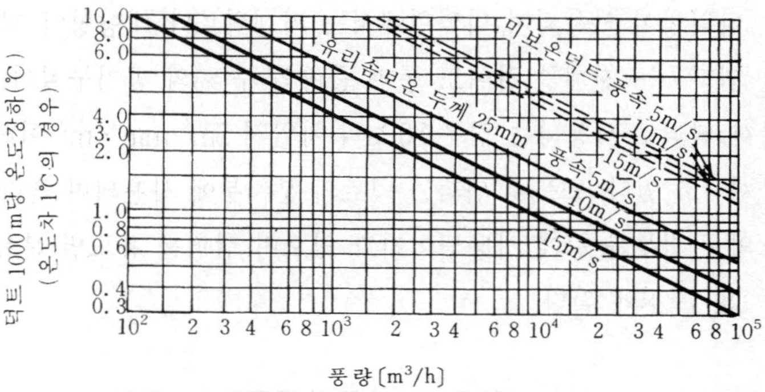

그림 7-17 덕트내 온도변화의 산정도표

표 7-26 덕트내 온도변화의 종횡비 보정계수(k_a)

종횡비 n	2	3	4	5	6	n	원형덕트
k_a	1.00	1.09	1.18	1.26	1.35	$\frac{n+1}{2.21\sqrt{n}}$	0.84

표 7-27 덕트내 온도변화의 보온재 보정계수(k_i)

재료	유리섬유				암면		스티로폼		일반
열전도율λ	0.04				0.058		0.35		
두께(mm)	20	25	40	50	20	25	20	25	-
열관류율 k_i	1.67	1.98	0.90	0.75	2.20	1.86	1.47	1.21	K
	1.04	0.86	0.57	0.48	1.38	1.16	0.91	0.75	K/1.6

〔주〕 λ(w/m · K) K(w/m² · K)

4. 댐 퍼

1) 댐퍼의 종류와 설치위치

댐퍼는 통과풍량의 조정 또는 폐쇄하기 위한 기구로서 구조는 그림 7-18에 나타낸 바와 같이 5종류로 분류된다. 소형에서는 베인이 1매인 버터플라이 댐퍼, 대형에서는 다익형이 사용되며 다익형에서는 평행형보다 대향형이 제어성이 우수하다. 이들 댐퍼류는 전폐를 하여도 통과 풍량의 수 %의 공기누설이 발생되고 있다. 다만 방화 댐퍼로 사용되는 경우 20Pa의 차압시 $5m^3/min \cdot m^2$ 이하가 되도록 법적으로 규제되고 있다. 스플릿 댐퍼는 덕트의 분지부에 사용되며 슬라이드 댐퍼는 배기 후드의 근접부분 등에 사용되어지고 있으며 댐퍼를 용도별 분류한 설치위치의 개요는 표 7-28와 같다.

표 7-28 댐퍼의 종류와 설치위치

댐퍼의 종류	주요사용목적	주요설치위치	조작방법	비고
풍량조절댐퍼 VD	·풍량조정용 ·절환운전용 ·정압조정용	·송풍기, 공조기의 토출측과 흡입측 ·분지덕트의 풍량조절 필요한 개소 ·덕트계 절환하여 사용하는 개소	수동	
모터댐퍼 MD	풍량의 자동조정용, 절환운전의 자동화 역류방지용	·외기량제어를 하는 공조기 등의 외기덕트 ·자동적으로 절환하여 사용하는 덕트 ·공동샤프트 등의 역류방지를 위해 필요한 덕트	전기식 또는 공기식	
체크댐퍼 CD	역류방지용	·공동샤프트 등에서 역류방지 필요한 개소 ·대구경에서 압력손실을 점검할때	자력식	
방화댐퍼 / 온도휴즈식 FD HFD (배연용)	화재가 덕트를 통하여 다른 공간으로 이동하는 것을 방지함	·방화구획을 관통하는 덕트 ·연소의 우려가 있는 부분이 있는 외벽 개구부 ·주방용 배기덕트로서 화기를 사용하는 후드의 부근	덕트 내 기류가 72℃ 이상이되면 휴즈가 녹아 자동적으로 댐퍼가 폐쇄됨 (HFD는 280℃)	

댐퍼의 종류		주요사용목적	주요설치위치	조작방법	비고
방화댐퍼	연감지기 연동식 SD	화재시 연기가 덕트를 통하여 상층부로 확산하는 것을 방지함. FD와 겸용하는 경우 SFD로 함	2이상의 층에 걸쳐있는 덕트의 방화구획 관통개소로 다음의 부분 ① 관통덕트가 슬래브를 관통하는 개소 ② 샤프트 내의 관통덕트에 가지덕트가 접속하는 경우 ③ 수직 방화구획을 관통하는 덕트	연감지기에 의한 신호로 댐퍼를 전기식 또는 공기식으로 폐쇄함. 열감지기에 의한 신호로 댐퍼를 전기식 또는 공기식으로 폐쇄함	
	열감지기 연동식 HFD	화재가 덕트를 통하여 다른 공간으로 전달연소하는 것을 방지함	· 방화구획을 관통하는 덕트 · 연소의 우려가 있는 부분에 있는 외벽개구부	열감지기에 의한 신호로 댐퍼를 전기식 또는 공기식으로 폐쇄함	
가스압작동댐퍼 GD		할로겐가스 소화 또는 탄산가스 소화를 하는 공간에 소화시 덕트를 통하여 소화용 가스가 누설 소화작용이 저하하는 것은 방지	할로겐가스 소화 또는 탄산가스 소화를 하는 공간(전산실,전기실, 통신실, 주차장, 원면창고, 고무류 저장소 등)	감지기 연동원격 조작 또는 수동으로 소화용 가스용기를 개방할 때 가스압으로 댐퍼가 폐쇄됨	

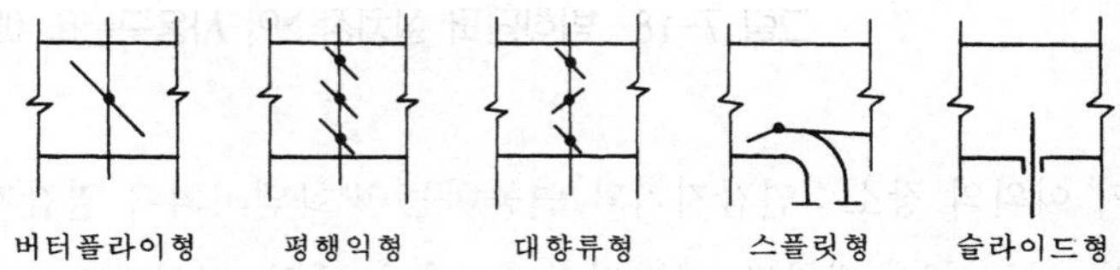

그림 7-18 댐퍼의 분류

2) 방화 댐퍼의 설치장소와 사용구분

화재시 연기가 상층부로의 확산을 방지하기 위하여 방화구획을 통과하는 덕트에 설치하는 방화 댐퍼의 종류와 사용구분은 다음과 같은 기준이 있다.

① 덕트에 2 이상의 층에 걸쳐서 덕트 공간을 관통하는 경우 : 열감지기와 연동하

는 방화댐퍼 또는 방연댐퍼를 설치하여야 한다.

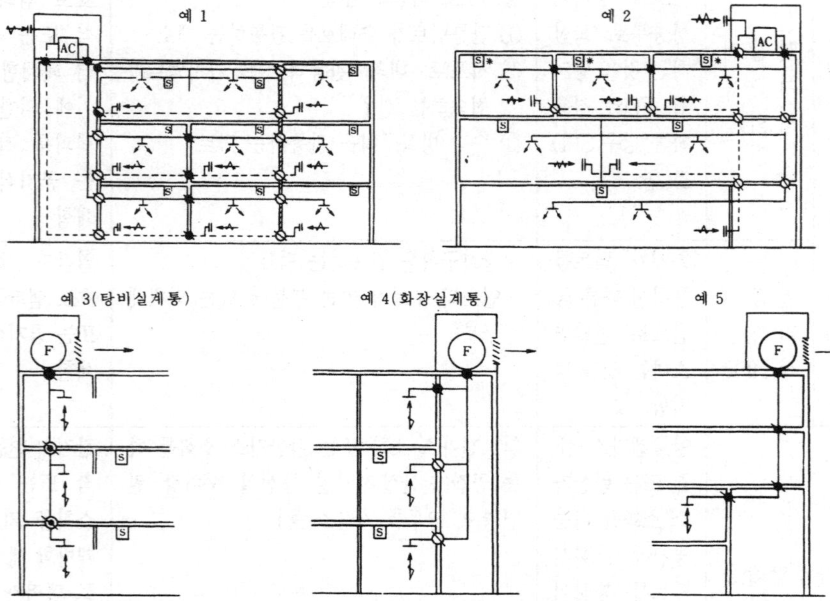

주) 피난상, 방화상 지장이 없는 경우 SFD를 SD 또는 FD로 할 수 있다.

SFD SD FD	S* 공조기가 연감지기 연동운전제어시 설치불필요
SD	AC 공조기
FD	Ⓕ 배풍기 또는 급기팬
SD(공조기 가연감지기 연동 운전장치 부착되어져 있는 경우 FD)	═ 내화구조 등의 방화구획
S 연감지기	▨ 이종용도구획

그림 7-18 방화댐퍼 설치장소와 사용구분의 예

② 상기 이외의 장소 : 연감지기와 연동하는 방화댐퍼외에 열감지기 또는 온도 휴즈와 연동하는 댐퍼도 바람직하다. 이에 대한 설치장소와 사용구분은 그림 7-18에 예를 열거하였다.

5. 변풍량 유닛(VAV), 정풍량 유닛(CAV)

1) 선정 순서

최근 에너지절약과 정밀한 제어의 필요성에 의해 VAV와 CAV 유닛의 채용이 증가되고 있으며 이들 유닛의 선정 순서는 그림 7-19와 같다.

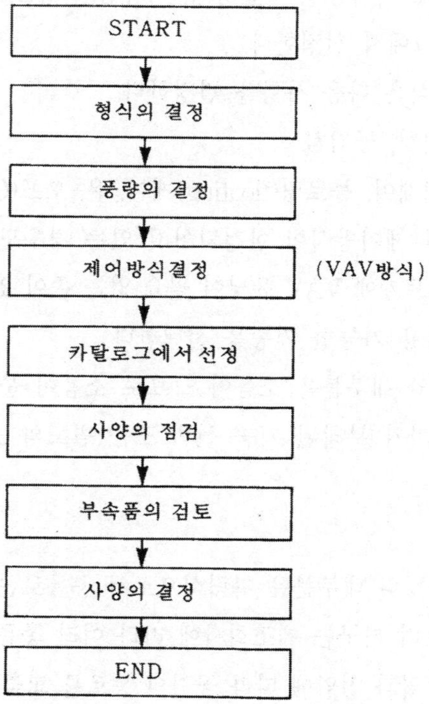

그림 7-19 VAV 유닛, CAV 유닛의 선정 순서

2) 선정요령

(1) VAV 유닛

① VAV 유닛은 표 7-29과 같은 형식과 종류가 있으며 목적한 시스템의 기능에 적합한 기종을 선택한다.

② 취출구와 유닛의 관계는 양자가 일체가 된 터미널 유닛형과 별개로 된 덕트 라인형이 있으므로 용도에 따라 선택한다.

③ 교축형은 입구 정압에 따라 저압형, 중압형, 고압형이 있으며 또한 전폐 가능한 폐쇄형과 최소 풍량 설정 가능한 밀폐형이 있으므로 목적에 적합하도록 선택한다.

④ 모델 기종에 따라 최대풍량, 최소작동압력, 최대허용압력 등이 결정되어져 있으므로 처리풍량 작동압력, 허용압력 등으로부터 적절한 용량의 기종을 카탈로그에서 선정한다.

⑤ 제어방식은 다음 사항을 결정한다.

㉮ 전기식, 공기식

㉯ 비례제어, 플로팅(floating)제어, 온-오프(ON-OFF)제어 등 제조회사에 따라 제어방식이 한정되어져 있는 경우도 있다.

⑥ 동일 덕트계에 VAV 유닛이 필요 없는 존이 있는 경우 교축형 CAV 유닛으로도 사용 가능한 기종을 선택한다.

⑦ 교축형의 대부분은 소음이 크므로 소음이 문제가 될 우려가 있는 장소는 소음상자가 부착된 기종 선택 또는 별도의 소음방지 방법을 고려한다.

(2) CAV 유닛

① CAV유닛의 대부분은 자력식으로서 종류로는 스프링 이용식, 벨로즈식 등이 있으며 기구는 제조회사에 따라 여러 종류가 있다. 기본적인 구조는 입구의 풍압과 정압에 따라 공기의 통로를 교축하여 정풍량을 확보하도록 한다. 교축형 VAV의 대부분은 CAV유닛으로도 사용한다.

② 형식에는 저압형, 중압형, 고압형 등이 있으며 각기 최소 작동 압력이 다르므로 목적에 적합한 기종을 사용한다. (저압형 50~100Pa, 고·중압형 150~250Pa 정도)

③ 모델에 따라 풍량범위, 압력조건 등이 결정되어져 있으므로 처리 풍량과 압력 조건에 따라 적절한 기종을 선정한다.

④ CAV유닛의 허용압력은 일반적으로 저압형의 경우 300~750Pa, 중·고압

형의 경우 700~15000Pa 정도이나 제조회사에 따라 다르므로 주의를 하여야 한다.

⑤ CAV유닛은 과대한 압력이 걸리면 발생소음도 크므로 덕트 배치시 고려하여야 한다.

⑥ 허용소음이 낮은 실을 대상으로 하는 경우와 과대한 압력이 걸리는 경우는 소음 상자에 부착된 기종을 채용하거나 별도의 소음 방법을 강구한다.

표 7-29 VAV 유닛의 종류와 특징

<table>
<tr><th colspan="2" rowspan="2">종류형식</th><th colspan="2">바이패스형</th><th colspan="2">교축형</th></tr>
<tr><th>기계식</th><th>유체소자 식</th><th>스프링 내장식</th><th>벨로즈식</th></tr>
<tr><td colspan="2">개략 구조</td><td>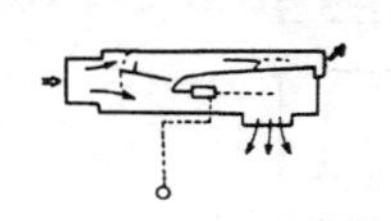</td><td>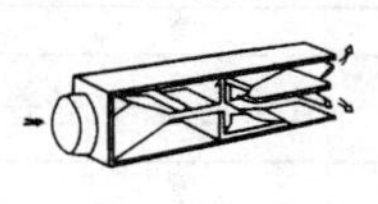</td><td>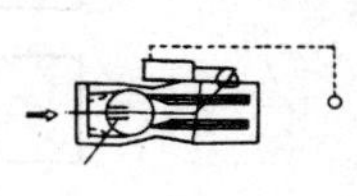</td><td>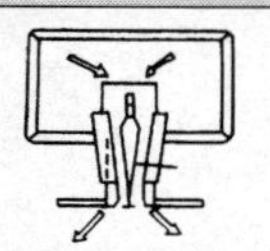</td></tr>
<tr><td rowspan="8">특징</td><td>소음</td><td colspan="2">· 부하변동하여도 덕트 내압이 일정하므로 유닛 발생 소음이 적음</td><td colspan="2">· 교축구조이므로 바이패스형에 비하여 발생소음이 큼</td></tr>
<tr><td>압력손실
에너지절약</td><td colspan="2">· 압력손실이 적으며 송풍기 제어가 불필요하며 동력절감이 안 됨</td><td colspan="2">· 압력손실은 크나 송풍기 제어에 의해 동력 절감이 가능함</td></tr>
<tr><td>제어성
범용성</td><td colspan="2">· 자기정압 조정이 안되므로 CAV유닛으로서 사용이 어려움</td><td colspan="2">· 자기 정압조정기를 보유하고 있는 기종이 많으며 제어성이 좋고 CAV유닛으로서도 사용가능함.</td></tr>
<tr><td>공기분포</td><td colspan="2">· 유체소자식은 저풍량이 되어도 공기분포가 흩어지지 않음</td><td colspan="2">· 저풍량시 공기분포가 흩어짐</td></tr>
<tr><td>최소풍량</td><td colspan="2">· 최소풍량 설정이 안 됨</td><td colspan="2">· 반밀폐형 사용시 최소풍량확보 가능</td></tr>
<tr><td>최소정압</td><td colspan="2">· 최소정압 불필요</td><td colspan="2">· 최소정압 필요</td></tr>
<tr><td>덕트
공사비</td><td colspan="2">· 직접 리턴 덕트에 바이패스시키는 경우 덕트공사비가 비싸짐</td><td colspan="2">· 바이패스형에 비하여 덕트 공사비가 저렴함</td></tr>
<tr><td>적용분야</td><td colspan="2">· 패키지 등 기기측에 정풍량 확보할 필요가 있는 경우 적합
· 일반 대형 설비는 적합치 않음</td><td colspan="2">· 설비의 대소에 관계없이 사용가능
· 패키지 등을 사용하는 경우 시스템상 특별한 배려가 필요함</td></tr>
</table>

6. 송풍기의 선정

1) 선정순서

송풍기 선정순서는 그림 7-20에 의한다.

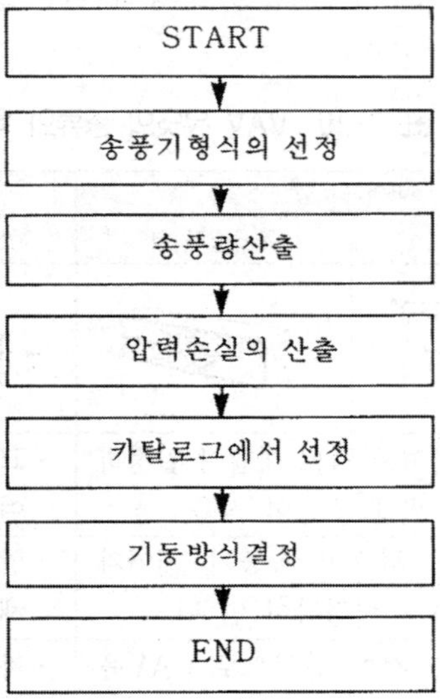

그림 7-20 송풍기 선정순서 FLOW

2) 선정요령

① 송풍기는 표 7-31과 같이 여러 종류가 있으며 각기 사용조건에 따라 적절한 기종을 선택한다.

② 송풍기 풍량은 송풍계통에 필요한 송풍량의 총계로 하며 덕트에서의 누설과 기타 손실을 고려하여 필요에 따라 5~10% 정도 여유를 두어 결정한다.

③ 송풍기의 필요 정압은 3절의 「덕트의 설계」 요령에 의해 덕트계의 전압손실의 계산결과를 기초로 하여 다음과 같이 산출하며 일반적으로 10% 정도 할증한다.

$$P_t = (P_1 + P_2 + P_3) \times 1.1 \quad \cdots\cdots (7\text{-}15)$$

P_t : 송풍기전압[Pa]

P_1 : 흡입측 덕트계의 전압 손실[Pa]

P_2 : 토출측 덕트계의 전압 손실[Pa]

P_3 : 공조기류의 전압 손실[Pa]

$$P_s = P_t - P_v \cdots\cdots (7\text{-}16)$$

P_s : 송풍기 정압[Pa]

P_v : 송풍기 토출구의 동압[Pa]

$$\frac{v_D^{\ 2}}{2}\rho \fallingdotseq 0.06 \times v_D^{\ 2}$$

다익 송풍기의 경우 그림 7-21에 나타냈다.

v_D : 송풍기의 토출구 풍속

④ 표 7-32에 기기류저항의 개략치를 나타냈다. 다만 이는 개략계산을 위한 것으로 최종적으로는 카탈로그와 기술자료에 의해 구하여야 한다.

⑤ 위에 의해 구한 풍량, 정압, 사용목적, 허용소음 등의 조건으로 그림 7-22, 7-23 또는 카탈로그에 의해 송풍기의 기종을 선정한다. 기종 선정시에는 사용점 효율이 가장 높은 기종을 선정하는 것이 바람직하다.

⑥ 소요 축 동력의 산출식은 다음과 같다.

$$W = \frac{Q_H \times P_t}{\eta_t \times 3600} \cdots\cdots (7\text{-}17)$$

W : 송풍기 축동력[W]

Q_H : 풍량[m³/h]

Q : 풍량[m³/min]

P_t : 전압[Pa]

η_t : 전압효율(그림 7-24)

전동기출력은 위의 축동력의 10~20% 여유를 두어 선정하며 실제에 있어서는 카탈로그에 의해 선정한다.

⑦ 전동기 기동방식은 표 7-33, 극수 P의 결정은 그림 7-25, 설치장소에 의한 보호형식은 표 7-35를 참고하여 선정한다. 다만, 표준사양서 등에 규정되어져 있는 경우 이에 의한다.

⑧ 주방, 욕실 등의 배기용 또는 외기 도입용 송풍기는 필요에 따라 케이싱에 드레인 빼기를 설치한다.

⑨ 흡입공기 온도가 상온보다 높은 경우(제조회사는 20℃ 기준으로 작성) 환산하여 선정하여야 한다.

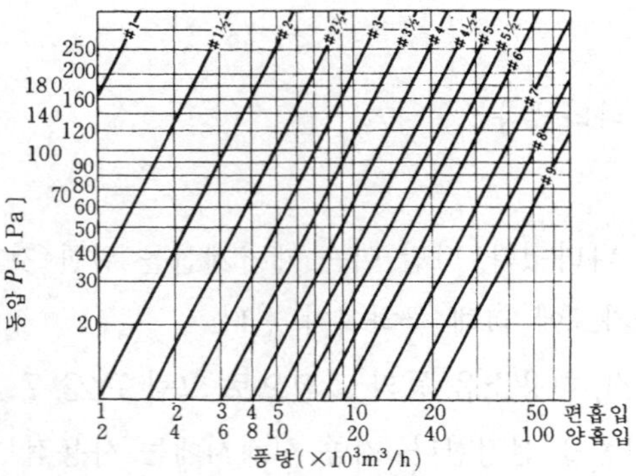

그림 7-21 다익송풍기의 취출시 동압

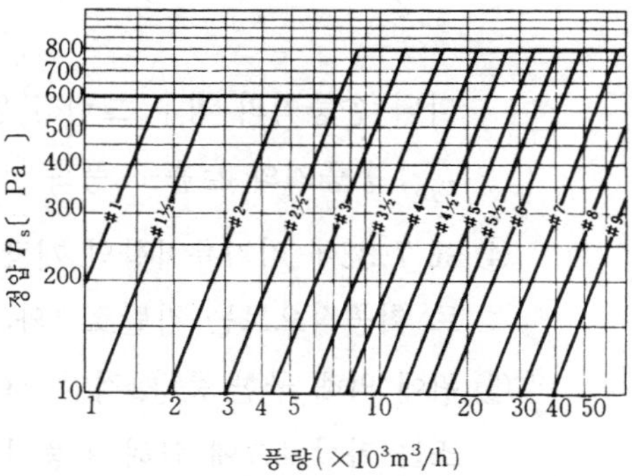

그림 7-22 다익송풍기(양흡입형)의 송풍기번호 선정

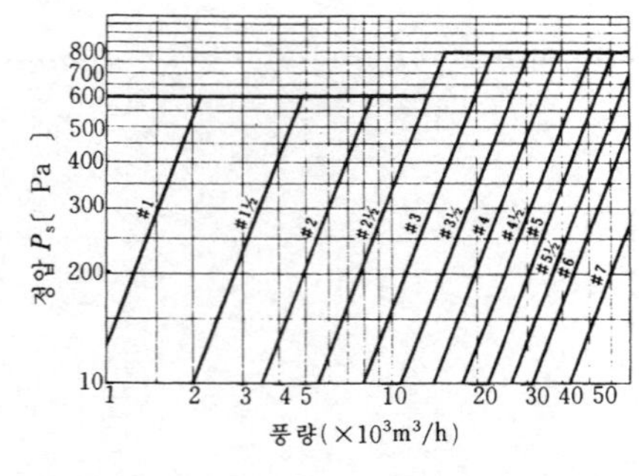

그림 7-23 다익송풍기(편입형)의 송풍기번호 선정도

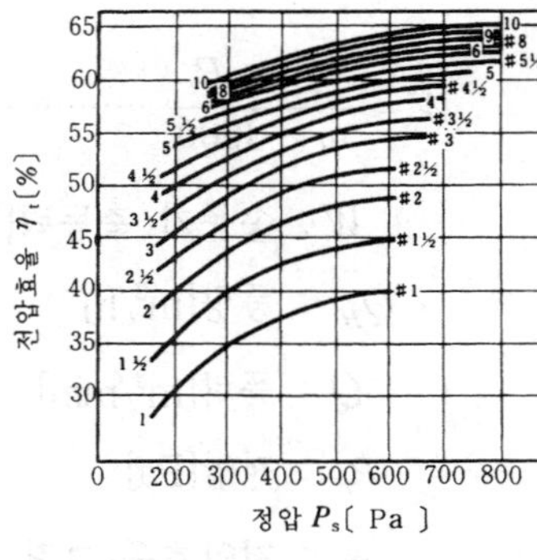

그림 7-24 다익송풍기의 전압효율

표 7-30 송풍기의 종류와 특성

종류	원심송풍기					사류 송풍기	축류 송풍기			횡형 송풍기
	다익 송풍기	리미트로드 송풍기	터보 송풍기	익형 송풍기	관류 송풍기		프로펠러형	튜브형	베인형	
임펠러와 케이싱					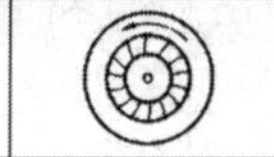	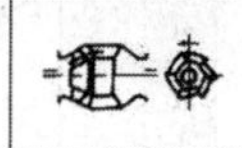		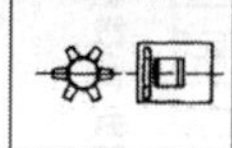	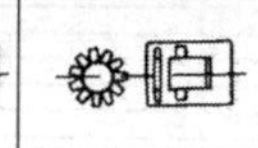	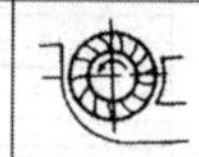
특성곡선	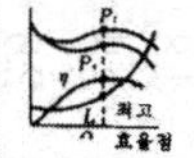	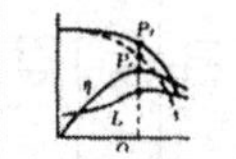	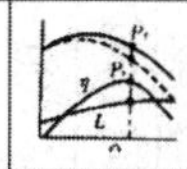	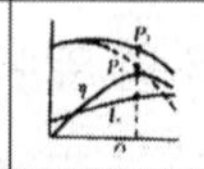	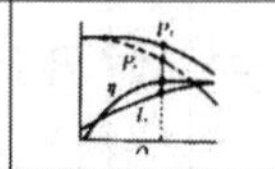	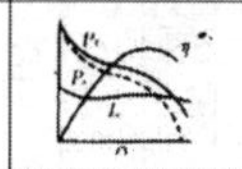	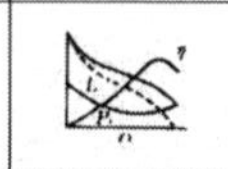	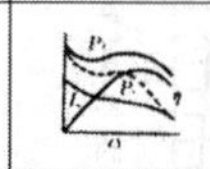	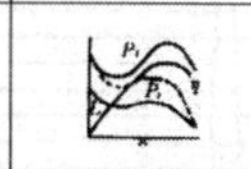	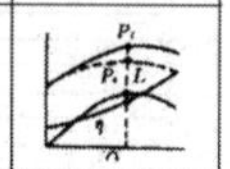
풍량 [㎥/min]	10~2000	20~3200	60~900	30~2500	20~50	10~300	20~500	500~5000	40~2000	3~20
정압 [mmAq]	10~125	10~150	125~250	125~250	10~50	10~30	0~10	5~15	10~80	0~8
효율(%)	45~60	50~65	75~85	75~85	40~50	65~75	10~50	55~65	75~85	40~50
비소음 [dB]	40	45	40	35	45	35	40	45	45	30
특징	풍압변화에 의한 풍량과 동력변화는 비교적 크다	풍압변화에 의한 풍량변화가 적고, 동력변화도 고효율점 부근에서는 적다.	풍압변화에 의한 풍량변화는 비교적 크다. 동력변화도 크다	좌동	압력상승이 크다. 압력변화는 골이 없는 우측 아래부분 흐름의 손실이 크고 효율은 나쁘다.	축류송풍기와 유사하지만 압력곡선의 골은 얕다. 동력곡선은 전체적으로 평탄하다.	최고효율점은 자유송출 주변에 있다. 압력변화에 골은 없다	송출공기는 환상으로 회전성분을 갖고 있다.	압력에 골이 있으며, 그 좌측에서의 운전은 불가, 송출공기의 회전성분은 적다	임페러의 지름이 작어도 효율의 저하는 적다
용도	저속덕트 공조용 각종공조용 급배기용	저속덕트 공조용(중규모 이상)공장환기용	고속덕트 공조용	좌동	옥상환기팬	국소통풍	환기팬 소형 냉각탑, 유닛히터, 저압, 대풍량	국소통풍, 대형냉각탑, 중압, 대풍량	국소통풍 터널환기, 일반공조, 고압, 저풍량	팬코일 유닛, 에어커튼

주) 1. 이 일람표는 편흡입을 기준으로 하고 있다.
2. 각기의 값은 대체로 표준이다.
3. 비소음이란 풍압 1mmAq에서 1㎥/s를 송풍하는 송풍기의 소음치로 환산한 것임.

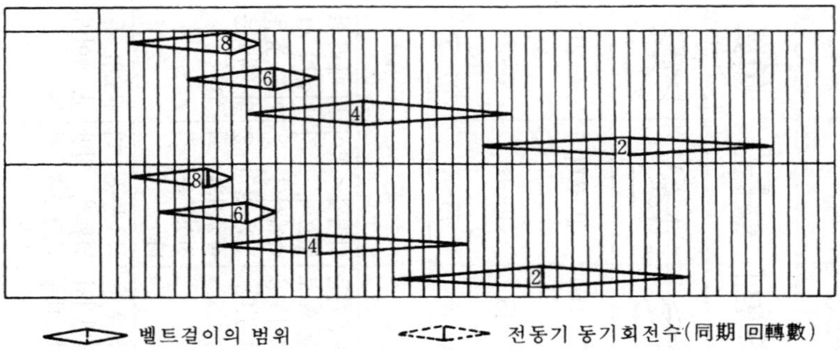

그림 7-25 전동기 극수

표 7-31 기기류의 저항개략치(Δ P_s)

종류	명칭		개략 저항치			
취출구 흡입구 개러리 등		$V[m/s]$	3.0	3.5	4.0	4.5
	아네모형(셔터없음)	$\Delta Ps[Pa]$	12	16	21	30
	아네모형(셔터있음)	〃	32	41	51	65
		$V[m/s]$	2.0	3.0	3.5	4.0
	라인형(전개)	$\Delta Ps[Pa]$	9	20	29	37
	VHS형(개구율 65%)	〃	8	18	25	33
	스로트형(셔터전개)	〃	7	17	21	28
	외기도입개러리(개구율 35%)	〃	17	39	52	69
	배기개러리(개구율 35%)	〃	11	25	33	44
			125ø	150ø	200ø	
	벤드캡(보급형)	$\Delta Ps[Pa]$	20	20	50	
	벤드캡(후드부착)	〃	20	20	20	
댐퍼류		$V[m/s]$	2.0	4.0	8.0	12
	VD, MD, FD, SFD	$\Delta Ps[Pa]$	1.2	4.8	19.2	43.1
	버터플라이댐퍼(원형)	〃	0.5	1.8	7.4	16.6
	버터플라이댐퍼(장방형)	〃	10	3.8	15.4	34.6
	체크댐퍼(1매형)	〃	0.7	2.6	10.4	23.4
	체크댐퍼(2매형)	〃	1.1	4.1	16.5	37.2

종류	명칭		개략 저항치			
공기조화기류		$V[m/s]$	2.0	2.5	3.0	3.5
	냉수코일(습윤시) 4열	$\Delta Ps[Pa]$	56	80	105	135
	냉수코일(습윤시) 6열	〃	83	120	160	205
	냉수코일(습윤시) 8열	〃	110	160	210	270
	온수코일(건조시) 2열	〃	19	27	38	50
	온수코일(건조시) 4열	〃	37	54	75	100
	엘리미네이터	〃	44	67	95	130
	혼합상자	〃	30	30	50	50
		$V[m/s]$	1.0	1.5	2.0	2.5
	패널형필터(AFI 85%)	$\Delta Ps[Pa]$	1.25	2.5	4.3	5.6
	자동귀취형필터(AFI 85%)	〃	1.4	2.1	3.9	3.6
	정전식필터(AFI 85%)	〃	2.5	3.1	3.8	4.3
	중성능필터(AFI 90%)	〃	1.3	2	2.7	3.3
	그리스필터	〃	60	130	-	-
	전열교환기	ΔPs [Pa]	40	67	95	125

[주] 1) 코일피치 2.75mm, 필터 ΔPs 초기/최종

표 7-32 송풍기용 전동기의 종류와 기동방식

전원전압 (3상)	전동기의 종류	0.2	0.4	0.75	1.5	2.2	3.7	5.5	7.5	11	15	22	30	37	45	55	75	110	132	160	200
		출력(kW)																			
200V급	보통농형				LS																
	특수농형								LS			λ~Δ									
	권선형																				
440V급	보통농형				LS																
	특수농형											LS						λ~Δ			
	권선형															R					

[주] 1) LS : 직입기동, λ~Δ : 스타델타, R : 2차 저항기 기동
2) 진상 콘덴서 사용시 직입기동 범위가 넓어지는 경우도 있음

표 7-33 풍량조절 방식의 비교

	제어범위	에너지절약효과	보수관리	경제성
토출댐퍼	×	×	◎	◎
스크롤댐퍼	○	×	◎	◎
흡입베인	○	○	○	△
극수변환모터	○	○	○	×
인버터	◎	◎	△	○

◎ : 대단히 우수 ○ : 우수 △ : 보통 × : 불량

표 7-34 전동기 설치장소와 보호형식

설 치 장 소	보 호 형 식
옥내(일반)	방적보호형
물방울의 피해 우려있는 장소	방적방지형
물방울, 습기 많은 장소	전폐외선형
분진이 많은 장소	전폐방진형
부식성 가스가 있는 장소	전폐방식형
폭발우려가 있는 장소	전폐방폭형
옥외	전폐옥외형

3) 참고사항

(1) 다익송풍기의 송풍기번호 선정

공조설비에서 가장 많이 사용되고 있는 다익형 송풍기는 임펠러 직경의 크기에 따라 이 번호는 다음 식에 의해 구한다.

$$\text{송풍기번호} = \frac{\text{임펠러직경 (mm)}}{150\,\text{mm}}$$

예제 7-4 풍량 10,000/h, 정압 300Pa의 편흡입형 다익송풍기를 선정하시오

풀이 그림 7-22 선정도에 의하면 번호는 $3\frac{1}{2}$로 된다.
소요축동력은 식 7-17에 의해 송풍기 토출구 동압은 그림 7-21에 의해

$P_v = 110$ Pa이므로

전압 $P_t = P_v + P_s = 110 + 300 =$ ø10 Pa

전압효율은 그림 7-24에 의해 η≒ (%)

소요축동력 $W = \dfrac{10000 \times 410}{0.53 \times 3600} ≒ 2.15\,\text{kW}$

소요전동기는 10~20% 이상 여유를 두어 3.7kW를 선정한다. 따라서 송풍기 사양은 다음과 같다

#3½편흡입 다익형×10,000m³/h×300Pa×3.7kW

(2) 송풍기 상이 법칙

동일송풍기 또는 동일형상으로 크기가 다른 유사송풍기에서 풍량, 회전수. 축동력, 정압, 송풍기의 크기(임펠러의 직경) 소음치의 임의의 2자간의 변화가 그다지 크지 않은 범위에서는 다음 식에 표시되어진 상이 법칙이 성립된다. 이에 따라 회전수 송풍기번호 등이 변하는 경우의 풍량, 압력, 소음치의 변화량을 알 수 있다. 또한 다른 테스트 자료에 의해 다른 풍량, 압력으로 하고자 할 때 회전수와 그 외의 소음치 등을 구할 수 있다.

$$Q_2 = Q_1 \times \left(\frac{d_2}{d_1}\right)^3 \times \left(\frac{n_2}{n_1}\right) \quad \cdots\cdots (7\text{-}19)$$

$$P_2 = P_1 \times \left(\frac{d_2}{d_1}\right)^2 \times \left(\frac{n_2}{n_1}\right)^2 \times \frac{\rho_2}{\rho_1} \quad \cdots\cdots (7\text{-}20)$$

$$W_2 = W_1 \times \left(\frac{d_2}{d_1}\right)^5 \times \left(\frac{n_2}{n_1}\right)^3 \quad \cdots\cdots (7\text{-}21)$$

$$L_2 = L_1 70\log_{10}\frac{d_2}{d_1} + 50\log_{10}\frac{n_2}{n_1} + 210\log_{10}\frac{\rho_2}{\rho_1}$$

Q : 풍량

P : 압력(전압 또는 정압)

W: 축동력

L : 소음치(파워레벨)

d : 송풍기의 크기(임펠러 직경)

n : 회전수

ρ : 밀도

(3) 풍량의 조절

최근 에너지절약의 개념에서 풍량 제어가 중요시되고 있다. 송풍기의 풍량조절은 댐퍼에 의한 방법(토출측 또는 흡입측), 흡입구베인에 의한 방법, 가변속 전동기에 의한 회전수 제어방법 등이 있으며 이의 특성은 표 7-33에 나타냈다. 댐퍼에 의한 방법은 가장 간편하나 제어성이 좋지 않으며 회전수 제어에 의한 방법은 제어성이 우수해 많이 채용되고 있다. 표 7-34은 각종 속도제어방식의 비교를 나타냈다. 축류 송풍기에서는 이외에 가변피치 제어방법이 있으며 속도제어와 유사한 에너지절약 효과가 있다.

표 7-35 풍량제어 방식의 비교

속도제어 방식	제어방식	특 징	제어범위	50% 부하시 소비전력(%)
전자카프링 제어	전자카프링의 자기코일의 전류율을 변화시켜 변속함	· 접촉부가 없어 보수, 점검이 용이함 · 제어성(응답성)이 좋음 · 속도 변동이 적음	10~100	40
극수변환	상자형 유도전동기의 극수를 전자접촉기의 절환에 의해 변환한다	· 속도변화가 스텝상태로 됨 · 특수한 부속설비가 불필요하며 간단함 · 저빈도의 기동에 적합함	50 66.7 (8p) (6p) 100 (4p)	30~60
2차 저항제어	권선형유도전동기의 회전자측에 가변저항기를 넣어 2차 전류를 변화시켜 속도를 제어한다	· 조작이 간편하며 비교적 저렴함 · 감속분의 2차 전력이 열손실이 되어 효율이 불량함 · 시동정지의 빈도가 많은 부하에 적합함	50~100	40

속도제어 방식	제어방식	특 징	제어범위	50%부하시 소비전력(%)
1차 전압제어	상자형유도전동기의 축 토오크는 1차 전압의 2승에 비례하므로 과포화 리액터 사이리스터 등을 변화시킴	· 소형모터에 적합함 · 시스템이 간단하여 비용이 저렴함 · 회전자의 열손실이 많으며 효율이 나쁨	10~100	40
정지셀비우스 제어	권선형유도전동기의 2차 전력을 정류하여 인버터에 의해 제어진행각도를 조정하여 2차 자기력 제어를 한다	· 2차 전력을 전원측에 반환가능하므로 운전효율이 대단히 높음 · 무단계, 광범위, 고정밀도의 속도제어가 가능 · 제어장치가 정지기로 구성되어져 있어 마모부분이 없고 보수가 용이함	10~100	80
가변전압 가변주파수 제어 (VVVF)	사이리스터 인버터에 의해 V/F를 일정 비율로 제어한 전원을 모터에 주어 속도제어를 한다	· 무단계, 광범위, 고정밀도의 속도제어가 가능 · 제어장치가 정지기로 구성되어져 있으므로 보수가 용이함 · V/F 제어를 하기 위하여 쇼크레스 스타트가 가능하며 ON-OFF 제어에도 최적임	10~100	80

8 배관계의 설계

1. 배관설계의 기초
2. 냉온수 배관의 설계
3. 펌프의 선정
4. 증기배관의 설계
5. 냉매배관

제 8 장 배관계의 설계

1.배관설계의 기초

1) 배관계의 설계순서

공조설비에 이용되는 액체, 기체 등의 유체는 다음과 같은 종류가 있다.

① 냉수, 온수

② 수증기, 응축수

③ 냉매(액, 가스)

④ 액체연료(등유, 경유, 중유 등)

⑤ 기체연료(도시가스, LPG, LNG 등)

⑥ 공기

⑦ 연소가스

위의 유체운반을 위한 배관설계의 기본원칙, 설계순서는 유체의 종류와 관계없이 거의 유사하며 본장에서는 냉수, 온수, 증기, 냉매의 배관시스템에 대하여 주로 기술하였다. 배관계의 설계 순서는 운송유체의 종류에 따라 상세부분은 약간 차이가 있으나 대부분 그림 8-1의 순서에 의한다. 배관계의 설계시에는 공조기와 팬코일 유닛 등의 유체를 이용하는 말단기기와 냉동기, 펌프 등의 열원기기를 건물 내 배치한 후 건물의 방위, 사용시간, 용도 등 기타 여러 사항을 검토하여 조닝을 한 다음 건물의 내용에 적합한 직접환수식 또는 역환수식(reverse return) 등의 배관방식을 결정하여 기기간에 가장 합리적이고 경제적인 배관 경로를 정한다. 배관경로는 각 기기류 사이를 최대한 짧게 연결하여야 하며 다른 설비의 배관 등과 덕트의 경로에 대하여도 충분히 검토하여 상호 간섭하지 않도록 한다. 배관경로 결정 후 필요한 밸브류, 관이음쇠 등의 형식, 수량, 위치 등을 결정하고 경로 전체에 허용되는 총 압력 손실 또는 배관 단위 길이 당 마찰손실과 배관 각부의 유량에 의해 마찰저항선도 또는 표에 의해 관경을 결정한다. 관경 결정시에는 과대한 유속에 의한 소음, 진동, 마모의 발생, 지나치게 높은 펌프의 양정과 펌프동력 등의 장애가 발생하지 않도록 관내유속과 단위마찰손실이 허용범위 내 적절한 값이 되도록 조정하여야 한다. 일반적으로 수배관계에서는 단위마찰손실에 의해 관경을 구하며 실제높이에 배관계 전체에 대한 저항치를 더하여 펌프의 양정을 구하는 것이 일반적이나 증기배관, 냉매배 관계에서는 배관계 전체의 총압력 손실을 최초에 정한 후 이 값을 배관의 가장 먼 곳의 2배정도 길이를 나눈 값으로 단위 마찰 손실을 구하여 관경을 결정하므로 최종적으로 그 결과가 총압력 손실이 최초에 결정된 값 이내 여부를 확인하여 설계한다.

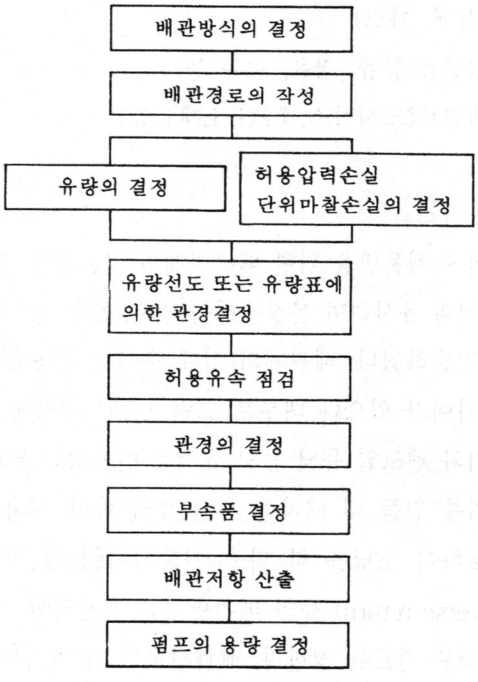

그림 8-1 배관의 설계순서

2) 베르누이 정리와 압력의 단위

비 압축성 비점성 이상 유체의 정상 흐름에 대하여 다음의 베르누이식이 성립한다.

$$\frac{P}{\rho}+\frac{v^2}{2}+gZ=E(\text{일정}) \cdots\cdots (8\text{-}1)$$

또는 $\frac{P}{\gamma}+\frac{v^2}{2g}+z=H(\text{일정})$

P : 압력[J/kg]

v : 유속[m/s]

Z : 기준면으로부터의 높이[m]

γ : 유체의 비중량[kgf/m³]

g : 중력 가속도=9.8[m/s²]

ρ : 밀도[kg/m³]

위식 중 $\frac{P}{\rho}$는 압력에너지, $\frac{v^2}{2}$은 속도에너지, gZ는 위치에너지, H를 전체 에너지라 한다.

위의 베르누이 식은 흐름에 따라 유체단위 유량당 압력에너지, 속도에너지, 위치에너지의 총계는 일정하다는 것을 나타낸 것으로 유체의 에너지보존법칙이라고도 한다.

예제 8-1 $P=5000\text{kgf/m}^2$, $v=2\text{m/s}$, 기준면에서의 높이 $Z=10\text{m}$일 때 관내에 흐르는 물 ($\gamma=1000\text{kgf/m}^3$]의 전수두를 구하시오

풀이

압력수두 $\frac{P}{\gamma}=\frac{5000}{1000}=5\text{m}$

속도수두 $\frac{v^2}{2\times g}=\frac{2^2}{2}=0.204\text{m}$

위치수두 Z=10m

따라서 전수두 H=6+0.204+10=15.204m

예제 8-2 예제 8-1의 흐름이 기준면으로부터 14m 높이까지 흐르며 이때 관내 압력이 500kgf/m² 이 되었다. 관내의 유속을 구하시오 다만 관내 흐름에 대한 압력손실은 없는 것으로 한다.

풀이

압력수두 $\frac{P}{\gamma}=\frac{500}{1000}=0.5[\mathrm{m}]$

위치수도 Z=14[m]

전수두는 예제 8-1값과 같으므로 H=15.204[m]

따라서 속도수두 $\frac{v^2}{2g}$ 은 다음식에 의해 구한다.

$$\frac{v^2}{2g}=H-(\frac{P}{\gamma}+Z)15.204-(0.5+14)=0.0704[\mathrm{m}]$$

따라서 유속은

$$v=\sqrt{0.704\times 2g}=\sqrt{0.704\times 2\times 9.8}\fallingdotseq 3.71[\mathrm{m/s}]$$

예제 8-3 그림 8-2와 같이 고가수조의 수면에서 10m 낮은 위치까지의 배관으로 물을 유도하여 관말에서 물을 분출시킬 때의 유속을 구하시오. 다만 관내의 압력손실은 없는 것으로 한다

풀이

물탱크 상부의 수면위치 1, 관말의 물 분출부 2의 첨자를 붙인 후 식을 세우면 다음과 같다.

$$\frac{P_1}{\rho}+\frac{v_{12}^2+gZ_1=\frac{P_2}{\rho}+\frac{v_{22}^2+gZ_2}{}}{} \quad \cdots\cdots (8\text{-}2)$$

여기서 P_1, P_2는 대기압이며 수조의 수면이 정지하여 있으므로 $v_1=0$ 따라서 윗식은 다음과 같이 된다.

$$\frac{v_2{}^{2g}}{2g}=(Z_1-Z_2)=10$$

따라서 분출속도 v_2는

$$v_2=\sqrt{10\times 2g}=\sqrt{10\times 2\times 9.8}=14\mathrm{m/s}$$

실제관내에 유체가 흐를 때 관내 표면의 거칠기와 유체의 점성 등에 따라 관내벽과 유체와의 사이에 마찰이 발생하며 구부러짐, 확대, 축소, 밸브 등의 부속품에서도 압력손실이 발생한다.

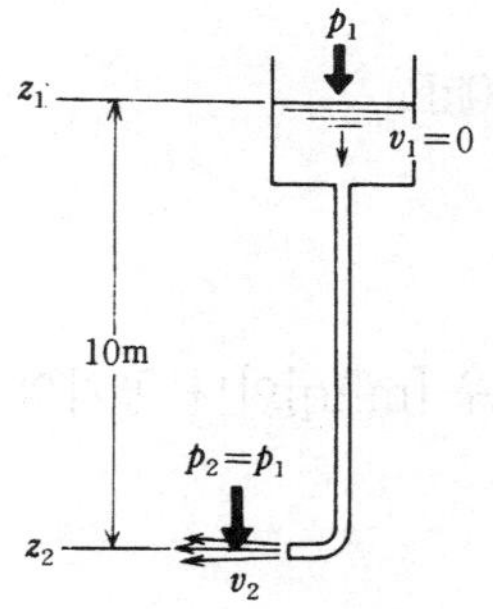

그림 8-2 위치수두에 의한 물의 분출

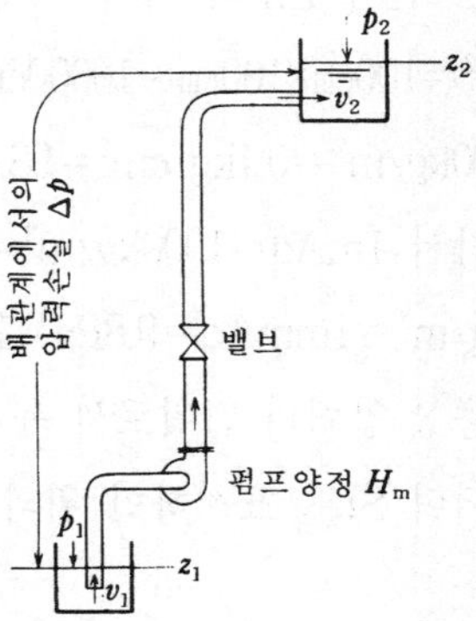

그림 8-3 펌프가 있는 배관계통

그림 8-3은 배관계통에서 이러한 압력손실ΔP를 이겨낸 높이 Z_1 에서 Z_2 까지 유체를 밀어 올릴 양정이 필요하다. 이를 위하여 펌프에 위한 수두 H_m을 유체에 주는 경우가 많다. 이러한 점을 고려하면 식 8-1은 다음과 같이 된다.

$$\frac{P_1}{\rho}+\frac{v^2{}_1}{2}+gZ_1+H_m=\frac{P_2}{\rho}+\frac{v^2{}_2}{2}+gZ_2+\frac{\Delta P}{\rho} \quad \cdots\cdots (8\text{-}3)$$

높은 곳에서 물을 낙하시키는 경우는 (Z_1-Z_2)으로 관의 마찰에 의한 마찰손실을 이기고 유속을 v_1 에서 v_2 로 증가된다. 식 8-1의 전수두 H의 단위는 [m]로서 유체의 높이 또는 깊이를 나타내고 있다. 압력수두 H_p로 하면 식 8-1에 의해

$$H_P=\frac{P}{\rho} \quad \cdots\cdots (8\text{-}4)$$

따라서

$$P=\rho HP \quad \cdots\cdots (8\text{-}5)$$

가 된다.

상온의 물에서 ρ=1000kg/m³이므로 H_p=1m의 경우
P=1000×1=1000kg/m²가 된다.

이는 면적 $1m^2$의 바닥 위에 깊이 1m 수주 또는 1mAq라 한다.

$1m^2=100cm\times100cm=10000cm^2$에서

$1000kg/m^2=0.1kg/cm^2=98.0665kPa\fallingdotseq100kPa$

따라서 $1mAq=1000kg/m^2=0.1kg/cm^2$

$1kg/m^2=1mmAq=9.8Pa\fallingdotseq10Pa$

실용상 압력의 단위로서 유체가 물인 경우 [mAq]이나 공기의 경우 [mmAq]가 사용되며 SI로 표시하면 위와 같다.

예제 8-4 높이 100m의 공기주와 수주의 바닥에서의 압력을 구하시오

풀이 상온의 물의 경우 위의 설명에서 100mAq가 된다.

$\rho=1000kg/m^3$에서

$P=\rho H_P=1000\times100=100000kg/m^2$

$=100mAq$

$=10kg/cm^2$

상온공기의 밀도 $\rho=1.2kg/m^3$정도 이므로

$P=\rho H_P=1.2\times100=120kg/m^2=120mmAq=1200Pa$

3) 관내흐름의 마찰저항

앞에서의 내용에서 물체는 점성을 갖고 있으며 이러한 점성에 의해 관내를 흐를 때 벽면에서 마찰저항이 발생하여 흐름을 방해한다. 이러한 유체의 성질을 점성이라 하며 점성계수로 μ를 사용한다. μ의 단위는 SI[Pa·s]이다.

$$1P=Pa\cdot S \qquad (8\text{-}6)$$

또한 점도 μ를 밀도(단위체적당의 질량) ρ로 나눈 값을 동점도라 하며 υ로 표시한다.

υ의 공학단위는 $[m^2/s]$, $[cm^2/s]$ 스토크라 하며 0.01st=1cst(centi stock)이다. 액체

의 μ는 온도가 높아지면 감소하며 기체의 μ는 대기압하에서 온도가 상승하면 증가한다. 각종 유체의 동점도 ν[m²/s]의 값은 그림 8-4에 나타냈다. 관내 흐름의 마찰저항에 의한 압력손실 ΔP_f [Pa]는 다음 식에 의해 구한다.

$$\Delta P_f = \lambda \frac{l}{d} \times \frac{v^2}{2g} \times \gamma \qquad (8\text{-}7)$$

또는

$$\Delta P_f = \lambda \frac{l}{d} \times \frac{v^2}{2} \times \rho$$

l : 관의 길이[m]

d : 관의 직경[m]

v : 관내 흐름의 평균유속[m/s]

γ, g : 식 8-1과 동일

λ : 관 마찰 계수

ρ : 밀도[kg/m³]

관 마찰계수는 유체의 성질, 유속(v), 관내경(d), 관내의 거칠기(ε) 등에 의해 변하며 일반적으로 레이놀즈수(R_e)와 상대조도 ε/d의 계수로 표시된다.

$$R_e = \frac{vd}{\nu} \qquad (8\text{-}8)$$

R_e는 흐름의 상태를 나태내는 무차원수로서 R_e가 적은 경우 관내의 흐름이 층류를 이루고 있으며 어느 정도 값이 커지면 관내 유체는 난류가 발생한다. 또한 층류에서 난류로 이동하는 부분에서는 유체의 흐름이 불안정한 영역으로서 천이상태라 한다. 일반적으로 직관 내 흐름에 대하여 층류와 난류의 천이를 나타내는 천이점의 한계 R_e는 2320이며 기술적으로는

층류 $R_e < 2000$

천이영역 $2000 < R_e < 4000$

난류 $4000 < R_e$로 한다.

관내 면의 거칠기 ε는 표 8-1과 같다.

표 8-1 관 내면의 절대조도(ε)

관 재료의 종류	ε(mm)
인발강관, 염화비닐관 폴리에틸렌관, 알루미늄관	0.0015
아연도금강관(신품)	0.15
강관(내부에 녹이 있음)	0.3
콘크리트관(깨끗한 면)	0.5
콘크리트관(거친면)	2

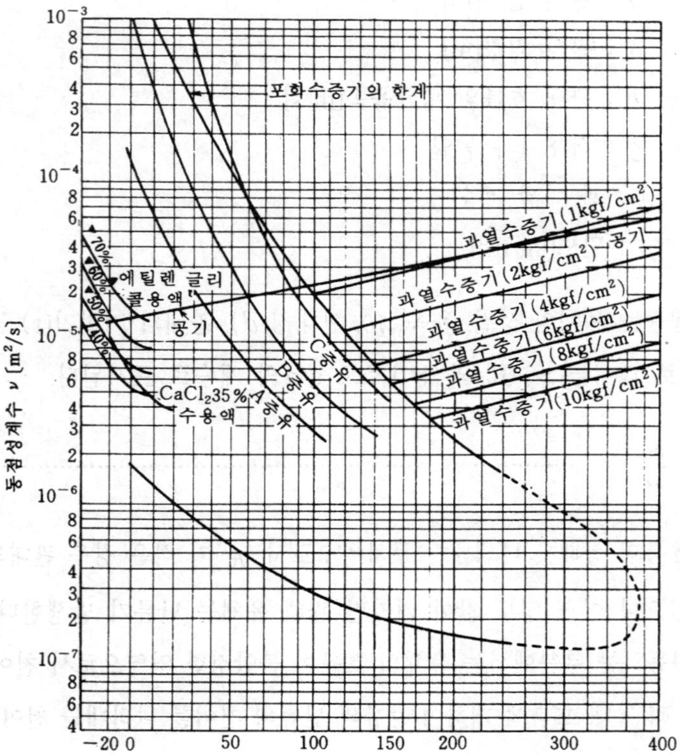

그림 8-4 액체와 기체의 동점도

예제 8-5 온도 20℃의 공기, 물, B중유가 각기 평균유속 8m/s, 2.5m/s, 1m/s로 내경 10㎝의 관내를 흐를 때 각기의 R_e를 구하시오.

풀이 d=0.1m 그림 8-4에 의해 각기의 동점도vm²/s를 구하면

공기 $v=1.7\times10^{-5}$

물의 $v=1\times10^{-6}$

B 중유 v=1.7×10-4로서

공기 $R_e=\dfrac{vd}{\nu}=\dfrac{8\times0.1}{1.7\times10^{-5}}=4.7\times10^4$

물 $R_e=\dfrac{vd}{\nu}=\dfrac{2.5\times0.1}{1\times10^{-6}}=2.5\times10^5$

B중유 $R_e=\dfrac{vd}{\nu}=\dfrac{1\times0.1}{1.7\times10^{-4}}=5.88\times10^2$ ································· (8-9)

이에 의해 공기와 물이 흐르는 배관에서 일반적으로 난류이나, 연료유의 경우 층류가 됨을 알 수 있다. λ의 값은 층류에 대하여 다음 식으로 구한다.

$$\lambda=\frac{64}{R_e}$$

또한 난류에 대하여 여러 가지 실험식이 주어져 있으나 실용적으로는 그림 8-5의 무디선도가 이용되며 난류영역에서의 무디식은 다음과 같다.

$$\lambda=0.0055[1+(2000\frac{\epsilon}{d}+\frac{10^6}{R_e})^{\frac{1}{3}}] \quad \cdots\cdots (8\text{-}10)$$

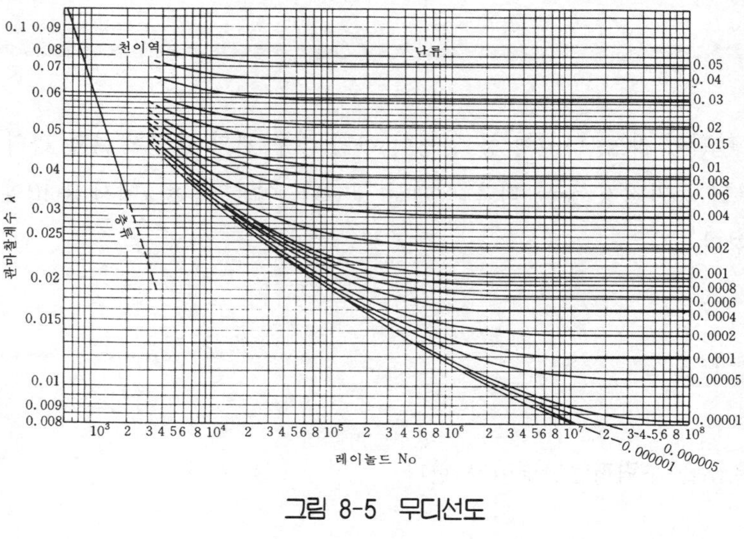

그림 8-5 무디선도

예제 8-6 **예제 8-5에서 구한 B중유관 1m당의 마찰 손실을 구하시오.**

풀이 예제 8-5에서 B중유의 $R_e=5.88\times10^2$

$\lambda=\frac{64}{588}=0.109$

식 8-7에서 l=1m, d=0.1m, v=1m/s, ρ=930kg/m³

$\Delta P_f=\lambda\times\frac{l}{d}\times\frac{v^2}{2}\times\rho=0.109\times\frac{1}{0.1}\times\frac{1^2}{2}\times930=506.9[\text{Pa/n}]$

예제 8-7 **예제 8-5의 수배관 1m당 마찰저항 손실을 구하시오.**

풀이 물의 경우 $R_e=2.5\times10^5$, 관내면의 상대거칠기 강관 (녹 있음)의 값 ε=0.3mm를 이용한다.

$\frac{\epsilon}{d}=\frac{0.3[mm]}{0.1[m]}=\frac{0.3[mm]}{100[mm]}=0.003$

그림 8-5에서 R_e와 ε/d에 의해 λ=0.0265를 구한다. 따라서 식(8-7)에서 l=1m, d=0.1m, v=2.5m/s, ρ=1,000kg/m³를 대입하여

$\Delta P_f=\lambda\frac{l}{d}\times\frac{v^2}{2}\rho=0.0265\times\frac{1}{0.1}\times\frac{2.5^2}{2}\times10000$

= 1,656[Pa/m]

관의 단면이 각형, 타원형 등 원형이 아닌 경우 관의 단면적 A와 관의 둘레 길이 S로부터 등가직경 de를 다음 식에서 구한다. 이를 식 8-7에서 8-10의 d의 대신 사용한다.

$$d_e=4\frac{A}{S} \quad \cdots\cdots (8\text{-}11)$$

A/S=m을 수력평균반경이라 한다.

예제 8-8 장변 20㎝, 단면 10㎝의 각형단면의 등가직경을 구하시오.

풀이 단면적 A=20×10=200cm²

주변길이 S=2×(10+20)=60cm

$$d_e = 4\frac{A}{S} = 4 \times \frac{200}{60} = 13.33\ \text{cm}$$

4) 국부저항과 상당 길이

배관 시스템은 직관만으로 구성되어져 있지 않고 방향의 전환, 분류, 합류, 관직경의 확대, 축소, 밸브 등의 부속품들로 이루어져 있다.

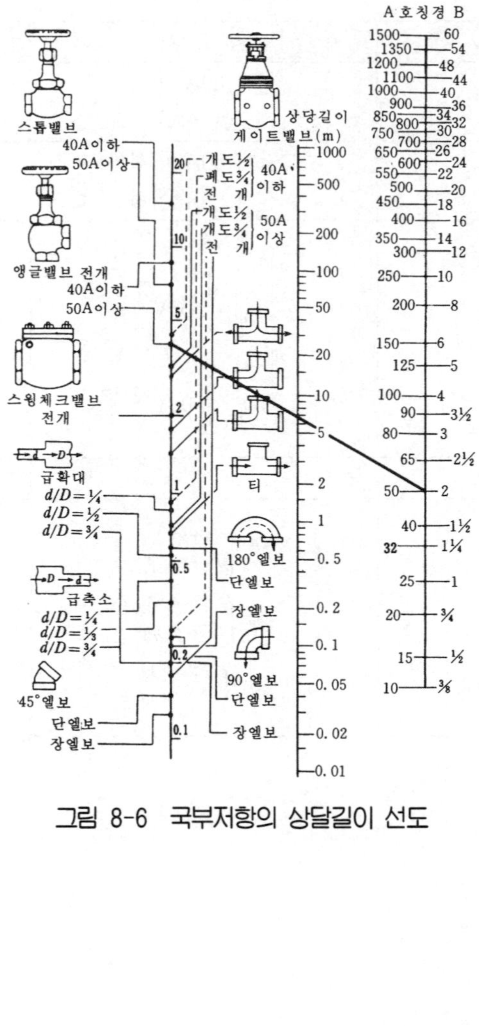

그림 8-6 국부저항의 상달길이 선도

이와 같은 직관 이외 부분에는 마찰에 의한 압력손실 외에 방향전환과 유속의 변화에 의한 압력손실이 발생하며 이를 국부저항이라 한다. 국부저항에 의한 압력손실 ΔP_d [Pa]는 다음 식에 의한다.

$$\Delta P_d = \zeta \frac{v^2}{2} \rho \quad \cdots\cdots (8\text{-}12)$$

여기서 γ, ρ, v는 식 8-1에서 사용한 내용과 동일하며 ζ는 국부저항계수 또는 손실계수라 하며 이음쇠류, 밸브류 등의 형상, 크기, 직경 등에 따라 다르며 이는 표 8-2와 같다.

표 8-2 국부 저항 계수

명　칭	형　식	ζ
스톱밸브	전개 40A 이하	15.0
	50A 이하	7.0
앵글밸브	전개 40A 이하	8.5
	전개 50A 이하	3.9
게이트밸브	개도 $\frac{1}{2}$ 40A 이하	4.4
	개도 $\frac{3}{4}$ 40A 이하	0.9
	전개 40A 이하	0.27
	개도 $\frac{1}{2}$ 50A 이하	3.2
	개도 $\frac{3}{4}$ 50A 이하	0.72
	전개 50A 이하	0.18
스윙체크밸브		2.0
엘보	45° 단엘보	0.15
	45° 장엘보	0.125
	90° 단엘보	0.26
	90° 장엘보	0.20
	180° 단엘보	0.60
	180° 장엘보	0.24

명 칭	형 식	ζ
티	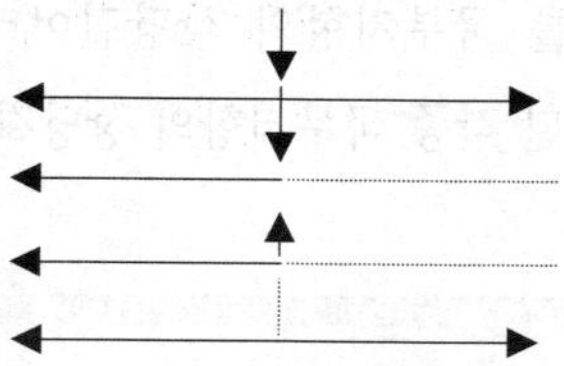	3.0 1.8 1.5 0.68
급확대	$d/D=\frac{1}{4}$ $d/D=\frac{1}{2}$ $d/D=\frac{3}{4}$	0.86 0.55 0.20
급축소	$d/D=\frac{1}{4}$ $d/D=\frac{1}{2}$ $d/D=\frac{3}{4}$	0.44 0.36 0.20

예제 8-9 호칭경 50A의 앵글밸브를 전개하고 유속 1.5m/s로 물이 흐를 때 국부저항에 의한 압력손실을 구하시오.

풀이 표 8-2에 의해 50A, 앵글밸브 국부저항계수 ζ는 3.9이다

8-12에 대입하면 $\Delta Pa = 3.9 \times \frac{1.5^2}{2} \times 998.8$ $\Delta Pa = 3.9 \times \frac{1.5^2}{2} \times 998.8 = 4382.2$[Pa]

이와 같은 국부저항에 의한 압력손실을 같은 압력손실이 발생하는 동일 관경의 직관 길이로 환산하면 배관계 전체의 압력손실을 구하는데 편리하다. 이를 위하여 직관의 마찰저항에 의한 압력소실을 구하는 식 8-7과 국부저항에 의한 압력 손실의 식 8-12를 같이하여 구하면

$$\lambda \frac{l}{d} \times \frac{v^2}{2}\rho = \zeta \frac{v^2}{2}\rho \quad \cdots\cdots (8\text{-}13)$$

$$\lambda \frac{l}{d} = \zeta \text{ 에서} \quad \cdots\cdots (8\text{-}14)$$

$$l = \frac{\zeta}{\lambda} d \quad \cdots\cdots (8\text{-}15)$$

가 되며 위의 식에서 국부저항에 의한 압력손실을 같은 압력손실이 발생하는 직관의 길이 ℓ을 구하여 이를 국부저항의 상당길이라 하며 보통 ℓ_e(m)로 표시한다. 그림 8-6은 표 8-2에 표시된 각종 국부저항의 상당길이를 구하기 위한 계산 선도이다.

예제 8-10 예제 8-9에서의 앵글밸브 상당길이를 그림 8-6에 의해 구하시오.

풀이 그림 8-6의 실선으로 표시된 것이 해답이다. 왼쪽의 수직축상에 앵글 밸브 50A 이상의 점과 오른쪽의 호칭경 50A와의 점을 직선으로 연결하여 상당길이의 수직축과 교차한 점을 구하면 상당길이는 6.5m가 된다. 식 8-7에 의해 50A의 직관 1.5m/s, 20℃의 물이 흐를 경우 배관길이 1m당의 마찰저항에 의한 마찰저항을 구하여 본다. 호칭경 50A의 내경은 52.9mm이며 예제 8-5의 답을 이용하여 20℃의 물을 50A의 관에 1.5m/s로 흐를 경우

$$R_e = \frac{vd}{\nu} = \frac{1.5 \times 0.0529}{1 \times 10^{-6}} = 7.935 \times 10^4$$

또한 관내면 절대조도 ε=0.3mm로 할 때

$$\frac{\varepsilon}{d} = \frac{0.3}{52.9} = 0.005671$$

그림 8-5에 의해 R_e와 ε/d에서λ=0.032를 구한다. 이값을 식 8-7에 대입하면

$$\Delta P_t = \lambda \frac{l}{d} \times \frac{v^2}{2} \rho$$

$$= 0.032 \times \frac{1}{0.0529} \times \frac{1.5^2}{2} \times 998.2 = 679.14\,\text{Pa}$$

이 결과를 예제 8-9의 답 446.9kgf/m²으로 나누면 50A 앵글 밸브 전개시 상당길이 l_e가 구하여 진다.

$$l_e = \frac{446.9}{69.3} = 6.46\ \text{m}$$

그림 8-6에 의한 값과 동일하다.

2. 냉·온수 배관의 설계

1) 냉·온수 배관의 유량 선도

배관의 저항을 앞 절에서와 같이 식 8-7, 식 8-12를 이용하여 계산하면 대단히 복잡하여 진다. 따라서 일반적으로 이용하는 배관에 대하여는 그림 8-7을 이용한 마

찰저항에 의한 압력 손실도를 작성하여 사용하고 있다. 그림 8-7은 20℃의 물을 일반적으로 사용하고 있는 배관용 탄소강 강관(KS D3507)에 대하여 작성된 선도로서 수배관 유량선도(마찰저항 선도)라 하며, 그림 작성시 관내면의 절대조도는 ε=0.3mm로 하였다. 선도의 요소는 관의 호칭경과 유속을 사용하며 횡축에 유량, 종축에 직관 1m당의 압력손실 [Pa/m]를 나타냈다. 계산에 사용되는 가스관의 각종 제원은 표 8-3과 같다.

표 8-3 배관용 탄소강 강관 규격(KS D3507)

관의 호칭		바깥지름	바깥지름 허용차		두께	두께 허용오차	소켓을 포함하지 않은 무게
A	B	[mm]	테이퍼나사관	기타관	[mm]		[kg/m]
15	$\frac{1}{2}$	21.7	±0.5mm		2.65		1.25
20	$\frac{3}{4}$	27.2	±0.5mm		2.65		1.60
25	1	34.0	±0.5mm		3.25		2.46
32	$1\frac{1}{4}$	42.7	±0.5mm		3.25		3.16
40	$1\frac{1}{2}$	48.6	±0.5mm		3.25		3.63
50	2	60.5	±0.5mm	±%	3.65		5.12
65	$2\frac{1}{2}$	76.3	±0.7mm	±%	3.65		6.34
80	3	89.1	±0.8mm	±%	4.05		8.49
100	4	114.3	±0.8mm	±%	4.5	+규정하지 않음 -12.5% 최대	12.2
125	5	139.8	±0.8mm	±%	4.85		16.1
150	6	165.2	±0.8mm	±%	4.85		19.2
200	8	216.5	±1.0mm	±%	5.85		30.4
250	10	267.4	±1.3mm	±%	6.40		41.2
300	12	318.5	±1.5mm	±%	7.00		53.8
350	14	355.6	-	±%	7.60		65.2
400	16	406.4	-	±%	7.9		77.6
450	18	457.2	-	±%	7.9		87.5
500	20	508.0	-	±%	7.9		94.4

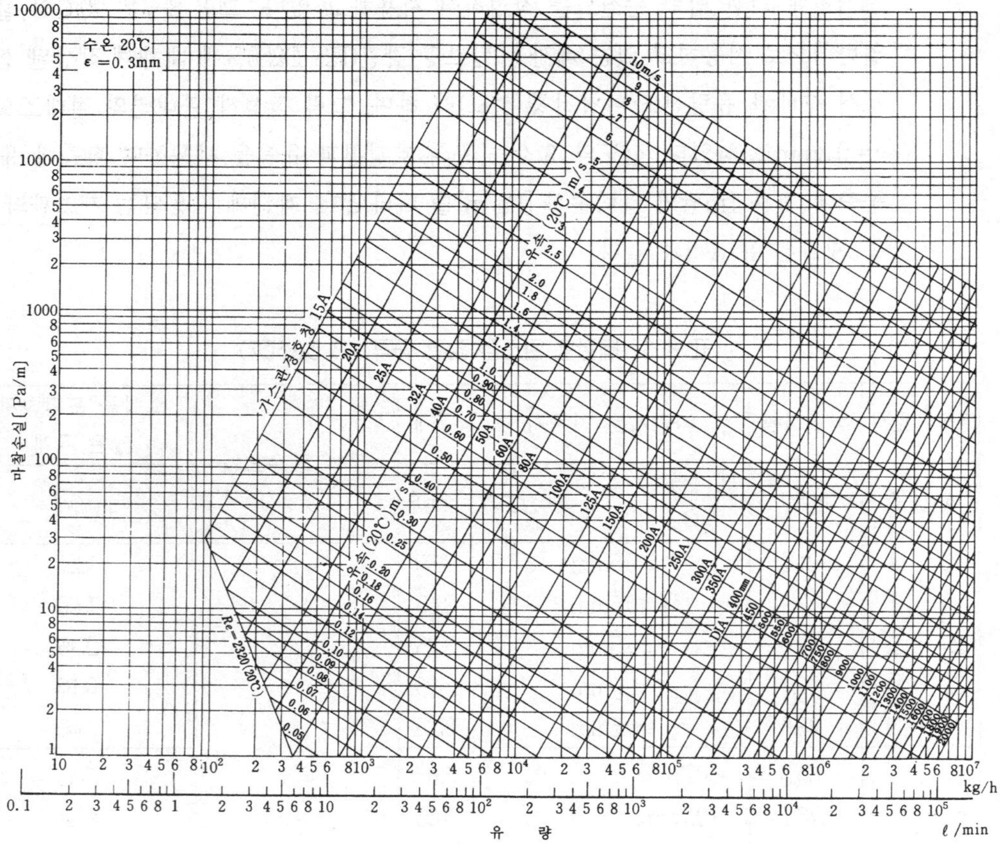

그림 8-7 수배관의 유량선도

예제 8-11 호칭경 50A 관에 유속 1.5m/s의 물이 흐를 때 유량과 직관 1m당의 압력손실을 구하시오.

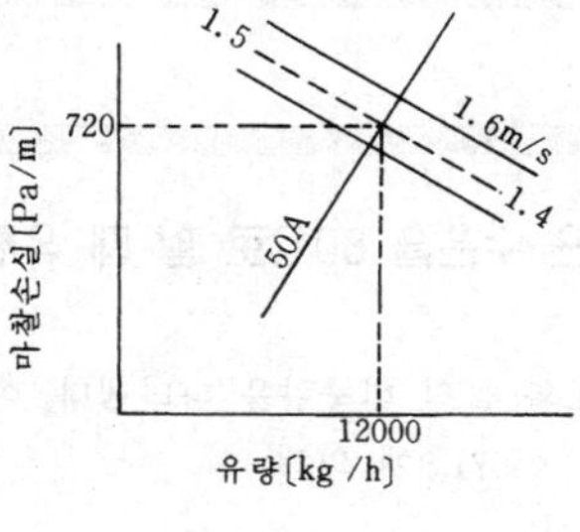

그림 8-8

풀이 그림 8-7에서 50A와 1.5m/s의 교점을 구하여 그림 8-8과 같이 수평축 상에 유량 200ℓ/min이 구하여지며 수직축에서 압력손실 720Pa/m가 구하여 진다. 그림 8-7은 20℃의 물에 대한 선도이다. 수온이 다르면 물의 비중량이 변하므로 t℃의 유량 w_t는 20℃의 유량

표 8-4 수온과 물의 밀도

온도[℃]	밀도[kg/㎥]	$\frac{1}{\rho}$ [㎥/kg]
0	999.84	1000.16
10	999.70	1000.30
20	998.20	1001.80
30	995.64	1004.38
40	992.21	1007.85
50	988.04	1012.10
60	983.21	1017.08
70	977.78	1022.72
80	971.80	1029.02
90	965.31	1035.94
100	958.3	1043.51
110	951	1051.5
120	943	1060.4
130	935	1069.5
140	926	1079.9
150	917	1090.5
160	908	1101.3
170	898	1113.5
180	887	1127.3
190	876	1141.5
200	865	1156.0

W_{20}에 대하여 다음과 같이 보정하여야 한다.

$$W_t = W_{20} \div \frac{\rho_t}{\rho_{20}} [\text{kg/h}] \quad \cdots\cdots (8\text{-}16)$$

예제 8-12 예제 8-11은 수온을 80℃로 할 때 유량과 압력손실을 구하시오

풀이 표 8-4에 온도와 물의 비중량을 나타냈다. 이에 의해

$\rho_{20} = 998.2, \rho_{80} = 971.8$에 의해

$$\Delta P_{l-80} = 720 \times \frac{971.8}{998.2} = 701\text{Pa/m} \quad \cdots\cdots (8\text{-}17)$$

$$W_{80} = 200 \times \frac{971.8}{998.2} = 194.71\text{kg/min}$$

2) 냉온수 배관법의 분류

(1) 일과식과 순환식

일과식은 그림 8-9(a)와 같이 패키지형 공조기의 냉각수로 시수 또는 정수를 사용 후 그대로 배수로 흘려버리는 방식으로 초기에 소규모 설비에서 사용하였으나 최근에는 물의 유효한 이용 측면에서 사용되고 있지 않다. 순환식은 그림 8-9(b)와 같이 한번 사용한 물을 냉각탑에서 냉각하여 재 이용하는 것으로 일반적으로 냉온수 배관이나 냉각수배관에 사용하고 있다.

(2) 개방식과 밀폐식

그림 8-10은 냉동기 주변 냉수와 냉각수의 배관계통을 나타내는 것으로 냉각수배관 측은 냉각탑에서 냉각수가 대기에 개방되어져 있는 방식을 개방식이라 하며 냉수 측은 냉동기의 증발기와 공기조화기의 공기냉각 코일 사이를 순환하여 대기 중에 냉수가 개방되어져 있지 않은 배관방식을 밀폐식이라 한다. 밀폐식의 경우 배관계 내의 수온이 변화하면 물의 팽창 수축이 발생한다. 밀폐된

용기 내 물의 팽창시에는 용기 내에 큰 압력이 작용하여 용기가 파손 될 수도 있으며, 수축시에는 배관 중의 아주 작은 틈새 등을 통하여 공기가 시스템 내로 침입하여 물의 흐름과 열교환기의 전열을 방해한다. 따라서 밀폐식에서는 이와 같은 물의 팽창, 수축을 흡수하기 위한 팽창탱크를 설치한다. 팽창탱크의 설치 예는 그림 8-11(a)와 같이 배관계의 최고 높은 부위에 설치하여 탱크내의 수면이 대기와 접촉하는 개방식 팽창탱크와 그림 8-11(b)의 그림과 같이 배관계의 임의의 장소에 설치하여 팽창수의 시스템 밖으로의 배출 또는 수축시 펌프로의 압송 등을 하거나 팽창수조 내 불활성가스를 봉입하여 가스의 체적 변화에 의해 팽창 수축을 흡수하는 밀폐식 팽창탱크로 나뉜다.

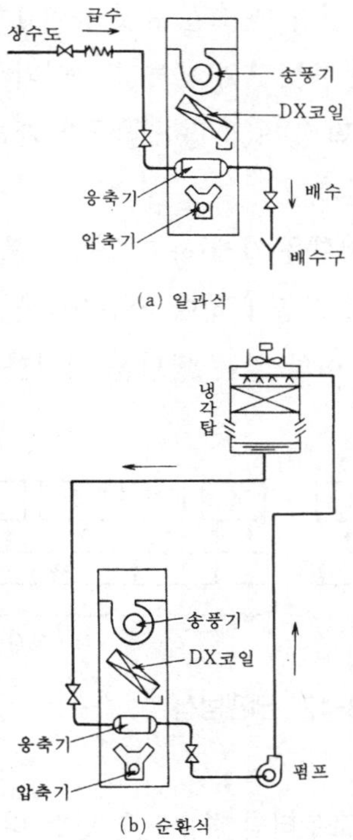

그림 8-9 배관방식

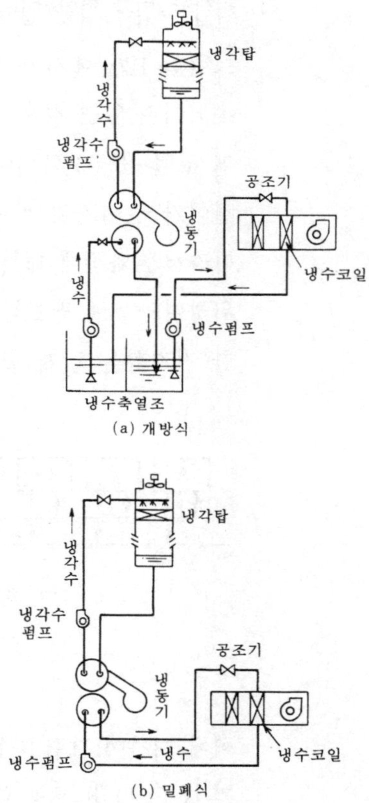

그림 8-10 배관방식

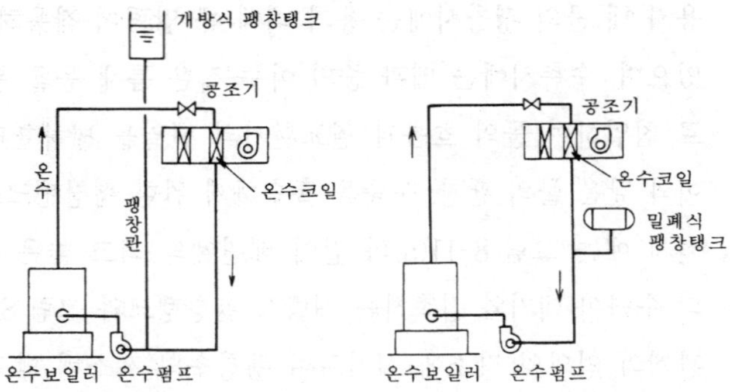

(a) 개방식 팽창탱크 (b) 밀폐식 팽창탱크

그림 8-11 팽창탱크

(3) 직접환수법과 역환수법(reverse return)

그림 8-12(a)에서와 같이 다수의 방열기, 팬코일 유닛 등이 1개의 배관계에 접속되어져 있는 경우 그림의 팬 코일 유닛 A와 냉동기 사이의 배관 전체길이와 팬 코일 유닛 F와의 길이를 비교하면 ①~②, ③~④구간 만큼 F에 대해 배관 길이가 길어지며 배관 저항도 커진다.

따라서 A와 F에 대하여 배관계의 저항을 같게 하고 유량의 불균형을 해소하기 위하여는 A에 밸브를 설치하여 관로를 좁게 하여 국부저항을 증가시켜 F에 대한 전저항을 같게 할 필요가 있다 이와 같은 방법을 직접환수법이라 한다.

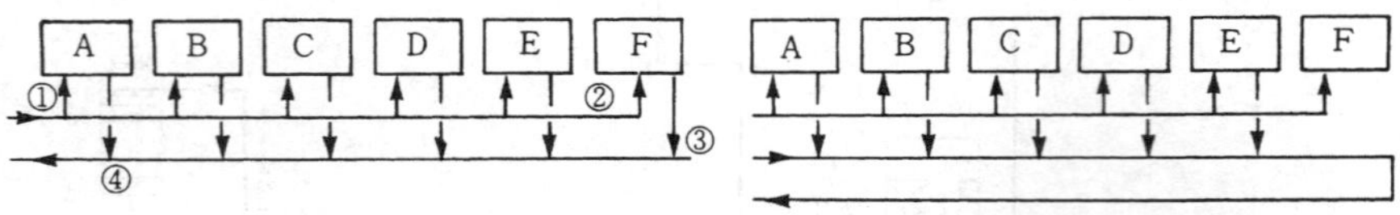

(a) 직접환수법 (b) 역환수법

그림 8-12 배관방식

이에 대하여 그림 8-12(b)에서는 A로부터의 환수관을 한번 더 F쪽으로 회전시켜 B, C, D, E, F의 환수와 같이 냉동기로 보내면 A와 F에 대하여 배관전체의 길이가 같게되어 배관계의 전저항도 같아지고 유량의 균형도 유지된다. 이러한 배관법을 역환수법(reverse return)이라 한다.

역환수법은 유량의 균형유지에는 바람직하나 각 기기간의 유량분배가 일정하고 배관 설치공간이 넓어야 하며 배관 공사비도 많이 소요된다. 주배관에서 최초의 기기와 최종기기간의 배관길이가 30m 이내의 경우에는 적용되지 않으며 기기가 수 개의 그룹으로 나누어 설치되어져 있는 경우 그룹 내는 직접환수법, 그룹간에는 역환수법을 채용하는 방법으로 한다.

표 8-5 배관계 설계서

기기명	구간	유량 [kgf/h]	관경 [A]	유속 [m/s]	단위저항 [Pa/m]	직관, 밸브 부속류 등의 분류	직관길이 또는 상당길이 [m]	전저항값 [Pa]
팬코일유닛 Ⅰ	1~2	w_1	A_1	v_1	p_1	직관	l_1	l_1p_1
	~	w_1				엘보	l_1'	$l_1'p_1$
	~	w_1				티	l_1''	$l_1''p_1$
	~							
팬코일유닛 Ⅱ		w_2						
	2~3	w_1+w_2	A_2	v_2	p_2	직관	l_2	l_2p_2
	~	w_1+w_2				티	l_2'	$l_2'p_2$
	~							
팬코일유닛 Ⅲ		w_3						
	3~4	$w_1+w_2+w_3$	A_3	v_3	p_3	직관	l_3	l_3p_3
	~					티	l_3'	$l_3'p_3$
	~							
	~							
	~							

3) 단위마찰 손실과 권장 유속

수배관설계시 일반적으로 배관 1m당 마찰저항에 의한 압력손실(단위마찰손실)을 정하여 유량선도에서 관경을 결정한다. 이 경우 표 8-5와 같이 배관계에 접속하는 각기기의 소요유량을 구하는 경우 배관의 말단에서부터 상류로 유량을 더하여 각 부분에서의 유량을 구하며 이 유량에 대하여 유량선도에 의해 각 부분의 관경을 구한다. 단위마찰손실은 300~1000Pa/m 정도의 값이 이용되어지나 최종적으로는 배관비용과 펌프 동력비를 고려하여 가장 경제적이 되도록 결정하여야 한다. 일반적으로 배관계의 전 길이가 길수록 단위마찰손실이 적은 편이 경제적이다. 배관계의 유속이 어느 정도 이상이 되는 경우 물에 포함되어져 있는 기포, 모래 등의 불순물에 의한 관내벽 침식, 소음의 발생, 워터햄머 등의 피해가 발생하므로 표 8-6과 같이 경험적으로 얻어진 허용최대 유속 이하의 유속이 되도록 하여야 한다.

표 8-6 배관내 유속

(a) 침식작용을 고려한 허용최대 유속

운전시간(h/年)	유속(m/s)
1500	3.6
2000	3.45
3000	3.3
4000	3.0
6000	2.7
8000	2.4

(b) 배관내 권장유속

관경(A)	유속(m/s)
25정도	0.5~1
50~100	1~2
125이상	2~3.6

예제 8-13 그림 8-13과 같은 배관게에서 각 팬코일유닛의 냉방용 설계 열량이 다음과 같을 경우 각 구간의 관경을 구하시오.

팬코일 유닛 Ⅰ 10080kJ/h
Ⅱ 12600kJ/h
Ⅲ 12600kJ/h
Ⅳ 12600kJ/h
Ⅴ 10080kJ/h

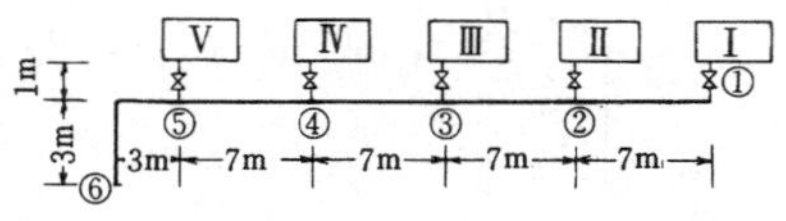

그림 8-13 배관경로도

풀이 냉수배관의 각 팬코일유닛의 입구 냉수온도 7℃, 출구온도 12℃로 한다. 각 유닛 별 소요유량은 다음 식에 의한다.

$$W=\frac{Q}{C(t_i-t_o)} \qquad (8\text{-}18)$$

W : 소요유량[kgf/h]
Q : 유닛의 열부하[J/h]
C : 물의 비열 4.2[kJ/kgK]
t_i, t_o : 유닛 입구 출구 수온[℃].

위 식에 의해

유닛 Ⅰ, Ⅴ $W=\dfrac{10080}{4.2\times(12-7)}=480\text{kg/h}$

유닛 Ⅱ, Ⅲ, Ⅳ $W=\dfrac{3000}{4.2\times(12-7)}=600\text{kg/h}$

이 결과를 이용하여 표 8-7을 작성하며 배관 각 부분의 단위 마찰손실과 유속은 그림 8-7에 의해 구한다.

표 8-7 배관계산서(예제 8-13)

기기명	구간	유량 [kgf/h]	관경 [A]	유속 [m/s]	단위저항 [Pa/m]	직관, 밸브 부속류등의 분류	직관길이 또는 상당길이[m]	전저항값 [Pa]
FCU-Ⅰ	1~2	480	20	0.35	140	직관	1+7	
	1~2					게이트밸브전개	0.15	
	1~2					단엘보	0.15 } 8.7	1220
	1~2					티(직류)	0.4	
FCU-Ⅱ		600						
	2~3	1080	20	0.8	680	직관	7	
						티(직류)	0.4 } 7.4	5030
FCU-Ⅲ		600						
	3~4	1680	25	0.75	420	직관	7	
						티(직류)	0.5 } 7.5	3150
FCU-Ⅳ		600						
	4~5	2280	25	1.1	900	직관	7	
						티(직류)	0.5 } 7.5	6750
FCU-Ⅴ		480						
	5~6	2760	32	0.8	350	직관	6	
						단엘보	0.3 } 6.3	2210
		2760						18360

위의 예에서 각 구간의 관내유속은 1m/s 이하이며 표 8-6의 허용 최대유속과 비교하면 낮은 편이나 관경을 작게 하면 마찰 손실이 크게 되므로 이와 같이 선정하였다. 이보다 관경이 가늘면 관내 유속이 느려도 단위 마찰손실이 비교적 커지게 된다.

예제 8-14 그림 8-14의 5층 사무실 건물에 각층 유닛 방식을 채용한 경우의 각층공조기 소요수량을 표시하였다. 각 부분의 관경을 구하시오.

풀이 그림 8-7을 이용하여 각 부분의 관경을 구한 결과는 표 8-8에 나타냈다. 사무실 건물은 오전 9시부터 오후 5시 또는 6시까지 운전되는 경우가 대부분이어서 연간 운전일 수 300일로 하면 연간 운전시간은 3000시간 정도 된다. 따라서 허용최대 유속은 3.3m/s로 한다. 그림 8-7에서 마찰손실을 1kPa 정도로 할 때 관경 125A, 유량 150000kg/h 이하에서는 제한값을 넘지 않는다.

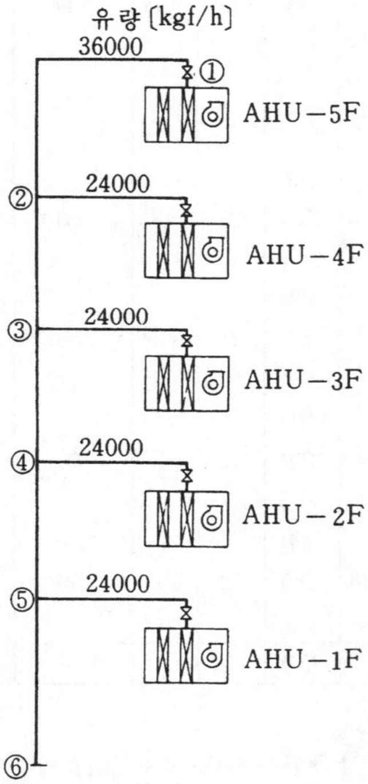

그림 8-14

표 8-8의 구간 3~4는 관경 100A로 하여도 단위 마찰저항 1kPa/m, 관내유속 2.7m/s 정도이나 소음발생, 펌프소요수두를 고려하여 관경을 1단계 키운다. 본 예제와 앞의 예제에서 수온은 7℃부터 12℃이므로 그림 8-7에서 구한 압력 손실 값을 보정 할 필요가 있으나 오차는 0.15% 정도이므로 무시한다.

표 8-8 배관계 계산서(예제 8-14)

기기명	구간	유량 [kgf/h]	관경 [A]	유속 [m/s]	단위저항 [Pa/m]	직관, 밸브 부속류등의 분류	직관길이 또는 상당길이[m]	전저항값 (mmAq)
AHU-5F		36000						
	1~2	36000	80	1.95	700			
AHU-4F		24000						
	2~3	60000	100	1.95	500			
AHU-3F		24000						
	3~4	84000	125	1.75	300			
AHU-2F		24000						
	4~5	108000	125	2.3	500			
AHU-1F		24000						
	5~6	132000	125	2.7	670			

4) 팽창수조

앞의 2)에서 서술한 바와 같이 밀폐배관계에서 정지시와 운전시의 수온이 다르므로 이때 배관계 내의 물이 팽창, 수축한다. 팽창수조는 이 물의 팽창수축을 흡수하기 위한 탱크이다. 배관계에는 배관 이외에 공기냉각코일, 냉동기의 증발기, 팬코일유닛, 온수보일러, 열교환기 등의 밀폐 배관계를 순환하는 물을 내부에 수용하고 있는 기기류가 많이 있다. 동절기 10℃의 물을 배관계 내에 충진하고 난방을 위하여 보일러로 서서히 가열하여 50℃의 온수를 만들면 실내의 방열기부터 온수보일러까지 수온이 50℃가 되며, 팬코일유닛 출구에서 온수펌프로 돌아오는 배관계의 수온은 45℃ 정도가 된다. 이와 같은 시스템 내의 전 수량을 V, 온도가 t_1에서 t_2까지 상승시의 각기의 밀도를 ρ_1[kg/m³], ρ_2[kg/m³]라 할 때 시스템 내에서 물의 체적팽창량 v는 다음 식에 의해 구한다.

$$v[l] = 1000\,V\left(\frac{1}{\rho_2} - \frac{1}{\rho_1}\right) \qquad \text{(8-19)}$$

물의 비중량 ρ의 값은 표 8-4에 표시하였다.

예제 8-15 **배관계 전체의 내용적 20000 ℓ 이다. 여기에 10℃ 물을 채운 후 50℃까지 가열할 때 물의 팽창량을 구하시오.**

풀이 8-4에 의해 10℃와 50℃의 물의 비중량은 $\rho_{10} = 999.7 kgf/m^3$, $\rho_{50} = 988.04 kgf/m^3$ 이 된다.

식 8-19에 의한 팽창량 v는

$$v = 1000V(\frac{1}{\rho_{50} - \rho_{10}}) = 1000 \times 20000 \times (\frac{1}{998.04} - \frac{1}{999.7}) \fallingdotseq 33.3\ell$$

개방식 팽창수조의 구조는 그림 8-15에서와 같다.

그림중 b의 부분은 배관시스템 내의 팽창수축량을 흡수하며 상하 a와 c는 팽창탱크 내의 물이 없어지거나 급수량 과다인 경우의 안전을 위한 여유이다. 일반적으로 b의 크기는 계산에 의해 구한 팽창수축시 수조내 수위변동의 2~2.5배 정도로 한다. 개방식 팽창수조는 일반적으로 그림 8-16과 같이 순환펌프 흡입측에 팽창관으로 연결하며 설치높이는 장치의 최고 위치보다 1m 이상으로 한다. 팽창관은 밸브를 설치하지 않으며 팽창수조의 용량에 따른 팽창관과 기타 배관의 관경은 표 8-9와 같다.

표 8-9 팽창수조의 접속배관경

(a) 팽창관 관경

보일러 전열면적[m²]	관경[A]
5	25
6~10	32
11~16	40
17~33	50
34~68	65
69~111	80
112~170	110

(b) 기타 접속관

관의 종류	탱크용량[l]		
	~1000	1000~4000	4000~
보급수관	20(A)	25(A)	32(A)
배수관	15	20	25
오버플로관	32	40	50
검수관	20		
통기관	25	25	25

밀폐식 팽창탱크는 배관계에서 설치장소에 대한 제한을 받지 않으며 온도 100℃

이상의 고온수 배관에서의 사용시 다음 식에서와 같은 가압 압력이 필요하다.

$$P_o > (P_s + P_x) \pm (P_p + \Delta P_f) + \Delta P \cdots\cdots (8\text{-}20)$$

P_o : 가압 압력[mAq]

P_s : 장치의 최고 수온에 상당하는 포화 압력[mPa](게이지압)

P_x : 장치의 최고 높이[m]

P_p : 펌프의 전양정[m]

ΔP_f : 팽창수조에서 장치의 최고 위치까지의 배관저항[kPa]

ΔP : 여유 압력[kPa]

식 8-20에서 ±의 부호는 팽창수조가 펌프의 흡입 측에 있는 경우에는 (−), 토출 측에 접속되는 경우에는 (+)로 하며 Δh는 $(P_s + h_x)$의 20% 정도로 한다. 밀폐식 팽창탱크의 가압 방식과 탱크형식에는 여러 가지가 있으나 본 장에서는 생략한다.

5) 냉·온수용 자동제어 밸브의 구경결정

공기조화기 내의 냉·온수 코일과 팬 코일 유닛 등은 열부하의 변동에 따라 자동제어밸브에 의해 냉·온수 공급량을 제어한다. 자동제어방식은 ON-OFF제어와 비례제어 등이 있으며 이에 대한 상세한 내용은 다음에 기술하고 여기에서는 자동제어 밸브의 구경 선정법에 대하여 기술하였다. ON-OFF제어를 하는 밸브류는 접속배관 관경과 동일하게 한다. 밸브구경을 작게 하고자 할 때는 제어대상 기기 저항의 25% 정도가 되도록 관경을 선정한다. 2방 밸브 또는 3방 밸브를 사용하여 비례제어를 할 경우 그림 8-17과 같이 제어밸브의 저항은 제어밸브와 제어대상 기기 저항 값 합계의 적어도 50~70% 범위에서 압력손실을 선정한다. 제어밸브의 압력손실이 결정되면 다음 식에 의해 제어밸브의 유량계수 C_v값을 구한다.

$$C_v = \frac{0.07\,W\sqrt{\rho}}{\sqrt{P}} \quad \cdots\cdots (8\text{-}21)$$

W : 최대유량[ℓ/min]

ρ : 밀도[kg/ℓ]

P : 밸브의 압력강하[kgf/cm²]

유량계수로서 C_v 대신 K_v를 사용하는 경우도 있으며 이들의 관계는 다음과 같다.

$$K_v = 14.3\,C_v \quad \cdots\cdots (8\text{-}22)$$

각종 제어밸브의 구경과 C_v값의 관계는 표 8-10과 같다.

표 8-10 C_v 값의 표

크기 / 밸브종류	A	15	20	25	32	40	50	65	80	100
	B	½	¾	1	1¼	1½	2	2½	3	4
2방밸브	단좌밸브	1,2,5,4	6.3	10	16	25	40	63	90	160
	복좌밸브			10	16	23	40	63	90	
3방밸브	단좌밸브	4	6.3	10	16	25	40	63	100	100

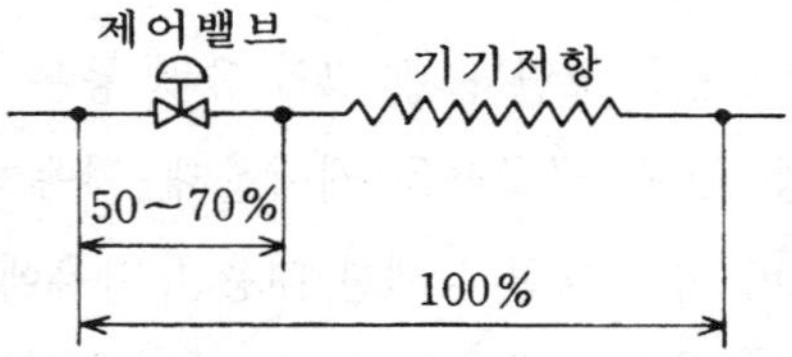

그림 8-17 수 자동제어밸브의 저항

예제 8-16 공기조화기 내에 설치된 공기냉각코일의 자동 2방밸브의 구경을 선정하시오. 다만, 설계 냉수량은 300 ℓ/min, 공기냉각코일의 수저항 2.5mAq로 한다.

풀이 자동제어밸브와 공기냉각코일 저항값 합계의 60%를 자동제어밸브의 압력손실 p로 한다.

P=(2.5+p)×0.6에서 $P=\frac{2.5\times0.6}{1-0.6}=3.75\ \mathrm{mAq}=0.375\mathrm{kgf/cm^2}$

이 값을 식 8-21에 대입하여 자동제어밸브의 유량계수 C_v값을 구한다.

$$C_v=\frac{0.07\times300\times\sqrt{1}}{\sqrt{0.375}}=34.3$$

단좌 2방밸브 사용시 표 8-10에 의해 C_vZ=34.3일 때 구경은 40A로 한다. 자동제어밸브 선정시 배관계 전체에 점하고 있는 제어밸브의 저항이 클수록 제어성이 좋아지므로 계산한 C_v값에 의해 밸브선정시 계산값의 근사치에서 작은 쪽의 C_v값의 밸브를 선정하는 것이 바람직하다. 다만, 이 경우 밸브의 저항을 식 8-21에 의해 계산을 다시 하여 정확한 값을 구할 필요가 있다.

$$P=\frac{0.0049w^2\gamma}{C_v^2}\mathrm{kgf/cm^2}$$

위의 예제에 대하여 P의 값을 구해서 수정하면

$$P=\frac{0.0049\times300^2\times1}{25^2}=0.70\mathrm{kgf/cm^2}=7.1\mathrm{mAq}=71\mathrm{kPa}$$

3. 펌프의 선정

1) 배관계의 전저항

배관계의 전저항은 다음과 같은 종류가 있다.

① 직관부의 마찰저항

② 방향전환, 분지, 확대, 축소, 밸브 등의 국부저항

③ 공기코일, 각종 열 교환기 등의 기기저항

④ 자동제어 밸브의 저항

이들의 각종 저항중 ①, ②, ④의 각 항은 앞에서 기술한 배관계의 설계계산 순서에서 구할 수 있다. 그러나 직관부의 마찰저항과 각종 국부저항을 상세하게 구할 여유가 없을 때에는 전 배관계의 경로 중 가장 먼 곳의 길이 L을 구하여 이를 유량선도에서 관경 결정하기 위하여 임시로 결정한 단위마찰저항 ΔP_e을 곱하여 구한 값 $[L \times \Delta P_e]$에 국부저항은 대규모 설비는 20%, 중규모 50%, 소규모 100% 정도를 경험적으로 정한 값을 더하여 구한다. 이렇게 구한 배관계의 마찰저항과 국부저항에 대하여 자동제어밸브의 저항과 각종 기기류의 저항을 더하여 배관계 전체의 저항을 구하여도 크게 차이가 발생하지 않는다.

표 8-11 기기 저항의 개략치

기기명칭	저항[kPa]{mAq}	비 고
터보냉동기		제조회사에 따라 상이하므로 확인할 것
증발기	30~80{3~8}	〃
응축기	50~80{5~8}	〃
흡수식냉동기		
증발기	40~100{4~10}	〃
응축기	50~140{5~14}	〃
냉각탑	20~80{2~8}	분무수압에 주의할 것
냉온수코일	20~50{2~5}	유속 0.8~1.5m/s
열교환기	20~50{2~5}	
F.C.U	10~20{1~2}	대용량일수록 저항이 커지므로 주의할 것
자동제어밸브	30~50{3~5}	최소 3mAq 정도로 할 것

표 8-11은 각종 기기류의 저항치를 나타낸다. 이 값은 기기의 용량, 형식, 구조 등에 따라 상세한 계산에 의해 구하거나 제조회사의 기술사양을 참고하기도 한다. 위의 설명한 배관계의 전저항 산출법은 간략법으로서 에너지 절약을 위하여 펌프의 동력을 정확히 산출하기 위하여는 배관 각부분에 대하여 앞 절에서와 같은 방법으로 정확한 저항 값을 구하여 설계를 진행하여야 한다.

예제 8-17 중규모 사무소 건물에 냉동기와 가장 먼 곳의 공기조화기를 연결한 냉수배관의 직관부 길이 L이 100m이다. 이 경우 배관계의 전저항을 구하시오.

풀이 배관관경 설계를 위한 단위마찰손실을 400Pa로 한다. 배관 전체길이에서 마찰저항에 의한 압력손실은

$2L\times\Delta P_t = 2\times100\times400 = 80000\text{Pa} = 80\text{kPa}$

중규모 건물이므로 국부저항은 직관 마찰저항의 50%로 한다.

국부저항=0.5×80=40kPa

공기조화기의 코일통수저항을 30kPa, 여기에 설치하는 자동제어 밸브저항은 30kPa, 냉동기 증발기 저항을 40kPa로 하면 배관계의 전저항 = 80+40+30+30+40=220kPa

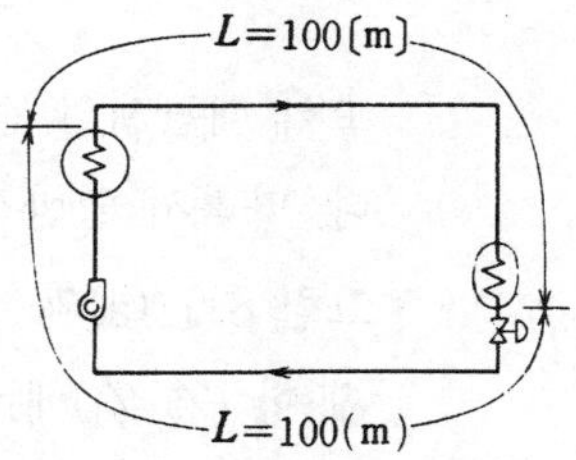

그림 8-18

2) 펌프의 소요양정

배관계에 펌프가 설치되어진 경우 앞의 기초식 8-3을 다시 정리하면

$$\frac{P_1}{\rho} = v_{12}^2 + gZ_1 + H_m = \frac{P_2}{\rho} = \frac{v^2{}_2}{2} + gZ_2 + \frac{\Delta P}{\rho} \quad \cdots\cdots (8\text{-}23)$$

와 같으며 이를 정리하면 펌프 양정 H_m은 다음과 같다.

$$H_m = \frac{(P_2 - P_1)}{\rho} + \frac{(v^2{}_2 - v^2{}_1)}{2} + g(Z_2 - Z_1) + \frac{\Delta P}{\rho} \quad \cdots\cdots (8\text{-}24)$$

제1항은 점 1과 점 2의 압력이 다를 경우 이의 압력 차를 수두로 표시한 것이며 2항은 유속의 차이, 3항은 높이의 차이, 4항은 흐름에 의한 압력손실을 말한다. 그

러나 현재의 공조설비는 대기 압하에서 운전되고 있어 1항의 압력차이는 발생하지 않는다. 다만, 고온수 배관 시스템의 압력을 고온수의 포화증기압 이상 유지하기 위하여 시스템 밖에서 소량의 물을 펌프로 압송하는 경우와 보일러 응축수 탱크에서 급수하는 것과 같은 특수한 경우만 고려한다. 이 경우 $P_1 = 0$로 하면 P_2는 게이지압으로 한다. 제2항의 관내유속변화에 대한 내용은 앞에서 기술한 바와 같이 수배관계 내의 유속은 1m/s에서 3.5m/s 정도이므로 속도변화에 필요한 압력, 예를 들면 v_2=3.5m/s, v_1=1m/s로 하여

$$v_2^2 - \frac{v_1^2}{2} = \frac{3.5^2 - 1^2}{2} = 5.625\text{kPa}$$

로서 배관계의 전저항과 정수두차에 비하여 작은 값이므로 크게 문제시되지 않는다. 따라서 일반적으로는 식 8-24의 3항과 4항만으로 펌프의 양정을 정하면 된다. 그림 8-19(a)와 같이 하부의 물탱크에서 상부의 탱크로 양수하는 경우 식 8-24의 제3항 (Z_2-Z_1)에서 구한다. 그 외에 배관계에서의 각종 압력손실이 있으므로 펌프 필요압력 H_m은

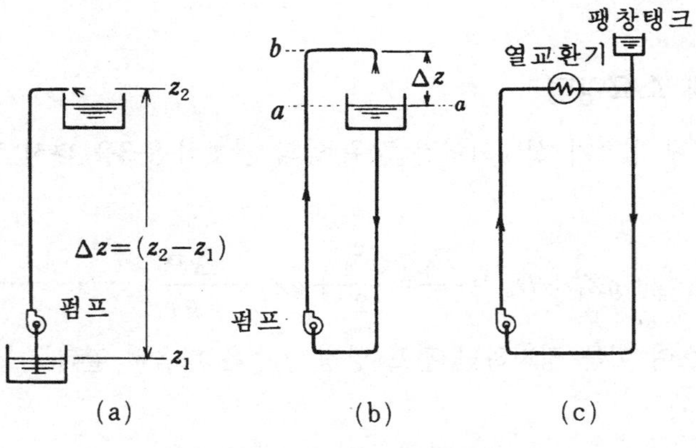

그림 8-19 펌프의 소요정수두

$$H_m = (Z_2 - Z_1) = \frac{\Delta P}{\gamma} = \Delta Z + \frac{\Delta P}{\gamma}[\mathrm{mAq}] \quad \cdots\cdots (8\text{-}25)$$

이 된다.

그림 8-19(b)는 펌프보다 높은 위치에 있는 탱크에서 탱크상부에 물을 살수하는 것으로 배관계의 높이 a와 탱크 내 수면의 위치가 같으므로 수면에서 a까지는 펌프운전을 하지 않아도 물이 충만되어져 있으며, 따라서 펌프는 a점에서 b점까지 물을 올리는 힘과 배관계 내의 전압력 손실 $\Delta P/\rho$이 필요하며 이를 식으로 표시하면 다음과 같다.

$$H_m = g\Delta Z + \frac{\Delta P}{\rho}$$

ΔZ : 탱크 수면과 배관 최고부위 b의 높이 차

그림 8-19 (c)는 배관계의 최고부위에 설치한 팽창탱크에서 배관계에 급수하면 펌프운전을 하지 않아도 시스템은 만수상태가 된다. 따라서 식 8-24의 제3항의 높이 차는 필요 없게 되고 펌프 양정H_m은

$$H_m = \frac{\Delta P}{\rho}[\mathrm{kPa}]$$

이 된다.

$\frac{\Delta P}{\rho}$는 배관계 전체의 직관부 마찰에 의한 압력손실 h_f, 부속류, 밸브류 등의 국부저항에 의한 압력손실 h_d와 각종 기기류 압력손실 h_m의 합이다.

$$H_m = \frac{\Delta P}{\rho} = h_f + h_d + h_m \quad \cdots\cdots (8\text{-}26)$$

예제 8-18 예제 8-17의 배관계의 펌프소요양정을 구하시오

풀이 그림 8-19에서의 이 배관계는 밀폐배관계 그림 8-19(c)의 경우에 상당하므로 펌프의 소요양정 H_m은 예제 8-17의 배관계 전저항 220kPa로 한다.

예제 8-19 그림 8-20과 같은 냉동기의 냉각수 배관계가 있다. 이 배관계의 각종 저항이 다음과 같을 때 냉각수 펌프의 소요양정을 구하시오
배관계의 직관 마찰저항 5kPa 냉동기의 응축기저항 60kPa
배관계의 국부저항 3kPa 냉각탑 분무압 50kPa

풀이

$$H_m = 50+30+60+50+30 = 220[\text{kPa}]$$

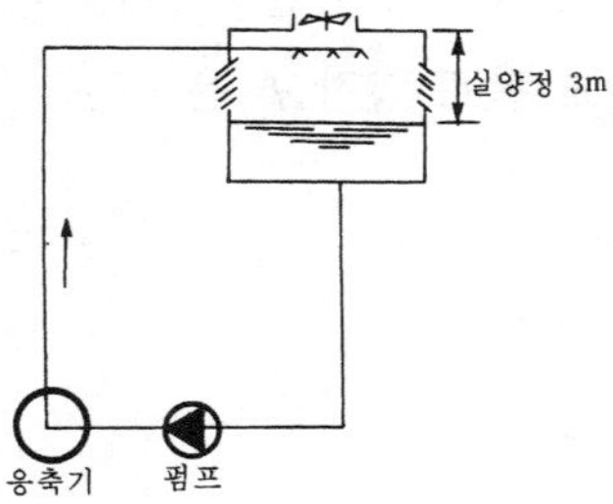

그림 8-20 냉각수 순환운전

그림 8-21에서와 같이 건물의 지하층에 설치되어진 축열조에서 냉수를 상층에 설치된 공기조화기의 냉수코일에 공급하는 경우 배관계의 높이차에 대한 양정으로 h_s'가 필요하나 A점을 기준으로 양측에 사이폰 작용이 발생하여 최상부까지 만수되어져 있는 경우 이 사이폰 작용분만큼 양정은 감소된다. 사이폰 작용은 이론적으로 100kPa이나 실용상으로는 70~80kPa 정도이므로 펌프운전중 실양정 h_s는

$$h_s = h_s' - (70 \sim 80)\,\text{kPa}$$

가 된다.

그러나 현실적으로는 펌프의 운전개시시 A점까지 펌프에 의해 만수가 필요하므로 펌프 양정은 배관계 전 저항과 양정 $h_s{}'$를 더한 값으로 하여야 한다. 그러나 일단 운전을 개시하면 사이폰 작용에 의한 A점으로부터 탱크까지 낙하수력의 에너지를 이용하여 수차를 운전하면 펌프동력의 일부분으로 사용가능하며 이를 동력회수펌프라 한다. 그림 8-19(a)와 8-21과 같이 펌프보다 낮은 탱크에서 물을 흡입하여 송수하고자 할 때 탱크수면에 대기압이 작용하여 이론적으로는 대기압(101kPa)만큼 높은 위치까지 펌프로 흡상 가능하나 실제로는 펌프 흡입 측의 후드밸브, 배관 등의 저항과 대기압보다 낮은 압력의 물을 송출하는 펌프의

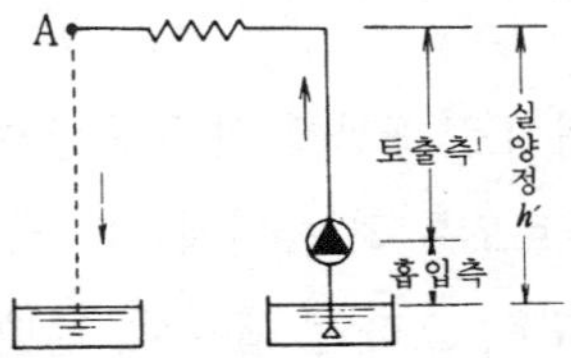

그림 8-21 개방운전

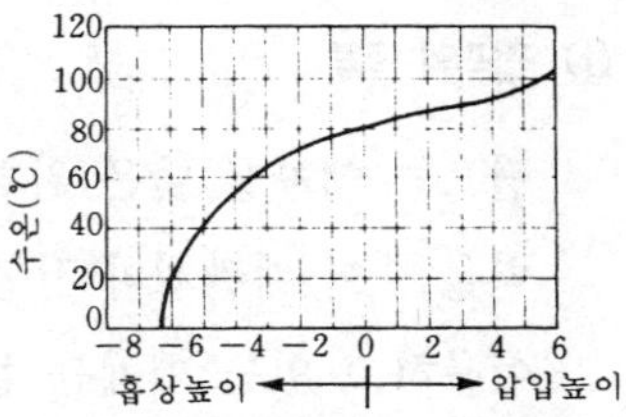

그림 8-22 편흡입 와권펌프의 수온과 흡상높이

임펠러에서 수중의 용존공기, 저압으로 증발하는 수증기의 기포 등에 의해 캐비테이션이 발생하여 실제흡입 압력은 100kPa보다 적게 된다. 이론적으로는 흡입수의 온도를 고려하여 흡입양정 h_s는 다음식으로 구한다.

$$h_s = H_a - h_v - h_e\,[\mathrm{m}] \quad \cdots\cdots (8\text{-}27)$$

H_a : 대기압 101[kPa]

h_v : 수온에 상당하는 포화 증기압력[kPa]

h_e : 흡입관 중의 압력손실 수두압력[kPa]

그러나 실용상 식 8-27에 의한 값보다 안전율을 고려한 그림 8-22에 나타낸 값을 이용하며, 해발높이와 수온에 의한 흡입 양정의 개략 값은 표 8-11, 8-12와 같다.

예제 8-20 **지하층 바닥에 설치된 축열수조에 50℃의 온수를 저장하고 있다. 흡입관의 압력손실이 5kPa일 때 펌프의 설치 높이를 구하시오.**

풀이 50℃ 물의 포화수증기압 h_v는 증기표에서 1.2kPa로 구한다. 따라서 식 8-27에 의해

$$h_s = 101 - 12.6 - 5 = 83.4\,\text{kPa}$$

펌프의 설치 위치는 이론상으로 축열수조수면에서 펌프흡입구 중심까지 높이 8.57m이면 가능하나 실제는 그림 8-22에 의해 약 4.5m의 위치에 설치하여야 한다.

3) 펌프의 선정

(1) 펌프의 종류

펌프는 액체를 낮은 위치에서 높은 위치로 배관에 의해 운반하거나 액체에 압력을 주어 배관계의 저항을 이기고 흐르도록 하는 기계이다. 공기조화설비에서 이용하고 있는 액체는 물 이외에 연료유, 브라인, 흡수액, 냉매액 등이 있으며 액체의 종류, 필요압력에 따라 형식, 구조가 다르며 원심식, 왕복동식, 기어식 등의 각종 기기가 사용되고 있다. 공기조화설비에서는 냉온수 운반용으로 원심식의 와권 펌프가 가장 많이 사용되고 있다. 와권 펌프는 그림 8-23과 같은 구조로서 임펠러를 고속 회전하여 중심부에서 흡입된 물을 임펠러 내부에서 외부로 향하여 원심력에 의해 압력과 속도를 부여한다.

속도의 일부는 물이 케이싱 내의 가이드 베인을 통과하는 도중에 압력으로 전환되어 필요한 양정을 내고 있다. 가이드 베인은 임펠러에서 나온 물의 속도를 효과적으로 압력으로 전환시켜 고양정에 주로 사용된다. 이와 같이 가이드 베인이 있는 와권 펌프를 터빈펌프, 가이드 베인이 없는 형식을 볼류트펌프라한다. 소요 양정을 1단의 임펠러로 낼 수 없는 경우 임펠러를 다단으로 동일 축상에 설치하여 필요한 양정을 얻을 수 있도록 하며 이러한 펌프를 다단펌프라 한다. 펌프구동은 전동기가 일반적이며 카프링을 이용하여 펌프임펠러와 직결하여 사용하며 펌프와 전동기를 일체로 조합하여 배관 중에 설치한 구조로 된 펌프를 라인펌프라 한다.

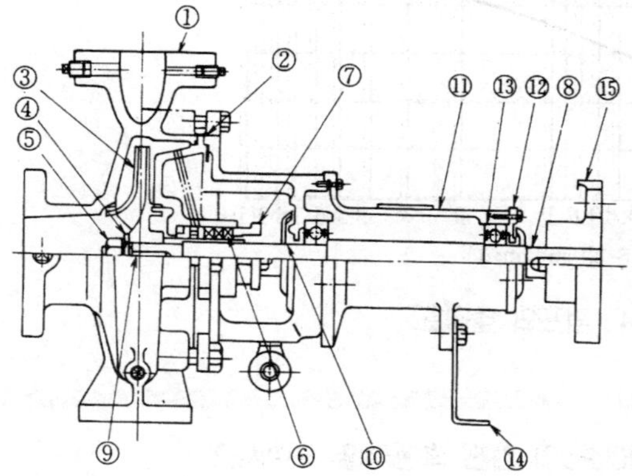

번 호	부 품 명	재 질
①	케 이 싱	FC20
②	케이싱커버	FC20
③	임 펠 러	FC20
④	부 싱	SUS304
⑤	임펠러너트	SUS304
⑥	각 패 킹	석 면
⑦	패킹누르개	SUS304
⑧	주 축	SUS420J2+S45C
⑨	키	SUS403
⑩	물 끊기 링	고 무
⑪	베어링상자	FC20
⑫	베어링커버	FC20
⑬	베 어 링	SUJ2
⑭	보 조 다 리	SS41
⑮	축 이 음	FC20

그림 8-23 와권펌프의 구조 예

(2) 펌프의 소요동력

펌프의 토출량 $Q\text{m}^3/\text{min}$을 소요 양정 H_m까지 압력을 높이기 위하여 필요한 동력 B는 다음 식에 의한다.

$$B = \frac{0.163\rho QH}{\eta_p}[\text{kW}] \quad \cdots\cdots (8\text{-}28)$$

ρ : 물의 밀도[kg/ℓ]

Q : 토출 수량[m^3/s]

H : 소요 양정[kPa]

η_p : 펌프 효율

g : 중력 가속도

일반적으로 ρ≒1로 하며 펌프효율 η_p는 펌프의 형식과 용량 등에 따라 다르나 일반적으로 0.6~0.8 정도로 한다. 이와 같은 소용량의 경우에는 0.5 이하의 경우도 있다.

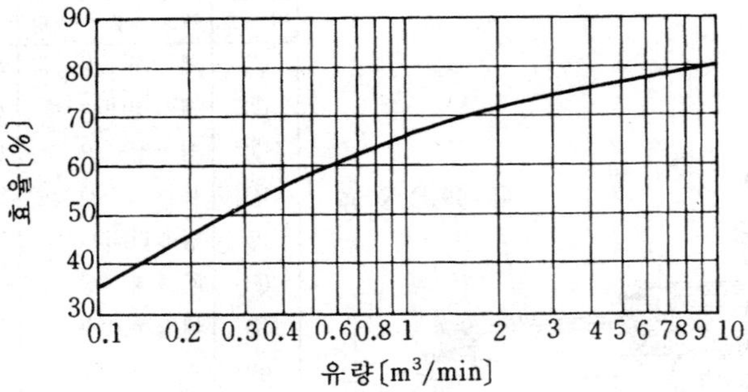

그림 8-24 펌프의 효율도

예제 8-21 토출량 2.5m³ /min, 양정 220kPa의 펌프 축동력을 구하시오
물의 밀도 ρ =1[kg/ℓ], 펌프효율 η_p=0.8로 한다.

풀이

$$B = \frac{2.5 \times 1 \times 220}{60 \times 0.8} = 11.47\ \text{kW}$$

전동기는 15kW 사용

예제 8-22 예제 8-21의 펌프를 그림 8-26에 의해 선정하시오.

풀이 그림에 의해 125×100×15로 구함

(3) 펌프의 선정

실제 사용하는 펌프의 형식과 동력용량의 선정시에는 일반적으로 제조회사의 카탈로그를 이용한다. 그림 8-25~26은 단단와권 펌프 선정도의 예이다. 수평축은 펌프에 요구되는 유량, 수직축은 양정으로 한다.

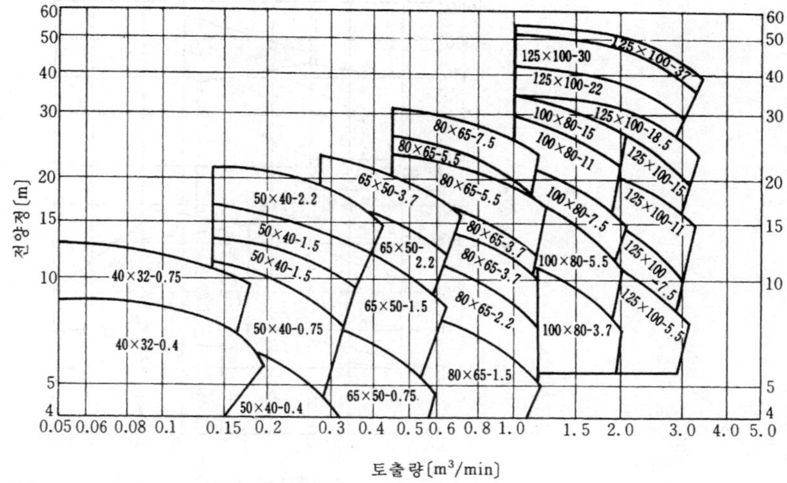

예) 50 mm(흡입구경)×40 mm(토출구경) −0.4 kW(전동기출력)

그림 8-25 단단와권펌프 산정도(50Hz, 15020rpm)[4]

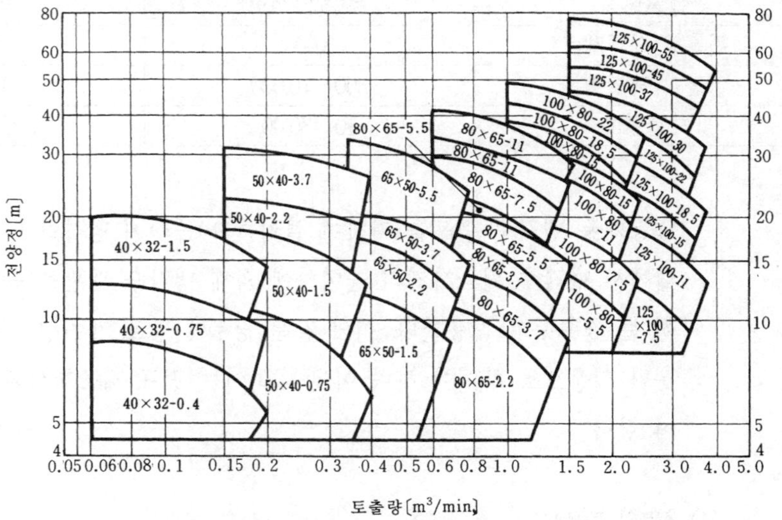

예) 40mm(흡입구경)×32mm(토출구경)− 0.4kW(전동기출력)

그림 8-26 단단와권펌프 산정도(60Hz, 1800rpm)

펌프에 요구되는 토출량과 양정에 의해 선정되는 펌프의 형식은 다음과 같으며 그림 8-27에 펌프형식 선정선도를 나타냈다.

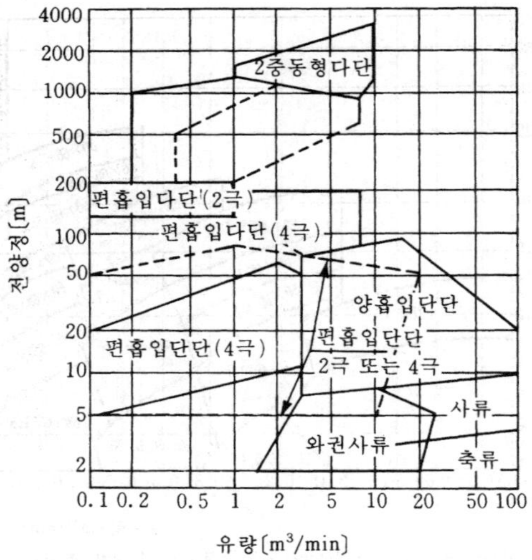

그림 8-27 펌프의 형식 선정도

펌프형식	유량[ℓ/min]	양정[m]
편흡입 와권펌프	3,000	35
양흡입 와권펌프	300~10,000	10~50
다단펌프	10~30,00	25~1,000

냉동기용 냉각수 펌프를 지하에 설치하고 옥상에 냉각탑을 설치한 경우 냉각탑에서 냉각수 펌프까지의 높이차에 의해 냉각수 배관을 통하여 펌프에 대단히 큰 정수두가 작용한다. 이와 같은 경우에 펌프 케이싱은 충분한 내압을 보유한 기종으로 하여야 하며 이에 대하여는 펌프 제조회사와 충분히 협의하여야 한다.

(4) 펌프의 특성곡선

일정회전수로 회전하고 있는 펌프는 밸브의 개폐에 의해 배관계의 저항이 변하며 동시에 전양정, 토출수량, 전동기 축동력, 펌프효율이 변화한다. 이와 같이 일정회전수의 펌프성능을 수평축에 토출수량, 수직축에 양정, 효율, 축동력으로 표시한 선도를 펌프의 특성곡선이라 한다. 그림 8-28은 펌프 특성곡선의 예이다.

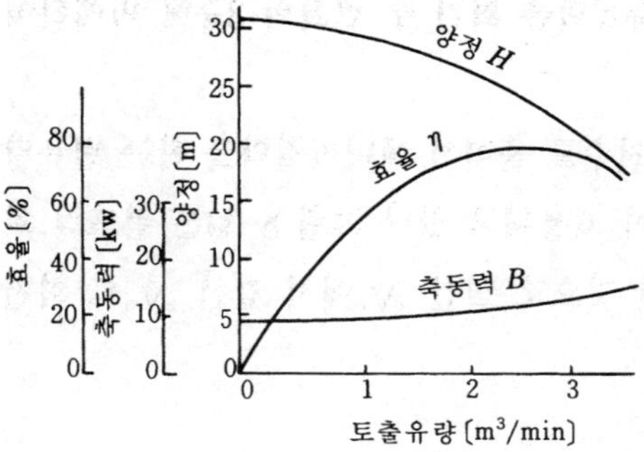

그림 8-28 펌프의 특성곡선

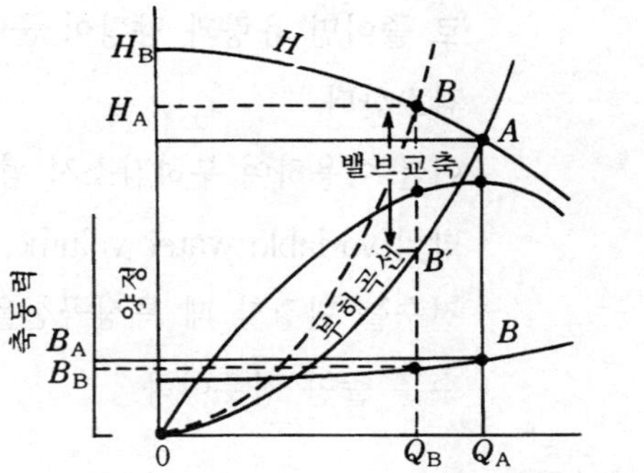

그림 8-29 펌프의 특성곡선과 배관계의 부하곡선

그림 8-29는 펌프의 특성곡선에서 배관계의 유량-저항곡선(부하곡선)을 나타낸 것으로 양정곡선과 부하곡선의 교점 A에서 펌프가 운전되며 이 점을 설계사양점으로 하며 이 때의 축동력은 B_A, 효율은 η_A가 된다. 부하가 감소하여 유량이 Q_A에서 Q_B로 줄었을 때 배관계의 부하곡선은 점선과 같이 되어 양정곡선과 부하곡선의 교점 B로 운전되어야 한다. 이와 같이 배관계의 설비내용에 변경이 없으면 실선의 부하곡선상의 점 B′가 본래의 유량-저항관계를 나타내고 있는 것으로 B-B′의 양정을 처리하기 위하여는 밸브를 교축시켜야 한다. 이때 그림과 같이 펌프의 토출유량은 감소하고 펌프양정은 높게 되며 축동력은 적어지고 효율은 저하된다. 펌프의 회전수를 N_1 rpm에서 N_2 rpm으로 변경하면 토출유량, 축동력, 양정이 다음 식과 같이 변한다.

토출수량 : $Q_2 = \left(\frac{N_2}{N_1}\right) Q_1$ ······ (8-29)

양　　정 : $H_2 = \left(\frac{N_2}{N_1}\right)^2 H_1$ ······ (8-30)

축 동 력 : $B_2 = \left(\frac{N_2}{N_1}\right)^3 B_1$ ······ (8-31)

배관계의 저항은 정수두분을 제외하면 유량의 2승에 비례한다. 따라서 윗식에서 알 수 있듯이 유량을 Q_1에서 Q_2로 감소하는 경우에 회전수 N_1에서 N_2로 줄이면 유량과 양정이 줄어들며 축동력은 회전 수 변화의 3승에 비례하여 감소한다.

이를 이용하여 부하감소시 펌프의 회전수를 줄여서 에너지절약을 하는 변유량 방식(variable water volume, VWV)이 채용되고 있다 그림 8-30은 펌프의 회전수를 변경할 때 특성곡선을 나타낸 것으로 실선 N_1에서 점선 N_2로 회전수를 줄인 경우이다.

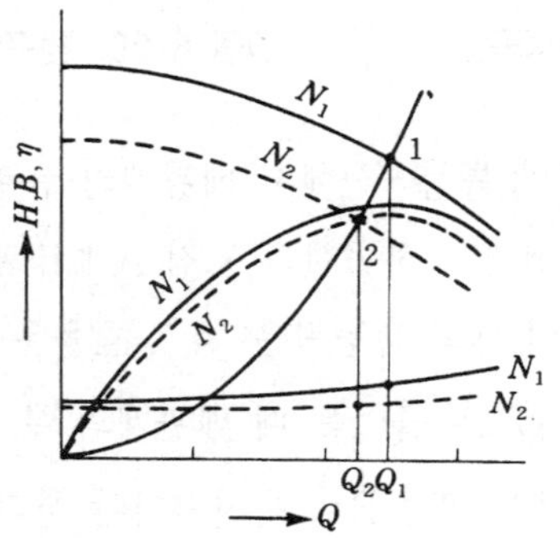

그림 8-30 회전수 제어에 의한 펌프 특성곡선의 변화

예제 8-23 예제 8-22에서 선정한 펌프의 회전수는 1500rpm이다. 유량을 2.5m³ /min에서 2.0m³ /min으로 줄일 때 회전수 제어방식을 이용하고자 한다. 이때 회전수와 펌프의 양정과 소요축동력을 구하시오.

풀이

$$N_2 = N_1 \frac{Q_2}{Q_1} = 1500 \times \frac{2.0}{2.5} = 1200 \text{ rpm}$$

$H_1 = 22[\text{m}]$, $N_1 = 1500\text{rpm}$, $N_2 = 1200 \text{ rpm}$

$$H_2 = \left(\frac{1200}{1500}\right)^2 \times 22 \fallingdotseq 14.1 \text{ mAq}$$

$B_1 = 15 \text{ kW}$, $N_1 = 1500 \text{ rpm}$, $N_2 = 1200 \text{ rpm}$ 에서

$$B_2 = \left(\frac{1200}{1500}\right)^3 \times 15 = 7.68 \text{ kW}$$

4. 증기배관의 설계

1) 배관방식

(1) 증기의 가열능력

공조배관에는 공기의 가열과 가습에 직접 증기가 이용되고 있으며 그 외에 직접난방과 급탕용 온수 가열 등에 이용되고 있다. 이와 같이 가열을 목적으로 열 교환기의 전열 면을 통하여 간접적으로 증기로 공기나 물을 가열하는 경우에는 증기의 응축잠열을 이용한다. 예를 들면 대기압에서 100℃ 포화증기의 엔탈피는 2676kJ/kg로서 잠열은 2257kJ/kg이다. 물의 비열은 4.1868kJ/kg℃, 증기비열 1.98kJ/kg℃ 정도로서 수온과 증기온도가 10℃ 정도 변화시 얻어지는 42kJ/kg, 20kJ/kg와 비교하여 증기가 응축할 때 방출되는 잠열은 대단히 큰 것을 알 수 있다. 이러한 내용에서 직접 증기를 이용하여 물과 공기를 가열하는 경우에는 가열량 Q[kJ/h], 증기응축잠열 r [kJ/kg]로 할 때 소요증기량 S[kg/h]는 다음 식에 의해 구한다.

$$S=\frac{Q}{r} \quad \cdots\cdots (8\text{-}32)$$

예제 2-1 압력 100kPaG의 포화증기를 이용하여 공기를 가열한다. 가열부하 836000kJ/h일 때 소요증기량을 구하시오

풀이 그림 8-32의 증기표에 의해 100kPaG의 포화증기의 r=2198kJ/kg

$$S=\frac{836,000}{2198} \fallingdotseq 380\,\mathrm{kg/h}$$

난방시의 가습 부하는 저습공기의 실내에 직접 증기를 분사하여 가습하는 경우에는 대상공기온도에 대한 수량이 필요하게 된다. 난방시의 잠열부하를 Q_LkJ/h라

하고 그 온도에서 물의 증발잠열을 r_t[kJ/kg]로 하면 가습용 증기량 L[kg/h]는 다음 식에 의해 구한다.

$$L = \frac{Q_L}{r_t} \text{ [kg/h]} \quad \cdots\cdots\cdots \text{(8-33)}$$

이때 물의 증발잠열 r_t는 가습시 이용하는 생증기의 잠열 r과는 다르며 상온의 공기중 수증기 r_t는 약 2500kJ/kg이다.

예제 8-25 가습부하 209000kJ/h의 경우 가습용 생증기량을 구하고 가습을 위한 100℃ 포화 증기를 이용한 경우 증기의 현열가열량을 구하시오. 실온은 22℃로 한다.

풀이

$$L = \frac{209000}{2500} \fallingdotseq 83.6\,\text{kg/h}$$

증기는 100℃에서 실온까지 온도가 내려가므로 증기비열을 1.98kJ/kg℃로 할 때 현열가열량=83.6×(100-22)×1.98≒12911kJ/h이 현열에 의해 실온은 약간 상승한다.

(2) 증기관과 환수관

열교환기의 전열면을 통하여 가열에 이용한 증기는 응축하여 온수가 된다. 이 온수는 아직 고온이므로 열교환기 내에서 현열교환을 하여 온도가 약간 낮아지는 것이 보통이다. 온도가 낮아진 온수를 열교환기에서 배출하고, 다시 새로운 증기가 열교환기 내에 공급되어 열교환기에는 다시 온수가 충만하게 된다. 그러나 발생한 온수가 관을 통하여 연속적으로 열교환기 밖으로 배출하고자 할 때 온수는 압력이 높은 증기에 의해 배출되며, 이때 잠열을 이용하지 않은 증기까지 유출되어지게 된다. 이러한 증기를 온수와 분리하기 위한 장치로 증기트랩이 이용되며 증기트랩의 구조는 후에 기술하기로 한다. 배출된 온수는 80~100℃ 정도로서 비교적 고온이며, 이를 다시 보일러로 보내서 재가열하여 이용하는 방법이 10~15℃ 정도의 보급수를 이용하는 방법보다 에너지 절약에 크게 도움이 된다. 일반적으로 이와 같은 증기 배관계에서 증기트랩을 경계로 증기측과 응축수측으로 분리하며, 이때 증기공급을 위한 배관을 증기관, 응축온수를 보일러에 보내는 관을 환수관이라 부른다. 이와 같이 증기관과 환수관을 별도로 배관하는 방법을 복관식이라 하며 1본의 같은 배관을 통하여 보일러로 보내는 방법은 단관식으로서 근래에는 사용하지 않고 있다.

(3) 복관 진공환수식 증기배관

증기보일러에서 발생하는 증기압력은 대기압 전후부터 높은 경우는 수백 기압까지 있으나 공기조화에서 사용하는 압력은 1000kPa 이내이다. 사용압력에 따라 100kPa 이상은 고압, 100~10kPa의 범위를 저압으로 분류한다.

100kPa부터 대기압 이하(진공압)까지의 증기를 이용하여 환수관 측에 진공펌프를 사용한 방식을 진공식이라 부르며, 고압과 저압의 구분은 명확히 규정되어 있지 않다. 고압증기의 응축수는 자기 보유압력이 대기압보다 높은 경우가 대부분이며 자력에 의해 보일러로 환수될 수 있으나 100kPaG 이하의 증기환수관에서는 응축수의 회수를 확실히 하기 위하여 증기 사용장소에서 보일러까지의 환수관을 하향 구배로 하거나 환수관의 말단에 진공펌프를 설치하여 증기측 압력과 진공압의 차압에 의해 강제적으로 응축수를 회수하는 방법이 있다.

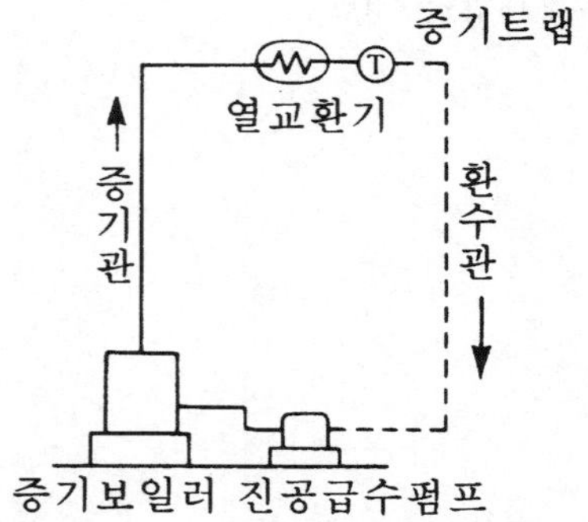

그림 8-31 복관 진공환수식 증기배관 시스템

이러한 배관방식을 복관 진공환수식 증기배관이라 하며 진공펌프의 진공도는

-2kPa~2.5kPa 정도이다. 응축수는 응축수 탱크에 저장된 후 급수펌프로 가압하여 보일러에 급수한다. 진공펌프와 급수펌프를 동일축으로 하여 응축수탱크와 일체로 한 펌프를 진공급수펌프라 하며 널리 사용되고 있다.

증기표(발췌)

게이지 압력[kPa]	온도[℃]	엔탈피 i [kJ/kg]	증발잠열 γ[kJ/kg]
0	100.0	2671	2253
6	102.0	2675	2249
35	108.3	2683	2228
50	111.4	2688	2224
100	120.1	2696	2199
200	133.2	2721	2161
300	143.2	2734	2132
400	151.4	2742	2107
500	158.3	2750	2086
700	169.8	2763	2048
1000	183.3	2776	1998
1500	200.5	2788	1935
2000	213.9	2796	1881

[주] 게이지압력[kPa]=절대압력 -100

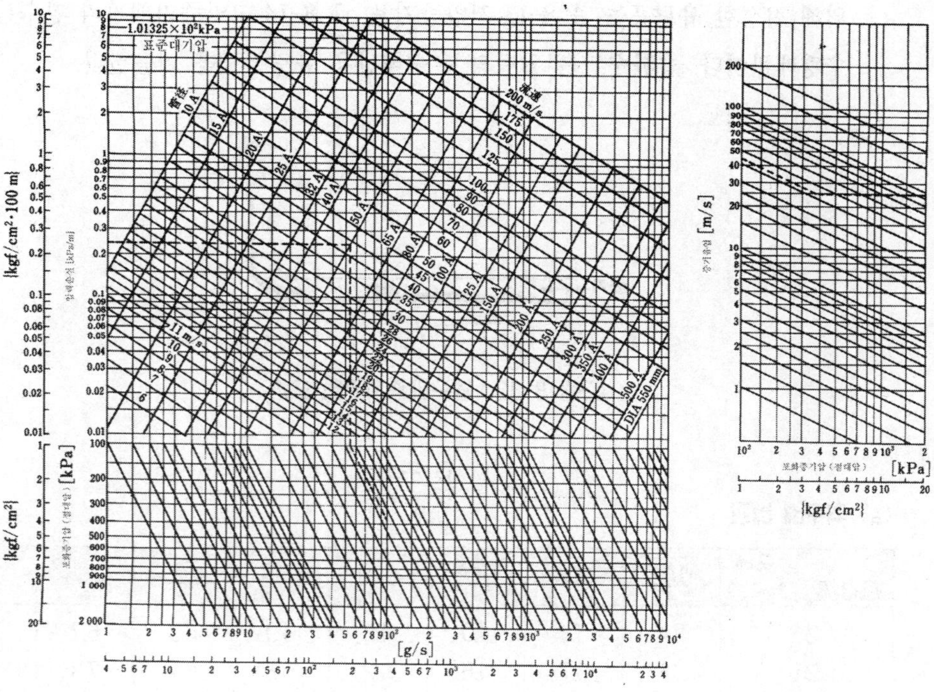

증기유량[kg/h]

그림 8-32 증기유량 선도(ε=0.045mm)

2) 증기배관 유량선도와 환수관 용량표

증기관의 직관 마찰저항에 의한 압력손실은 식 8-7에 의해 구하여지나, 관내 표면의 절대조도 ε=0.045(mm)로 마찰저항선도 그림 8-5의 선도를 이용하여 대기압에서 고압증기 범위까지 선도로 표시한 것이 그림 8-32이다. 증기가 흐르는 방향의 배관을 상향으로 한 역구배의 경우 증기관 표면에서의 방열에 의해 발생한 응축수가 증기관의 흐름방향과 반대가 되어 그림 8-33과 같이 증기의 속도가 빠를수록 응축수의 흐름이 방해되어 스팀해머가 발생한다. 따라서 일정속도 이상의 증기속도는 허용하지 않으며, 이의 제한속도는 표 8-12에 표시되었으나 실용상 안전을 위하여 이보다 낮은 증기속도를 채용한다. 환수관 내의 흐름은 응축수 이외에 응축수에서 재증발한 증기와 공기 등이 같이 흐르게 되며, 이에 대하여 실험과 경험에 의해 작성한 유량표는 표 8-13 저압증기용, 표 8-14 고압증기배관의 환수관 건식 수평배관이다. 습환수관은 일반의 온수배관용 유량선도를 이용한다.

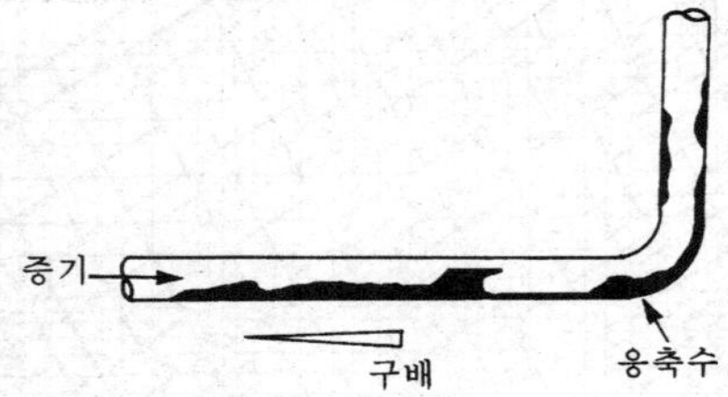

그림 8-33 역구배증기관의 모습

표 8-12

(a) 역구배 배관 〔m/s〕

구배 / 관경(A)	0.02	0.04	0.08	0.12	0.17	0.25	0.35	0.42
20	2.4	3.4	4.0	4.3	4.9	5.2	6.7	6.7
25	2.7	3.7	4.6	5.2	5.8	6.7	7.3	7.6
32	3.4	4.3	5.2	6.1	6.7	7.6	7.9	9.4
40	3.7	4.9	5.8	6.7	7.3	7.9	8.5	10.1
50	4.6	5.5	7.3	8.2	9.1	9.8	9.8	10.1

주) 구배 : 0.01=1/100

(b) 수직관

관 경(A)	20	25	32	40	50	65	80	100
최대속도	9.1	10.3	12.2	13.5	16.0	18.3	19.2	21.9

표 8-13

[kg/h]

방 식		습식 또는 진공식					진 공 식				건 식				
		수 평 관					수 직 관				수 평 관				수직관
압력손실	[Pa/m]	4.9	9.8	19.6	49	98	9.8	19.6	49	98	4.9	9.8	19.6	49	
	{kg/cm²·100m}	0.005	0.01	0.02	0.05	0.1	0.01	0.02	0.05	0.1	0.005	0.01	0.02	0.05	
	20	27	38	53.4	84	119	70	93	146	231	-	-	-	-	21.3
	25	47	71	93	145	212	112	156	251	357	23.6	32.6	41.7	51.7	50.6
	32	81	112	156	251	357	179	251	400	557	51	66	85	106	112
	40	128	180	251	406	557	380	523	835	1,170	78	108	138	168	168
	50	270	381	523	835	1,170	624	880	1,410	1,970	190	236	298	360	337
	65	451	627	880	1,400	1,970	990	1,430	2,230	3,180	293	405	494	596	
	80	709	1,000	1,430	2,240	3,180	1,470	2,110	3,340	4,680	540	720	877	1,100	
	100	1,470	2,060	2,900	4,570	6,450	3,560	5,130	7,920	11,200	1,160	1,520	1,920	2,360	
	125	2,600	3,600	5,120	7,920	11,150	5,800	8,130	13,000	18,200	-	-	-	-	
	150	3,760	5,850	8,130	13,000	18,230	-	-	-	-	-	-	-	-	

3) 배관 관경 결정

(1) 허용압력 강하

증기배관은 보일러에서 발생한 증기압을 이용하여 관내에 증기를 흐르게 하는 것으로 보일러의 발생압력과 배관계의 전압력 강하를 고려하여야 한다. 실용상으로 후자는 전자의 1/2 이하, 보통은 1/3 정도를 이용한다. 일반적으로는 상당관 길이 100m 당 압력손실은 초기 증기압력과 허용압력 강하의 관계를 표 8-15에 나타냈다.

예제 8-26 보일러 초기 증기압 100kPaG, 환수관은 진공 환수식을 채용한다. 보일러에서 가장 먼 곳의 공조기까지의 상당관 길이를 300m로 할 때 증기관의 허용 전 압력강하와 배관길이 100m당 압력강하를 구하시오

풀이 표 8-15에 의해 초기증기압 1atg의 전 압력 강하는 30kPa 진공 환수식에서는 7~14kPa이므로 양자를 고려하여 허용 전 압력 강하는 40kPa로 한다. 따라서 상당배관 길이 100m당 압력손실 R은 다음과 같다.

$$R=\frac{100\times40}{2\times300}=6.67\ \text{kPa}\cdot 100\ \text{m}$$

300×2=600m는 증기관과 환수관의 전상당길이 이다.

(2) 상당관 길이 100m당 압력손실

증기배관과 환수 배관계에는 각종 부속류, 밸브, 기기류 등이 접속되어져 있으며 이들 국부저항은 그림 8-6에 의해 구할 수 있다. 보일러에서 가장 먼 증기공급 개소까지의 직관길이를 Lm로 하고, 이 구간의 국부저항 전 상당 길이를 L'm로 할 때 배관 100m 당의 압력손실 RkPa · 100m는 다음 식에 의해 구한다.

$$R=\frac{100\Delta P}{L=L'} \quad \cdots\cdots (8\text{-}34)$$

ΔP : 허용 전 압력 강하[kPa]

각기 국부저항의 상당길이는 L'를 구하기에는 복잡하므로 경험적으로 직관부 길이에 대한 국부저항 비율 a로 하여 경험적인 표 8-16에 의해 구한다.

$$L'=aL,\ L+L'=(1+a)L \quad \cdots\cdots (8\text{-}35)$$

증기관의 100m 당 압력 손실 R이 구하여지면 환수관측도 이와 동일한 R의 값을 이용한다.

표 8-14 고압증기 환수의 건식 수평배관 유량표

[kg/h]

리턴 압력	공급 압력	압력손실 [Pa/m]	압력손실 {kg/㎠·100m}	관경(A) 15	20	25	32	40	50	65	80	100	150	200
0kPa(G) {0kgf/㎠G}	35(0.35)	15	0.0144	109	231	454	953	1,440	2,830	4,530	8,160	16,800	50,100	103,700
		60	0.058	236	508	975	2,040	3,070	6,030	9,660	17,200	35,400		
		240	0.23	499	1,090	2,060	4,310	6,440						
	100{1.05)	15	0.0144	43	95	181	381	576	1,130	1,830	3,270	6,760	20,090	41,600
		60	0.058	95	204	390	816	1,230	2,870	3,860	6,890	14,200		
		240	0.23	204	430	825	1,720	2,590						
	210{2.1)	15	0.0144	27	59	113	236	354	698	1,120	2,010	4,160	12,400	25,600
		60	0.058	59	127	240	503	958	2,380	4,250	8,700			
		240	0.23	124	268	508	1,060	1,590						
	340{3.5)	15	0.0144	19	41	81	168	254	503	807	1,150	2,990	8,890	18,400
		60	0.058	42	91	172	363	544	1,060	1,710	3,050	6,260		
		240	0.23	91	190	363	762	1,140						
	690{7.0)	15	0.0144	13	28	54	113	172	340	544	980	2,020	5,990	12,400
		60	0.058	28	61	118	245	367	721	1,150	2,060	4,240		
		240	0.23	60	131	247	512	771						
	1,030{10.5}	15	0.0144	10	22	45	91	140	276	445	798	1,650	4,900	10,100
		60	0.058	23	50	95	200	300	590	1,680	3,460			
		240	0.23	49	104	204	422	635						
100kPa(G) {01.05kgf/㎠G}	690{7.0}	15	0.0144	25	54	109	227	340	667	1,070	1,920	3,960	11,700	24,200
		60	0.058	54	118	227	480	726	1,450	2,270	4,020	8,250	24,300	50,000
		240	0.23	118	254	480	998	1,500	2,920	4,670				
	1,030{10.5}	15	0.0144	19	42	82	172	258	508	816	1,450	3,000	8,890	18,300
		60	0.058	42	90	177	363	549	1,060	1,710	3,040	6,260	18,400	37,900
		240	0.23	90	190	363	762	1,130	2,220	3,540				

주) 1. 공급압력[kPa(G)] {kgf/cm^{2}G}

2. 공란은 유속 35m/s을 초과하는 것으로 다른 압력손실과 관경을 이용한다.

		환수압 0atg												환수압 0atg						환수압 0atg					
공급 압력		0.35atg			1.05atg			2.1atg			3.5atg			7.0atg			10.5atg			7.0atg			10.5atg		
압력 손실*1		0.0144	0.058	0.23	0.0144	0.058	0.23	0.0144	0.058	0.23	0.0144	0.058	0.23	0.0144	0.58	0.23	0.0144	0.058	0.23	0.0144	0.058	0.23	0.0144	0.058	0.23
관경 (A)	15	109	236	499	43	95	204	27	59	124	19	42	9	13	28	60	10	23	49	25	54	118	19	42	90
	20	231	508	1090	95	204	430	59	127	268	41	91	190	28	61	131	22	50	104	54	118	254	42	90	190
	25	454	975	2060	181	390	825	113	240	508	81	172	363	54	118	247	45	95	204	109	227	480	82	177	363
	32	953	2040	4310	381	816	1720	236	503	1060	168	363	762	113	245	512	91	200	422	227	480	998	172	363	762
	40	1440	3070	6440	576	1230	2590	354	958	1590	254	544	1140	172	367	771	140	300	635	340	726	1500	258	549	1130
	50	2830	6030		1130	2870		698	2380		503	1060		340	721		276	590		667	1450	2920	508	1060	2220
	65	4530	9660		1830	3860		1120	4250		807	1710		544	1150		445	1680		1070	2270	4670	816	1710	3540
	80	8160	17200		3270	6890		2010	8700		1150	3050		980	2060		798	3460		1920	4020		1450	3040	
	100	16800	35400		6760	14200		4160			2990	6260		2020	4240		1650			3960	8250		3000	6250	
	150	50100	*2		20090			12400			8890			5990			4900			11700	24300		8890	18400	
	200	103700			41600			25600			18400			12400			10100			24200	50000		18300	37900	

주)*1 압력손실단위[kcal/cm^2 · 10m]

*2 공조부문은 유속 35m/s를 넘는 경우도 있으므로 다른 압력손실과 관경을 이용한다.

표 8-15 일반적으로 사용하는 증기관 내의 압력 강하

초기증기압력		전압력강하		단위마찰손실	
[kPa]	{kgf/㎠}	[kPa]	{kgf/㎠}	[kPa]	{kgf/㎠}
진공환수식		7~14	0.07~0.14	30~60	0.03~0.06
100	1.033	0.5	0.005	7	0.007
135	1.383	10	0.1	60	0.06
200	2.033	30	0.3	230	0.23
300	3.033	30~70	0.3~0.7	500	0.5
700	7.033	100~175	1.0~1.75	500~1,200	0.5~1.2
1,000	10.033	175~200	1.75~2.0	500~2,300	0.5~2.3

표 8-16 배관의 국부저항 할증 비율

배 관 종 류	a
주택 등의 소규모 건물	1.0~1.5
사무실 건축 등의 대건축물	0.5~1.0
기계실	2~3
원거리 배관 약 50m 정도	0.25~0.35
원거리 배관 약 100m 정도	0.1~0.2

(3) 관경의 결정법

예제에 의한다.

예제 8-27 보일러에서 가장 먼 공조기의 공기가열코일에 증기를 공급할 때의 관경을 구하시오 공기가열코일의 열부하는 2,090,000Wh, 증기압력 100kPag, 직관부분의 공조기까지 배관길이는 200m로 하고 국부저항계수는 0.5로 한다.

풀이 소요증기량 산출 그림 8-32의 증기표에 의해 100kPaG 증기의 r=2200kJ/kg에서

$$S = \frac{Q}{r} = \frac{2,090,000}{2,200} = 950.6\ \text{kg/h}$$

또한 직관 전체길이 200m와 국부저항 할증계수 a는 표 8-16에 의해 a=0.5로 할 때 상당관 길이는

$L+L'=(1+0.5)\times 200=300\text{m}$ ·· (8-36)

보일러 압력은 100kPa로 진공환수식을 채용하면 배관길이 100m당 압력손실 R은 예제 8-26에 의해 R=6.67kPa · 100m로 한다. 이상의 값을 이용하여 그림 8-32에서 증기관경을 구한다. 선도사용 방법은 그림 8-34에 나타냈다. 관경은 125A와 100A의 사이에 들어가므로 100A를 사용한다. 따라서 R=8kPa · 100m로 한다. 이때의 관내 유속 38m/s는 압력 0kPaG의 증기의 경우이므로 그림 8-32의 유속보정 선도를 이용하면 27m/s를 구한다. 환수관 관경은 표 8-13을 이용하여 증기관은 R=6.67kPa · 100m이므로 수평관은 R=0.05와 0.1의 사이의 값을 감안하여 50A 수직관은 40A로 한다.

4) 관의 신축과 신축이음

증기, 물, 온수 등의 배관은 상온에서 시공한 후 온도가 다른 유체가 흐르고 있으며 또한 운전 중에 더 내부를 통과하는 유체의 온도가 변화하는 경우가 많다. 또한 1일 운전 중에도 저녁의 공조기 운전정지 후 증기관은 관내에 증기가 전혀 없는 상태가 된다. 이와 같이 관의 사용상태에 따라 관 재료 자체의 온도가 변화하며 이에 의해 관은 신축을 하며 신축량 $\Delta \ell$[m]는 다음 식에서 구한다.

$\Delta \ell = C \cdot L(t_2 - t_1)$ ·· (8-37)

L : 온도t_1℃에서의 배관길이[m]

C : 관 재료의 선팽창계수(표 8-17)

t_1 : 관의 최초온도[℃]

t_2 : 관의 가열 또는 냉각 후의 온도[℃]

예제 8-28 **배관용 탄소강관을 20℃의 상온에서 시공한 후 120℃ 증기를 통과시켰을 때 직관 100m당의 신축량을 구하시오.**

풀이 표 8-17에 의해 탄소강 선팽창계수 C=11.9×10^{-6}m/℃

$\Delta l = 11.9\times 10^{-6}\times 100\times(120-20)$

$= 11.9\times 10^{-6}\times 10^{4} = 11.9\times 10^{-2} = 11.9$ cm

직관의 양끝을 고정하고 배관의 신축을 억제하면 다음과 같은 인장, 압축응력이 발생한다.

$$\sigma = EC(t_2 - t_1) \quad \cdots\cdots (8\text{-}38)$$

σ : 발생응력[kg/cm²]

E : 재료의 영율[kg/cm²]

탄소강 : 1.9×10^6

표 8-17 배관재료의 팽창계수

재료 온도범위	-100~0℃	0~100℃	100~200℃	200~300℃
탄소강(0.3~0.4C)	10.4×10^{-6}	11.5×10^{-6}	11.9×10^{-6}	12.6×10^{-6}
주철	8.3×10^{-6}	10.4×10^{-6}	11.0×10^{-6}	11.7×10^{-6}
동	15.7×10^{-6}	16.6×10^{-6}	16.9×10^{-6}	17.3×10^{-6}
스테인리스강(18-8)	16.2×10^{-6}	16.7×10^{-6}	17.2×10^{-6}	17.6×10^{-6}
알루미늄	21.0×10^{-6}	24.0×10^{-6}	24.7×10^{-6}	25.0×10^{-6}

예제 8-29 예제 8-28 관에서 발생한 열 응력을 구하시오.

풀이 $\sigma = 1.9 \times 10^6 \times 11.9 \times 10^{-6} \times (120 - 20) = 2260\text{kg/cm}^2$

식 8-38과 예제에서 알 수 있듯이 열 응력에 의해 관이 휘거나 고정부위 파손 등이 발생하므로 이를 방지하기 위하여 관의 신축을 흡수하는 신축이음을 관의 도중에 설치한다.

신축이음은 다음과 같은 종류가 있다.

① 벨로즈형

② 팽창엘보형(루프형)

③ 슬라이드형

④ 특수형(볼 조인트 · 스위벨 조인트 등) : 이 중 벨로즈형이 가장 많이 사용된다. 벨로즈형 신축이음은 인청동 또는 스테인리스강으로 제작된 벨로즈의 신축을 이용하여 관의 신축을 흡수하는 것으로 그림 8-35와 같이 단식과 복식이 있으며 단식 1개당 설치 배관길이는 표 8-18과 같다. 팽창곡관형은 그림 8-36과 같이 배관의 중간에 가공한 U자형 또는 루프형을 설치하여 신축을 흡수하는 방식으로 신축부의 길이 ℓ는 다음 식에 의해 구한다.

$$\ell = 73\sqrt{d \times \Delta\ell} \quad \cdots\cdots (8\text{-}39)$$

ℓ : 곡관부의 전 길이[mm]

d : 관의 구경[mm]

$\Delta\ell$: 흡수되는 배관의 신축 변위량[mm]

표 8-18 1개의 단식 접수에 적합한 표준상태에서의 배관 길이

명 칭		15	20	25	32	40	50	65	80	90	100	125	150	200	250	300	350
	A	15	20	25	32	40	50	65	80	90	100	125	150	200	250	300	350
	B	½	¾	1	1¼	1½	2	2½	3	3½	4	5	6	8	10	12	14
최대윤활행정길이(mm)		50						75				100			125		
최고사용 온도별 배관길이 (m)	100℃ 이하	28						42				56			70		
	100~150℃	21						30				42			50		
	150~180℃	15						22				30			57		

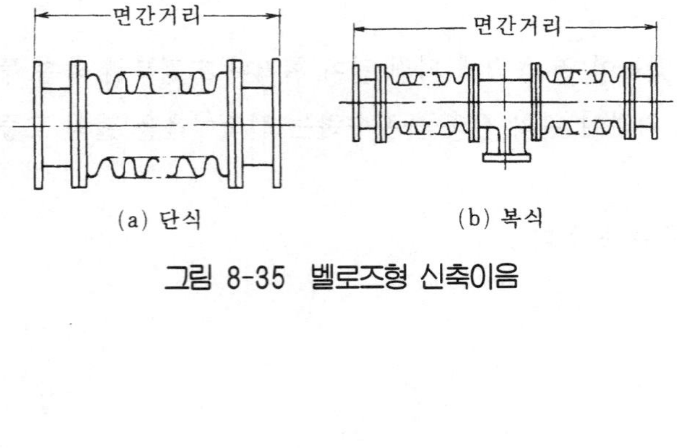

(a) 단식 (b) 복식

그림 8-35 벨로즈형 신축이음

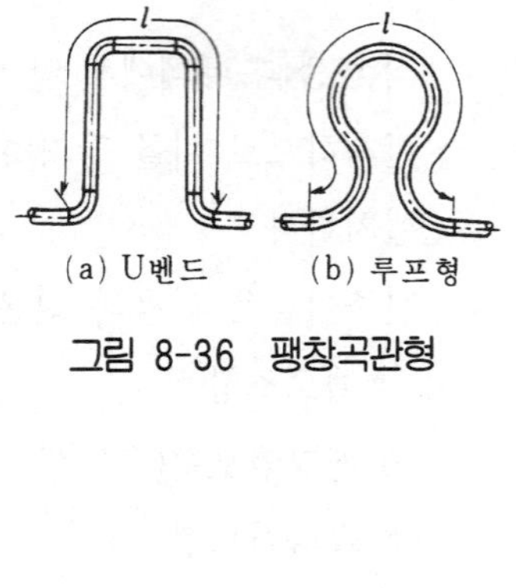

(a) U벤드 (b) 루프형

그림 8-36 팽창곡관형

예제 8-30 관경 100A의 강관에 120℃의 증기를 통과할 때 신축계수를 선정하시오. 표 8-18에 의해 30m당 1개의 단식 또는 60m당 1개의 복식이음을 사용한다.

풀이 배관길이 60m당 패창곡관을 이용하는 경우 관의 신축량 $\Delta \ell$ 은

$\Delta \ell = 11.9 \times 10^{-6} \times 60 \times (120 - 20)$

$= 7.14 \times 10^{-2} = 71.4\ \text{mm}$

관경 D=100일 때 식 8-39에 의해

$\ell = 73 \times \sqrt{100 \times 71.4} = 6168\ \text{mm} \fallingdotseq 6.2\ \text{m}$

벨로즈형에 비하여 큰 설치공간이 필요함

5) 증기배관의 부속품

(1) 증기 트랩

증기트랩은 증기배관계에서 증기와 온수를 분리하여 응축수 만을 환수관에 보내도록 하는 기기로서 다음과 같은 종류가 있다.

① 열동 트랩
② 버켓 트랩
③ 플로트 트랩
④ 충격식 트랩

위의 트랩은 각기 그림 8-37과 같은 구조로 되어 있으며 공기통과 여부 등의 기능상에도 차이가 있다. 트랩의 응축수 통과량은 트랩 전 후 압력차에 따라 표 8-19에서와 같이 크게 차이가 발생한다. 따라서 증기 배관계 설계시 증기관측과 응축수 측의 압력차를 조사할 필요가 있다.

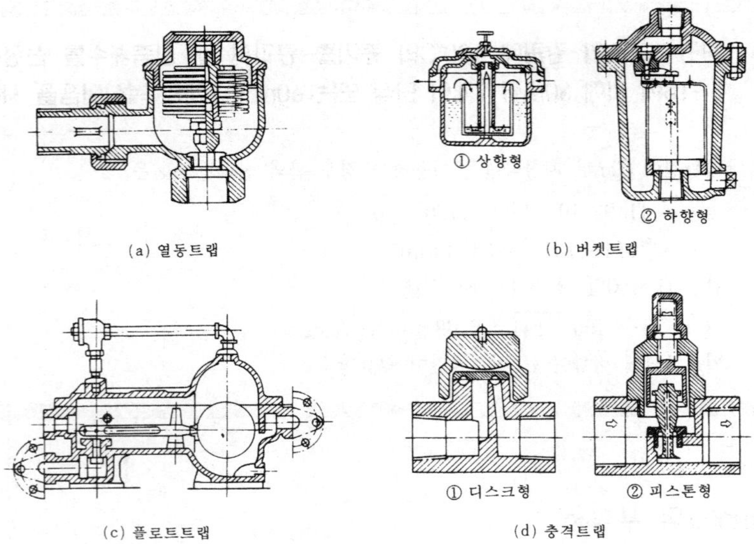

그림 8-37 증기트랩

표 8-19 증기트랩 용량표

(a) 열동트랩 [kg/h]

호칭[A] \ 압력차[kPa]	35	140	420
15	340	570	1380
20	455	780	2150
25	680	1270	3080
32	820	1550	4350
40	1140	2140	5450

(b) 버켓트랩

호칭[A] \ 압력차[kPa]	50	100	200	400	700
15	114	155	202	256	308
20	204	276	360	457	548
25	315	427	558	708	849
32	456	617	806	1020	1226
40	812	1100	1435	1820	2185
50	1270	1720	2245	2850	3420

(c) 플로트 트랩

호칭[A] \ 압력[kPa]	10	30	50	100	200	400
15, 20	540	930	1190	1610	2100	2700
25, 32	1080	1860	2380	3220	4200	5400
40, 50	1620	2790	3570	4830	6300	8100
65, 80	2700	4650	5950	8050	10500	13500

증기발생의 초기에는 설계유량에 비하여 많은 응축수가 발생하며 이를 신속히 환수관으로 이송시키지 못할 경우 증기 공급에 장애가 발생하고, 또한 초기에는 설계시의 압력차가 유지되지 않는 등의 이유로 증 트랩 용량 선정시 설계 응축량의 2~3배의 안전계수를 곱하여 구한다.

예제 8-31 예제 8-27의 공기 가열코일 출구의 증기트랩의 형식, 크기를 결정하시오.

풀이 설계 응축수량 950.6kg/h, 안전계수 3배로 하면
950.6×3=2852kg/h
보일러 증기압 100kPaG, 환수관 압력 26kPa에서
배관계 전체의 압력차는 126kPa
예제 8-27에서 배관계 전체의 압력손실을 40kPa로 하며 그 외에 공기 가열 코일입구의 압력손실 50kPa의 자동제어 밸브를 설치할 때 실제 증기트랩 전 후의 압력차는
126-(50+40)=36kPa
로서 대단히 작은 값이며 이에 의해 배출량이 많은 증기트랩을 선정한다. 따라서 유량 2852kg/h, 압력차 36kPa에 상당하는 증기트랩을 표 8-19에 의해 선정하면 구경 40A또는 50A의 플로트트랩이 된다.

(2) 감압 밸브

대형건물과 공장 등은 보일러에서 고압 증기를 발생시켜 증기 사용장소까지 공급한 후 감압 밸브를 사용하여 실제 사용 압력으로 감압하여 이용한다. 감압 밸브는 벨로즈형, 다이어프램형, 피스톤형의 3종류가 있으며 이들은 밸브 전후

의 압력차에 의해 증기를 통과시키며 이때의 압력 강하를 조절하여 2차측(저압측)의 압력이 일정하도록 하는 것으로서 1차측 절대압에 대하여 2차측의 절대압이 50%이상 큰 경우와 적은 경우에 따라 밸브구경의 선정기준이 다르다. 그림 8-38은 이를 고려한 감압밸브 선정선도이다.

예제 8-32 예제 8-27의 증기는 압력 500kPaG로서 보일러에서 공기코일까지 공급하여 100kPa으로 감압하여 가열코일에 공급할 때 감압 밸브의 구경을 구하시오.

풀이 1차측 증기와 2차측 증기 압력은 다음과 같다.

500+100=600[kPa] abs

100+100=200[kPa] abs

1차, 2차측의 압력비는

$$\frac{2.033}{6.033} = 0.337$$

50% 이하이므로 유량 950.6kg/h 그림 8-38(c)에 의해 호칭경 50A로 한다.

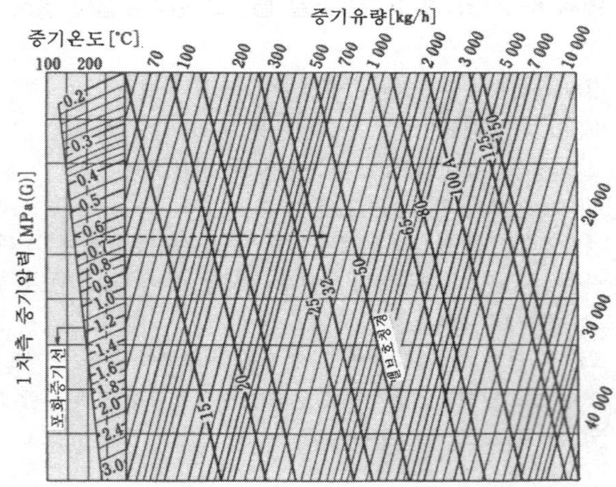

그림 3-38(a) 증가용감압밸브선종선도 2차측 절대압이 1차 측 절대압의 50% 이하의 경우

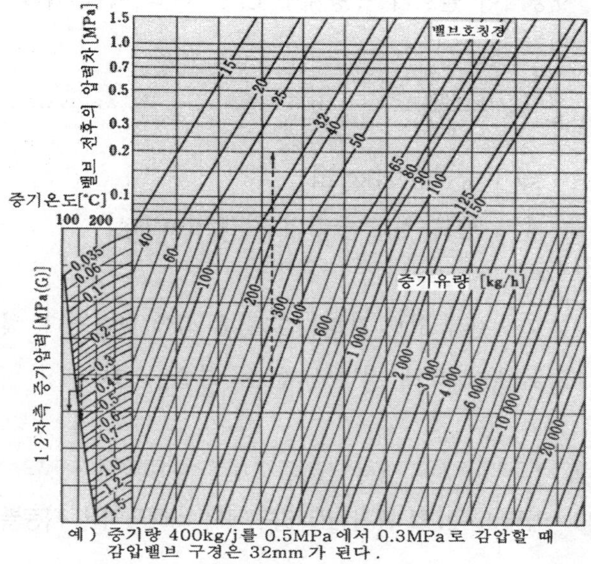

그림 3-38(b) 증가용감압밸브선종선도 절대압으로 2차측이 1차측의 50% 이하의 경우 ($1kgf/cm^2 ≒ 0.098MPa$)

(3) 증기용 자동제어 밸브

증기분사 가습과 같이 2위치 제어의 경우 전자밸브를 이용하여 자동제어를 하는 경우가 많으며 이 때 전자밸브의 구경은 접속 관경과 같게 한다. 경제적인 구경을 선정하고자 할 때는 입구압력의 20%정도의 압력강하를 이용한다. 비례제어의 경우 가능한 자동제어 밸브의 압력강하가 클수록 제어성이 좋아지므로 그림 8-39에서와 같이 밸브 입구와 기기출구의 압력차의 50~80%를 제어밸브 압력강하 ΔP로 한다.

$$\Delta P = (0.5 \sim 0.8) \times (P_1 - P_2) \, [kPa]$$

ΔP는 입구증기의 절대압의 $\frac{1}{2}$ 이상 일 것.

자동제어 밸브의 유량계수 C_v는 다음 식에 의해 구한다.

$$C_v = \frac{0.036Q\sqrt{V}}{\sqrt{\Delta P}} \quad \cdots\cdots (8\text{-}40)$$

Q : 증기유량[kg/h]

V : 밸브 입구 증기의 비체적[m^3/kg]

$\sqrt{V}$와 한계 압력 강하는 그림 8-41에 나타냈다. 윗식에 의해 구한 C_v값에서 표 8-20에 의해 적당한 밸브구경을 구한다.

예제 8-33 예제 8-27의 증기 코일입구에서 비례제어용 자동밸브 구경을 구하시오.

풀이 보일러 증발압력 100kPa, 증기관 압력손실 20kPa로 할 때 자동제어 밸브입구 증기압은 80kPa이 된다. 환수관측은 진공환수로서 환수관 말단에서 -27kPa이다. 여기에 환수관 압력손실 20kPa을 고려하면 증기트랩 출구는 -7kPa이 된다. 자동제어 밸브는 이의 50% 정도의 압력차를 보유하기 위하여 50kPa 이용한 것으로 한다. 밸브 입구압력 80kPaG의 $\sqrt{V}$는 그림 8-41에 의해 1.0이 된다.

따라서 이 값을 식 8-40에 대입하면

$$C_v = \frac{0.036 \times 950.6 \times 1}{\sqrt{0.5}} = 48.4$$

따라서 표 8-20에 의해 C_v=40, 구경 50A 복좌 2방 밸브으로 한다.

표 8-20 C_v 값의 표

밸브종류 \ 크기	A	15	20	25	32	40	50	65	80	100
	B	$\frac{1}{2}$	$\frac{3}{4}$	1	$1\frac{1}{4}$	$1\frac{1}{2}$	2	$2\frac{1}{2}$	3	4
2방 밸브	단좌밸브	1,2.5,4	6.3	10	16	25	40	63	90	160
	복좌밸브			10	16	23	40	63	90	
3방 밸브	단좌밸브	4	6.3	10	16	25	40	63	100	160

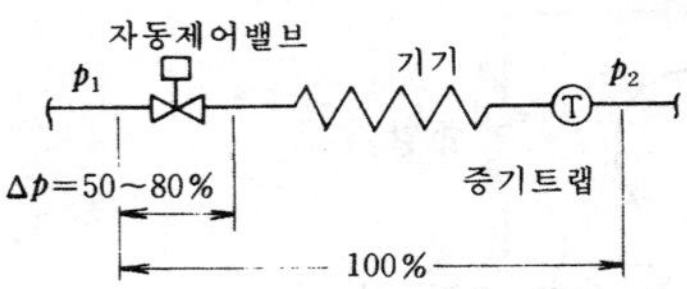

Δp는 입구증기 절대압의 $\frac{1}{2}$을 넘지 않을 것

그림 8-40 증기용 자동제어밸브의 전후압력차

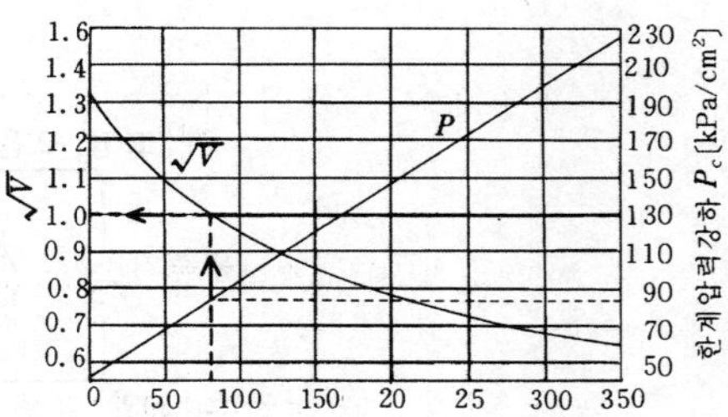

그림 8-41 $\sqrt{V}$와 한계입력

5. 냉매배관

1) 증기압축식 냉동사이클

공조설비에서 이용되는 냉동기는 크게 증기압축식과 흡수식으로 나누며 전자는 압축기의 형식에 따라 회전식(로터식), 왕복동식, 스크류식, 원심식(터보식) 등으로 분류된다. 이들 냉동기의 대부분은 시스템을 구성하는 냉매배관이 기계에 내장되어져 있으며 특히 냉매배관을 별도로 설계시공하는 경우는 극히 적어졌다. 본 절에서는 100RT 이하의 증기압축식 냉동사이클의 냉매배관에 대하여 설명하며, 이에 대한 냉동사이클 개요는 그림 8-42와 같으며 시스템 각 부분을 흐르는 냉매의 상태는 다음과 같이 변화한다.

① 압축기－응축기 : 고온 고압 가스냉매(토출관)

② 응축기－팽창밸브 : 고온 고압 냉매액(액관)

③ 팽창밸브－증발기 : 저온 저압 냉매액(액관)

④ 증발기－압축기 : 저온 저압 가스냉매(흡입관)

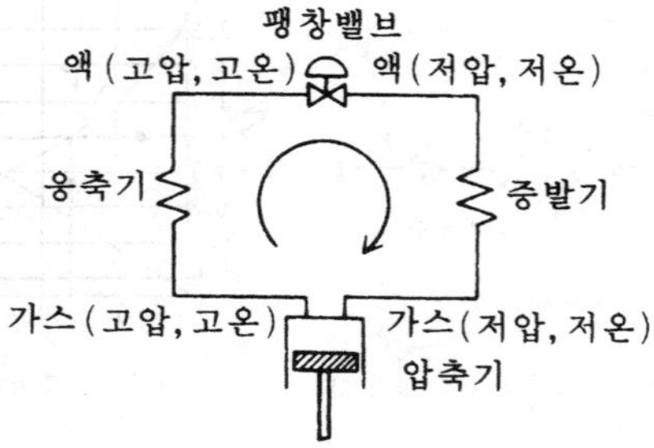

그림 8-42 증기압축식 냉동사이클과 냉매의 상태

표 8-21 냉매배관의 압력손실과 냉동기 능력 변화

증발온도		5℃		-33℃	
		능력	동력	능력	동력
온도차 0℃		100	100	100	100
1℃	흡입관 토출관	96.9	104.9	93	104.0
2℃	흡입관 토출관	93.6	109.4	86.5	108.0

표 8-22 냉매 R-12배관의 허용 압력강하와 관내 유속

	압력강하[kPa]	유속[m/s]	포화온도 강하[℃]
토출관	15~30	10~17.5	0.5~1
흡입관	12.5	6~20	1
액 관	20	0.5~0.125	

이와 같이 하나의 냉동사이클을 형성하기 위하여 냉매의 상태는 액체, 기체, 고압, 저압, 고온, 저온의 여러상태로 변화하며 냉매의 압력과 온도 변화에 따라 냉동기 능력의 변화, 냉매와 같이 순환하는 윤활유의 횟수 등의 수증기 배관에서는 볼 수 없는 특수한 조건을 고려하여 냉매배관을 설계, 시공하여야 한다.

2) 냉매배 관계의 허용 압력강하

냉매배관은 온도와 압력의 변화에 따라 배관 내의 냉매가 일부 증발 또는 응축하며 흡입관과 토출관의 압력손실은 직접 압축기능력에 영향을 준다. 표 8-21은 흡입관, 토출관에서 냉매온도가 1℃ 또는 2℃ 변화하는 경우의 압축기능력과 소요동력의 변화를 나타냈으며 증발온도가 낮을수록 냉매온도 변화의 영향이 큰 것을 알 수 있다. 이와 같이 냉매의 온도변화는 흡입관과 토출관의 압력손실에 의해 발생하는 것이므로 토출관의 길이는 그다지 길지 않고 냉매의 온도 변화도 비교적 적으나 흡입관은 증발기와 압축기의 설치위치와 거리에 따라 관내를 흐르는 동안에 압력과 온도 변화가 크게 발생한다. 그러므로 냉매 배관은 각 상태의 관에 대하여 전체온도 변화가 0.5~1℃ 이하가 되도록 설계하는 것이 일반적이다.

표 8-23 R-12흡입관, 토출관, 액관의 능력

배관크기 [mm]			흡입관 $\Delta T = 2°F = 1.12$℃					토출관			액배관		
			흡입압력 포화온도[℃], ΔP=kPa					흡입압력 포화온도[℃] $\Delta T = 1°F = 0.56$℃ $\Delta P = 25$ kPa			호칭경	액속도 30.4m/min	ΔP=13 kPa ΔT=0.56 ℃
B	외경	두께	-40 ΔP=3.3	-28.9 ΔP=4.9	-17.8 ΔP=6.9	6.7 ΔP=9.4	4.44 ΔP=12.4	-40	-17.8	4.44			
⅜	12.7	0.89	-	-	-	0.19	0.27	0.36	0.39	0.43	⅜	1.06	1.85
½	15.88	1.02	-	0.16	0.24	0.35	0.51	0.66	0.73	0.80	½	2.90	3.64
¾	22.22	1.14	0.23	0.38	0.59	0.91	1.33	1.73	1.91	2.10	¾	6.02	9.56
1	28.58	1.24	0.47	0.77	1.20	1.84	2.71	3.58	3.92	4.25	1	10.20	19.86
1¼	34.92	1.40	0.79	1.36	2.13	3.20	4.77	6.01	6.65	7.31	1¼	15.57	34.43
1½	41.28	1.52	1.28	2.14	3.35	5.11	7.47	9.75	10.84	11.84	1⅓	22.18	55.01
2	53.98	1.78	2.64	4.46	7.01	10.56	15.48	19.86	22.04	24.14	2	38.53	113.85
2½	66.68	2.03	4.74	7.92	12.48	18.95	27.32	35.07	38.80	42.53	2½	59.29	203.11
3	79.38	2.29	7.67	12.57	19.86	30.24	43.72	56.47	62.57	68.58	3	84.70	323.33
4	104.78	2.79	15.85	26.41	41.72	62.85	91.54	116.58	129.3	142.09	4	148.46	683.10
5	130.18	3.18	28.87	47.45	74.05	112.03	163.94	210.40	233.2	255.02			
6	155.58	3.58	40.27	77.42	119.31	179.43	257.76	331.53	367.93	402.57			

［주］1) 흡입포화온도차에 상당하는 압력차를 30.4m의 배관 길이에서의 능력

2) 응축온도는 40, 56℃(105℉)

표 8-22는 냉매 R-12에 대하여 허용 압력강하와 관내 유속을 나타냈다. 이러한 사항을 고려하여 냉매배관의 용량표 예를 R-12에 대하여 표 8-23에 나타냈다.

표 8-24 R-12 배관의 응축온도 변화에 대한 계수

배관	응축온도(℃)								
	25	30	35	40	45	50	55	60	65
흡입관	1.13	1.09	1.04	1.00	0.95	0.91	0.86	0.82	0.77
토출관	0.79	0.86	0.93	0.99	1.07	1.13	1.19	1.26	1.33

3) 냉매배관 관경의 설계

표 8-23의 냉매배관 용량표는 표에 표시된 온도차 또는 압력차를 3.04m의 상당관 길이에서 냉매반송량 능력을 내는 것으로서 배관의 상당길이와 응축온도, 허용온도차가 다른 경우에는 보정하여야 한다. 배관의 상당길이 L_e가 다른 경우 실제 반송능력은 다음 식에 의해 구한다.

$$\text{실제의 반송능력} = \text{표의 RT} \times \left(\frac{30.4}{L_e} \times \frac{\text{실제온도차}}{\text{표의 온도차}}\right)^{0.55} \quad \cdots\cdots (8\text{-}41)$$

$$\text{실제의 온도차} = \text{표의 온도차} \times \frac{L_e}{30.4} \times \left(\frac{\text{실제의 RT}}{\text{표의 냉동톤}}\right)^{1.8} \quad \cdots\cdots (8\text{-}42)$$

또한 응축온도가 표 8-23에서와 같이 40.65℃와 다른 경우 표 8-24의 계수를 표 8-23의 값에 곱산 것이 실제 용량이 된다.

예제 8-34 냉동용량 30 일본RT, 증발온도 3℃, 응축온도 42℃, 배관의 상당길이 50m의 경우 냉매 R-12의 각 부분 배관관경을 구하시오

풀이 표 8-24에 의해 응축온도 42℃를 표 8-23의 40.56℃의 경우로 환산한다. 환산계수는 표 8-21에 의해 구한다.

흡입관 $1-\frac{1-0.95}{5}\times(42-40)=0.98$

흡입관 $0.99+\frac{1.07-0.99}{5}\times(42-40)=1.022$

흡입관 30÷0.98=30.61(RT)

토출관 30÷1.022=29.32(RT)

① 흡입관

표 8-23에서 흡입 포화온도 4.44℃ 칸을 참고하면 관경은 3B로 구한다. 흡입포화온도 4.44℃와 -6.7℃에서 3℃의 경우의 용량을 구하면

$$43.72-\frac{43.72-30.24}{4.44-(-6.7)}\times(4.44-3)$$

$$=43.72-\frac{13.48}{11.14}\times1.44$$

$$=43.72-1.74=41.98(\mathrm{RT})$$

배관 내 실제의 온도차를 식 8-42에 의해 구하면

실제의 온도차$=1.12\times\frac{50}{30.4}\times\left(\frac{30.61}{41.98}\right)^{1.8}=1.043℃$

따라서 관경 3B 흡입관의 실제 반송능력은 식 8-41을 이용하여

실제 반송능력$=41.95\times\left(\frac{30.4}{50}\times\frac{1.043}{1.12}\right)^{0.56}=30.7(\mathrm{RT})$

흡입관경은 3B로 한다.

② 토출관

표 8-23의 토출배관의 흡입 포화온도 4.44℃ 관에 의해 관경을 $\frac{1}{2}$B를 선택한다.

식 8-42를 이용하여 실제 배관의 온도차를 구한다. 표 8-23의 4.44℃와 -17.8℃에서 2 $\frac{1}{2}$B의 토출관 용량 42.53RT와 38.8RT에 의해 3℃에서의 용량을 구하면

$$42.53-\frac{42.53-38.8}{4.44-(-17.8)}\times(4.44-3)=42.31[\mathrm{RT}]$$

또한 응축온도에 대하여 보정한 실제 톤 수는 29.35[RT]로 구하므로 이를 식 8-42에 대입하면

실제의 온도차$= 0.56 \times \frac{50}{30.4} \times \left(\frac{29.35}{42.31}\right)^{1.8} = 0.477℃$

실제의 반송능력$= 42.31 \times \left(\frac{30.4}{50} \times \frac{0.477}{0.56}\right)^{0.55} = 29.46℃$

따라서 이 결과에 의하면 $2\frac{1}{2}$B는 용량 부족하며 토출관경도 3B로 하여야 한다.

③ 액관

표 8-23의 액배관 ΔP=13kPa의 칸에서 $1\frac{1}{2}$B가 적합하다. 액배관의 속도 V=30.4[m/min]의 칸은 수액기의 발생가스를 액배관을 통하여 응축기에 되돌리기 위한 최대 속도로서 30.4m/min을 채용한 경우의 용량임. 이는 수액기 주위온도가 응축온도보다 높은 수냉응축기의 경우에 사용한다.

4) 더블 라이저 시스템

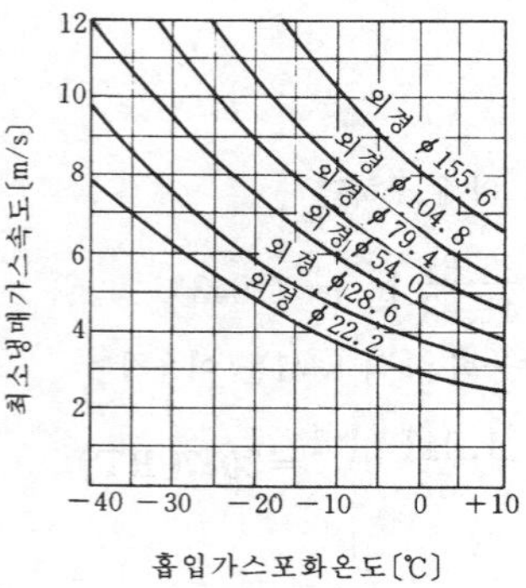

그림 8-43 최소오일 상승가능 흡입과 입상관내 가스속도(R-12)

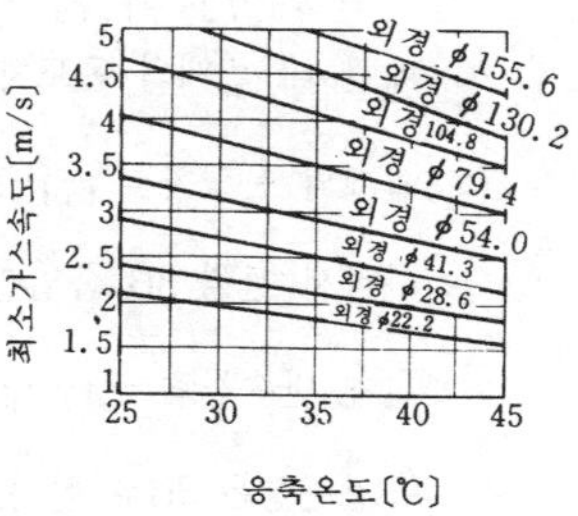

그림 8-44 토출입상관의 최소오일 입상가스속도(R-12)

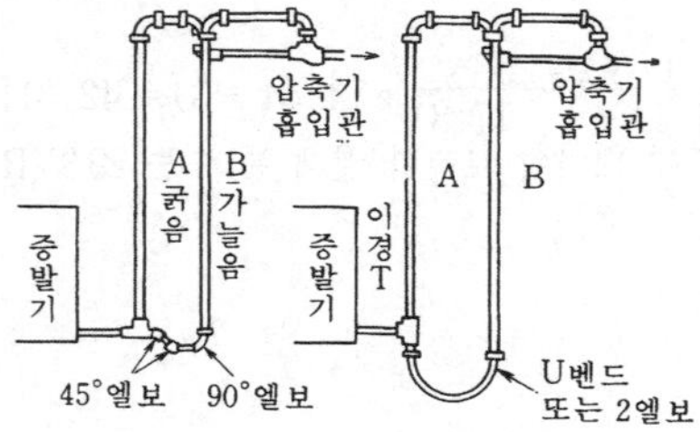

그림 8-45 더블라이저

프레온계 냉매를 사용하는 압축기는 윤활유가 냉매와 같이 토출되어 응축기 증발기를 경유해서 압축기로 되돌아간다. 따라서 윤활유가 냉매배관계에서 순조롭게 순환하여 압축기에 되돌아가고 도중에 윤활유 정체가 되지 않도록 배관하여야 한다. 입상배관은 냉매증기가 오일을 압상할 수 있는 정도의 속도가 필요하며 그림 8-43은 냉매 R-12에 대하여 흡입 입상관의 오일 회수를 위한 최소가스속도를 나타내며 그림 8-44는 같은 토출관에 대한 내용이다. 특히 흡입관으로부터는 필히 압축기로 오일이 되돌아가야만 하기 때문에 냉동기의 최대용량시와 최소용량시에도 이 속도를 유지하여야 한다. 이를 위하여 그림 8-45에서와 같이 최소용량시에는 그림의 가는 관 A를 통하여 냉매의 입상 최소속도를 확보하고, 최대용량시에는 굵은 관 B와 가는 관 B를 동시에 사용하여 윤활유를 돌려보낸다.

이와 같이 흡입 입상관을 굵은 관, 가는 관 2개로 하는 것을 더블라이저라 한다. 입상관에서 흡입 수평관에 이동하는 수평관은 압축기 쪽으로 순구배로 하여 윤활유가 압축기로 되돌아가도록 한다.

이상과 같은 방법은 토출관에 대하여도 같으며, 액관에서는 냉매 중에 윤활유가 녹아 있으므로 위와 같은 것이 필요 없다.

9 열원용량의 결정

제 9 장 열원용량의 결정

1. 열원부하의 요소

열원장치의 부하는 크게 공조공간의 부하와 외기 부하로 나누어지며, 여기에 공조를 하기 위한 제설비에서 발생하는 열 손실(취득)량을 더한다. 이러한 부하구성을 그림 9-1에 나타냈다. 공조공간의 부하는 각 실의 부하계산에 의해 산출되며 공조반송계에서의 열 손실(취득)은 부하계산 과정에서 개략치로 계산하는 경우가 대부분이다. 덕트계에서의 열 손실(취득)은 덕트 표면에서의 열 이동과 공기누설에 의한 것으로 덕트의 가공정밀도, 보온의 시공정밀도, 덕트의 길이, 덕트가 배치된 주위온도, 덕트 내 공기압에 의해 차이가 있으며 개략치로서 하절기에는 실내 현열 부하의 10%, 동절기에는 10~15%정도를 고려한다. 덕트 길이가 길거나 주위온도가 높은 경우에는 개략 계산을 하여 보정을 한다. 조정된 공기를 운반하기 위한 송풍기의 가동에너지는 송풍기 온도를 올리는데 소비되며 이의 열량도 부하로서 더하여야 한다. 특히 송풍기 정압이 높은 경우 소비에너지가 많으므로 이를 확인하여야 한다. 또한 송풍기 설치 위치에 따라 송풍기 가동에너지의 부하처리는 다음과 같다.

① 송풍기를 냉각코일 앞에 설치하는 경우 : 압입 방식(blow through system)이라 하며, 송풍기에서의 발생부하는 냉각코일부하에서 제외한다.

② 송풍기를 냉각코일 뒤에 설치하는 경우 : 흡입 방식(draw through system)이라 하며, 압입 방식과 비교하여 송풍기에서의 발생에너지는 코일과 실내간의 부하가 되므로 냉각코일 출구온도는 이만큼 낮추어서 송풍하여야 한다. 공조시스템에서 코일 출구온도제어(노점제어)를 할 경우 송풍량을 증가열량만큼 늘려야 한다.

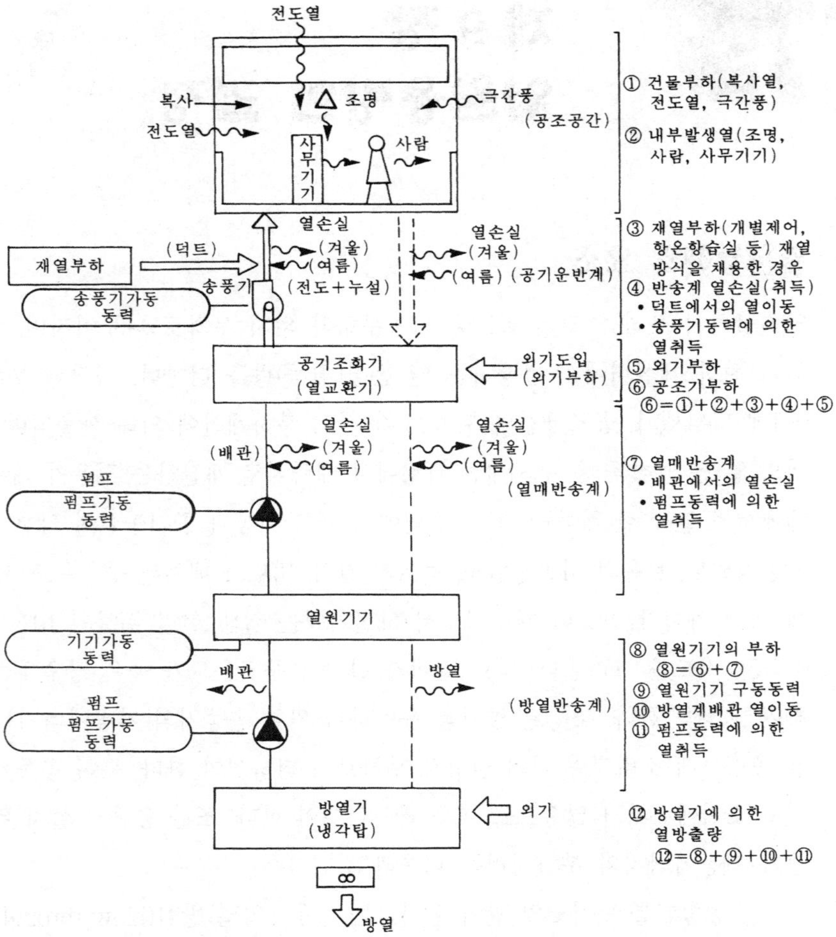

그림 9-1 열원부하의 구성

외기 부하는 재실자의 건강을 유지하기 위하여 필요한 실내 청정도 유지와 산소공급을 목적으로 도입하나 실내외 온습도 차이만큼 공조부하가 된다. 실내부하가 많은 경우 중간기, 동절기에도 냉방이 필요한 경우 외기가 실온보다 낮으면 외기를 냉방용 열원으로 이용 가능하다.(외기 냉방) 일반사무용 건물에서 외기 부하는 부하전체의 30~40% 정도로 큰 비율을 차지하고 있으며 에너지 절약을 위하여는 외기 부하를 감소시키는 것이 큰 효과를 얻을 수 있으며 이에 대한 여러 가지 대책이 있다. 공조기 부하는 그림 9-1과 같이 실내부하, 외기

부하, 송풍기발생부하, 덕트계의 열 손실, 시스템에서의 재열 부하가 있다. 열원부하는 각 공조기 부하 합계와 열매 반송계의 열 손실을 더하여 구한다. 각 공조기는 각 존의 최대부하를 처리하는 능력을 보유하고 있으므로 이를 단순 합계시에는 열원용량이 과대하게 되므로 각 존별, 시간대별 부하 집계에 의해 건물 전체의 최대부하를 구하거나 건물 전체를 하나의 공간으로 하여 계산 또는 개략계산법에 의해 동시부하율을 감안하여 결정한다. 열매 반송계에서의 열 손실(취득)은 덕트계, 배관계의 길이, 주위온도, 보온공사의 시공정도에 따라 차이가 있으며 개략적으로 하절기 2%, 동절기5% 정도를 손실(취득)량으로 한다. 펌프 구동에너지도 유체온도를 상승시키는 요소가 되므로 냉수의 경우 이에 대한 열량도 부하로 더하여야 한다. 온수의 경우 펌프 구동에너지는 여유측에 들어가므로 무시하거나 정밀한 계산의 경우는 이에 해당하는 만큼을 부하에서 제한다.

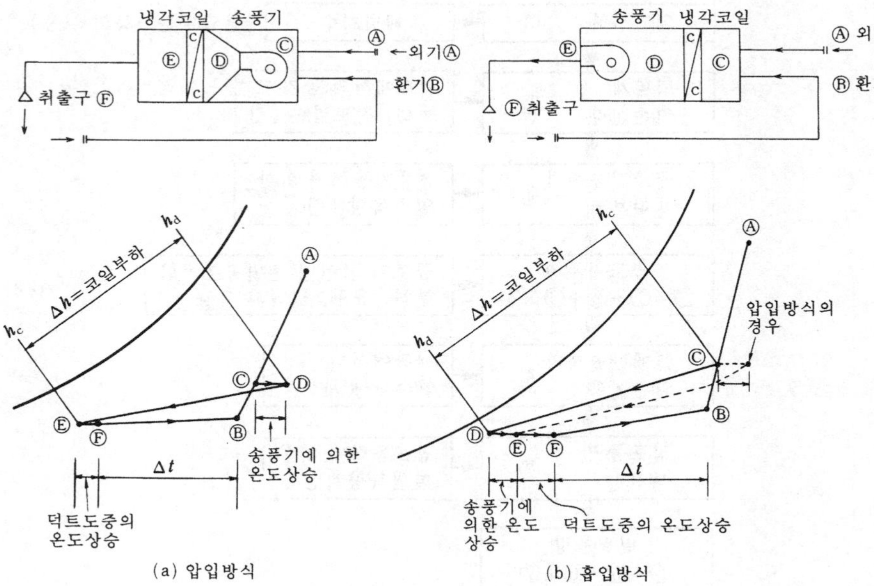

그림 9-2 송풍방식의 개요

2. 열원부하의 계산

열원부하는 앞 절에서 기술한 각 요소를 계산하는 것으로 구체적인 순서는 그림 9-3과 같다.

1) 공조공간부하

부하 계산에 의해 건물 전체의 최대 부하를 구한다.

2) 외기 부하

외기 부하는 다음 계산식에 의해 구한다.

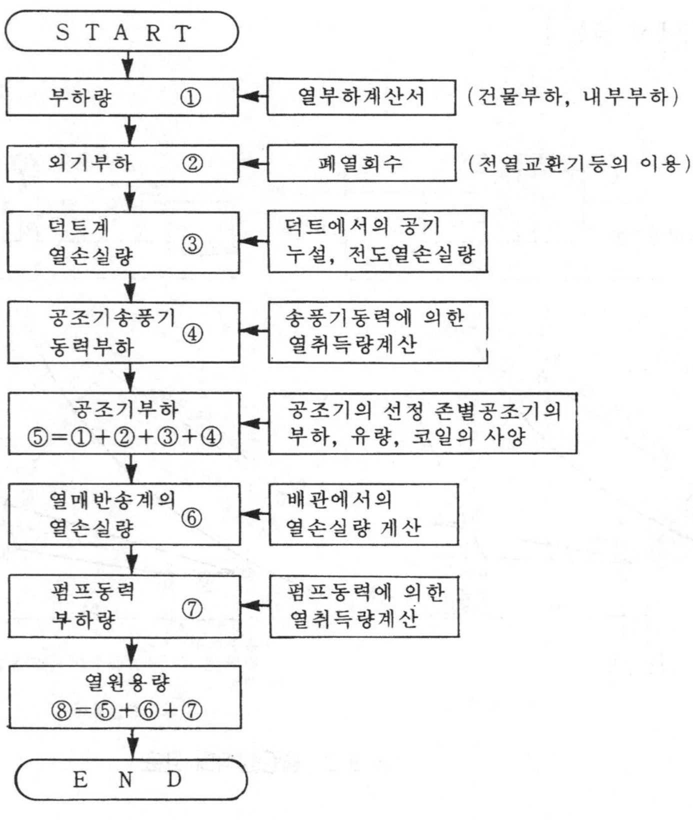

그림 9-3 열원 용량계산 FLOW

$$L_{oA} = Q_o \times \Delta h \times 1.2 \quad \cdots\cdots (9\text{-}1)$$

Q_o : 외기도입량[m³/h]

Δh : 엔탈피차

$$\Delta h = h_{oA} - h_r \, [\text{kJ/kg(DA)}]$$

외기도입량은 실의 사용목적, 사용상황 등에 따라 다르나 사무소 건물의 경우 1인당 20m³/h로 하며 대도시의 시가지에서는 1인당 30m³/h 정도가 필요하다. 외기부하(냉방의 경우)는 그림 9-4에서와 같이 일반 사무실 건물에서는 전체부하의 30~40% 정도가 되므로 부하경감을 위하여 전열교환기를 이용하는 경우가 많다. 전열교환기는 공기중의 현열 외에 수분도 교환하는 공조설비의 배기열 회수장치로서 에너지 절약에 크게 공헌하고 있으며 통상 외기와 배기의 엔탈피 차이 중 65~85%를 회수 가능하다.

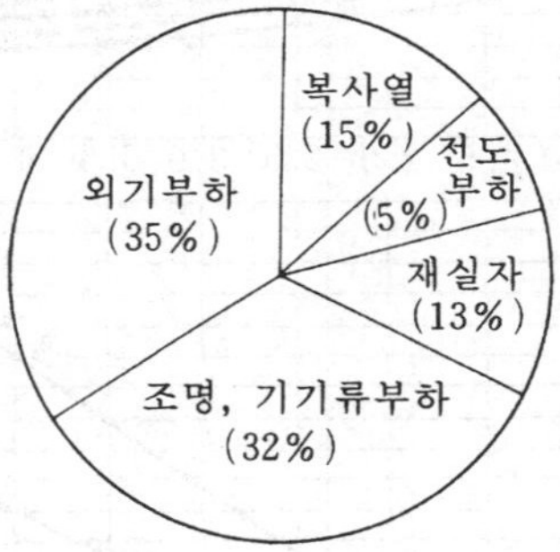

그림 9-4 일반사무실의 부하구성 예(전열교환기 사용하지 않는 경우)

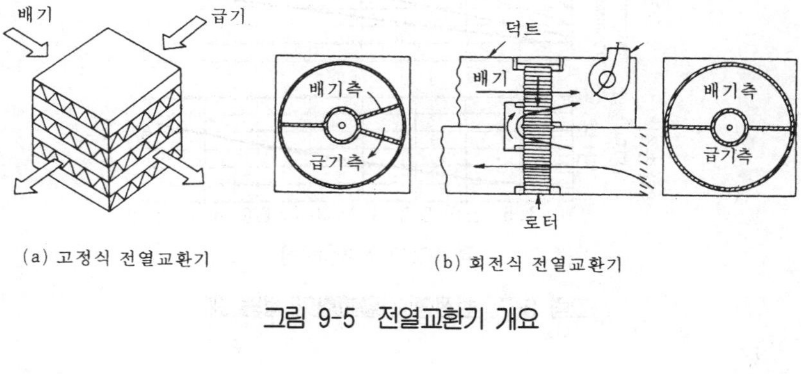

그림 9-5 전열교환기 개요

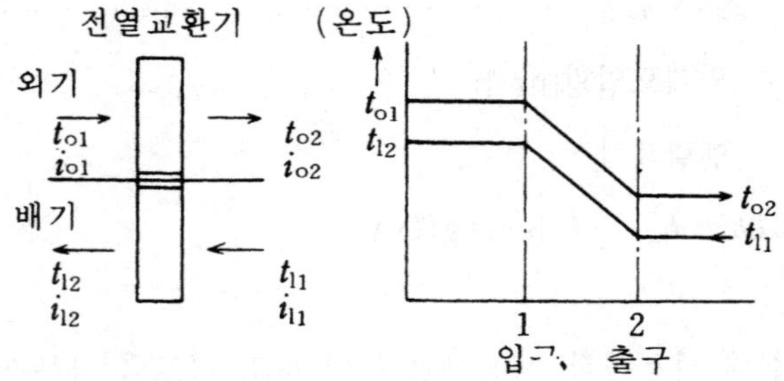

그림 9-6 전열교환기의 출입구 온도조건

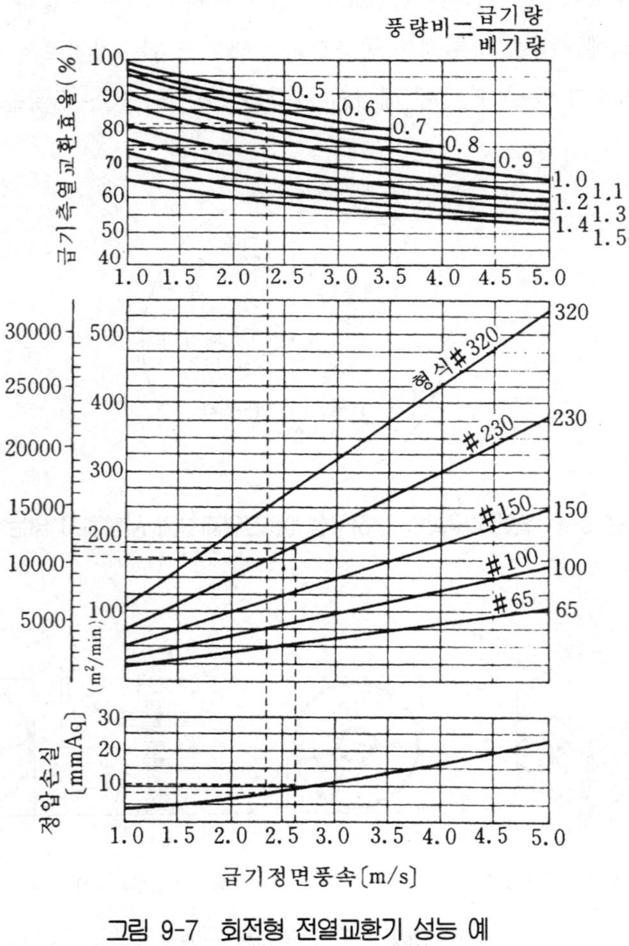

그림 9-7 회전형 전열교환기 성능 예

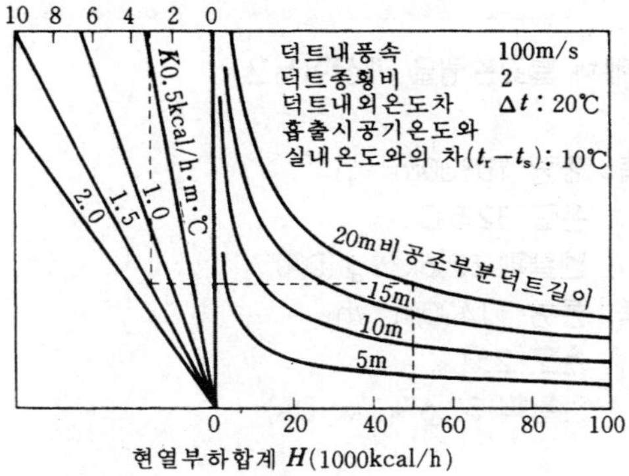

V, Δt의 값이 위 그림과 다를 경우 보정치

Δt \ V	5	10	15	20
15	0.86	0.75	0.62	0.53
20	1.14	1.00	0.82	0.71
25	1.43	1.25	1.03	0.89
30	1.71	1.50	1.23	1.06

그림 9-8 덕트 열손실 선도

전열교환기는 회전형과 고정형이 있으며 회전형은 원판상의 열교환부, 구동장치, 케이싱으로 구성되어져 있고 엘리먼트는 석면 등에 염화리듐(LiCl)을 침투시켜 건조 결정화한 형식이 많이 사용된다. 전열 교환기의 효율은 다음 식으로 표시된다.

$$\eta = \frac{t_{o1} - t_{o2}}{t_{o1} - t_{l2}} = \frac{t_{l2} - t_{l1}}{t_{o1} - t_{l1}} = \frac{t_{o1} - t_{o2}}{h_{o1} - h_{l2}} \quad \cdots\cdots (9\text{-}2)$$

t_{o1} : 외기 입구온도[℃]

t_{o2} : 외기 출구온도[℃]

t_{l1} : 배기 입구온도[℃]

t_{l2} : 배기 출구온도[℃]

h : 엔탈피[kJ/kg(DA)]

전열교환기의 선정은 제조회사의 카탈로그를 이용하며 그림 9−7은 회전형 전열 교환기 성능의 예를 나타냈다.

예제 9-1 다음 조건에서 열교환량을 계산하시오.

<조 건>

외기측 : 풍량 10800m³ /h
온도 32.5℃
엔탈피 82.6kJ/kgf(DA)

배기측 : 풍량 11400m³ /h
온도 26℃
엔탈피 52.67kJ/kg(DA)

풀이 처리공기(외기)의 풍량에 의해 형식 230을 선택한다. 교점에서 수직으로 올리면 풍량비의 선에 도달한다. 본 문제는 풍량비가 0.95이므로 효율은 80%이며 외기출구상태(엔탈피)는

$h_{o2} = h_{o1} - \eta(h_{o1} - h_{l1})$

$= 82.6 - 0.8(82.6 - 52.67) ≒ 58.66$kJ/kg(DA)

공조공간조건을 25℃, 50%RH로 할 때 외기부하 감소율은 80%가 된다.

$$\frac{58.66 - 52.67}{82.6 - 52.67} ≒ 20$$

3) 덕트계에서의 열 손실(취득)

덕트계에서의 열 손실은 덕트 표면 내외의 온도차에 의한 전열손실, 덕트에서의 누설, 송풍기가동 동력에 의한 온도 상승분에 대한 손실에너지 등을 말한다. 일반적으로 덕트는 아연도금 철판으로 만들어지며 제작공법, 제작정밀도, 전체길이 덕트 내정압에 따라 누설량은 크게 차이가 나며 누설량은 피츠버그공법은 5~10% 정도, 버튼펀치공법은 10~15% 정도이다. 전열 열손실은 보온시공정도, 주위온도와 길이에 따라 다르며 정확한 값은 계산에 의해 구하여지나 통상은 실내 현열에 대한 비율로 구하며 그림 9-8은 계산도표이다.

4) 송풍기 동력부하

송풍기로부터의 취득열량은 부하 계산시 특별한 계산을 하지 않고 실내 현열 부하에 대하여 5~10% 정도를 송풍기 동력에 의한 부하로 계산하는 것이 일반적이다. 그러나 송풍 시스템계의 총 저항이 크고 송풍기 전압이 높은 경우 송풍기 동력에

의한 부하가 예상 값보다 크게 되므로 최종적으로 점검하여야 한다. 점검시 개략 계산법은 다음과 같다.

송풍기 축동력 〔kW〕 $= \dfrac{Q \times P}{\eta_f}$ ………………………………………… (9-3)

Q : 풍량[m³/sec]

P : 전압[Pa]

η_f : 송풍기 효율

식 9−3은 송풍기 모터와 벨트 구동장치가 공조기의 외부에 설치되어 송풍기에 열적인 영향을 주지 않는 경우의 계산식이다. 축동력에 800w/kW를 곱하여 구한 열량의 최초 부하계산시 가정한 값보다 큰 경우 보정을 한다. 송풍기 정압이 1kPa 이상인 경우 실내 현열 부하에 대하여 송풍기 동력에 의한 열량증가가 10% 이상 되므로 주의를 요한다. 모터와 동력 전달장치가 송풍공기 흐름의 중간에 설치되어져 있는 경우에는 그림 9−9에 의하며 송풍기 동력은

$$[\text{kW}] = \frac{Q \times P}{\eta_m \times \eta_t \times \eta_f}$$

가 된다

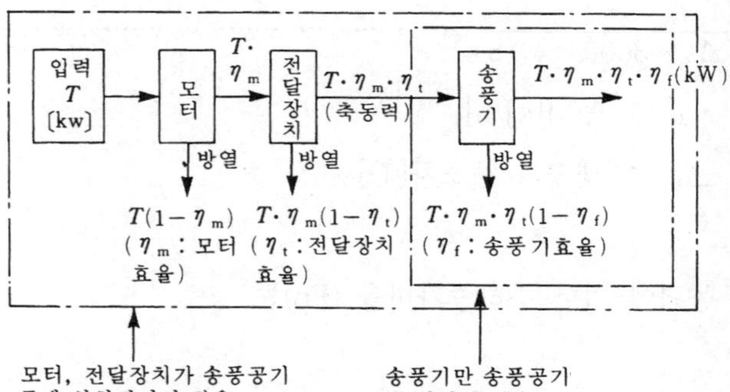

그림 9-9

5) 공조기 부하

2-1~4의 합계가 공조기 부하가 된다.

6) 열매 운송계 부하

열매 운송계에서의 열 손실(취득)은 배관표면에서의 전열손실을 말하며, 이는 보온공사의 시공정밀도, 주위온도, 전체길이에 의해 차이가 있고 정확한 계산은 어려우나, 냉방시는 공조기부하의 5~10%, 난방시(온수)는 10~15% 정도로 한다.

7) 펌프 동력부하

펌프 동력(출력)은 순환수에 압력을 주는 것으로 최종적으로는 열로 변한다. 따라서 냉수의 경우 펌프 출구수온이 상승하여 냉동기 부하가 되며 이는 다음 계산식에 의해 구한다.

$$\text{펌프출력 [kW]} = \frac{\rho \cdot g \times Q \times H}{\eta} \quad \cdots\cdots (9\text{-}4)$$

ρ : 유체의 밀도[kg^3/m^3]

Q : 유량[m^3/s]

H : 수두[mAq]

$$Q = \frac{w}{\Delta t \times 3600 \times 4.18} \quad \cdots\cdots (9\text{-}5)$$

w : 부하[kJ/h]

Δt : 냉수의 온도차[℃]

펌프 동력에 의한 부하증가비율 (Fp)는

$$Fp = \frac{kW \times 860}{w} \quad \cdots\cdots (9\text{-}6)$$

식 9-4, 9-5를 식 9-6에 대입하면

$$Fp=0.234\times\frac{1}{\eta}\times\frac{H}{\Delta t}$$

보건용 공조에서 ΔT는 5℃ 정도이므로 펌프효율을 60%로 할 때의 부하증가를 산출하면 표 9-1이 된다. 통상 펌프의 수두가 20~40mAq 정도일 때 증가분을 2~3% 정도로 하며 역으로 온수의 경우 이 열량분 만큼 온열원 용량에서 제한다.

표 9-1 펌프 동력에 의한 증가분

수 두[mAq]	10	20	30	40	50	60	70	80	90
부하증가[%]	0.8	1.5	2.3	3.1	3.9	4.7	5.4	6.2	7.0

8) 열원 부하

열원 부하는 위의 2.5)~7)의 합계이나 2.5)의 공조기부하(냉방부하의 경우)는 각 존별의 최대부하를 기본으로 하여 각 공조기의 부하를 단순합계 한 경우 열원부하가 과대하여진다. 이를 방지하기 위하여 표 9-2의 방법에 의해 부하집계를 한다. 표 9-2에서 냉동기의 부하 산정 시 동시부하율을 도입하나 이에 대하여는 다음과 같다. 재실자, 조명, 사무기 등의 발열은 건물 전체의 경우 최대 부하 시 건물 전체가 설계대로 사용되어지지 않고 직원의 외출, 미사용 공간의 소등, 사무기기류의 일부 미사용 등의 요소를 감안한 부하 감소비율을 동시부하율이라 하며 이를 고려하여 냉동기 용량을 적감 시킨다. 또한 표 9-2에서와 같이 각 공조기별 최대유량 합계와 냉동기에 흐르는 유량에는 차이가 있으므로 배관계 설계시 배관 각 부의 유량산정은 그림 9-10을 사용한다.

주관부 유량=펌프 유량
분지부 유량=접속된 공조기의 최대 유량 합계×동시 유량 계수
공조기 주변=각 계통별 최대 유량

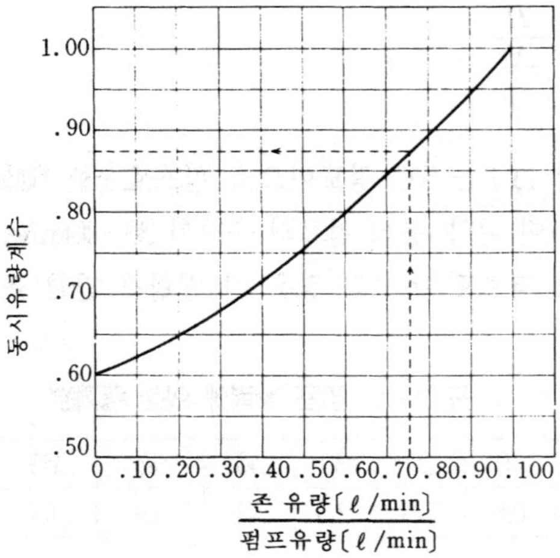

그림 9-10 배관각부의 유량산정도

표 9-2 열원부하집계의 예

공조기 계통명	최대부하 시각	존 최대부하 〔W〕	존 최대냉수량 〔ℓ/min〕	건물전체로서 최대부하 시의 부하 〔W〕	건물전체로서의 최대유량 〔ℓ/min〕
A (동)	9 : 00	100,000	330	60,000	200
B (서)	16 : 00	200,000	660	200,000	660
C (남)	12 : 00	80,000	270	50,000	170
D (북)	16 : 00	60,000	200	60,000	200
E (내주)	16 : 00	120,000	400	120,000	400
F (외주)	16 : 00	120,000	400	120,000	400
합 계		680,000	2260	610,000	2,030

각 공조기 용량　　　　　　　　　냉동기 부하

동시 부하율 0.95로 하면

2차 측 부하 610,000×0.95=580,000W

운송계 부하(6%일 때) 35,000

냉동기 부하 615,000W

냉 수 량 2,030ℓ/min

정류량 방식(3방변 제어)의 경우 냉동기의 유량도 각 공조기의 최대 유량의 합계로 하여야 한다. 열원부하(냉동기)가 결정되면 방열기(냉각탑 또는 공냉응축기)의 용량 결정을 할 수 있으며, 냉각탑의 경우 방열량은 냉동기 부하, 냉동기 구동동력, 운송계 열 손실의 합계이다.

표 9-2의 예제의 경우 다음과 같다.

냉 동 기 용 량	6,105,000W(160USRT)
냉 동 기 입 력[1]	185kW
운 송 계 손 실[2]	0
계	751,000W(≒200USRT)

[주] 1) 터보냉동기로 가정함
2) 배관에서의 방열과 펌프동력에 의한 열취득을 동일하다고 가정함

냉각수량(온도차 5℃로 한다) $\frac{751,000}{5\times60\times1.163}$ ≒2,150 ℓ/min

3. 축열조의 계획

1) 축열의 목적

축열시스템은 에너지의 수급과 조정을 목적으로 설치되며 이는 간헐적인 자연에너지와 불안정한 폐열 이용, 사용전력량의 평준화를 위한 심야전력 이용 등을 위하여는 축열조 시스템이 필수적이다. 또한 에너지공급시 수요 측이 시간대에 따라 변동이 큰 경우 축열조 설치에 의해 열원용량을 줄일 수 있으며 동시에 열원기기의 고효율 운전에 의해 에너지절약을 기할 수 있다. 건물의 공조시 수요측의 특성은 다음과 같다.

① 부하가 계절에 따라 변화한다.
② 부하의 일일 변동폭이 비교적 크다.
③ 건물의 용도에 따라 공조시간대가 다른 부분이 있다.

이와 같은 부하변동에 대응 할 수 있도록 열원기기의 용량제어장치를 설치하여야

하며, 이를 위하여 축열시스템의 채용 목적은 다음과 같은 시스템 운영상의 문제점을 해결하고 경제성향상과 에너지의 유효 이용을 위하여 채용한다. 축열조를 설치하지 않은 시스템에서의 문제점은 다음과 같다.

① 건물의 피크부하에 대처 가능한 용량의 열원기기가 필요하다.
② 열원기기의 저 부하 운전시 효율이 저하하여 단위 부하 당 에너지 소비량이 많아진다.
③ 용도에 따라 공조시간대가 다른 부분은 계통별 열원기기가 필요하다. 이러한 내용을 해결하고 경제적인 운전을 할 수 있도록 축열시스템을 도입한다.

2) 축열시스템과 축열 방법

축열 시스템은 열원장치, 저장장치, 방출기구와 이들을 연결하여 열매체를 순환시키는 배관계통으로 구성되어져 있다. 공조설비에서는 열매체로 물을 사용하며 열원의 저장 장치로는 건물 최하부의 2중 슬래브를 수조로 이용하는 방법이 가장 많이 사용되고 있으며 이에 대한 개념도는 그림 9-11에 나타냈다. 축열 장치는 소규모 용량에 다량의 열에너지를 저장하는 것이 가장 바람직하며 열매체로의 구비조건은 표 9-3에 정리하였다. 열에너지 저장방법은 여러 가지 방법이 있으며 이에 대하여는 표 9-4에 표시하였다. 현실적으로 표 9-3을 만족하는 열매체는 극히 적으며 목적에 적합한 필수조건을 선정하여 결점을 보완하여 사용한다. 일반공조의 경우 열원의 종류, 필요 온도수준, 건물의 구조와 공간 등을 감안하여 현재 물의 사용이 특수한 경우를 제외하고는 가장 많이 채택되고 있다. 물의 이용에는 잠열이용과 현열 이용이 있으며, 국내에서는 축열 공간이 비교적 적은 빙축열 방식의 채용이 주로 되고 있다. 빙축열은 물의 응축잠열을 이용한 축열 방식으로서 제빙방법과 물의 사용방법 등에 따라 여러 종류가 있으며 표 9-5는 대표적인 빙축열 방식의 종류를 나타냈다. 빙축열 방식의 최대 특징은 동일 축열 용적에 대하여 축열량이 수축열 방식에 비하여 대단히 크다. 물 1kg당의 축열량은 물의 이용 온도차를 5℃로 할 때 21kJ 정도이나 0℃의 물 1kg의 융해 잠열은 335kJ/kg이므로 융해 후 수온 상승분까지 고려하면 큰 축열량이 된다. 또한 저온도의 냉수공급이 가능하여 냉수의 큰 온도차를 이용한 공조시스템 채용이 가능하며 이는 반송 동력의 절감이 가능하다. 제빙용 냉동기의 냉매증발 온도는 −10∼−15℃ 정도이므로 냉동기의 성적계수가 비교적 낮은 단점이 있으나 저온 급기 시스템 채용, 냉동기의 외기 온도가 낮을 때의 야간운전, 주간 운전시 증발온도의 상승 등을 통하여 단점을 개선하여 사용하는 것이 바람직하다.

다음은 수 축열을 중심으로 기술하였다.

표 9-3 축열매체의 구비조건

- 축열매체
  - 물리적성질
    - 단위체적당 축열량이 클 것
    - 열의 출입이 용이할 것
    - 취급이 용이할 것
  - 경 제 성
    - 가격이 저렴할 것
    - 자원이 풍부하여 장래에도 대량입수가 가능할 것
  - 신 뢰 성
    - 화학적으로 안정될 것
    - 부식성이 없을 것
  - 안 정 성
    - 독성이 없을 것
    - 폭발성이 없을 것

표 9-4 축열의 종류

- 축 열
  - 열에너지로 저장
    - 현열 이용
      - 액 체
      - 고 체
    - 잠열 이용
      - 상 변 화
      - 천 이
  - 화학에너지로 저장
    - 희석열의 이용
    - 화학반응의 이용

표 9-5 빙축열의 종류

- 간접방식
  - 수 동 형
    - 아이스온 코일형
      - 직 팽 식
      - 브라인식
      - 히트파이프
    - 아이스인 튜브형 – 브 라 인
    - 슬리트 아이스형 – 브 라 인
  - 능 동 형
    - 하베스트 아이스형-직팽식
    - 리퀴드 아이스형-브라인
    - 샤베트 아이스형-브라인

직접방식-능동형-샤베트아이스형-직접접촉.

3) 축열 시스템의 장점과 단점

축열 시스템의 특징은 다음과 같다.

(1) 장 점

① 설비용량의 축소에 의한 설비비, 운전비의 절감
② 열원기기의 고효율 운전에 의한 에너지절약
③ 심야전력과 피크컷 제도 이용에 의한 운전비 절감
④ 열 회수 방식에 의해 수요와 공급의 에너지균형 조정가능
⑤ 시간 외 운전 등의 부분부하에 대응
⑥ 부하증가에 대응
⑦ 열원기기 고장 대책에 대한 유연성

(2) 단 점

① 축열조 구축비용이 소요됨
② 축열조에서의 열 손실
③ 펌프 동력의 증가(개방식 축열조)
④ 수처리 비용 소요
⑤ 야간 운전 등에 의한 인건비 증가

4) 축열조 성능

축열조 성능의 표시는 축열 효율로 표현하며 수조의 용량결정시 종래의 실측, 경험을 기초로 한 자료를 사용하여 설계를 진행하며 현재는 이론적 해석에 대하여 여러 가지 모델을 정하여 연구를 진행하고 있다. 축열효율에 의한 방법은 완전 혼합조 모델을 기초로 축열조의 용적에서 본래 축열 가능한 열량에 대하여 어느 정도의 열량이 축열되는지의 관점에서 다음과 같은 식이 정의된다.

$$\eta = \frac{Q_r}{Q_{th}} \quad \cdots\cdots (9\text{-}7)$$

η : 축열 효율

Q_r : 실제 축열 또는 방열 되어진 열량

Q_{th} : 이상 상태에서 축열 가능한 열량

여기에 정의된 효율은 축열조 자체뿐만 아니라 주변 시스템을 포함한 효율이며 동일한 축열조인 경우에도 주위의 시스템에 따라 효율이 크게 차이나기도 한다. 실제의 축열과 방열량(Q_r)은 대상시스템의 부하와 운전패턴에 따라 시스템의 주기 정상상태가 되었을 때의 열량으로 한다. 축열 가능 열량(Q_{th})는 축열 매체가 물의 경우 비열이 1이므로 축열조 용량과 설계온도차는 부하 측의 온도차를 축열조 온도차로 한다. 이에 대한 개념을 온도 분포를 이용하여 표시한 것이 그림 9-12이다. 축열효율에 영향을 주는 요소는 다음과 같다.

① 축열조의 성능 : 축열조의 형상, 수량, 연통관의 위치, 크기, 유량, 단열성능

② 시스템의 성능 : 2차 측의 송수온도, 환수온도, 열원측 출입구 온도

실제계획시는 이러한 요소를 검토하여 효율이 우수한 시스템을 설계하도록 한다.

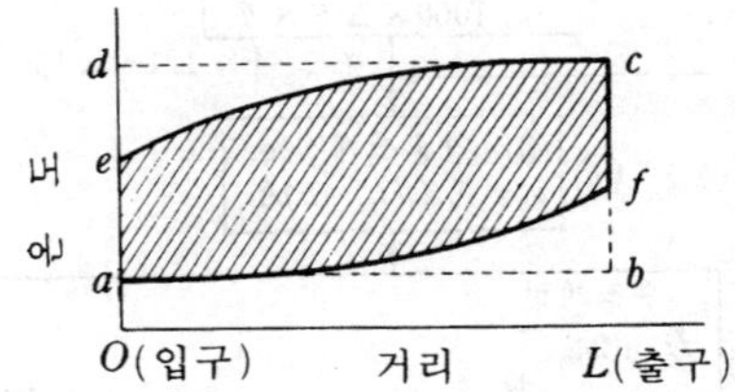

$$\text{효율 } \eta = \frac{\text{실제의 축열량}(afce\text{로 포위된 부분})}{\text{이상 상태의 축열가능한 열량}(abcd\text{로 포위된 부분})}$$

그림 9-12 축열효율의 정의와 개념도

5) 축열 효율에 의한 계산법

축열 효율은 위에서와 같이 용적효율로서 취급되며 축열조의 혼합특성, 유효 용적률, 시스템의 특성(유량변도, 온도변동, 부하 패턴) 등에 의해 결정된다. 축열조로부터의 열 손실은(온도차에 의한 축열조 벽체에서의 열 손실) 부하 측에 가산하여 계산한다.

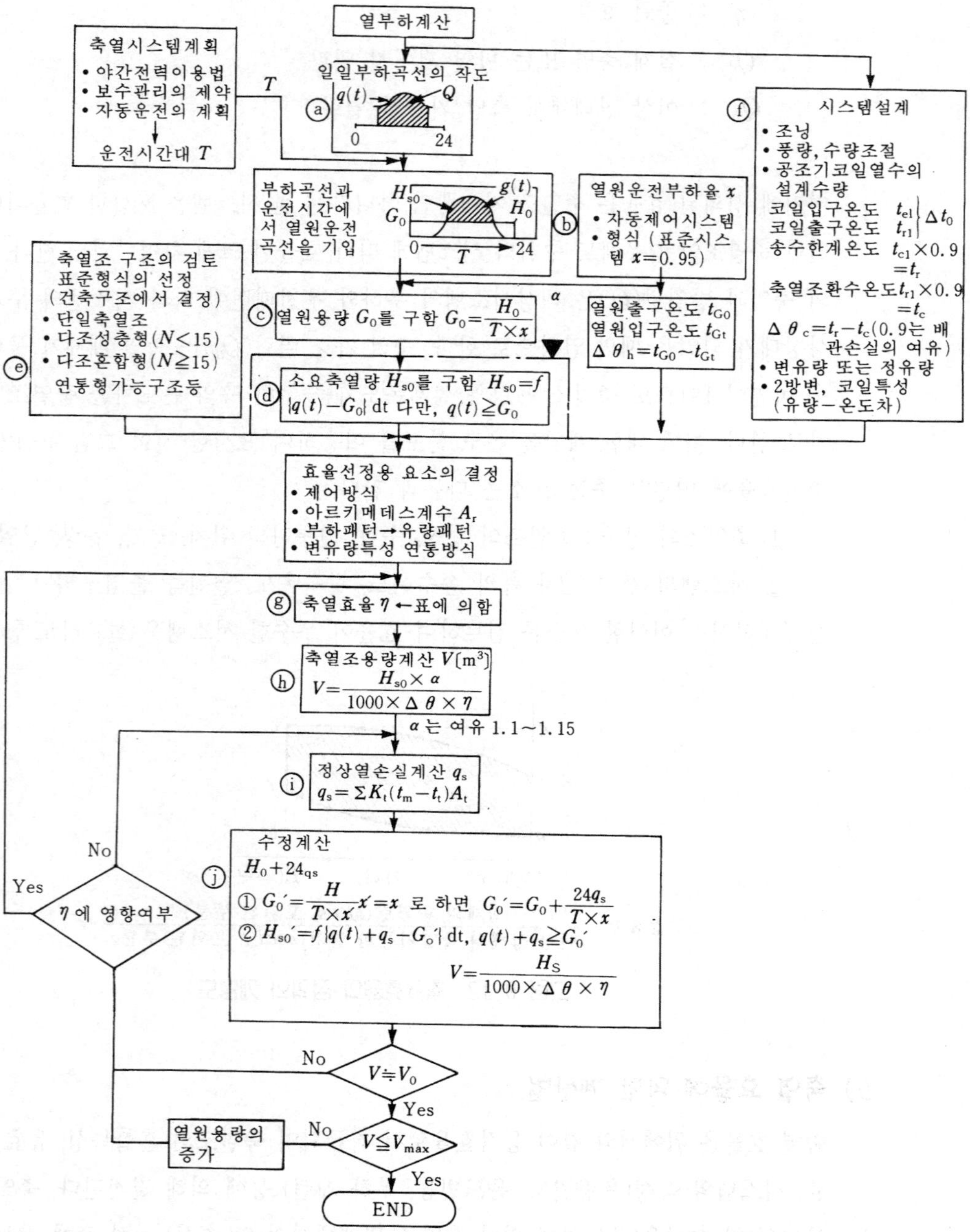

그림 9-13 축열효율법의 개략설계 FLOW

실제의 계산은 간이계산법에 의해 표준시스템을 설치한 축열조의 특성치로부터 축열효율을 정하며 이를 기본으로 시스템 특성을 수정하고 효율을 구하는 방법을 채택하고 있다. 이러한 표준시스템의 조건은 다음과 같다.

① 축열조의 형상은 다수탱크 연속 혼합조형으로 한다.

② 부하 측은 변유량(2방 밸브) 제어와 정유량(3방 밸브) 제어를 동시에 한다.

③ 열원은 출구온도가 일정하도록 입구수온제어를 한다.

④ 부하는 사무소 건물과 같이 주간에 집중하는 형태로 한다.

⑤ 축열조의 연통관은 축열조별 상하 좌우에 설치한다.

(1) 설계순서

이러한 조건에 적합한 시스템의 설계는 그림 9-13의 순서로 진행한다.

① 열부하 계산 : 통상의 부하계산을 1시간마다 하여 최대 부하일의 일일부하 특성곡선을 작성한다.

② 열원 운전곡선의 작성 : 일일부하 특성곡선, 열원기기 용량, 축열량의 관계를 다음 순서로 검토한다.

㉮ 임의의 냉동기 용량 R[W]을 가정한다. 일단계로서 부하패턴에 의하여 최대부하시의 60~70% 정도로 한다.

㉯ 부하특성과 냉동기 용량선에 둘러싸인 부분이 축열하여야 할 열량이다. 이론적으로 부하변동을 식으로 나타내면 소요시간 범위를 적분하여 구한다. 다음 식과 같다.

$$H_{so} = \int \{q(t) - G_o\} dt \quad \cdots\cdots (9\text{-}8)$$

H_{so} =축열 열량

G_o : 냉동기 용량(다만 $q(t) \geq G_o$)

실제로는 위 식에 의해 계산하는 것은 대단히 곤란하므로 매시간 부하열량을 기준으로 근사적인 축열량을 계산한다.

㉰ 축열량 H_{so}를 산출한다.

H_{so}=(1일 부하 열량)-(냉동기 용량)×(공조장치 운전시간 내의 냉동기 운전시간)

㉣ H_{so}와 냉동기 용량 G_o에 의해 냉동기 축열 운전시간을 계산한다.

$$t_{ex} = \frac{H_{so}}{R \times (0.9 \sim 0.95)}$$

t_{ex} : 냉동기 축열 운전시간

R : 냉동기 용량(0.9~0.95를 곱한 것은 축열운전시, 종료 단계시에 성능저하 하므로 전출력에 대하여 부하율을 고려한 값)

㉤ 공조장치 운전시간과 냉동기 축열 운전시간의 합이 24시간 이하가 되는지 확인한다.

㉥ 위의 ①~⑤의 단계를 반복하여 냉동기 용량 변동시의 제반 사항을 파악한다.

③ 열원 용량의 산정 : ②의 단계에 의해 최종 열원장치 용량을 결정한다.

④ 소요 축열량의 결정 : ②, ③의 결정에 의해 축열량을 결정한다.

⑤ 축열조 구조의 검토 : 건물 최하부의 2 중 슬래브를 축열조로 이용하는 경우 이용 가능한 용량이 제한된다. 따라서 어느 정도의 용량이 이용가능한지 검토하며, 검토 순서는 다음과 같다.

㉮ 축열조의 이용가능한 적용적(VG)를 산출한다.

㉯ 전 용적 중 실제 이용가능한 수용적(VW)을 다음 요령으로 산출한다.

㉰ 축열조 수를 규정(6m×6m 크기인 경우 칸막이를 설치하여 2개로 한다)하고 각 축열조 간의 수위차를 1~2cm로 하여 처음과 끝의 전 수위차를 산출한다.

$$h_1 - h_n = \Delta h \times n \quad \cdots\cdots (9\text{-}10)$$

h_1 : 처음의 수위

h_n : 최종의 수위

Δh : 각 축열조 간의 수위 차

n : 축열조 수량

실제의 수용적은 전용적에 의해 수면상부의 공간을 제한한 것으로서 다음 식으로 계산한다.

$$V_w = V_G - \left[A \times \left\{\frac{\Delta h \times n}{2} + C_n\right\}\right] \quad \cdots\cdots (9\text{-}11)$$

V_w : 수용적

V_G : 수조 전체용적

A : 수조 단면적

C_n : 최고 수위 면과 수조 슬래브 면의 공간(통상 20~30cm로 한다.)

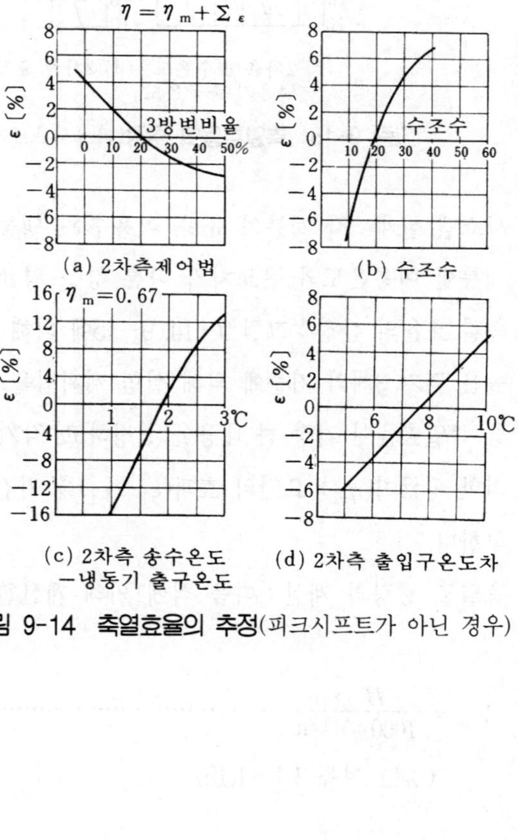

그림 9-14 축열효율의 추정(피크시프트가 아닌 경우)

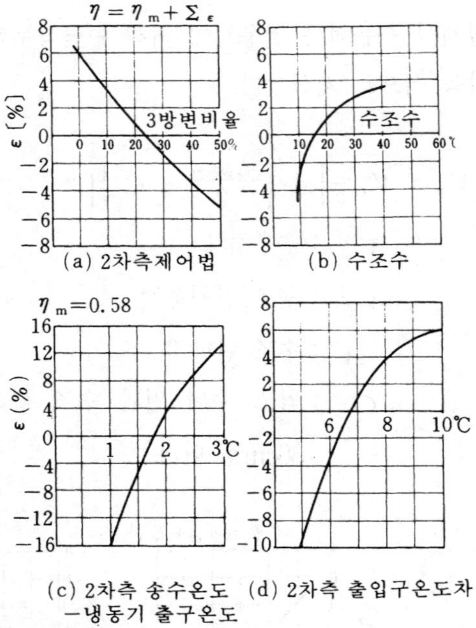

그림 9-15 축열효율의 추정(피크시프트가 있는 경우)

⑥ 시스템 설계 : 각 계통의 유량, 이용수온, 냉동기 출입구 온도를 정한다. 각 계통별 이용온도와 온도차가 다른 경우 평균 이용온도차($\Delta\Theta$)를 구한다.

⑦ 축열 효율의 산정 : 그림 9−14, 9−15에 의해 축열효율을 산정 한다. 축열효율은 각기 3개의 기준에 의해 실험 계획법을 이용하여 시뮬레이션 한 내용 중 축열효율이 가장 큰 내용을 선정하고, 각기의 시뮬레이션 결과의 경우에 의한 평균치(η_m) 요인의 효과($\epsilon_1 \sim \epsilon_4$)를 가감하여 대응하는 시스템효율을 구한다.

⑧ 축열조 용량의 계산 : 다음 식에 의해 계산한다.

$$V_w = \frac{H_{so} \times a}{1000 \times \Delta\Theta \times \eta} \quad \cdots\cdots (9\text{-}12)$$

(a는 여유 1.1~1.15)

⑨ 축열조 열 손실의 계산 : 축열조에서의 열 손실은 일일 부하량의 5~10% 정도이나 단열의 정도, 표면적의 다소, 축열조와 접한 주위의 토양상태 등에 따라 다르다. 열 손실량의 개략치는 다음 식에 의해 계산한다.

$$q_s = \sum K_i \times (t_m - t_i) \times A_i \quad \cdots\cdots (9\text{-}13)$$

t_m : 평균 축열수온≒$t_o + t_c + \dfrac{\Delta\theta_c}{2}$

t_i : 주위 온도(℃)

K_i : 열 통과율[W/m²℃]

A_i : 표면적[m²]

t_o : 냉열원 출구온도[℃]]

t_c : 2차측 한계 송수온도[℃]

$\Delta\theta_c$: 2차측 평균 온도차[℃]

⑩ 축열 용량의 수정 : 열 손실 분을 더하여 최종 축열 용량을 산출하여 수용적을 계산한다. 이 결과 이용 가능한 수용적보다 적으면 계산을 완료한다.

4. 열원장치의 선정

열원장치의 선정은 공조시스템에 공급하는 열매의 온도, 유량을 결정하여 이 조건을 만족하는 열매를 생산하는 열원기기를 선정해야 하며 그림 9-16은 열원장치의 선정 순서를 나타냈다. 부하계산을 기초로 열원용량이 결정되어지면 기기를 선정하나 선정 시의 검토 사항은 기기, 시스템, 에너지원의 종류 중 가장 경제적으로 안정되게 운전 가능한지를 파악하여야 하며 다음은 각 요소의 개요를 설명한다.

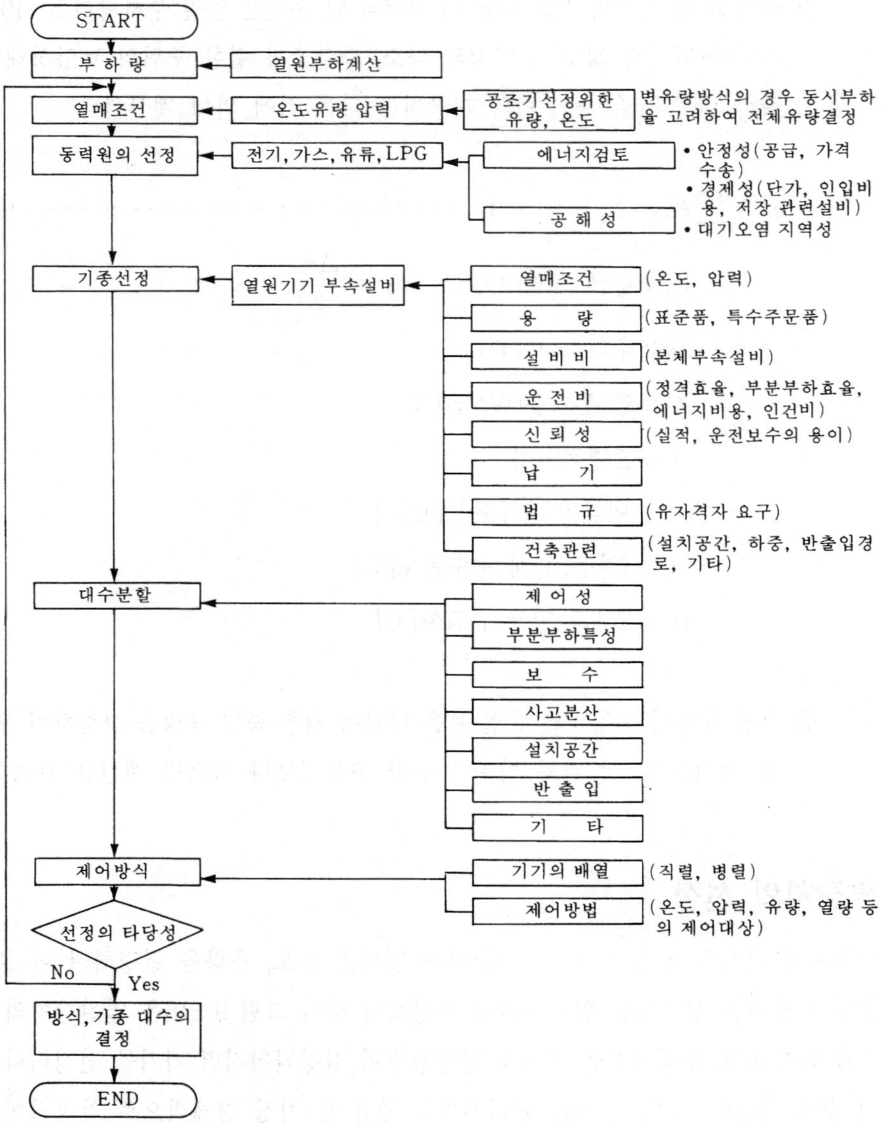

그림 9-16 열원장치선정 FLOW

① 동력원의 선정 : 현재 공조용으로 사용하는 동력원은 전기, 가스, 유류, LPG 등이 있다. 전기는 지역에 따라 전력회사의 공급능력의 문제가 있으며, 유류는 공해규제 등으로 사용에 제한이 있으므로 지역의 규제 내용에 유의하여야 한다.

② 기종의 선정 : 기종의 선정은 열원의 온도조건에 의해 경제적으로 적합한 기종와 적합하지 않는 기종이 있으며 용량에 따라서도 채용 불가능한 기종이 있다. 설비비, 운전비를 산출하여 연간 경상비와 경제성을 비교하여 그 외에 장비의 신뢰성, 건축공간상의 제약 등을 종합적으로 검토하여 가장 적합한 기종을 선택한다. 공조설비의 열원장치 부분부하운전 시간이 길어 기기의 부분부하 효율이 연간 에너지 소비량에 크게 영향을 미친다. 운전비의 산출은 가능하면 연간부하 해석에 의해 에너지 비용을 산출하도록 한다.

③ 대수 분할 : 용량이 결정되면 기기의 용량범위, 부하의 변동량, 장치의 제어성, 운전시간, 고장시 대책여부, 설치공간 등을 고려하여 열원기기의 대수를 결정한다. 기기의 대수가 적을수록 설비비, 설치공간 등에서 유리하나 위의 내용을 종합적으로 검토하여 필요 최저 대수로 분할한다.

5. 열원기기

1) 냉동기

공조용 냉동기는 여러 종류의 형식이 있으며 광범위하다. 일반적으로 사용되는 냉동기의 종류와 용량범위를 표 9-6에 나타냈다. 왕복동식 냉동기는 경제성의 면에서 100USRT 전후까지 통상 사용되며, 냉매는 R-22, 12의 사용시 고압가스 관리법에 해당하고 일정규모 이상 시에는 냉동기계 책임자의 유자격자 선임이 필요하다. 원심냉동기의 냉매는 R-11, 113을 사용하나 저압이므로 법규에는 적용 받지 않는다. 흡수식 냉동기는 주 동력원으로 증기가 사용되며 원심식과 비교하면 다음과 같은 특징이 있다.

① 전력 사용량이 적다.

② 소음 진동이 적다.

③ 용량제어 범위가 넓다.

단효용 흡수식은 증기 소비량이 많으나 열효율이 불량하여 2중 효용이 많이 사용된다. 2중 효용은 8kPa의 증기를 동력원으로 하며 효율도 크게 상승한다. 흡수식 냉동기는 냉수 출구온도가 낮을 수록 효율이 낮아지므로 7℃ 이상 이용하는 시스템에 적합하다.

표 9-6 공조용 냉동기의 종류, 용량, 적용범위

<table>
<tr><th>냉동
사이클</th><th colspan="3">형식</th><th>종 류</th><th>냉 매</th><th>용량범위
[USRT]</th><th>적 용</th></tr>
<tr><td rowspan="11">증기압축 사이클</td><td rowspan="8">용적압축형</td><td rowspan="3">왕복동식</td><td colspan="2">소형 전밀폐 냉동기</td><td>R12, R22, R502
(저온용)</td><td>0.2~20</td><td>소용량 룸에어컨
3HP 이상 패키지용</td></tr>
<tr><td colspan="2">중형 반밀폐 냉동기</td><td>〃</td><td>1.5~75</td><td>패키지, 칠라용</td></tr>
<tr><td colspan="2">대형 개방형 냉동기
(고속 다기통)</td><td>NH_3 , R12, R22</td><td>0.5~250</td><td>콘덴싱 유닛, 압축기 유닛으로 산업용 사용</td></tr>
<tr><td rowspan="5">회전식</td><td rowspan="3">로스터</td><td>소형 회전피스톤형 냉동기</td><td>R22</td><td>0.5~2</td><td>(전밀폐)룸에어콘용</td></tr>
<tr><td>대형 회전피스톤형 냉동기</td><td>NH_3 , R12, R22</td><td>20~300</td><td>(개방) 선박용 냉동기</td></tr>
<tr><td>소형 가동익형 냉동기</td><td>R12</td><td>1~2</td><td>(개방) 카에어컨</td></tr>
<tr><td colspan="2">스크롤 냉동기</td><td>R22</td><td>3~5</td><td>소형 패키지용</td></tr>
<tr><td colspan="2">스크류 냉동기</td><td>R12, R22</td><td>40~1000</td><td>냉동용 공조히트펌프용</td></tr>
<tr><td colspan="3">인젝터형</td><td>증기분사 냉동기</td><td></td><td>25~100</td><td>10~30℃의 냉수제조 선박용, 화학공장용, 방적공장용</td></tr>
<tr><td colspan="3" rowspan="2">원심형</td><td>밀폐식 원심 냉동기</td><td>R113, R11, R114, R12</td><td>80~1600</td><td>중·대규모 건물의 공조용</td></tr>
<tr><td>개방식 원심 냉동기</td><td>R11, R114, R12, R22,
R502</td><td>600~
10000</td><td>산업냉각용, 지역냉방용</td></tr>
<tr><td rowspan="4">흡수 냉동
사이클</td><td colspan="3" rowspan="4">흡수형</td><td>소형 흡수식 냉온수기</td><td>水(흡수제 LiBr)</td><td>3~10</td><td>주택, 소규모 건물용</td></tr>
<tr><td>1중(단)효용 흡수 냉동기</td><td>〃</td><td>50~2000</td><td>배압터빈 구동용 원심 냉동기와 조합용 배열용</td></tr>
<tr><td>2중효용 흡수 냉동기</td><td>〃</td><td>75~1500</td><td>중압증기 사용가능 지역의 공조용</td></tr>
<tr><td>직화식 흡수 냉온수기</td><td>〃</td><td>10~1500</td><td>일반건물의 냉난방겸용</td></tr>
</table>

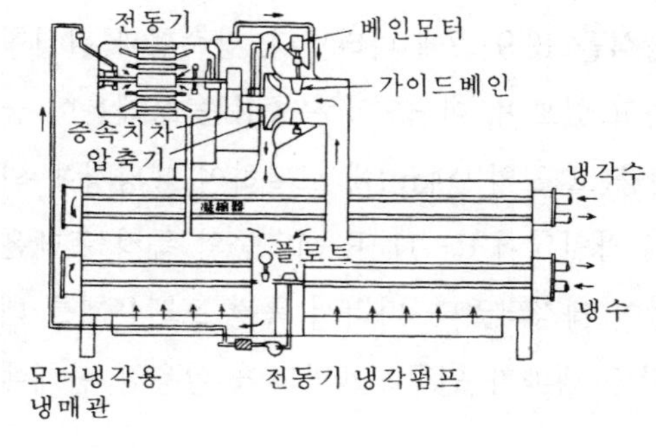

그림 9-17 터보냉동기 사이클도

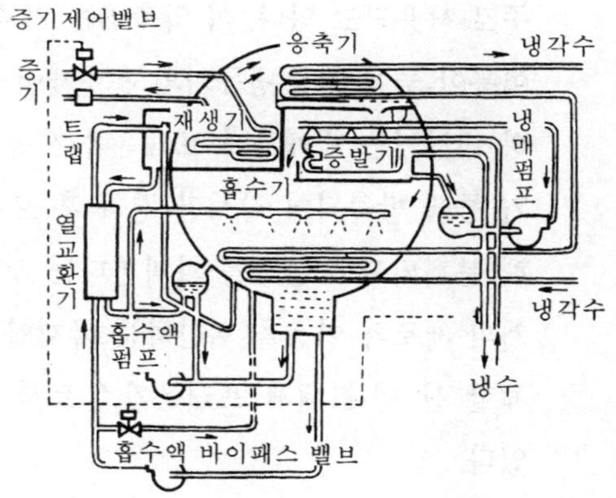

그림 9-18 흡수식 냉동기(단효용) 사이클도

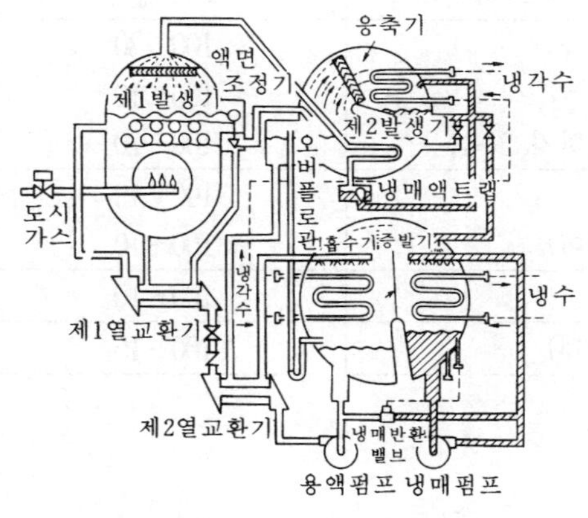

그림 9-19 직화식 냉온수 발생기
사이클(냉방시)

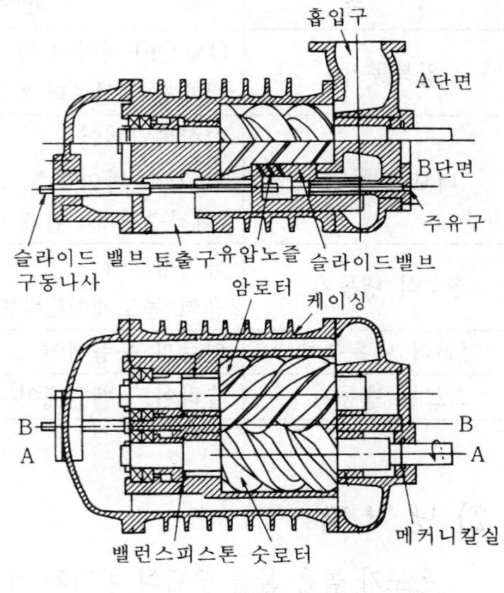

그림 9-20 스크류 압축기 구조도

직화식 냉온수 발생기는 그림 9-19와 같이 사이클로 운전되며 증기대신 가스 또는 등유의 연소에 의하여 흡수액을 가열하는 장치이다. 특징은 흡수식 냉동기와 같으며 냉수온도가 높을수록 효율이 좋다. 스크류 압축기는 그림 9-20과 같은 구조로서 일단 양호한 고압축 비가 얻어지므로 히트펌프용으로 많이 사용된다. 로터리식 압축기는 회전식으로 체적 효율이 좋으며 진동이 적어 최근에는 룸 에어컨으로 주로 사용되고 있다. 이 압축기는 기계 가공 공작에 정밀도를 요하여 왕복동식보다 이용이 늦어졌다. 냉동기의 용량제어 방식을 표 9-7에 나타냈다. 압축형과 원심형의 냉동기는 냉매로서 프레온을 사용하고 있으며, 이 중 일부 종류는 프레온이 공기 중에 방출되어 장시간 경과 후 오존층(고도 약 90km)에 도달하여 태양광에 의해 분해되고 오존층을 파괴한다는 것이 확인되어 R-11, R-12 등의 특정 프레온계의 제조와 이용을 제한하는 국제협정이 제정되었다. 따라서 특정 프레온계를 대체할 신 냉매(대체 프레온가스)로서 각종 냉매가 연구·개발되어 실용화 단계에 있다.

표 9-7 각종 냉동기의 용량제어

기 종	제어방법	제어범위(%)
왕복동식	ON-OFF제어(소형) 단계제어(언로더에 의한 가스 바이패스)	0~100% 단계제어
터보 냉동기	석션베인제어 핫 가스 바이패스 (회전수제어 : 현재 사용하지 않음)	100~30 100~10 100~20
흡수식 냉동기	증기량제어 용액 농도제어(3방변 제어)	100~10 100~10
직화식 냉온수기	연료의 유량제어	100~10
스크류 냉동기	슬라이드 베인제어(무단계)	100~15

2) 냉 각 탑

온도가 높은 물을 주위의 공기와 직접 또는 간접적으로 접촉시켜 냉각하는 장치를 냉각 탑이라 한다. 온도가 낮은 주위 공기와 온도가 높은 물을 접촉시켜 양자의 온도차에 의한 현열 냉각과 수(水)자신의 증발잠열에 의해 냉각되어 진다. 특히 증발잠열에 의한 효과가 크므로, 이 효과를 유효하게 이용하기 위한 여러 종류의 방법이 있으며 이론적으로는 공기의 습구 온도까지 수온을 낮출 수 있으나, 이를 위하여는 장치가 대단히 커지므로 경제적인 면에서 냉각수 출구수온은 공기 습구 온도보다 5℃ 정도 높게 설계한다. 물의 출구온도와 공기 습구 온도의 차를 어프로치(approach)라 하며 이 어프로치를 적게 할수록 장치는 크게 된다. 냉각탑의 구조는 그림 9-21과 같으며 내부의 충진재는 공기와 물의 접촉이 좋도록 여러 종류의 재료와 형상이 사용되고 있다.

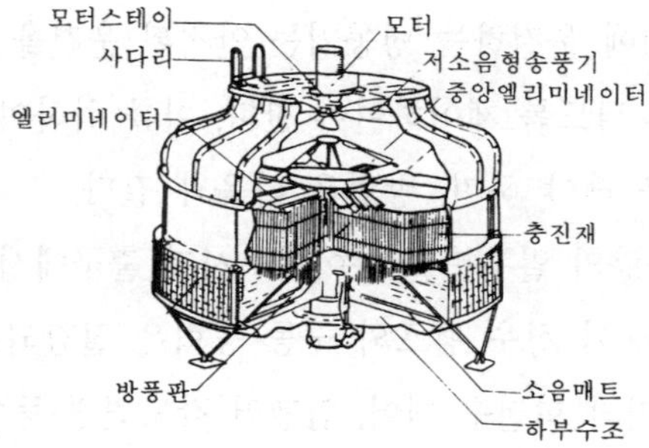

(a) 향류형냉각탑

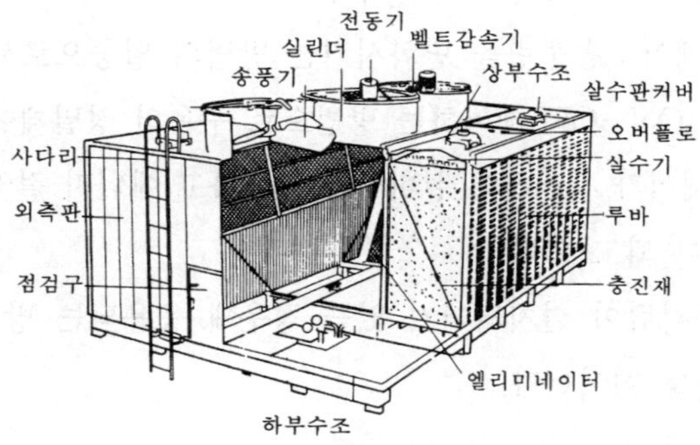

(b) 직교류형 냉각탑

그림 9-21 냉각탑의 구조

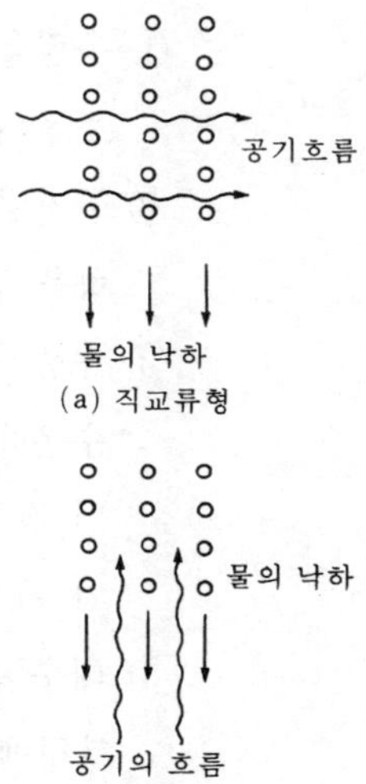

그림 9-22 냉각탑 내의 공기와 물의 흐름방식

(1) 종류와 특징

통상 공조설비에서 사용되어지는 냉각탑은 강제 통풍형이 대부분이며 송풍기에 의해 강제적으로 공기를 흐르게 하면 효율이 높아져 냉각탑이 소형이 된다. 냉각탑 내에서 물과 공기의 흐름방향에 따라 향류형과 직교류형으로 나누고, 열효율은 향류형이 높고 주로 많이 채용되고 있다. 그림 9-22는 향류형과 직교류형의 개요를 나타냈다.

(2) 냉각 탑의 용량제어

냉동기기 부분부하 운전이 되거나 외기 온도가 낮아지면 냉각 탑에 여유가 생기며, 이때 경제적 운전확보와 냉동기 운전에 필요한 조건을 만족시키기 위하여 용량제어를 행한다. 동절기에 운전하는 냉동기는 안정된 운전을 위하여 냉각수의 온도가 일정치 이상이 되도록 제어하여야 한다. 이를 위하여 냉각탑의 출구 수온에 의해 용량제어를 해야 하며, 방법은 다음과 같다.

① 유량을 변화시킴 : 순환 수량의 일부분을 바이패스시켜 출구에서 혼합하여 소정의 수온을 유지시킨다. 이 경우 펌프의 구동 동력은 절감되지 않는다.

② 공기량을 변화시킴 : 송풍기의 회전수 제어, 임펠러 각도변경 등에 의해 풍량을 변화시키는 방법으로 설비비가 고가이다.

③ 송풍기의 ON－OFF 제어 : 송풍량을 변화시키는 방법의 일종으로서 출구 수온에 의해 송풍기를 ON－OFF제어하는 방법으로 수온의 정밀제어가 아닌 경우에 사용한다. 제어가 간단하여 설비비가 저렴하고 에너지 절약 효과가 크므로 채용이 많이 되고 있다.

④ 대수 분할 : 복수의 냉각탑이 설치되어져 있는 경우에 응용되는 방식으로 부하에 따라 운전대수를 제어한다.

(3) 보급수량

냉각수는 냉각탑에서 냉각되는 중에 자신의 증발, 공기 기류에 의해 외부로 방출, 낙하시 냉각탑 하부수조 도달시 비산에 의해 수량이 감소한다. 이를 위하여 보급수가 필요하며 보급량은 통상순환 수량의 2% 정도이다.

(4) 밀폐식 냉각탑

밀폐식 냉각탑은 그림 9－23과 같이 물과 공기를 직접 접촉시키지 않고 전열관을 두어 열 교환하는 방식이다. 피냉각 유체의 종류(유류, 화학약품 등)와 대기에 포함된 오염물이 냉각수에 포함될 때 냉각수순환계 장치에 중대한 영향을 미치는 우려가 있는 경우에 사용하는 방식으로 개방식에 비하여 효율이 낮다.

(5) 각종 냉각탑의 비교

각종 냉각탑의 비교는 표 9-8에 나타났으며. 직접 냉매를 냉각하는 방식은 공냉식 응축기로서 표 중에 나타냈다.

표 9-8 각종 냉각 방식의 비교

항목 \ 종류		개방식 냉각탑	밀폐식 냉각탑	증발식 응축기	공냉식 응축기
소비수량		기준	약간 적음	약간 적음	불필요
냉각풍량(㎥/USRT · min)		기준(6~7)	대(약 2배)(10~15)	대(약 1.5배)(10)	대(약 4배)(23~28)
공조장치로서의 문제점	냉동기, 냉각탑, 송풍기, 분무기, 펌프를 포함한 소비전력(kw · h/USRT)	기준(1.06)	대(1.18)	大(1.05)	대(1.25)
	소음(폰)	기준(70~80)	기준(70~80)	기준(70~80)	약간 적음
	적용건물	대중소건물	대중소건물, 대기오염이 심한 장소	대중소건물	냉각수 부족한 경우, 중소건물
사용상의 검토항목	크기	기준	높이 : 거의 동일 폭 : 대형은 길게 필요함	높이 : 거의 동일 폭 : 대형은 길게 필요함	높이 : 동일 폭 : 대
	운전중량 (kg/USRT)	기준(10~15)	무거움(약 5배) (60~80)	무거움(약 5배) (60~80)	무거움(약 2배) (25~80)
	용량(RT/台)	3~1000	75~300	20~200	3~30
	초기투자비용 (본체만)	기준	높음(약 5배)	높음(약 4배)	높음(약 5배)
	부식	냉각수배관 응축기	살수배관 냉각탑코일	살수배관 응축기코일	냉각팬의 부식소
	내용연수(年)	약 10~15	약 10~15	약 10~15	약 10~15
	설치장소의 제한	옥외	옥외	냉동기부근 옥외	냉동기부근 옥외

[주] 본 표는 개방식 냉각탑을 기준으로 비교하였음

3) 보일러

가열용 열매로 온수 또는 증기를 제작하는 기기류를 보일러라 하며 현재 공조용으로 사용하는 보일러는 표 9-9에 나타냈다.

표 9-9 난방용 보일러의 분류와 비교

종류	용량 [TON/h]	압력 [kPaG]	효율 [%]	장점	단점	용도
주철제	0.1~5	~10 ~500	70~85	분할반입가능, 수명이 길고 취급용이, 급수처리용이, 가격저렴	저압, 소용량, 기동시간이 김, 내부청소 곤란	중·소규모, 저압용
노통연관	0.1~20	~1000	70~70	부하변동에 대하여 안정성 있음, 수면이 넓어 급수제어 용이, 수처리가 비교적 간단함, 현장공사 불필요	기동시간이 김, 분할반입 불가능, 주철제보다 고가임	대규모 건물 고압증기 보일러로 사용, 지역난방용 고온수용으로 사용
수관 (패키지)	~40	~2000	70~89	부하변동에 대하여 추종성 우수, 기동시간이 짧음, 과열·예열 용이, 열효율 우수	고가, 수처리 어려움	대규모의 병원, 호텔 등 고압증기를 다량으로 필요한 경우
관류	~10	~1600	75~85	보유수량이 극히 적어 부하변동의 추종성 양호, 기동시간 짧음, 경량, 설치면적 작음	정밀한 수처리 필요함, 수명이 짧으며 고가임, 소음발생	중·소규모 건물
입형	~0.2	~5 ~100(온수의 경우)	50~60	설치면적 작고, 취급용이, 수처리 불필요, 저렴함	저압, 소용량, 효율불량	주택의 난방, 급탕용
온풍로	~50 ×10^4 kw/h	-	70~85	부속기기 적으며 저렴, 기동시간 짧음, 설치면적 작음, 경량, 취급용이	냉방풍량의 불균형 해소를 위한 바이패스 덕트설치, 수명 짧음	소규모 건물, 난방용 사용

주철제 조합형은 그림 9-24(a)와 같은 구조로 되어져 있으며 주철제 섹션을 여러 개 병렬로 조립하여서 하부에는 연소실, 상부는 연도로 되어 있고 보일러 내 보유

수량이 많아 부하변동에 대하여 안정돼 있으며 사용압 1kPa 이하의 중·소규모에 사용하였으나 최근에는 사용 예가 거의 없다.

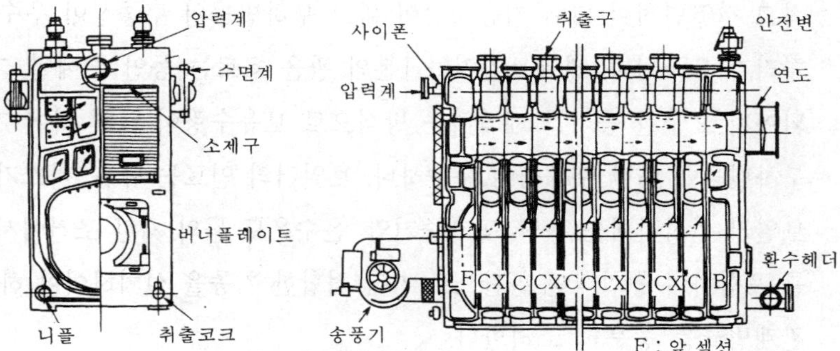

(a) 주철제 보일러

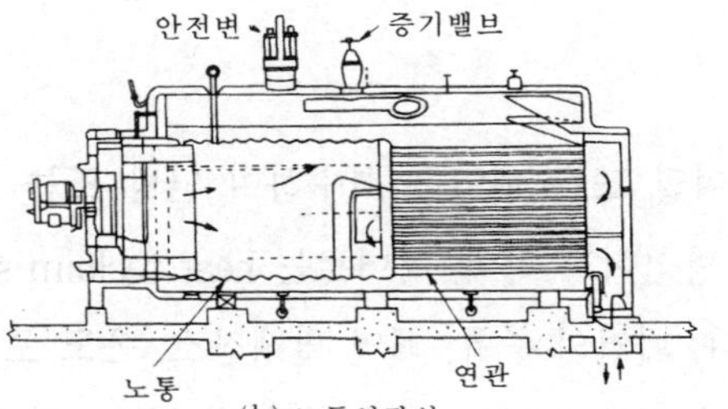

(b) 노통연관식

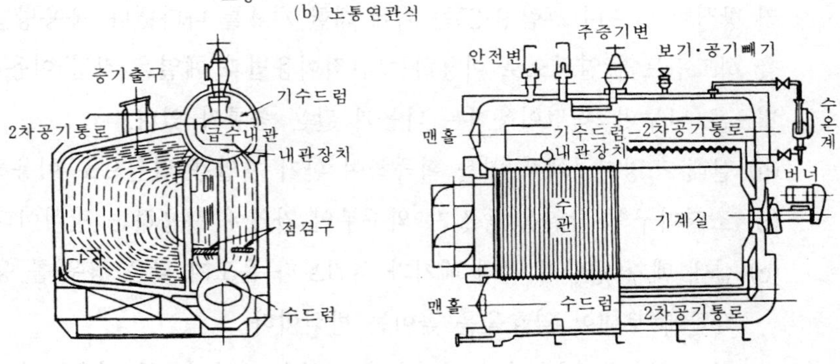

(c) 수관식

그림 9-24 보일러 구조

노통 연관식은 그림 9-24(b)와 같은 구조로 되어 있으며 노통에 연관을 설치하여 여기에 연소가스를 통과시켜 주위의 물을 가열하여 온수 또는 증기를 제작하는 구조로 되어 있으며 1000kPa 이하의 고압이 필요한 경우의 중·대 규모에 많이 채용한다. 수관식 보일러는 그림 9-24(c)의 구조로서 최고 사용압이 1,000kPa 이상의 증기를 대량으로 사용하는 경우에 채택하며 그림과 같이 기수드럼과 다수의 수관으로 구성되어져 수관 중의 물은 자연 또는 강제적으로 순환시킨다. 보유 수량이 적고 전열면적이 넓어 기동시간이 짧고 부하변동의 추종성이 우수하나 엄격한 수처리가 요구된다. 관류보일러는 1본의 관을 흐르는 동안에 예열, 가열, 증발, 과열되어져 요구한 증기를 제작하는 방식으로 보유수량이 극히 적어 기동시간이 짧고 부하변동에 대한 추종성이 우수하다. 보일러의 연료는 유류, 가스가 주로 이용되며 보일러 선정시에는 용량, 필요증기압, 온수온도 등의 제반 조건에서 설비비 운전비를 포함하여 종합적인 판단으로 가장 적합한 기종을 설치하여야 하며, 설치에 따라 관계법규를 충분히 고려한다.

4) 열 회수 방식

건물 내외의 잉여열 또는 폐열을 회수하여 난방 또는 가열용 열원으로 이용하는 방식을 열 회수 방식이라 하며, 영어로는 heat reclaim system 또는 heat recovery system이라 한다. 폐열의 종류, 폐열 발생장소, 온도 포텐셜, 폐열량 등에 따라 여러 방식이 있으며 그림 9-25는 이에 대한 개요를 나타냈다. 응용방법은 크게 폐열을 히트펌프의 열원으로 이용하는 간접이용법과 폐열을 직접 이용하는 직접이용법으로 나누며, 직접이용법은 다음과 같은 종류가 있다.

(a) 실내 조명기구에서 열을 획득하여 환기 재열용 열원으로 이용하는 방식이다.

(b) 조명기구의 발열을 동절기 외주부의 가열에 사용하는 방식이다.

(c) 실내 배기(냉방시 실내 배기가 외기보다 온도가 낮은 경우)를 응축기 또는 냉각탑에 보내어 열효율을 높이는 방식이다.

(d) 열 교환기를 이용하여 열회수와 방열을 배관회로를 이용하여 효율을 높이는 방식으로 런어라운드 방식(run around system)이라 한다.

(e) 조명기구로부터의 발열을 물로 회수하는 방식으로 조명기구로부터 발열이 큰 경우 기기의 냉각에 의해 조명효과를 높이고, 발열을 회수하여 외기에 예열을 사용하거나, 히트펌프 열원 또는 다른 가열원으로 사용하는 방식이다.

그림 9-25 각종 열회수 방식

<table>
<tr><th rowspan="2">분 류</th><th colspan="2">1 직접이용방식</th><th rowspan="2">2 간접이용방식
(히터펌프이용)</th></tr>
<tr><th>(1)혼합에 의한 사용</th><th>(2)열교환기의 사용</th></tr>
<tr><td>개념도</td>
<td>(a) 천장내 유인 유닛 방식
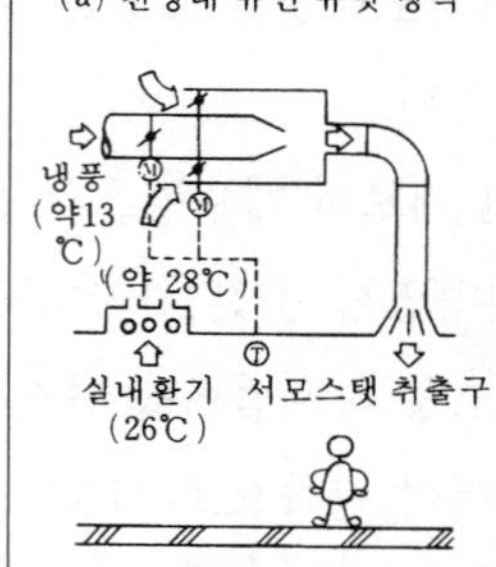
(b) 천장내 FCU방식
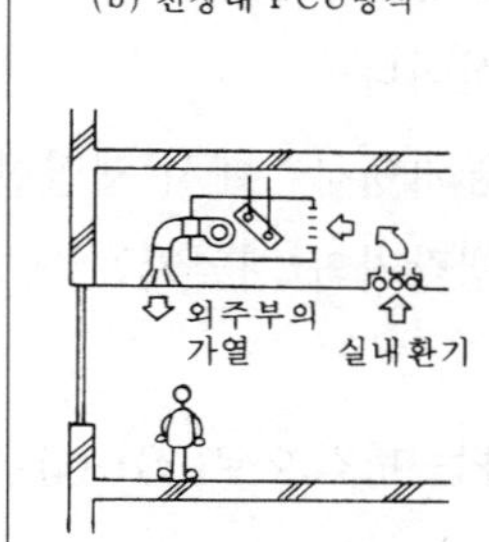
(c) 냉각탑의 폐열이용방식
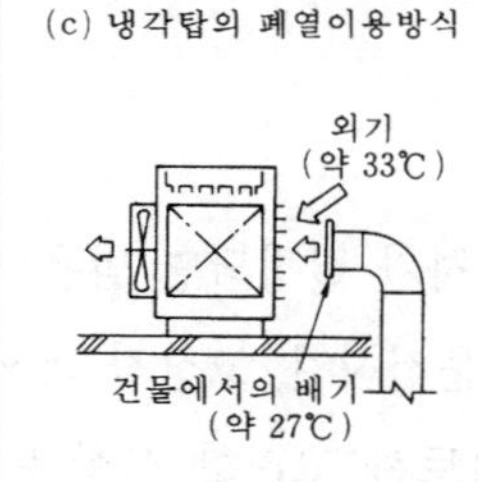</td>
<td>(d) 런 어라운드 방식
(Run Around System)
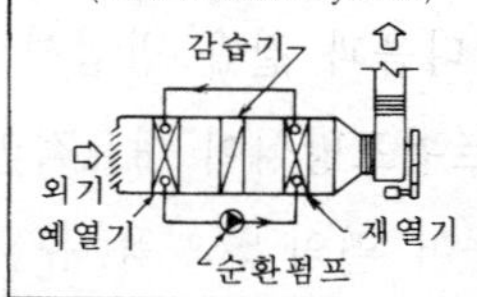
(e) 수냉조명기구방식
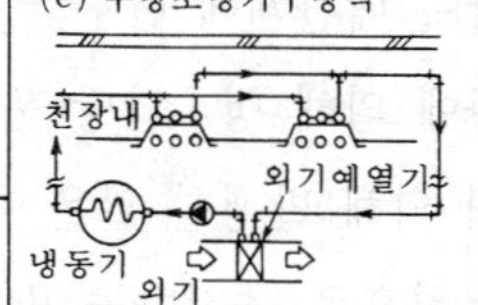
(f) 증발냉각방식
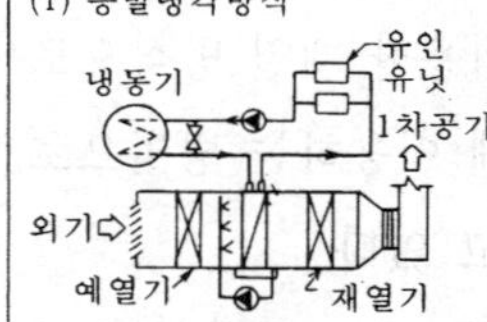
(g) 전열교환기방식
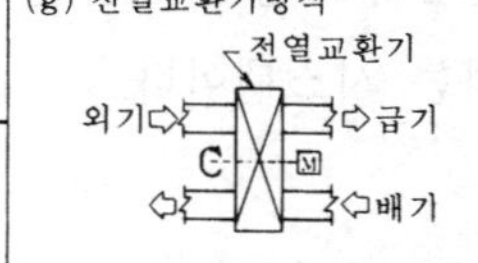
(h) 히트파이프 방식
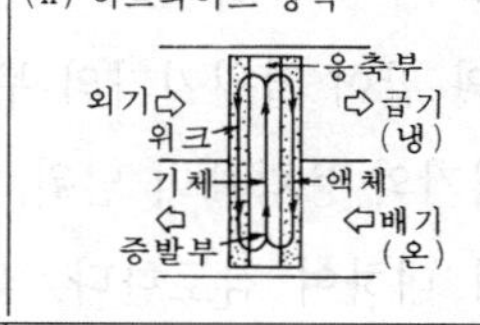</td>
<td>(a) 더블 번들 콘덴서 방식
(Double Bundle Condenser)
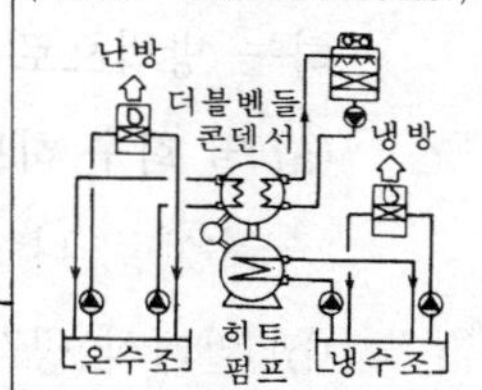
(b) 소형히트펌프유닛방식
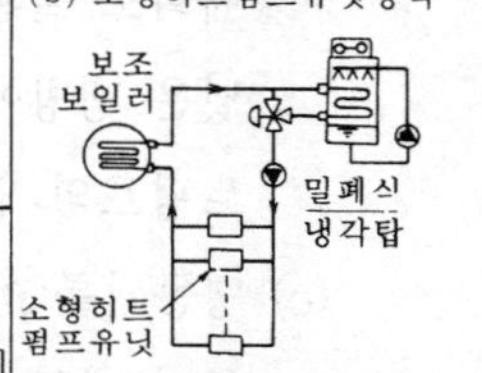
(c) 콘덴서리히트방식
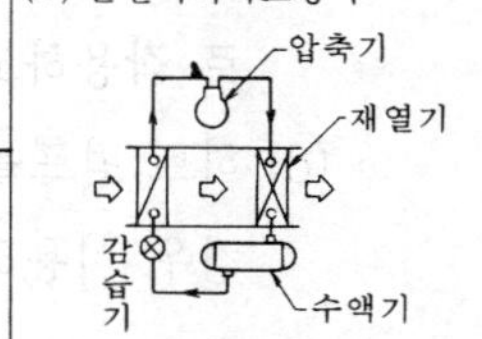
(d) 카스케이트방식
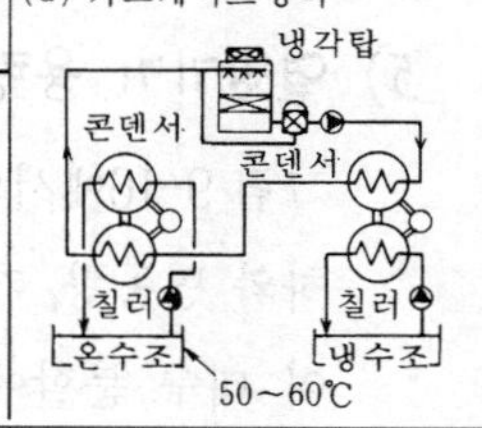</td></tr>
<tr><td>① 회수열원의 온도</td><td>중</td><td>고</td><td>저~고</td></tr>
<tr><td>② 회수후 이용온도</td><td>중</td><td>저</td><td>고</td></tr>
<tr><td>③ 회수열 반송거리</td><td>짧음</td><td>중</td><td>김</td></tr>
<tr><td>④ 유해한 열원에서의 회수</td><td>불가((c)만 가능)</td><td>가능</td><td>가능</td></tr>
<tr><td>⑤ 회수열의 계획적 이용</td><td>불가</td><td>불가</td><td>가능((c)만 불가)</td></tr>
<tr><td>⑥ 회수열의 유체</td><td>공기</td><td>공기, 물</td><td>물</td></tr>
</table>

(f) 전열교환기를 이용하여 배기가 갖고 있는 열로 외기 가열하는 방식이다.

(g) 히트파이프를 이용하여 현열 만 교환하는 방식으로 효율은 전열교환기보다 낮으나 보일러, 용해로의 폐열 등 고온 배기의 열 회수에 효과적이다

간접이용법은 히트 펌프를 이용하여 저포텐셜의 열원을 회수하고 승온하여 이용하는 방법으로 다음과 같은 방법이 있다.

(a) 열 회수 히트펌프방식이 대표적인 예로서 히트펌프의 응축기를 냉각수계와 온수계로 나누어 열의 균형을 유지하면서 운전 가능하도록 설계한 방식이다.

(b) 밀폐식 냉각수 배관계에 다수의 소형 히트펌프를 연결하여 각 유닛은 각기 냉매회로 절환에 의해 냉·난방 운전이 단독으로 가능하도록 하며, 냉방존의 유닛은 냉방에 의해 발생한 열을 냉각수에 방출하고, 난방존 유닛은 이 열을 히트펌프의 열원으로 운전하는 방식이다.

(c) 냉동기를 이용한 재열 방식으로 공기냉각기에서 채열한 열을 냉매가스로 직접 공기 재열에 이용하는 방법으로 냉각기와 재열기는 냉동기의 증발기와 응축기로 작용하고 있다.

(d) 히트 펌프를 2대 조합하여 운전하는 방식으로 50~60℃ 정도의 온수가 필요한 경우 이용하는 시스템이다.

5) 열원기기 용량과 대수제어

그림 9-16에서와 같이 열원기기의 부하가 결정되면 범용기기의 용량범위, 최저 부하와 변동량, 기기의 용량제어 범위, 운전시간, 고장시 대책, 보수점검 등을 고려하여 대수 분할에 대하여 검토한다. 검토시 고려할 사항은 다음과 같다.

(1) 기기의 용량 제어성

기기의 종류에 따라 용량제어 방법, 제어범위, 부분부하 운전시의 효율 등이 다르며 최소부하시의 운전에 대응가능하고 가장 경제적인 운전이 되도록 대수를 정한다.

(2) 보수대책

운전시 고성능을 유지하기 위하여는 정기 점검과 정비가 필요하다. 이 경우 기

계를 일정기간 정지하여야 하기 때문에 연간 운전이 필요한 건물에서는 장치를 복수로 설치하여야 하며, 특히 1일 장치 운전시간이 긴 경우 점검 정비의 기간이 짧아지므로 이런 내용을 고려하여 대수를 결정한다.

(3) 설비비

대수가 많을수록 설비비는 증가되므로 대수는 가능한 적게하는 것이 원칙이다.

(4) 운전비

공조설비의 열원장치는 전 부하 운전시간이 극히 적으며 대부분 부분부하 상태로 운전되고 있다. 따라서 부분부하시의 효율이 운전비에 크게 영향을 미치며 일반적으로 기기의 부분부하 운전시는 효율이 저하되므로 상시 최고효율(고 부하) 상태에서 운전 가능하도록 기기의 대수를 정하여 부하에 적응한 운전대수를 결정하여야 한다.

(5) 위험분산

1대 만의 운전시 기계 고장의 경우 냉·난방이 정지되며, 공장 등에서는 제품에의 영향 등의 이유로 주변 상황에 악영향을 미치게 되므로 대수 분할에 의해 복수의 기기를 설치하여 이러한 위험을 분산하도록 한다. 이상의 각 요소를 종합적으로 판단하여 필요 최저 대수를 정하며 기기의 대수가 결정되면 기기의 배치방법과 제어를 검토한다. 배치는 직렬접속과 병렬접속에 의하며 그림 9-26에 개요를 나타냈다.

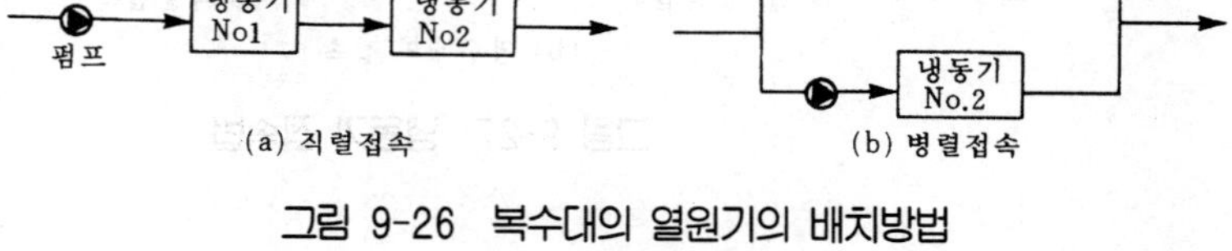

그림 9-26 복수대의 열원기의 배치방법

직렬접속의 경우 기기출입구 온도차를 크게 하므로 유량이 적어지게 되며 병렬접속과 비교하여 펌프동력을 적게 할 수 있으나 부분부하시에도 펌프는 일정수량으로 운전하여야 하기 때문에 동력 절약이 되지 않는다.

병렬 접속의 경우 부분부하시 펌프의 정지가 가능하므로 동력 절감이 가능하다.

냉동기의 경우 그림 9-27과 같이 접속 배관계에는 냉각수계와 냉수계가 있으며 냉각수계는 각기 단독으로 구성하는 ①의 방식이 바람직하다.

냉수계는 ①의 병렬접속 방식이 많이 사용되며 그림 9-28에 직렬접속 방법시 제어방법을 나타냈다. 병렬방식의 경우 2차 측 부하에 의해 냉동기의 대수제어와 냉동기 자신의 용량제어에 의한다.

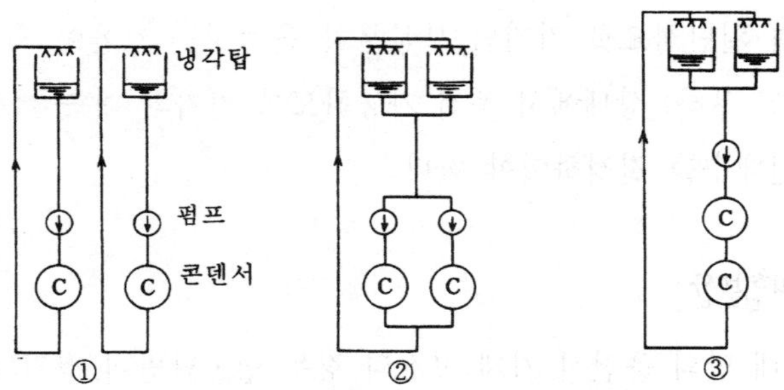

(a) 냉각수계통의 접속(2차측변유량으로 한다)

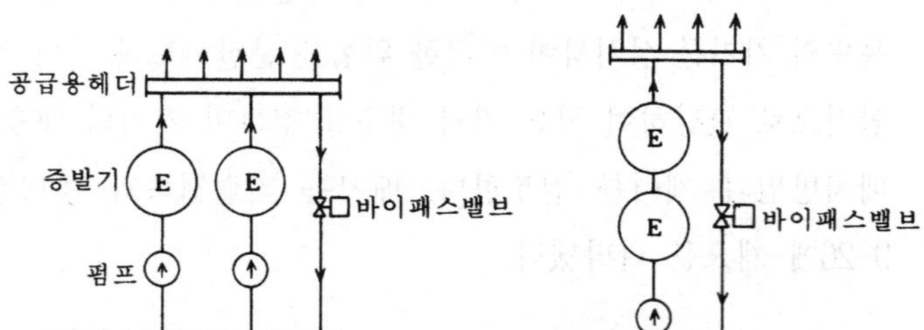

(b) 냉수계의 접속

그림 9-27 냉동기 접속법

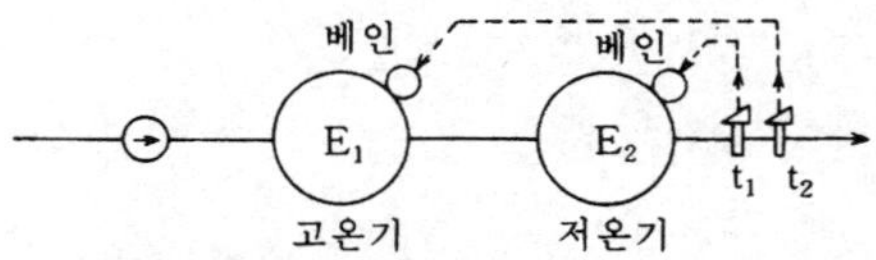

(a) 2대를 저온기출구수온으로 용량제어하는 경우
(고온기가 최대 부하운전이 되며 부하가 적을 때 저온기가 정지함)

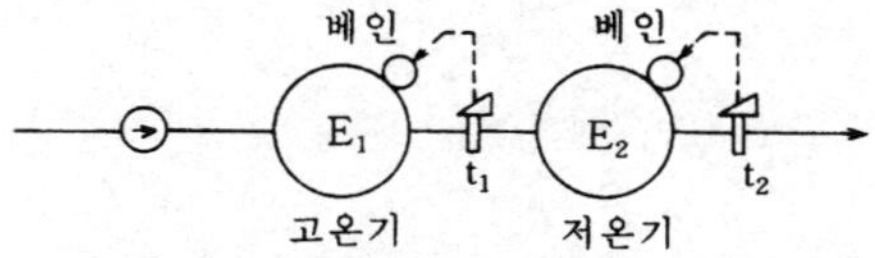

(b) 2대 각기출구수온으로 용량제어하는 경우
(저온기가 최대부하운전이 되며 경부하시 저온기가 정지함)

그림 9-28 직렬운전시 냉동기의 용량제어방법

10 배기환기 설비

1. 환기 설비

제 10 장 배기환기설비

1. 환기설비

1) 개 요

환기는 실내환경을 유지하기 위한 장치로서 설치목적은 각 실의 사용조건에 의한 실내 공기의 정화, 열 제거, 산소의 공급, 수증기 제거 등이다. 그러나 환기설비에서는 공급공기를 기계적으로 처리하지 않으므로 실내환경의 만족도에는 한계가 있으나, 설비비가 저렴하여 각 실의 사용조건에 따라 널리 채용되고 있다.

2) 설계진행방법

환기의 설계는 그림 10-1과 같은 과정으로 진행되며 각 실의 사용목적과 조건에 따라 환기필요인자를 정하여 이에 만족한 환기량을 산출한다. 환기대상요소는 대상에 따라 차이가 있으나 일반적으로 표 10-1과 같으며 각 실별 사용목적은 표 10-2와 같다.

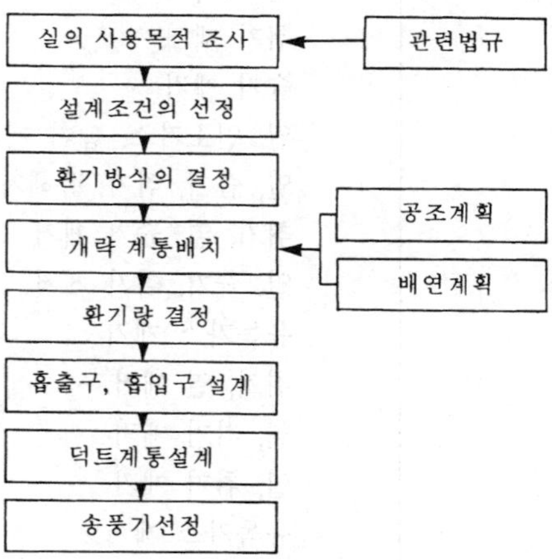

그림 10-1 환기설계 FLOW

표 10-1 환기대상 요소

1	산소(O_2)
2	탄산가스(CO_2)
3	일산화탄소(CO)
4	취기(담배, 체취 등)
5	열
6	습기
7	연소가스
8	분진
9	세균
10	유독가스

표 10-2 환기가 필요한 공간과 목적

실 명	환 기 의 목 적
거실	재실자의 건강, 안전, 쾌적성 유지
주방	취기, 열, 습기, 연소가스 제거
보일러실	열 제거, 연소용 공기공급
기계실	열, 습기 제거
오일탱크실	위험가스, 취기 제거
전기실	열 제거
발전기실	열 제거, 연소공기 공급
엘리베이터기계실	열 제거
화장실	취기 제거
욕실	습기 제거
탕비실	열, 연소가스, 습기 제거
창고	열, 습기, 취기, 유해가스 제거
배전실	취기. 열, 습기 제거
세탁실	열, 습기, 취기 제거
옥내주차장	유독가스 제거
암실	취기, 열 제거
복사실	열, 취기 제거
영사실	열, 취기 제거
축전지실	유독가스 제거
공장작업장	작업자의 건강, 안전, 작업 능률 향상

3) 설계조건

환기는 신선외기를 실내의 오염공기와 교환하는 것으로 위의 환기 대상요소의 수치를 명시하여야 한다.

(1) 실내조건

실내조건은 실내 환경유지를 위하여 정한 허용기준을 말하며 이는 경험치, 실험 값, 법적 기준 등에 의해 정한다. 표 10-3은 건축기준법 등에 정해져 있는 실내환경 기준으로 환기는 일산화탄소, 탄산가스를 환경유지 기준으로 한다.

표 10-3 법적 실내 환경기준

항 목	기 준
①부유분진량	0.15mg/m³ 이하
②일산화탄소	10/1,000,000 이하(10PPM)
③탄산가스	1,000/1,000,000이하(1000PPM)
④온도	17℃ 이상, 28℃ 이하. 거실의 경우 냉방시 외기와의 온도차가 크지 않도록 할 것
⑤상대습도	40% 이상, 70% 이하
⑥기류	0.5m/s 이하

표 10-4 대기의 성분

성 분	용적 백분율(%)	공기에 대한 비중
질소(N_2)	78.09	0.9
산소(O_2)	20.95	1.11
아르곤(Ar)	0.93	1.38
탄산가스(CO_2)	0.03	1.53
네온(Ne)등 기타		

(2) 외기조건

각 위치에서의 기상 자료에 의한 외기 온습도 조건은 실내 발생열과 수증기 제거시 환기량 계산에 사용하며 표 10-4에 표시한 외기표준 대기조성은 산소, 탄산가스와 관계된 계산에 사용하다.

(3) 실 내 압

환기시 실내압은 공간 급기량의 균형에 의해 결정된다. 정압의 공간은 급기량을 많이 하여 외부 공간으로부터의 공기 유입을 막아 환경보존이 가능하며, 부압의 공간은 배기량을 많게 하여 외부 공간으로부터 공기를 유입하여 실내 공기의 외부유출을 막는다.

4) 환기방식

(1) 자연환기

자연환기는 실내 외의 온도차에 의한 부력과 건물 면에서의 풍력을 이용하여 환기를 하며 계절에 따라 외기 온도의 변화, 바람의 강약, 풍향의 변화에 의해 환기량이 변하는 것이 단점이다.

(2) 기계환기

기계환기는 송풍기를 이용하여 강제적으로 환기를 하는 것으로 환기의 확실성에서 자연환기보다 우수하다.

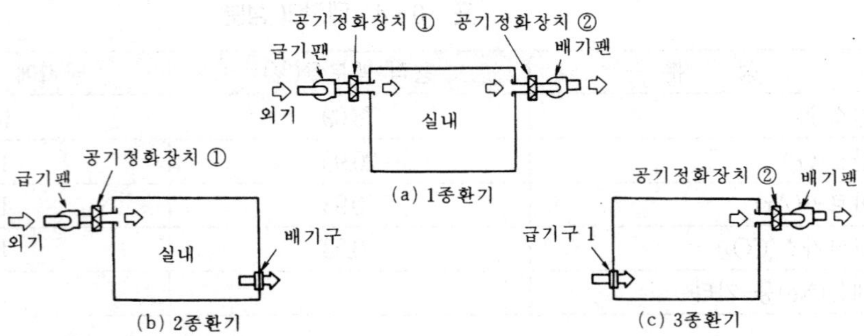

[주] : 공기정화장치 ①은 외기가 오염되어져 있는 경우
공기정화장치 ②는 배기하는 공기가 취기와 유해가스를 포함한 경우

그림 10-2 기계환기의 종류

기계환기방식은 급배기 송풍기의 설치방법에 따라 결정되며, 이는 그림 10-2에 각 방식의 기본 방식을 나타냈다. 그림에는 외기의 오염에 대하여는 급기필

터, 고도의 오염공기 배출에는 배기통계에 정화 장치를 고려하였다. 1종 환기는 급기와 배기에 송풍기를 설치하여 정확한 환기량과 실내 공기분포를 용이하게 할 수 있으며 급배기량 변화에 의해 실내압을 정 또는 부압으로 유지 할 수 있다. 2종 환기는 급기용 송풍기를 설치하여 실내를 가압하여 타 공간에서의 오염공기 침입방지 또는 연소용 공기가 필요한 경우에 적합한 방식이며, 3종 환기는 배기용 송풍기를 설치하여 실내공기를 강제적으로 배기하는 것으로 실내를 가압하여 타 공간으로 유출하지 않도록 하는 것으로 화장실, 욕실 등의 환기에 적합하다. 기계환기 방식은 전반환기와 국소 환기로 나눈다. 전반환기는 실내 전체의 기류분포를 고려하여 환기계획을 하여 실내에서 발생한 오염공기를 희석, 확산, 배기하는 방식으로 오염원과 오염량에 따라 환기설비가 과대하게 되므로 유해가스, 오염원의 기류분포, 환기방법 등에 대하여 충분히 검토가 필요하다. 국소 환기는 오염원 근처에 후드 등으로 오염공기를 배출하여 열, 수증기, 취기 등의 확산을 방지하는 것으로 비교적 적은 환기량으로 실내환경의 유지가 가능하다. 그러나 실제 설계시에는 유효한 급기구와 급기경로를 계획하지 않으면 환기량의 확보가 되지 않거나 출입문 개폐에 지장을 주는 등의 장애가 발생하므로 주의하여야 한다.

5) 환기량 결정 방법

필요 환기량은 어떤 오염물의 실내 농도를 허용치 이하로 유지하는데 필요한 최소 풍량을 말하며 다음과 같은 계산방법이 있다.

(1) 환기회수에 의한 계산

실의 체적을 구한 후 표 10-6에 의한 실의 환기회수를 이용하여 환기량을 산출한다. 계산방법은 허용치와 오염원의 상태가 파악되지 않는 경우 또는 이러한 계획에도 그다지 문제가 발생하지 않는 공간을 대상으로 한다.

표 10-5 필요 환기량 계산식

No	환기요소	계 산 식	비 고
①	열	$Q=\frac{H_s}{0.336(t_i-t_0)}$	H_s : 발생현열량[W] t_i : 허용 실내온도[℃] t_o : 도입 외기온도[℃]
②	수증기	$Q=\frac{W}{1.2(x_i-x_o)}$	W : 수증기 발생량[kg/h] x_i : 허용 실내 절대습도[kg/kg(DA)] x_o : 도입 외기 절대습도[kg/kg(DA)]
③	가스	$Q=\frac{100M}{K-K_o}$	M : 가스발생량[m^3/h] K : 허용 실내 가스농도[vol%] K_o : 도입 외기 가스농도[vol%]
④	분진	$Q=\frac{M}{C-C_o}$	M : 분진 발생량[mg/m^3] C : 허용 실내 분진농도[mg/m^3] C_o : 도입 외기 분진농도[mg/m^3]

표 10-6 각 동간의 용도별 환기횟수

	실 명	환기회수 배기기준[회/h]
1	기계실	4~6
2	저유탱크실	4~6
3	고압가스 저장실, 냉동기실	4~6
4	물탱크실	3~4
5	변전실	8~15
6	분전반실	3~4
7	밧데리실	10~15
8	엘리베이터 기계실	8~15
9	화장실(사용빈도 많음)	10~15
10	화장실(사용빈도 적음)	5~10
11	목욕실(창문 없음)	3~5
12	탕비실	6~10
13	주방(영업용 대)	40~60
14	주방(영업용 소)	30~40
15	배전실	6~8
16	세탁실	20~40

	실 명	환기회수 배기기준[회/h]
17	건조실	4~15
18	실내주차장	10이상
19	서고, 금고	4~6
20	창고(지하)	4~6
21	암실	10~15
22	영사실	8~10
23	투광실	15~20
24	무대장치실	4~6

예제 10-1 화장실의 환기량을 구하시오. 화장실의 면적은 $36m^2$, 천장고는 2.5m이다.

풀이 화장실 체적 : $36 \times 2.5 = 90m^3$

화장실의 환기횟수 표 10-6에 의해 10회/h이므로

필요환기량 $Q m^3/h$는

$90 \times 10 = 900 m^3/h$

(2) 허용치에 의한 계산

실내 환경을 유지하기 위하여 환기 요소의 허용량과 오염량이 제시된 경우 이의 허용치를 유지하는데 필요한 환기량을 계산에 의해 구한다. 표 10-5는 주요 환기요소별 필요 환기량 Q의 계산식이다.

예제 10-2 기계실의 발생 현열이 29,000W인 경우 이 공간을 40℃로 유지하는데 필요한 환기량을 구하시오. 도입 외기는 32℃로 한다.

풀이 표 10-5의 식①을 이용하여 필요 환기량Q를 구하면

$$Q = \frac{29000}{0.336(40-32)} \fallingdotseq 10800 m^3/h$$

예제 10-3 작업실의 건구온도35℃, 상대습도65%이며 수분발생량이 35kg/h이다. 이 공간의 절대습도 유지 위한 필여환기량을 구하시오. 도입 외기 건구온도 32℃, 상대습도 65%로 환기에 의한 온도변화는 무시한다.

풀이 외기와 실내공기의 절대습도 χkg/kg′를 공기선도에 의해 구한다.

외기 32℃ DB 65% RH에 의해

χ=0.0195kg/kg′

실내 35℃ DB 65%RH에 의해

χ=0.0235kg/kg′

표 10−5 식 ②에 의해

$$Q=\frac{35}{1.2(0.0235-0.0195)}\fallingdotseq 7300\,\mathrm{m^3/h}$$

예제 10-4 건축기준법에 정하여진 실내 탄산가스 농도를 기준으로 하여 1인당 필요외기량을 구하시오. 작업내용은 극경작업으로 인간의 탄산가스 토출량은 0.023(m³ /h·人)으로 한다.

표 10−7 노동 강도별 탄산가스 배출량

작업정도	탄산가스 토출량 [m³/h · 人]	계산 채용값 [m³/h · 人]
안 정 시	0.0132	0.013
극(極)경작업	0.0132~0.0242	0.022
경 작 업	0.0242~0.0352	0.030
중 등 작 업	0.0352~0.0572	0.046
중 작 업	0.0572~0.0902	0.074

풀이 탄산가스 법적 허용농도 0.1%, 외기농도0.03%일 때 표 10−5의 ③식을 이용하면

$$Q=\frac{100\times 0.022}{0.1-0.03}=31.4\,\mathrm{m^3/h}$$

예제 10-5 작업실에서 1650mg/h의 분진이 발생할 때 건축기준법의 실내 부유분진량 유지를 위한 필요환기량을 구하시오. 도입 외기의 분진향은 0.1mg/m³ 으로 한다.

풀이 건축기준법에 정하여진 부유분진량은 0.15mg/m³이므로 표 10-5의 식④를 이용하여 필요 환기량 Q를 구하면

$$Q = \frac{1650}{0.15 - 0.1} = 33,000\text{m}^3/\text{h} \quad \cdots\cdots (10\text{-}1)$$

(3) 기타 기준에 의한 계산

환기량 환산의 기술적 기준에 의한 계산은 다음과 같다.

① 거실의 환기 : 기계 환기 설비의 유효 환기량은 다음 식에 의해 계산한 값 이상으로 한다.

$$V = \frac{20A_f}{N}$$

V : 유효 환기량[m³/h]

A_f : 거실의 바닥면적[m²]

창 등의 유효한 개구부가 있는 경우 해당면적의 20배를 감한다.

N : 1인 당의 점유면적[m²]

$N>10$인 경우 10으로 한다.

이 계산식은 공조설비 관계에도 적용된다. 이 경우 창문 등의 유효개구부에 의한 바닥면적을 감하지 않고 실제면적 A_f로 하여 계산한다. 특수 건축물의 환기량 기준은 표 10-8에 나타냈다.

② 화기를 사용하는 공간의 환기 : 조리실 등의 실내에서 직접 불을 사용하는 공간의 환기량은 안전을 충분히 고려해 연소기구의 이론 공기공급량을 고려하여 배기 장치의 조건, 연료의 종류, 소비량에 따라 계산한다.

표 10-8 환기량에 대한 기술 기준

	환 기 량	조 건
작업실	$30m^3/h$ · 人	1인당 공기체적은 충고4m 이내에서 체적 $10m^3$ 이내, 또는 창면적이 바닥면적의 1/20이상일 것
무창공장	$34m^3/h$ · 人 또는 $15m^3/h \cdot m^2$	
옥내주차장	환기 횟수 10회 이상	창의 크기가 바닥면적의 1/10이내의 경우
주차장	외기 $25m^3/m^2 \cdot h$ 이상	주차면적 $500m^2$ 이상으로 창의 크기가 바닥면적의 1/10이내의 경우
영화관, 공연장, 집회장	외기 $75m^3/m^2 \cdot h$ 객석면적, 공기조화진행시 전풍량 $75m^3/m^2 \cdot h$ 외기량 $25m^3/m^2 \cdot h$	
지하건축물	$30m^3/m^2 \cdot h$ 바닥면적, 공기조화진행시 외기량 $10m^3/m^2 \cdot h$	바닥면적 $1000m^2$ 이상의 층 바닥면적 $1000m^2$ 이하의 층

$$V = KQ \quad \cdots\cdots (10\text{-}2)$$

V : 환기팬에서의 유효 환기량[m^3/h](표 10-9의 이론 폐가스량에 표 10-10의 배기 조건을 곱한 수)

K : 환기량[m^3/kcal 또는 m^3/kg]

Q : 연소기구의 연료소비량[kcal/h 또는 kg/h]

예제 10-6 사무실 $100m^2$ 에 재실자가 8명 있는 경우에 필요환기량을 구하시오. 창 등의 유효한 환기구는 없는 것으로 한다.

풀이 1인당 점유면적 N은

$$N = \frac{100}{8} = 12.5$$

$N > 10$ 이상이므로 N=10으로 한다.

$$Q = \frac{20 \times 100}{10} = 200\ m^3/h$$

예제 10-7 주방에서 사용하는 가스레인지의 가스소비량은 47460kcal/h이다. 필요환기량을 구하시오.

풀이 이론 폐가스량은 0.00108m³/kcal(표 10-9)

이론 폐가스량에 대한 환기량 30배(표 10-10)

필요 환기량 : $V[m^3/h]=30\times0.00108\times47,460=1,537.7[m^3/h]$

표 10-9 이론 폐가스량

연료의 종류	발열량 [MJ/kg]	이론 폐가스량
도 시 가 스		0.000258m³/kJ{0.00108m³/kJ}
L P G	50	12.9m³/kg
등 유	43	12.1m³/kg

표 10-10 화기 사용하는 실의 배기 조건

실의종류	조 건	환 기 량	비 고
조리실 등 화기 사용하는 공간	연도를 이용한 배기설비	2×이론 폐가스량	
	규정 되어진 후드 사용의 배기설비	20×이론 폐가스량	
	상기 이외의 후드 사용의 배기설비	30×이론 폐가스량	
	위의 3방법 이외의 배기설비	40×이론 폐가스량	

6) 취출구 흡입구

(1) 그 릴 류

환기용 취출구, 흡입구는 격자모양의 그릴이 가장 많이 사용된다. 베인이 고정된 고정식과 취출 방향을 변화시킬 수 있는 가동형(유니버설형)이 있으며 베인의 배치 형태에 따라 수직형(V형), 수평형(H형), 양방향형(VH형)으로 나누며 셔터가 부착된 형식을 레지스터라 한다. 취출구로는 기류분포를 고려하면 가동형이 바람직하며 기구의 형상은 풍량, 도달거리의 기술자료에서 결정한다. 흡입구는 풍량 조정이 그다지 필요 없으므로 고정형 또는 펀칭메탈형이 사용된다. 기구의 크기는 풍량, 면 풍속, 유효면적에 의해 산출하여 오염물질의 확산을 방지하고 최소배기량으로 최대의 환기효과를 얻기 위한 국소 환기장치이다.

(2) 후 드

후드의 기능은 후드를 오염원 근처에 설치하여 오염물질의 확산을 방지하고 최소배기량으로 최대한 환기효과를 얻기 위한 국소 환기장치이다.

① 후드의 종류 : 후드를 기능적으로 분류하면 밀폐식과 개방식으로 나눈다. 밀폐식은 부스, 드래프트 챔버 등으로 유해물질을 포함한 오염공기가 발생하는 시설과 분진 등의 비산이 많은 건물에 사용하는 방식으로 오염공기가 누설되지 않도록 배기하는 것으로 학교와 연구소의 실험실, 원자력 시설 등에 많이 사용하며 드래프트 챔버는 제품화되어 시판되고 있다. 개방식 후드는 천장, 측면, 교축형으로서 설비비는 저렴하나 환기효과는 떨어진다. 이는 수증기, 열, 유분, 분진, 취기 등을 포함한 오염공기가 실내에 다소 확산하여도 유해하지 않는 경우에 사용한다.

② 후드의 설계 : 후드 계획시 유의 사항은 오염원의 위치, 성질, 발생상태를 파악하여 후드의 흡입기류와 오염가스의 유동방향을 일치시킨다. 후드의 형상은 오염물질을 포함한 공기가 유효하게 집중할 수 있도록 하며 배기량에 대하여 충분한 급기량과 경로를 고려하여야 한다. 후드의 위치는 흡입 면과 떨어져 있으면 급격하게 흡입속도가 감소하므로 작업에 지장이 없는 범위 내에서 오염원에 가깝게 설치한다. 후드의 배기량은 흡입풍속에 따라 좌우된다. 풍속이 빠를수록 오염물질의 제거 효율이 좋아지나 설비비와 운전비가 높아진다. 따라서 경제성을 고려하여 적절한 풍속을 채용한다.

표 10-11 오염물질의 발생상황에 따른 최소풍량

오염물의 발생상황	예	제어풍속(m/s)
정지 공기중 속도 없이 발생하는 경우	수조에서의 증발	0.25~0.5
약한 기류 공기중 저속도로 발생하는 경우	도장부스, 용접, 도금, 분체를 간헐적으로 용기에 투입	0.5~1.0
약한 기류중 빠른 속도로 발생하는 경우	작은 부스 내에서의 분무도장 분쇄기	1.0~2.5
강한 기류중 빠른 속도로 분출될 때	그라인더, 숏브라스트, 회전밀	2.5~10.0

제어속도를 적은 값으로 하는 조건	제어속도를 큰 값으로 하는 조건
① 실내 기류 속도가 느리고 포집에 적당한 경우 ② 독성이 적으며 인체에 독성이 적은 경우 ③ 간헐적이며 생산량이 적은 경우 ④ 후드와 배기량이 크고 포집기류의 운동량이 큰 경우	① 방해 실내 기류가 있는 경우 ② 독성이 큰 경우 ③ 생산량이 많고 사용기간이 긴 경우 ④ 후드와 배기량이 적고 포집기류의 운동량이 적은 경우

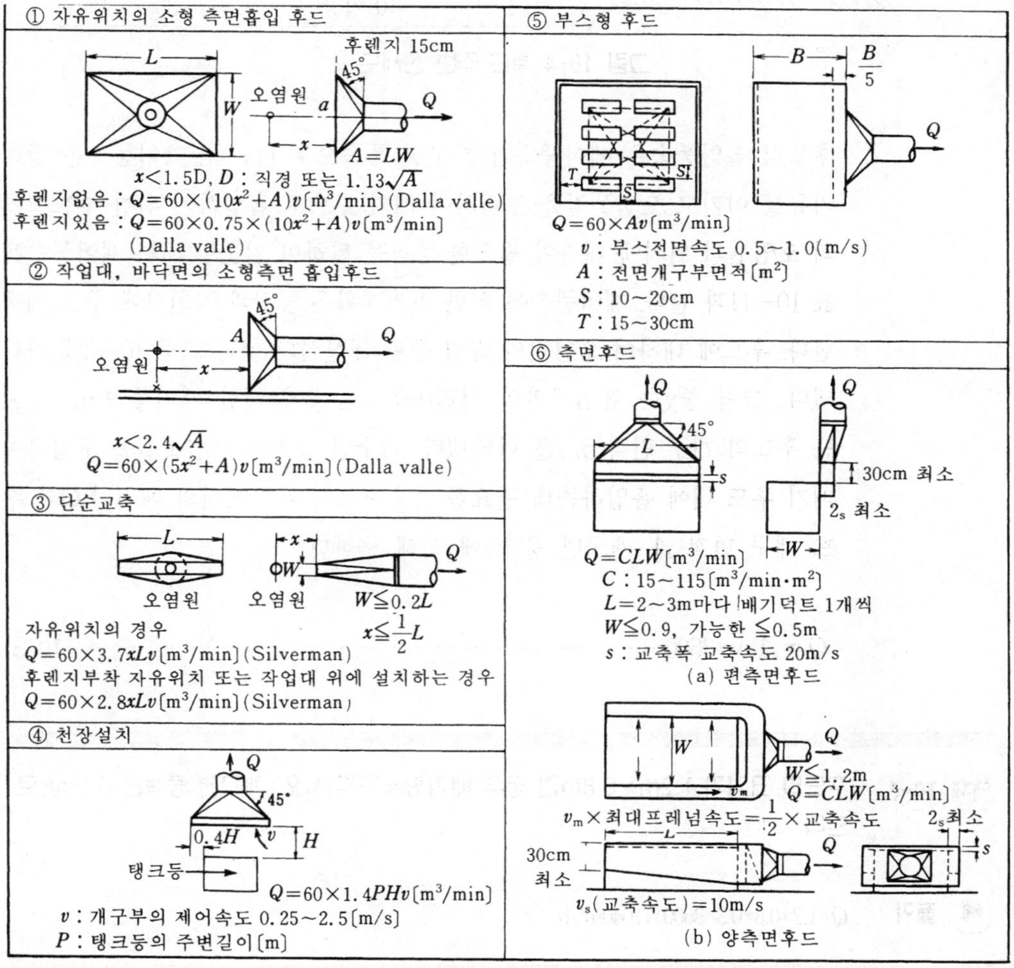

그림 10-3 오염원에 대한 후드소요흡입 풍량

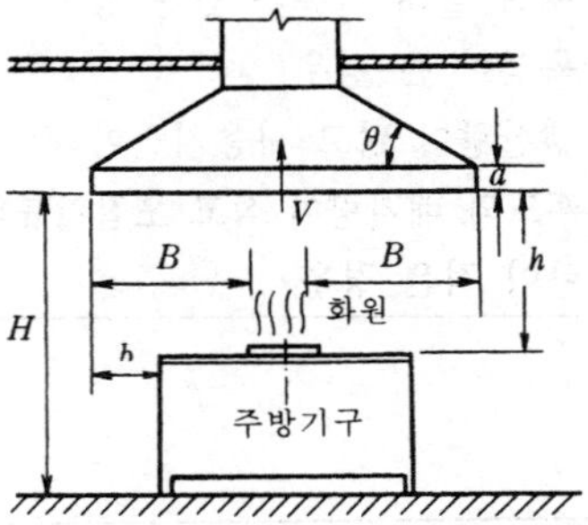

부 표

	규 제 값	실 용 값
a	5.0cm 이상	100~150mm
β	h/2 이상	-
b	-	150mm~400mm
H	-	1800~2000mm
h	1.0m 이하	1000mm
V	-	0.25~0.5m/s
θ	10°이상	30°~ 40°

그림 10-4 후드 주변 상세도

후드의 흡입풍속은 제어풍속과 개구면 풍속으로 나눈다. 제어풍속은 방해기류를 이기고 오염물질을 포집하여 배기 후드로 흡입하기 위한 후드전면의 오염원의 위치에 대하여 필요한 풍속을 말하여 기준이 되는 제어풍속은 표 10-11과 같다. 제어풍속에 의한 환기계획은 공장과 작업장에 주로 채용한다. 후드에 대하여 오염원의 흡입 풍량 계산식의 예는 그림 10-3에 나타냈다. 그림 중χ는 흡입구와의 거리(m), v는 χ에 대한 제어풍속(m/s), A는 후드의 개구 면적(m^2)을 나타냈다. 개구면 풍속은 오염물질을 포집하여 배기 후드 내에 흡입하는데 필요한 풍속으로서 후드에서의 배기량 Q와 후드 개구 면적 A, 개구면 풍속v에 의해 구한다.

$$Q = A \times v \times 3600 \quad \cdots\cdots (10\text{-}3)$$

예제 10-8 후드의 크기가 1.2m×0.8m인 경우 배기량을 구하시오. 개구면 풍속은 0.3m/s로 한다.

풀이 $Q = 1.2 \times 0.8 \times 0.3 \times 3600 \fallingdotseq 1040 m^3/h$

③ 화기를 사용하는 공간의 배기 후드 : 화기를 사용하는 공간의 배기후드 구조는 화원으로부터의 거리, 덕트의 형상 등에 기준이 있으며 후드 배기량은 배기 장치, 연료종류와 소비량에 의해 구한다. 이에 대한 근거는 실내의 산소농도의 저하를 방지하고 기기로부터의 열, 수증기, 유분의 발생에 대하여 이를 제거하기 위한 기술상의 배기량을 계산한다. 1중 후드의 면 풍속은 0.2~0.5m/s, 2중 후드의 주변 교축면 폭은 10~20mm로서 면 풍속은 5~10m/s로 하며 유의 사항은 다음과 같다.

㉮ 기기가 2개 이상의 경우 연속 후드로 한다.

㉯ 배기후드는 스테인리스제로서 두께는 10mm 이상으로 한다.

㉰ 유성의 배기용 후드는 그리스필터와 덕트로의 화염 전달을 방지하는 방화 댐퍼를 설치한다.

㉱ 주방설비로서 다량(350,000W 이상)의 화기를 사용하는 경우와 31m를 넘는 건물로 유분을 포함한 증기를 발생하는 경우의 후드와 배기 덕트는 화재의 전달을 방지하는 국소식 분말 소화장치를 설치한다.

7) 환기계획

(1) 급 · 배 기구

외기 취입구는 인근 건물과의 관계를 포함하여 연도, 배기구의 위치를 확인하고 청정한 공기를 흡입할 수 있도록 지상에서 3m 이상의 높이에 설치한다. 또한 배기구는 주변의 건물과 사람들에게 지장을 주지 않는 장소에 설치한다. 외벽 면에 설치하는 개러리류는 건축의장과 관계가 있으므로 계획단계에서 크기를 결정한다. 이 경우 개략 풍량을 구하여 유효면적, 면풍 속으로부터 면적을 계산한다. 일반적으로 유효면적은 50% 정도로서 면풍 속은 3m/s 전후가 이용된다.

(2) 송풍기

송풍기는 풍량, 정압, 설치장소에 따라 기종을 결정하며 배출하는 공기에 의해 열화 되지 않는 재질을 선정한다. 외벽에 설치하는 환기팬은 외기에 영향을 받지 않도록 하며 배풍기의 위치는 덕트에서 오염공기의 누설을 고려하며 덕트계의 말단에 설치한다.

(3) 덕 트

덕트의 크기는 일반적으로 정압법(0.8~2Pa/m 정도)에 의해 구한다. 분진을 포함한 공기의 계통은 분진, 취기, 유독가스, 수증기 등의 오염물질의 대상에 대하여 주방, 화장실, 기계실, 주차장 등을 독립된 계통으로 한다. 덕트의 재질은 오염물질에 충분히 견딜 수 있는 것으로 사용한다.

(4) 연소기기가 있는 공간

보일러실와 발전기실의 환기는 기기의 운전에 의해 발생하는 열의 제거 외에 기기에 공급하는 공기량을 확보한다. 이를 위하여 급기량은 배기량보다 많게 하며 기기의 운전시와 정지시에 환기량을 변하게 한다. 보일러 연소시 필요한 환기량은 다음 식에 의해 구한다.

$$Q=m\times L\times G \qquad (10\text{-}4)$$

Q : 보일러 연소에 필요한 공기량 m^3/h

m : 과잉 공기율(1.1~1.3)

L : 이론 공기량 m^3/Nm^3 또는 m^3/kg

G : 연료소비량 Nm^3/h 또는 kg/h

연소용 송풍기가 설치된 보일러는 송풍기의 송풍량을 보일러 연소에 필요한 공기량으로 한다. 보일러실의 환기는 급기량을 배기량보다 많게 하며 급기 10~15회/h, 배기 7~10회/h 정도로 한다. 발전기실의 환기는 발전기 정지시는 6회/h 정도로 하며 발전시 운전시에는 발전기 엔진에 공급하는 공기량과 발전기로부터의 열을 제거하기 위하여 필요한 환기량은 대단히 크므로 발전기의 운전, 정지에 대하여 환기량을 변화시킨다. 발전기의 발열량 등은 다음 식에 의해 개략적으로 구한다.

발전기 엔진의 필요 공기량 : 5(m^3/h · ps)

발전기 발열량 120(W/kVA)

(5) 주 방

주방은 조리에 의해 취기, 열, 수증기와 렌지 등의 주방기구에서의 연소가스가 발생한다. 따라서 인근 공간으로 취기가 누설되지 않도록 실내를 부압으로 하며 환기방식은 배기량을 많도록 한 1종 환기, 소규모의 경우는 3종 환기로 한다. 환기량을 결정하는 데는 주방기구의 배치와 기구명세표에 의해 후드의 필요 개소와 화기사용기구, 연료소비량 등을 확인한다. 불을 사용하는 기구는 후드 배기량은 기술기준에 정하여진 계산식에 의해 산출한다. 각 후드는 기능적으로 만족하도록 후드 면풍 속에 의해 배기량을 구하고 화기를 사용하는 후드는 양자 중 큰 쪽을 채용한다. 후드의 면풍 속은 0.3m/s로 하며 연기, 취기, 증기 등의 발생이 많은 경우에는 0.5m/s 이상으로 한다. 주방 전체의 환기량을 환기회수법에 의해 구하여 후드에 의한 배기량이 부족한 경우에는 천장 면에 흡입구를 설치한다. 덕트의 계획, 즉 기름을 사용하는 후드는 필히 그리스필터를 설치하여 덕트에 기름을 부착하지 않도록 하며 방화 댐퍼를 설치하여 화제의 확산을 방지한다.

예제 10-9 **주방(12m×6m, 천장고 2.5m)에서 아래와 같이 후드계획을 한다. 이 주방에 대하여 급배기계획을 세우시오. 사용후드는 기준외 타입으로 하며 인접 식당으로부터 잉여 공기 500m^3 /h가 유입한다.**

NO	후드크기	가스소비량	비 고
1	800×800	24,600	
2	1,800×1,000	47,800	그리스필터사용
3	1,500×1,200	38,000	

풀이 각 후드의 배기량을 계산한다.

① 기술기준상 필요한 배기량 Q_n[m^3/h]

이론 폐가스량 0.00108m³/kcal, 이론 폐가스량의 곱하는 수를 30으로 한다.

Q_1 =30×0.00108×25,200≒820m³/h

Q_2 =30×0.00108×47,800≒1,550m³/h

Q_3 =30×0.00108×38,000≒1240m³/h

② 면풍속으로부터 계산한 배기량 Q[m³/h]

면풍 속은 일반적인 경우 0.3m/s, 열의 발생이 많은 경우 0.5m/s로 한다.

Q_1'=0.8×0.8×0.3×3,600≒700m³/h

Q_2'=1.8×1.0×0.3×3,600≒1,950m³/h

Q_3'=1.5×1.2×0.5×3,600≒3,240m³/h

①, ②의 계산결과 풍량이 큰 쪽을 결정풍량으로 한다.

환기회수 40회/h로 하면 환기풍량 Q는

Q =12×6×2.5×40=7,200m³/h

천장면의 흡입구에 의해 1190m³/h를 배기한다. 급기량은 7,200-500=6,700m³/h이 된다.

주방의 환기계획은 다음과 같다.

급기량 : 6,700m³/h

배기량 : 7,200m³/h

No.1 후드820m³/h

No.2 후드1,950m³/h

No.3 후드3,240m³/h

천장면흡입구 1,190m³/h

(6) 화 장 실

화장실의 취기를 고려하여 실내를 부압으로 하며 환기방식은 단독계통의 3종 환기방식으로 한다. 다종 건물의 경우 수직 샤프트의 1계통으로 상하 화장실 배기를 하므로 배풍기 근처에서는 배기가 잘 이루어지고 먼 곳에서는 배기량이 적어지므로 주의하여야 한다.

(7) 욕 실

욕실 내의 수증기가 타 공간으로 누설되지 않도록 실내를 부압으로 하며 환기방식을 3종 환기방식으로 한다. 배출되는 공기는 습도가 높아 덕트과 흡입구에서의 결로에 의한 부식이 발생되므로 사용 재료에 주의하여야 하며, 또한 결로된 수분이 실내에 낙하하여 피해를 주기도 하므로 주의하여야 한다.

부 록

부 록

건축기계 설비 범례표

기 호	명 칭	DESCRIPTION
공조덕트(DUCT)		
	급기덕트	SUPPLY AIR DUCT SECTION
	환기덕트	RETURN AIR DUCT SECTION
	배기덕트	EXHAUST AIR DUCT SECTION
	외기덕트	FRESH AIR DUCT SECTION
	풍량조절댐퍼	VOLUME DAMPER
	방화댐퍼	FIRE DAMPER
	풍량조절 및 방화댐퍼	FIRE VOLUME DAMPER
	전자식개폐댐퍼	SOLENOID DAMPER
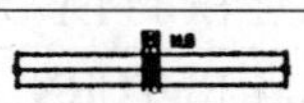	전동풍량조절댐퍼	MOTORIZED VOLUME DAMPER
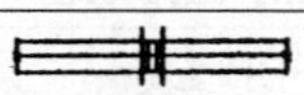	역류방지댐퍼	BACKDRAFT DAMPER
	캔버스이음	CANVAS DUCT CONNECTION
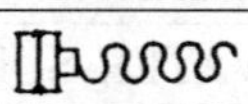	플렉시블덕트	FLEXIBLE DUCT
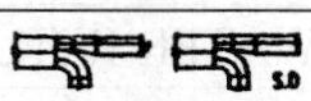	분할덕트	SPLIT DUCT
	터닝베인	TURNING VANE
	원형 디퓨저	ROUND TYPE DAIFFUSER
	각형 디퓨저	SQUARE TYPE DIFFUSER
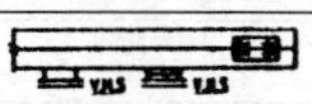	레지스터 및 그릴	REGISTER OR GRILLE
	루버	LOUVER
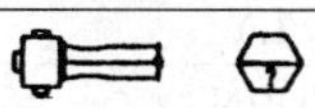	가변풍량유닛	VARIABLE AIR VOLUME UNIT
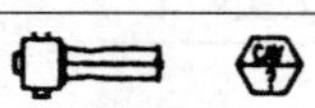	정풍량유닛	CONSTANT AIR VOLUME UNIT

기호	명칭	DESCRIPTION
 	재열 코일	REHEATING COIL
	덕트 소음기	DUCT SOUND ATTENUATOR
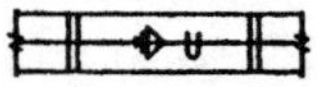	덕트의 오르내림	CHANGE OF ELEVATION
 	덕트의 오르내림	CHANGE OF ELEVATION
	유체의 흐름방향	DIRECTION OF FLOW
	덕트의 분기	BRANCH SUPPLY OR RETURN
	라인디퓨저	LINE DIFFUSER
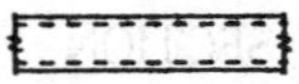	흡음 라이닝	ACOUSTICAL LINNG
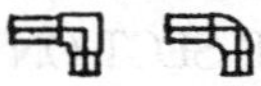	흡음 엘보	ACOUSTICAL ELBOW
	흡음 챔버	ACOUSTICAL CHAMBER
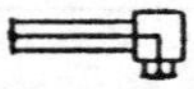	챔버	DUCT CHAMBER FAN
공조배관(HAVC)		
-///- SS ——	고압 증기 공급관	HIGH PRESSURE STEAM SUPPLY
-///- SR ——	고압 증기 환수관	HIGH PRESSURE STEAM RETURN
-//- SS ——	중압 증기 공급관	MEDIUM PRESSURE STEAM SUPPLY
-//- SR ——	중압 증기 환수관	MEDIUM PRESSURE STEAM RETURN
-/- SS ——	저압 증기 공급관	LOW PRESSURE STEAM SUPPLY
-/- SR ——	저압 증기 환수관	LOW PRESSURE STEAMRETURN
---MTWS---	중 온수 공급관	MEDIUM TEMPERATURE WATER SUPPLY
---MTWR---	중 온수 환수관	MEDIUM TEMPERATURE WATER RETURN
--- HWS ---	온수 공급관	HOT WATER SUPPLY
--- HWR ---	온수 환수관	HOT WATER RETURN
---CHWS---	냉·온수 공급관	HOT & CHILLED WATER SUPPLY
---CHWR---	냉·곤수 환수관	HOT % CHILLED WATER RETURN
--- CWS ---	냉·온 공급관	CHILLED WATER SUPPLY
--- CWR ---	냉수 환수관	CHILLED WATER RETURN
--- CS ---	냉각 수공급관	CONDENSER WATER SUPPLY
--- CR ---	냉각수 환수관	CONDENSER WATER RETURN
--- FCS ---	팬코일 유닛 공급관	FAN COIL UNIT SYPPLY

기호	명칭	DESCRIPTION
--- FCR ---	팬코일유닛환수관	FAN COIL UNIT RETURN
--- FCD ---	팬코일유닛배수관	FAN COIL UNIT DRAIN
--- ED ---	장비배수관	EQUIPMENT DRAIN
--- E ---	팽창관	EXPANSION
--- RS ---	냉매흡입관	REFRIGERANT SUCTION
--- RL ---	냉매액관	REFRIGERANT LIQUID
--- MG ---	중압가스관	MEDIUM PRESSURE GAS
--- G ---	저압가스관	LOW PRESSURE GAS
--- DOS ---	경유공급관	DIESEL OIL SUPPLY
--- DOR ---	경유환유관	DIESEL OIL RETURN
--- BOS ---	중유공급관	BUNKER"C" OIL SUPPLY
--- BOS ---	중유환유관	BUNKER"C" OIL RETURN
——○——	증기트랩장치	STEAM TRAP ASSEMBLY
--- BFW ---	보일러보급수관	BOILER REED WATER
위생배관(PLUMBING)		
—— + ——	정수관	WELL WATER
—— · ——	급수관	DOMESTIC COLD WATER
—— ·· ——	급탕관	DOMESTIC HOT WATER SUPPLY
—— ··· ——	환탕관	DOMESTIC HOT WATER RETURN
—— TW ——	증수관	TREATMENT WATER
—— IW ——	공업용수	INDUSTRIAL WATER
—— D ——	배수관	DRAIN
—— S ——	오수관	SOIL
—— V ——	통기관	VENT
—— CA ——	압축공기	COMPRESSED AIR
—— VA ——	진공배관	VACUUM
—— AW ——	산배수관	ACID WASTE
—— DWS ——	음수공급관	DRINKING WATER SUPPLY
—— S ——	음수환수관	DRINKING WATER RETURN
--- KD ---	주방배수관	KITCHEN DRAIN
--- PD ---	주차장배수관	PARKING DRAIN

기 호	명 칭	DESCRIPTION
--- RD ---	우수배수관	ROOF DRAIN
--- WD ---	폐수관	WASTE DRAIN
--- WV ---	폐수통기관	WASTE VENT
	바닥배수관	FLOOR DRAIN
	소제구	CLEANOUT
	바닥소제구	FLOOR CLEANOUT
	옥상배수구	ROOF DRAIN
	벽통기구	VENT THRU WALL
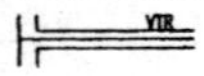	옥상통기구	VENT THRU ROOF
--- P○ ---	급수양수관	PUMPING COLD WATER SUPPLY
--- P+ ---	정수배수관	PUMPING WELL WATER SUPPLY
--- CW ---	시수관	COLD WATER
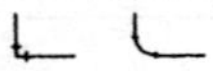	90도 엘보	90°ELBOW
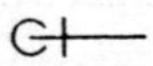	하향곡관	ELBOW TURNED DOWN
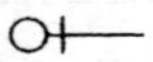	상향곡관	ELBOW TURNED UP
	레듀서	CONCENTRIC REDUCER
	편심레듀서	ECCENTRIC REDUCER
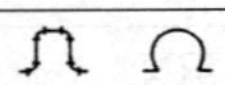	루프이음	LOOP JOINT
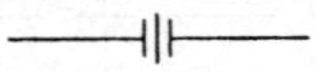	유니온	UNION
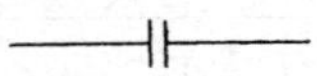	플랜지	FLANGE
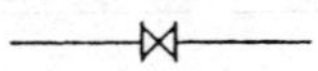	게이트밸브	GATE VALVE
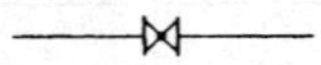	글로브밸브	GLOBE VALVE
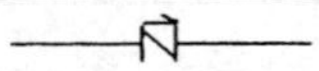	체크밸브	CHECK VALVE
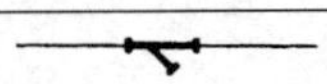	스트레이너-1	STRAINER
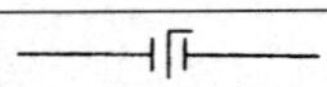	버터플라이밸브	BUTTERFLY VALVE
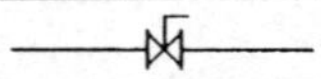	볼밸브	BALL VALVE
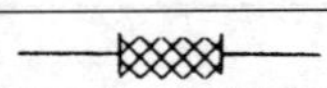	플렉시블이음	FLEXIBLE JOINT
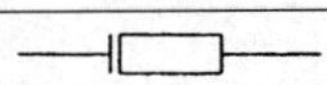	신축이음쇠(벨로즈형단식)	EXPANSION JOINT(SINGLE TYPE)
	신축이음쇠(벨로즈형복식)	EXPANSION JOINT(DOUBLE TYPE)
	볼조인트	BALL JOINT

기 호	명 칭	DESCRIPTION
	밸런싱밸브	BALANCING VALVE
	2방자동밸브장치	2- WAY CONTROL VALVE ASSEMBLY
	3방자동밸브장치	3- WAY CONTROL VALVE ASSEMBLY
	차압밸브	PRESSURE DIFFERENTIAL CONTRIL VALVE
	솔레노이드밸브	SOLENOID VALVE
	안전밸브	SAFETY VALVE
	감압밸브	PRESSURE REDUCING VALVE
	글로브 스트레이너밸브	GLOBE STRAINER VALVE
	온도계	THERMOMETER
	자동공기빼기 넣기	AUTOMATIC AIR BENT
PG	압력계	PRESSURE GAUGE
PS	압력스위치	PRESSURE SWITCH
FS	플로스위치	FLOW SWITCH
	가스미터기	GAS METER
M	유량계	FLOW METER
S	공기분리기	AIR SEPARATOR
	유체의 흐름방향	DIRECTION OF FLOW
	파이프슬리브	PIPE SLEEVE
	고정철물, 지지철물	PIPE ANCHOR, HANGER
소화배관(FIRE)		
	옥내소화전	INDOOR HYDRANT
	옥내소화전 (단구형 방수구)	INDOOR HYDRANT (WATER OUTLET SINGLE)
	옥내소화전 (쌍구형 방수구)	INDOOR HYDRANT (WATER OUTLET DOUBLE)
	단구형 방수구	WATER OUTLET SINGLE
	쌍구형 방수구	WATER OUTLET DOUBLE
	프리액션밸브 (준비작동식 밸브)	PREACTION VALVE
	알람밸브 (자동경보밸브)	ALARM VALVE

기 호	명 칭	DESCRIPTION
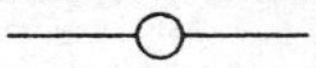	스프링클러해드(상향식)	SPRINKLER HEAD(UPRIGHT)
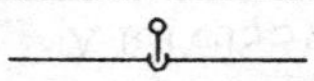	스프링클러헤드(하향식)	SPRINKLER HEAD(PENDENT)
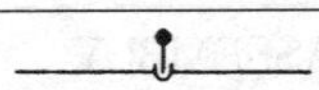	스프링클러헤드(상하향식)	SPRINKLER HEAD
	호스 격납함	HOSE HOUSE
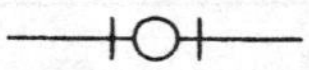	상수도소화기	HYDRANT FOR CITY WATER
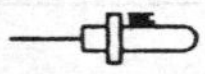	수격방지기	WATER HAMMER ARRESTER
---- SP ---	스프링클러배관	SPRINKLER WATER SUPPLY
---- H ---	옥내소화전배관	INDOOR HYDRANT WATER SUPPLY
---- SC ---	연결송수관	SIAMESE CONNE CTION
---- Y ---	옥외소화전배관	OUTDOOR HYDRANT WATER SUPPLY
---- SD ---	스프링클러배수관	DRAIN FOR SPRINKLER
---- HA ---	할로겐화합물소화배관	HALOGENATED EXTINGUISHING
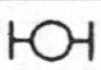	옥외소화전	OUTDOOR HYDRANT
	상수도소화전	HYDRANT FOR CITY WATER
---- CO ---	$C0_2$	$C0_2$

도면표기법

SYMBOL	DESCRIPTIONS	비고
1 / B	장비류	
P-1	위생기구	
1 / 2 / 3	방열기 : 1) 쪽수 2) 형식높이(mm) (C : 주철제 CR : 강판제 AC : 알루미늄제) 3) 접속관경(ø)	
1 / 2 / 3	컨벡터 : 1) 열수×길이(mm) 2) 종류, 핀크기, 핀 개수/m 3) 접속관경(ø)	

※ 1. 입상관 표기법은 추구 검토 후 반영
2. 덕트표기는 주덕트만 2선 표시

DUCTS SYMBOL

·용어는 표준시방서 참조(설비기술·냉동공조기술 7월호 참조)

SYMBOL	DESCRIPTIONS	비 고
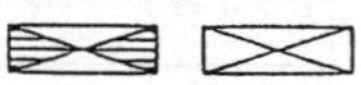	급기덕트 SUPPLY AIR DUCT SETION	
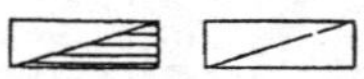	환기덕트 RETURN AIR DUCT SETION	
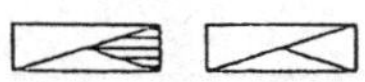	배기덕트 EXHAUST AIR DUCT SETION	
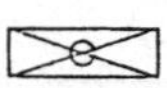	외기덕트 FRESH AIR DUCT SETION	
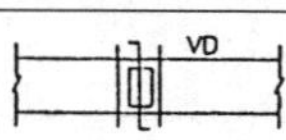	풍량조절댐퍼 VOLUME DAMPER	
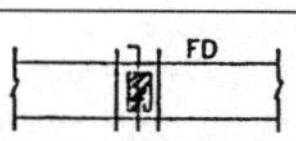	방화댐퍼 FIRE DAMPER	
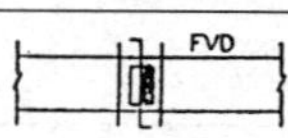	풍량조절 및 방화댐퍼 FIRE VOLUME DAMPER	
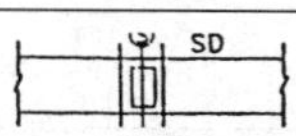	전자식 개폐댐퍼 SOLENIOID DAMPER	
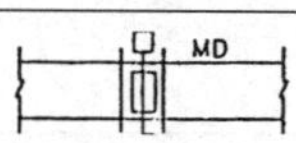	전동풍량조절댐퍼 MOTORIZED VOLUME DAMPER	
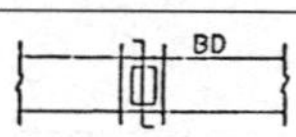	역류방지댐퍼 BACKDRAFT DAMPER	

SYMBOL	DESCRIPTIONS	비 고
	캔버스이음 CANVAS DUCT CONNECTION	
	플랙시블덕트 FLEXIBLE DUCT	
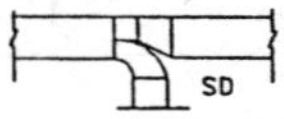	분할댐퍼 SPLIT DAMPER	
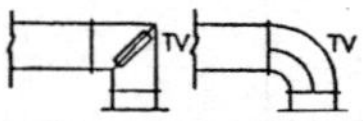	터닝베인 TURNING VANE	
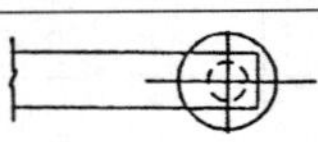	원형디퓨저 ROUND TYPE DIFFUSER	
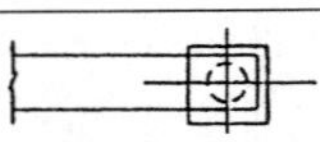	각형디퓨저 SQUARE TYPE DIFFUSER	
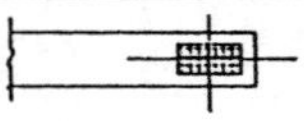	레지스터 및 그릴 REGISTER OR GRILLE	
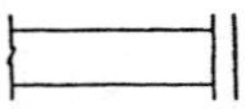	루버 LOUVER	
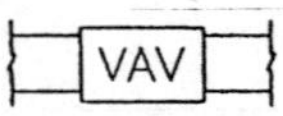	가변풍량유닛 VARIABLE AIR VOLUME UNIT	
	정풍량유닛 CONSTANT AIR VOLUME UNIT	
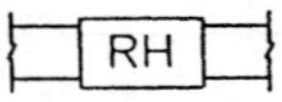	재열코일 REHEATING COIL	
	덕트소음기 DUCT SOUND ATTENUATOR	
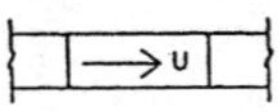	덕트의 오르내림(U : 올라감 D : 내려감) CHANGE OF ELEVATION(U:UP, :DOWN)	
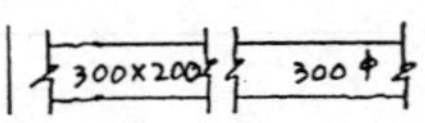	덕트규격(폭×높이)(직경) DUCT SIZE(WIDTH×DEPTH)(단위:mm)	
	유체의 흐름방향 DIRECTION OF FLOW	
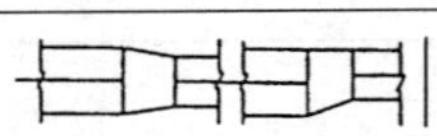	덕트의 확대축소 TRANSITION	
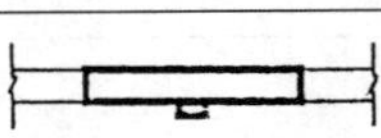	덕트의 분지 BRANCH SUPPLY OR RETURN	
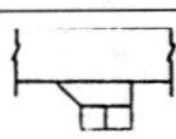	라인디퓨저 LINE DIFFUSER	
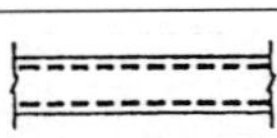	흡음라이닝 ACOUSTICAL LINING	

HVAC SYMBOL

SYMBOL	DESCRIPTIONS	비 고
—//— SS —//—	고압증기공급관(5.0kg/cm²·G 이상) HIGH PRESSURE STEAM SUPPLY	
—//— SR —//—	고압응축수관(5.0kg/cm²·G 이상) HIGH PRESSURE CONDENSATE	
—/— SS —/—	중압증기공급관(2.0kg/cm²·G 이상) MEDIUM PRESSURE STEAM SUPPLY	
-/- SR -/-	중압응축수관(2.0kg/cm²·G 이상) MEDIUM PRESSURE CONDENSATE	
—— SS ——	저압증기공급관(0.35kg/cm²·G 이상) LOW PRESSURE STEAM SUPPLY	
--- SR ---	저압응축수관(0.35kg/cm²·G 이상) LOW PRESSURE CONDENSATE	
—— MTWS ——	중온수공급관 MEDIUM TEMPERATURE WATER SUPPLY	
—— MTWR ——	중온수환수관 MEDIUM TEMPERATURE WATER RETURN	
—— HWS ——	온수공급관 HOT WATER SUPPLY	
—— HWR ——	온수환수관 HOT WATER RETURN	
—— CHS ——	냉수공급관 CHILLED WATER SUPPLY	
—— CHR ——	냉수환수관 CHILLED WATER RETURN	
—— CS ——	냉각수공급관 CONDENSER WATER SUPPLY	
—— CR ——	냉각수환수관 CONDENSER WATER SUPPLY	
—— HCS ——	냉온수공급관 HOT&CHILLED WATER SUPPLY	
—— HCR ——	냉온수환수관 HOT&CHILLED WATER RETURN	
—— FCS ——	팬코일유닛공급관 FAN COIL UNIT SUPPLY	

SYMBOL	DESCRIPTIONS	비 고
—— FCR ——	팬코일유닛환수관 FAN COIL UNIT RETURN	
—— FCD ——	팬코일유닛배수관 FAN COIL UNIT DRAIN	
—— ED ——	장비배수관 EQIPMENT DRAIN	
—— E ——	팽창관 EXPANSION	
—— RS ——	냉매흡입관 REFRIGERANT SUCTION	
—— RL ——	냉매액관 REFRIGERANT LIQUID	
—— MG ——	중압가스관(1-10kg/cm² · G) MIDIUM PRESSURE GAS	
—— G ——	저압가스관(1kg/cm² · G 미만) LOW PRESSURE GAS	
—— DOS ——	경유공급관 DIESEL OIL SUPPLY	
—— DOR ——	경유환유관 DIESEL OIL RETURN	
—— BOS ——	중유공급관 BUNKER "C" OIL SUPPLY	
—— BOR ——	중유환유관 BUNKER "C" OIL RETURN	
----(T)----	증기트랩장치 STEAM TRAP ASSEMBLY	
—— BFW ——	보일러보급수관 BOILER FEED WATER	

SANITARY SYMBOL

SYMBOL	DESCRIPTIPON	비 고
—— + ——	정수관 WELL WATER	
—— • ——	급수관 DOMESTIC COLD WATER	
—— •• ——	급탕관 DOMESTIC HOT WATER SUPPLY	
—— ••• ——	환탕관 DOMESTIC HOT WATER RETURN	
—— TW ——	중수관 TREATMENT WATER	
—— IW ——	공업용수 INDUSTRIAL WATER	
—— D ——	배수관 DRAIN	
—— S ——	오수관 SOIL	
—— V ——	통기관 VENT	
—— RD ——	우수배수관 ROOF DRAIN	
—— WD ——	폐수관 WASTE DRAIN	
--- WV ---	폐수통기관 WASTE VENT	
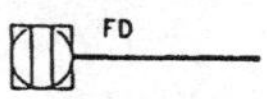 FD	바닥배수관 FLOOR DRAIN	
CO 	소제구 CLEANOUT	
FCO 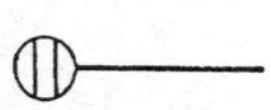	바닥소제구 FLOOR CLEANOUT	
RD 	옥상배수구 ROOD DRAIN	

SYMBOL	DESCRIPTIPON	비 고
 VTW	벽통기구 VENT THRU WALL	
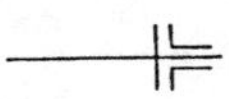 VTR	옥상통기구 VENT THRU ROOF	
—— A ——	압축공기 COMPRESSED AIR	
—— VA ——	진공배관 VACUUM	
—— (name) ——	케미컬배관(이름:화학식명) CHEMICAL SUPPLY PIPES	
—— AW ——	산배수관 ACID WASTE	
—— AV ——	산통기관 ACID VENT	
—— DWS ——	음수공급관 DRINKING WATER SUPPLY	
—— DWR ——	음수환수관 DRINKING WATER RETURN	

VALVES & OTHERS SYMBOL

SYMBOL	DESCRIPTIONS	비 고
	게이트밸브 GATE VALVE	
	글로브밸브 GLOBE VALVE	
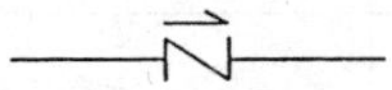	체크밸브 CHECK VALVE	
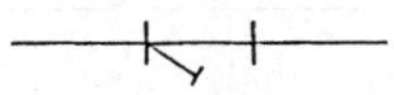	스트레이너 STRAINER	
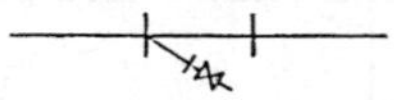	스트레이너 STRAINER WITH BLOW OFF	
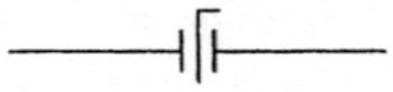	버터플라이밸브 BUTTERFLY VALVE	
	볼밸브 BALL VALVE	
	플렉시블이음 FLEXIBLE JOINT	
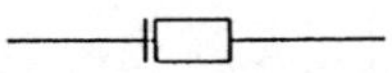	신축이음쇠(벨로즈형 단식) EXPANSION JOINT (SINGLE TYPE)	
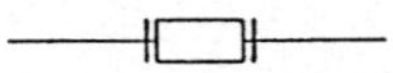	신축이음쇠(벨로즈형 복식) EXPANSION JOINT(DOUBLE TYPE)	
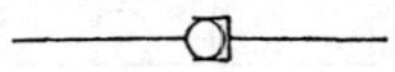	볼조인트 BALL JOINT	
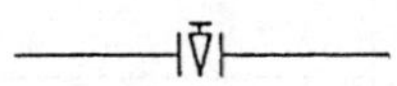	밸런싱밸브 BALANCING VALVE	
	2차자동밸브(장치) 2-WAY CONTROL VALVE(ASSEMBLY)	
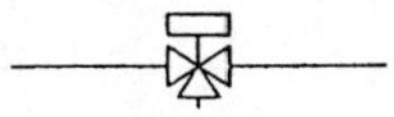	3차자동밸브(장치) 3-WAY CONTROL VALVE(ASSEMBLY)	
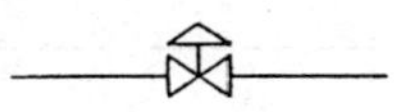	차압밸브 PRESSURE DIFFERENTIAL CONTROL VALVE	
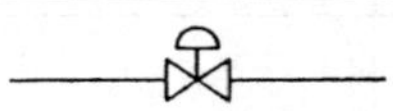	솔레노이드밸브 SOLENOID VALVE	
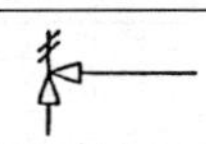	안전밸브 SAFETY VALVE	
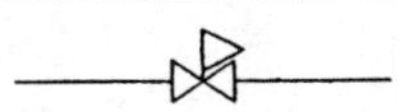	감압밸브 PRESSURE REDUCING VALVE	

SYMBOL	DESCRIPTIONS	비 고
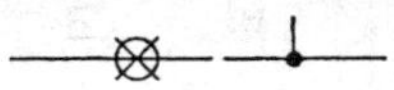	고정철물, 지지철물 PIPE ANCHOR, HANGER	
	파이프가이드 PIPE GUIDE	
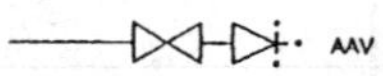	자동공기빼기밸브 AUTOMATIC AIR VENT	수동공기빼기 밸브 MAV
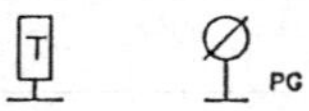	온도계 및 압력계 THERMOMETER & PRESSURE GAUGE	
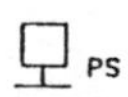	압력스위치 PRESSURE SWITCH	
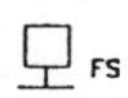	플로스위치 FLOW SWITCH	
	가스미터기 GAS METER	
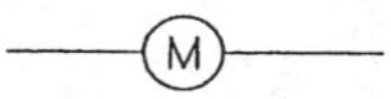	유량계 FLOW METER	
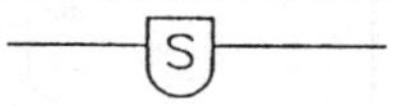	공기분리기 AIR SEPARATOR	
	유체의 흐름방향 DIRECTION OF FLOW	

FITTIGS SYMBOL

SYMBOL	DESCRIPTIONS	비 고
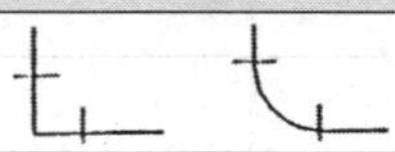	90도 엘보 90°ELBOW	
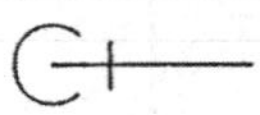	하향곡관 ELBOW TURNED DOWN	
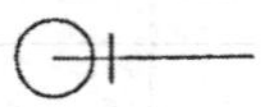	상향곡관 ELBOW TURNED UP	
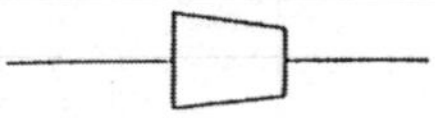	리듀서 CONCENTRIC REDUCER	
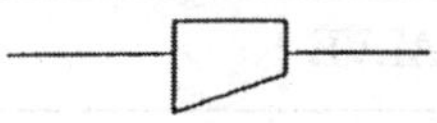	편심리듀서 ECCENTRIC REDUCR	
	루프이음 LOOP JOINT	
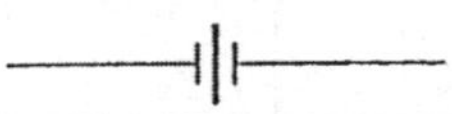	유니온 UNION	
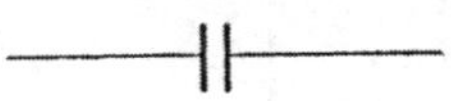	플랜지 FLANGE	

찾 아 보 기

참고문헌

1. 공기조화 : 井上字市 저, 김효경 역, 동명사
2. 건축설비 : 김영호, 보문당
3. 건축급배수설비 : 정관섭 외 2人, 기문당
4. 건축 급배수 위생설비 : 이용화 외 1人, 세진사
5. 설비공학 편람 2판 : 대한설비 공학회(2002)
6. 공기조화설비 : 신치웅, 기문당
7. 기계설비설계핸드북 : 대한주택공사(1997)
8. 건축법규해설 : 전경배・최찬환, 세진사(2002)
9. 가스설비일반 : 김동우・나경찬, 세진사
10. 신편 공기조화 : 김영호・박우근, 보문당
11. 建築設備設計 マェュァル Ⅰ・Ⅱ 改訂 第二版 : 建築設備技術者協會
12. 建築設備の再生産 : 宮脅毅, 淸水滿
13. 空調・衛生工學偏覽(第13版) : 日本空氣調和 衛生工學會(2002)
14. 空氣調和設備の計畫設計實務の知識(改訂 第4版) : 日本空氣調和衛生工學會
15. 給排水・衛生設備の計畫設計實實務の知識(改訂 第4版) : 日本空氣調和衛生工學會
16. 建築設備耐震 設計指針・同解說 : 日本空氣調和衛生工學會
17. 冷凍空調技術 上級標準テキスト : 日本冷凍協會
18. 空氣調和・給排水設備施工標準 : 日本建築設備士協會
19. 雨水利用マェュァル : 空氣調和衛生工學會
20. 建築設備設計基準 : 營繕協會(2201)
21. NATIONAL PLUMBING CODE HANDBOOK : McGraw-Hill
22. HANDBOOK OF AIR CODITIONING SYSTEM DESING : McGraw-Hill

본 서적의 내용에 대하여 기술적인 오류, 수정 또는 질문사항이 있으신 분은 아래로 연락하여 주시면 확인 및 조사를 통하여 재판 발행시 수정 및 참고하겠습니다.

주소 : 박 종 일
부산시 진구 가야3동 24
동의대학교 공과대학 건축설비공학과
전화 : 051-890-1985, E-mail : jipark@dongeui.ac.kr

□ 저자 약력 □

• **박종일**(공학박사)
건축기계설비 기술사
동의대학교 건축설비공학과 교수
〈저서〉
건축설비적산(세진사)
건축설비법규해설(세진사)
설비갱신과 진단(한미)

• **김세환**(공학박사)
건축기계설비 기술사, 건축시공 기술사
동의대학교 건축설비공학과 교수

건축설비설계

값 25,000원

저 자	박 종 일 김 세 환
발행인	문 형 진

1994년 3월 14일 제1판 제1쇄 발행
1995년 1월 4일 제2판 제1쇄 발행
1996년 3월 11일 제3판 제1쇄 발행
1997년 1월 15일 제4판 제1쇄 발행
1999년 3월 25일 제5판 제1쇄 발행
2003년 3월 2일 제6판 제1쇄 발행
2006년 9월 10일 제7판 제2쇄 발행
2010년 3월 2일 제7판 제3쇄 발행
2014년 3월 10일 제7판 제4쇄 발행
2017년 3월 29일 제7판 제5쇄 발행
2020년 3월 11일 제7판 제6쇄 발행
2023년 3월 8일 제7판 제7쇄 발행

판 권
검 인

발행처 **세 진 사**
㊐02859 서울특별시 성북구 보문로 38 세진빌딩
TEL : 02)922-6371~3, 923-3422 / FAX : 02)927-2462
Homepage : www.sejinbook.com
〈등록. 1976. 9. 21 / 서울 제307-2009-22호〉